铁路科技图书出版基金资助出版

地下工程承压地下水的控制与防治技术研究

王星华 涂 鹏 周书明 龙援青 汪建刚 著

中国铁道出版社

2012年·北京

内 容 简 介

具有承压地下水特点的地下工程防排水问题是一世界性难题,本书在国家 863 计划项目企业科研基金联合支持下,以实际工程为背景,应用理论分析、数值模拟计算、室内外模型试验、现场测试和现场施工工艺试验等方法,有针对性地研究了承压地下水对地下工程围岩的渗透与破坏机理,获得承压地下水防治与控制的相关技术措施。

本书可供土木工程、铁道工程、交通工程、隧道工程、水利工程等领域的科研人员、工程技术人员参考,也可作为相关专业研究生、本科生的教材和参考用书。

图书在版编目(CIP)数据

地下工程承压地下水的控制与防治技术研究/王星华等著．—北京:中国铁道出版社,2012.12
ISBN 978-7-113-15346-5

Ⅰ.①地… Ⅱ.①王… Ⅲ.①地下工程-地下水-水处理-研究 Ⅳ.①TU94

中国版本图书馆 CIP 数据核字(2012)第 223691 号

书　　名:	地下工程承压地下水的控制与防治技术研究
作　　者:	王星华　涂　鹏　周书明　龙援青　汪建刚

责任编辑:	徐　艳	电话:	010-51873193
编辑助理:	江新照		
封面设计:	郑春鹏		
责任校对:	张玉华		
责任印制:	郭向伟		

出版发行:中国铁道出版社(100054,北京市西城区右安门西街 8 号)
网　　址:http://www.tdpress.com
印　　刷:北京铭成印刷有限公司
版　　次:2012 年 12 月第 1 版　2012 年 12 月第 1 次印刷
开　　本:787 mm×1 092 mm　1/16　印张:27.25　字数:669 千
书　　号:ISBN 978-7-113-15346-5
定　　价:85.00 元

版权所有　侵权必究

凡购买铁道版的图书,如有缺页、倒页、脱页者,请与本社读者服务部联系调换。
电　　话:市电(010)51873170　路电(021)73170(发行部)
打击盗版举报电话:市电(010)63549504　路电(021)73187

序　言

  应用钻爆法修建隧道,特别是水下隧道工程时,承压地下水的防治若处理不好,将会造成突水、突泥等安全事故,严重影响隧道施工人员的生命安全及施工成本,同样会对隧道运营期间的安全与维护产生影响。

  近年来,随着我国国民经济的发展,地下工程的建设也随之快速发展,以满足交通、国防、市政、矿山等各个方面的需求,为此修建了大量的山岭隧道、水下隧道、矿山坑道、城市地铁以及各种地下工程。这些隧道无一例外地都要穿越各种复杂的地质构造单元,所通过的地层中均存在着或多或少的断层破碎带、岩脉侵入带等不良地层,而且遇到的地下水大部分都具有一定的水压力。这些地层的岩石破碎、节理裂隙发育、透水性好,在隧道施工过程时,由于地下水的影响,在施工中极易产生突水、突泥等灾难性事故,是隧道施工中最具危害性的灾害之一,如渝怀铁路的圆梁山隧道、歌乐山隧道等突水事故以及新闻媒体经常报导的煤矿突水事故等。因此,为了保证隧道的安全施工,对隧道施工过程中所遇到的承压地下水必须加以控制与疏导。

  含有承压地下水的隧道不同于一般的隧道,有其自身的特殊性,许多设计和施工问题还需进一步地完善和解决。如何安全通过岩层断裂破碎带与岩脉侵入带等不良地层将成为隧道安全施工的关键,也是影响地下水防治工程成败的关键,其中最主要的是如何控制与疏导隧道施工过程中所遇到的承压地下水。国内外对于承压地下水的控制措施也不尽相同,针对各自特点具有不同的设计规范和规定。我国已有的防排水设计规范中,铁路隧道和公路隧道允许采用"全排"或"全堵"防水方式,但是对"以堵为主、限量排放"原则中的限量标准没有明确的规定。对于较高水头的暗挖海底隧道结构的防排水设计而言,目前国内铁路隧道设计规范和公路隧道设计规范都没有明确说明。

  承压地下水隧道的防治水工作是一项世界性的高难度课题,本书作者们在国家863计划和有关企业科技计划的联合资助下,以精伊霍铁路北天山隧道、青岛胶州湾海底隧道、长沙营盘路湘江隧道与南湖路湘江隧道等实际工程为背景,应用理论分析、数值模拟计算、室内外模型试验、现场测试和现场施工工艺试验等方法,有针对性地研究了承压地下水对地下工程围岩的渗透与破坏机理,获得承压地下水防治与控制的相关技术措施,攻克有压力地下水条件地下工程安全施工的关键技术难题,保证隧道的安全施工,提高了施工效率,降低了施工运营成本,形成具有自主知识产权的承压地下水条件下隧道钻爆法施工的成套关键核心技术。隧道建成后进行了地下水治理效果测试,结果表明隧道结构表面干燥,排水量为

单洞低于 $0.2 m^3/d \cdot m$，优于设计值 $0.4 m^3/d \cdot m$ 的标准，也优于世界先进水平的代表，如挪威海底隧道的控制标准 $30 L/min \cdot 100 m$（$0.432 m^3/d \cdot m$）和日本青函隧道海底段标准 $45 L/min \cdot 100 m$（$0.648 m^3/d \cdot m$）。这些研究成果在隧道软弱围岩破碎带地段有压地下水防治技术方面获得了突破性进展。

纵观全书，起点较高，资料丰富，内容新颖。本书成果不仅整体上有一定的超前性，而且对于工程实际具有很好的实用性和指导性。本书的出版将为我国地下工程防治水方面的工程实践提供很好的经验借鉴，是一本具有较高学术水平和工程指导意义的专著。

作者在本专著中将研究成果翔实地向同行们作了系统的介绍，相信在促进同行们学术交流的同时，也能够拓展同行们分析工程问题的思路，为解决实际问题提供帮助和参考。希望广大读者在阅读本书的同时，从不同的学科领域出发，将自己的聪明才智和研究成果贡献给我国的地下工程事业。

中国科学院院士
中科院寒区旱区环境与工程研究所副所长、研究员
2012.9.29

前　言

在修建各种地下工程时，地下水严重影响到地下工程的正常施工和安全运营，特别是承压地下水，对地下工程的施工安全影响更大。如若不能很好地控制与疏导承压地下水，将会在施工过程中造成突水、突泥等灾难性事故，严重影响到施工人员的生命安全与施工成本，同时也影响到地下工程的运营成本。

近年来，我国修建了大批山岭隧道、水下隧道、矿山坑道以及各种地下工程。由于地质条件的千变万化，在地层中所修建隧道也会遇到各种复杂的地质构造单元和断层破碎带、岩脉侵入带等不良地层，而这些不良地层往往都含有大量的地下水，有些甚至与地下暗河相通。随着隧道的埋深越来越大，所遇到的地下水的压力也越来越大，水下隧道的这种情况就更加严重。由于这些地层的围岩破碎、节理裂隙发育、透水性好，当隧道施工通过时，由于地下水的影响，在施工过程中极易产生突水、突泥等灾难性事故，是隧道施工过程中最具危害性的灾害之一。如宜万铁路野三关隧道、厦门翔安海底隧道、渝怀铁路的圆梁山隧道、歌乐山隧道等突水事故以及新闻媒体经常报导的煤矿突水事故等。因此，为了保证隧道的安全施工，对隧道施工过程中所遇到的承压地下水必须加以控制与疏导。

由于含有承压地下水的隧道具有不同于一般隧道的一些特性，许多设计和施工方面的问题还需进一步的完善和解决。如何安全通过地层断裂破碎带与岩脉侵入带等不良地层是隧道安全施工的关键，如何处理与控制承压地下水也是影响地下水防治工程成败与隧道运营成本高低的关键之一，其中最主要的是如何控制与疏导隧道施工过程中所遇到的承压地下水。在施工过程中如果能够很好地控制与疏导承压地下水，一方面能保证施工人员的安全、降低施工成本，另一方面则能减少隧道运营期间的排水量，降低排水的费用，达到降低运营成本的目的。各个国家由于国情不同，对于承压地下水的控制措施与方法也不相同，都针对各自的特点，制定了不同的设计规范和标准。在我国现有的地下工程防排水设计规范中，一方面允许地下工程采用"全排"或"全堵"的防水方式，另一方面也允许采用"以堵为主、限量排放"的防水方式，但是对该原则中的限量排放的标准没有明确的规定。对于具有较高水头的海底隧道和深埋长大山岭隧道结构的防排水设计而言，目前国内的铁路隧道设计规范和公路隧道设计规范都没有明确说明"限量排放"的量到底是多少，这个量是关系到隧道运营期间排水费用高低的关键所在。

为了保障地下工程的施工安全和降低施工成本，减少运营期间的维护费用，本书以精伊霍铁路北天山隧道、青岛胶州湾海底隧道、长沙营盘路湘江隧道等实际工程为背景，有针对性地研究了承压地下水对地下工程围岩的渗透和破坏机理，得到了承压地下水的防治与控制的有关措施，保证了隧道的安全施工，提高了施工效率，降低了施工和运营成本，形成具有自主知识产权的承压地下水条件下隧道钻爆法施工的成套关键核心技术。隧道建成后所进行的地下水治理效果测试结果表明隧道结构表面干燥，实际的排水量为单洞低于 $0.2\ m^2/d·m$，优于设计值 $0.4\ m^3/d·m$ 的标准，也优于世界先进水平的代表：挪威海底隧道控制标准 $30\ L/min·100m(0.432\ m^3/d·m)$ 和日本青函隧道海底段标准 $45\ L/min·m$ $(0.648\ m^3/d·m)$。

本书是国家 863 高科技计划和有关企业科研基金资助的几个项目研究成果的总结。本书作为承压地下水隧道防治水方面的专著，共分 7 篇，共 44 章。第一篇主要论述了承压地下水条件下隧道围岩的应力场、位移场与渗流场相互之间的耦合关系；第二篇论述了承压地下水隧道注浆效果的检测方法、理论与工程实例；第三篇论述了承压地下水隧道超前地质预报的方法、理论与工程实例；第四篇论述了注浆浆液结石体使用寿命评估方法的原理、理论与测试仪器；第五篇依托工程——青岛胶州湾海底隧道论述了注浆工艺的特点；第六篇依托工程——北天山隧道论述了注浆工艺的特点；第七篇论述了承压地下水隧道防排水设计方法、原理及特殊防排水工艺与材料的应用。

本书在撰写过程中得到了中铁十七局集团精伊霍铁路项目指挥部、中铁隧道勘测设计院青岛胶州湾海底隧道项目部、中铁二局青岛胶州湾海底隧道项目部、中铁十六局青岛胶州湾海底隧道项目部、中铁隧道局青岛胶州湾海底隧道项目部等单位的帮助，他们提供了大量的现场实际资料和现场试验的方便，也要感谢中铁十七局的段东明、荆学亚、张秋生、潘敏、罗忠贵等人所提供的丰富的北天山隧道现场数据和资料，中铁隧道设计院的周书明、张先锋等人所提供的大量海底隧道的设计资料，中铁二局的龙援青、伍智清、卿三惠、方朝刚，中铁十六局的黄忆龙、陈广亮、凌树云、江波，中铁七局的毛锁明、王建军等人所提供的相关青岛胶州湾隧道的注浆资料，也要感谢中铁十六局青岛胶州湾海底隧道项目部的凌树云、江波等人为注浆的室内试验所提供的场地和材料！

感谢刘园园、方晓慧、孙建林、庄乐等研究生为书稿的文字校对所做的工作！此外，本课题的研究工作得到了"国家高科技发展计划（863 计划）"项目基金的资助（No. 20077AA11Z134），也得到了中铁二局科研基金（No. 009R023）、中铁七局科研基金（No. 2008-04）、中铁十六局科研基金（No. 2009R01-009）的联合资助，在此一并表示感谢。本书的出版得到了铁路科技图书出版基金的资助，在此表示感谢，笔者也衷心感谢铁道出版社有关人员为本书的出版所付出的辛勤劳动和努力。

我国最年轻的科学院院士赖远明博士为本书所作的序言，既是对作者的鼓励,也是对作者的鞭策。在此,非常感谢赖院士从百忙中抽出时间为本书写序。

本书是以作者所参与的研究课题的相关科研成果为基础而整理成文的,时间仓促,难免存在错漏,敬请各位读者批评指正,伺机修正。

作者

2012 年 9 月于长沙

目　　录

第一篇　承压地下水条件下隧道围岩应力场、位移场与渗流场耦合研究

第1章　绪　　论……………………………………………………………………… 3
1.1　国内外承压地下水隧道建设发展现状与存在的问题…………………………… 3
1.2　隧道围岩稳定性研究现状与存在的问题………………………………………… 10
1.3　裂隙岩体中渗流场研究现状与存在的问题……………………………………… 12
1.4　隧道衬砌外水压力研究现状与存在的问题……………………………………… 14

第2章　隧道围岩渗流场研究………………………………………………………… 16
2.1　引　　言…………………………………………………………………………… 16
2.2　岩石断裂带隧道围岩的岩性特征与力学性质研究……………………………… 16
2.3　隧道岩石断裂带与围岩的水力学特性、渗流场特性…………………………… 18
2.4　裂隙岩体地下水渗流的数学模型研究…………………………………………… 19
2.5　裂隙介质渗流规律………………………………………………………………… 21
2.6　岩体渗流场与应力场的相互作用机理…………………………………………… 24
2.7　岩体渗流场与应力场、位移场耦合的数学模型………………………………… 26
2.8　岩体渗流场与应力场、位移场耦合的解析解、数值解………………………… 31
2.9　裂隙岩体渗流场的数值模拟分析………………………………………………… 33
2.10　本章小结………………………………………………………………………… 38

第3章　隧道围岩的结构力学性能分析研究………………………………………… 39
3.1　屈服条件…………………………………………………………………………… 39
3.2　模型建立…………………………………………………………………………… 43
3.3　弹塑性分析………………………………………………………………………… 43
3.4　地下水对岩体力学性质的影响…………………………………………………… 48
3.5　圆形隧道围岩与衬砌相互作用的弹塑性研究…………………………………… 50
3.6　仰拱对隧道力学特性的影响……………………………………………………… 52
3.7　隧道超欠挖力学效应的研究……………………………………………………… 53
3.8　本章小结…………………………………………………………………………… 54

第4章　隧道围岩稳定的力学场、位移场与渗流场的流固耦合分析研究………… 55
4.1　有限差分法及FLAC 3D简介……………………………………………………… 55
4.2　FLAC 3D在流固耦合分析中的应用……………………………………………… 56
4.3　隧道衬砌外水压力研究…………………………………………………………… 63

4.4	计算方法的分析	63
4.5	衬砌背后水压力的影响因素	65
4.6	隧道衬砌背后水压力的数值模拟分析	65
4.7	本章小结	87

第5章 实际隧道的数值模拟 88

5.1	青岛胶州湾海底隧道施工数值模拟	88
5.2	北天山隧道施工数值模拟	101
5.3	本章小结	112

第6章 隧道断裂破碎带注浆设计 113

6.1	青岛胶州湾海底隧道 F_{4-4} 断裂破碎带注浆设计	113
6.2	北天山隧道注浆施工设计	122
6.3	本章小结	126

第7章 隧道最大涌水量预测 127

7.1	隧道涌水量预测方法的研究	127
7.2	隧道涌水量与各量值之间的关系	129
7.3	承压地下水山岭隧道涌水量预测方法	131
7.4	海底隧道涌水量预测方法	136
7.5	多年冻土地区隧道涌水量预测方法	139
7.6	工程实例	139

第8章 结 论 150

第二篇 承压地下水隧道注浆效果检测研究

第1章 绪 论 155

1.1	注浆的起源、发展、现状、趋势	155
1.2	注浆效果评价方法的研究现状、发展趋势	159
1.3	注浆效果检查的意义	161

第2章 注浆浆液流变学 162

2.1	浆液的流变性	162
2.2	宾汉流体	165
2.3	幂律体浆液扩散公式	167

第3章 注浆浆液在孔隙地层中的流动规律 169

3.1	牛顿流体粗糙裂隙的渗流规律	169
3.2	非牛顿流体粗糙裂隙渗流规律的研究	171
3.3	牛顿流体扩散模型	173

3.4 宾汉姆流体的扩散模型 …………………………………………………………… 179
3.5 Herschel-Bulkley 浆液在裂隙岩体中的扩散规律研究 …………………………… 184

第4章 注浆效果检测方法研究 …………………………………………………… 188
4.1 分　　类 ………………………………………………………………………… 188
4.2 静力触探法 ……………………………………………………………………… 189
4.3 旋转触探法 ……………………………………………………………………… 193
4.4 弹性波探查法 …………………………………………………………………… 200
4.5 电　探　法 ……………………………………………………………………… 207
4.6 注浆效果检查的物探法研究 …………………………………………………… 214

第5章 注浆效果检测实例分析 …………………………………………………… 217
5.1 注浆前 TSP 超前预报成果分析 ………………………………………………… 217
5.2 注浆后 TSP 超前预报成果分析 ………………………………………………… 219
5.3 开挖后岩层注浆效果分析 ……………………………………………………… 220

第6章 结　　论 …………………………………………………………………… 222

第三篇　承压地下水隧道超前地质预报研究

第1章 绪　　论 …………………………………………………………………… 225
1.1 地质分析方法 …………………………………………………………………… 225
1.2 地球物理探测方法 ……………………………………………………………… 226
1.3 承压地下水隧道超前地质预报的目的和性质 ………………………………… 228

第2章 地球物理特性 ……………………………………………………………… 231
2.1 密度与波速 ……………………………………………………………………… 231
2.2 电　阻　率 ……………………………………………………………………… 233
2.3 介电常数 ………………………………………………………………………… 234
2.4 岩石的红外辐射特性 …………………………………………………………… 235

第3章 施工超前地质预报方案 …………………………………………………… 237
3.1 地质调查法 ……………………………………………………………………… 237
3.2 超前钻探法 ……………………………………………………………………… 237
3.3 物　探　法 ……………………………………………………………………… 239
3.4 超前导坑预报法 ………………………………………………………………… 249
3.5 超前地质预报技术手段的效用及特点 ………………………………………… 250
3.6 承压地下水隧道超前地质预报方案选择 ……………………………………… 251

第4章 海底隧道承压水地质超前预报 …………………………………………… 252
4.1 海底隧道超前地质预报方案编制的指导思想 ………………………………… 252

4.2　海底隧道超前地质预报方案编制要求 ………………………………………… 252
　4.3　海底隧道超前地质预报方案 …………………………………………………… 252
　4.4　超前地质预报应用的影响因素 ………………………………………………… 253

第5章　山岭岩溶隧道承压水地质超前预报 ………………………………………… 255
　5.1　引起突水灾害的地质条件 ……………………………………………………… 255
　5.2　山岭隧道超前地质预报方案 …………………………………………………… 256
　5.3　岩溶地区山岭隧道超前地质预报方案 ………………………………………… 256

第6章　实际地质条件与预报结果的对比分析 ……………………………………… 273

第7章　结　　论 ……………………………………………………………………… 280

第四篇　注浆浆液结石体使用寿命评估方法研究

第1章　绪　　论 ……………………………………………………………………… 283

第2章　浆液结石体固结原理 ………………………………………………………… 285
　2.1　水泥浆液水化固结原理 ………………………………………………………… 285
　2.2　水泥＋黏土浆液固结原理 ……………………………………………………… 290
　2.3　黏土固化浆液的固结原理 ……………………………………………………… 291
　2.4　水泥＋水玻璃浆液固结原理 …………………………………………………… 293

第3章　浆液结石体寿命评价方法的研究 …………………………………………… 294
　3.1　引　　言 ………………………………………………………………………… 294
　3.2　水泥基注浆材料使用寿命评估及预测理论 …………………………………… 294
　3.3　酸性环境下注浆材料使用寿命的评估预测 …………………………………… 302
　3.4　海水环境下注浆材料使用寿命的评估预测 …………………………………… 306
　3.5　本章小结 ………………………………………………………………………… 311

第4章　浆液结石体使用寿命评估标准 ……………………………………………… 312
　4.1　浆液结石体使用寿命评估程序 ………………………………………………… 312
　4.2　浆液结石体使用寿命影响因素 ………………………………………………… 313
　4.3　浆液结石体使用寿命评估实例 ………………………………………………… 314

第5章　注浆结石体寿命测试仪的研究 ……………………………………………… 317
　5.1　引　　言 ………………………………………………………………………… 317
　5.2　注浆结石体寿命测试仪的研究思路 …………………………………………… 317
　5.3　注浆结石体寿命测试仪的基本结构及各部分的功能 ………………………… 318
　5.4　注浆结石体寿命测试仪的使用说明 …………………………………………… 319
　5.5　注浆结石体寿命测试仪的操作规程 …………………………………………… 320
　5.6　小　　结 ………………………………………………………………………… 320

第6章 海底隧道注浆材料耐久性模糊综合评定 …… 322

6.1 引　言 …… 322
6.2 模糊综合评价方法简介 …… 322
6.3 注浆浆液材料及配比 …… 324
6.4 注浆浆液材料耐久性指标及试验方法 …… 325
6.5 浆液材料耐久性综合评定 …… 326
6.6 本章小结 …… 331

第7章 结　论 …… 332

第五篇　青岛胶州湾海底隧道注浆施工工艺

第1章 工程概况 …… 335
1.1 地质概况 …… 335
1.2 胶州湾海底隧道注浆情况概述 …… 335

第2章 注浆设计 …… 336
2.1 设计原则 …… 336
2.2 注浆方案选择原则 …… 336
2.3 超前预注浆 …… 337
2.4 注浆效果分析方法 …… 338
2.5 径向补充注浆 …… 339

第3章 注浆施工 …… 340
3.1 注浆施工决策 …… 340
3.2 注浆施工工序组织 …… 340
3.3 止浆墙施工 …… 341
3.4 钻孔注浆 …… 341
3.5 注浆结束标准 …… 344
3.6 注浆过程异常情况处理 …… 345
3.7 注浆施工中的技术管理 …… 346
3.8 注浆效果评价 …… 346
3.9 注浆机械设备、主要材料及劳动力组织 …… 348

第4章 对青岛海底隧道注浆设计与施工的一些看法 …… 350
4.1 超前地质预报 …… 350
4.2 注浆材料问题 …… 350
4.3 预注浆关键部位 …… 350
4.4 止浆系统采用 …… 351
4.5 注浆试验的必要性 …… 351

第六篇　北天山隧道注浆施工工艺

第1章　工程概况…………………………………………………………………………355
1.1　地质概况……………………………………………………………………………355
1.2　北天山隧道注浆情况概述…………………………………………………………355

第2章　注浆设计…………………………………………………………………………356
2.1　注浆堵水工作原理…………………………………………………………………356
2.2　注浆方案的选择原则………………………………………………………………356
2.3　径向注浆……………………………………………………………………………356
2.4　超前帷幕注浆………………………………………………………………………359

第3章　注浆施工…………………………………………………………………………364
3.1　注浆施工总体方案…………………………………………………………………364
3.2　注浆施工参数………………………………………………………………………364
3.3　注浆施工方案………………………………………………………………………366
3.4　注浆施工要点………………………………………………………………………368
3.5　注浆异常情况处理…………………………………………………………………369
3.6　径向补充注浆………………………………………………………………………370

第4章　对北天山隧道注浆设计与施工的一些看法……………………………………371
4.1　关键技术及创新点…………………………………………………………………371
4.2　社会和经济效益……………………………………………………………………371

第七篇　承压地下水隧道防排水设计方法与防水材料研究

第1章　现有国内外防排水规范以及规定的设计情况…………………………………375

第2章　防排水设计原则和技术标准……………………………………………………376
2.1　防排水设计原则……………………………………………………………………376
2.2　防排水的技术标准…………………………………………………………………376

第3章　水压力作用与渗流场……………………………………………………………378

第4章　承压地下水海底隧道防排水设计………………………………………………380
4.1　复合式衬砌防排水设计……………………………………………………………380
4.2　锚喷支护衬砌防排水设计…………………………………………………………383
4.3　特殊部位防排水设计………………………………………………………………383

第5章　承压地下水山岭隧道防排水设计………………………………………………386
5.1　防水设计……………………………………………………………………………386
5.2　排水设计……………………………………………………………………………387
5.3　岩溶地区隧道的防排水设计………………………………………………………388

第6章 隧道防、排水系统施工 …… 390

6.1 防水层施工技术要求 …… 390
6.2 施工缝、变形缝的施工 …… 395
6.3 复合式衬砌隧道排水系统施工 …… 396
6.4 锚喷支护隧道排水系统施工 …… 397

第7章 防排水材料 …… 398

7.1 防水材料 …… 398
7.2 排水材料 …… 399
7.3 注浆材料 …… 400
7.4 接缝防水材料 …… 402

第8章 可维护排水设施的维护方法 …… 407

8.1 隧道排水管常见结垢原因 …… 407
8.2 可维护排水结构的清洗方法 …… 407
8.3 排水结构的维护设备 …… 409

致　　谢 …… 415

参考文献 …… 416

第一篇

承压地下水条件下隧道围岩应力场、位移场与渗流场耦合研究

第1章 绪 论

在修建各种地下工程时,地下水将严重影响到地下工程的正常施工和安全运营,特别是承压地下水,对地下工程的施工安全影响更大。如若不能很好地控制承压地下水,将会在地下工程施工过程中造成突水、突泥等灾难性事故,严重影响到施工人员的生命安全,同时也会影响到地下工程的安全运营。

近年来,我国修建了大批山岭隧道、水下隧道、矿山坑道以及各种地下工程。这些隧道无一例外地都要穿越各种复杂的地质构造单元,所通过的地层中均存在着或多或少的断层破碎带、岩脉侵入带等不良地层。这些隧道所遇到的地下水大部分都有一定的水压。这些地层的岩石破碎、节理裂隙发育、透水性好,当隧道施工通过时,由于地下水的影响,在施工过程中极易产生突水、突泥等灾难性事故,是隧道施工过程中最具危害性的灾害之一。如渝怀铁路的圆梁山隧道、歌乐山隧道等突水事故以及新闻媒体经常报导的煤矿突水事故等。因此,为了保证隧道的安全施工,对隧道施工过程中所遇到的承压地下水必须加以控制与疏导。

含有承压地下水的隧道不同于一般的隧道,有其自身的特殊性,许多设计和施工问题还需进一步的完善和解决。如何安全通过岩层断裂破碎带与岩脉侵入带等不良地层将成为隧道安全施工的关键,也是影响地下水防治工程成败的关键之一,其中最主要的是如何控制与疏导隧道施工过程中所遇到的承压地下水。国内外对于承压地下水的控制措施也不尽相同,针对各自特点有不同的设计规范和规定。在我国已有的防排水设计规范中,铁路隧道和公路隧道允许采用"全排"或"全堵"的防水方式,但是对"以堵为主、限量排放"原则中的限量标准没有明确的规定。对于较高水头的暗挖海底隧道结构的防排水设计而言,目前国内铁路隧道设计规范和公路隧道设计规范都没有明确说明。为了保障地下工程的施工安全和运营安全,减少运营期间的维护费用,在科技部国家863高科技计划项目基金的资助下,有针对性地研究了承压地下水对地下工程围岩的渗透和破坏机理,得到了承压地下水的防治与控制措施。

1.1 国内外承压地下水隧道建设发展现状与存在的问题

1.1.1 国外海底隧道建设概况

早在1751年,法国地理、物理学家Nicola Demara就曾提议修建英吉利海峡隧道。日本的青函隧道从1946年开始经过25年的勘察研究,1972年确定方案,经过24年的艰难施工,直到1988年3月建成这条世界上最长的海底隧道。到了20世纪80年代,英法海峡隧道终于又再被提到议事日程上来。1985年公开招标,1987年开始施工,1993年12月竣工。

青函隧道和英法海峡隧道的建成在世界上引起了一场海底隧道建设热。意大利计划修建横跨墨西拿海峡的隧道,把本土与西西里岛连接起来;日韩两国正在筹建穿过对马海峡的隧道。此外,丹麦大海峡、直布罗陀海峡、马六甲海峡等世界许多海峡都在进行海底隧道的规划或调查[1]。

下面以英法海峡隧道、日本东京湾公路隧道、丹麦斯多贝尔特大海峡隧道这世界三大海底隧道以及挪威海底隧道为例介绍国外海底隧道建设概况[2]。

1. 英法海底隧道

长 49 km、连接英国和法国的英法海峡隧道工程由三条隧道组成,于 1987 年 12 月开始动工,1993 年 6 月对外运营开放。在整个隧道长度的走向中,直径 4.8 m 的服务隧道居中,直径 7.8 m 铁路隧道位于两侧。建成后的铁路隧道主要用于装载乘客、汽车、特快列车和货运慢车运行。总计长度 147 km 的隧道,主要由 11 台具有高度自动化和 ZED 激光导向特点的盾构掘进机担任掘进施工。盾构掘进机后辅助设备车架长数百米,盾构掘进机昼夜不停地连续施工,推进速率达到 1 400 m/mon。当英法海峡隧道施工完成后,大多数盾构掘进机的施工距离都超过当时世界上已有的其他多数盾构掘进机设计施工使用寿命的 3 倍多。

1991 年 6 月 29 日,投资 128 亿美元、总长约 50 km 的英法海峡隧道全部凿通。欧洲隧道公司是英法海峡隧道的业主,施工承包是英法 TML 公司。经过 7 年的努力,3 条平行隧道及配套工程于 1993 年 12 月 12 日移交欧洲隧道公司。这项工程由于隧道工程在设计与施工方法上的快速向前发展,使这项巨大工程在施工、安全、造价和工期等方面最后都取得了空前的成功。

英法海峡隧道采用 TBM 施工法进行长距离、大断面机械开挖,施工成效显著。特别是 TBM 机型的确定,TBM 技术创新与进步,新型掘进机的技术性能和功能特征,以及 TBM 后车架配套设备优化等技术环节起到了非常重要的作用,其有效性也得到了证实。

英法海峡隧道是近 10 年来世界上规模最大、最宏伟的海底铁路隧道之一。新一代的 TBM 在施工中采用了最新的技术及设备,并创下掘进新成就。

(1) 采用 TBM 掘进大断面隧道长度达 18 532 m(8 号 TBM),创世界之最。

(2) 最大月进尺达 1 487 m(9 号 TBM),创长大海底铁路隧道施工掘进最好成绩之一。

(3) 在长大的海峡隧道中 TBM 时间利用率提高到 90%,整个系统的时间利用达到 60% 的最好成绩,也是最新纪录。

(4) 建造海底长大铁路隧道采用混合机型 TBM 崭新技术的施工还属首创。

(5) 由于最初的基本技术的应用得到了极大的变革,已与复杂地质条件下施工相适用,TBM 的适用性、可靠性和先进性在工程实践中作用也得到证实。

英法海峡隧道建成,不但再现了其无以伦比的 TBM 技术,而且还向人们展示了 TBM 技术发展所取得的惊世成就。其成功关键因素是致力于 TBM 技术追求多样化的有机融合,而不仅仅是技术突破。这一点在研究、设计、工程和持续改进等各个环节中都已体现。这些使英法海峡隧道工程建设优质高效完成,海峡隧道的修建标志着 TBM 施工技术的最新水平,也是融合英法美日德等国家 TBM 施工技术于一体的最高成就。

2. 日本东京湾公路隧道设计与施工

横贯东京湾公路通道的建造,其意义和作用非常大,它把位于日本首都国内的干线公路——东京湾海岸公路、东京外围环形公路、首都中央联络汽车道路和东关东汽车道路联成一体,构成广阔领域的干线公路网。

东京湾公路几乎处在海湾的中间部位,把西面的神奈川县和东面的千叶县的木更津市联结在一起,成为全长 15.1 km 的汽车专用道路。

横贯东京湾公路是一项海上工程,气势宏大的施工规模,对于困难的自然条件(包括地质、气候和地震等)以及严格的规划限制(指海上拥挤不堪的航运和环境保护)等诸多因素均要求采取对策。

从 1966 年日本的建设省开始调查起，经 1976 年日本道路集团继续进行调查，于 1986 年成立了横贯东京湾公路工程公司。到 1989 年着手建设该工程，最后于 1996 年 8 月完成全线工程。

全长 15.1 km 的东京湾公路，其海上部分由三大段组成：一是船舶航行较多的川崎侧，为长 9.1 km 的海底盾构隧道；二是处在水深较浅的木更津侧，为长 4.4 km 的海上桥梁；三是川崎侧岸边浮岛的引道部分。为了缩短盾构的掘进距离，于 9.9 km 隧道段海上部分的中间处筑造了川崎人工岛。此人工岛的筑造，是供隧道盾构向东、西两个方向推出 4 台盾构，而在隧道的东端、联接桥梁的西端处，也筑造了木更津人工岛。从木更津人工岛上的沉井中向西推出 2 台盾构，和由川崎人工岛沉井中向东推出的 2 台盾构在东侧的海底地层中对接接合；而从川崎人工岛沉井中向西推出的 2 台盾构，和从浮岛部分沉井中向东推出的 2 台盾构，在西侧海底地层中对接接合。整条长 9.1 km 的海底隧道建造，是由 8 台直径为 14.14 m 的超大型泥水式土压平衡盾构在海底地层中穿越接通。此类盾构掘进机，长为 13.5 m、重达 3 200 t，实属世界上最大级的盾构机械。

隧道行车按每只盾构为同向双车道通行，两来两去，规划要求 6 车道，也即将来还要增推一条相同规模的隧道。

横贯东京湾公路工程包括人工岛、隧道和桥梁三大部分。

从工程的难易程度来说，人工岛是筑造问题最多、技术难度较大的结构物，特别是地基改善工法中的疑难杂症甚多，而隧道工法在日本这几年来一直有成功的业绩出现。这两方面的工程，是横贯公路结构物的骸骼部分，尤其是海底隧道占到整个工程的大部分。隧道的设计、施工都体现了其工程规模的庞大、施工技术难度高深。其中提出了不少前所未有的新技术、新工艺，有的是通过大量的试验、研究，最后应用到工程施工中去的，取得了不俗的成绩，其施工实施要点主要体现有：

(1) 快速施工。
(2) 施工中的各种机械装备采用自动化装置。
(3) 在高精度的定向控制方法的基础上，进行相向推进的盾构，实施自动化对接。
(4) 管片拼装作业自动化，管片拼装作业和内衬浇筑混凝土同步施工。

此外，隧道工程的掘进是在长距离、高水压的软弱黏土层中进行的，条件之苛刻也是世界隧道掘进史上所少有的，尤其是在掘进了 2 000~2 500 m 后，2 台面对面的大盾构在海底地层中实施对接，并达到了预期的效果，在盾构掘进史上是值得称颂的。

3. 丹麦斯多贝尔特大海峡隧道工程

多年以来，在斯多贝尔特大海峡下修建一条水下通道，用一条固定的公路和铁路将西面的菲英岛和东面的西兰岛连接起来是丹麦人的一个心愿。1986 年，丹麦政府决定实现其国家人民的夙愿。

丹麦境内连接菲英岛与西兰岛（丹麦首都哥本哈根）之间交通的斯多贝尔特大海峡连接工程，是丹麦建筑史上最大的土木工程，也是当前世界三大隧道工程之一。该工程对隧道领域的建设和发展具有很大的影响，有助于丹麦将公路、铁路交通网贯通全国，将来也有助于交通网连接丹麦、瑞典和欧洲大陆。斯多贝尔特大海峡连接工程对丹麦影响的重大程度，并不亚于英法海峡隧道工程对英国和法国的影响程度。

位于丹麦斯多贝尔特至日德兰半岛本土的大海峡，是一条繁忙的海上通道。不仅用于丹麦东部和西部之间的客运和货运，而且也是波罗的海诸国通至北海的主要航线。大海峡宽

18 km，中央的斯普罗小岛将大海峡分为两条海峡航道，即东面海峡航道和西面海峡航道，国际航线使用东面深水海峡航道。

横穿丹麦境内斯多贝尔特大海峡的连接工程建设分为三个阶段。

第一阶段将包括建设两条暗挖法圆断面的铁路隧道，穿越东面深水航道，于1995年竣工。该隧道出口设在大海峡中央的斯普罗岛，与横跨西面航道的公路、铁路大桥连接。

斯多贝尔特大海峡隧道工程是20世纪最困难的隧道工程之一，其最主要的问题是在最低区段将承受泥灰岩裂隙中的高水压，最大静水压力达8×10^5 Pa，施工中采用井点降水，以降低地下水压，为盾构施工创造了条件。

第二阶段是建设横跨西面航道的公路、铁路双层大桥。西面航道大桥长约6.6 km，大桥跨越斯普罗岛以西海域，连接斯普罗岛和菲英岛，是一座钢筋混凝土公路、铁路两用桥。

大海峡连接工程的第三阶段，是建设一座横跨东面深水航道的高架大桥。该桥全长约6.8 km，其中间部分为4车道悬索桥。

丹麦海峡工程是巨大的。跨越东部海峡的是悬索桥，中间跨长1 668 m，距水面高度65 m，两者均为最高记录。越海工程总造价按1990年的价格计算约为220亿丹麦克朗（约合35亿美元），需耗工50 000人/年。在这些费用中，直接的工程费（保守的计算）153亿丹麦克朗（26.5亿美元）。整个工程至少需要7 000人。高架公路大桥于1996年对外营运开放。

大海峡连接工程全部竣工之后，海底隧道和海上大桥的运载能力，达到了工程竣工前船运的2倍。列车通过海底铁路隧道仅需7 min，汽车通过越海线也只11 min，相比轮渡几乎节省约75 min。对汽车司机和铁路乘客们来说，节省了大量的宝贵时间。1996年开始每天有13 000辆汽车和200列火车通过越海大桥和海底铁路隧道，行车密度增大了一倍。

斯多贝尔特工程的费用来自于丹麦和其他国家的贷款，并由政府提供担保。按1988年物价，该工程的总造价为220亿丹麦克朗（约合人民币280亿元），如果考虑金融和物价上涨因素，总造价为380亿丹麦克朗（人民币490亿元）。其中，东面海峡隧道的费用约占28%，桥梁约占34%；西面海峡桥梁约占23%；其余15%用于地面设施、铁轨铺设和斯普罗岛上工程。如果采用造价/人口比的统计方法，斯多贝尔特大海峡工程是当今世界上建筑工程中最大的一个土木工程，它比英法海峡隧道要大6倍以上。实际上，斯多贝尔特大海峡越海通道是连接斯堪的纳维亚国家与欧洲大陆的最主要通道。

4. 挪威海底隧道概况[3~5]

在北欧，挪威一直是建海底隧道最勤奋的国家。这个国家沿海经济区被一些第四纪冰川形成的狭长海湾—峡湾分割得支离破碎，交通十分不便。为了解决沿海地区的交通问题，挪威20世纪70年代以来先后在一些峡湾建起了海底隧道。

目前，挪威是世界上修建海底隧道最多的国家，至今为止，已经修建39座海底隧道，总长度达到124.1 km，近期计划修建的还有9座海底隧道。挪威的海底隧道位于各种地质构造中，从典型的硬岩（如前寒武纪的片麻岩）到不坚实的千枚岩和质量不良的片岩和页岩。所有隧道均穿过海底明显的软弱地带。许多拟建的海底隧道经过了十多年的研究论证。过去40多年来，挪威人积累了丰富的海底隧道设计、施工经验，已经成为海底硬岩隧道工程方面最熟练的专家，对于海底硬岩隧道，他们总结出其施工的特殊要求：

(1) 现场调查：因为海底隧道比较复杂，且其大部分被水包围，故海底隧道一般比陆地隧道要进行更多的现场地质调查。

(2) 海底部分的岩石覆盖层：最小岩石覆盖层厚度必须足够，以确保当发生岩石崩落或坍塌时在隧道内不会出现危险。

(3) 探测钻孔和超前注浆：修建海底隧道最重要的一点难题是避免海水大量的渗漏，为此可在隧道工作面前方实施系统的探测钻孔，以便早发现离工作面足够远处的渗漏区，并采用超前预注浆的方法封闭渗漏区。

(4) 支护措施：海底隧道的环境十分恶劣，因此对使用的材料有特别要求。

(5) 海底隧道施工技术：必须有特殊的应急措施，如大功率抽水设备，以对付较大的渗漏水，一项重要的措施是尽快实施超前预注浆。

(6) 排水：抽水系统应有一个应急蓄水池，容量至少可储存 24 h 的渗漏水量。

(7) 技术设备：海底电缆及类似设备应有防腐涂层，80 μm 的热浸电镀锌层及加有环氧树脂的防腐涂层。

从上述要求看出，注浆是整个施工过程中一个极其重要的环节，当系统探测钻孔发现海底隧道某段可能存在出水带或其他不良地质条件时，最重要的是在距工作面前方足够远的地方确定出可能的涌水量，以便用超前注浆封闭。注浆除有封闭作用外，还常常可以改善不良岩体的稳定性。

在挪威海底隧道的施工中，通常当一个或多个探孔的出水量超过 6 L/min，且出水处至工作面的距离小于 10 m 时即应施行超前注浆。首先钻锥形布置的注浆孔。注浆截止压力要适合于具体情况，如采用普通快凝水泥时一般为 4 MPa。为缩短凝固时间尽可能快地开始下一个爆破循环，可以采用特殊的速凝水泥(Lemsil)在注浆截止压力为 6 MPa 时进行注浆。这样可使注浆时间由 24 h 降至 2 h。挪威海底隧道平均每米注浆量一般为 0~100 多千克。Godoy 隧道的注浆量超过了 400 kg/m。

1.1.2 国内水下隧道建设概况

目前国内仅建成了两座海底隧道：厦门的祥安隧道和青岛胶州湾海底隧道，到目前为止，我国大陆已建成的各种水下隧道已超过 10 余座。在上海的黄浦江先后修建了打浦路、延安东路和延安东路复线三座城市道路隧道；1999 年初，又建成 2 条上海地铁 2 号线黄浦江区间隧道，2011 年 10 月通车的长沙的营盘路湘江隧道。计划中的轨道交通—明珠线还将建成 4 条黄浦江过江隧道。20 世纪 90 年代以来，我国大陆除建成了众所周知的多条黄浦江隧道外，还建成了广州珠江沉管隧道和宁波甬江沉管隧道。值得注意的是，这两座水下隧道都是由国内的技术力量设计和施工的，其运营情况和防水效果都十分良好。

此外，我国香港已建成 5 座越海隧道，它们全部采用沉管隧道的型式。我国台湾也修建了高雄港跨港隧道和新店溪河隧道。广州救捞局参与了香港西区的两条隧道的沉放工作。

2006 年，国内两条完全自主设计施工的海底隧道破土动工，分别是青岛胶州湾湾口海底隧道和厦门翔安隧道。其中青岛胶州湾湾口海底隧道工程是连接青岛市主城与辅城的重要通道，南接薛家岛，北连团岛，下穿胶州湾湾口海域，隧道全长 6.17 km，其中隧道长 5.55 km，两端敞口段长 620 m，平均水深 7 m 左右，最大水深 65 m。湾口最大水深 40 m。工程总投资 31.86 亿元。厦门翔安隧道由厦门岛向西与仙岳路相接，向东经五通码头跨海至内陆翔安区下店，与翔安大道相接，隧道全长 9 km，其中跨海主体工程长约 6 km，隧道最深在海平面下约 70 m；项目总投资约 32.5 亿元。

另外，国内还有几条计划修建的大型海底隧道，如下述。

(1) 海峡跨海工程

由大连到烟台的陆上交通距离为 1 450 km,而海上交通距离仅为 165 km,渤海海峡宽 130 km,水深 86 m,是连接辽南与胶东的最短水道。国家将开辟连—烟线铁路轮渡航线,已于 2010 年完成。西通道由蓬莱至旅顺的跨海工程,计划 2020 年完成,预计投资 600 亿元。

(2) 长江口越江工程

为开发长江口崇明、长兴、横沙三岛,规划修建由桥隧组成的长江口越江工程,设想为东西两条线,西线跨海工程,作为沿海南北交通大走廊,已于 2010 年完成;东线跨海工程,开发崇明三岛,并与浦东新区联接,建设大上海经济区,计划 2020 年完成,预计投资 200 亿元。

(3) 杭州湾跨海工程

由上海到宁波陆上交通距离 435 km,而海上交通距离仅为 250 km。为了发展繁荣浙江省经济并将上海、宁波和舟山三个港口组建成中国东方大港,规划修建杭州湾跨海工程,已于 2010 年完成,投资超过 80 亿元。

(4) 伶仃洋跨海工程

为建成中国南方大港,连接香港、澳门,重新布置珠江三角洲、广州、深圳和珠海地区的经济,规划修建从广珠高速公路经澳琪岛、伶仃岛到香港的高速公路,该工程全长 50 km,含有多座跨海大桥和一座沉管隧道。预计投资 200 亿元。

(5) 琼州海峡跨海工程

为连接广东和海南两省、规划修建直达三亚的公路主干线,琼州海峡海面宽约 50 km,水深 70 m,前期工期为轮渡线,已于 2010 年完成,后期将修建跨海工程,是修跨海大桥还是海底隧道,目前正在争论之中,该跨海工程预计投资超过 300 亿元。

(6) 台湾海峡跨海工程

为连接福建和台湾两省,规划修建横向公路主干线,海峡宽 140～250 km,平均水深 50 m,设想北线为福清至新竹(或莆田—台中);南线厦门—金门、澎湖—嘉义,投资估计超千亿元。

1.1.3 国外山岭隧道建设概况

以瑞士、奥地利、挪威、日本为代表的发达国家,早在 20 世纪六七十年代就建成一批特长隧道,在建的最长隧道为挪威的 LAFRLAND 隧道,达 24.5 km,已建成的最长公路隧道 16 322 m。从发达国家的山岭隧道修建技术看,较为广泛地采用了新奥法,实现真正的信息化设计与施工,采用了先进的喷射混凝土工艺,较为成功地解决了喷射混凝土回弹;防排水设计与施工工艺得到较好解决;新的支护手段在不断改进;多种通风形式及静电吸尘等先进通风设备成功采用;稳定可靠的公路隧道营运管理系统在多个发达国家经受了时间的检验;公路隧道病害检测与处治手段均有新的突破,无损伤探测手段和新型高强材料已在瑞士、日本等发达国家得到较好应用;针对公路隧道等高风险地下工程进行了业主、设计、监理及承包商的共同利益管理模式尝试,已取得了不少经验;盾构施工技术,已成功采用直径 14.14 m 的巨型盾构机掘进;TBM 已采用了 11.93 m 的掘进机进行公路隧道施工,同时采用 TBM 超前施工导洞,再结合钻爆扩挖的方法也在多个国家的长隧道施工中得到应用。另外,沉管隧道以美国、日本、荷兰等国为代表,通过 107 座隧道的实践,较成功地解决国外一些发达国家无论在山岭隧道还是水下隧道在研究、设计、施工和管理方面存在的问题,可供我国公路隧道借鉴和参考[6]。

世界范围内的工程界传言:19 世纪是长大桥梁发展的时代,20 世纪是高层建筑发展的时代,21世纪将是长大隧道工程发展、大力开发利用地下空间的时代。20世纪90年代,在欧洲以及全世界,隧道工程建设均处于兴旺发展阶段。

在日本已建成4 000多座铁路隧道,总延长达2 100 km。伴随着新干线的修建,涌现出了众多长大铁路隧道,全世界已建成的10 km以上的铁路隧道有43座,日本就占了20座。地下空间和大陆架的开发,使日本国土的增长向立体结构方面发展。日本开发地下空间有一个总的发展规划,大致分两个时期:第一期利用地下10 m的空间,现已基本实现;第二期利用地下10~100 m的空间;第三期开发地下100~1 000 m的空间,作为储藏放射性物质的场所。

在过去的10年中,挪威隧道工程以每年100~200 km的速度递增。目前有30多座隧道正在规划研究之中,其中大多数是公路隧道以及输油或煤气管路隧道。另外挪威正在其西南部的斯塔万格(Sta-vanger)附近的洪斯峡湾(Hongsfjord)规划世界上第一座悬浮隧道,该隧道一旦建成,旅客将可从原来轮渡交通的困境中解脱出来。类似的工程座落在横渡意大利本土和西西里岛的墨西拿海峡中,建议采用的悬浮隧道方案也在规划之中。

近年来成功修建的瑞士弗卡(Furka)单线铁路隧道长15.4 km,德国的兰德吕肯(Land-rueken)双线铁路隧道长10.747 km,意大利的蓬泰加尔代纳(PonteGardena)双线铁路隧道长13.2 km,俄罗斯北穆单线铁路隧道长15.3 km,加拿大麦克唐纳(MaeDonald)单线铁路隧道长14.6 km。随着各国经济实力的不断增长,科学技术的发展,尤其是开发和利用地下空间技术的发展,预示着世界范围内长大隧道工程修建浪潮的到来。

土耳其和希腊至其他欧共体贸易伙伴的交通路线仅有海上通道,陆地连接特别是铁路和公路的连接口前还不存在,随着国际间合作的加强和需要,邻国间的陆上通道已经开始实施修建。例如,从亚洲至南斯拉夫的卡拉万克山隧道将提供一条从希腊到其他欧共体国家的通道。

规划中的欧洲统一铁路总延长3 075 km,包括从意大利的热亚那到瑞典的赫尔辛堡的南北线(1 505 km)和从英国伦敦至奥地利的萨尔茨堡的东西线(1 200 km),整条线路都拟将从地下100 m深处通过。

日本的山阳新干线总长562 km,隧道就占了281 km,目前正在延伸的东北新干线(从盛岗到青森)长175 km,隧道总延长118 km,占67%。从汉诺威至威尔茨堡以及从曼海姆至斯图加特的铁路线总长426 km,其中隧道就占了153 km之多。

1.1.4 国内山岭隧道建设概况

随着高速公路建设的飞速发展,我国公路隧道事业已取得长足的进步,到2 000年末公路通车里程达到140万km,建成的隧道超过1 069座,单洞延长超过340 km,单洞最长达18 882 m,建成的3 000 m以上的特长隧道13座,1 500 m以上的3车道公路隧道5座,盾构隧道2座,沉埋隧道2座。在近10多年的隧道建设中进行了新奥法的实践和推广,克服了瓦斯、涌水、采空区、软弱围岩、高地应力、永冻土等不良地质情况的难题,完成了设计、施工、监理技术规范,并着手养护规范编制和设计规范修定。在近10多年的快速发展时期,我国完成了宝贵的公路隧道经验积累,在新奥法设计与施工、CAD技术、纵向通风研究、防排水技术、沉埋及盾构隧道修建技术方面均取得了一定的成绩。建成了公路隧道及岩土工程试验中心。目前陕西、四川、吉林、辽宁、广东、浙江、福建、山西、贵州等省规划和将建一批特长隧道或隧道群,其中长度超过5 km的隧道将有5座,最长的隧道将达到18.6 km,一些跨江、跨海隧道方案也相继提出,这无疑为迈向21世纪的中国公路隧道提出了新的课题。

新中国成立60年来,我国交通隧道建设的发展趋势和国际上是一致的,长大隧道越来越多,水下隧道越来越引人注目。我国已成为世界上拥有铁路隧道最多,总延长最长的国家之一,至1998年底,正式运营的隧道为5 334座,总长度为2 564.133 km。已建成居世界双线铁路隧道第10位的京广线大瑶山隧道(长14.295 km),居世界单线铁路隧道第9位的西康线秦岭铁路隧道(长18.459 km),正在修建的特长铁路隧道——新关角隧道,全长32.45 km,是我国最长的铁路隧道。同时,高等级公路隧道的里程也在逐渐增加。1999年10月23日贯通的华莹山高速公路隧道已达当前国内最长记录(长4 706 m双线)。规划中的雅攀高速公路泥巴山隧道长达8 450 m。19 km长的秦岭公路隧道、20.05 km长的乌鞘岭隧道、27.84 km长的太行山隧道也已经竣工通车[7]。

21世纪初我国将面临水下隧道、特长隧道的建设高潮,同时也将面临数百公里公路隧道的管理和维护高峰,结合发达国家的发展历程,考虑到我国的具体国情,需要在下列领域深入工作:

(1)水下隧道修建技术;
(2)公路隧道数据库及信息化设计施工技术;
(3)山岭隧道施工技术;
(4)特长公路隧道营运通风技术;
(5)公路隧道节能照明技术;
(6)公路隧道营运监控系统开发;
(7)公路隧道病害诊断与整治技术。

1.2 隧道围岩稳定性研究现状与存在的问题

在进行地下洞室的开挖之前,天然的地层或岩体在其自重及其他力场的作用下,内部已经形成了一个比较稳定的天然应力场。地下洞室的开挖破坏了原有地应力场的分布,二次应力平衡的应力场对围岩的稳定有着很大的影响。一般来说,地下洞室不稳定是指妨碍生产使用或安全的围岩破坏以及围岩过大变形的现象。地下洞室围岩丧失稳定性,从力学观点来看,是由于围岩的应力水平达到或超过岩体的强度范围较大,形成了一个连续贯通的塑性区和滑动面,产生较大的位移最终导致失稳,因此地下洞室围岩稳定性研究的实质是分析和评价围岩岩体介质的应力和变形[8]。

对地下洞室围岩稳定性的问题,我们通常考虑:①失稳的判据;②失稳的范围;③判断稳定性的计算方法。在分析地下洞室围岩稳定性时,一般采用以下三类模型进行计算:①不连续刚性介质模型;②连续弹塑性介质模型;③不连续弹塑性介质模型。分析围岩稳定的主要方法有以下5种。

(1)工程类比法

根据拟建工程区的工程地质条件、岩体特性和动态观测资料,结合具有类似条件的已建工程,开展资料的综合分析和对比,从而判断工程区岩体的稳定性,取得相应的资料进行稳定计算。

(2)解析法

当运用理论方法对隧道围岩稳定性进行评价时,须先计算隧道开挖后引起的围岩内应力的变化和位移,进而判别支护参数和围岩稳定的程度。它是基于岩石力学、隧道力学的发展,考虑围岩和支护共同作用而逐渐形成的,其具体的力学模型和计算方法主要根据岩体的力学属性和结构类型而定。

20世纪50年代以来,围岩弹性、弹塑性及黏弹性解答逐渐出现,形成了计算围岩应力与位移的经典解。如 H. Schmid 和 R. Windels 按连续介质力学方法计算圆形隧道的弹性解;J. Talobre 和 H. Kastner 得出了圆形隧道的弹塑性解;S. Serata 等采用岩土介质的各种流变模型获得了圆形隧道的黏弹性解,以研究围岩应力、变形的时间效用。之后,在经典解的基础上,不少学者对之进行了完善和补充。如徐干成、郑颖人等利用弹性力学获得了非均压地层压力作用下围岩-支护共同作用的线弹性解[26]。付国彬考虑了岩石破裂后应变软化和体积膨胀的重要特性,导出了巷道围岩破裂区半径、塑性区半径和周边位移的解析计算公式[27]。董方庭根据相似模拟试验、现场实测、理论分析等手段,研究了松动圈与支护的相互作用,得出了松动圈的形成因素最终可归结为两类,即岩石强度和岩石应力,此外,松动圈厚度与巷道跨度有关系,在 3~7 m 范围内可以忽略[28]。

然而经典解皆是在不考虑地下水的影响下得到的。为此,对于地下水作用下围岩力学特性的研究,不少学者也进行了一些有益的探索。如徐曾和、徐小荷研究了二维应力场下承压地层中流固耦合问题,并求出耦合条件下的孔隙压力与介质应力的解析解[29],结果表明,耦合效应不容忽视。P. J. Huergo 也得出了类似的结论[30]。荣传新等考虑地下水渗流作用的影响,应用弹塑性损伤力学理论,导出了巷道围岩的应力分布规律以及巷道损伤区半径与孔隙水压力之间的关系[31]。任青文等对水工隧洞运行期间高内水压作用时塑性半径计算问题进行了探讨,修正了芬纳公式[32]。李宗利等得出了考虑渗流作用下深埋圆形隧道应力与位移的弹塑性解析解[33]。

(3)模型试验方法

基于相似性原理和量纲分析原理,通过模型试验的手段来研究围岩中的应力分布状态以及稳定性。

(4)数值分析方法

通过对地质原型的抽象并借助有限元等数值分析方法来分析计算不同工况下岩体中应力状态以及围岩的稳定性等课题。20世纪70年代以来,随着计算数学、力学理论以及计算机技术的快速发展,数值分析方法在工程地质和岩石工程领域得到了广泛的应用,并作为解决复杂介质、复杂边界条件下各类工程问题的重要工具。目前,工程计算中常用的数值分析方法有有限元法、有限差分法以及离散元法等。

(5)不确定性方法

通过引进概率论、模糊论、混沌论的原理和方法来分析洞室的稳定性,只要破坏概率足够小,小到人们可以接受的程度,就认为是安全可靠的[9]。

地下洞室开挖以后,由于移去一部分岩石,洞周的岩体失去原有的支撑力和位移约束,就打破了围岩原有的力学平衡,将引起一定范围内的围岩应力重新分布和局部地应力的释放。这时洞周一定范围内的岩体产生向洞内移动的趋势,发生了向洞内的位移。同时岩体内部也发生了应力的重新调整,以达到力学上的重新分布。这种经过重新调整而达到新的平衡状态的应力分布就是重分布应力和二次分布应力。实践证明,围岩常常进入塑性状态。20世纪50年代开始有人利用弹塑性理论来研究和分析地下洞室围岩稳定的问题。当围岩出现塑性区时,一方面使应力不断地向围岩深处转移,另一方面又不断地使围岩向隧洞方向变形以解除塑性区的应力。具有代表性的早期提出的研究理论成果是芬纳-塔罗勃公式和卡斯特奈公式,都得出了圆形洞室的弹塑性解。但是长期以来,工程界一般按二维平面应变问题来模拟隧道的开挖效应,但实际上,在掘进面之后大约 2~3 倍洞径或隧洞跨度的范围内,围岩体变形的发展和应力重分布都将受到掘进面本身的制约。因此,工程师们越来越注重掘进面附近范围内隧道三维空间效应的研究[10][11]。

1.3 裂隙岩体中渗流场研究现状与存在的问题

对渗流场的理论研究,围绕裂隙岩体渗流,国内外许多学者进行了大量的研究。主要研究成果归纳如下:

对于裂隙系统渗流模型的研究,目前主要可以概括为三类:等效连续多孔介质模型、双重介质模型、非连续介质模型。

岩体地下水数值模拟方面,自 20 世纪 70 年代开始,有限单元法和有限差分法被引入水文地质计算。80 年代起数值方法已被广泛用于计算模拟各类与裂隙介质地下水运动有关的问题,是岩体地下水资源评价、荷载分析、水质预测中行之有效的计算方法之一。目前裂隙介质地下水运动数值模拟方法,就方法本身的计算精度、处理复杂构造的精细程度而言,虽然仍存在着这样那样的不足,但可以说足以满足目前工程计算的精度要求。然而,很多实际工程计算结果不尽人意,究其根源是在实际工程计算时构造了不全面、不正确的概念模型。地质体因地而异,千变万化,复杂之程度至少现今为止无法用数学语言全面描述。学术界和工程界对岩体地下水运动的研究存在难以逾越的鸿沟。一方面理论界对单个裂隙面几何形态、透水性采用各种数学方法、试验方法做精细研究,有关成果层出不穷的见诸期刊;另一方面实际工程裂隙介质地下水运动问题计算不考虑或不深入研究地质体构造特征、结构面发育规律、控水结构面特点、研究区域边界和边界条件,就直接套用某类模型来模拟计算的现象相当普遍,理论研究与实际应用如何衔接值得深思。

在岩体地下水运动规律方面,前苏联学者 Ломзе 早在 1951 年就开始了单个裂隙水流运动的试验研究,得到了单个裂隙水流运动的立方定律。Tsang(1987)认为由于张开度的变化及岩桥的存在,裂隙渗透出现沟槽流(channeling)现象,立方定律不成立。Gentir(1993)在试验的基础上发现裂隙面仅有一小部分是导水的,特别是在荷载作用下,出现沟槽流现象更趋明显。Engelder 和 Scholz,Raven 和 Gale 等的试验也表明,立方定律仅近似地描述两侧壁光滑平直、张开度较大且无充填物的渗透规律。为了考虑裂隙粗糙度、张开度变化等因素对渗透的影响,一些学者引用等效水力传导开度的概念,对立方定理进行了修正,周创兵和熊文林提出了广义的立方定律[12~17]。

Louis C.(1974)指出,把裂隙岩体是当作连续介质还是不连续介质应小心地进行分析。Wilsor 和 Withespoon(1970)把裂隙岩体分别当作连续介质和不连续介质进行计算比较后指出,最大裂隙间距与建筑物最小边界尺寸之比大于 1/50 时,应按不连续介质考虑。Maini(1972)指出,应把上述的最大裂隙间距改为平均裂隙间距,其相应的比值大于 1/20 时,应按不连续介质考虑。尺寸问题就其实质是个"典型单元体"(REV)体积问题,张有天认为,裂隙岩体的 REV 很大,甚至不存在 REV。Withespoon 认为,三维裂隙网络连通性好,其 REV 值比二维的小。周志芳(1991)认为 REV 的绝对大小与岩体中裂隙发育程度、分布规律有关,相对大小则与研究问题流场的区域范围有关,当研究的流场区域体积远大于 REV 体积时,就可以把研究区域近似成连续的渗流场处理[18][19]。

由于建筑物的修建,改变了原有岩体中应力场的分布。应力场分布的变化必然引起岩体中裂隙几何参数的改变,从而导致岩体原有的水文地质环境,岩体中的裂隙水头由于边界条件变化,而发生相应的变化。从而导致岩体应力场也发生相应的变化。为此,许多学者都致力于渗流场与应力场耦合模型的研究计算。杨延毅和周维垣(1991年)提出了一种渗流—损伤耦合分析模型,阐述了渗流对裂隙岩体的力学作用和岩体的应力状态对裂隙渗透性的影响,根据不同应力状态下的损伤断裂扩散方程建立起渗透系数张量的演化方程。王媛等(1998年)给出了等效连续裂隙岩体渗流与应力全耦合分析计算方法[20]。

岩体地下水数值模拟方面,自20世纪70年代开始,有限单元法和有限差分法被引入水文地质计算。20世纪80年代起数值计算方法已被广泛用于计算模拟各类与裂隙介质地下水运动有关的问题,是岩体地下水资源评价、荷载分析、水质预测中非常行之有效的计算方法之一。数值计算法在模拟裂隙介质地下水离散模型、连续性模型、混合模型和耦合模型方面具有其他方法无法替代的优越性。数值计算方法在应用过程中也得到了不断发展,从最初的有限差分法(FDM)、有限单元法(FEM),发展到后来边界单元法(BEM)、有限分析法(FAM)等多种数值计算方法并存,每一种数值计算方法本身在解决具体问题过程中也不断地被发展和完善。例如,从有限单元法中派生出随机有限元法,混合有限元法、特征有限元法等。数值分析方法在解决裂隙介质地下水具体问题(如自由面问题,排水孔处理问题,反问题等)上也得到了不断深入,形式多样化[21~25]。

20世纪80年代末90年代初,有关水工建筑物附近岩体地下水运动问题得到了生产、设计、科研人员的广泛关注,其中朱伯芳(1982)、张有天(1982)是国内最早采用数值法从事这一方面的研究。起初研究的重点是排水孔在渗流场数值模拟中的处理方法。在水利枢纽工程岩体地下水运动计算中,朱伯芳提出了考虑排水孔作用的杂交元法,张有天则采用边界元法求解有排水孔的渗流场。关锦荷等(1984)用排水沟代替排水井列的有限单元法分析渗流场。这些方法尽管从不同角度考虑了排水孔在渗流场的作用,但没有严格反映排水孔尺寸大小及三维排水降压效应。张有天等(1989)、王镭等(1992)提出了一种排水孔子结构的算法,能在计算工作量不增加很多的条件下,模拟不穿过自由面时排水孔的实际渗流行为,并且能反映出排水孔的三维尺寸效应。朱岳明等(1996、1997)对排水孔子结构算法作了改进,有效地模拟了地下厂房、排水廊道及排水孔等孔洞内边界上的渗流状态。Numan(1973)提出不变网络分析自由面渗流的Galerkin法以来,目前已有多种固定网络法,如剩余流量法、单元渗透矩阵调整法、初流量法、虚单元法和虚流量法[26~31]。

目前裂隙介质地下水运动数值模拟方法,就方法本身的计算精度、处理复杂构造的精细程度而言,虽然仍存在着这样那样的不足,但可以说足以满足目前工程计算的精度要求。地质体因地而异,千变万化,复杂程度至少现今为止无法用数学语言全面描述。学术界和工程界对岩体地下水运动的研究存在难以逾越的鸿沟。一方面理论界对单个裂隙面几何形态、透水性采用各种数学方法、试验方法作精细研究,有关成果层出不穷地见诸期刊;另一方面实际工程裂隙介质地下水运动问题计算时,不考虑或不深入研究地质体构造特征、结构面发育规律、控水结构面特点、研究区域边界和边界条件,就直接套用某类模型模拟计算现象相当普遍。理论研究与实际应用如何衔接值得深思。在裂隙介质地下水运动模拟计算,引进数学模型和计算机,无疑可以大大提高定量化程度,但随着定量化程度的提高,对搞清水文地质条件的要求就更严格、更精细、更全面。

1.4　隧道衬砌外水压力研究现状与存在的问题

水载荷是水工隧道最主要的载荷。水工隧道中衬砌水载荷一般包括内水压力和外水压力两部分，二者作用对象均为衬砌。外水压力是和有压力水工隧道中的内水压力相对而言的，而对无压力水工隧道和刚建成未经使用的水工隧道，一般不存在内水压力，故其衬砌水载荷与外水压力指的是同一概念。通常所称的内水压力是作用于衬砌内壁的面力，外水压力则为作用于衬砌外壁的面力。严格来说，仅当衬砌不透水时，水对衬砌的作用力才是表面力。由于混凝土衬砌是透水的，因此水对衬砌的作用是渗流体积力。当衬砌与岩土介质接触面形成间隙，作用于衬砌内的渗流体积力可近似用衬砌内外缘的水压力代替，衬砌外缘的水压力称之为外水压力。对于深埋水工隧道，天然的地下水位线与水工隧道轴线之间的高差很大，从而形成相对较大的衬砌外水载荷。

由于岩土介质和衬砌都是透水介质，当隧道衬砌和岩土介质精密相结合时，可以认为地下水的渗流运动是连续的，不仅存在于岩土体中，同时也存在于衬砌中，其力学作用可以理解为一种体积力，当衬砌不透水或渗透性极小，并与岩土介质结合不紧密时，地下水从岩土介质中渗出，而以全部接触面积作用于衬砌。岩土体脱离外表面时，体积力转化为外界力。隧道开挖完成后，隧道内压力较小或水压力为零，这是地下水向隧道内渗透而形成渗流场。在地下水位线以下的空间，每一点都作用有与水力梯度成正比的渗透体积力载荷。

在不少情况下，衬砌与岩土介质脱离，在岩土介质中的渗透体积力将不能对衬砌应力产生影响，衬砌就成为承受外水压力的独立结构，正因为如此，外水压力的大小或外水压力折减系数仍是水工隧道设计中的一个重要参数。国家大力发展交通水利事业，当山区铁路公路跨山越岭时，越岭隧道方案被大量采用，公路隧道或水工隧道等越江(河)或海底等深埋隧道的高水压力和突涌水则成为亟待解决的问题。因此对隧道衬砌外水压力的计算方法进行研究具有重要的应用价值。

目前，在隧道衬砌水荷载的计算中，铁路、交通部门还没有制定统一的规范，大多还是参照水工隧洞设计规范和经验方法，有关水荷载的论述也散见于各部门和学科的专著及专业杂志上。水工隧洞中衬砌水荷载一般包括内水压力和外水压力两部分，二者作用对象均为衬砌(对于围岩可直接称为水压力)。外水压力是和有压隧洞中内水压力相对而言的，而铁路、公路隧道一般不存在内水压力，通常简称为"水压力"，故其衬砌水荷载与外水压力指同一概念。

目前，隧道衬砌外水压力的计算方法大致有4种方法：

(1)在浅埋矿山法修建的山岭隧道中，对地下水处理采用"以排为主"的条件下，铁路隧道设计规范不考虑衬砌承受水压力。但有研究表明[32]：在衬砌背后设置透水垫层排放地下水的情况下，衬砌仍然要承受一定的水压力。在城市的地下地铁隧道中不允许地下水排放将采用全封堵防水的办法，则衬砌上水压力采用该处的静水压力(即该处的静水头)。

(2)水头较高的山岭隧道，为了保护隧道周边的地下水资源和环境的要求，不能采取"以排为主"的条件下，以及无限补给的海底隧道，采取"以堵为主、限量排放"的原则时，在目前没有相应的设计规范的情况下，多借鉴水工隧道计算水压力的方法，采用水压力折减系数法。一般定义作用在衬砌上的外水压力水头与地下水到隧道的水柱高之比为外水压力折减系数。按照这一概念，作用于衬砌外缘的水压力恒小于地下水位到隧道轴线静水头值，事实上，在不少情况下，隧道衬砌外缘的压力水头高于地下水位的静水头。张有天等建议采用外水压力修正系数而不采用外水压力折减系数主要是根据水电部门《水工隧洞设计规范》(SL279—2002)的有关规定。董国贤论述了水头折减系数的综合指标法,该方法认为水头折减系数为一综合指标,它包括外水压力传递过程受阻的水头损失系数、考虑水压作用面积减少的面积系数和反应排水卸压情况的系数。

张有天也针对水工隧洞和压力管道论述了此类似的折减系数取值方法。董国贤论述了水工隧道中积累的水载荷和水头折减系数的经验折减法:①根据水文地质情况选取折减系数;②天生桥二级电站经验法;③按围岩的渗透系数和混凝土衬砌渗透系数的比值确定折减系数;④按地下水运动损失系数和衬砌外表面的实际作用面积系数的升级确定外水力折减系数。

(3)假定围岩均质,按照达西渗流定律,对隧道围岩渗流场进行分析,来确定衬砌的外水压力。

(4)隧道衬砌水压力的大小与隧道围岩介质(裂隙、均质)、围岩渗透性、地下水的水头有关,也与隧道围岩内的应力状态有关,这就是渗流场与围岩应力场耦合作用的问题[33]。从理论上来讲,考虑耦合作用是比较精确和合理的一种方法,渗流场与围岩应力场耦合作用研究的成果主要是对坝基工程较多,多用于对涌水量的研究,但针对隧道工程的排水和结构特点对衬砌上作用水压力研究的还是很少,因此进行这方面的研究需要进行较多的模型试验和现场测试。

第 2 章 隧道围岩渗流场研究

2.1 引言

  岩石经历了漫长的成岩和改造历史，其内部包括微裂纹、孔隙及节理裂隙等宏观非连续面，它们的存在为地下液体提供了存储和运移的场所。因此，岩体是由固相（岩石）、液相（水等）、气相（空气等）组成的多相物质。而渗流就是沿着这些形状不一、大小各异、弯弯曲曲的通道进行的，研究个别孔隙或裂隙中的地下水运动情况是很困难的，因此人们不去直接研究单个地下水质点的运动特性，而研究具有平均性质的渗透规律。将裂隙、孔隙介质等效地转为连续多孔介质，然后用经典的连续介质渗流理论进行分析。

  实际的地下水流仅存在于岩体的空隙空间，为了便于研究，用一种假想水流来代替真实的地下水流。这种假想水流的性质（如密度、黏滞性等）和真实的地下水相同，但它充满了既包括含水层空隙空间，也包括含水层的岩石颗粒所占据的空间。并且这种假想水流运动时应有下列假设：

(1) 通过任一断面的流量与真实水流通过同一断面的流量相等；
(2) 在某断面上的压力或水头应等于真实水流的压力或水头；
(3) 在任意的岩土体体积内所受的阻力应等于真实水流所受的阻力。

  这种假想水流称为渗透水流，简称渗流。假想水流所占据的空间区称为渗流区或渗流场。它最基本的表征量有两个，即流速和水头，前者是矢量，后者为标量。

  液体渗流以渗透应力作用于岩体，影响岩体应力场分布，应力场的改变往往使孔隙或裂缝产生变形，从而影响裂隙的渗透性能。同时还存在相互之间物理化学变化、温度变化等现象，岩体是多相、多场耦合相互作用的混合物。

2.2 岩石断裂带隧道围岩的岩性特征与力学性质研究

  裂隙岩体是一种复杂的非均匀材料，以往较多的研究将岩石受力后变形和断裂过程的非线性归结为弹塑性，用宏观上的弹塑性来表达，当然这种表达忽略了岩石内部细观结构的非均匀性，这种基于经典力学理论的本构理论不足以表达岩石变形破坏的整个过程。基于裂隙岩体渗流耦合的特点，研究其特性必须考虑其裂纹的产生与扩展，这种裂隙的产生与扩展过程，实际是材料断裂损伤的一种表现。

  传统的强度计算理论是人们长期以来对工程构件或结构进行计算的方法，它的理论基础为材料力学和结构力学。传统的强度计算理论假定构件为均质连续材料，并认为材料为各向同性体，避开了构件客观存在缺陷和裂纹这一事实。在构件使用过程中一旦发现有缺陷就认为构件已发生破坏，不允许再继续使用。计算时采用连续介质力学，如弹性、弹塑性、黏弹塑性力学等理论方法，对构件进行整体受力和变形分析，认为只要工作应力不超过材料的容许应力，构件就处于安全状态。反之，则认为构件不安全。传统的强度计算理论在过去和现在的结构设计中发挥了重要的作用。传统的强度理论虽然完备地描述了无损材料的力学性能,然而用无损材料的本构关系描述受损材料的力学性能,显然是不合理的。

断裂力学是近几十年来发展起来的新的力学分支。它的任务是研究含有缺陷或裂缝的材料强度问题。早在 20 世纪 20 年代,Grriffith(1921,1924)就提出固体材料的实际强度低于理论强度是由于其内部存在裂缝或缺陷。20 世纪 50 年代,Irwin 利用 Westergrard 提出的应力函数,求得了裂缝端部应力场和位移场的近似表达式。据此,他提出一个新的表达裂缝端部应力场强弱的概念,即应力强度因子,从而奠定了断裂力学的基础。断裂力学是研究带裂纹体的强度以及裂纹扩展规律的一门学科。断裂力学的主要任务是研究裂纹尖端附近应力应变情况,掌握裂纹在荷载作用下的扩展规律,了解含裂纹构件的承载能力,从而提出抗断裂设计方法,以保证构件的安全,为材料的设计打开了一个崭新的领域。正因为如此,断裂力学引起了各学科、各工程技术部门的广泛重视和应用,从而获得了迅速发展。

岩体断裂力学是工程地质学与断裂力学交叉的边缘学科,它将岩体的断续节理、裂隙模拟为裂纹,把岩体不再看作是完整的均质体,而看成是包含众多裂纹的复合结构体。运用断裂力学的方法,可以追踪岩体中节理裂隙的起裂、扩展到相互贯通以及岩体局部破坏的过程,从而揭示出岩体失稳的渐进破坏机制。岩石断裂力学研究开始于 20 世纪 60 年代,并在 1973 年第三届国际断裂力学会议上,首次被列为专题研究。此外还召开了一些专门会议,如 1974 年北大西洋公约组织曾在冰岛开会讨论地球动力学和岩石断裂力学。国内这方面的研究工作始于 20 世纪 70 年代末,开展了岩石断裂韧度试验,应用断裂力学概念探讨了地震的破裂过程和地震预报。近 20 年来,由于现代岩体工程对岩体质量提出新的要求,更加经济而安全的工程设计要求岩土工程师对岩体力学性质的研究更为深入仔细,使岩体断裂力学的研究成为一项热门课题。所以岩石断裂力学真正引起岩石力学界的广泛重视,并逐步形成为一门新的岩石力学分支却是近 10 年的事。国内外许多学者主要针对岩石断裂韧性测试、拉剪与压剪复合断裂、裂纹扩展方向、长度以及裂纹动态扩展的物理性状与微观机理等方面。

对于岩石断裂的研究,更多的学者是把线弹性断裂力学的现成理论直接用于岩石断裂力学。由裂纹前缘的应力位移,根据断裂强度因子判断裂纹断裂的扩展及其开裂方向,从而揭示岩体的破坏机制。Poston(1978)利用 Griffith 能量准则首次分析了类似于岩体的脆性材料压剪断裂过程中裂纹扩展方向与原生裂纹走向的关系。Lajtai(1977)认为裂纹受压剪应力作用时,除了拉应力集中外还有压应力集中,并产生垂直于受力方向的正剪切裂纹,考虑裂纹端部的不均匀应力场,通过应力梯度模型,建立压剪断裂新的强变理论。

同样,断裂力学是研究裂隙岩体渗流的基本理论,多年来国内外学者运用断裂力学对岩体渗流问题进行了广泛的理论研究。黄润秋(2000)和朱珍德(2000)结合有效应力原理研究了水压力对裂纹扩展的力学机制。基于断裂力学理论的数值分析中,提出多种宏观断裂模型——分离裂缝模型(discretecrac kmodel)、分布裂缝模型(smeared crack mode)和内嵌单元裂缝模型(elemeni-embedded crack mode),来模拟岩石、混凝土受拉开裂后所形成的裂缝。如 Jeffrey(2000)等用分离裂缝模型模拟研究水压致裂过程,Keivan(2000)用分离裂缝模型和分布裂缝模型研究混凝土圆环的内胀裂。Bruno 和 Nakagawa(1991)利用 Bfot 理论研究孔隙压力对岩石张性断裂的影响,Vandamme 和 Roegiers(1990)提出了水力压裂的耦合解,Douranary(1990)等利用流固耦合理论讨论了水力压裂的起裂、扩展和闭合全过程的流固耦合现象,指出流固耦合在水力压裂中应用的重要性。Thanak(1991)用离散元法耦合渗流压力,研究水压致裂过程。

所谓损伤是指材料或介质中各种非设计缺陷的存在、产生和发展。损伤概念最早是Kachanov(1958)在研究金属蠕变断裂的过程中提出来的,后经Lemaitre(1978,1984),Chabeche(1980,1981)及Klajeinova(1981,1982,1984)等人利用连续介质力学方法,根据不可逆力学原理,建立了"损伤力学"这门新学科。近年来,损伤力学发展迅猛,目前已成为固体力学研究的前沿。

损伤力学是从材料的结构入手,把裂隙岩体内的节理看作是其内部的初始损伤,然后分析材料在各种荷载因素作用下变形、破坏的机理和过程,进而得到宏观上的力学模型。损伤力学最早由Dougil(1976)引入岩石材料。Dragon和Mroz于1979年根据断裂面的概念研究岩石的脆塑性损伤行为,并建立了相应的连续介质模型。Costin探讨了岩石及其他材料破坏后的损伤特性及其力学描述。此外,kiajeionovic、Dragon、Kachanov、Lemaitre、Chaboche、Griggs、和Ofoegbu等著名的损伤力学专家从岩石材料本身的结构特征出发研究其损伤机理,建立相应的模型与理论,从而使岩石损伤力学研究进一步丰富与完善。在国内,谢和平(1989、1991、1994)、凌建民(1992)、叶黔元(1991)、李广平和陶震宇(1995)等都对岩石材料损伤做了大量的研究。

20世纪80年代后,Kyoya,Iichikawa and Kavamoto将损伤力学理论引入节理岩体,发展了岩体损伤力学。岩体损伤力学的的基本思想是将岩体中各类损伤缺陷(节理、裂隙)视为岩体的损伤,用损伤力学的观点、理论和方法获得岩体的力学特性。在这方面国外学者Murakam(1987)、Krajcinove(1989)、atkinson(1987)研究较早。国内,孙均和周维恒(1990)提出了裂隙岩体弹塑性损伤本构模型的一般形式。杨延毅(1990)从自洽理论和即时模里概念推求岩体的等效柔度张量,并将其定义为节理岩体的损伤张量。徐靖南、朱维申(1993)从功的互等定理出发,推导出多裂隙岩体的本构关系,并由此建立了多裂隙岩体的损伤演化方程及强度准则。国内外在这方面的大量研究,有力地推动了岩体损伤力学的发展。

在损伤力学的裂隙岩体渗流方面,朱珍德、孙钧(1999)建立裂隙岩体非稳定渗流场与损伤场耦合分析模型。易顺民、朱珍德(2005)进一步研究了渗透水压对裂隙岩体损伤演化的贡献,给出了渗流场与损伤场的耦合方程。杨天鸿、唐春安(2004)对岩石破裂过程中渗流-损伤耦合作用进行了研究[34]。

2.3 隧道岩石断裂带与围岩的水力学特性、渗流场特性

1856年.H.Dacy就法国Dijon城的水源问题研究了水在直立均质砂柱中的流动,通过试验研究而创立了著名的Dacy定律,即土壤中水流速(v)与水力梯度(j)成正比。

100多年来,建立在Darcy定律基础上的经典渗流理论与电模拟试验并行发展,相互促进,使渗流力学成为流体力学的一个重要分支,并在与土壤有关的工程实践中得到应用。随着社会的发展,岩体与工程的关系日益密切,岩体渗流问题逐渐被提上日程。但是,直到19世纪70年代,人们还一直沿用土壤渗透力学的理论解决岩体的渗流问题。

众所周知,土壤属于散粒体,颗粒之间有进水的孔隙,因此土体可抽象为具有均匀孔隙的连续介质。岩体则不同,它不是散粒体,而是由各方位的多条裂隙切割的岩块组成,水力特征由两部分组成:一是岩块内的孔隙或称微裂隙,其分布极不均匀且具有微透水性;二是岩块之间的节理裂隙,受多期地质构造的影响,加上开采扰动影响,裂隙具有非常复杂的性质。但受生成原因的控制,裂隙一般成组分布,每组裂隙有相对稳定的产状,多组裂隙交叉而组成裂隙

岩体网络系统。对于大多数岩体而言，裂隙网络的透水性远大于岩块的透水性，以致于工程中往往忽略岩块的透水性，而不会产生大的偏差，因此岩体与土壤的渗流特征有很大的差别。但是研究结果表明，不仅土壤类的孔隙介质服从达西定律，而且均匀的岩体裂隙甚至岩溶裂隙中的渗流也服从达西定律，这已被大量的野外试验所证实。

20 世纪 30 年代，人们注意到地下水的不稳定流动和承压含水层的储水性质，考虑了岩层的贮水性质及水头随时间的变化，Jacob(1940)根据热传导理论建立了地下水渗流运动的基本微分方程。20 世纪 50 年代人们才开始对裂隙岩体的水力性质以及其中流体的流动进行定量评价，并力图解得裂隙水流的特点。JoMose(1951)曾对裂隙介质水力学做过试验研究，但未能引起工程界的普遍重视。直至 1959 年法国 66.5 m 高的马尔帕塞拱坝在初次蓄水时溃决和 1963 年意大利瓦依昂拱坝上游库区大滑坡等重大灾害性事故相继发生震动了工程界，这极大地促进了岩体渗流研究工作的深入发展。PoMM(1966)、Snow(1969)、Louis(1974)、wittke(1970)等人相继进行了裂隙岩体水力学的试验研究，取得了一系列卓有成效的成果，并建立裂隙岩体渗流模型。为了能将岩体渗流理论用于工程，SchneeLeli(1966)、LouM(1970)、Snow(1969)、Zeigler、Rissler(1978)等人建议用岩体渗透系数的实测方法取代传统的 Lugeon 压水法。至此，裂隙岩体渗流理论已初具雏形。刘天泉(1975、1981)针对煤层开采后岩体的破坏及渗流问题进行了系统的试验与研究。张有天(1982、1987)结合工程设计的需要对岩体渗流进行理论研究及数值计算。oda(1985、1986、1987)将他提出的岩体结构张量应用于岩体力学分析，并提出了 Oda 渗透张量。田开铭(1989、1992)提出了裂隙渗流及岩溶水双水位的概念。张金才(1987、1992)研究了煤层开采后底板岩体的破坏、渗流及突水规律。张玉卓，Y. P. Chugh(1994)研究了裂隙岩体的流动网络。张金才、张玉卓(1996)研究了裂隙岩体渗流与应力的耦合机理。

2.4 裂隙岩体地下水渗流的数学模型研究

裂隙介质水力学主要是研究地下水在裂隙介质中的运动规律与模拟方法，其研究的重点对象是岩体(地质实体)和其中的地下水。由于野外地质体千变万化，因此岩体中地下水运动也错综复杂。这正是目前相关领域众多学者致力于该命题研究的主要原因之一。

文献[35]将研究裂隙介质地下水运动规律归结为三个方面的问题：其一是介质；其二是水；其三是水与介质的相互关系。介质研究的核心是其透水性，包括岩体的透水性、结构面的透水性及其空间分布规律。水主要是指重力水，研究的核心是地下水的质、量和力三方面的问题。质指的是地下水的水质，量指的是地下水的流量(数量)，力指的是地下水的静水压力和渗透力。水与介质的相互关系重点是研究裂隙介质渗流场、化学场、温度场和应力场之间的耦合问题。本章着重研究介质(围岩、注浆圈)的渗流场分布及水压力的分布规律，不涉及水的化学场、温度场及水的量和质的问题。

岩体与一般物体的重大差别是受结构面纵横切割，具有一定结构的多裂隙体，求解裂隙介质地下水的运动规律，需要建立起合适的数学模型。目前常用到的数学模型有：等效连续介质模型、裂隙网络模型、双重介质模型、渗流场与应力场耦合模型等[36~38]。

(1) 等效连续介质模型

等效连续介质模型将岩石裂隙的透水性平均到岩石中去，即可得到等效连续介质。该模型可以直接应用较成熟的孔隙介质渗流理论，使用上极为方便。当研究区域存在表征体元

(Representative Elementary Volume,简称 REV),且与研究区域尺度相比较小时,则可以采用等效连续介质模型来描述裂隙介质中的地下水运动。

该模型以渗透系数张量和达西定律为基础,将裂隙岩体看做非均质各向异性连续孔隙介质进行模拟,这里的连续只是统计意义上的等效连续,未考虑岩块的渗透性,把裂隙渗流平均到岩体中,渗透的非均质各向异性反映在渗透系数张量中。渗透系数张量是等效连续介质渗流模型中最重要的参数。如何决定裂隙岩体的渗透系数张量是中心问题。

当岩体中的空隙结构以裂隙为主,岩体中的渗流以裂隙渗流为主,忽略其间岩块的渗透作用时,裂隙的分布相对比较密集,表征体元比较小,足以用连续介质近似描述时,可将裂隙岩体看作等效连续介质,可用等效连续介质方法描述岩体的渗流问题。然而由于自然状态下岩体裂隙分布十分复杂,渗透系数张量求得比较困难;对于岩体中存在的较大的裂隙,也当成连续介质来处理则明显不合适。

(2) 裂隙网络模型

该模型把裂隙介质看成由不同规模、不同方向的裂隙个体在空间相互交叉构成的网络状系统。在搞清每条裂隙的空间方位、隙宽等几何参数的前提下,以单个裂隙水流基本公式为基础,利用流入和流出各裂隙交叉点的流量相等来求其水头值。这种模型虽可以较好地反映裂隙中真实的导水作用,拟真性也好,但处理起来难度大,数值分析工作量甚大。

该模型认为,岩体中水流仅在不同走向、不同倾向组成的裂隙网络中运动,裂隙与岩块间不存在水交换。由于岩体中裂隙的透水程度远大于岩块的渗透程度,岩体渗流实际上是裂隙渗流,所以裂隙网络模型在很大程度上反映了裂隙岩体渗流的实质,是目前较为推崇的渗流计算模型。

裂隙介质主要以相互交叉成网络的较大尺度的裂隙(包括断层)构成流体的通道,在渗透机制上与等效连续介质有很大的区别。该模型需要明确研究区中全部有效裂隙的集合参数(裂隙的产状、开度、间距、迹长等),这在实际工程中很难办到,虽然可以用网络模拟生成技术模拟裂隙网络,但将其应用来解决实际工程问题还有待进一步验证。

(3) 双重介质模型

该模型假定岩体是孔隙介质和裂隙介质相重叠的连续介质(即"孔隙-裂隙二重性")。将岩块视为渗透系数较小的渗透连续介质,研究岩块孔隙与岩体裂隙之间的水交换。这种模型更接近实际,但数值分析工作量也更大。

双重介质模型是由 Barrenblatt 于 1960 年提出的,假定岩体是孔隙介质和裂隙介质相重叠的连续介质(即"孔隙-裂隙二重性"),孔隙介质储水,裂隙介质导水。依据岩体系统中岩块和裂隙网络的组成特点,将岩体分为狭义双重介质(岩体可看作由非连续的裂隙网络和具各向同性的孔隙岩块组成)和广义双重介质(岩块可看作由非连续的裂隙网络和具各向异性的等效裂隙岩块组成)。

双重介质模型也是一种连续介质模型,该模型认为岩块孔隙系统(包括微裂隙)和裂隙系统连续地充满整个研究域,即把裂隙岩体看作是具有不同水力参数的两种连续介质的叠加体,两种连续介质中的渗流场均建立在 Darcy 定律的基础上,并依据两种介质间的水交换项来联立求解各自的渗流场。双重介质模型在一定程度上刻画了优先流的现象,而且考虑了岩块与裂隙间客观存在的物质量交换,具有较好的拟真性。把裂隙网络等效为连续介质来研究,也具有较好的操作性。但有时裂隙网络不一定能等效为连续介质,因为其表征体元不一定存在,或存在但太大,故该模型的适用范围受到限制,同时,该模型中的物质交换系数难以确定,因而一定程度上影响着其拟真性。

(4) 渗流场与应力场耦合模型

近年来,渗流与应力的相互关系问题引起了我国许多行业众多学者的普遍关注。刘继山提出结构面力学参数和水力学参数的耦合问题[45];段小宁(1992)[46]对应力场与渗流场的相互作用问题进行了研究;1994 年,陈平等[47]研究了裂隙岩体内渗流与应力的耦合关系;同年,仵彦卿提出了渗流场与应力场耦合这一术语(coupled seepage and stress field)[48]。

单一裂隙渗流与应力关系的建立,是裂隙岩体渗流场与应力场耦合分析研究的基础和关键环节。建立单一裂隙渗流与应力耦合关系一般有以下三种方法:①通过试验总结出渗透特性与应力的经验公式;②由裂隙面的法向、切向变形公式间接地导出渗透特性与应力的关系;③用理论概念模型来解释渗流与应力的耦合规律。

由于岩石的复杂性,耦合模型也有不同的类型。仵彦卿[49,50]将岩体渗流场与应力场耦合分析数学模型的建模方法分为机理分析法、混合分析法及系统辨识法,并分别形成岩体渗流场与应力场耦合分析的理论模型、经验-理论模型及集中参数模型三种主要模型。由于对岩体介质不同的处理方法,每种模型又可分为(等效)连续介质模型及非连续介质模型两种。以机理分析法建立起来的岩体渗流场与应力场耦合分析的理论模型就包括(等效)连续介质模型、裂隙网络模型、(狭义与广义)双重介质模型以及多重裂隙网络模型。

目前国内外对于渗流-应力耦合作用基本集中在以下几个方面:①对于应力与渗流的耦合方面的研究还是以二维的为主;②对于数值模拟方面主要把岩体裂隙作为连续介质模型、等效连续介质模型、裂隙网络模型以及双重介质模型;③渗流与应力的耦合分析主要还是以裂隙面的法向应力为主,对于裂隙面的剪切应力对渗流的影响研究还很少。

我国对岩体渗流的研究起步较晚,始于 20 世纪 80 年代。第一个系统研究裂隙介质渗流问题的为田开铭教授,他于 1982 年撰写了有关裂隙介质渗流研究的文章"对裂隙岩体渗透性的初步探讨",此后又指导研究生杨立中教授对非均质各向异性裂隙含水介质研究方法进行了探讨,首次将渗透张量理论应用于山西榆次地区三迭系砂岩裂隙含水介质的分析研究,得到了理想的效果。此后,田开铭、杨立中等人又就裂隙岩体渗透性进行了多方面的研究。张有天系统研究了裂隙岩体渗流的特殊性,以裂隙水力特性的研究为基础,根据裂隙变形只能以其机械隙宽的压缩来表示,对以等效水力隙宽表示的立方定理进行修正建立了应力耦合理论及程序,同时,在国内外首次用初流量法实现三维裂隙网络有自由面渗流分析。王恩志等通过对裂隙介质渗流模型的系统研究,提出了"似双重介质"渗流模型。王洪涛将裂隙系统分为主干裂隙和网络状裂隙两类,为裂隙岩体渗流计算提供了有效的分析方法。仵彦卿依据岩块中空隙结构和渗流特点的差异性,将岩体系统分成裂隙网络系统(忽略岩块中的渗流,仅在裂隙网络中发生渗流)、狭义双重介质(岩体可看作由非连续的裂隙网络和具各向同性的孔隙岩块组成)以及广义双重介质(岩体可看作由非连续的裂隙网络和具各向异性的等效裂隙岩块组成),从而提出分析渗流场与应力场耦合的岩体裂隙网络系统模型、岩体双重介质模型和岩体广义双重介质模型。徐则民等进行了深埋隧道围岩渗透性的预测研究,此外,贺少辉、黄涛等学者也对裂隙介质渗流和应力耦合问题进行了专门研究,得出了有益的结论。

2.5 裂隙介质渗流规律

2.5.1 单裂隙渗流规律

研究裂隙岩体渗透特性的一条重要途径是对裂隙水流进行模拟试验。把岩体裂隙简化成平行板之间的裂缝,设水流服从 Darcy 定律,根据单相、无紊流、黏性不可压缩介质的 Navior-stockes 方程,建立了单个裂隙的水力势方程和连续方程(Louis,1974):

$$v = K_f J_f \tag{2-1}$$

$$K_f = \frac{gb^2}{12\mu} \tag{2-2}$$

式中 v——平均流速;

K_f——裂隙渗透系数;

J_f——裂隙内的水力梯度;

b——裂隙宽度;

μ——水的运动黏滞系数。

实际岩体裂隙粗糙不平,并带有充填物阻塞,Louis 对上式进行了修正。

$$K_c = \frac{\beta g b^2}{12\mu C} \tag{2-3}$$

式中 β——裂隙内连通面积与总面积之比(连通系数);

C——裂隙面相对粗糙度修正系数,其值为:

$$C = 1 + 8.8 \left(\frac{e}{2b}\right)^{1.5} \tag{2-4}$$

其中 e——裂隙凸起高度。

达西定理

$$v = \frac{K_f}{C} J_f \tag{2-5}$$

其中 $\frac{K_f}{C}$ 即为有粗糙度裂隙的渗透系数。

$$K = \frac{K_f}{C} = \frac{gb^2}{12\mu C} = \frac{g}{12\mu}\left(\frac{b}{\sqrt{C}}\right)^2 = \frac{g b_c^2}{12\mu} \tag{2-6}$$

其中

$$b_c = \frac{b}{\sqrt{C}} = \frac{b}{\sqrt{1 - 8.8\left(\frac{e}{2b}\right)^{1.5}}} \tag{2-7}$$

对于紊流状态的水流,Louis(1967,1970)、Neuzzl(1981)等人经过大量的试验和计算研究后指出:"在裂隙中会遇到紊流,但实际上可以不考虑这种紊流状态而仍按层流问题处理。这样,使计算显著简化而带来的却只有一个可以忽略的误差。""在裂隙介质中的紊流仅改变了流量值,对于压力分布没有明显的影响"。也就是说,当水力坡降较小,水流服从达西定律时的压力分布与水力坡降较大,水流服从非线性定律时的压力分布几乎是相同的。因而可以方便地按水流服从达西定律的情况,求出整个渗流场的压力分布。对于各向异性渗流场,则可用渗透系数张量来描述,并据此算出压力分布,然后,再用紊流时的渗透系数计算渗流量。

2.5.2 裂隙系统渗流规律

裂隙系统中地下水流动问题研究的主要内容是岩体裂隙渗流模型和岩体裂隙水力学参数的确定。岩体裂隙渗流模型主要分为两类:①"双重介质"渗流模型(Flow Model in Double Porosity Media);②岩体裂隙网络系统渗流模型(Flow Model in Fractured Network System)。

"双重介质"渗流模型认为裂隙岩体是一种具有连续介质性质的物质,并把这种连续介质看成是由两种介质组成的,即以裂隙介质导水、孔隙介质储水。从而分别建立裂隙介质渗流模型与孔隙介质渗流模型,用裂隙与孔隙岩块间水量交替公式连接,组成一个耦合方程式[39]:

$$K_p\left(\frac{\partial^2 H_p}{\partial x^2}+\frac{\partial^2 H_p}{\partial y^2}+\frac{\partial^2 H_p}{\partial z^2}\right)=S_s^p\frac{\partial H_p}{\partial t}-\alpha(H_p-H_f)$$
$$K_f\left(\frac{\partial^2 H_f}{\partial x^2}+\frac{\partial^2 H_f}{\partial y^2}+\frac{\partial^2 H_f}{\partial z^2}\right)=S_s^f\frac{\partial H_f}{\partial t}+\alpha(H_p-H_f)$$
(2-8)

式中 K_p、K_f——孔隙岩块和裂隙介质的渗透系数;

S_s^p、S_s^f——孔隙岩块和裂隙岩块介质贮水率;

α——孔隙岩块与裂隙介质之间的水量交换系数;

H_p、H_f——孔隙岩块与裂隙介质中地下水水头。

Streltsova 于 1977 年也提出了类似的双重介质渗流模型。他认为,岩体是由裂隙和岩块组成的。把岩体看作为由裂隙系统分割开的许多水平岩块组成,岩块水平方向无限延伸,岩块厚度和裂隙宽度不变,且岩块厚度远远大于裂隙隙宽,裂隙中的水流是水平流,岩块中的水流是垂向流。于是,得出承压含水层中渗流偏微分方程式为:

$$\frac{\partial}{\partial x}\left(T_{xf}\frac{\partial H_f}{\partial x}\right)+\frac{\partial}{\partial y}\left(T_{yf}\frac{\partial H_f}{\partial y}\right)=S_f\frac{\partial H_f}{\partial t}+\alpha_1 S_p\int_0^t\frac{\partial H_f}{\partial t}e^{-a_1(t-\tau)}\mathrm{d}\tau \quad (2-9)$$

式中 T_{xf}、T_{yf}——X、Y 方向上的导水系数,$T_{xf}=K_{xf}M$,$T_{yf}=K_{yf}M$;

M——含水层厚度;

α_1——延迟指数的倒数;

S_f、S_p——裂隙介质和孔隙岩块的贮水系数。

对于轴对称井流而言,上式可写为:

$$T\left(\frac{\partial^2 S_f}{\partial \gamma^2}+\frac{1}{\gamma}\frac{\partial S_f}{\partial \gamma}\right)=S_f\frac{\partial S_f}{\partial t}+\alpha_1 S_p\int_0^t\frac{\partial S_f}{\partial t}e^{-a_1(t-\tau)}\mathrm{d}\tau \quad (2-10)$$

式中 T——均质各向同性导水系数;

S_f——裂隙介质系统中地下水水位降深。

岩体裂隙网络系统渗流模型认为岩体是由单一的按几何形态有规律分布的裂隙介质组成,岩体中的岩块渗透性极弱,可忽略不计。用裂隙水力学参数和几何参数(如裂隙产状、裂隙间距和隙宽等)来表征裂隙岩体内渗透空间结构的具体布局,所以在这类模型中,裂隙的大小、形状和位置都在考虑之列。前苏联学者 Pomm(1966)、美国学者 Snow(1969,1972)、法国学者 Louis 和 Wittke(1969,1970)都为岩体裂隙网络系统渗流模型的研究作出了显著贡献。

Pomm 和 Snow 以裂隙统计为基础,创立了岩体裂隙渗透率张量理论。他们先后提出假设,即使不同方向裂隙组在裂隙网络系统中相互连通,一个方向上裂隙组的裂隙水流丝毫不受另一方向上裂隙组裂隙水流的干扰。据此,可将实际介质按裂隙网络的各方向裂隙组分解成几个只具唯一方向裂隙组的虚构介质,则通过实际介质的水流等于把这些虚构介质的水流叠加起来,于是得:

$$V=\sum_{i=1}^M V_i=\sum_{i=1}^M\frac{\gamma b_i^3\lambda_i}{12\mu}(I-\alpha_i\alpha_i)J_f \quad (2-11)$$

式中 V——裂隙网络系统中地下水渗流速度矢量;

V_i——第 i 组裂隙介质中地下水渗流速度矢量;

b_i——第 i 组裂隙的平均裂隙隙宽;

λ_i——第 i 组裂隙的平均密度;

I——单位矢量;
a_i——第 i 组裂隙隙面的法向单位矢量;
J_f——裂隙网络系统中地下水水力梯度矢量;
M——裂隙组的总数目。

Wittke(1966年)将裂隙岩体的渗透问题概化为一系列单个裂隙组成的裂隙网络,运用线单元法建立了裂隙网络水流的线素模型。该模型以真实裂隙网络展布为基础,按照连续流条件建立裂隙节点水均衡方程式,再按照每个闭路的水位差代数和为零建立回路方程式,组合这些方程组构成裂隙网络系统的线素模型。Wittke 的模型在实际应用中困难较大,原因是无法查清岩体中裂隙的展布规律。而渗透系数张量理论应用于解决实际岩体的渗流问题,相对比较简单,它的关键就是计算岩体各向异性渗透系数张量。目前求取渗透系数张量的方法有校正系数法、三段压水试验法和交叉孔压水试验法。

2.6 岩体渗流场与应力场的相互作用机理

2.6.1 岩体中渗流场对应力场的影响

隧道裂隙岩体中渗流场变化、地下水作用(包括化学潜蚀作用、物理弱化作用和力学作用)会引起应力场环境发生相应变迁,导致岩体发生渗透变形。这种变形过程具有一定的时效性,表现在[40]:①地下水对裂隙结构面的物理化学作用,可逐渐地减弱裂隙岩体的物理力学性质;②地下水通过力学作用,对裂隙岩体中的结构面产生扩展作用。

(1)化学潜蚀作用

地下水的化学潜蚀作用对应力场环境的影响主要表现在裂隙岩体结构面的扩展过程中。试验研究表明,裂隙岩体中渗流场变化引起裂隙结构面扩展的化学潜蚀作用,反映在地下水含有对裂隙岩体产生化学侵蚀作用的成分。其中,地下水对裂隙结构面软弱充填物中的石英颗粒具有溶蚀作用,对铁质具有氧化作用。对碳酸盐岩质的裂隙岩体,地下水具有典型的化学侵蚀作用,其化学反应式为:

$$CaCO_3 + CO_2 + H_2O = Ca(HCO_3)_2$$

就地下水对碳酸盐岩质裂隙岩体的化学侵蚀作用而言,作用的程度取决于地下水与碳酸盐岩质裂隙岩体的接触表面积,而接触表面积的增大可通过两种方式获得。一种方式是地下水渗流速度的提高,加速了地下水的运动,对裂隙结构面网络中充填物的冲刷能力得以增强,同时与碳酸盐岩质裂隙岩体接触反应的地下水浓度得以稀释。这样一则增大了地下水与碳酸盐岩质裂隙岩体的接触表面积,二则提高了地下水与碳酸盐的反应速度,从而可增强地下水对碳酸盐岩质裂隙岩体的化学侵蚀作用程度。另一种方式是增大裂隙结构面的粗糙度,借此扩大地下水域碳酸盐岩质裂隙岩体的接触表面积,增强地下水渗流过程对碳酸盐之裂隙岩体的化学侵蚀作用程度。从以上两种方式可以看出,前者的地下水渗流速度改变依赖于地下水渗流场,同时在增强地下水对碳酸盐岩质裂隙岩体化学侵蚀作用程度中占据着重要地位,从而碳酸盐岩质裂隙岩体中地下水渗流场的改变对地下水的化学侵蚀作用有重要的意义,其构成了裂隙岩体中应力场发生改变的物理基础。

(2)物理弱化效应

裂隙岩体中地下水的物理弱化效应表现在裂隙结构面的扩展过程中。大量的试验研究表明,裂隙岩体中渗流场变化引起裂隙结构面扩展的物理弱化效应,反映在地下水物理作用致使裂隙结构面及充填物随含水率 ω 增加,其物理性状不断改变,发生由固态向塑态直至向液态转化的弱化效应,导致其力学性能蜕变,影响裂隙岩体的力学作用过程,进而改变应力场环境。

由此可知,地下水物理弱化效应对裂隙岩体应力场环境的影响作用通过两种方式进行:①通过使裂隙结构面及充填物含水率 ω 的正向变化,引起裂隙结构面扩展以致改变裂隙岩体的应力场环境;②通过使裂隙及构面及充填物含水率 ω 的正向变化,改变其物理性状,发生由固态向塑态直至向液态转化的弱化效应,以致裂隙结构面的力学性能蜕变,改变裂隙岩体的应力场环境。这两种影响作用方式都是通过改变裂隙结构面及充填物的含水率 ω 进行。

试验研究表明,不同成分和组构特征的裂隙结构面和充填物具有不同的吸水(含水)效应,表现在:①成因相同而组构不同的裂隙结构面和充填物,因物质成分和颗粒组成各异致使其吸水性能强弱不一,并且与黏土矿物的成分和含量密切相关。其中黏土含量同含水率成正比变化,而黏土成分不同则其含水性能各异,尤以蒙脱石吸水性能最强,高岭石、伊利石和绿泥石等黏土矿物吸水性能相对次之。②以碎屑和泥质(含黏粒)充填为主、具有不同成因类型和组构且总体较薄的充填物有着不同的吸水效应,其中层间错动型吸水性能强、风化碎屑型吸水性能相对较弱。③对含大量泥质成分(包括黏土成分)且具不同成因类型的裂隙结构面,在地下水作用下大多发生以泥化为主要特征的物理弱化效应。④具不同地质力学成因类型的裂隙结构面会表现出不同的水理特性(包括吸水性和到水性)。

随着裂隙结构面及充填物含水率的变化,其物理性状发生同向的变化,即含水率增加时,其液化效应显著加强;而同时期力学性状发生变化,即含水率增加时,其液化效应显著加强而同时期力学性状发生反向变化。即含水率与裂隙结构面力学强度成反比相关,表现在两个方面:①含水率增加导致力学性能蜕变和弱化(包括抗压、抗剪强度的弱化);②含水率的变化显著影响着裂隙结构面的力学作用过程,即随着含水率的增加,裂隙结构面的力学变形过程整体上发生由弹性向塑性的转化。

(3)水的力学作用

地下水渗透力作为机械力,对裂隙岩体应力场环境的影响作用通过裂隙结构面的扩展过程得以实现,其形式表现为静水压力和动水压力两种。

静水压力是地下水在裂隙结构面上所作用的法向应力。它是一种表面力,是空间位置和时间的标量函数。静水压力作为内水压力,力学作用表现为两类:①使裂隙结构面发生拉-张型扩展作用,增大裂隙结构面的隙宽(张开度);②使裂隙结构面发生剪切型延展作用,增大裂隙结构面的延伸长度。对前者,J.C.耶格认为,当地下水井水压力 p_s 等于或超过裂隙结构面的有效法向应力 σ_n 和抗拉强度 R_t 之和时,裂隙结构面便发生拉-张型扩展作用。在裂隙结构面充水软化的场合,因地下水软化作用消弱了裂隙结构面的有效法向应力 σ_n 和裂隙结构面的抗拉强度 R_t,增加了裂隙结构面发生拉-张型扩展作用的可能性。对后者,M.K.哈巴特给出了剪切扩展作用的依据,他认为,一方面地下水的软化作用消弱了裂隙结构面 C、φ 值,另一方面地下水的静水压力 p_s 相对降低了法向应力 σ_n 的有效性,这两方面的综合作用,提高了地下水静水压力,引起岩体沿裂隙结构面发生剪切型延展作用的可能性。

动水压力是指在地下水水头差的作用下,地下水为克服其沿裂隙结构面运动时的阻力而产生的对结构面壁及充填物质的作用力。它是一种体积力,作用方向和地下水流动方向一致,是空间位置和时间的矢量函数。动水压力对裂隙岩体应力场环境的影响通过致使岩体中裂隙结构面扩展的作用得以体现,表现在三个方面:①在动水压力作用下,裂隙结构面及充填物在渗透方向上发生变形和位移,尤其易于发生剪切变形和位移;②沿裂隙结构面发生的变形和位移,致使裂隙结构面再扩展,并不断增加其空隙度、透水性和渗透速度;③当渗透速度增加到某些细小颗粒的潜蚀临界速度时,那些在渗透水流作用下已达到流动极限的细小颗粒,便开始以机构管涌方式被携带出去。其中,裂隙结构面及充填物在动水压力作用下发生的渗透方向变形和位移是裂隙结构面扩展作用的基础。

2.6.2 岩体中应力场对渗流场的影响

储存并运移于隧道裂隙岩体的连通裂隙结构面网络中的地下水,将在其渗流范围内形成水头分布,构成隧道裂隙岩体中地下水的渗流场。这反映了隧道裂隙岩体中地下水的渗流状态,也揭示了裂隙岩体的渗透性能。隧道裂隙岩体的渗透性能由两个重要的渗流参数——渗透系数 K 和给水度 μ(储水系数 S)表示,计算表达式为:

$$K = \frac{kg}{\nu} \tag{2-12}$$

$$\mu(S) = \mu_s \cdot M = \rho \cdot M(\alpha n + \beta) \tag{2-13}$$

式中 K——裂隙岩体系统的渗透率或内在渗透率,主要取决于裂隙岩体系统本身;

ρ——地下水的密度;

g——重力加速度;

ν——地下水的运动黏滞系数。

同时,隧道裂隙岩体也处于一定的天然应力状态即初始应力场中,隧道未施工前,初始应力场与运移于其中的地下水渗流场处于相对静止的动态平衡中,即认为双场之间的耦合作用属于历史事件。在隧道的开挖过程中,人为的工程活动破坏了岩体的初始应力场,进而产生感生应力场以维持裂隙岩体的力学平衡系统。隧道裂隙岩体应力场环境的改变,导致了应力场与地下水渗流场之间相互作用动态平衡系统的破坏。为了恢复这一作用体系的动态平衡,双场之间必须再经过一定的耦合作用过程而实现。

从应力场改变对地下水渗流场的影响作用机制来说,应力场主要是改变了裂隙结构面的隙宽,进而影响裂隙岩体的渗透性能,可从地下水渗流场的变化得以反应。因而渗流场的影响作用表现为对裂隙岩体渗透性能的改变,可由渗透系数 K 和给水度 μ(储水系数 S)表示。

2.7 岩体渗流场与应力场、位移场耦合的数学模型

岩体处于一定的地质环境之中,岩体系统内具有应力和地下水的相互作用,应力岩体的空隙结构改变地下水的运移通道,这就是岩体系统内应力场对渗流场的影响;另一方面,岩体系统内地下水的存在,地下水通过物理、化学和力学等作用亦改变岩体的结构,施加给岩体以静水压力和动水压力,这就是岩体系统内渗流场对应力场的影响。以上两方面的相互作用是通过岩体的渗透性能及其改变而联系起来的,当有渗流发生时,这两种作用将通过反复耦合而达到动态稳定平衡。

Louis(1974 年)根据某坝址钻孔抽水试验资料分析,得出了渗透系数与正应力的经验关系式,即[60]:

$$K_f = K_f^{(0)} \exp(-\alpha\sigma) \tag{2-14}$$

式中 K_f——渗透系数;

$K_f^{(0)}$——$\sigma=0$ 时的渗透系数;

σ——有效正应力；

α——待定系数。

上式是首次研究渗流与应力关系的公式，它反映了正应力增大，渗透系数变小，它们的关系呈负指数关系。

随后德国的 Erichsen 从岩体裂隙压缩或剪切变形分析出发，建立了应力与渗流之间的耦合关系。Oda(1986)由裂隙几何张量来统一表达岩体渗流与变形之间的关系。Nolte 建立用裂隙压缩量有关的指数公式描述裂隙渗流与应力之间的关系。Noorishad(1982,1984)也提出了岩体渗流要考虑应力场的作用，他以 Biot 固结理论为基础，把多孔弹性介质的本构方程，推广到裂隙介质的非线性形变本构关系，研究渗流与应力的关系。我国学者刘继山(1987)用试验方法研究了单裂隙和两正交裂隙受正应力作用时的渗流公式，得出如下关系式[60]：

$$K_f = \frac{\gamma}{12\mu} u_{f0} \cdot \exp\left[\frac{\gamma H_0}{2K_n \ln(R/r_0)}\right] \cdot \exp\left(-\frac{2\sigma}{K_n}\right) \quad (2-15)$$

式中　u_{f0}——结构面最大压缩变形量；

K_n——结构面当量闭合刚度；

H_0——压水井(孔)中稳定水头；

R——影响半径；

r_0——压水井(孔)半径；

σ——结构面上的法向应力。

对于正交裂隙受正应力作用时，其渗透率系数与正应力的关系为[60]：

$$D_a = \exp\left(-\frac{2}{K_n}(\sigma_1 - \sigma_3)\cos\alpha\right) \quad (2-16)$$

式中　σ_1、σ_3——最大、最小正应力；

D_a——裂隙岩体渗透的各向异性度，$D_a = K_{f1}/K_{f2}$；

K_{f1}、K_{f2}——1、2 裂隙的渗透系数。

Snow(1968 年)通过试验得出一组平行裂隙在应力作用下的渗透系数的表达式，即[60]：

$$K_f = K_f^0 + \frac{K_n b^3}{S(\sigma - \sigma_0)} \quad (2-17)$$

式中　S——裂隙隙间距；

σ_0——初始应力。

Kilsall 等人研究了地下洞室开挖后围岩渗透系数的变化。他们认为，导致渗透系数变化的原因有：一是天然应力和重分布应力的作用，使致密岩石裂隙化；二是开挖引起作用于围岩中的天然应力改变，使已有裂隙张开或闭合；三是开挖引起的卸荷导致原生晶面松弛等。他们从岩体渗透的立方定律出发，并且考虑 Goodman 的节理法向刚度模型，从而导出应力与裂隙隙宽的关系式为：

$$b = \frac{b_0}{A\left(\frac{\sigma}{\zeta}\right)^a + 1} \quad (2-18)$$

应力与裂隙的渗透系数的关系为：

$$K_f = K_f^{(0)} \frac{1}{\left[A\left(\frac{\sigma}{\zeta}\right)^a + 1\right]^3} \quad (2-19)$$

式中　$(Q/\Delta H)$——应力等于 σ 时的流量与水头差之比；

$(Q/\Delta H)_0$——应力等于σ_0时的流量与水头差之比；

K_f——应力等于σ时裂隙的渗透系数；

K_f^0——应力等于σ_0时裂隙的渗透系数；

b_0——应力等于σ_0时裂隙隙宽；

ζ——裂隙的久正应力；

A、a——待定系数，根据试验确定[60]。

在渗流与应力耦合分析模型研究中，Noorishad(1982)提出了多孔连续介质渗流场与应力场耦合模型。Ohnishi 和 Ohtsu(1982)研究了非连续节理岩体的渗流与应力耦合方法，提出了以节理为基础的有限元方法。日本学者 Oda(1986)以岩体节理统计为基础，运用渗透率张量法，建立了岩体渗流与应力场耦合的数学模型。仵彦卿和张倬元(1994)提出了岩体渗流场与应力场耦合的集中参数型模型和裂隙网络模型。由于实际岩体系统结构的多样性、研究目的和要求的多样性以及建模方法的多样性，决定了岩体系统渗流场与应力场耦合的数学模型亦具有多样性。目前使用比较广泛的数学模型有：①岩体渗流场与应力场耦合的连续介质模型；②岩体渗流场与应力场耦合的裂隙网络模型；③岩体渗流场与应力场耦合的等效连续介质模型。

2.7.1 岩体渗流场与应力场耦合的连续介质模型

对于以岩体系统而言，当岩体的空隙结构以空隙为主，或以密集裂隙分布的裂隙为主时，表征体元足够小(相对研究区域规模)，可采用连续介质模型来进行岩体渗流场与应力场的耦合分析。

岩体系统中的应力场影响岩体裂隙隙宽(或开度)，而隙宽又是渗透系数的函数。因此，岩体应力与渗流的耦合关系，可用试验所得的经验公式描述，由 Louis(1967)试验结果可知[40]：

$$K(\sigma, P) = K_0 \exp[-a(\sigma - P)] \tag{2-20}$$

式中 σ——正应力，其方向垂直于渗透主方向，当应力场中最大主应力方向与主渗透方向斜交时，要进行角度转换；

P——渗透压力；

a——裂隙倾角。

把连续介质渗流数值模型、应力场数值模型及渗流与应力关系的经验模型组合到一起，采用迭代求解方法，可分别求得岩体系统中水头和应力分布，其双场耦合的数值模型为[40]：

$$\begin{cases} [K]\{P\} + \{Q\} = [S]\left\{\dfrac{\mathrm{d}P}{\mathrm{d}t}\right\} \\ [K_n]\{U\} = \{F\} + \{P\} \\ \{\sigma\} = [D][B]\{U\} \\ K = K_0 \exp[-a(\sigma - P)] \end{cases} \tag{2-21}$$

式中 $\{U\}$——位移列传；

$\{Q\}$——源(汇)项列阵；

$\{P\}$——渗流压力列阵；

$[K_n]$——刚度矩阵；

$[K]$——总渗透矩阵；

$[S]$——贮水矩阵；

$[B]$——几何矩阵。

2.7.2 岩体渗流场与应力场耦合的裂隙网络模型

在实际中,当岩体空隙结构以裂隙为主,并且裂隙的分布又极不均匀时,岩体中的渗流以裂隙渗流为主,岩块渗透性极小,可忽略不计,同时岩体的变形主要是裂隙变形,此时如再采用连续介质模型来进行流固耦合分析可能会造成大的误差。裂隙网络系统是指岩体系统内不同成因类型、不同力学性质、不同规模和不同方向的裂隙个体在空间上相互交叉,构成的网络状系统。裂隙网络系统的渗流具有非均质性和各向异性。由于裂隙网络系统中阻水裂隙的存在,还有裂隙的切穿性差,引起裂隙中水流断续分布,这些互不相通的裂隙或存在阻水裂隙的网络,称为非连通裂隙网。由于裂隙网络系统中裂隙的隙宽大小差异,引起绝大部分水流集中在隙宽较大的少数裂隙内,这种现象田开铭教授已通过室内试验证明,他称这种现象为"裂隙水偏流效应",Tsang(1987)把这一现象称为沟槽现象。为了解决此问题,可以从考虑裂隙渗透系数与应力的关系式入手,建立非连续介质网络模型。

当忽略岩体中岩块的渗透性能时,岩体中裂隙网络渗流数学模型可描述为[40]:

$$\left(\sum_{j=1}^{N'} q_j\right)_i + \left(\sum_{j=1}^{N'} W_j\right)_i + Q_i = \mu_i \frac{dH_i}{dt} \quad (i=1,2,\cdots,N) \tag{2-22}$$

式中 $\left(\sum_{j=1}^{N'} q_j\right)_i$ ——以 i 为节点的控制单元内各段裂隙流入与流出量的和;

$\left(\sum_{j=1}^{N'} W_j\right)_i$ ——以 i 为节点的控制单元内各裂隙段上垂向补排量;

Q_i —— i 节点的源汇项;

μ_i ——控制单元内存储量的变化量。

将式(2-22)写成矩阵形式,得:

$$Aq + A^*W + Q = S\frac{dH}{dt} \tag{2-23}$$

式中 A ——裂隙网络的衔接矩阵;

A^* —— A 的关联矩阵。

裂隙岩体的应力场模型为[40]:

$$\{\sigma\} = [D][\varepsilon] + \{F\} + \{P\} \tag{2-24}$$

式中 $\{P\}$ ——渗流压力列阵,可由式(2-21)中求得。

对于裂隙岩体而言,受应力作用时裂隙变形是主要的,裂隙的变化引起渗透系数的改变,应力与渗透系数的关系可描述为:

$$K_f = K_f^0 \sigma_a^{-a} \tag{2-25}$$

式中 σ_a ——有效应力,$\sigma_a = \sigma - p$。

裂隙网络耦合模型的计算,通常采用采用迭代解法进行。先给定渗透系数初值 K_f^0,代入式(2-23)中求得渗流区的水头分布;其次,将 $H = P/\gamma$ 换算成渗透压力 P 分布,代入式(2-24)中计算应力场;接着,将 P 和 σ 代入式(2-25)中求有效应力作用下岩体裂隙的渗透系数 K_f,再代入式(2-23)迭代计算 H,在给定允许误差条件下,可求得岩体系统中渗流场和应力场。

2.7.3 岩体渗流场与应力场耦合的等效连续介质模型

事实上,岩体渗流场与应力场耦合的裂隙网络数学模型,对于存在稀疏裂隙的岩体系统而言,是一种良好的方法。在实际中,大而稀疏的裂隙(如断层)相对小裂隙分布少,多数情况下,小裂隙决定岩体系统的渗流问题。岩体中裂隙面的存在,破坏了岩体的连续性,从宏观的角度把具有裂隙存在的岩体看作等效连续介质是可行的,计算结果也能够满足工程精度要求。

由质量守恒原理知:

$$\frac{\partial}{\partial t}(n\rho) = -\frac{\partial(V_i\rho)}{\partial x_j} \tag{2-26}$$

假定地下水的密度 $\rho=\mathrm{const}$,并由达西定律知:

$$V_i = -K_{ij}\frac{\partial H}{\partial x_j} = -K_{ij}\frac{\partial}{\partial x_j}(P/\rho g + Z) \tag{2-27}$$

将式(2-27)代入式(2-26),得:

$$\rho\gamma\frac{\partial n}{\partial t} = \frac{\partial}{\partial x_i}\left[K_{ij}\frac{\partial}{\partial x_j}(P+\rho g Z)\right] \tag{2-28}$$

式中　n——裂隙率,$n=V^{(c)}/V$。

由于每条裂隙的空隙体积为 $\left(\frac{1}{4}\right)\pi r^2 b$,表征体元中裂隙总条数为 $2mE(n,r,b)\mathrm{d}\Omega \mathrm{d}r\mathrm{d}b$,则表征体元中总的空隙体积为:

$$\mathrm{d}V^{(c)} = (\pi/4)mr^2 b \times 2E(n,r,b)\mathrm{d}\Omega \mathrm{d}r\mathrm{d}b \tag{2-29}$$

对于整个岩体来说,总的空隙体积为:

$$V^{(c)} = \int_0^{b_m}\int_0^{r_m}\int_{\Omega/2} 2(\pi/4)mr^2 b E(n,r,b)\mathrm{d}\Omega \mathrm{d}r\mathrm{d}b \tag{2-30}$$

从而,可以推出裂隙率 n 的关系式为:

$$n = F_0/C - F_{ij}\sigma_{ij}/\bar{h} \tag{2-31}$$

代入式(2-28),可得岩体裂隙渗流方程式为:

$$-\rho\gamma\frac{\partial}{\partial t}\left[(\sigma_{ij}-P\delta_{ij})F_{ij}/\bar{h}\right] = \frac{\partial}{\partial x_i}\left[K_{ij}\frac{\partial}{\partial x_j}(P+\gamma Z)\right] \tag{2-32}$$

联合裂隙岩体弹性应变张量和渗透系数张量可推出岩体渗流场与应力场耦合的等效连续介质数学模型为[40]:

$$\begin{cases} \sigma_{ij} = T_{ijkl}^{-1}\varepsilon_{kl} + T_{ijkl}^{-1}C_{kl}P \\ K_{ij} = (\lambda g/\nu)(A_{kk}\delta_{ij} - A_{ij}) \\ -\rho\gamma\dfrac{\partial}{\partial t}\left[(\sigma_{ij}-P\delta_{ij})F_{ij}/h\right] = \dfrac{\partial}{\partial x_i}\left[K_{ij}\dfrac{\partial}{\partial x_j}(P-\gamma Z)\right] \end{cases} \tag{2-33}$$

式中　T_{ijkl}——四阶对称张量;

　　　A_{ij}——裂隙几何张量;

　　　g——重力加速度;

　　　ν——水流的运动黏滞系数;

　　　λ——反应裂隙连通性的系数。

等效连续介质模型,未考虑岩块的渗透性,把裂隙渗流看作等价的连续介质(适用于裂隙相对密集的岩体),渗透的非均质各向异性反映在渗透系数张量之中。另一方面,裂隙岩体应力分布用应力张量反映,充分地考虑了裂隙岩体变形的各向异性特点。岩体的变形是由于岩块的变形和裂隙变形之和。对等效连续介质中渗流场与应力场耦合的数学模型进行求解,可采用数值计算方法(有限单元法、有限差分法、边界单元法等),尤以有限单元法最为常用。根据计算结果,可对隧道裂隙岩体中的地下水渗流场进行定量分析研究。

2.8 岩体渗流场与应力场、位移场耦合的解析解、数值解

2.8.1 岩体渗流场与应力场、位移场耦合分析步骤

(1) 计算自重应力场，利用反转应力释放法求出某一级开挖步下的应力场分布。

(2) 将岩体的渗透系数，代入渗流场有限元方程，求出渗流场分布。

(3) 根据渗流场分布计算渗流体积力，得到相应的等效节点荷载。

(4) 将第(3)步中得到的渗流体积力等效结点荷载代入应力分析方程，得到位移增量，进而由几何方程和物理方程求得应力增量变化。

(5) 根据变化后的位移场计算下一步开挖时的渗流场。

重复步骤(1)~(5)，直到前后两次结果满足精度要求。

2.8.2 渗流场影响下的应力场分布

从渗流观点看由于围岩和地下结构物大多都是渗水介质，水流通过这些介质可以形成渗流场，在给定的边界条件下，水在透水介质中形成的渗流势场为：$H(x,y,z)$，其中 z 的正方向与重力加速度的方向相反。

$$H = z + \frac{p}{\gamma_w} \tag{2-34}$$

式中 p——孔隙水压力；

γ_w——水的容重。

动水力以渗流体积力的形式作用于岩土介质，以等效连续介质概化不同岩性岩体内节理、裂隙等不均匀分布的特性后，由水力学原理可知，渗流体积力的计算公式为

$$\begin{Bmatrix} f_x \\ f_y \\ f_z \end{Bmatrix} = \begin{Bmatrix} -\gamma_w \frac{\partial H}{\partial x} \\ -\gamma_w \frac{\partial H}{\partial y} \\ -\gamma_w \frac{\partial H}{\partial z} \end{Bmatrix} = \begin{Bmatrix} \gamma_w J_x \\ \gamma_w J_y \\ \gamma_w J_z \end{Bmatrix} \tag{2-35}$$

$$f = \sqrt{f_x^2 + f_y^2 + f_z^2} \tag{2-36}$$

式中 f——渗流产生的体积力；

γ_w——水的容重；

f_x, f_y, f_z——渗流体积力 f 在 x, y, z 方向的分力；

J_x, J_y, J_z——单元在 x, y, z 方向的水力坡降。

(1) 围岩孔隙水压力分布规律

隧道开挖后，如果开挖后应力达到或超过围岩的屈服条件，则一部分围岩处于塑性状态。圆形隧道在对称应力作用下围岩中塑性区必定是一圆形，设隧道开挖半径为 r_0，塑性区半径为 r_d，远场半径为 R。对于深埋隧道，忽略洞壁孔隙水压力的变化，设隧道洞壁、塑性半径处以及弹性区外的孔隙水压力分别为 u_0、u_d、u_r，则孔隙水压力在塑性区和弹性区的分布规律为：

塑性区 $r_0 < r < r_d$：

$$u = u_0 + (u_d - u_0) \frac{\ln(r/r_0)}{\ln(r_d/r_0)} \tag{2-37}$$

弹性区 $r_d < r < R$：

$$u_d = \frac{\rho \cdot u_r \cdot \ln(r_d/r_0) + u_0 \cdot \ln(R/r_d)}{\rho \cdot \ln(r_d/r_0) + \ln(R/r_d)} \tag{2-38}$$

其中，$\rho = \dfrac{K_e}{K_p}$

式中　K_e——弹性区渗透系数；

K_p——塑性区渗透系数。

(2) 弹性区有效应力

弹性区的有效应力可以在总应力的基础上减去孔隙水压力得到

$$\sigma'_{re} = P_0 - (P_0 - u_d - \sigma'_{rd})\left(\frac{r_d}{r}\right)^2 + \frac{K_w}{2}(u_r - u_d)\left[A - 1 + \left(\frac{r_d}{r}\right)^2\right] - u \tag{2-39}$$

$$\sigma'_{\theta e} = P_0 + (P_0 - u_d - \sigma'_{rd})\left(\frac{r_d}{r}\right)^2 - \frac{K_w}{2}(u_r - u_d)\left[A - 1 + \left(\frac{r_d}{r}\right)^2\right] + K_w(u - u_r) - u \tag{2-40}$$

$$A = \frac{1}{\ln(R/r_d)}\left\{\ln\frac{r}{r_d} - \frac{1}{2}\left[1 - \left(\frac{r_d}{r}\right)^2\right]\right\} \tag{2-41}$$

$$K_w = \frac{KE}{1-\mu} = \frac{K_V}{3}\left(1 - \frac{K_S}{K_V}\right)\frac{E}{1-\mu} = \frac{1-2\mu}{1-\mu}\left(1 - \frac{K_S}{K_V}\right) \tag{2-42}$$

$$K_V = \frac{3(1-2\mu)}{E} \tag{2-43}$$

式中　σ'_{rd}——弹性区交界面上的径向有效正应力；

K_S——基岩骨架的单位体积压缩系数；

P_0——$r \gg r_0$ 处的径向应力 σ_r。

(3) 塑性区有效应力

$$\sigma'_{rp} = \left(\frac{r}{r_0}\right)^{\xi-1}\left(P' + \frac{R_b}{\xi-1} - P_w\right) - \frac{R_b}{\xi-1} + P_w \tag{2-44}$$

$$\sigma'_{\theta p} = \xi\left(\frac{r}{r_0}\right)^{\xi-1}\left(P' + \frac{R_b}{\xi-1} - P_w\right) - \frac{R_b}{\xi-1} + \xi P_w \tag{2-45}$$

式中　$R_b = \dfrac{2\cos\phi}{1-\sin\phi}, \xi = \dfrac{1+\sin\phi}{1-\sin\phi}, P_w = \dfrac{\eta}{\xi-1} \cdot \dfrac{u_d - u_0}{\ln(r_d/r_0)}$。

2.8.3　应力场影响下的渗流场分布模型

笔者采用等效连续介质模型来计算应力场影响下的渗流场分布。根据达西定律和质量守恒定律，对等效连续介质中地下水渗流问题，水流连续性方程为：

$$\frac{\partial}{\partial x}\left(K_x \frac{\partial H}{\partial x}\right) + \frac{\partial}{\partial y}\left(K_y \frac{\partial H}{\partial y}\right) + \frac{\partial}{\partial z}\left(K_z \frac{\partial H}{\partial z}\right) = \mu_S \frac{\partial H}{\partial t} \tag{2-46}$$

式中　H——地下水水头；

K_x, K_y, K_z——裂隙介质渗透系数在 x、y、z 轴方向上的分量；

μ_S——裂隙岩体介质比弹性储水系数。

上式即为等效连续介质模型中地下水渗流方程，根据含水层类型的不同，地下水渗流方程的具体形式也不同。对承压含水层（即含水介质中地下水不具有自由水面），有

$$\frac{\partial}{\partial x}\left(K_x M \frac{\partial H}{\partial x}\right) + \frac{\partial}{\partial y}\left(K_y M \frac{\partial H}{\partial y}\right) + \frac{\partial}{\partial z}\left(K_z M \frac{\partial H}{\partial z}\right) + Q = S \frac{\partial H}{\partial t} \tag{2-47}$$

式中　M——承压含水层中水层厚度；

S——承压含水层的储水系数。

深埋隧道含水裂隙岩体的含水层大多为微具承压性的潜水,且具第一类已知水头边界 $\Gamma1$、第二类已知流量边界 $\Gamma2$ 及自由水面边界 $\Gamma3$,存在源(汇)项 Q,地下水渗流数学模型为:

$$\frac{\partial}{\partial x}\left[K_xM(x,y)\frac{\partial H}{\partial x}\right]+\frac{\partial}{\partial y}\left[K_yM(x,y)\frac{\partial H}{\partial y}\right]+\frac{\partial}{\partial z}\left[K_zM(x,y)\frac{\partial H}{\partial z}\right]+Q=S\frac{\partial H}{\partial t} \quad t\geqslant t_0,(x,y,z)\in\Omega$$

$$H(x,y,z,t_0)=H_0(x,y,z) \quad (x,y,z)\in\Omega$$

$$H(x,y,z,t_0)=H_1(x,y,z) \quad t\geqslant t_0,(x,y,z)\in\Gamma1$$

$$K_xM(x,y)\cos(n,x)\frac{\partial H}{\partial x}+K_yM(x,y)\cos(n,y)\frac{\partial H}{\partial y}+K_zM(x,y)\cos(n,z)\frac{\partial H}{\partial z}=0 \quad t\geqslant t_0,(x,y,z)\in\Gamma2$$

$$M(x,y)=z \quad t\geqslant t_0,(x,y,z)\in\Gamma3$$

式中　　Ω——地下水渗流区域;
　　$H_0(x,y,z)$——初始 t_0 时刻地下水头值;
　　$H_1(x,y,z,t_0)$——第一类已知水头边界 $\Gamma1$ 上的水头值;
　　n——第二类已知流量边界 $\Gamma2$ 的外法向矢量。

2.9 裂隙岩体渗流场的数值模拟分析

2.9.1 海底隧道稳定渗流计算分析

2.9.1.1 渗流模型

为定性地研究注浆圈各参数对海底隧道涌水量及衬砌外水压力的关系,本节采用了图 2-1 所示的渗流模型,并做了如下假定:①视围岩和结石体为均质的、各向同性的等效连续渗透介质;②隧道处于稳定渗流状态;③地下水流服从 Darcy 定理;④隧道排水是通过衬砌均匀渗水实现的。

2.9.1.2 渗流场分析

根据地下水连续性方程及 Darcy 定理,孔隙水压力 u 可由式(2-48)确定[40]。

$$\frac{EK}{(1+\mu)(1-2\mu)\gamma_w}\nabla^2 u=-\frac{\partial(\sigma'_x+\sigma'_y)}{\partial t} \tag{2-48}$$

式中　K——地层渗透系数;
　　γ_w——孔隙流体的容重。

对于稳定渗流有 $\partial/\partial t=0$,则 $\nabla^2 u=0$;由问题的对称性,有 $\partial/\partial\theta=0$。

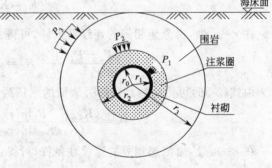

图 2-1　渗流模型图

在衬砌范围 $r_0\leqslant r\leqslant r_1$ 内,方程(2-48)可写成极坐标系下的表达式:

$$\left.\begin{array}{r}\left(\dfrac{d^2}{dr^2}+\dfrac{1}{r}\dfrac{1}{dr}\right)u=0\\ u|_{r=r_1}=P_1,u|_{r=r_0}=0\end{array}\right\} \tag{2-49}$$

方程(2-49)的解为:

$$u=\frac{P_1}{\ln(r_1/r_0)}\ln\frac{r}{r_0} \tag{2-50}$$

在注浆加固圈 $r_1 < r \leqslant r_2$ 内,方程(2-50)可写成极坐标系下的表达式:

$$\left.\begin{array}{l}\left(\dfrac{d^2}{dr^2}+\dfrac{1}{r}\dfrac{1}{dr}\right)u=0\\ u\big|_{r=r_2}=P_2,u\big|_{r=r_1}=P_1\end{array}\right\} \tag{2-51}$$

方程(2-51)的解为:

$$u=P_2+\frac{P_2-P_1}{\ln(r_2/r_1)}\ln\left(\frac{r}{r_2}\right) \tag{2-52}$$

在隧道围岩范围 $r_2 < r \leqslant r_3$ 内,方程(2-52)可写成极坐标系下的表达式:

$$\left.\begin{array}{l}\left(\dfrac{d^2}{dr^2}+\dfrac{1}{r}\dfrac{1}{dr}\right)u=0\\ u\big|_{r=r_3}=H,u\big|_{r=r_2}=P_2\end{array}\right\} \tag{2-53}$$

方程(2-53)的解为:

$$u=P_3+\frac{P_3-P_2}{\ln(r_3/r_2)}\ln\left(\frac{r}{r_3}\right) \tag{2-54}$$

式中 r_0——衬砌内半径;

r_1——衬砌外半径;

r_2——注浆加固圈半径;

r_3——围岩半径;

P_3——远场水压力;

P_2——作用在注浆加固圈外边界上的水压力;

P_1——作用在衬砌外边界上的水压力。

根据达西定律,孔隙介质内流体流速为:

$$v=Ki=K\frac{\partial u}{\partial r}\frac{1}{\gamma_w} \tag{2-55}$$

在 $r=r_2$ 处,由流速相等的连续性条件,可得:

$$\frac{P_2-P_1}{\ln(r_2/r_1)}\frac{1}{r_2}\frac{1}{\gamma_w}K_2=\frac{P_3-P_2}{\ln(r_3/r_2)}\frac{1}{r_2}\frac{1}{\gamma_w}K_3 \tag{2-56}$$

由式(2-56)可得注浆加固圈外表面的水压为:

$$P_2=\frac{(K_2/K_3)P_1\ln(r_3/r_2)+P_3\ln(r_2/r_1)}{(K_2/K_3)\ln(r_3/r_2)+\ln(r_2/r_1)} \tag{2-57}$$

在 $r=r_1$ 处,由流速相等的连续性条件,可得:

$$\frac{P_1}{\ln(r_1/r_0)}\frac{1}{r_1}\frac{1}{\gamma_w}K_1=\frac{P_2-P_1}{\ln(r_2/r_1)}\frac{1}{r_1}\frac{1}{\gamma_w}K_2 \tag{2-58}$$

把式(2-57)代入式(2-58)可得衬砌背后的水压力为:

$$P_1=\frac{P_3\ln(r_1/r_0)}{\dfrac{K_1}{K_3}\ln\dfrac{r_3}{r_2}+\dfrac{K_1}{K_2}\ln\dfrac{r_2}{r_1}+\ln\dfrac{r_1}{r_0}} \tag{2-59}$$

每延米隧道的涌水量为:

$$Q=2\pi r_0\, v\big|_{r=r_0}=2\pi r_0 K_1\frac{\partial u}{\partial r}\frac{1}{\gamma_w}=\frac{2\pi P_3 K_3}{\gamma_w\left(\ln\dfrac{r_3}{r_2}+\dfrac{K_3}{K_2}\ln\dfrac{r_2}{r_1}+\dfrac{K_3}{K_1}\ln\dfrac{r_1}{r_0}\right)} \tag{2-60}$$

式中 K_1、K_2、K_3——衬砌、注浆加固圈、围岩的渗透系数。

当不进行注浆加固时,即令式(2-59)、式(2-60)中 $K_2=K_3$,$r_2=r_3$,则式(2-59)、式(2-60)可化为:

$$P_1 = \frac{P_3 \ln(r_1/r_0)}{\frac{K_1}{K_2}\ln\frac{r_2}{r_1}+\ln\frac{r_1}{r_0}} \tag{2-61}$$

$$Q = \frac{2\pi P_3 K_3}{\gamma_w\left(\ln\frac{r_2}{r_1}+\frac{K_3}{K_1}\ln\frac{r_1}{r_0}\right)} \tag{2-62}$$

由应力场对渗流场的影响规律可知,稳定渗流状态下应力场对渗流场的影响作用仅通过改变围岩渗透系数 K 来实现。因此只需把求得的 K 值代入式(2-61)、式(2-62)中就可以得到流固耦合作用下稳定流的渗流场分布解析解。

2.9.1.3 注浆圈对渗流场的影响分析

根据青岛胶州湾海底隧道的工程情况,取围岩渗透系数 $K_3=8.5\times10^{-7}$ m/s,隧道半径 $r_0=8$ m,衬砌外半径 $r_1=9$ m,远场水压力 $P_3=0.75$ MPa。在上述条件下,隧道涌水量与围岩和注浆圈渗透系数比值的关系曲线如图 2-2 所示。

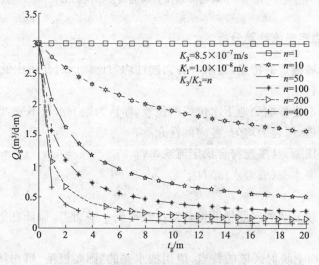

图 2-2 隧道涌水量与注浆圈参数的关系

由图 2-2 可以看出,当没有注浆加固圈时,隧道涌水量为 3.0 m³/(d·m);随着 K_3/K_2 值的增大,隧道最大排水量逐渐减小。若用注浆圈进行堵水且使涌水量达到 1.0 m³/(d·m) 以下,从图上可以看出:当 $K_3/K_2=50$ 时,注浆圈厚度 t_g 要大于 6 m,当 $K_3/K_2=100$ 时,注浆圈厚度 t_g 要大于 3 m,当 $K_3/K_2=200$ 时,注浆圈厚度 t_g 要大于 1 m。也就是说,在堵水效果相同的情况下,注浆圈厚度越小,就要求注浆圈的渗透系数也越小。但是当 $K_3/K_2\geqslant100$ 且 $t_g\geqslant10$ 时,无论是减小注浆圈渗透系数还是增加注浆圈厚度,对减小隧道涌水量的作用效果已不明显。

当隧道涌水量大于控制排水量时,衬砌将承受一定的水压力。衬砌外水压力与控制排水量的关系如图 2-3 所示。由图 2-3 可以看出:隧道衬砌外水压力的大小与隧道的控制排水量成线性关系,排水量越小,衬砌外水压力越大。当隧道采用全封堵型衬砌时,排水量为 0,此时不论注浆与否,衬砌外水压力都等于静水压力,这说明注浆圈并不能分担衬砌外水压力,注浆圈的作用在于通过封堵地下水的渗流通道减少涌水量,从而达到以较小的排水量可显著降低衬砌外水压力的效果。当隧道涌水量等于控制排水量时,此时为自由排水,衬砌不承担水压力。

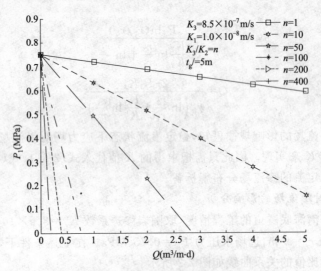

图 2-3 衬砌外水压力与隧道排水量的关系

2.9.2 山岭隧道稳定渗流计算分析

根据高水压山岭隧道的特点,为求得各向同性均匀连续围岩介质中隧道渗流场的解析解,提出如下假设条件:

①隧道的排水不会影响到地下水位线的位置,即认为地下水位不变,设为 H_2;
②圆形断面隧道,围岩为均匀、各向同性介质;
③地下水不可压缩,且渗流符合稳定流规律;
④隧道洞周为等水头(或等水压)H_1。

研究思路:

①将 z 平面上较复杂的问题借助保角变换映射到 ζ 平面上,保证在 ζ 平面上映射区域的边界条件不变;
②考虑到 ζ 平面上映射区域的特点,应用抽水井的"圆岛模型"解出区域内水压力的分布规律;
③用反变换返回到 z 平面,将水压分布计算式表示成 (x,y) 的函数。

(1)保角映射

利用映射函数[41]

$$z=\omega(\zeta)=-ih\frac{1-a^2}{1+a^2}\cdot\frac{1+\zeta}{1-\zeta} \tag{2-63}$$

图 2-4、图 2-5 分别为隧道渗流场计算区域和映射后的区域。

其中,h 为隧道中心距离地下水位线的深度,a 为由的 r/h 值决定的参数。

$$\frac{r}{h}=\frac{2a}{1+a^2} \tag{2-64}$$

将 z 平面的区域 R 保角映射为 ζ 平面内的由圆 $|\zeta|=1$ 和 $|\zeta|=a(a<1)$ 围成的环域,并将这个环域用 γ 表示。在 ζ 平面内易知,圆 $|\zeta|=1$ 对应于 $y=0$,而圆 $|\zeta|=a(a<1)$ 对应于圆

$x^2+(y+h)^2=r^2$。z 平面的原点对应于 $\zeta=-1$，且 z 平面内的无限远点对应于 $\zeta=1$。

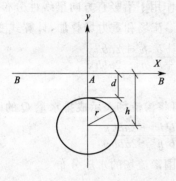

图 2-4 隧道渗流场计算区域

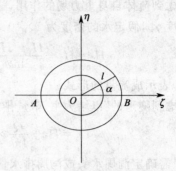

图 2-5 映射后的区域

在映射后的环形区域内，设液体的密度为常数，通过半径为 r，长度为单位长度的圆形隧道的流量为：

$$Q=2\pi r|V| \tag{2-65}$$

式中，V 是径向的渗流速度，由于 $V_r=-|V|=\dfrac{\partial \varphi}{\partial r}$，$\varphi$ 是势函数，则

$$V=-\frac{Q}{2\pi r} \tag{2-66}$$

积分之，则得矢径为 r 处水头为

$$H=-\frac{\varphi}{k}=\frac{Q}{2\pi k}\ln r+a \tag{2-67}$$

式中 Q、a 为未知，$r=|\zeta|$，应由边界条件确定，其中 a 为常数。

(2)边界条件

①地下水位线边界：$|\zeta|=1$，即 $y=0$：$H=H_2$

则得 $a=H_2$

②洞周边界：$|\zeta|=\alpha$，即 $x^2+(y+h)^2=r_0^2$：$H=H_1$

由 $H_1=\dfrac{Q}{2\pi k}\ln r+H_2$，易知隧道排水量为 $Q=\dfrac{2\pi k(H_2-H_1)}{\ln \alpha}$ $\tag{2-68}$

(3)公式求解

当 $|\zeta|=\rho$，($\rho=\sqrt{\varepsilon^2+\eta^2}$，且 $\alpha<\rho<1$) 时，该点水头为

$$H=-\frac{\ln \rho}{\ln \alpha}(H_2-H_1)+H_2 \tag{2-69}$$

(4)返回到 z 平面

返回到 $z=x+iy$ 平面，变为

$$H=H_2-\frac{H_2-H_1}{2\ln \alpha}\times \ln \frac{a^2(x^2+y^2)+b^2\,h^2+2abhy}{a^2(x^2+y^2)+b^2\,h^2-2abhy} \tag{2-70}$$

式中 $a=1+\alpha^2$；

$b=1-\alpha^2$；

$\alpha=\dfrac{h-\sqrt{h^2-r^2}}{r}$。

(5) 排水渗流场与重力场叠加(求解压力水头)

考虑到流体自身重力场的作用,隧道渗流场在重力作用下沿竖直方向呈线性分布,梯度为流体重度 γ_w,假定水的密度为 $1\times 10^3 \text{ kg/m}^3$,则将排水渗流场和重力场叠加,计算式变为:

$$H' = H_2 - \frac{H_2 - H_1}{2\ln\alpha} \times \ln\frac{a^2(x^2+y^2)+b^2h^2+2abhy}{a^2(x^2+y^2)+b^2h^2-2abhy} - y \tag{2-71}$$

(6) 表示成流量的形式

考虑到隧道的"以堵为主、限量排放"防排水原则,可将渗流场表示成排水量 Q 的函数为:

$$H' = H_2 + \frac{Q}{4\pi k} \times \ln\frac{a^2(x^2+y^2)+b^2h^2+2abhy}{a^2(x^2+y^2)+b^2h^2-2abhy} - y \tag{2-72}$$

此时,只需确定洞周水头或洞周排水量就可确定隧道周围渗流场的水压分布。

2.10 本章小结

(1) 本章对地下水在裂隙孔隙介质中的渗流规律作了详细的介绍,同时对岩体渗流场与应力场的相互作用机理以及数学模型进行了阐述。岩体渗流场与应力场的数学模型研究是定量化研究岩体与地下水力学相互作用的重要手段,由于实际岩体系统的多样性,岩体渗流场与应力场耦合的数学模型有:①连续介质分布参数模型;②裂隙网络分布参数模型;③等效连续介质分布参数模型。

(2) 利用简化模型推导出了流固耦合作用下涌水量和衬砌外水压力的理论计算公式,尽管采用的是一种理想模型,但所得结论对海底隧道衬砌的设计和注浆参数的初步确定具有一定的实用性。

(3) 在海底隧道的设计中完全避免涌水是不可能的也是不必要的,主要的工作应该是设法降低涌水量,使之达到可接受的水平。在海底隧道周围施作注浆堵水圈,可以在不影响生态环境的小量排水条件下显著降低甚至消除作用在衬砌上的外水压力,从而可以很好地解决排水减压和环境保护之间的矛盾。因此,海底隧道防排水应采取"以堵为主、限量排放"的原则,采取切实可靠的设计、施工措施,达到防水可靠、排水畅通、经济合理的目的。

第3章 隧道围岩的结构力学性能分析研究

隧道围岩的力学性能是关系到隧道稳定性的关键所在,当隧道围岩发生破坏时,隧道的稳定性也就遭到破坏。因此,研究隧道围岩开始破坏的规律是很有必要的。

3.1 屈服条件

(1)屈雷斯卡(Tresca)屈服准则

1864年屈雷斯卡根据金属挤压试验提出了一个屈服条件:当最大剪应力达到一定数值时,材料开始屈服。这就是屈雷斯卡屈服条件,也称为最大剪应力条件,表达式为:

$$\tau_{\max} = k \tag{3-1}$$

又因为

$$\tau_{\max} = \frac{\sigma_1 - \sigma_3}{2} \tag{3-2}$$

所以

$$\sigma_1 - \sigma_3 = 2k \tag{3-3}$$

如果不知道 $\sigma_1, \sigma_2, \sigma_3$ 的大小顺序,则屈服条件可写为:

$$[(\sigma_1 - \sigma_2)^2 - 4k^2][(\sigma_2 - \sigma_3)^2 - 4k^2][(\sigma_3 - \sigma_1)^2 - 4k^2] = 0 \tag{3-4}$$

如果用应力偏量不变量 J_2, J_3 来表示上式,则屈服条件表达式为:

$$4J_2^3 - 27J_3^2 - 36k^2 J_2^2 + 96k^4 J_2 - 64k^6 = 0 \tag{3-5}$$

一般情况下,当应力方向为已知时,屈服函数为简单的线性方程,使用起来非常方便。这种模型与静水压力无关,也不考虑中间应力的影响。在 π 平面上屈雷斯卡屈服条件为一个正六边形,在主应力空间内,屈服曲面为一个正六面柱体,柱体的轴与空间对角线重合,柱体由6个平面构成。

屈雷斯卡屈服条件未考虑中间主应力的影响,因而不完全符合实际试验结果。又由于这一屈服曲线是折线而非光滑曲线,给解题时带来数学上的困难,因而塑性力学计算中很少采用。

(2)米赛斯(Mises)屈服准则

屈雷斯卡屈服准则不考虑中间主应力影响,另外当应力处于两个屈服面的交线上时,处理要遇到一些数学上的困难,在主应力方向不知时,屈服条件又很复杂,因此米赛斯于1931年提出了另一种屈服条件,用圆形代替屈雷斯卡六边形,这样可以避免曲线不光滑引起的数学困难。

当与物体中的一点应力状态的畸变能达到某个极限值时,该点便产生屈服,其表达式为:

$$J_2 = k^2 \tag{3-6}$$

用主应力表示,即

$$(\sigma_1 - \sigma_2)^2 + (\sigma_2 - \sigma_3)^2 + (\sigma_3 - \sigma_1)^2 = 6k^2 \tag{3-7}$$

在单轴压缩时 $\sigma_1=\sigma_s, \sigma_2=\sigma_3=0$，代入式(3-7)得：

$$2\sigma_s^2=6k^2 \qquad T_\pi=\sqrt{2J_2}=\sqrt{2}k \tag{3-8}$$

米赛斯屈服准则的几何图形最简单。在 π 平面上，由于 T_π 为常数，因此屈服曲线为一圆周，半径为 $\sqrt{2}k$ 或 $\sqrt{2/3}\sigma_s$。在主应力空间为垂直 π 平面的圆柱面。在主应力平面上，屈服曲线为圆柱面的斜截面，即为椭圆。

米赛斯屈服准则的几何图形就是屈雷斯卡准则的外接圆、圆柱面或椭圆，两者十分接近。由于米赛斯屈服准则的形式简单，且考虑中间主应力的影响，因此应用很广。

(3) Drucker-Prager 强度理论

为了克服 Mises 准则没有考虑静水压力对屈服与破坏的影响以及 Mohr-Coulomb 准则没有考虑中间主应力效应的不足，美国著名学者 Drucker 和 Prager 于 1952 年提出考虑静水压力影响的广义 Mises 屈服与破坏准则，常称为 Drucker-Prager 屈服准则，其数学表达式为：

$$F=F(I_1,J_2)=\sqrt{J_2}-aI_1=k \tag{3-9}$$

或

$$F=F(p,q)=q-3\sqrt{3}ap=\sqrt{3}K \tag{3-10}$$

式中 a,K——材料的强度系数，可由黏结力参数 c_0 和内摩擦角参数 φ 确定。

Drucker-Prager 屈服准则的数学表达式中包含了中间主应力 σ_2 和静水压力 σ_m（即 I_1 或 p），因此提出后即得到广泛的应用和推广。但是，由于它不能于实际结果相符合，近年来已逐步趋于不用。

(4) 摩尔-库仑(Mohr-Coulomb)强度理论

Mohr-Coulomb 屈服准则是各种屈服准则中历史最久、研究最多、应用最广也是被争论最多的一个屈服准则。1773 年法国著名科学家和工程师 Coulomb 提出一个有关土体强度的定律。他认为，岩土材料的受力面上的极限抗剪强度可表示为：

$$\tau=C_0-\sigma\tan\varphi \tag{3-11}$$

式中 τ——材料的极限抗剪强度；

　　　c_0——材料的黏聚力；

　　　φ——材料的内摩擦角；

　　　σ——剪切面上的正应力(以拉为正)。

用普通三轴试验，可测定发生某破坏面时主应力表达的破坏准则，在 $\sigma_1>\sigma_2=\sigma_3$ 已知的条件下，且三轴试件内破坏面与小主应力方向之间的倾角为 β，则破坏面上的剪应力和法向应力为：

$$\tau=\frac{\sigma_1-\sigma_3}{2}\sin2\beta \tag{3-12}$$

$$\sigma=\frac{\sigma_1+\sigma_3}{2}+\frac{\sigma_1-\sigma_3}{2}\cos2\beta \tag{3-13}$$

其中，$\beta=45°+\varphi/2$。

将式(3-12)、(3-13)代入式(3-11)，得到下列的 Mohr-Coulomb 准则：

$$\frac{\sigma_1-\sigma_3}{2}=c\cdot\cos\varphi+\frac{\sigma_1+\sigma_3}{2}\sin\varphi \tag{3-14}$$

以应力不变量及偏应力不变量表示的 Mohr-Coulomb 准则为：

$$\frac{1}{3}I_1\sin\varphi-\left(\cos\theta_\sigma+\frac{1}{\sqrt{3}}\sin\theta_\sigma\sin\varphi\right)\sqrt{J_2}+c\cdot\cos\varphi=0 \tag{3-15}$$

式中 θ_σ ——罗台应力角,其取值范围为:

$$-\frac{\pi}{6}\leqslant\theta_\sigma=\frac{1}{3}\sin^{-1}\left(\frac{-3\sqrt{3}}{2}\cdot\frac{J_3}{J_2^{3/2}}\right)\leqslant\frac{\pi}{6} \tag{3-16}$$

在主应力空间中,Mohr-Coulomb 屈服面的形式是一个不等角的六边形锥体,当 $\varphi=0$ 时,Mohr-Coulomb 屈服准则就等于 Tresca 准则。Mohr-Coulomb 准则和 Tresca 准则只考虑了单元体的一个剪应力及其面上的正应力对材料屈服和破坏的影响,故称其为单剪强度理论。

(5) 双剪统一强度理论

1991年我国学者俞茂宏在他的双剪强度理论的基础上,建立了一种全新的考虑了中间主应力效应的适用于各种不同材料的双剪统一强度理论。双剪统一强度理论以双剪应力单元为物理模型,如图 3-1 所示[42]。双剪单元体显示出全部 3 个主剪应力 τ_{12}、τ_{13}、τ_{23} 和相应的 3 个正应力 σ_{12}、σ_{13}、σ_{23}。

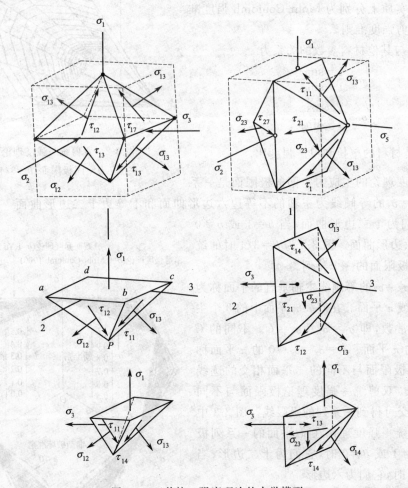

图 3-1 双剪统一强度理论的力学模型

统一强度理论不仅在单元体模型上与以往各种强度理论不同,并且在数学建模方法上也与以往各种强度理论不同。以往的绝大多数强度理论都采用一个方程的数学建模方法和一个表达式的理论公式,而统一强度理论采用 2 个数学建模方程,它具有多种表达形式。对岩石材料而言,若规定压应力为正,拉应力为负,用主应力、岩石内聚力 c_0、岩石内摩擦角 φ 表示,其表达式为:

当 $\sigma_2 \leqslant \dfrac{\sigma_1+\sigma_3}{2}-\dfrac{\sigma_1-\sigma_3}{2}\sin\varphi$,

$$\left[\sigma_1-\dfrac{1}{1+b}(b\sigma_2+\sigma_3)\right]-\left[\sigma_1+\dfrac{1}{1+b}(b\sigma_2+\sigma_3)\right]\sin\varphi=2c_0\cos\varphi \quad (3\text{-}17\text{a})$$

当 $\sigma_2 \geqslant \dfrac{\sigma_1+\sigma_3}{2}-\dfrac{\sigma_1-\sigma_3}{2}\sin\varphi$,

$$\left[\dfrac{1}{1+b}(\sigma_1+b\sigma_2)-\sigma_3\right]-\left[\dfrac{1}{1+b}(\sigma_1+b\sigma_2)+\sigma_3\right]\sin\varphi=2c_0\cos\varphi \quad (3\text{-}17\text{b})$$

式中,b 是一个加权系数,反映了中间主应力对材料屈服或破坏的影响,$0 \leqslant b \leqslant 1$,其值与岩石的剪切强度极限 τ_0 和拉伸强度极限 σ_t 有关,其表达式为 $b=\dfrac{(1-\alpha)\tau_0-\sigma_t}{\sigma_t-\tau_0}$。当 $b=0$ 和 1 时,双剪统一强度理论实质上分别为 Mohr-Coulomb 强度准则和广义双剪强度准则。

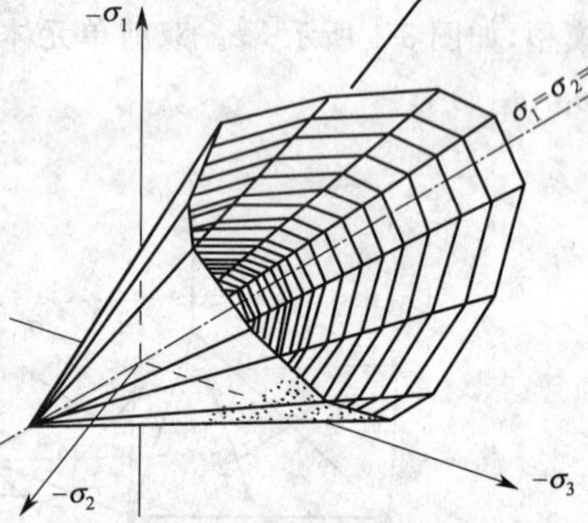

c_0 和 φ 与其他材料参数的关系为

$$\alpha=\dfrac{1-\sin\varphi}{1+\sin\varphi}$$

$$\sigma_t=\dfrac{2c_0\cos\varphi}{1+\sin\varphi}$$

$\alpha=\dfrac{\sigma_t}{\sigma_c}$ 是材料的单拉和单压强度比。

统一强度理论的主应力空间的极限面是一系列以 $\sigma_1=\sigma_2=\sigma_3$ 的等倾线为主轴的不等边六边形曲面和不等边十二边形曲面。当 $b\neq 1$ 或 $b\neq 0$ 时,它们为十二边形曲面;当 $b=1$ 或 $b=0$ 时,它们为六边形曲面。图 3-2 是 $b=3/4$ 时的统一强度理论极限面的一个特例。

与 $\sigma_1=\sigma_2=\sigma_3$ 的等倾线主轴垂直的平面称为偏应力平面或 π 平面。在同一 π 平面上的 3 个主应力之和为常数,即 $\sigma_1=\sigma_2=\sigma_3=C$。不同的 C 值,有不同的 π 平面。$\sigma_1=\sigma_2=\sigma_3=0$ 的 π 平面称为 π_0 平面。极限面与不同的 π 平面相交的迹线称为极限线。双剪统一强度理论极限面与不同的 π 平面相交可得到一系列的极限线。图 3-3 中给出了双剪统一强度理论在 π_0 平面的一系列极限线。当 $b\neq 1$ 或 $b\neq 0$ 时,它们为十二边形;当 $b=1$ 或 $b=0$ 时,它们为六边形。

综上所述,可以得出双剪统一强度理论具有以下几个特点:

① 双剪统一强度理论包含了 Coulomb-Tresca-Mohr 的单剪强度理论、八面体剪应力理论的

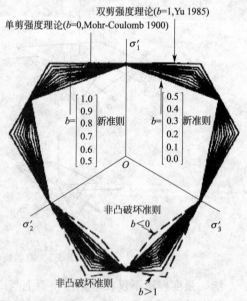

图 3-2 双剪统一强度理论的
主应力空间极限面($b=3/4$)

图 3-3 双剪统一强度理论的 π 平面极限线

逼近等一些著名的理论,即它可以解释原有理论所说明的问题,它可以退化为旧理论。

②双剪统一强度理论可以解释单剪理论所不能说明的中间主应力效应等问题,并产生出一系列新的强度理论。它比旧理论能解决更多的问题。

③双剪统一强度理论可以产生原有理论所没有的东西,如外凸理论的上限—广义双剪强度理论以及屈服面和破坏面的非外凸现象等。

④双剪统一强度理论的材料参数与 Mohr-Coulomb 强度理论完全相同,并且均为线性,易于应用。Mohr-Coulomb 强度理论是目前土木工程中应用最广泛的理论。由于 Mohr-Coulomb 强度理论未能考虑中间主应力效应,并与试验结果有差距,因此为统一强度理论的应用留下了巨大的空间。

⑤双剪统一强度理论的应用,还可以充分发挥材料和结构的强度潜力,取得明显的经济效益。这为工程技术人员在各种工程应用的发挥和创造性提供了广泛的机遇。

3.2 模型建立

取隧道断面的形状为圆形,如图 3-4 所示。假设隧道处于地下水包围之中,围岩为均匀各向同性的多孔介质,且侧压力系数 $\lambda=1$,则隧道处于轴对称平面应变状态。隧道半径为 r_1,初始地应力为 σ_0,隧道形心至海床面距离为 r_3,塑性区半径为 ρ,远场孔隙水压力为 P_0,隧道洞壁的孔隙水压力为 P_a,有效孔隙水压力系数为 η,有效支护阻力为 P_i(总支护力 P 与洞壁孔隙水压力 P_a 之差)。

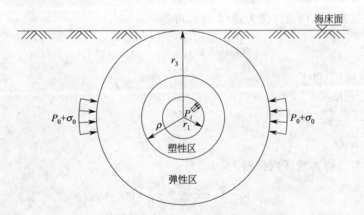

图 3-4 圆形海底隧道弹塑性分析模型

3.3 弹塑性分析

3.3.1 孔隙水压力的分布规律

海底隧道开挖后,由于隧道内外存在水头差,地下水将发生渗流,假设水流为稳定流,其运动服从 Darcy 定律,忽略洞壁孔隙水压力的变化。由 Darcy 定律和边界条件 $P|_{r=r_1}=P_a$,$P|_{r=r_3}=P_0$ 可得孔隙水压力沿半径方向的分布规律为:

$$P=P_a+(P_0-P_a)\frac{\ln\dfrac{r_1}{r}}{\ln\dfrac{r_1}{r_3}} \quad (r_1 \leqslant r \leqslant r_3) \tag{3-18}$$

3.3.2 基本方程和边界条件

平衡方程为：

$$\frac{d\sigma_r}{dr} + \eta \frac{dP}{dr} + \frac{\sigma_r - \sigma_\theta}{r} = 0 \tag{3-19}$$

几何方程为：

$$\varepsilon_r = \frac{du}{dr}, \varepsilon_\theta = \frac{u}{r}, \gamma_{r\theta} = 0 \tag{3-20}$$

物理方程（平面应变问题）：

$$\left. \begin{array}{l} \varepsilon_r = \dfrac{1-\mu^2}{E}\left(\sigma_r - \dfrac{\mu}{1-\mu}\sigma_\theta\right) \\[2mm] \varepsilon_\theta = \dfrac{1-\mu^2}{E}\left(\sigma_\theta - \dfrac{\mu}{1-\mu}\sigma_r\right) \end{array} \right\} \tag{3-21}$$

边界条件：

$$\left. \begin{array}{l} \sigma_r |_{r=r_3} = \sigma_0 + P_0 \\ \sigma_r |_{r=\rho} = \sigma_r^\rho \\ \sigma_r |_{r=r_1} = P_i \end{array} \right\} \tag{3-22}$$

3.3.3 弹性区内应力和位移

将式（3-20）、（3-21）、（3-22）代入式（3-19），可得：

$$\frac{d^2 u}{dr^2} + \frac{1}{r}\frac{du}{dr} - \frac{u}{r^2} = \frac{F\nu}{rE} \tag{3-23}$$

式中 $\nu = \dfrac{(1+\mu)(1-2\mu)}{1-\mu}$；

$F = \dfrac{\eta(P_0 - P_a)}{\ln\left(\dfrac{r_1}{r_3}\right)}$。

解方程（3-23）可得弹性区内位移为：

$$u_e = C_1 r + \frac{C_2}{r} + \frac{F\nu}{2E} r \ln r \tag{3-24}$$

式中 C_1, C_2——积分常数。

$$C_1 = (\sigma_0 + P_0)\frac{\nu}{E(1+\nu_1)} - (\sigma_0 + P_0 - \sigma_r^\rho)\frac{\rho^2}{\rho^2 - r_3^2}\frac{\nu}{E(1+\nu_1)} - \frac{F\nu}{2E}\frac{\rho^2}{\rho^2 - r_3^2}\ln\frac{\rho}{r_3} - \frac{F\nu}{2E(1+\nu_1)} - \frac{F\nu}{2E}\ln r_3 \tag{3-25}$$

$$C_2 = (\sigma_0 + P_0 - \sigma_r^\rho)\frac{r_3^2 \rho^2}{\rho^2 - r_3^2}\frac{\nu}{E(\nu_1 - 1)} + \frac{F\nu}{2E}\frac{r_3^2 \rho^2}{\rho^2 - r_3^2}\frac{\nu_1 + 1}{\nu_1 - 1}\ln\frac{\rho}{r_3} \tag{3-26}$$

由边界条件式（3-22）确定积分常数后，得弹性区的应力分布为：

$$\sigma_r = \sigma_0 + P_0 + \frac{F}{2}(1+\nu_1)\ln\frac{r}{r_3} + \frac{\rho^2 D}{\rho^2 - r_3^2}\left(\frac{r_3^2}{r^2} - 1\right) \tag{3-27}$$

$$\sigma_\theta = \sigma_0 + P_0 + \frac{F}{2}\left[(1+\nu_1)\ln\frac{r}{r_3} + (\nu_1 - 1)\right] - \frac{\rho^2 D}{\rho^2 - r_3^2}\left(\frac{r_3^2}{r^2} + 1\right) \tag{3-28}$$

其中，$\nu_1 = \dfrac{\mu}{1-\mu}$

$$D = \left[\sigma_0 + P_0 - \sigma_r^\rho + \frac{F}{2}(1+\nu_1) \ln \frac{\rho}{r_3} \right]$$

式(3-24)计算出的位移为绝对位移,在实际工程中,必须扣除隧道开挖前围岩的原始位移,得到相对位移为:

$$\bar{u}_e = C_1 r + \frac{C_2}{r} + \frac{F\nu}{2E} r \ln r - \frac{r(1+\mu)(1-2\mu)}{E}(\sigma_0 + P_0) \tag{3-29}$$

3.3.4 塑性区内应力

隧道开挖后,硐室周边应力可能有以下两种状态:
① 当地应力大于支护阻力,即 $\sigma_0 > P_i$ 时,有 $\sigma_\theta > \sigma_z > \sigma_r$;
② 当地应力大于支护阻力,即 $\sigma_0 < P_i$ 时,有 $\sigma_r > \sigma_z > \sigma_\theta$。

在通常情况下,围岩是主要的承载单元,而支护结构是辅助性的,故认为 $\sigma_0 > P_i$,则可令 $\sigma_1 = \sigma_\theta, \sigma_2 = \sigma_z, \sigma_3 = \sigma_r$,且 $\sigma_z = \sigma_\theta + \sigma_r / 2$,这时有 $\sigma_2 \leqslant \frac{\sigma_1 + \sigma_3}{2} + \frac{\sigma_1 - \sigma_3}{2} \sin\varphi$,从而式(3-17b)可化为:

$$H\sigma_\theta - K\sigma_r = 2c_0 \cos\varphi \tag{3-30}$$

式中 $H = \frac{(2+b)(1-\sin\varphi)}{2+2b}$;

$K = \frac{(2+b)+(2+3b)\sin\varphi}{2+2b}$。

由式(3-28)解出 σ_θ 代入式(3-19)并化简得:

$$\frac{d\sigma_r}{2\sigma_r \sin\varphi + 2c_0 \cos\varphi + FH} = \frac{dr}{Hr} \tag{3-31}$$

对上式积分得:

$$(2\sigma_r \sin\varphi + 2C_0 \cos\varphi + FH)^{\frac{1}{2\sin\varphi}} = r^{\frac{1}{H}} C \tag{3-32}$$

引入边界条件 $\sigma_r |_{r=r_1} = P_i$,可求得积分常数 C,将 C 代入式(3-32)化简可得:

$$\sigma_r = \frac{FH + 2c_0 \cos\varphi}{2\sin\varphi} \left[\left(\frac{r}{r_1} \right)^{\frac{2\sin\varphi}{H}} - 1 \right] + \left(\frac{r}{r_1} \right)^{\frac{2\sin\varphi}{H}} P_i \tag{3-33}$$

将式(3-33)代入式(3-30)可得:

$$\sigma_\theta = \frac{KFH + 2c_0 \cos\varphi}{H} \frac{1}{2\sin\varphi} \left[\left(\frac{r}{r_1} \right)^{\frac{2\sin\varphi}{H}} - 1 \right] + \frac{K}{H} \left(\frac{r}{r_1} \right)^{\frac{2\sin\varphi}{H}} P_i + \frac{2c_0 \cos\varphi}{H} \tag{3-34}$$

当不考虑渗流作用和中间主应力效应,即 $F=0, b=0$ 时,式(3-33)、(3-34)可化简为:

$$\sigma_r' = \frac{R_b}{\varepsilon - 1} \left[\left(\frac{r}{a} \right)^{\varepsilon - 1} - 1 \right] + \left(\frac{r}{a} \right)^{\varepsilon - 1} P_i \tag{3-35}$$

$$\sigma_\theta' = \frac{R_b}{\varepsilon - 1} \left[\varepsilon \left(\frac{r}{a} \right)^{\varepsilon - 1} - 1 \right] + \varepsilon \left(\frac{r}{a} \right)^{\varepsilon - 1} P_i \tag{3-36}$$

式中 $R_b = \frac{2c_0 \cos\varphi}{1 - \sin\varphi}$;

$\varepsilon = \frac{1 + \sin\varphi}{1 - \sin\varphi}$。

式(3-35)、式(3-36)与文献[44]中的式(5-3)完全一致。

3.3.5 塑性区半径

塑性区半径可以通过围岩弹塑性区径向应力的连续性来确定。围岩弹性区和塑性区交界面处塑性区一侧径向应力由式(3-33)可得：

$$\sigma_r^p = \frac{FH + 2c_0\cos\varphi}{2\sin\varphi}\left[\left(\frac{\rho}{r_1}\right)^{\frac{2\sin\varphi}{H}} - 1\right] + \left(\frac{\rho}{r_1}\right)^{\frac{2\sin\varphi}{H}} P_i \tag{3-37}$$

在围岩弹性区和塑性区交界面处弹性区一侧的应力同样满足式(3-30)，将式(3-27)、(3-28)代入式(3-30)得交界面处弹性区一侧径向应力为：

$$\sigma_r^e = \frac{2c_0\cos\varphi + \dfrac{2Hr_3^2}{\rho^2 - r_3^2}A - \dfrac{HF}{2}(v_1 - 1)}{H\dfrac{r_3^2 + \rho^2}{\rho^2 - r_3^2} - K} \tag{3-38}$$

式中 $A = \sigma_0 + P_0 + \dfrac{F}{2}(1+v_1)\ln\dfrac{\rho}{r_3}$。

联立式(3-37)、式(3-38)，利用 Matlab 软件进行计算，可求出塑性区半径 ρ。把 ρ 代回式(3-27)、式(3-28)、式(3-29)可最终确定弹性区内的应力和相对位移。

3.3.6 塑性区内位移

在塑性区内假设体积应变为0，即

$$\varepsilon_r + \varepsilon_\theta = 0 \tag{3-39}$$

将几何方程式(3-20)代入式(3-39)积分可得：

$$u = \frac{A}{r} \tag{3-40}$$

式中 A——积分常数。

由边界条件 $\bar{u}_e|_{r=\rho} = \bar{u}_p|_{r=\rho}$ 确定积分常数 A 后，得塑性区内的相对位移为：

$$\bar{u}_p = \frac{C_1\rho^2 + C_2 + \dfrac{Fv}{2E}\rho^2\ln\rho - \dfrac{\rho^2(1+\mu)(1-2\mu)}{E}(\sigma_0 + P_0)}{r} \tag{3-41}$$

取 $r = r_1$，得隧道洞壁处相对位移为：

$$\bar{u}_p^a = \frac{C_1\rho^2 + C_2 + \dfrac{Fv}{2E}\rho^2\ln\rho - \dfrac{\rho^2(1+\mu)(1-2\mu)}{E}(\sigma_0 + P_0)}{r_1} \tag{3-42}$$

3.3.7 衬砌位移

圆形断面隧道一般采用整体式混凝土衬砌，衬砌内径为 r_0、外径为 r_1，衬砌外边界受围岩压力 P_i 和洞壁水压力 P_a 的作用，衬砌的弹性模量和泊松比分别为 E' 和 v'，假定衬砌在外力作用下仍处于弹性状态，由 Lame 公式可得：

$$u_s^a = \frac{1+v'}{E'}\frac{(P_i + P_a)}{r_1^2 - r_0^2}[r_0^2 r_1 + (1-2v')r_1^3] + \Delta u \tag{3-43}$$

式中 u_s^a——衬砌外壁总位移；
Δu——支护前洞壁已释放的位移。

3.3.8 结果分析和比较

根据青岛胶州湾海底隧道的工程情况，取隧道半径 $r_0 = 8$ m，衬砌外半径 $r_1 = 9$ m，上覆岩层厚度 $r_3 = 40$ m，海水深度 $h = 35$ m，洞壁的孔隙水压力为 $P_a = 0$ MPa，围岩的容重 $\gamma = 20$ kN·m^{-3}，弹

性模量 $E=3$ GPa，黏聚力 $c=0.24$ MPa，内摩擦角 $\varphi=40°$，泊松比 $\mu=0.3$；衬砌的弹性模量 $E=28$ GPa，泊松比 $\mu=0.2$。为了探讨中间主应力和渗水压力对围岩应力场、塑性区半径、围岩洞壁位移及支护反力的影响，特取 b 分别为 0、0.25、0.5、0.75、1 以及考虑（$\eta=1$）和不考虑（$\eta=0$）渗流作用这几种情况来进行分析比较。

隧道开挖后洞室周围地层应力的释放，隧道的拱形形状以及地层内部摩擦力等导致承载拱发挥作用，周围地层应力进行重分布产生两种变化，即一部分被释放，另一部分向围岩深部和其他方向转移。当施作衬砌支护后，地层应力的释放过程受到抑制，一部分释放荷载作用在衬砌结构上。围岩的松动塌方与提供支护的时机有关，如果支护愈早，提供的抗力就愈大，围岩就能稳定；反之，支护迟，提供的支护抗力愈小，不足以维持围岩的稳定，松动区中的岩体在重力作用下会松动塌落。所以要维持围岩稳定，既要维持围岩的极限平衡，还要维持松动区内滑移体的重力平衡。如果为维持滑移体重力平衡所需的支护抗力小于维持围岩极限平衡状态所需的支护抗力，那么只需要松动区还保持在极限平衡状态之中，松动区内滑移体就不会松动塌落；反之，则会松动塌落。由此，可以把维持松动区内滑移体平衡所需的抗力等于维持极限平衡状态的抗力，作为围岩出现松动塌落和确定 $P_{i\min}$ 的条件。要确定最佳支护结构或最佳支护时间，必须确定最小围岩压力 $P_{i\min}$。目前，在确定最小围岩压力的方法中，特征曲线法的应用最为广泛，其原理是利用岩体特性曲线和支护结构特征曲线交会的办法来决定支护体系的最佳平衡条件。

图 3-5 为在考虑了渗流作用和中间主应力效应下的围岩及支护特性曲线图。图中围岩特性曲线和衬砌特性曲线相交处所对应的横坐标和纵坐标代表的就是围岩和衬砌达到协调平衡时的洞壁径向位移和衬砌支护反力。由图 3-5 可知，围岩和衬砌达到协调平衡时的洞壁径向位移和衬砌支护反力都随着中间主应力效应系数 b 值的增大而减小。确定了洞壁径向位移和支护阻力之后，就可以运用前面推导出来的结果计算隧道围岩的应力场、位移场、塑性区半径。

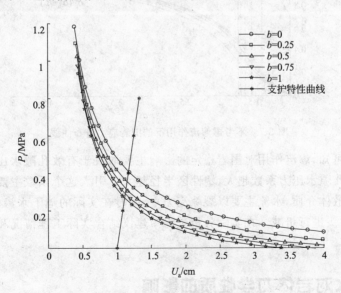

图 3-5 围岩和衬砌的特征曲线

当支护阻力 $P_i=0$ 时，考虑和不考虑渗流作用下的隧道开挖后应力重分布曲线分别如图 3-6 和图 3-7 所示。由图 3-6、图 3-7 可知，围岩径向应力随 b 值增大而增大；切向应力在塑性区随 b 值增大而增大，在弹性区随 b 值增大而减小；塑性区半径随 b 值增大而减小；在弹塑性交界处,径向应力随 b 值增大而减小,切向应力随 b 值增大而增大。不考虑渗流作用时的围岩塑性区半径、洞壁径向位移都比考虑渗流作用时的要小。

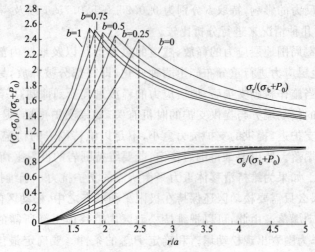

图 3-6　考虑渗流作用下的围岩应力分布曲线

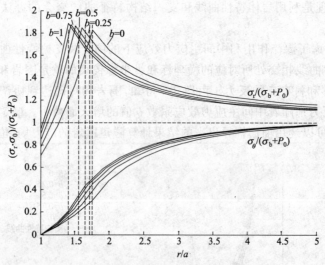

图 3-7　不考虑渗流作用下的围岩应力分布曲线

由上述分析可知,渗流作用对围岩稳定的影响主要取决于有效孔隙水压力系数 η 的大小 $(0 \leqslant \eta \leqslant 1)$,有效孔隙水压力系数越大,塑性区半径越大。引入这个系数主要是考虑到岩石孔隙特性不同于松散体介质,水流主要以裂隙流为主,同时在实际的地下水渗流过程中,存在水头损失,需对总水头进行折减。在实际分析过程中建议结合实际工程情况和现场试验综合考虑确定其取值。

3.4　地下水对岩体力学性质的影响

3.4.1　地下水对岩体的物理作用

1. 润滑作用

处于岩体中的地下水,在岩体的不连续面边界(如坚硬岩石中的裂隙面、节理面和断层面等结构面)上产生润滑作用,使不连续面上的摩阻力减小和作用在不连续面上的剪应力效应增强,结果沿不连续面诱发岩体的剪切运动。这个过程在斜坡受降水入渗使得地下水位上升到滑动面以上时尤其显著。地下水对岩体产生的润滑作用反映在力学上,就是使岩体的内摩擦角减小。

2. 软化和泥化作用

地下水对岩体的软化和泥化作用主要表现在对岩体结构面中填充物的物理性状的改变上,岩体结构面中填充物随含水率的变化,发生由固态向塑态直至液态的弱化效应,一般在断层带极易发生泥化现象。软化和泥化作用使岩体的力学性能降低,黏聚力降低和内摩擦角减小。

3.4.2 地下水对岩体的化学作用

主要是指地下水与岩体之间的离子交换、溶解作用、水化作用、水解作用、溶蚀作用、氧化还原作用、沉淀作用以及超渗透作用等。以上地下水对岩体产生的各种化学作用大多是同时进行的,一般来说化学作用进行的速度很慢。地下水对岩体产生的化学作用主要是改变岩体的矿物组成,改变其结构性而影响岩体的力学性能。

3.4.3 地下水对岩体的力学作用

地下水对岩体的力学作用主要通过孔隙静水压力和孔隙动水压力作用,对岩体的力学性质施加影响。当地下水充满多孔连续介质时,地下水对多孔连续介质骨架施加孔隙静水压力,该力为面力,结果使岩体的有效应力减小,有效重量减轻。而动水压力是指在地下水头差的作用下,地下水通过多孔介质的孔隙流动产生阻力,为克服阻力而产生的作用力,它会对岩体产生推动、摩擦和拖曳等的作用。简言之,渗透力就是当饱和土体中出现水头差时,作用于单位体积岩体骨架上的力,它是一种体积力,是空间位置和时间的矢量函数。

对于岩体中的有效应力,大量试验证明,土力学中常用的有效应力定律,对于岩体也是适用的。但考虑到岩体的孔隙率较土体孔隙率小,且连通性一般较低,除贯穿性裂缝外,地下水不能贯穿整个岩体结构体的内部,所以常对土力学中的太沙基(K.Terzaghi)有效应力公式作如下修正[43]:

$$\sigma' = \sigma - \eta P \tag{3-44}$$

式中 σ——总应力;

P——孔隙水压力;

σ'——有效应力;

η——孔隙水压力的有效面积(单位面积上的有效面积)系数,其物理意义是:岩体内最弱截面(固体物质少,孔隙最多)孔隙的投影面积与拉力破坏面的总投影面积之比。

对于孔隙介质而言,当孔隙吸水后,除了有效应力降低之外,黏聚力和内摩擦角都有所降低,抗剪强度变为:

$$\tau_w = c_w + \sigma' \tan\varphi_w \tag{3-45}$$

式中 c_w——饱水时的黏聚力;

φ_w——饱水时的内摩擦角。

因此,含水的岩体较无水的岩体抗剪强度降低值为:

$$\Delta\tau=\tau-\tau_w=c+\sigma\tan\varphi-(c_w+\sigma'\tan\varphi_w)$$
$$=c-c_w+\sigma(\tan\varphi-\tan\varphi_w)+p\tan\varphi_w \tag{3-46}$$

式中 $(c-c_w)$——吸水使岩体黏聚力产生的降低值；

$(\tan\varphi-\tan\varphi_w)$——吸水使岩体摩擦系数产生的降低量；

$p\tan\varphi_w$——孔隙压力使岩体抗剪强度产生的降低量。

式(3-46)为水对岩体强度弱化的综合效应。

3.5 圆形隧道围岩与衬砌相互作用的弹塑性研究

3.5.1 不考虑渗流影响的围岩应力、位移

不考虑渗流影响的情况下，围岩的力学状态在不少文献中都有过介绍，文献[44]、[45]对此作了较详细的阐述。这种情况一般假定：原岩应力为 p_0，侧压力系数为1；支护对隧洞施加均匀作用力 p_a；问题简化为轴对称平面应变问题；体积应变为0；围岩参数在塑性区不发生变化；屈服条件为摩尔-库仑屈服准则。

计算模型如图3-8所示。

根据文献[45]所述，隧道围岩应力和位移的弹塑性解为：

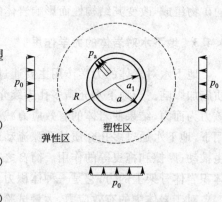

图3-8 计算模型

弹性区应力和相对位移公式：

$$\sigma_r^e=p_0-\frac{R^2}{r^2}(p_0+c\cot\varphi)\sin\varphi \tag{3-47}$$

$$\sigma_\theta^e=p_0+\frac{R^2}{r^2}(p_0+c\cot\varphi)\sin\varphi \tag{3-48}$$

$$u_e'=\frac{1}{2G}\frac{R^2}{r}(p_0+c\cot\varphi)\sin\varphi \tag{3-49}$$

塑性区应力和相对位移公式：

$$\sigma_r^p=(p_a+c\cot\varphi)\left(\frac{r}{a}\right)^{\frac{2\sin\varphi}{1-\sin\varphi}}-c\cot\varphi \tag{3-50}$$

$$\sigma_\theta^p=(p_a+c\cot\varphi)\frac{1+\sin\varphi}{1-\sin\varphi}\left(\frac{r}{a}\right)^{\frac{2\sin\varphi}{1-\sin\varphi}}-c\cot\varphi$$

$$u_p'=\frac{a^2}{2Gr}(p_0+c\cot\varphi)\sin\varphi\left[\frac{p_0+c\cot\varphi}{p_a+c\cot\varphi}(1-\sin\varphi)\right]^{\frac{1-\sin\varphi}{\sin\varphi}} \tag{3-51}$$

当 $r=a$ 时，得到的方程为隧道围岩特性曲线方程。

假定支护衬砌处于弹性状态，其应力和位移公式：

$$\sigma_\theta^s=\frac{a^2(a_1^2+r^2)}{r^2(a^2-a_1^2)}p_a$$

$$\sigma_r^s=-\frac{a^2(a_1^2-r^2)}{r^2(a^2-a_1^2)}p_a \tag{3-52}$$

$$u^s=\frac{1-\mu_s^2}{E_s r}\left[\left(\frac{a_1^2+r^2}{a^2-a_1^2}\right)+\frac{\mu_s}{1-\mu_s}\left(\frac{a_1^2-r^2}{a^2-a_1^2}\right)\right]p_a a^2 \tag{3-53}$$

当 $r=a$ 时，得到的方程为支护特性曲线方程。

塑性区半径为：$R=a\left[\dfrac{p_0+c\cot\varphi}{p_a+c\cot\varphi}(1-\sin\varphi)\right]^{\frac{1-\sin\varphi}{2\sin\varphi}}$ \hfill (3-54)

式中　c——围岩黏聚力；

　　　φ——围岩摩擦角；

　　　G——围岩剪切模量；

　　　E_s——衬砌弹性模量；

　　　μ_s——衬砌泊松比；

　　　a_1——衬砌内半径；

　　　a——衬砌外半径。

3.5.2　考虑渗流影响的围岩应力、位移

3.5.2.1　孔隙水压力分布

假设均质弹性体内有一圆形隧洞，内径为 a，承受内水水压为 P_1，外径为 b，承受外水水压为 P_0。假定各处渗透系数在各个方向相同，渗流方向以径向为主，该问题简化为轴对称恒定渗流问题，忽略计算区内水自重的影响，由 Darcy 定律和边界条件可得孔隙水压力沿半径方向的分布规律为：

$$P=P_1+(P_0-P_1)\dfrac{\ln\dfrac{a}{r}}{\ln\dfrac{a}{b}}\qquad (a\leqslant r\leqslant b) \tag{3-55}$$

3.5.2.2　隧道围岩应力、位移的弹塑性解

假定隧洞周围岩体是均质体，忽略计算单元的自重，将岩体的自重认为作用在围岩外围的初始地应力，并假定侧压力系数等于 1.0，计算模型如图 3-9 所示。由应力坐标转换可得径向和切向应力均与垂直向和水平向的应力相等。由于所考虑的渗流以径向为主，渗透体积力中浮力部分占的比重较小，为研究渗流对应力场的影响机理，其影响可暂不考虑。近似按轴对称平面应变问题考虑。

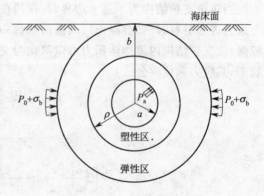

图 3-9　计算模型

弹性区应力和相对位移公式：

$$\sigma_r^e=\sigma_b+P_0+\dfrac{F}{2}(1+v_1)\ln\dfrac{r}{b}+\dfrac{\rho^2 D}{\rho^2-b^2}\left(\dfrac{b^2}{r^2}-1\right) \tag{3-56}$$

$$\sigma_\theta^e=\sigma_b+P_0+\dfrac{F}{2}\left[(1+v_1)\ln\dfrac{r}{b}+(v_1-1)\right]-\dfrac{\rho^2 D}{\rho^2-b^2}\left(\dfrac{b^2}{r^2}+1\right) \tag{3-57}$$

$$u_e'=C_1 r+\dfrac{C_2}{r}+\dfrac{Fv}{2E}r\ln r-\dfrac{r(1+\mu)(1-2\mu)}{E}(\sigma_b+P_0) \tag{3-58}$$

式中　$v=\dfrac{(1+\mu)(1-2\mu)}{1-\mu}$；

　　　$F=\dfrac{\eta(P_0-P_1)}{\ln\left(\dfrac{a}{b}\right)}$；

$v_1 = \dfrac{\mu}{1-\mu}$;

η——有效孔隙水压力系数;

$C_1 = (\sigma_b + P_0)\dfrac{v}{E(1+v_1)} - (\sigma_b + P_0 - \sigma_r^\rho)\dfrac{\rho^2}{\rho^2 - b^2}\dfrac{v}{E(1+v_1)} - \dfrac{Fv}{2E}\dfrac{\rho^2}{\rho^2 - b^2}\ln\dfrac{\rho}{b} - \dfrac{Fv}{2E(1+v_1)} - \dfrac{Fv}{2E}\ln b$;

$C_2 = (\sigma_b + P_0 - \sigma_r^\rho)\dfrac{b^2\rho^2}{\rho^2 - b^2}\dfrac{v}{E(v_1-1)} + \dfrac{Fv}{2E}\dfrac{b^2\rho^2}{\rho^2 - b^2}\dfrac{v_1+1}{v_1-1}\ln\dfrac{\rho}{b}$;

$D = \left[\sigma_b + P_0 - \sigma_r^\rho + \dfrac{F}{2}(1+v_1)\ln\dfrac{\rho}{b}\right]$.

塑性区应力和相对位移:

$$\sigma_r^p = \dfrac{F(1-\sin\varphi) + 2c\cos\varphi}{2\sin\varphi}\left[\left(\dfrac{r}{a}\right)^{\frac{2\sin\varphi}{1-\sin\varphi}} - 1\right] + \left(\dfrac{r}{a}\right)^{\frac{2\sin\varphi}{1-\sin\varphi}} P_a \tag{3-59}$$

$$\sigma_\theta^p = \dfrac{1+\sin\varphi}{1-\sin\varphi}\dfrac{F(1-\sin\varphi) + 2c\cos\varphi}{2\sin\varphi}\left[\left(\dfrac{r}{a}\right)^{\frac{2\sin\varphi}{1-\sin\varphi}} - 1\right]$$
$$+ \dfrac{1+\sin\varphi}{1-\sin\varphi}\left(\dfrac{r}{a}\right)^{\frac{2\sin\varphi}{1-\sin\varphi}} P_a + \dfrac{2c\cos\varphi}{1-\sin\varphi} \tag{3-60}$$

$$u_p' = \dfrac{C_1\rho^2 + C_2 + \dfrac{Fv}{2E}\rho^2\ln\rho - \dfrac{\rho^2(1+\mu)(1-2\mu)}{E}(\sigma_b + P_0)}{r} \tag{3-61}$$

当 $r = a$ 时,得到的方程为隧道围岩特性曲线方程。

塑性区半径 ρ 由式(3-59)~式(3-61)应力在半径 $r = \rho$ 处相等的条件解方程求出。

当隧道支护结构为不透水边界时,作用在支护结构外缘的外水压力为面力,若将支护结构考虑为透水材料时(如混凝土),其渗透系数一般要比围岩渗透系数小几个数量级,且支护结构较薄,故支护结构内渗透体积力可以简化为支护结构外缘的水压力。假定支护衬砌处于弹性状态,其应力和位移公式:

$$\sigma_\theta^s = \dfrac{a^2(a_1^2 + r^2)}{r^2(a^2 - a_1^2)}(P_a + P_1) \tag{3-62}$$

$$\sigma_r^s = -\dfrac{a^2(a_1^2 - r^2)}{r^2(a^2 - a_1^2)}(P_a + P_1) \tag{3-63}$$

$$u^s = \dfrac{1-\mu_s^2}{E_s r}\left[\left(\dfrac{a_1^2 + r^2}{a^2 - a_1^2}\right) + \dfrac{\mu_s}{1-\mu_s}\left(\dfrac{a_1^2 - r^2}{a^2 - a_1^2}\right)\right](P_a + P_1)a^2 + \Delta u \tag{3-64}$$

当 $r = a$ 时,得到的方程为支护特性曲线方程。

式中 E_s——衬砌弹性模量;

μ_s——衬砌泊松比;

a_1——衬砌内径;

a——衬砌外径;

P_a——衬砌支护反力;

Δu——支护前洞壁已释放的位移。

3.6 仰拱对隧道力学特性的影响

隧道仰拱是衬砌结构的重要组成部分,它的设置(包括临时和永久仰拱)不仅提高了隧道施工的安全性,而且也提高了隧道长期使用的耐久性。目前,国内外对隧道仰拱的力学行为研究还不充分。仰拱的设置对维护隧道结构的整体稳定性具有重要的作用,它不仅提高了隧道施工的安全性,而且提高了隧道长期使用的耐久性,尤其在侧压大、各向异性程度高和膨胀性趋势大的岩层中,其作用更为明显。系统地研究大跨度、低扁平率下仰拱对于隧道力学特性以及稳定性的影响,对于大跨隧道施工技术的选择具有重要的意义。从力学观点看,隧道可视为由岩层支撑环和隧道支护组成相互作用的厚壁圆筒,而这样的圆筒只有闭合时,才会在力学上发挥作用。因此,尽早使仰拱与隧道上部衬砌连接成闭合环,不仅能更好地发挥仰拱的作用,而且对控制洞室周边的位移也有明显的作用。此外,地质条件、断面形状大小以及仰拱的修筑时间都会对仰拱作用的发挥产生重大的影响。及时修筑仰拱,使衬砌环尽早形成,不仅可以大大抑制围岩内塑性区的发展,而且能有效地控制位移的发展,同时对于控制围岩内的应力释放也有着重要的意义。

根据有关试验和计算资料提供的数据,仰拱对隧道力学特性以及稳定性的影响主要表现在以下几个方面[46]:

(1)施设仰拱后可显著地提高隧道衬砌结构的承载力,一般在10%左右。
(2)设置仰拱可降低隧道的周边位移,幅度在20%左右。
(3)设置仰拱可以减小隧道周边围岩的塑性区深度,幅度在30%以上。
(4)设置仰拱可使隧道二次衬砌的安全系数提高20%以上。
(5)设置仰拱可使隧道初期支护的轴力大幅度减小,减小量值在20%以上,同时锚杆轴力也减小20%以上。
(6)仰拱施设后,衬砌与围岩的接触压力趋于均匀;接触压力比无仰拱时减少10%~20%。

3.7 隧道超欠挖力学效应的研究

隧道超欠挖对围岩的二次应力状态有很大的影响,与光滑轮廓相比,超挖使周边岩体中产生附加的应力集中,应力集中程度随超挖高度的增大、超挖个数的增加而急剧增大,因而加大了周边岩体的最大最小主应力差,并使围岩塑性区加大影响范围和洞周位移增大,极易引起围岩的局部破坏,恶化结构受力条件,降低隧道的安全性。

隧道超挖高度与最大及最小主应力集中系数关系如表3-1所示,随着超挖高度增大,主应力集中系数急剧增大,第三主应力增加很小,分析表明随超挖高度的增大,超挖顶点岩体中的最大最小主应力之差急速增大,因而很容易引起围岩的破坏。

表 3-1 不同超挖高度的应力集中系数表

超挖高度(cm)	15	20	25	50	100
$K_{\sigma 1max}$	1.5	1.8	2.1	4.3	10.6
$K_{\sigma 3max}$	1.0	1.0	1.0	1.1	1.2

注:$K_{\sigma 1max}$—第一主应力集中系数,$K_{\sigma 3max}$—第三主应力集中系数。

由于超欠挖对围岩二次应力状态有很大的影响,并且在不同岩类中、不同埋深下和不同应力场条件下其影响程度也有较大差异。因此,在隧道结构设计和施工设计中应充分考虑超欠挖的影响,在施工中必须严格控制超欠挖。

隧道周边岩体中应力集中的大小主要取决于超挖高度和超挖数量,因此控制超欠挖的力学效应主要就是要减少超挖,并尽可能获得光滑的轮廓,根据研究结果和实践经验,控制超欠挖力学效应的工程措施如下。

(1) 改进钻爆方法和施工精度

采用光面爆破或预裂爆破技术,依据现场的地质条件选取爆破参数,并跟随掘进不断调整优化。同时,改进钻孔方法,减小周边孔外插角和开口误差,提高钻孔精度,并提高断面测录放样精度,可以较好地控制超欠挖,获得较为光滑平整的断面轮廓。根据欠挖使应力减小的结论,还可通过适量内移周边炮孔以适量欠挖的方法来减小超挖高度,但应注意保证支护衬砌的设计厚度。实践证明,改进钻爆方法和施工精度可以将超挖高度控制在10~15cm,炮痕保存率可达到70%以上。

(2) 及时锚喷初期支护

在隧道开挖后及时作锚杆支护,将明显抑制围岩塑性区的发展,在相同超挖状况下,及时施作锚杆支护的隧道围岩塑性区比无支护时减小2/3,应力影响范围则可减少50%。开挖后即时喷射混凝土喷平开挖岩壁对控制塑性区有较大的作用,可使塑性区深度较无支护时减少4/5,并且使周边岩体中的应力集中明显减弱,应力影响范围减小。

3.8 本章小结

本章根据弹塑性理论和渗流力学推导了渗流、应力联合作用下围岩处于弹塑性状态时的塑性区半径以及弹、塑性区内的应力、位移解,对比分析了隧道在考虑渗流影响和不考虑渗流影响情况下围岩的应力、位移以及支护结构特性的差异,最后介绍了隧道仰拱及欠超挖对隧道力学特性的影响。

第4章 隧道围岩稳定的力学场、位移场与渗流场的流固耦合分析研究

4.1 有限差分法及FLAC 3D简介

4.1.1 有限差分法的理论基础

目前,工程上运用的数值计算方法包括有限单元法、有限差分法、边界单元法和离散单元法等。有限差分方法(FDM)是计算机数值模拟最早采用的方法,至今仍被广泛运用。该方法将求解域划分为差分网格,用有限个网格节点代替连续的求解域。有限差分法以Taylor级数展开等方法,把控制方程中的导数用网格节点上的函数值的差商代替进行离散,从而建立以网格节点上的值为未知数的代数方程组。该方法是一种直接将微分问题变为代数问题的近似数值解法,数学概念直观,表达简单,是发展较早且比较成熟的数值方法。对于有限差分格式,从格式的精度来划分,有一阶格式、二阶格式和高阶格式;从差分的空间形式来考虑,可分为中心格式和逆风格式。考虑时间因子的影响,差分格式还可以分为显格式、隐格式、显隐交替格式等。目前常见的差分格式主要是上述几种形式的组合,不同的组合构成不同的差分格式。差分方法主要适用于有结构网格,网格的步长一般根据实际地形的情况和柯朗稳定条件来决定。构造差分的方法有多种形式,目前主要采用的是泰勒级数展开方法。其基本的差分表达式主要有四种形式:一阶向前差分、一阶向后差分、一阶中心差分和二阶中心差分,其中前两种格式为一阶计算精度,后两种格式为二阶计算精度。通过对时间和空间这几种不同差分格式的组合,可以组合成不同的差分计算格式。有限元方法的基础是变分原理和加权余量法,其基本求解思想是把计算域划分为有限个互不重叠的单元,在每个单元内,选择一些合适的节点作为求解函数的插值点,将微分方程中的变量改写成由各变量或其导数的节点值与所选用的插值函数组成的线性表达式,借助于变分原理或加权余量法,将微分方程离散求解。采用不同的权函数和插值函数形式,便构成不同的有限元方法。

本书所有的数值模拟计算均采用FLAC 3D软件。该软件采用差分原理,运用动态松弛方程,不必生成刚度矩阵及求解大型方程组,适合模拟岩土工程中的开挖和支护及塑性流动和流固耦合计算。

4.1.2 FLAC 3D简介

FLAC是快速拉格朗日差分分析(Fast Lagrangian Analysis for Continua)的简称,渊源于流体力学,最早由Willkins用于固体力学。FLAC 3D程序自美国ITASCA咨询集团公司推出后,已成为目前岩土力学计算中的重要数值方法之一。该程序是FLAC二维计算程序在三维空间的扩展,用于模拟三维土体、岩体或其他材料体力学特性,尤其是达到屈服极限时塑性流变特性,广泛应用于边坡稳定性评价、支护设计及评价、地下洞室、拱坝稳定分析、隧道工程、矿山工程等多个领域。

FLAC 3D根据计算对象的形状用单元和区域构成相应的网格。每个单元在外载和边界

约束条件下,按照约定的线性或非线性应力-应变关系产生力学响应,特别适合分析材料达到屈服极限后产生的塑性流动。由于 FLAC 3D 程序主要是为岩土工程应用而开发的岩石力学计算程序,程序中包括了反映岩土材料力学效应的特殊计算功能,可解算岩土类材料的高度非线性(包括应变硬化/软化)、不可逆剪切破坏和压密、黏弹(蠕变)、孔隙介质的固-流耦合、热-力耦合以及动力学行为等。另外,程序设有 interface 单元,可以模拟断层、节理和摩擦边界的滑动、张开和闭合行为。支护结构,如砌衬、锚杆、可缩性支架或板壳等与围岩的相互作用也可以在 FLAC 3D 中进行模拟。此外,程序允许输入多种材料类型,亦可在计算过程中改变某个局部的材料参数,增强了程序使用的灵活性,极大地方便了在计算上的处理。同时,用户可根据需要在 FLAC 3D 中创建自己的本构模型,进行各种特殊修正和补充。

FLAC 3D 程序建立在拉格朗日算法基础上,特别适合模拟大变形和扭曲。FLAC 3D 采用显式算法来获得模型全部运动方程(包括内变量)的时间步长解,从而可以追踪材料的渐进破坏和垮落,这对研究工程地质问题非常重要。FLAC 3D 程序具有强大的后处理功能,用户可以直接在屏幕上绘制或以文档形式创建和输出打印多种形式的图形。使用者还可根据需要,将若干个变量合并在同一幅图形中进行研究分析。

4.2 FLAC 3D 在流固耦合分析中的应用

4.2.1 基于流固耦合分析的 FLAC 3D 基本方程[47]

FLAC 3D 可以模拟流体穿过具有渗透性的固体(如土壤)时的流动。流动模型既可以独立于 FLAC 3D 通过的力学计算工程而自动生成,也可以与力学模型同时生成以便获得流体/固体相互作用效应。流体/固体的相互作用效应中包括两种力学效应。首先,孔隙压力的改变使得有效应力发生变化,这将改变固体的反映状况,例如有效应力的减少可能导致塑性屈服。其次,由于孔隙压力的改变使得某一地带的流体对固体的反作用力发生变化。这种基本的流体模型适用于一般的渗流情况。FLAC 3D 中基本的液体流动模型的特性为:①在渗透性的各向同性和各向异性这两种情况,液体流动规律都适用;②在不同地区,液体的流动特性可能不同;③液体压力,不渗透的边界应该指定;④液源应该按点状或柱状的方式注入固体,在任何时候,这样液源都应该是一种指定的流入(或流出)的液体;⑤明显的或缓慢的液体流动求解法都是有效的;⑥任何力学模型都可以应用于液体流动模型。在相关问题中,渗透性材料可以认为是可压缩的,在排水和非排水问题中,收敛到稳定的静态解是非常慢的,在这种情况下,液体流动和相关的模拟应该看作成两种不能融合的具有任意的毛细水压力的液体处在多孔介质中。

FLAC 3D 模拟岩体的流固耦合机理时,采用等效连续介质模型将岩体视为多孔介质,就是将岩石裂隙透水性平均到岩石中去,流体在孔隙介质中的流动依据 Darcy 定律,同时满足 Biot 方程。使用有限差分法进行流固耦合计算的几个方程如下。

(1)平衡方程

对于小变形,流体质点平衡方程为:

$$-q_{i,j,k} + q_v = \frac{\partial \zeta}{\partial t} \tag{4-1}$$

式中 $q_{i,j,k}$——渗体单位消散矢量(m/s);

q_v——被测体积的流体源强度(L/s);

ζ——单位体积孔隙介质的流体体积变化量。

$$\frac{\partial \zeta}{\partial t} = \frac{1}{M}\frac{\partial P}{\partial t} + \alpha \frac{\partial \varepsilon}{\partial t} - \beta \frac{\partial T}{\partial t} \tag{4-2}$$

式中 M——Biot 模量（N/m²）；

P——孔隙压力；

α——Bito 系数；

ε——体积应变；

T——温度；

β——考虑流体和颗粒热膨胀系数（1/℃）。

液体质量平衡关系为：

$$\frac{\partial \zeta}{\partial t} = -\frac{\partial q_i}{\partial x_i} + q_v \tag{4-3}$$

式中 ζ——液体容量的变分（多孔深水材料单位体积的液体体积的变分）；

q_v——液体的密度。

动量平衡的形式为：

$$\frac{\partial \sigma_{ij}}{\partial x_j} + \rho g_i = \rho \frac{\mathrm{d}u_i}{\mathrm{d}t} \tag{4-4}$$

式中 ρ——体积密度 $\rho = (1-n)\rho_s + n\rho_w$；

ρ_s, ρ_w——固体和液体的密度。

(2) 运动方程

流体的运动用 Darcy 定律来描述。对于均质、各向同性固体和流体密度是常数的情况，这个方程具体表达形式如下：

$$q_i = -k(p - \rho_f x_i g_i) \tag{4-5}$$

式中 k——介质的渗透系数（m/s）；

ρ_f——流体密度（kg/m³）；

x_i——3 个方向上的距离梯度；

g_i——重力加速度的 3 个分量（m/s²）。

(3) 本构方程

体积应变的改变引起流体孔隙压力的变化，反过来，孔隙压力的变化会导致体积应变的发生。孔隙介质本构方程的增量形式为：

$$\Delta \sigma_{ij} + a \Delta p \delta_{ij} = H_{ij}(\sigma_{ij}, \Delta \varepsilon_{ij}) \tag{4-6}$$

式中 $\Delta \sigma_{ij}$——应力增量；

H_{ij}——给定函数；

ε_{ij}——总应变。

(4) 液体响应方程

孔隙中液体的响应方程取决于饱和度值。当完全饱和时，$S=1$，响应方程为：

$$\frac{\partial P}{\partial t} = M\left(\frac{\partial \xi}{\partial t} - \alpha \frac{\partial \varepsilon}{\partial t}\right) \tag{4-7}$$

式中 M——Biot 模量；

a——Biot 系数；

ε——体积应变。

在 FLAC 中，晶粒的可压缩性相对于排水材料体积变化可以忽略不计，同时有：

$$M = \frac{K_w}{n} \quad \alpha = 1 \tag{4-8}$$

当 $S<1$ 时,孔隙液体的构成响应可以描述成:

饱和度方程为:

$$\frac{\partial S}{\partial t} = \frac{1}{n}\left(\frac{\partial \xi}{\partial t} - \alpha \frac{\partial \varepsilon}{\partial t}\right) \tag{4-9}$$

饱和度和压力的关系为:

$$P = h(S) \tag{4-10}$$

对于多孔渗透性固体的小变形构成响应方程为:

$$\frac{\mathrm{d}}{\mathrm{d}t}(\sigma_{ij} + \alpha P \delta_{ij}) = H(\sigma_{ij}, \varepsilon_{ij}, k) \tag{4-11}$$

式中 H——本构关系的函数形式;

k——历史参数,同时 $\alpha=1$。

特别的,有效应力和应变的弹性关系的表达式为:

$$\sigma_{ij} - \sigma_{ij}^0 + (P - P^0)\delta_{ij} = 2G\varepsilon_{ij} + \left(K - \frac{2}{3}G\right)\varepsilon_{kk}\delta_{ij} \tag{4-12}$$

(5)相容方程

应变率和速度梯度之间的关系为:

$$\varepsilon_{ij} = \frac{1}{2}\left[\frac{\partial u_i}{\partial x_j} + \frac{\partial u_j}{\partial x_i}\right] \tag{4-13}$$

式中 u——介质中某点的速度。

在 FLAC 3D 中,这些方程都可以用有限差分方法求解,这种方法建立在将介质离散化成有两层面的区域基础上的。数值过程是建立在液体连续性方程的节点数学表达上,这种数学表达式相当于作用在节点的牛顿定律的力的常量应力的数学公式。一般的差分方程作为求解方法使用两种离散化模式,分别对应于外在的和内在的表达公式。从力学平衡状态出发,在FLAC 3D 中相关的流体力学静态模拟包括一系列步骤,每个步骤都包含至少一个流动步骤(流动循环),接下来是足够的力学步骤(力学循环)来保持准静力平衡。由于液体流动引起孔隙压力的增量在流动循环中进行估算,体积应力的作用作为一个区域值在力学循环中估计,区域值将分配到节点上。由力学的体积应变引起孔隙压力的改变进而导致总应力的改变,这将在力学循环中体现出来。同样,由液体流动引起孔隙压力的改变进而导致总应力的改变,这将在流动循环中表现出来。以孔隙总的压力值来估计有效应力,并用来探测塑性材料的失效。

4.2.2 边界条件

岩体渗流都是在特定的空间流场内发生的,沿这些流场边界起支配作用并唯一确定该渗流场的条件称为边界条件。从描述稳定渗流运动的数学模型来看,确定基本微分方程常见的边界条件有如下几类。

(1)已知水头边界条件:即在边界上的渗流势函数或水头分布随时间的变化规律已知或时间无关。又称为第一类边界条件。

由以上可知,其边界条件可表达为:

$$\begin{cases} H(x,y,z)|_{\Gamma_1} = \varphi(x,y,z,t) \\ (x,y,z) \in S_1 \end{cases} \tag{4-14}$$

式中 $\varphi(x,y,z,t)$——已知的水头分布函数；

S_1——区域内水头已知的边界集合。

(2) 流量边界条件：它指在边界上位势函数或水头的法向导数已知或可以用确定的函数表示。流量边界条件又称为第二类边界条件，其表达式为：

$$\begin{cases} k\dfrac{\partial H}{\partial n}\Big|_{\Gamma_2}=q(x,y,z) \\ (x,y,z)\in S_2 \end{cases} \tag{4-15}$$

式中 q——渗流区域边界上单位面积流入（出）量；

S_2——区域内法向流速已知的边界集合；

n——边界法向方向。

(3) 自由面边界和溢出面边界条件。

自由面边界条件为：
$$\begin{cases} \dfrac{\partial H}{\partial n}=0 \\ H(x,y,z)\Big|_{\Gamma_3}=z(x,y) \\ (x,y,z)\in S_3 \end{cases} \tag{4-16}$$

溢出面边界条件为：
$$\begin{cases} \dfrac{\partial H}{\partial n}=0 \\ H(x,y,z)\Big|_{\Gamma_4}=z(x,y) \\ (x,y,z)\in S_4 \end{cases} \tag{4-17}$$

式中 $z(x,y)$——流场内位置点的高程，

S_3、S_4——自由面和溢出面边界。

采用等效连续介质渗流计算理论进行分析隧道开挖渗流场的分布情况，就是将岩石裂隙透水性平均到岩石中去，这种等效是渗流量的等效，渗透张量是裂隙岩体作为等效连续介质的重要参数。

利用 FLAC 3D 软件分析孔隙介质渗流场时，渗透系数可以是各向同性的，也可以是各向异性的，根据地质实测资料确定，在很多数值分析计算中，将裂隙围岩的等效渗透系数简化为各向同性渗透系数，将围岩的裂隙发育程度简化为用围岩的孔隙率来表示。

4.2.3 计算的时标

FLAC 3D 能够进行单纯的流动和流-固耦合分析。耦合分析可以同 FLAC 3D 中的任何力学模型一起运行。耦合分析有几种模拟方法，其中有一种是假定孔压一旦用于网格就保持不变，这种方法不需要预留任何额外的内存以进行计算。所以任何包括流体的模拟方法都要求执行 CONFIG gw，以配置用于流体分析的网络。

当编写一个包括流体流动或耦合计算的程序时，用估计与涉及的不同进程相关的时标是非常有用的。对问题的计算时标和扩散性的认识有利于估计最大网格宽度、最小单元尺寸、时步大小和计算的可行性。并且，如果不同进程的计算时标相差很大，则可用一种简化的非耦合方法来分析问题。

计算时标可通过下面给出的特征时间的定义得到。这些由量纲分析得出的定义，都是基于解析的连续源理论表达式。用它们可得出分析的大致时标。

力学进程的特征时间：

$$t_c^m = \sqrt{\frac{\rho}{K_u + 4G/3}} L_c \tag{4-18}$$

式中 K_u——不排水体积模量;

G——剪切模量;

ρ——质量密度;

L_c——特征长度,即介质的平均长度。

扩散进程的特征时间:

$$t_c^f = \frac{L_c^2}{c} \tag{4-19}$$

式中 c——扩散率,由迁移系数除以储水系数 S。

FLAC 3D 中使用了储水系数的几种不同形式,这取决于控制进程:

(1)流体存储系数:

$$S = \frac{n}{K_w} \tag{4-20}$$

(2)地下潜水相存储系数:

$$S = \frac{n}{K_w} + \frac{n}{\rho_w g L_p} \tag{4-21}$$

(3)弹性存储系数:

$$S = \frac{n}{K_w} + \frac{1}{K + 4G/3} \tag{4-22}$$

式中 n——孔隙率;

K_w——流体的体积模量;

K——排水体积模量;

G——剪切模量;

ρ_w——流体密度;

g——重力加速度;

L_p——特征存储量长度(即用于存储流体的介质平均厚度)。

4.2.4 流固耦合分析的模拟方法

用 FLAC 3D 进行完全耦合的准静态流体-力学耦合分析通常要耗费大量的时间,而且有时候并不必要。很多情况下,可以使用不同程度的非耦合情况以简化分析来加快计算速度。选择不同耦合程度的方法时,有三个主要的因素要考虑:①模拟时标和扩散进程的特征时间的比率;②耦合过程强制扰动或驱动机理特性;③流体和固体的刚度比。

(1)时标系数

通过从扰动的开始阶段计算时间来考虑时标系数。定义 t_s 为分析所需要的时标,t_c 为耦合扩散过程的特征时间。

① 短期性态

如果相对于耦合扩散过程的特征时间 t_c,t_s 非常短,在模拟结果中流体流动的影响几乎可以忽略不计,并且可以用 FLAC 3D 运行不排水的模拟(CONFIG gw,SET flow off)。数值模拟中不涉及真实的时间(即 $t_s \ll t_c$),但是如果给流体体积模量一个实际值,则其体积应变会导致孔压的变化。

② 长期性态

如果 $t_s \gg t_c$ 且以排水特性占主导,则孔压场可以不耦合到力场中。稳定状态的孔压场可以单纯流动模拟确定(SET flow on,SET mech off),然后机械力场可以通过在流体体积模量 $K_w=0$ 的力学模式中将模型循环到平衡状态来确定(SET flow off,SET mech on)。严格来讲,此方法仅对弹性材料有效,因为塑形材料是与路径有关的。

(2)耦合过程计算中扰动(摄动)的起因

流固耦合系统的强制扰动,可能导致流体流动边界条件变化或机械力边界条件的变化。例如,位于层间含水层内井的瞬时流体流动是井内孔压变化引起的,公路路堤饱和地基的固结则是由路堤高度确定的力学载荷引起的。如果扰动是由孔压的变化,则流体的流动很可能不与力学过程耦合;如果是机械力产生的扰动,则非耦合的程度取决于流体和固体的刚度比。

(3)刚度比

相对刚度比 R_k 对用于解决流固耦合问题的模拟方法有重要的影响。

① 相对刚性岩土介质($R_k \ll 1$)

如果岩土介质骨架刚度很大(或流体是高压缩性的),则孔压的扩散方程可以不耦合,因此扩散率由流体控制(Detournay,Cheng 1993)。建模方法取决于流体或固体扰动的力学机制:

a. 在固体力学控制的模拟中,孔压可以假定保持不变。在弹性模拟中,固体表现的力学行为好像流体不存在塑性分析中,孔压的存在可能导致塑性破坏。这种模拟方法在边坡稳定分析中使用。

b. 在孔压控制的弹性模拟中(例如,由于流体被挤出导致的沉降),体积应变不显著影响孔压场,且流体的计算可以独立进行(SET flow on,SET mech off),在此情况下,扩散率会是精确的,因为对于 $R_k \ll 1$,总压缩系数等于流体扩散率。通常孔压变化会影响应变,且这种影响可以通过随后在力学模式中将模型循环到平衡状态加以研究(SET flow off,SET mech on)。

② 相对柔性岩土介质($R_k \gg 1$)

如果岩土介质骨架刚度很小(或流体不可压缩),则岩土骨架控制系统扩散率的耦合。模拟方法也取决于控制的力学机制:

a. 在力学控制的模拟中,计算将会非常耗时,在这种情况下可以减小 M(或 K_f),且对系统计算结果不会有明显的影响。

b. 在多数孔压控制系统的实际例子中,经验表明,孔压场和力场的耦合是微弱的,如果介质是弹性的,数值模拟可以用单纯流动模式中的流动计算进行(SET flow on,SET mech off),然后在单纯力学模式中(SET flow off,SET mech on)达到平衡状态。这种情况下有一点必须引起注意,为了保持系统的扩散率,流体模量 K_w 在流体计算阶段必须调整到:

$$K_w^a = \frac{n}{\dfrac{n}{K_w} + \dfrac{1}{K+4G/3}} \tag{4-23}$$

4.2.5 选择建模方法的步骤

对于完全耦合的分析,推荐使用表 4-1 所列出的步骤进行模拟方法的选择。首先,对于特定的问题条件和特性,确定流体扩散进程的特征时间,且将此时间同所关注的实际时标作对比。其次,考虑对系统的扰动是由孔隙压力控制还是由固体机械力控制。最后,确定流体的刚度对固体介质刚度的比率。表 4-1 给出了综合考虑这三个因素的合适的建模方法。

表 4-1 流-固耦合分析建模方法的步骤

时标	强加的进程扰动	流固刚度比	模拟方法和主要计算命令	调整的流体体积模量
$t_s \ggg t_c$（稳定状态分析）	固体机械力或孔隙压力	任意 R_k	无流体的有效应力(1)或有效应力(2) CONFIG gw SET flow off SET mech on	没有流体 $K_w^a = 0$
$t_s \lll t_c$（不排水分析）	固体机械力或孔隙压力	任意 R_k	孔隙压力生成(3) CONFIG gw SET flow off SET mech on	K_w^a 的实际值
t_s 在 t_c 范围内	孔隙压力	任意 R_k	非流-固耦合(4) CONFIG gw Step 1. SET flow on SET mech off Step 2. SET flow off SET mech on	$K_w^a = \dfrac{n}{\dfrac{n}{K_w} + \dfrac{1}{K+4G/3}}$ $K_w^a = 0$
t_s 在 t_c 范围内	固体机械力	任意 R_k	流-固耦合(5) CONFIG gw SET flow on SET mech on	调整 K_w^a 使 $R_k \leq 20$
		$R_k \ggg 1$	耦合的快速流动(6) CONFIG gw SET flow on SET mech on SET fast flow on	K_w^a 的实际值

表 4-1 中需要注意如下几点：

(1)为了建立无地下水流动的有效应力分析的初始条件,用 WATER table 或 INITIAL pp 命令,或者用一个 FISH 函数建立稳定状态流动。指定正确的位于地下水位以下区域的湿密度和地下水位以上区域的干密度。

(2)为了建立地下水流动的有效应力分析的初始条件,如果地下水位位置未知,用 INITIAL 命令,或者用一个 FISH 函数建立稳定状态流动,或者指定 SET flow on mech off,并逐步达到稳定状态。将 K_w^a 设置成一个较小的值以加快部分饱和系统的收敛速度,注意 K_w^a 应大于 $0.3L_z\rho_w g$ 以保证数值稳定,L_z 为最小区域的特征长度。

(3)为了建立孔隙压力分析的初始条件,用 INITIAL 命令,或者用一个 FISH 函数建立稳定状态流动,或者指定 SET flow on mech off,并逐步达到稳定状态。将 K_w^a 设置成一个较小的值以加快部分饱和系统的收敛速度。注意 K_w^a 应大于 $0.3L_z\rho_w g$ 以保证数值稳定。

(4)非流-固耦合的方法推荐用于孔压控制系统,且在 $R_k \ggg 1$ 时应谨慎使用。注意在单纯流动分析阶段调整 K_w^a 值以满足式(4-23)才能保证耦合扩散率是正确的。

(5)完全耦合分析方法中,注意对于 $R_k \ggg 1$ 的情况,如果 K_w^a 调整的低于 $R_k = 20$,时间相应将会接近于无限大的 K_w。

(6)对于完全耦合分析中的快速流动选项,注意饱和体和非饱和体使用不同的快速流动算法。

4.3 隧道衬砌外水压力研究

目前,在隧道衬砌水荷载的计算中,铁路、交通部门还没有制定统一的规范,大多还是参照水工隧洞设计规范和经验方法,有关水荷载的论述也散见于各部门和学科的专著及专业杂志上。水工隧洞中衬砌水荷载一般包括内水压力和外水压力两部分,二者作用对象均为衬砌(对于围岩可直接称为水压力)。外水压力是和有压隧洞中内水压力相对而言的,而铁路、公路隧道一般不存在内水压力,通常简称为水压力,故其衬砌水荷载与外水压力指同一概念。

目前,隧道衬砌外水压力的计算方法大致有4种方法:

(1)在浅埋矿山法修建的山岭隧道中,对地下水处理采用"以排为主"的条件下,铁路隧道设计规范不考虑衬砌承受水压力。但有研究表明[48],在衬砌背后设置透水垫层排放地下水的情况下,衬砌仍然要承受一定的水压力。在城市地下地铁隧道不允许地下水排放时或采用全封堵防水,衬砌上水压力采用该处的静水压力(即该处的静水头)。

(2)水头较高的山岭隧道,为了保护隧道周边的地下水资源和环境的要求,不能采取"以排为主"的条件下,以及无限补给的海底隧道,采取"以堵为主、限量排放"的原则时,在目前没有相应的设计规范的情况下,多借鉴水工隧道计算水压力的方法,采用水压力折减系数法。

(3)假定围岩均质,按照达西渗流定律,对隧道围岩渗流场进行分析,来确定衬砌的外水压力。

(4)隧道衬砌水压力的大小与隧道围岩介质(裂隙、均质)、围岩渗透性、地下水的水头有关,也与隧道围岩内的应力状态有关,这就是渗流场与围岩应力场耦合作用的问题[49]。从理论上来讲,考虑耦合作用是比较精确和合理的一种方法,渗流场与围岩应力场耦合作用研究的成果主要是对坝基工程较多,多用于对涌水量的研究,但针对隧道工程的排水和结构特点对衬砌上作用水压力的研究还是很少,因此进行这方面的研究需要进行较多的模型试验和现场测试。

4.4 计算方法的分析

外水压力的计算方法首先是在水工隧道中提出和发展起来的,目前,外水压力的计算方法可以归结为以下5种:(1)折减系数法;(2)理论解析法;(3)解析数值方法;(4)水文地球化学方法;(5)渗流理论分析方法。

(1)折减系数法

一般定义作用在衬砌上的外水压力水头与地下水位到隧道的水柱高之比为外水压力折减系数。按照这一概念,作用于衬砌外缘的水压力恒小于地下水位到隧道轴线静水头值,事实上,在不少情况下,隧道衬砌外缘的压力水头高于地下水位的静水头,张有天等建议采用外水压力修正系数而不用外水压力折减系数。目前有关外水压力计算时所采用的外水压力折减系数主要是采用水电部门《水工隧洞设计规范》(SL279—2002)中的有关规定。董国贤[50]论述了水头折减系数的综合指标法,该方法认为水头折减系数 β 为一综合性指标,它包括外水压力传递过程受阻的水头损失系数 β_1、考虑水压作用面积减少的面积系数 β_2 和反映排水卸压情况的系数 β_3,有:$\beta=\beta_1\beta_2\beta_3$。

张有天[51](1996年)也针对水工隧洞和压力管道论述了与此类似的折减系数取值方法。董国贤[50]论述了水工隧道中积累的水荷载和水头折减系数 β 的经验折减法:①根据水文地质情况选取折减系数;②天生桥二级电站经验法;③按围岩的渗透系数和混凝土衬砌渗透系数的比值确定折减系数;④按地下水运动损失系数(α)和衬砌外表面的实际作用面积系数(α_1)的乘积确定外水压力折减系数。

国外对外水压力的取值也极不统一,大致有以下三种情况:

①折减系数法,根据不同工程统计,其值约在0.15~0.9之间。澳大利亚、美国及日本有时用此法。

②全水头法($\beta=1$),美国及法国常用。

③可能最大水头值。美国、加拿大及巴西等国常将隧洞衬砌所承受的静水头计算到地表面。

由以上分析可见,确定隧洞外水压力作用系数的方法大多是经验或半经验性的。此外,各设计、科研单位在工程实践中也针对具体工程提出了一些经验的方法。

(2)理论解析法

早在1972年 п.y.поинмαткии 就最简单的情况推导出各因素对称条件下渗透压力作用的弹性力学解。将原公式中内水压力取0,则可得到岩土介质与衬砌交界面处的水压力,据此推导出比较理想情况下的衬砌内缘切向力的计算解析式[52],认为隧洞在开挖后衬砌前的外水压力由岩土介质承担,衬砌仅承受渗流场扰动后外水压力的增量。由于开挖往往使地下水水头降低,而静水压力相应减少,所以,该计算公式中的外水压力增量应该是动水压力增量。在《青函隧道土压力研究报告》中将水压力的计算视围岩为均质、各向同性的弹塑性体,其中作用的初始应力视为静水压力状态。根据隧道周围围岩模型,运用达西(Darcy)定律推导出了几种情况下的作用在衬砌及注浆加固圈区域内的间隙水压力[52]。

(3)数值方法

解析数值方法的具体思路是:首先建立隧道排水的水文地质概念模型,采用经验解析法预测其涌水量,然后将涌水量代入隧道围岩渗流的剖面二维模型,模拟排水时围岩渗流场的分布,再采用作用系数方法计算出隧道衬砌的外水压力[53]。

通过围岩的渗流场模型模拟了隧道施工排水时的渗流场分布,从而计算得到了作用在衬砌上的外水压力。采用数值模拟方法能够较好地解决问题,为隧道外水压力的确定走出新路,但是该方法采用的数学模型含有用经验解析法预先给定的隧道涌水量,并且在得到了衬砌周围的水头后又采用了水工隧道中的折减系数方法,这是因为在用数值方法时考虑的是毛洞渗流场,没有考虑隧道结构的排水和衬砌本身的渗透性对渗流场的影响,这样得到的渗流场与隧道周围的实际所处的渗流场是有区别的。是否在此基础上采用在衬砌厚度内的达西定律直接得到衬砌内的渗流力,作为作用在衬砌结构上的外水压力,是个值得研究的问题。

(4)水文地球化学方法[54]

水文地球化学方法主要是从地下水水化学场的角度来考虑外水压力与CO_2分压的关系。针对具体的现场实际情况通过严格的现场试验,可以发现,在相同的水体或者同一地质单元中,地下水CO_2分压与水头之间存在良好的线性关系,因此可以测定与隧洞渗水处处于相同水文地质条件下的钻孔中不同水头下CO_2分压,并通过线性回归处理,得到它们之间的方程。同时测定隧洞渗出水中CO_2分压,间接确定渗水处外水压力值。为测定地下水样中HCO_3^-浓度,文献[55]提出了一种现场CO_2总浓度的方法——CO_2气敏电极法,这种方法能够现场快速而又精确地测定地下水水样中CO_2总浓度,根据基于活度计算的碳酸平衡理论确定水样中HCO_3^-浓度占CO_2总浓度的百分比a_1,由此得到HCO_3^-浓度,并根据pH值计算出CO_2分压。

(5)渗流理论分析方法

只要具备条件,应通过渗流场分析求得外水压力的大小,同时也求出渗透体积力。通过增量渗流荷载分析以判断衬砌与围岩是否共同作用。应该强调的是，衬砌与围岩联合作用并非总是有利的。若衬砌与围岩接触面出现法向拉应力，衬砌将承受环向拉应力。对压力水工隧洞，隧洞充水后衬砌将承受更大的拉应力，势必出现严重的裂缝。若采取措施减小衬砌与围岩间的黏结强度，使衬砌脱离围岩，这时衬砌将承受外水压力而为受压状态，在隧洞充水后，外水压力将直接抵消内水压力而使衬砌的拉应力大为减小[56][57]。这里就不必要强调作用在衬砌上的外水压力，而应该强调的是耦合作用，直接用耦合作用来分析隧道衬砌结构受力和围岩的稳定性。

围绕岩体渗流场与应力耦合场耦合模型，科学家做了大量的工作，取得长足进展。Noorishad(1982,1989)提出了多级连续介质渗流场与应力场耦合场模型；Oda(1986)以节理统计为基础，运用渗透张量法，建立了岩体渗流场与应力场耦合模型；Ohnishi 和 Ohtsu(1982)研究了非连续节理岩体的渗流与应力耦合方法；仵彦卿和张倬元(1994,1995)提出了岩体渗流场与应力场耦合的集中参数模型和裂隙网络模型，这些模型促进了岩体水力学向定量化方向发展[58]。但针对隧道开挖及修建支护结构后围岩及衬砌范围的渗流场和应力场的耦合研究较少。谢兴华等采用渗流理论用数值方法计算了围岩和衬砌范围内的渗流场并比较了几种排水方案下的渗流场，把衬砌外表面上的水头做为衬砌上的渗流体积力，把衬砌内壁的水头假定为零[59]。王建宇也对衬砌背后水压力做出过积极的探讨[60][61]。

4.5 衬砌背后水压力的影响因素

隧道衬砌水压力的大小与隧道围岩介质、围岩渗透性、地下水的水头有关，也与隧道围岩内的应力状态有关。无论是深埋山岭隧道，还是海底隧道，都具有承压地下水性质。为了保护隧道周边的地下水资源和环境的要求，不能采取"以排为主"的条件，只能采取"以堵为主、限量排放"的原则来处理。

铁道工程界对以往隧道衬砌所受的水压力没有给予足够的重视，对于衬砌背后水压力的研究资料较缺乏，可以说没有规范、公认的方法和规律可循。在水利水电工程上，早些时候就对水压力进行了较多的研究，并制订了相应的设计规范，因此铁路隧道在遇到高水压的时候，多借鉴水工隧道计算水压力的方法——水压力折减系数法。但是铁路、公路隧道工程由于隧道防排水系统的设置与水利、水电工程上的隧洞还是存在着很多的差别，只是运用折减系数法明显存在着不足，因此随着近年来高水位富水区铁路隧道的修建，对这方面的研究工作也开始展开，采用的研究方法也不尽相同，但大体上是从折减系数法，逐渐按均质围岩假定，按照达西渗流定律，对隧道围岩渗流场进行分析，来确定衬砌上的外水压力。

4.6 隧道衬砌背后水压力的数值模拟分析

4.6.1 北天山隧道

北天山隧道长约 13.62 km，最大埋深约 1 000 m，是精伊霍铁路的控制性工程。该隧道工程具有"深埋、特长"的特点。隧道区多为奥陶系地层，地质环境十分复杂，隧道进出口地形陡峭，地层岩石比较破碎，地下水位偏高，随时都会面对洪水、雪崩、泥石流、山体滑坡等自然灾害的侵袭。且地质情况复杂，断裂构造发育，岩层揉皱褶曲，地下水量较大。工程区内断层比较发育，据不完全统计，有 25 条断层较均匀地分布于工程区内。隧道穿过两条主要断层，分别为乔利卓塔断层和蒙马拉勒断层。由于隧道所在区域地广人稀，隧道采用"全封堵"的防排水方

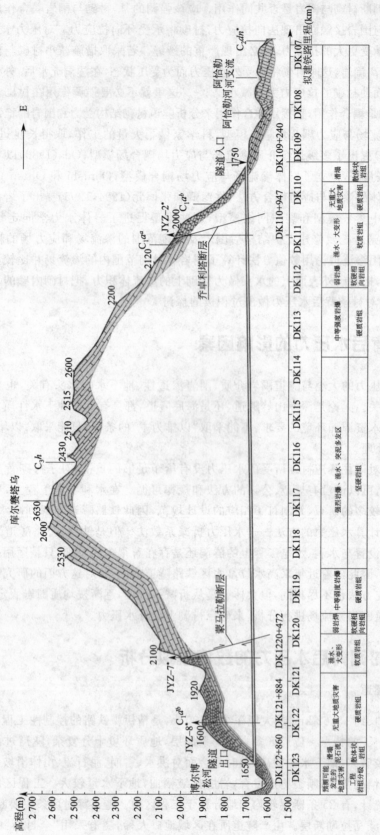

图 4-1 精伊霍铁路北天山隧道纵剖面图

式意义不大,而且水压力由衬砌全部承担,造成衬砌结构偏大,对工程经济性造成不利影响。为此,隧道采用部分封堵、限量排导的方式,既降低了衬砌背后的水压力,又使得衬砌结构经济合理。纵剖面如图 4-1 所示。

4.6.1.1 计算模型的建立

在所有断层中,F16 断层破碎带宽约 100 m,影响带宽约 600 m,地处碳酸盐岩溶裂隙水中等富水区,容易发生涌水和围岩失稳,该断层很具有代表性,因此作为模拟的对象。本次数值模拟主要目的是确定注浆加固圈的厚度和渗透系数对隧道围岩稳定及涌水量的影响。

计算时取隧道轴线方向为 y 轴,水平面内垂直隧道轴线方向为 x 轴,铅直向上为 z 轴,原点取在隧道中心。隧道上半断面的等价圆半径为 5 m,隧道埋深 180 m,地下水深度为地面以下 100 m。考虑隧道开挖和渗流的影响半径,在 x 方向左右各取单洞的 10 倍洞径,计算范围为 160 m;z 方向总的计算范围为 120 m,隧道中心至模型底面的距离为 40 m;在 y 方向取隧道施工循环进尺长度 1 m。则整个计算范围为 160 m×120 m×1 m,整个模型共剖分 4 608 个单元,9 394 个节点。建立的模型如图 4-2 所示。

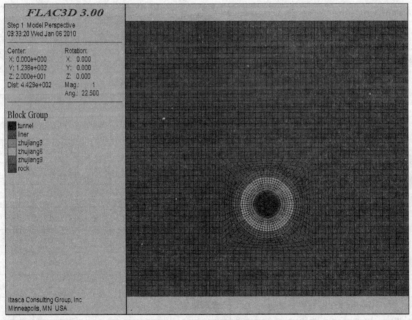

图 4-2 FLAC 3D 模型及网格划分

4.6.1.2 模型参数及边界条件

围岩力学参数由工程勘测资料提供,并结合规范要求和数值模拟参数折减需要,得到围岩及衬砌的物理力学参数,如表 4-2 所示。数值计算中围岩材料的力学模型采用 Mohr-Coulomb 弹塑性理论模型,围岩采用等效连续介质模拟,用渗透系数张量描述岩体的渗透性能,流体在

表 4-2 岩体物理力学参数

岩体类型	弹性模量 E(GPa)	泊松比 μ	内摩擦角 φ(°)	容重 γ (kN/m³)	黏聚力 c(MPa)	孔隙率 n
破碎带	1	0.3	40	2 000	0.24	0.2
注浆	2	0.25	45	2 100	0.8	0.1
衬砌	25	0.18	50	2 500	1.5	0.05

岩体中的流动服从 Darcy 定律，复合式支护中的初期支护和二次衬砌均采用实体单元模拟。考虑施作注浆加固对围岩岩性的改善，模拟时适当地提高加固区围岩的参数。隧道开挖采取全断面开挖的方法，通过 FLAC 3D 中的 Null 模型来实现。

隧道计算模型采用位移边界条件，底部边界为固定边界，上部边界为自由边界，左右边界采用约束 x 方向位移，前后边界约束 y 方向位移。隧道开挖前，认为隧道所处围岩为饱和地层，渗流边界条件为隧道围岩周边以及底部边界为不透水边界，隧道衬砌内边界为渗流边界，水压力为 0。

根据现场详勘资料，并且由于该隧道埋深比较大，初始地应力在垂直方向按岩体自重考虑，水平方向按侧压力系数 $\lambda=1$ 考虑，孔隙水压力按静水压力考虑。

4.6.1.3 数值模拟方案

为了分析注浆圈和衬砌对围岩渗流场、应力场的影响，本次数值计算方案按隧道是否设排水系统、注浆圈的渗透系数、厚度等分表 4-3 中的 18 种工况进行分析对比。

表 4-3 北天山隧道流固耦合分析工况表

工况编号	排水型式	注浆圈厚度 (m)	注浆圈渗透系数 (m/s)	围岩渗透系数 (m/s)	衬砌渗透系数 (m/s)
1-1	水通过注浆圈渗流进隧道	0	—	8.5×10^{-7}	—
1-2	水通过注浆圈渗流进隧道	3	8.5×10^{-8}	8.5×10^{-7}	—
1-3	水通过注浆圈渗流进隧道	6	8.5×10^{-8}	8.5×10^{-7}	—
1-4	水通过注浆圈渗流进隧道	9	8.5×10^{-8}	8.5×10^{-7}	—
2-1	水通过衬砌渗流进隧道	0	—	8.5×10^{-7}	8.5×10^{-9}
2-2	水通过衬砌渗流进隧道	3	8.5×10^{-8}	8.5×10^{-7}	8.5×10^{-9}
2-3	水通过衬砌渗流进隧道	3	1.7×10^{-8}	8.5×10^{-7}	8.5×10^{-9}
2-4	水通过衬砌渗流进隧道	3	8.5×10^{-9}	8.5×10^{-7}	8.5×10^{-9}
2-5	水通过衬砌渗流进隧道	6	8.5×10^{-8}	8.5×10^{-7}	8.5×10^{-9}
2-6	水通过衬砌渗流进隧道	6	1.7×10^{-8}	8.5×10^{-7}	8.5×10^{-9}
2-7	水通过衬砌渗流进隧道	6	8.5×10^{-9}	8.5×10^{-7}	8.5×10^{-9}
2-8	水通过衬砌渗流进隧道	9	8.5×10^{-8}	8.5×10^{-7}	8.5×10^{-9}
2-9	水通过衬砌渗流进隧道	9	1.7×10^{-8}	8.5×10^{-7}	8.5×10^{-9}
2-10	水通过衬砌渗流进隧道	9	8.5×10^{-9}	8.5×10^{-7}	8.5×10^{-9}
3-1	全封堵型衬砌	0	—	8.5×10^{-7}	—
3-2	全封堵型衬砌	3	1.7×10^{-8}	8.5×10^{-7}	—
3-3	全封堵型衬砌	6	1.7×10^{-8}	8.5×10^{-7}	—
3-4	全封堵型衬砌	9	1.7×10^{-8}	8.5×10^{-7}	—

4.6.1.4 计算结果分析

(1) 渗流场分析

由初始条件确定，隧道开挖前围岩处于饱水状态，模型上部边界为地下水位线，地下水压力值为 0，模型底边最大静水压力为 1.2 MPa，如图 4-3 所示。

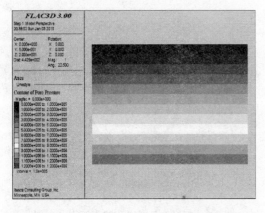 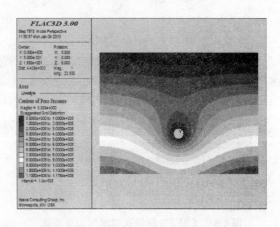

图 4-3　隧道开挖前围岩孔隙水压力分布图　　　图 4-4　工况 1-1 围岩孔隙水压力分布图

隧道开挖后,地下水在隧道开挖区域的边界上为自由透水边界,围岩渗流场发生改变。由图 4-4 可以看出,在未采取注浆及支护措施的情况下,隧道开挖后围岩渗流场在隧道周围形成了一个降水漏斗区。由图 4-5 可以看出,当对围岩进行了超前注浆加固,但是衬砌没有紧跟支护时,水直接通过注浆加固圈渗流进隧道的情况下,隧道开挖对围岩渗流场的影响区域相比未注浆前有了明显的减小,注浆圈承担了很大一部分水压力,渗流速度矢量方向为隧道径向。由图 4-8 可以看出,在同时考虑注浆圈和衬砌对渗流场影响的情况下,隧道开挖对围岩渗流场的

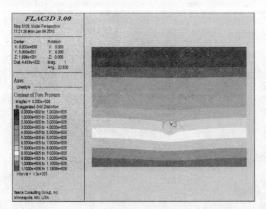 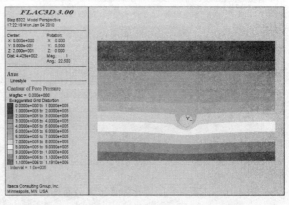

图 4-5　工况 1-2 围岩孔隙水压力分布图　　　图 4-6　工况 1-3 围岩孔隙水压力分布图

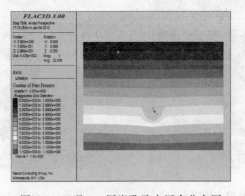

图 4-7　工况 1-4 围岩孔隙水压力分布图

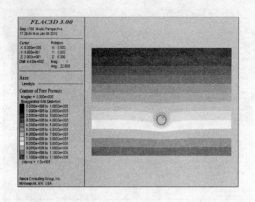 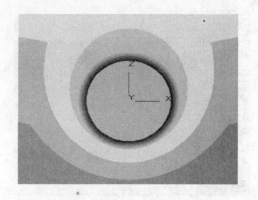

图 4-8 工况 2-5 围岩孔隙水压力分布图　　　图 4-9 工况 2-5 围岩孔隙水压力分布图

影响区域缩小至注浆圈周围。此时,衬砌承担了部分水压力,注浆圈承担的水压力相对减少,渗流速度矢量方向也为隧道径向。当采用全封堵型衬砌时,地下水不能通过衬砌渗流进隧道。由图 4-14 可以看出当渗流稳定后隧道的开挖对围岩渗流场的影响除了隧道自身的圆形区域外,其他地方基本和未开挖前一致,衬砌背后水压力为隧道未开挖前的静水压力。流固耦合分析结果见表 4-4。

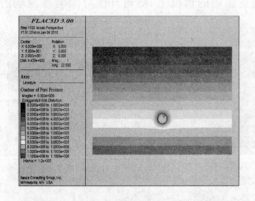 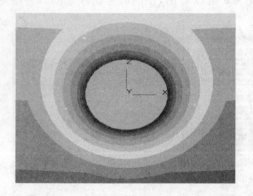

图 4-10 工况 2-6 围岩孔隙水压力分布图　　　图 4-11 工况 2-6 围岩孔隙水压力分布图

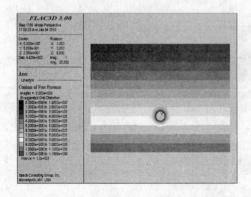 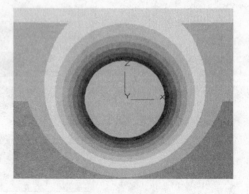

图 4-12 工况 2-7 围岩孔隙水压力分布图　　　图 4-13 工况 2-7 围岩孔隙水压力分布图

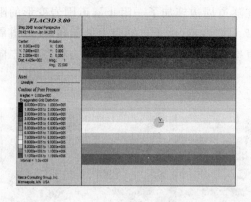
图 4-14 工况 3-1 围岩孔隙水压力分布图

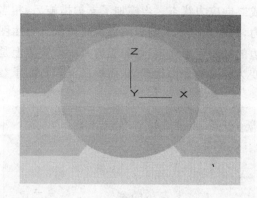
图 4-15 工况 3-1 围岩孔隙水压力分布图

表 4-4 北天山隧道流固耦合分析结果表

工况编号	涌水量[m³/(d·m)]		水压力(MPa)	
	有限差分法	理论推导法	衬砌背后	注浆圈外表面
1-1	18.577	21.492	0	—
1-2	6.266	6.578	0	0.548
1-3	5.068	5.205	0	0.612
1-4	4.039	4.121	0	0.657
2-1	2.627	2.607	0.670	—
2-2	2.185	2.030	0.557	0.692
2-3	1.271	1.040	0.324	0.718
2-4	0.836	0.646	0.213	0.730
2-5	2.008	1.877	0.512	0.702
2-6	1.007	0.848	0.257	0.729
2-7	0.648	0.503	0.165	0.739
2-8	1.828	1.715	0.466	0.714
2-9	0.845	0.687	0.215	0.738
2-10	0.584	0.393	0.148	0.746
3-1	0	0	0.750	—
3-2	0	0	0.750	0.750
3-3	0	0		
3-4	0	0		

(2)应力场分析

隧道开挖前岩体处于初始应力状态,谓之一次应力状态;隧道开挖后由于应力重新分布,隧道围岩处于二次应力状态,这种状态受到开挖方式和方法的强烈影响;如果隧道不能自稳就须施加支护措施加以控制,促使其稳定,这就是三次应力状态。在 FLAC 3D 软件中规定压应力为负,拉应力为正。由图 4-16 可以看出,在不施加支护措施的情况下,隧道开挖后洞周围岩主应力发生了明显的偏转,总体表现为最大主应力方向与开挖临空面平行,最小主应力方向与临空面垂直,沿隧道周边只存在切向应力,径向应力变为 0 MPa,洞周围岩从三向应力状态变成二向应力状态。当施加了支护措施后,相当于在隧道周边施加了一阻止隧道围岩变形的阻力,从而也改变了围岩的二次应力状态。由图 4-17 可以看出,由于支护阻力的存在,使隧道周边的径向应力增大,切向应力减小。实质上是使直接靠近隧道周边的岩体的应力状态,从二向变为三向的受力状态,从而提高了岩石的承载力。

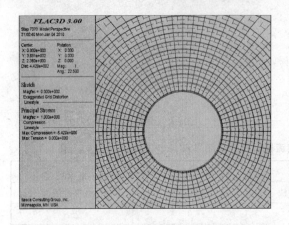 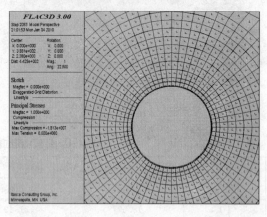

图 4-16　工况 1-1 围岩主应力矢量图　　　　图 4-17　工况 2-1 围岩主应力矢量图

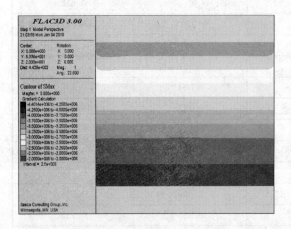 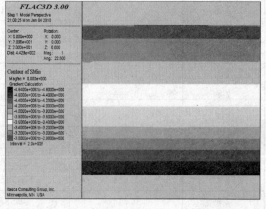

图 4-18　隧道开挖前围岩最大主应力分布图　　图 4-19　隧道开挖前围岩最小主应力分布图

由图 4-18 和图 4-19 可以看出,隧道未开挖前,围岩中的主应力都是呈水平层状分布的。由图 4-20 和图 4-21 可以看出,在无支护加固措施情况下,开挖完后围岩最大主应力分布总体上呈一个漏斗型、左右对称分布,受应力重分布影响,洞周围岩出现了明显的应力松弛现象,形成了一个应力低值区,其中隧道拱顶和拱底处都出现了拉应力,最大拉应力的量值为 28 kPa。由于隧道围岩为破碎岩体,岩石抗拉强度很低,当切向拉应力超过其抗拉强度时,拱顶可能发生局部掉块和落石,从而影响到隧道断面的整体稳定。最小主应力的分布也是呈左右对称分布,在拱顶和拱底处产生了应力低值区,最小值出现在拱顶中部和拱底中部,量值为 1.3 MPa,向左右侧壁中部和围岩内部逐渐增大,围岩中没有出现拉应力。由图 4-22 和图 4-23 可以看出,当隧道围岩实施了注浆加固后,围岩中最大主应力和最小主应力的低值区有所减小,并且围岩中没有出现拉应力,最大主应力的的最小值出现在拱顶中部,量值为 27 kPa。由图 4-24、图 4-25 可以看出,当隧道实施了衬砌支护后,在隧道周边围岩中形成了一个以隧道为中心的

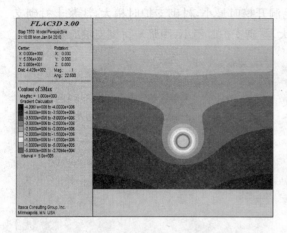

图 4-20 工况 1-1 围岩最大主应力分布图

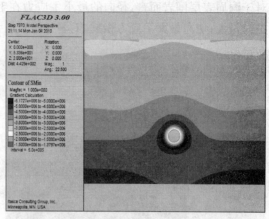

图 4-21 工况 1-1 围岩最小主应力分布图

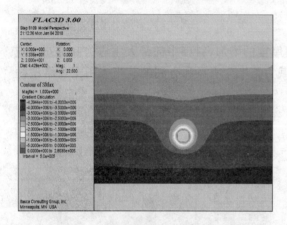

图 4-22 工况 1-2 围岩最大主应力分布图

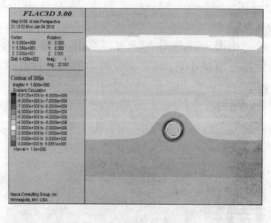

图 4-23 工况 1-2 围岩最小主应力分布图

图 4-24 工况 2-1 围岩最大主应力分布图

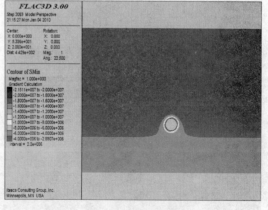

图 4-25 工况 2-1 围岩最小主应力分布图

主应力低值区,但低值区的范围较未实施衬砌支护前有了明显的减小,同时在围岩中也未出现拉应力。由图 4-26、图 4-27 可以看出,当隧道同时实施了注浆及衬砌支护后,隧道周边的应力低值区变得更小,同时使得隧道围岩的应力松弛现象得到了明显的改善。根据计算结果可知,对于洞周表层围岩而言,径向的最小主应力在毛洞开挖时最小,衬砌支护时稍大,注浆+衬砌支护时最大;切向最大主应力相反,毛洞开挖时最大,衬砌支护时稍小,注浆+衬砌支护时最小。

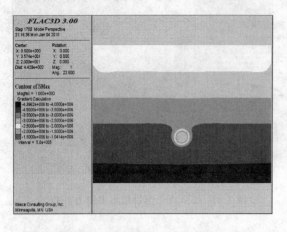

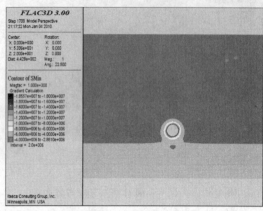

图 4-26　工况 2-2 围岩最大主应力分布图　　　图 4-27　工况 2-2 围岩最小主应力分布图

由图 4-28~图 4-39 可以看出,随着注浆圈厚度的增加,衬砌中的最大主应力和最小主应力都逐渐减小,这对于充分调动围岩的自身承载力是十分明显和有利的。当采用全封堵型衬

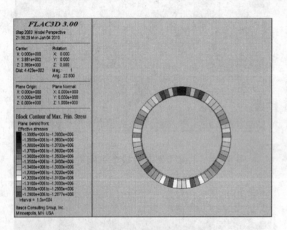

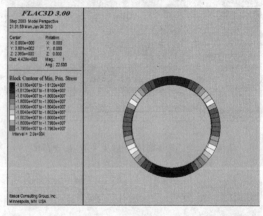

图 4-28　工况 2-1 衬砌最大主应力分布图　　　图 4-29　工况 2-1 衬砌最小主应力分布图

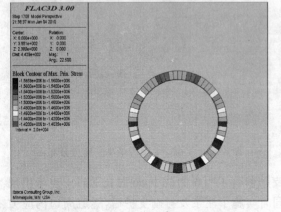

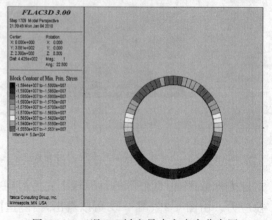

图 4-30　工况 2-2 衬砌最大主应力分布图　　　图 4-31　工况 2-2 衬砌最小主应力分布图

砌时,由于水压力的影响,使得衬砌结构所受的荷载更大。当衬砌上的荷载过大的时,可以考虑通过增加衬砌厚度和配筋量来满足承载要求。但随着衬砌厚度的增加,洞室开挖面积将变大,虽然注浆加固圈的范围可以有所减小,但开挖及浇筑衬砌等的工程量将变大,使得工程的经济合理性变差。因此,应该在技术允许的情况下,合理设置注浆圈的厚度,从而达到围岩稳定和减小衬砌外荷载的目的。

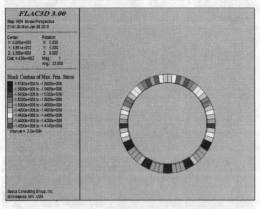

图 4-32 工况 2-4 衬砌最大主应力分布图

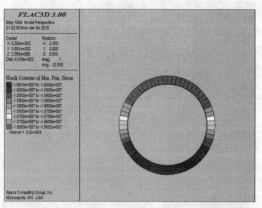

图 4-33 工况 2-4 衬砌最小主应力分布图

图 4-34 工况 2-7 衬砌最大主应力分布图

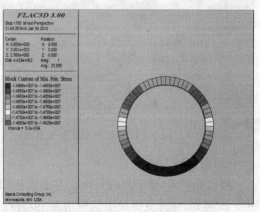

图 4-35 工况 2-7 衬砌最小主应力分布图

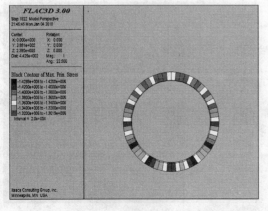

图 4-36 工况 2-10 衬砌最大主应力分布图

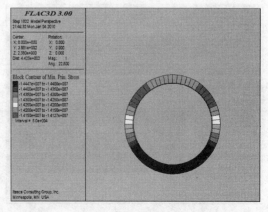

图 4-37 工况 2-10 衬砌最小主应力分布图

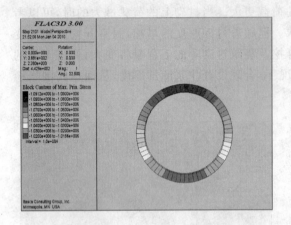

图 4-38　工况 3-1 衬砌最大主应力分布图

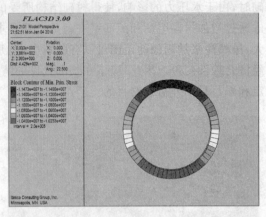

图 4-39　工况 3-1 衬砌最小主应力分布图

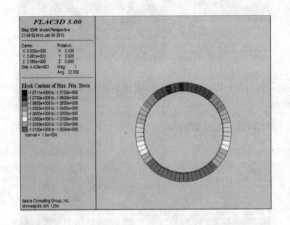

图 4-40　工况 3-2 衬砌最大主应力分布图

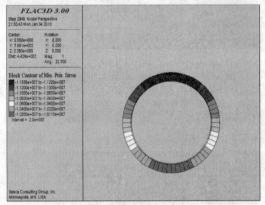

图 4-41　工况 3-2 衬砌最小主应力分布图

(3) 位移场分析

隧道开挖后，围岩将向开挖临空面发生回弹变形，总体上表现为向洞内收敛。由图 4-42～图 4-49 可知，在无支护加固措施情况下，开挖完后围岩产生的位移最大，最大位移位于拱顶中部，位移值为 141.03 mm；在注浆加固情况下，开挖完后围岩的最大位移位于拱顶中部，位移值为

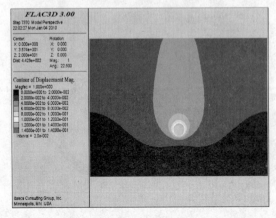

图 4-42　工况 1-1 总位移分布图

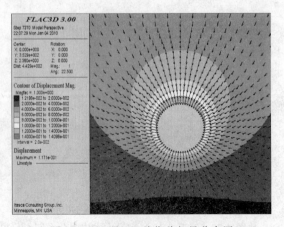

图 4-43　工况 1-1 总位移矢量分布图

37.5 mm；在衬砌支护情况下，开挖完后围岩的最大位移位于拱底中部，位移值为 13.51 mm；在注浆和衬砌联合支护情况下，开挖完后围岩的最大位移位于拱底中部，位移值为 8.24 mm。

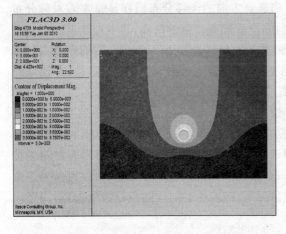
图 4-44　工况 1-2 总位移分布图

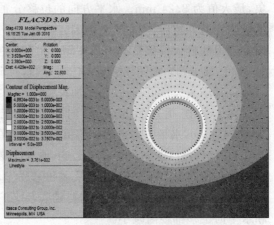
图 4-45　工况 1-2 总位移矢量分布图

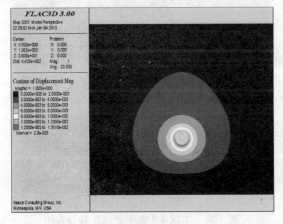
图 4-46　工况 2-1 总位移分布图

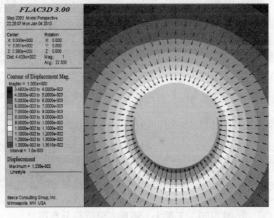
图 4-47　工况 2-1 总位移矢量分布图

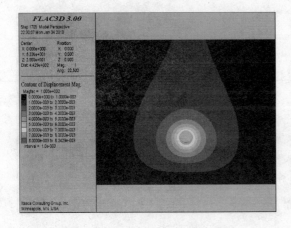
图 4-48　工况 2-2 总位移分布图

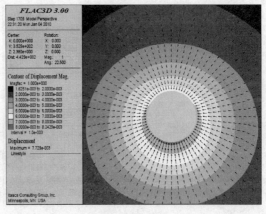
图 4-49　工况 2-2 总位移矢量分布图

由图 4-50、图 4-51 可知,在无支护加固措施情况下,隧道开挖扰动后竖直方向拱顶下沉位移量最大,达到了 97.41 mm,而在仰拱处位移值为正值,说明此处发生了轻微的围岩底鼓现象,最大值为 8.24 mm。水平方向的位移分布和竖直方向的位移分布同样是呈左右对称分布的。当隧道开挖后,左右侧壁的围岩均有一个向临空面卸荷回弹的位移,其中左侧壁和右侧壁向临空面的最大位移量都出现在侧壁中部,左侧壁最大位移量为 11.78 mm,右侧壁最大位移量为 11.76 mm。由图 4-52、图 4-53 可知,衬砌支护能有效地控制隧道围岩的运动,并使该处岩体位移场主矢量更加流畅,更加符合隧道开挖支护后形成的自组织轮廓对岩体稳定性的要求。隧道开挖扰动后竖直方向拱顶下沉位移量为 11.05 mm,仰拱处底鼓位移量为 13.41 mm,水平方向最大位移值不再发生在左右侧壁中部,而是发生于距隧道底角和拱肩 3 m 远的围岩处,这是由于隧道上、下顶点向隧道内挤入,而导致水平直径处围岩有向两侧扩张的趋势所造成的,左侧水平最大位移为 1.24 mm,左侧水平最大位移为 1.24 mm。由图 4-54～图 4-59 可知,在注浆和衬砌联合支护情况下,随着注浆加固圈半径的增大,洞周竖向和水平向位移都逐渐减小。

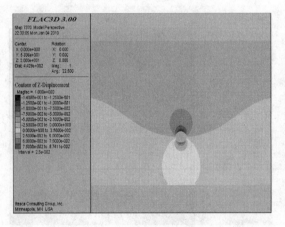

图 4-50 工况 1-1 竖直方向位移分布图

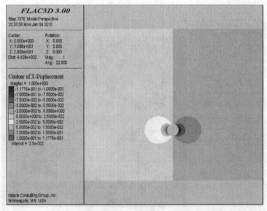

图 4-51 工况 1-1 水平方向位移分布图

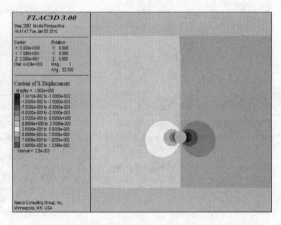

图 4-52 工况 2-1 竖直方向位移分布图　　图 4-53 工况 2-1 水平方向位移分布图

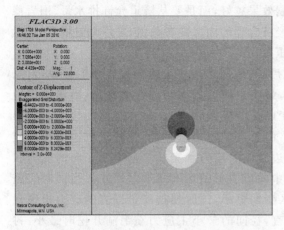

图 4-54 工况 2-2 竖直方向位移分布图

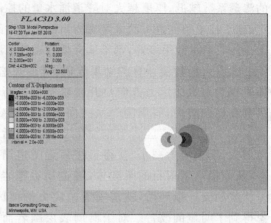

图 4-55 工况 2-2 水平方向位移分布图

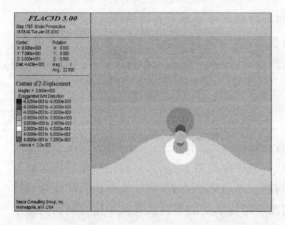

图 4-56 工况 2-5 竖直方向位移分布图

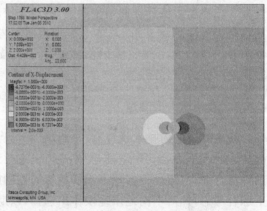

图 4-57 工况 2-5 水平方向位移分布图

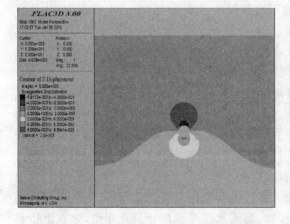

图 4-58 工况 2-8 竖直方向位移分布图

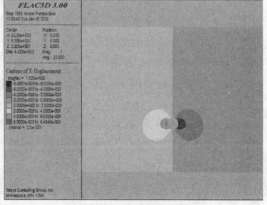

图 4-59 工况 2-8 水平方向位移分布图

(4) 结论

① 渗流场数值计算的结果表明：随着注浆圈渗透系数的降低和厚度的增加，隧道涌水量亦随之减小，注浆圈渗透系数对涌水量的影响相对于厚度对涌水量的影响要大，但并不是注浆圈

的渗透系数越低、厚度越大对隧道涌水量的控制效果越好,而是要从隧道允许排水量、围岩稳定、施工技术条件等方面来考虑得出一个相对经济合理的注浆圈参数值;采用全封堵型衬砌,无论注浆堵水效果多好,都不能降低衬砌外水压力。

②应力场数值计算的结果表明:隧道开挖后,隧道周边的应力方向发生了明显偏转,总体表现为最大主应力方向与开挖临空面平行,最小主应力方向与临空面垂直,沿隧道周边只存在切向应力,洞周围岩从三向应力状态变成二向应力状态,并且在隧道周边围岩中形成了一个应力低值区。当施加了支护措施后,由于支护阻力的存在,使隧道周边的径向应力增大,切向应力减小,使得直接靠近隧道周边岩体的应力状态从二向变为三向的受力状态,从而提高了岩石的承载力,隧道周边围岩中的应力低值区有了明显减小。当同时实施了注浆和支护措施后,隧道周边的应力低值区变的更小,同时使得隧道围岩的应力松弛现象得到了明显的改善。对于洞周表层围岩而言,径向的最小主应力在毛洞开挖时最小,衬砌支护时稍大,注浆+衬砌支护时最大,切向最大主应力相反,毛洞开挖时最大,衬砌支护时稍小,注浆+衬砌支护时最小。

③位移场数值计算的结果表明:隧道开挖后位移场基本是呈左右对称分布的,围岩将向开挖临空面发生回弹变形,总体上表现为向洞内收敛,拱顶围岩向下移动,拱底围岩向上鼓起。毛洞开挖情况下,围岩产生的位移最大,衬砌支护次之,注浆+衬砌支护最小,并且洞周位移随着注浆厚度的增加而减小。

4.6.2 胶州湾海底隧道

海底隧道的防排水设计有"全封堵"和"限量排导"两种防水方式。"全封堵"情况下衬砌承受较大的水压力,而"限量排导"方式可以有效地折减衬砌背后水压力,从而使衬砌结构设计更加经济合理,但需处理好地下水排放量的控制问题。采用哪种方式,应从结构受力和运营成本上综合考虑,针对不同地质地段作出选择,以期减小结构承受的水荷载和减少运营期间的排水费用。

根据国外的情况,采用全封堵方式的隧道,地下水位一般小于 30 m,从技术上可以将 60 m 作为临界值。青岛胶州湾海底隧道海底段的地下水和海水总水头在 50~78 m 左右,从选择地下水处治方式来看属于临界状态,从技术和经济的合理性出发,采用全封堵和排导两种方式都是有可能的。设计时根据隧址所处的地质及水压情况,隧道防水设计采用"全封堵"与"限量排导"相结合的防排水方案[74]。

本次数值模拟采用 FLAC 3D 软件对衬砌背后水压力进行分析,假定地表和各土层均成层、均质、水平分布,初始应力考虑土压力、水压力、水浮力的影响,地层材料采用摩尔-库仑屈服准则,计算采用大变形模式,地层和材料的应力应变均在弹塑性范围内变化。隧道全断面开挖,考虑隧道围岩、衬砌应力和相互耦合作用。计算建模时,对洞周及关键部位加密网格划分,衬砌采用实体单元模拟,计算时分别考虑二次衬砌完全不透水和允许透水两种情况,在后者中分别对不同的渗透系数和是否注浆进行了考虑。边界条件采用位移边界条件,上表面即地表为自由边界,其余各外表面均约束法线方向的位移,海水水位考虑历史最高水位,定在上边界以上 45 m 处。

由于 FLAC 3D 流固耦合计算非常耗时,模拟时纵向取单位长度,模型计算范围为 200 m×150 m×1 m(宽×高×长),模型包括 6748 个单元和 27580 个节点。计算模型网格划分如图 4-60 所示。

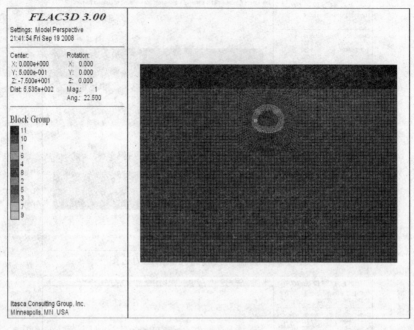

图 4-60 模型网格划分

4.6.2.1 计算中考虑的四种情况

(1)围岩渗透系数 2.0×10^{-7} m/s,注浆圈渗透系数 4.0×10^{-9} m/s,二次衬砌完全不透水,注浆。

(2)围岩渗透系数 2.0×10^{-7} m/s,衬砌渗透系数 2.0×10^{-9} m/s,二次衬砌透水,不注浆。

(3)围岩渗透系数 2.0×10^{-7} m/s,注浆圈渗透系数 4.0×10^{-9} m/s,衬砌渗透系数 2.0×10^{-9} m/s,二次衬砌透水,注浆。

(4)围岩渗透系数 2.0×10^{-7} m/s,注浆圈渗透系数 4.0×10^{-9} m/s,衬砌渗透系数 2.0×10^{-8} m/s,二次衬砌透水,注浆。

对这四种情况,分别考察隧道开挖后海水渗流 5 天时围岩和衬砌内的孔隙压力分布情况,并对隧道拱顶、拱腰和拱底的孔隙压力进行监测,以反映其孔隙压力变化过程。

情况(1)

这种情况下,隧道开挖后海水渗流 5 天时的围岩孔隙压力分布云图如图 4-61 所示,衬砌孔隙压力分布云图如图 4-62 所示,隧道拱顶、拱腰、拱底孔隙压力随渗流时间的分布图如图 4-63 所示。

从前面的分析可知,隧道开挖后,若衬砌"完全"不透水,将在地层内部形成一个不透水的界面,根据水力学静水压力传递原理可知,在这种情况下衬砌将承受同初始静水压力相同的作用力。从数值模拟的结果来看,也得出了相同的结论。从图 4-62、图 4-63 可以看出,衬砌背后最大外水压力为 0.920 MPa,等于初始静水压力,隧道拱底的水压力最大为 0.920 MPa,拱顶处水压力最小为 0.800 MPa,拱腰处水压力为 0.907 MPa,与静水压力分布相同,可见在全封堵情况下,地下水静水压力并不因为岩土介质的渗透性有所降低(除非降低到完全不透水)而改变其传递规律。从图 4-63 可知,渗流大约在 1 天半后趋于稳定。

这种情况下的衬砌背后水压力分布说明:即使对地层实施注浆,降低了围岩的透水性,但并不能在围岩中形成一个所谓的"承载环"来分担作用于隧道衬砌上的水压力。有可能在隧道

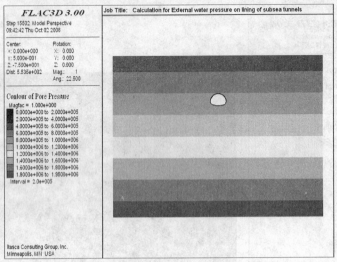

图 4-61 渗流 5 天时的孔隙水压力云图

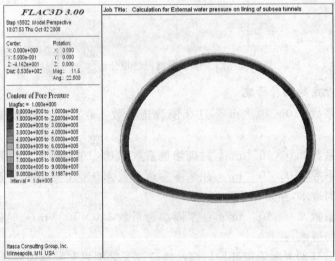

图 4-62 渗流 5 天时的二衬孔隙水压力云图

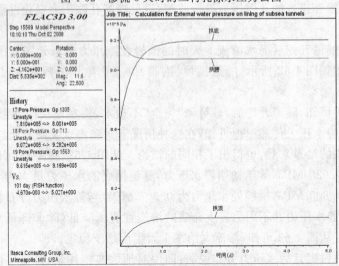

图 4-63 拱顶、拱腰、拱底孔隙水压力随渗流时间曲线

开挖后,围岩表面只有少量的水渗出,而一旦做成全封堵衬砌,衬砌背后水压力依然会逐渐增大,达到同初始地下水位相应的程度。

情况(2)

在隧道开挖后海水渗流 5 天时的围岩孔隙压力分布云图如图 4-64 所示,衬砌孔隙压力分布云图如图 4-65 所示,隧道拱顶、拱腰、拱底孔隙压力随渗流时间的分布图如图 4-66 所示。

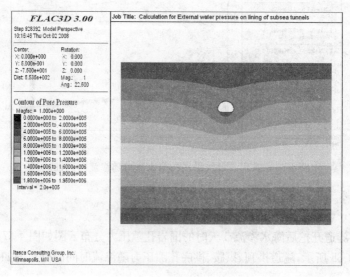

图 4-64　渗流 5 天时的孔隙水压力云图

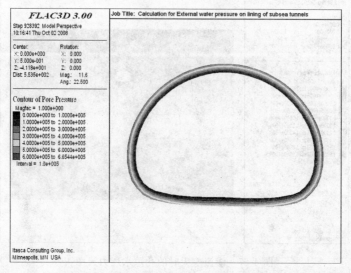

图 4-65　渗流 5 天时的二衬孔隙水压力云图

从图 4-64 和图 4-65 可以看出,渗流 5 天后,拱顶处水压力为 0.629 MPa,拱腰处水压力为 0.626 MPa,该值与拱顶处水压力相差不大,而拱底处的孔隙水压力不稳定,呈波动状态变化,拱底处水压力为 0.478 MPa,涌水量为 0.69 m³/d·m。

对于二衬部分透水即允许排水的隧道二次衬砌而言,若不对地层实施注浆加固措施,且二衬的透水性与围岩的渗透性相差较大时,隧道在开挖后应力重分布过程中,隧道周围大面积地发生了剪切、拉伸破坏,拱底上鼓很严重,其位移达到 64 cm,模型网格发生了较大变形,可以

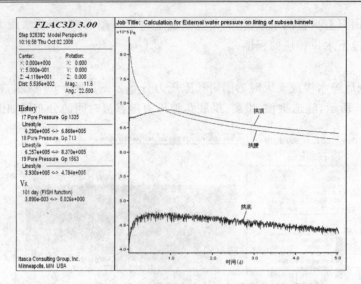

图 4-66 拱顶、拱腰、拱底孔隙水压力随渗流时间曲线

判断衬砌已经破坏。

情况(3)

这种情况下,隧道开挖后海水渗流 5 天时的围岩孔隙压力分布云图如图 4-67 所示,衬砌孔隙压力分布云图如图 4-68 所示,隧道拱顶、拱腰、拱底孔隙压力随渗流时间的分布图如 4-69 所示。

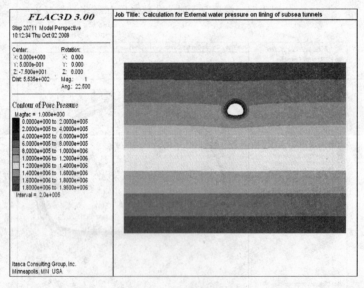

图 4-67 渗流 5 天时的孔隙水压力云图

从图 4-67 和图 4-68 可以看出,衬砌背后水压力明显降低,最大孔隙水压力出现在拱腰位置,拱腰处水压力最大为 0.28 MPa,拱顶处水压力最小为 0.20 MPa,拱底处水压力为 0.22 MPa,涌水量为 0.27 m³/(d·m)。从图 4-69 可知,渗流大约在 2 天后趋于稳定。

与情况(2)相比,二衬背后水压力和涌水量均减小,说明隧道实施注浆后不仅能够有效地减小衬砌背后水压力,而且可以减小隧道涌水量,控制排水量。

情况(4)

这种情况下,隧道开挖后海水渗流 5 天时的围岩孔隙压力分布云图如图 4-70 所示,衬砌

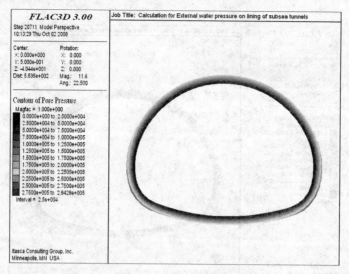

图 4-68　渗流 5 天时的二衬孔隙水压力云图

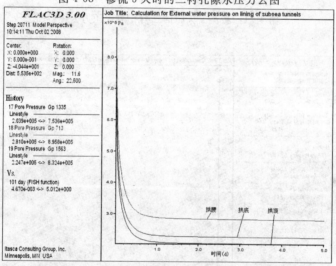

图 4-69　拱顶、拱腰、拱底孔隙水压力随渗流时间曲线

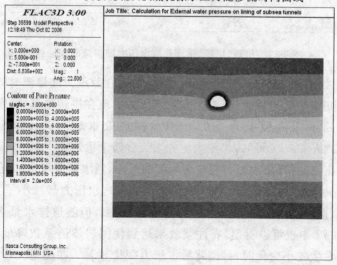

图 4-70　渗流 5 天时的孔隙水压力云图

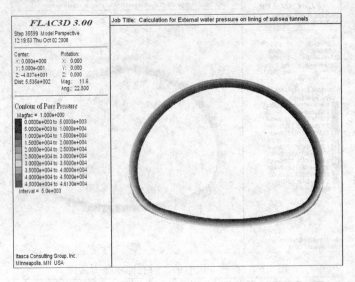

图 4-71 渗流 5 天时的二衬孔隙水压力云图

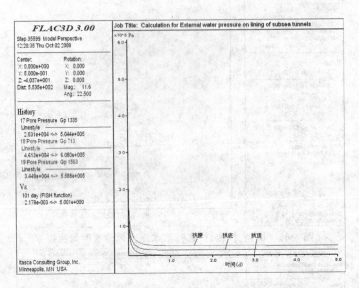

图 4-72 拱顶、拱腰、拱底孔隙水压力随渗流时间曲线

孔隙压力分布云图如图 4-71 所示,隧道拱顶、拱腰、拱底孔隙压力随渗流时间的分布如图 4-72 所示。从图 4-71 和图 4-72 可以看出,最大孔隙水压力出现在拱腰位置,拱腰处水压力最大为 0.046 MPa,拱顶处水压力最小为 0.020 MPa,拱底处水压力为 0.035 MPa,涌水量为 0.35 m³/(d·m)。从图 4-72 可知,渗流大约在半天后趋于稳定。

与情况(3)相比,二衬背后水压力有较大幅度的减小,涌水量有所增加,但二者的变化幅度相差很大,涌水量只增加了 0.08 m³/(d·m)(增大 30%),水压力却减小了 80% 左右,说明适当地增大隧道排水量,可以显著地减小衬砌背后的水压力,但隧道排水量必须在可控制范围内。这一点从图 4-72 中也可以看出,在注浆效果达到使围岩渗透系数降低到原来的 1/30 以上时,隧道排水量发生较小变化时,衬砌背后水压力变化显著。在隧道允许的排水量范围内,增大排水量和减小衬砌水压力两者之间,存在一个最合理的排水量。

4.6.2.2 结 论

二次衬砌完全不透水,水压不可折减;围岩渗透系数 2.0×10^{-7} m/s,衬砌渗透系数 2.0×10^{-9} m/s,二次衬砌透水,不注浆,计算折减系数为 0.72;围岩渗透系数 2.0×10^{-7} m/s,注浆圈渗透系数 4.0×10^{-9} m/s,衬砌渗透系数 2.0×10^{-9} m/s,二次衬砌透水,注浆,计算折减系数为 0.27;围岩渗透系数 2.0×10^{-7} m/s,注浆圈渗透系数 4.0×10^{-9} m/s,衬砌渗透系数 2.0×10^{-8} m/s,二次衬砌透水,注浆,计算折减系数为 0.05。围岩渗透系数越高,围岩透水性越好,这样作用在衬砌结构上的孔隙水压力也越大,涌水量也就越大。注浆可以在一定程度上起到减小围岩渗透系数的目的,从而可以达到降低作用在二衬结构上的孔隙水压力,减小涌水量的目的,在相同的条件下衬砌排水越多,其背后水压力越小。考虑上述因素,对于Ⅱ、Ⅲ级围岩,水压计算采用 0.6 的折减系数。

需要说明的是:以上分析是在假定隧道衬砌均匀渗水的情况下进行的,实际上隧道衬砌一般为防水混凝土,隧道排水是通过在衬砌背后设置排导系统实现的,当隧道加设排水孔时,为了实现数值模拟的方便和利用上述公式说明问题,可将排水孔流量均匀分布到隧道衬砌上去,因此上述分析对隧道渗漏水定性分析具有广泛的适用性。实际设计时衬砌结构主要由注浆加固圈、衬砌背后的排水系统和衬砌三部分组成,注浆加固圈起限制排水量和保证施工期间隧道稳定作用,排水系统是尽量将通过注浆圈的渗透水排出,这样就将作用在衬砌结构上的水压力减少到可以承受的水平。

4.7 本章小结

采用有限差分软件 FLAC 3D,在考虑流固耦合的情况下,对海底隧道和山岭隧道的渗流场、应力场和位移场进行了数值模拟分析,得出解析解与数值解基本相吻合的结论,证明解析解的正确性,并详细分析了注浆圈厚度、渗透系数及隧道排水方式对围岩渗流场、应力场、位移场、破坏区的影响。

第5章 实际隧道的数值模拟

5.1 青岛胶州湾海底隧道施工数值模拟

5.1.1 工程概况

1. 工程设计简介

青岛胶州湾隧道工程是连接青岛市主城与辅城的重要通道,南接薛家岛,北连团岛,下穿胶州湾湾口海域。胶州湾隧道为城市快速道路隧道,设两条三车道主隧道和一条服务隧道,主隧道中轴线间距 55 m,隧道断面为椭圆形断面,内净空高 10.391 m,宽 14.426 m,设计车速 80 km/h。隧道纵断面呈 V 形,最大纵坡 3.5%,右线路面最低点高程 −83.28 m,左线为 −83.15 m,海域段主隧道埋深一般为 25~35 m,采用矿山法施工,衬砌采用复合式衬砌。设计里程右线隧道 YK2+730~YK8+900,左线隧道 ZK2+755~ZK8+893.3,黄岛端接线(右线) K8+900~K9+850,服务隧道 FK0+200~FK6+150。该隧道的建设可以从根本上解决"青黄不接",加速发展新区经济,实现新、老港区的优势互补和整体效益的提高,是实现青岛市发展成为现代化国际大城市的有力支撑和重大工程措施。

2. 地形地貌

胶州湾是山东半岛东南沿海的一个深入内陆的半封闭海湾,东西宽 27.8 km,南北长 33.3 km,岸线长 210 km,平均水深 7 m 左右,最大水深 65 m。湾口朝向东南,通过一条宽约 3 km、深 30~40 m 的深水槽与黄海相通。

隧址区地貌上可分为湾口海床及两岸滨海低山丘陵区。

隧道轴线处海面宽约 3.5 km,最大水深约 42 m,最深处靠近水域中央,在中部形成宽阔的海底面,为主要通航区,向两侧分别成两个较陡的斜坡,斜坡间发育宽窄不一的缓坡平台,潮间带多为礁石。

团岛岸为滨海缓丘地貌,经人工改造,地形较平坦,地面高程多在 5~10 m 间,地面建筑物众多。

薛家岛岸为低山丘陵地貌,隧道通过处地面高程多在 5~40 m 之间,地面起伏不平,并有较多采石陡坎,局部发育冲沟,ZK8+105~K8+555 段为村庄,地表民房密集。

3. 地质构造

隧址区地质构造以中、新生代脆性断裂构造最为醒目,韧性断裂及褶皱不甚发育。区域地质图显示,区域性的朝连岛断裂从湾口通过,与隧线呈大角度相交,另外,隧址还夹于北东向仓口断裂和劈石口断裂之间,隧址处必定存在上述区域性断裂的组成部分或次级断裂。地勘报告显示隧址区海域有两条北东向断裂(辛岛断裂、李沧区政府—汇泉角断裂)及两条北西向断裂(团岛南断裂、薛家岛北断裂)与隧道相交,前两条断裂可视为劈石口断裂带的组成部分,而后两条北西向断裂可能为朝连岛南断裂带的组成部分。

辛岛断裂:从辛岛西北侧向北东方向延伸,跨过团岛南断裂被右旋错断 300 m 后从团岛附近延至陆地。推测该断裂是海域燕山晚期花岗岩和白垩系青山群组的分界线。根据陆地研究资料,该断裂为前四纪断裂。

李沧区政府—汇泉角断裂:呈北东向延伸,倾向北西,北段在汇泉角附近登陆,南段在黄岛前湾登陆,在海域为崂山花岗岩与青山群的分界线。该断裂在陆地与海域均无断错地貌表现,在海域内被北西向团岛南断裂切割并右旋错移800 m,后者为早中更新世断裂,据此推断李沧区政府断裂为前第四纪断裂。

团岛南断裂:又称F3断裂(国家海洋局第一海洋研究所,2004),断裂在磁力异常平面上表现为北西向分布串珠状正高异常带,地震剖面结合磁力剖面揭示,断裂带近直立,沿断裂破碎带,宽度数百米不等。从磁力异常平面图上分析,断裂自湾口外侧进入胶州湾,先后切割了李沧区政府—汇泉角断裂、辛岛断裂,将两断裂左旋错位,之后被沧口断裂切割并左旋位错500 m左右。根据地震剖面上沉积层未受到错动,初步判断该断裂在第四纪晚期没有明显活动迹象。根据该断裂与沧口断裂之间的交切关系可以推测其形成时间要比沧口断裂早,推断团岛南断裂为早中更新世断裂,未见晚更新世以来活动迹象。

薛家岛北断裂:呈北西向延伸,倾向北东。在地震和磁力剖面上可以看出,沿该断裂有岩脉侵入。根据其与北东向辛岛断裂、李沧区政府—汇泉角断裂的延伸情况,可以初步判断该断裂不具平移性质,其北端被沧口断裂截断,推断其为早中更新世断裂,晚更新世以来没有活动。

4. 工程地质及水文地质条件

(1)工程地质情况

据《青岛胶州湾海底隧道沿线火山岩研究报告》叙述,隧址区岩石形成序次为:火山爆发及喷溢相岩类(如含火山角砾凝灰岩、流纹岩、安山岩、粗安岩等)→次火山岩类(如流纹斑岩、粗安斑岩、英安玢岩等)→中深成相侵入岩(如花岗岩)→脉岩(如正长斑岩、花岗斑岩、石英正长岩、辉绿岩等)→动力变质岩(如构造角砾岩、碎裂岩等)。次火山岩、中深成相侵入岩、脉岩与火山爆发及喷溢相岩体多为侵入接触,极少数界面为断层接触。

隧址区第四系覆盖层不甚发育,最厚处不足10 m,许多部位基岩裸露,基岩主要为下白垩纪青山群火山岩及燕山晚期崂山超单元侵入岩。根据岩土体成因和工程特性,将隧址区勘探揭示的地层分为33个工程地质亚层进行描述。

根据《青岛胶州湾海底隧道工程地质报告》叙述,隧址处岩土层工程特性见表5-1。

表 5-1 岩土体工程特性一览表

地层编号	岩土名称	主要工程特性
①	杂填土	工程特性差异大,不宜作为重要建筑物的地基
②₁	淤泥	流动状态,基本无强度
②₂	亚黏土	压缩性高,强度低,灵敏度高,渗透性极微弱,易产生触变
②₃	中、粗砂	压缩性中等偏低,承载力一般,渗透性强,易发生渗透变形破坏
②₄	砾砂、角砾土	压缩性中等,承载力一般,渗透性强,易发生管涌型渗透变形破坏
②₅	碎石土	压缩性低,承载力一般,渗透性强,不易发生渗透变形破坏
③	亚黏土	压缩性中等,承载力较低,结构灵敏度高,渗透弱,易发生流土型渗透破坏
④	基岩全风化带	压缩性中等偏低,承载力低,结构不灵敏,渗透性弱,易发生流土型渗透破坏
⑤	基岩强风化带	压缩性低,承载力较高,易软化,渗透性弱~中等,可发生流土型渗透破坏
⑥	基岩弱风化带	压缩性可忽略不计,承载力高,渗透性中等,岩体强度受风化裂隙控制,对水的作用较敏感

续上表

地层编号	岩土名称	主要工程特性
⑦₁	断裂破碎带	压缩性可忽略不计,承载力高,渗透性弱~中等,岩体强度受软弱夹层控制,对水的作用较敏感
⑦₂	微风化破碎岩	以弹性变形为主,承载力高,渗透性弱~中等,岩体强度主要受结构面控制,对水的作用不甚敏感
⑦₃	微风化碎裂岩	以弹性变形为主,承载力高,渗透性弱~微弱,岩体强度主要受结构面控制,对水的作用不甚敏感
⑦₄~⑦₂₃	基岩微风化带	以弹性变形为主,承载力很高,渗透性中等~极微弱岩体强度主要受结构面控制,对水的作用不甚敏感

(2) 水文地质情况

根据地下水补给贮藏条件及水化学类型等特征,可将场区水文地质单元划分为低山丘陵基岩裂隙水分布区、低山丘陵松散岩类孔隙水分布区、滨海基岩裂隙水分布区、滨海松散岩类孔隙水分布区和海域基岩裂隙水分布区。

两岸高程约 5 m 以上基岩出露区为低山丘陵基岩裂隙水分布区,薛家岛岸低山丘陵坡麓和沟谷洼地残坡积区为低山丘陵松散岩类孔隙水分布区,滨海地带海蚀洼地沉积层或人工填土属滨海松散岩类孔隙水分布区,滨海地带低于高潮位的基岩分布带为滨海基岩裂隙水分布区,被海水淹没地带为海域基岩裂隙水分布区。

总体来看,基岩弱风化带多为中等透水性、少数弱透水性,微风化破碎岩体和断裂带大部为弱透水性、部分为中等渗透性,绝大多数微风化岩体为微~弱透水性,局部为中等渗透性。

5. 设计采用的施工方法

本隧道采用新奥法施工,根据隧道围岩级别不同,采用的施工方法主要有台阶法、CD 法、双侧壁导坑法等。其中,台阶法适用于 Ⅳ、Ⅴ 级围岩段,无仰拱断面;CD 法适用于陆域 Ⅴ 级围岩一般段;双侧壁导坑法适用于 Ⅴ 级围岩过房屋段和洞口段以及过海域 Ⅴ 级透水性断层破碎带断面。超前支护主要方法为:超前锚杆、超前小管棚、超前帷幕预注浆等。

5.1.2 隧道开挖基本模拟思路及方法

隧道开挖破坏了岩体内原有的应力平衡,引起围岩内应力重分布,形成所谓的"二次应力场"。隧道的开挖导致围岩应力场及位移场的变化,一般都是通过卸荷过程来实现的。对于卸荷过程的模拟,通常有两种不同的处理方法:一种是在已知边界初始应力作用下,沿预定开挖线进行的"开挖卸荷模拟法";另一种是在确定开挖空间几何形状后的"外边界加载法"。从应力路径来看,隧道的开挖过程中应力场的演化是卸荷过程的产物,而不是加载所形成的。因此严格地讲,对于隧道开挖问题的模拟应采用"开挖卸荷模拟方法",只有在进行线弹性分析或不考虑岩体的弹塑性变形时,两者才能取得相同的应力计算结果。但"外边界加载法"所得的位移实际是初始应力场和开挖边界形态影响的综合结果,而不具有明显的实际意义,而"开挖卸荷模拟法"的位移场则真实地反映了开挖所引起的位移变化,是工程需要了解的部分。所以应该采用卸荷的方法进行地下结构的应力应变场分析。

正确模拟开挖卸载过程是地下工程数值模拟的一个重要课题。开挖卸荷之前,沿开挖边界上的各点都处于一定的初始应力状态,如图 5-1 所示,开挖使这些边界的应力解除(卸荷),

从而引起围岩变形和应力场的变化。对于这一过程的模拟通常有两种方法：邓肯(J. M. Duncan)等人提出的"反转应力释放法"和"地应力自动释放法"。

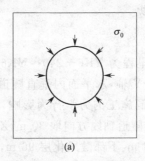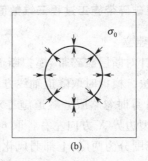

图 5-1　开挖卸荷模型

"反转应力释放法"是把沿开挖边界上的初始地应力反向后转换成等价的"释放荷载"，施加于开挖边界，在不考虑初始地应力的情况下进行有限元分析，将由此得到的围岩位移作为由于工程开挖卸荷产生的岩体位移，由此得到的应力场与初始应力场叠加即为开挖后的应力场，其方法如图 5-2 所示。对一般的隧道工程，"反转应力释放法"可以方便地模拟施工过程，对每一步开挖，只需在计算开挖边界释放荷载的同时，把这一步被挖出部分的单元改变为"空单元"，即令其弹性模量 $E \rightarrow 0$ 即可。此种方法的不足之处在于：应力反转时释放荷载的计算困难，对于大型地下工程如连拱隧道、地铁车站等，使得施工工序繁杂。另外，进行弹塑性分析时，由于应力场需要叠加，对围岩屈服的判断需作特殊的处理，增加了分析的复杂度，降低了分析的准确性。

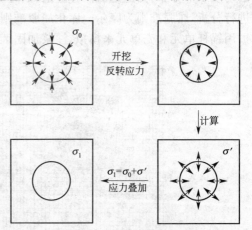

图 5-2　反转应力释放法

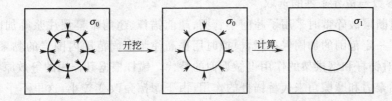

图 5-3　地应力自动释放法

"地应力自动释放法"则是认为洞室的开挖打破了开挖边界上各点的初始应力平衡状态，开挖边界上的节点受力不平衡，为获得新的受力平衡，围岩就要产生新的变形，引起应力的重新分布，从而直接得到开挖后围岩的应力场和位移场，其方法如图 5-3 所示。分部开挖时，对于每一步开挖，将这一步被挖出部分的单元变为"空单元"，即在开挖边界产生了新的力学边界条件，然后直接进行计算就可得到此工况开挖后的结果，接着可用同样的方法进行下一步的开挖分析。"地应力自动释放法"更符合隧道开挖后围岩应力重分布的真实过程，反映了开挖后围岩卸载的机理，可以实现连续开挖分析。它不需要人为计算释放荷载，不需进行应力叠加，对于弹塑性分析计算只需建立弹塑性模型,其余计算过程同线弹性,不需作任何特殊处理就可实现连续开挖。

5.1.3 隧道过断层破碎带施工过程三维数值模拟

1. 三维模型的建立

本次模拟主要针对断层破碎带,模拟断面的里程为 YK6+240～YK6+270,模拟的施工方法为双侧壁导坑法。模拟时取隧道轴线方向为 Y 轴,水平面内垂直隧道轴线方向为 X 轴,铅直向上为 Z 轴,计算时忽略服务隧道施工对主洞施工的力学行为影响,模型只取一个主洞作为计算对象。模型边界 X 方向左右各取 60 m,隧道轴线方向取 30 m,Z 方向取 110 m。根据地质资料,模拟范围分为两层,上部弱风化层 14 m,下部微风化层 96 m,隧道处于微风化层中,覆盖层厚 35 m,隧道周围采用超前帷幕预注浆支护 5 m,计算模型如图 5-4 所示。模型左、右边界为水平约束,下边界为垂直约束,上边界为自由地表。施工模拟时假定地表和岩层均成层均质水平分布,因隧道为浅埋隧道,故计算时仅考虑自重应力场。计算采用弹塑性本构模型进行分析,屈服准则为摩尔—库化屈服准则,围岩和二衬采用八节点六面体单元模拟,初期支护用锚杆单元和壳单元来模拟,注浆加固区采用提高开挖区围岩强度参数的方法模拟。

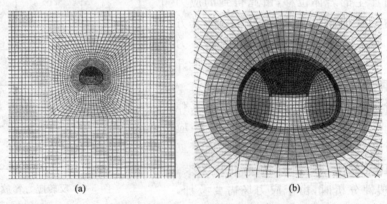

图 5-4 双侧壁导坑法模型

2. 计算参数与边界条件的选取

隧道在过断层破碎带时采用了超前小管棚、超前锚杆、超前帷幕预注浆等加固措施,在隧道周围形成了一定范围的加固保护区,模拟时用提高注浆加固范围内围岩的黏聚力和摩擦角来等效代替,对锚杆和钢拱架的作用也做近似的替代。锚杆根据其作用的等效原则来考虑,即提高围岩的黏聚力和摩擦角来代替锚杆的作用,由于摩擦角改变较小,这里不予考虑,而锚固围岩体的黏聚力可由经验公式(5-1)给出[49]。钢拱架的作用也采用等效方法予以考虑,即将钢拱架弹性模量折算到喷射混凝土,计算方法见式(5-2)[50]。

$$C = C_0 \left(1 + \frac{\eta}{9.8} \frac{\tau S_m}{ab} \times 10^4 \right) \tag{5-1}$$

式中 C_0——未加锚杆时围岩的黏聚力(MPa);
C——加锚杆时围岩的黏聚力(MPa);
τ——锚杆最大抗剪应力(MPa);
S_m——锚杆的截面积(m^2);

a、b——锚杆的纵横向间距(m);

η——经验系数,可取 2~5。

$$E = E_0 + \frac{S_g \times E_g}{S_c} \tag{5-2}$$

式中　E——折算后混凝土弹性模量;

　　　E_0——原混凝土弹性模量;

　　　S_g——钢拱架截面积;

　　　E_g——钢材弹性模量;

　　　S_c——混凝土截面积。

考虑锚杆对围岩参数的提高和钢拱架对喷射混凝土的影响后,根据岩石力学参数手册及《青岛胶州湾湾口海底隧道工程地质详勘工程地质报告》选取适当的围岩及初期支护物理力学参数,如表 5-2、表 5-3 所示。

表 5-2　地层围岩物理力学参数

岩性	弹性模量(GPa)	泊松比	黏聚力(MPa)	摩擦角(°)	密度(kg/m³)
弱风化层	7.2	0.312	0.72	24	2 000
微风化层	10.1	0.28	1.05	24	2 200
注浆加固区	12.0	0.3	1.2	30	2 500

表 5-3　锚杆及喷射混凝土物理力学参数

锚杆	弹性模量 E (Pa)	单位长度水泥浆黏结力(Pa)	单位长度水泥浆刚度(Pa)	水泥浆外圈周长(m)	锚杆横截面积(m²)	张力屈服值(N)
	45e9	2e6	1.75e7	1.0	4.91e-4	2.5e6
喷射混凝土	杨氏模量 E(Pa)	μ	厚度(m)	密度(kg/m³)		
	3.2e10	0.2	0.3	2200		

3. 双侧壁导坑法施工过程围岩及支护受力变形分析

(1) 双侧壁导坑法开挖、模拟方法

双侧壁导坑法主要施工步骤如图 5-5 所示:Ⅰ—超前地质预报,围岩注浆加固;2—开挖两侧上导坑;Ⅲ—施作两侧上导坑初期支护、临时支护;4—开挖两侧下导坑;Ⅴ—施作两侧下导坑初期支护、临时支护;6—开挖中间上部核心土;Ⅶ—施作中上部初期支护;8—开挖中心下台阶;Ⅸ—施作中心底部的初期支护;Ⅹ—拆除临时支护,铺设防水层;Ⅺ—模筑二衬混凝土、施作内部结构和路面。

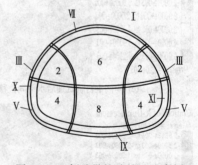

图 5-5　双侧壁导坑法施工工序图

双侧壁导坑法的模拟开挖、支护顺序为:开挖两侧上导坑,每次开挖循环进尺为 3 m,施作初期支护和临时壁墙支撑;两侧上导坑开挖 12 m 后,开挖两侧下导坑,每次开挖循环进尺为 3 m,施作初期支护和临时壁墙支撑,上、下导坑开挖面相距 9 m;两侧下导坑开挖 12 m 后,开挖中部上台阶,每次开挖循环进尺 3 m,施作拱顶初期支护;上台阶开挖 12 m 后,开挖下台阶,每次开挖循环进尺 3 m,施作仰拱初期支护;各部不同时开挖;围岩变形稳定后拆除临时支撑,施作二次混凝土衬砌。

(2) 位移场分析

① 围岩位移场变化过程

隧道开挖后,洞周位移的变化最能直接反映围岩的稳定性。双侧壁导坑法开挖时主要施工工序的围岩位移场变化过程如图 5-6 所示。两侧上导坑贯通后,隧道洞壁水平方向位移都

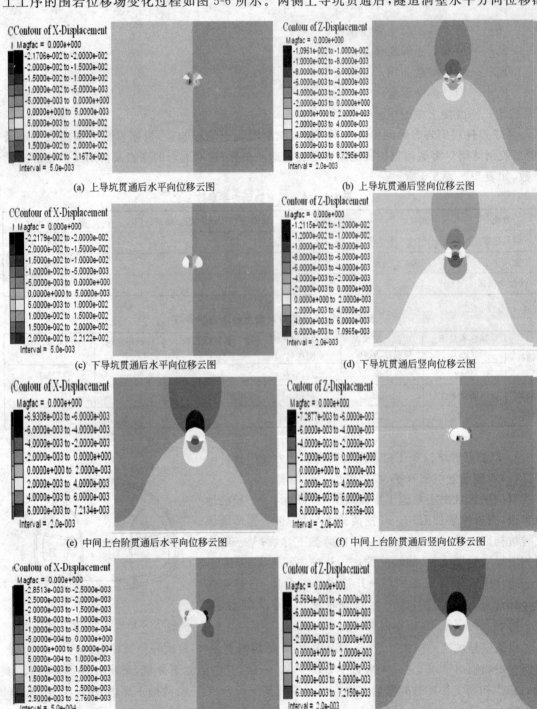

图 5-6 隧道开挖围岩位移场变化过程

不大,各处均在 0.3 cm 以内,水平方向最大位移出现在尚未开挖的中间上、下台阶临空面处,其中以刚开挖过的上台阶临空面处为最大,其值约为 2.20 cm,其他临空面处都在 2.0 cm 左右;由于拱顶受到的约束较大,最大竖向位移并没有出现在隧道拱顶处,而是出现在尚未开挖的中间上台阶临空面和两侧下导坑上临空面处,其中上台阶临空面最大竖向位移约为 −1.10 cm,两侧下导坑上临空面最大竖向约为 1.95 cm,拱顶最大竖向位移约为 −0.6 cm。两侧下导坑贯通后,水平位移分布形式与上导坑贯通后相似,隧道洞壁水平方向位移各处均在 0.4 cm 以内,水平方向最大位移出现在中间上、下台阶临空面处,后开挖处的位移略大于先开挖处的位移,上台阶位移略大于下台阶位移,最大水平位移约为 2.22 cm。竖向最大位移出现在中间上台阶临空面和已开挖的中间下台阶上临空面,其中上台阶临空面竖向位移离开挖面越远越大,最大约为 −1.21 cm,中间下台阶上临空面的最大竖向位移约为 1.34 cm,拱顶最大竖向位移约为 −0.64 cm,拱底向上隆起的最大位移约为 0.7 cm。中间上台阶贯通后,水平方向最大位移出现在尚未开挖的中间下台阶两侧临空面处,分布比较均匀,在 1.85 cm 左右,由于这个阶段已经施作了二衬,对隧道洞口段位移起到了约束作用,所以最前开挖的洞口段水平位移最小,约为 0.28 cm,洞壁水平位移沿开挖轴线方向逐渐增大,最大处在另一侧洞口段,其值约为 0.38 cm。竖向最大位移出现在中间下台阶上临空面处,约为 1.34 cm,受到二衬的影响,拱顶竖向位移沿隧道开挖轴线方向逐渐增大,最大值约为 −0.73 cm,拱底竖向位移受到二衬和未开挖的中间下台阶的影响,在洞口段最大,约为 0.72 cm。全断面贯通施做二衬完成后,水平向最大位移出现在隧道左右两侧边墙位置,基本上按隧道截面水平向形心轴对称分布,沿隧道开挖方向逐渐增大,最大值约为 0.4 cm。竖向最大位移出现在拱顶和拱底位置,基本上按隧道截面竖向形心轴对称分布,沿隧道开挖方向逐渐增大,最大值约为 0.4 cm。从以上分析可以看出,隧道洞壁各处最大位移随施工的进行缓慢增大,但增幅均不大。

②隧道断面关键点位移分析

模拟中对隧道轴线方向 $y=0$ m 和 $y=15$ m 断面的关键点(拱顶、两侧拱腰、拱底、地表)进行了监测,各关键点位移随施工步的关系如图 5-7、图 5-8 所示。

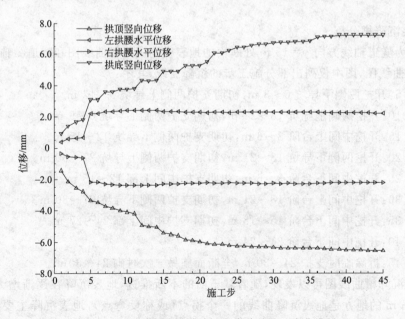

图 5-7 $y=0$ m 断面隧道关键点位移随施工步曲线图

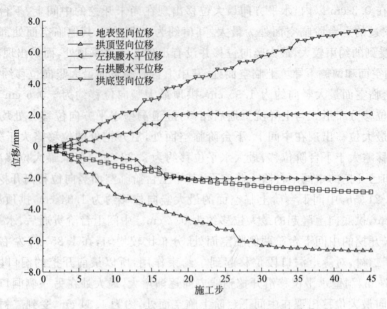

图 5-8　$y=15$ m 断面隧道关键点位移随施工步曲线图

从图 5-7、图 5-8 可以看出,洞周竖向位移远大于水平位移,拱底竖向位移略大于拱顶竖向位移。拱顶和拱底的竖向位移受施工步的影响较大,随着掌子面的推进,拱顶和拱底的竖向位移不断增大,拱顶竖向位移在上导坑和中间上台阶经过监测断面附近时会迅速增大,拱底竖向位移在下导坑和中间下台阶经过监测断面附近时会迅速增大,当掌子面向前推进超过监测断面一定距离时,竖向位移已基本不再增长。地表竖向位移和边墙水平位移受施工步的影响相对较小,边墙水平位移只有在两侧导坑经过监测断面时迅速增大,一旦掌子面推进超过监测断面,位移就基本不会增长,其后随着掌子面的推进,位移会略有减小,但减小幅度不大。地表竖向位移随掌子面的推进缓慢增大,当掌子面向前推进超过监测断面一定距离时,位移基本上不会再增长。

③ 地表沉降槽分析

图 5-9 为隧道轴线方向 $y=15$ m 处断面的地表横向沉降槽曲线图和隧道纵轴线方向上的纵向沉降槽曲线图,图中仅列出部分施工步的沉降曲线,其中:

施工步 5:开挖两侧下导坑 0~3 m,初期支护两侧上导坑 9~12 m。

施工步 10:开挖两侧上导坑 18~21 m,初期支护两侧下导坑 6~9 m。

施工步 15:开挖中间上台阶 3~6 m,初期支护两侧下导坑 12~15 m。

施工步 20:开挖两侧下导坑 18~21 m,初期支护两侧上导坑 27~30 m。

施工步 25:开挖中间下台阶 3~6 m,初期支护中间上部 12~15 m。

施工步 30:开挖中间上台阶 18~21 m,初期支护两侧下导坑 27~30 m。

施工步 35:开挖中间下台阶 15~18 m,初期支护中间上部 24~27 m。

施工步 40:开挖中间下台阶 21~24 m。

施工步 45:拆除临时支护 24~30 m,全断面施做二次衬砌 24~30 m。

从横向沉降槽曲线图可以发现,随着掌子面的不断推进,地表沉降在逐渐增大,在距离隧道纵轴线 35 m 的地方是地表沉降曲线的一个拐点(或称反弯点),地表沉降主要集中在两侧拐点之间的范围内,约为隧道跨度的 4.4 倍,纵轴线两侧拐点之间的地表沉降受施工步的影响较大,尤其是受本断面隧道的开挖影响最大,在本断面隧道开挖之后,地表沉降并未稳定,随着隧道继续开挖,沉降仍有小幅增长。从纵向沉降槽曲线图可以发现,在隧道开挖过程中,各点沉降值受前期施工步的影响较大,先开挖断面的地表沉降大于后开挖断面的沉降,但最终纵轴线上各点的沉降稳定在同一个值上。

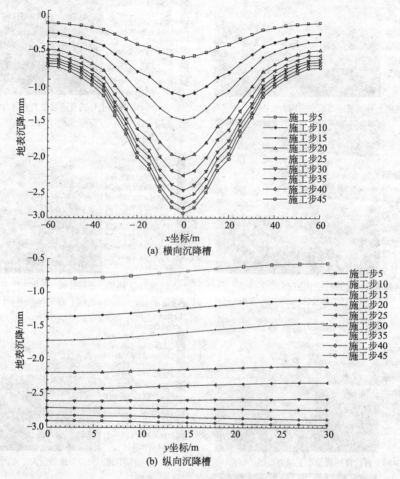

图 5-9 地表沉降槽曲线

(3) 应力场分析

① 初始应力场

初始地应力在垂直方向上按围岩自重考虑,水平应力结合地质勘察报告按垂直地应力的 0.8 倍选取,模型施加静水压力来模拟海水作用,海水深度按最高潮位取为 40 m,围岩自重和海水荷载是主要计算荷载。

② 围岩应力场变化过程

双侧壁导坑法开始时主要工序的围岩第一、第三主应力场变换过程如图 5-10 所示。两侧上导坑贯通后,在初期支护与隧道侧壁交界处和隧道边墙下部发生了较大的压应力集中,最大压应力约为 2.32 MPa;在中间上、下台阶开挖面的前临空面区域出现了一定的拉应力集中,最大拉应力约为 0.29 MPa。两侧下导坑贯通后,隧道周围压应力集中的区域没有发生变化,最大压应力有所增大,约为 2.39 MPa,但拉应力区域在明显减小,只有在中间上台阶前临空面小部分区域和各开挖部分的边界棱角处一定区域出现了拉应力,最大拉应力约为 0.20 MPa。中

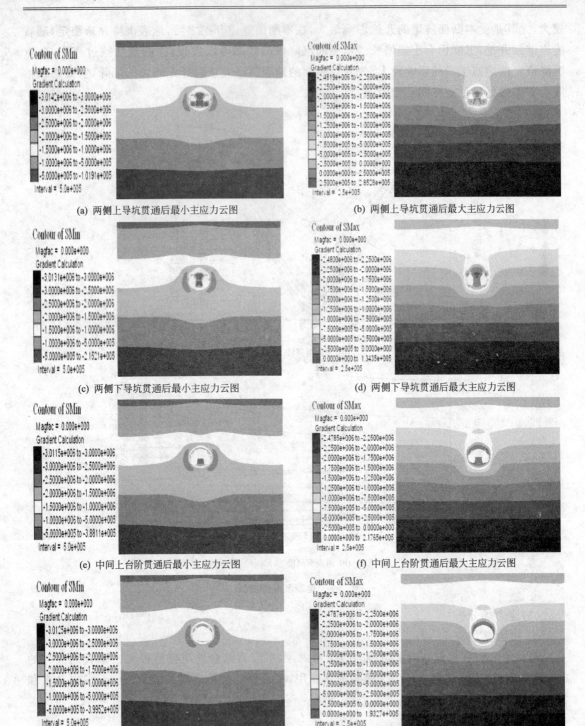

图 5-10 隧道开挖围岩主应力场变化过程

间上台阶贯通后,隧道边墙下部区域依然是主要压应力集中的区域,但应力集中区域有所增大,最大压应力约为 2.42 MPa。由于这个阶段受到拆除临时支护和施作二衬 6 m 的影响,在隧道两侧边墙中间 7.5~18 m 的区域也出现了压应力集中,最大值约为 2.21 MPa;

在拆除的临时支护和洞壁接触区域以及仰拱底部 6 m 范围内,出现了拉应力集中,最大值约为 0.28 MPa。全断面贯通、施作二衬完成后,最大的压应力集中区域没有发生变化,最大压应力值约为 2.55 MPa,在后面施作二衬的仰拱底部一定区域也出现了压应力集中,但应力值不大;拉应力集中区域出现在拆除的初期支护和洞壁交界的区域,沿隧道纵轴方向均匀分布,最大值约为 0.194 MPa,在仰拱底部部分区域也出现了一定的拉应力集中,但拉应力值不大。

③ 关键点处单元应力集中系数变化

模拟中对隧道轴线方向 $y=15$ m 处断面的关键点(拱顶、两侧拱腰、拱底)进行了监测,将各关键点处的单元主应力换算成 Von-Mises 等效应力,换算关系如下:

$$\sigma_e = \sqrt{\frac{1}{2}[(\sigma_1-\sigma_2)^2+(\sigma_2-\sigma_3)^2+(\sigma_3-\sigma_1)^2]} \tag{5-3}$$

该等效应力是以畸变能作为衡量围岩稳定性的指标,各主应力之间的差值越大,则畸变能越大,那么围岩破坏的可能性也越大。在实际工程中,工程师们通常更关心隧道开挖后初始应力场的扰动情况,即次生应力和初始应力的比值大小,它是判定隧道稳定性的一个重要指标,因此,定义围岩应力集中系数等于次生等效应力与初始等效应力的比值。各关键点处单元应力集中系数随施工步的关系如图 5-11 所示。

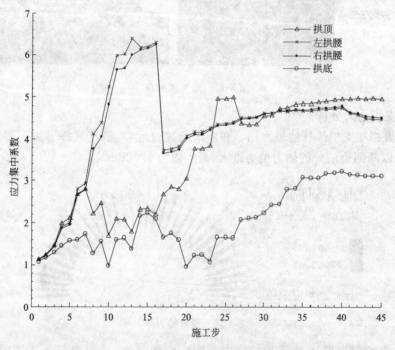

图 5-11 关键点处单元应力集中系数曲线

从图 5-11 可以看出,隧道两侧拱腰处的应力集中系数最大,拱顶处次之,仰拱处最小。两侧拱腰处的应力集中系数随着掌子面的推进逐渐增大,在两侧下导坑推进至监测断面附近时达到了最大值,施作初期支护后,应力集中系数会马上大幅减小,之后缓慢增大并稳定在某一值上。拱顶、拱底处应力集中系数在掌子面未到达监测断面之前,随着隧道开挖和初期支护的实施在某一值附近波动,当中间上台阶推进至监测断面附近时,拱顶处应力集中系数才会迅速增大,施作初期支护后又有所减小,之后缓慢增大稳定在某一值上。拱底处应力集中系数在两侧下导坑通过监测断面后,会有一定幅度的减小,直到中间上台阶推进至监测断面附近时才缓慢增大,并最终稳定在某一值上,拱底处应力集中系数受下台阶开挖的影响不大。

围岩应力集中系数与隧道选择的施工方式、初期支护施加的时间、拆除临时支护的时间、施作二衬混凝土的时间都有较大的关系,由于双侧壁导坑法施工步骤较多,隧道开挖造成围岩多次应力扰动,围岩的应力集中系数较大。在隧道施工完毕后,两侧拱腰处的应力集中系数稳定在 4.5,拱顶处应力集中系数稳定在 4.9,拱底处应力集中系数稳定在 3.1。

(4)塑性区分析

图 5-12 为隧道全断面贯通施作二衬混凝土以后的围岩塑性区分布图。由于双侧壁导坑法施工步骤较多,隧道开挖造成围岩多次应力扰动,围岩产生的塑性区较大。从图中可以看出:在隧道开挖过程中,洞周大约 3 m 范围内的围岩出现了厚度不等的塑性破坏,相比较而言,以拱底处和隧道断面 45°方向处的破坏较为严重。

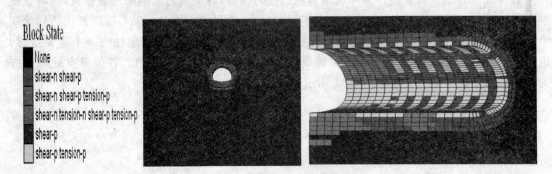

图 5-12 塑性区分布

4. 初期支护内力分析

图 5-13 为初期支护锚杆的轴力图。在隧道开挖过程中,锚杆发挥了加固围岩的作用,锚杆全部受拉,以两侧边墙处的轴力值为最大,最大值为 12.28 kN。

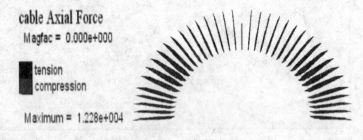

图 5-13 锚杆轴力图

图 5-14 为喷射混凝土位移和主应力云图。由图可知,喷射混凝土受到围岩挤压向洞室内部变形,最大位移出现在隧道两侧边墙上部位置,大小约为 4.13 mm。初期支护在施工过程中出现了应力集中,第一主应力最大值出现在隧道两侧拱腰处,为压应力,大小约为 13.24 MPa。第三主应力最大值出现在喷射混凝土末端 3 m 范围内的洞壁与临时支撑交界处,为拉应力,大小约为 4.33 MPa,这可能是由于最后一个施工步拆除临时支撑过早造成的。在喷射混凝土 0~27 m 范围内,以两侧边墙上部位置出现的拉应力为最大,最大值约为 0.8 MPa。

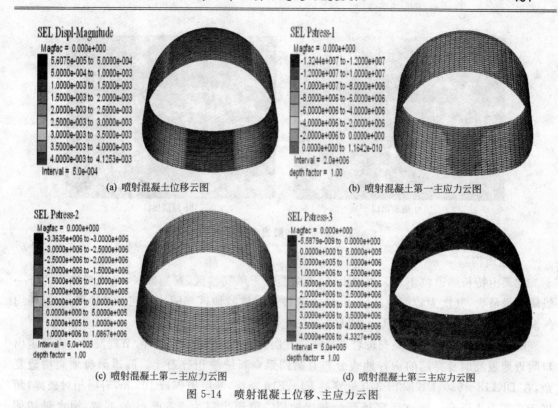

图 5-14 喷射混凝土位移、主应力云图

5.2 北天山隧道施工数值模拟

5.2.1 工程概况

1. 工程设计简介

北天山隧道为北天山越岭主隧道,是精伊霍铁路的主要控制工程,位于北天山西段的中山区内,山系为博罗科努山,是伊犁盆地和准噶尔盆地的分水岭,其岭脊线近东西走向展布。越岭垭口高程 2 780 m,相对高差 500~1 200 m。隧道进出口高程分别为 1 743.10 m 和 1 600.93 m。隧道最大埋深约 1 038 m。进出口地形陡峻,岭顶地形起伏较大,岭脊两侧沟谷发育,一般呈"V"字形,地形条件十分复杂,地表多为植被及灌木覆盖。两端洞口山坡自然坡度一般为 25°~40°,局部形成陡崖。隧道进口位于阿萨勒沟右岸山体斜坡上,出口位于阿肯乌依君沟与博尔博松河交汇处。

隧道起讫里程为 DK109+240~DK122+850,全长 13 610 m,洞身线路纵坡为人字坡。全隧分两个施工区,进口 DK109+240~DK116+045,长 6 805 m,由中铁一局集团担负施工,出口 DK116+045~DK122+850,长 6 805 m,由中铁十七局集团单位担负施工。出口段 8 550 m 为 17‰、350 m 的 13.0‰和 500 m 的 1.0‰的下坡。全隧道除出口 DK122+413~DK122+850 段位于蒙马拉尔车站站线内(437 m),为双线大跨隧道外,其余均为单线隧道,出口段接长 10 m 明洞。

2. 地形地貌

北天山隧道进口位于阿萨勒沟右岸山体斜坡上,见图 5-15(a),汽车可沿大河沿子—阿沙勒卫生院便道至隧道进口。出口位于阿肯乌依君沟与博尔博松河交汇处,见图 5-15(b)从墩麻扎镇塔尔村可沿便道至蒙马拉尔林场,到达隧道出口位置。

(a) 隧道出口　　　　　　　　　(b) 隧道出口

图 5-15　隧道出口

3. 地质构造

北天山特长隧道位于北天山中山区，属中温带干旱气候区，暑短寒长，冬冷夏凉。岭脊一线降水量最大，其次为岭南地区，岭北降水量最少。越岭地区年降水量可达 860 mm，年平均气温仅 1.1 ℃，最低气温 38 ℃。最大季节冻土深度 200 cm。

隧道通过地层主要为英安斑岩和凝灰岩互层，接触带附近围岩破碎，节理发育。在隧道出口附近地表及洞身穿越的沟谷地表分布有第四系全新统坡积碎石土。隧道洞身地质构造复杂，在 DK118+930、DK120+370 处穿越 F15、F16 断层，断层破碎带 100 m，岩层相对破碎，断层带主要为角砾岩。隧道还穿越部分灰岩地层。隧道出口为 6 805 m 的下坡，涌水量初估 44 686.6 m³/d，由于地质环境复杂，断裂构造发育，岩层揉皱褶曲，地下水量大，施工中可能出现围岩失稳坍塌、突然涌水、岩爆、岩溶等地质灾害。本段基本地震烈度为 8 度。

4. 工程地质及水文地质条件

(1) 工程地质特征

隧道通过地层岭北为下石炭统阿恰勒河组的一套海相碎屑岩及碳酸盐岩建造，主要为青灰色、褐灰色砂岩、灰岩、砾岩、页岩。洞身大部通过上奥陶统呼独克达坂组地层，主要为浅海相碳酸盐岩类石灰岩，局部夹长石砂岩；岭南为石炭系下统大哈拉军山组中酸性火山岩及火山碎屑岩，为紫红色英安斑岩、浅灰色凝灰岩。在隧道进、出口附近地表及洞身穿越的沟谷地表分布有第四系全新统坡积碎石土。

精伊霍线通过博罗科努地槽褶皱带、伊犁地块 2 个二级构造单元。北天山特长隧道位于博罗科努地槽褶皱带，地质构造复杂，断层、褶皱非常发育，主要以北西西—南东东及近东西向为主，具切割深、延伸长、规模大的特点。根据区域地质资料及现场调查，隧道通过蒙马拉尔复式背斜和三条断裂构造，在复背斜构造中常伴随有一些小型的背斜、向斜构造，断裂构造的两侧也有一些与其相平行的断裂构造，两套岩性接触带附近和背斜、向斜核部节理较密集，为节理密集带，分述如下。

① 褶皱构造

隧道通过蒙马拉尔复式背斜。根据现场调查，在阿肯乌依君沟内发现了该背斜核部，背斜南翼岩层产状：N65°E/40°S，核部岩层倾角约 80°，北翼岩层产状 N60°W/50°N，隧道在 DK116+500 附近通过背斜轴部，背斜轴基本走向 N60°～75°E。该背斜已不完整，其北翼为奥陶系石灰岩及石炭系砂岩夹灰岩组成，南翼由奥陶系石灰岩、志留系砂岩及石灰岩组成；背斜核部为奥陶系石灰岩，核部岩层陡倾，岩体较为破碎。

② 断裂构造

隧道经过三条区域性断层，分别为 F_{14}、F_{15}、F_{16}。

a. F_{14} 断层（乔克依巴斯套断层）

该断层主体展布于库尔塞他乌山北坡，近东西向延伸，在阿拉拜撒依以东，断层倾向南，倾角 $60°\sim70°$，破碎带宽 $15\sim20$ m，在苏古尔沟以南 2.5 km 处的河床北侧可见该断层露头（图 5-16）。断层两侧岩性时代不同，北盘为石炭系的砂岩夹灰岩，岩层倾角由北向南逐渐变陡，南盘为上奥陶统的石灰岩，岩层产状：$N20°E/40°N$。断层破碎带宽 $10\sim20$ m，而且该断层发育多条近东西向的次级断裂，并且形成有 5 cm 厚的黑色断层泥，并可见清晰的断层擦痕，但已胶结成岩。

图 5-16 阿沙勒沟南巴依拖拉克断层（镜向北西）

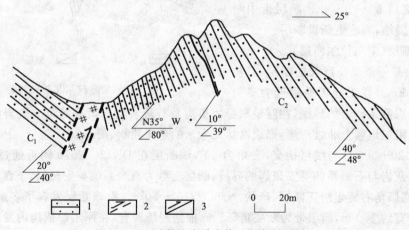

图 5-17 阿沙勒沟南乔克依巴斯套断层剖面

1—石炭系砂岩；2—推测断层；3—次级小断层

该断层在工程场地内为走滑正断层，断层上盘为石炭系的砂岩夹灰岩，下盘为奥陶系的石灰岩。在 DK110+970 处与线路相交，夹角为 53°。洞身在 DK110+920 附近通过断层，产状在洞身倒转为：$N80°W/80°N$，破碎带宽约 20 m，带内为断层角砾岩。该断层在第四纪早期有活动，晚更新世以来没有明显活动，为早—中更新世断层。

b. F_{15} 断层（蒙马拉尔北断层）

在 DK119+114 处与线路相交，夹角为 83°，洞身在 DK118+930 附近通过断层。该断层发育在奥陶系的石灰岩中，为高倾角右旋走滑正断层，产状：$N70°W/75°N$，断层破碎带宽约

15~30 m，带内为断层角砾岩。

在库尔萨依沟内发现了断层露头，反映在沟底形成落差达 7~10 m 的跌水(图 5-18)。

图 5-18　蒙马拉尔北断层(镜向西南)

由多条次级陡倾的小断层组成，断层破碎带宽度达 30 m，带内的断层角砾已经固结成岩，表明断层在全新世以来没有再次活动。在阿肯乌依君沟内，该断层发育在奥陶系的石灰岩中(图 5-19)，断层两侧岩层受断层活动影响而发生明显的牵引变形，破碎带宽约 50~100 m。断层带中断层角砾已经固结，为晚更新世断层。

c. F_{16} 断层(蒙马拉尔断层)

F_{16} 断层是一条规模巨大的断层，总长度可达 100 km。在工程场地附近为奥陶

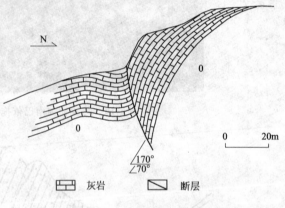

图 5-19　蒙马拉尔北断层剖面

系石灰岩与志留系砂岩的界线，在隧道洞身为奥陶系石灰岩与石炭系的英安斑岩的界线。该断层在场地附近地貌上非常清晰，形成高达几十米的悬崖陡坎(图 5-20)。

在 DK120+300 处与线路相交，夹角为 62°，该断层在 DK120+370 附近通过隧道拱顶。为奥陶系石灰岩与石炭系的英安斑岩的界线，断层上盘为石炭系的英安斑岩，下盘为奥陶系的石灰岩，为高倾角右旋走滑正断层，产状：N80°W/70°~80°S。沿该断层发育了多条次级断层，断层破碎带宽约 100 m，断层带为断层角砾岩。根据现场调查，在库尔萨依沟内发现了该断层的次级断裂，表现为志留系的砂岩覆盖在石炭系的英安斑岩上，断层泥厚达 10~20 cm，表明断层曾多次活动，为全新世活动断层。

(2)水文地质特征

①地下水类型、含水岩层的划分及分布

根据隧道通过区地层岩性及地质构造特征，结合含水性质的不同，将测区地下水分为碳酸岩岩溶裂隙水、基岩裂隙水。岩溶裂隙水主要发育于奥陶系灰岩，基岩裂隙水发育于石炭系岩层中。

隧道通过区基岩地层有奥陶系上统灰岩，石炭系下统砂岩和灰岩及英安斑岩的地层，这些地层以断层接触，受蒙马拉尔(博罗科努)复式背斜的影响，地层产状极为复杂。奥陶系上统灰

图 5-20　蒙马拉尔断层(镜向西)

岩分布于隧道中部,发育有两组高角度节理,由于受构造影响,灰岩层理基本处于微张状态,有利于地表水的入渗及径流,隧道经过区为碳酸岩岩溶裂隙水中等富水区。石炭系下统砂岩和灰岩,该岩石具一定的富水性,受构造影响,节理发育呈微张状,有利于地下水的入渗,主要分布于隧道两侧。石炭系下统英安斑岩分布于隧道南侧出口端,受构造影响,节理发育呈微张状,有利于地下水的入渗,但地层本身为不含水地层。

隧道通过区广泛分布有薄层第四系地层,主要为坡积碎石土和部分冲积的碎石土及块石土,因地层薄,该层基本不含水,只是在雨季及融雪季节起到减缓地表水流速,加强地表水入渗的作用。

②区域地下水补给、径流、排泄特征

北天山隧道通过区最大高程约 2 780 m,岭脊附近从 10 月初开始积雪至翌年 6 月中旬融化,积雪期长达 9 个月。岭脊线呈东西向延伸,将测区分为岭南、岭北两大水系,岭北为阿沙勒河水系,岭南为蒙马拉尔河(博尔博松河上游)水系。

岭北阿沙勒河水系:常年有水的有苏古尔苏沟发育于岭脊,向北地表径流长约 10 km。么遮拜萨依沟,地表径流长约 4.5 km。苏鲁坦萨依沟,地表径流长约 1.5 km。沟水以泉水补给为主,沿灰岩与砂岩接触面灰岩一侧以泉群形式出露汇入沟心。岭南蒙马拉尔河水系:常年有水的有精斯格布拉克沟,地表径流长约 2.7 km。阿克乌依俊沟,地表径流长约 2.5 km。阿克布拉克沟,地表径流长约 2 km。库尔萨依沟,地表径流长约 5.5 km。以上各沟沟水均以泉水补给为主,为常年有水,丰水期为 4~6 月和 8~10 月。

隧道通过区地下水除接受高山融雪水补给外,还受大气降水的补给,补给区位于岭脊一带,根据地表水氚分析结果表明,地下水循环交替积极,多为近 3 年来大气降水补给。

地下水的排泄方式:在灰岩区地表水入渗后,经垂直渗流带下渗至水平径流带在灰岩与砂岩、英安斑岩(断层)接触带以泉群的形式集中排泄为主。在砂岩、英安斑岩区地下水的排泄主要以河流及小型泉水形式排泄。

5. 设计采用的施工方法

北天山隧道为全线隧道工期的控制工程。施工中充分利用平导的辅助作用,平导辅助正洞进行交替作业施工。利用平导超前通过横通道多开工作面,加速正洞通风及辅助正洞出渣,加快正洞的施工进度。

本隧道按照新奥法原理组织施工,配备大型的施工机械设备和专业化的施工队伍,开挖采用钻爆法光面爆破。洞口段Ⅳ级围岩采用超前小导管注浆,钢架结合喷锚支护,台阶法施工。Ⅴ级围岩和浅埋及断层破碎带不良地质地段先行超前预加固支护后采用短台阶开挖。开挖作业面上下台阶均采用多功能作业台架人工打眼,人工架设钢架、安设锚杆,湿喷机喷射混凝土。

隧道出渣运输前期采用无轨运输方案,正洞进洞 3 km 后,即转变为有轨运输,平导洞内按"四轨三线"布轨,正洞内按"四轨两线"布轨,正洞与平导通过横通道用单线连接。为降低北天山隧道洞内的施工干扰,充分利用平导进行混凝土的运输、出渣及洞内的其他运输。

隧道出渣采用 ITC312 装岩机装渣,18 t 的电瓶车牵引,两节 16 m³ 梭式矿车出渣至洞外的临时出渣场,自卸载重汽车二次倒运至弃渣场。出渣完成后,先进行初喷混凝土,然后进行喷、锚网支护,衬砌紧跟开挖,以确保施工安全。

隧道内浅埋、岩溶、断层等可能发生坍塌、突水、突泥地段施工时,结合超前地质预报结果,采用超前锚杆、超前小导管注浆、超前帷幕注浆堵水等方法加固围岩后再进行开挖。

衬砌采用整体式液压台车衬砌,衬砌前先施工完成仰拱和铺底。混凝土由洞外拌和站自动计量拌和后,由混凝土运输罐车运至施工地,混凝土送泵入模,机捣密实。横通道衬砌采用简易台车,随正洞进度情况适时安排施工。大、小避车洞等附属洞室采用人工架立定型拱墙架、组合定型钢模板随正洞洞身一并灌注衬砌。洞内水沟、电缆槽等衬砌根据隧道洞身衬砌进展情况和轨道运输布置情况适时安排施工,从隧道外向隧道贯通方向施作。

洞内的施工通风前期采用压入式,后期采用压入式和巷道式相结合的混合式通风方式。

根据本隧道工期紧的特点,整体道床施工安排在正洞施工一定程度后,利用先进的测量仪器对两端洞口及施工未贯通段高精度测量控制,误差调整达到要求后,组织整体道床的施工,整体道床采用轨道排架法由出口向进口方向进行施工,最后施工洞口段的碎石道床。

5.2.2 隧道开挖过程数值模拟方法简介

在对隧道工程进行结构分析时,不但要关注建成后隧道结构和围岩的稳定性,而且应关注各个施工阶段中围岩和尚未完成的结构的受力和变形情况。根据新奥法的基本思想,隧道开挖后,围岩从变形到破坏有一个时间历程,其包括开挖面向前推进围岩应力逐步释放的时间效应和围岩介质的流变效应,如能适时地构筑支护结构,使围岩与支护共同形成坚固的承载环,就能保证整个结构系统的稳定。因此,要想真实地模拟隧道开挖与支护的整个施工作业流程,不仅要考虑围岩介质的复杂形态、施工作业方式,包括分部开挖步序、支护结构形式和施作时机,而且要考虑开挖面推进过程中的空间效应,为此必须建立空间模型,并考虑时间因素的影响,可采用适当简化的模型,以尽量逼近真实原型。

目前,用于隧道开挖、支护过程的数值分析方法一般有有限元单元法(FEM)、边界元法(BEM)和有限元-边界元混合法(FEBEM)。

有限元法的模拟能力强,可以考虑岩土介质的非均质性、各向异性、非连续性和材料与几何非线性等,且能适用于各种实际的边界条件。有限元法的缺点是需要将整个物理系统离散成有限自由度的计算模型,并进行分片插值,数据量大,耗时长,精度相对较低。

边界元的优越性在于基本未知量只在所关心问题的边界上,如对隧洞计算时,它只需对分析对象的边界(此处指沿洞周界面)作离散,而外围的无限域则视为无边界,有利于模拟和分析区域很大(趋于无界域)而洞室界面边界却又相对较小的隧洞和地下结构。其次,边界元法对应力和位移解的精度很高。与有限元法相比,边界元的最大缺点则是要求分析区域的几何、物理连续。

有限元-边界元混合法使上述两种方法互为补充,取长补短,实践证明可以收到很好的计算效果。在隧道结构计算时,主要关心的区域通常只局限于洞室附近,可用有限元法模拟,而对外部无界区域可用边界元按均质、线弹性体模拟即可,这样对衬砌结构的计算可以有很好的计算精度。

当今,随着计算机的普遍使用及其性能的不断提高,有限元法成为发展最快的数值方法,多数的大型 CAE 软件都是基于有限元法编制的。目前借助 IDEAS、ANSYS、MAR、PHASES、ABAQUS 和 3D-δ 等软件进行三维空间线弹性、非线性弹塑性、黏弹塑性等尝试性研究正在进一步开展。

5.2.3 隧道过断层破碎带施工过程三维数值模拟

1. 三维模型的建立

本次模拟主要针对 F_{15} 断层破碎带,模拟断面的里程为 DK120+270~DK120+470,模拟的施工方法为短台阶法。模拟时取隧道轴线方向为 Y 轴,水平面内垂直隧道轴线方向为 X 轴,铅直向上为 Z 轴。模型边界 X 方向左右各取 30 m,隧道轴线方向取 50 m,Z 方向取 60 m,根据地质资料,地层岩性均为Ⅴ级围岩,岩层为奥陶系灰岩,灰褐色、中厚层状、块状,岩石破碎,微张,节理较发育,覆盖层厚 180 m,隧道周围采用超前帷幕预注浆支护 5 m,计算模型如图 5-21 所示。模型左、右边界为水平约束,下边界为垂直约束。施工模拟时假定地表和岩层均成层、均质、

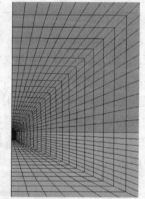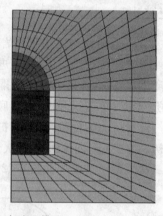

图 5-21 台阶法模型

水平分布,隧道为深埋隧道,故计算时不仅考虑自重应力场,还要考虑构造应力场。计算采用弹塑性本构模型进行分析,屈服准则为摩尔—库仑屈服准则,围岩和二衬采用八节点六面体单元模拟,初期支护用锚杆单元和壳单元来模拟,注浆加固区采用提高开挖区围岩强度参数的方法模拟。由于荷载和应力、位移关于隧道中轴对称,为了节约计算时间,取半结构为分析对象。

2. 计算参数与边界条件的选取

根据我国《铁路隧道设计规范》,围岩级别与围岩力学特性参数的关系见表 5-4。

表 5-4 各级围岩的物理力学指标标准值

围岩级别	重度 γ (kN/m³)	变形模量 E (GPa)	泊松比 μ	内摩擦角 φ (°)	黏聚力 c (MPa)
Ⅰ	26~28	>33	<0.2	>60	>2.1
Ⅱ	25~27	20~33	0.2~0.25	50~60	1.5~2.1
Ⅲ	23~25	6~20	0.25~0.3	39~50	0.7~1.5
Ⅳ	20~23	1.3~6	0.3~0.35	27~39	0.2~0.7
Ⅴ	17~20	1~2	0.35~0.45	20~27	0.05~0.2
Ⅵ	15~17	<1	0.4~0.5	<20	<0.2

钢拱架采用等效方法予以考虑,即将钢拱架弹性模量折算成初期支护,计算公式为:

$$E = E_0 + \frac{S_g \times E_g}{S_c} \qquad (5\text{-}4)$$

式中　E——折算后混凝土的弹性模量；
　　　E_0——原混凝土的弹性模量；
　　　S_g——钢拱架截面积；
　　　E_g——钢材的弹性模量；
　　　S_c——混凝土截面积。

对初期支护体系中的喷射混凝土采用壳单元来模拟。采用莫尔-库伦准则作为屈服准则。对于围岩物理参数，按照表 5-4 所建议的各级围岩力学参数取值。其他材料力学参数按照《铁路隧道设计规范》(TB 10204—2002)选取，各结构材料计算参数如表 5-5 所示。

表 5-5　支护结构物理力学参数

材料	重度 γ (kN/m³)	变形模量 E(GPa)	泊松比 μ	内摩擦角 φ(°)	黏聚力 c (MPa)
喷射混凝土(折算后)	24	22	0.2	50	3.5
二次衬砌	25	25	0.2	50	4.0

3. 台阶法施工过程围岩及支护受力变形分析

开挖按台阶法进行，短进尺、强支护。台阶长度为 3～5 m，台阶高度 3.5～4.0 m，开挖循环进尺 3 m，开挖中为方便排水，上台阶预留 10‰～20‰ 的上坡，台阶两侧预留排水沟。下台阶开挖时单边错开进行，落底长度 0.5 m，落底后及时进行初期支护。

台阶法的模拟开挖、支护顺序为：开挖上台阶，每次开挖循环进尺为 3 m，打设锚杆，施作初期支护；开挖下台阶，每次开挖循环进尺为 3 m，施作仰拱初期支护，围岩变形稳定后，施作二次混凝土衬砌。如图 5-22 所示。

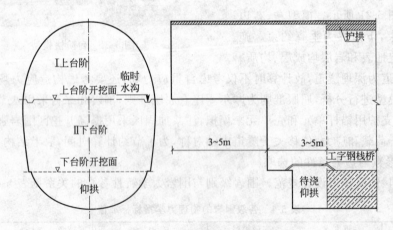

图 5-22　台阶法施工工序图

4. 计算结果分析

(1) 围岩应力场分析

随着隧道开挖以及支护等施工工序的进行，隧道模型的应力场也发生了显著的变化。围岩应力施工过程的变化规律对在实际施工过程中选择合理的支护方案、判断围岩稳定性有十分重要的意义。图 5-23 为不同施工步情况下的围岩最大主应力和最小主应力场云图。

通过围岩应力分布的分析，可以看出围岩应力基本呈对称分布，主应力在洞室周围变化较

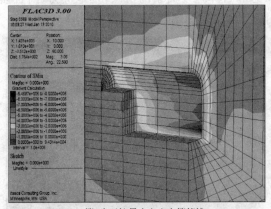 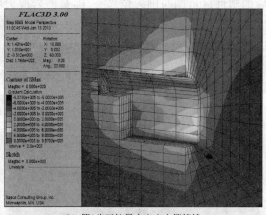

(a) 第3步开挖最小主应力等值线　　　　　(b) 第3步开挖最大主应力等值线

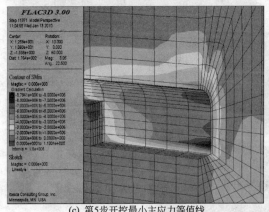 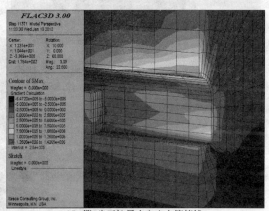

(c) 第5步开挖最小主应力等值线　　　　　(d) 第5步开挖最大主应力等值线

图 5-23　台阶法开挖最大、最小主应力等值线图

大,远离洞室变化较小。从最大主应力看,在洞室周围围岩基本以压应力出现,与开挖完成后及时进行支护有很大关系,围岩最大主应力场变化尤其在各转角部位表现特别明显。只有在起始段隧道的拱顶、拱底和二次衬砌内部有局部呈现拉应力状态。从最小主应力场云图看,分布特征与最大主应力的分布特征基本相似,在洞室下部拱脚处容易出现应力集中现象。

从开挖后有支护的最小主应力图可以看出,由于支护对于围岩的限制作用,有支护时,围岩最小主应力比较大,尤其是开挖掌子面附近最小主应力较大。有支护时的围岩最大主应力较大,是因为支护限制了围岩的移动,导致应力的增加。施加了喷射混凝土、锚杆和二衬的主应力则比较小,特别是临近隧道周围的区域。

在纵向,随着隧道开挖的不断前进,隧道周围围岩出现拉应力的范围在不断减小,特别是在临近隧道的周围区域。在初期支护的措施里面,喷射混凝土在减小最大、最小主应力方面起到了决定性的作用。

(2)围岩塑性区分析

在岩体中开挖地下洞室,不可避免地会破坏岩体原有的应力平衡状态,围岩的物理力学状态随着应力环境的改变呈现两个显著变化:一是洞室周边的径向应力减小,围岩强度明显降低;二是切向应力增大,使岩体各向异性特性增强和应力集中。当应力超过岩体强度时,洞室周边围岩破坏,产生裂隙,并逐步向洞壁内部发展,这种塑性变形的结果,将在洞室周围的围岩中形成一个塑性松动变形区,即为塑性区。围岩塑性区有一个发生、发展和稳定的过程,稳定后的塑性区范围与围岩位移一样,是围岩应力状态和岩体强度关系的反映,是地应力、围岩强度的综合指标。图 5-24 显示了支护条件下不同施工步围岩的塑性区分布情况。

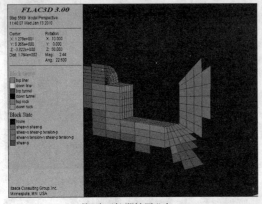
(a) 第3步开挖塑性区分布

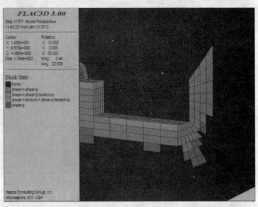
(b) 第5步开挖塑性区分布

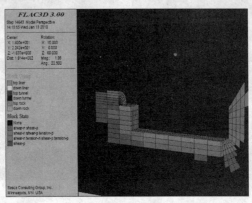
(c) 第7步开挖塑性区分布

图 5-24 台阶法开挖塑性区分布图

随着开挖的循环前进,在支护作用下时,隧道拱顶和隧道仰拱部分的塑性区得到了很大的控制,基本上没有什么发展。虽然初期支护能有效地限制围岩的过度变形,阻止围岩大面积的屈服破坏,但是由于初期支护的强度有限,因此,围岩还是出现一定范围的塑性破坏,包括支护本身也发生了一定的塑性变形,因此,有必要在初期支护施作后及时进行二次衬砌的浇筑,以保证围岩的安全。

二次衬砌作为隧道的永久性构筑物,根据新奥法隧道施工的原理,隧道的二次衬砌为模筑混凝土或者钢筋混凝土,其主要作用为安全储备和美观。隧道经过初期支护,仍然存在一定范围的塑性区。根据规律,在及时施作二次衬砌以后,隧道拱顶和仰拱处的塑性区应该基本消失,但图中还是出现了塑性区,主要是隧道底部没有考虑仰拱的封闭作用。如图 5-24 所示。二次衬砌对于塑性区的控制、限制塑性区进一步的发展方面起到了决定性的作用。

(3) 围岩位移场分析

隧道的开挖和支护不可避免地会对位移产生不同程度的扰动和破坏,引起位移场的变化。围岩变形的情况作为判断围岩稳定性的重要依据,了解其变形情况对于保证施工安全、避免工程事故等具有重要的指导作用。图 5-25 为目标断面围岩的水平位移(x方向)和垂直位移(z方向)等值线图。

从图中可以看出,随着开挖进尺的循环,隧道在纵深的 z 方向和 x 方向的位移均发生不同

第 5 章 实际隧道的数值模拟

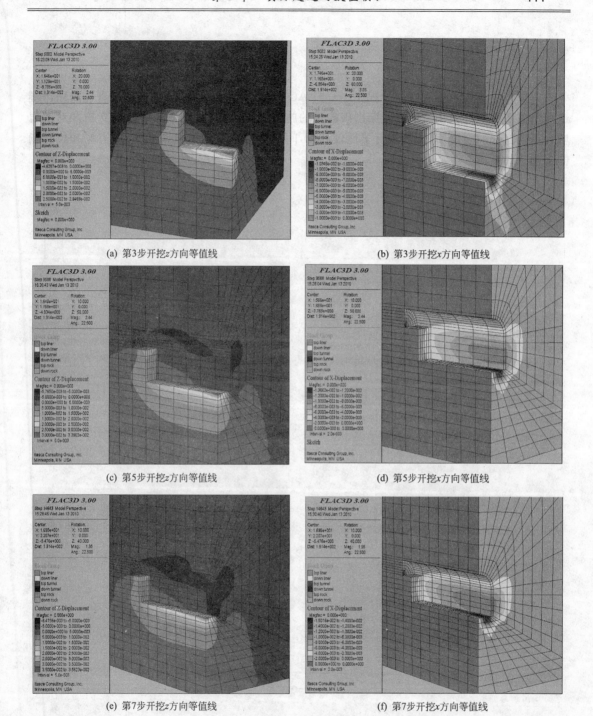

(a) 第3步开挖z方向等值线 (b) 第3步开挖x方向等值线

(c) 第5步开挖z方向等值线 (d) 第5步开挖x方向等值线

(e) 第7步开挖z方向等值线 (f) 第7步开挖x方向等值线

图 5-25 台阶法开挖位移等值线图

程度的增加,可见,在隧道开挖支护的过程中,循环进尺会对隧道各处的变形产生累积效果。在隧道开挖到第 7 步,即掌子面掘进到 21 m 的时候,隧道拱顶 z 方向的最大位移从 2.62 mm 减小到了 2.48 mm,而起拱线附近的 x 方向的最大位移从 1.38 mm 减小到了 1.33 mm,这说明在隧道围岩发生一定的塑性变形以后,二次衬砌的及时施作,对限制隧道拱顶的变形起到了很大的作用。

5.3 本章小结

本章采用商用大型有限差分程序——FLAC 3D计算分析软件,分别模拟了青岛胶州湾隧道和精伊霍铁路北天山隧道通过断层破碎带的施工过程,同时对隧道的开挖与支护并对围岩应力场、位移和塑性区范围场进行了比较分析,间接验证了隧道围岩渗流场、应力场和位移场耦合理论的正确。

第6章 隧道断裂破碎带注浆设计

6.1 青岛胶州湾海底隧道 F_{4-4} 断裂破碎带注浆设计

6.1.1 设计原则

(1)海水渗水量大,容易出现突泥突水问题。对于隧道穿过破碎带、节理裂隙地段渗水量大的地段,需要采用超前地质预报,在确定破碎体的范围、性质和渗水情况后,采用合适的注浆措施,有效地控制施工风险。

(2)根据具体地质条件和涌水情况,选用合适的注浆范围、注浆参数和注浆材料。

(3)注浆设计满足施工中的止水要求和运营中的结构防排水要求,采用超前预注浆和后注浆两种方式进行止水加固。

①注浆止水对断层破碎带,采用预注浆方式,将隧道开挖断面周围的涌水或渗水封堵于结构外,隧道注浆堵水后排水量主隧道不得大于 $0.4~m^3/(d·m)$。

②隧道围岩注浆后的改良目标值为渗透系数小于 $1.5×10^{-5}~cm/s$,检查孔的涌水量在 $0.15~L/(min·m)$ 以下。

(4)裂隙岩体注浆以劈裂、挤压注浆为主,渗透注浆为辅;涌水量较大围岩段及海水连通处应实现可控域注浆。

(5)注浆施工过程中应加强压注试验,为后续注浆施工提供经验。

(6)注浆工程按设计使用年限为 100 年进行耐久性考虑。

(7)注浆采用动态设计与施工,辅以结构数字化理论分析验证。为此,须建立严格的质量检测制度。

6.1.2 注浆方案选择原则

注浆采用超前预注浆和开挖后径向注浆。当超前探水孔单孔出水量大于 5 L/min,或每循环所有超前探孔总出水量大于 10 L/min 时需要对围岩进行超前预注浆。开挖后检测孔单孔出水量大于 $0.15~L/(min·m)$ 时,需要对周边围岩进行后注浆;开挖后局部出水点渗水量≥2 L/$(m^2·d)$ 时,需要对出水部位进行径向补充注浆。

1. 全断面注浆

适用条件:①根据超前地质预报告结果判定,前方围岩破碎、断层岩体风化严重或存在断层泥;②Ⅴ级围岩地段;③超前探水孔单孔出水量大于 60 L/min;④探水孔水压≥0.6 MPa。当隧道通过以上特点断层长度大于 25 m,一次不能完成时,采用全断面注浆。

2. 隧道周边帷幕注浆

适用条件:①根据超前地质预报告结果综合分析判定,前方围岩比较破碎,围岩风化较严重;②超前探水孔单孔出水量为 25~25 L/min;③探水孔水压 0.3~0.6 MPa。其他有全断面需要注浆的特点,但隧道穿过长度小于 25 m 时,采用隧道周边帷幕注浆。

3. 局部断面超前注浆

适用条件：①隧道局部断面围岩节理裂隙较发育或比较破裂，其余部位围岩比较完整；②超前探水孔单孔出水量为 5～25 L/min；③探水孔水压≤0.3 MPa。

6.1.3 超前预注浆

1. 注浆范围及注浆段划分

注浆圈止水加固厚度主要应满足注浆堵水和施工安全要求。根据环境条件、力学模拟计算和分部开挖的施工方法，结合工程经验，过断层破碎带施工中主隧道注浆加固区范围为隧道轮廓线外 5 m。

注浆段长度一般应综合考虑工程水文地质情况、选择钻机的最佳工作能力、余留止浆墙厚度等内容。过断层破碎带帷幕注浆时，主隧道每循环注浆段长为 30 m，开挖 22 m，预留 8 m 为下一循环止浆岩盘。

2. 注浆材料及浆液配比

根据相关工程经验和室内试验结果，结合本工程特点初步选择超细水泥单液浆、特制硫铝酸盐水泥单液浆主要用于探水孔涌水压力较大围岩地段及海水连通段，辅以超细水泥浆，以实现可控域注浆。

注浆材料主要选用超细水泥、快硬硫铝酸盐水泥和普通水泥。

比表面积：8 200 cm^2/g（超细水泥）＞4 000 cm^2/g（普通水泥）＞3 800 cm^2/g（快硬硫铝酸盐水泥）。

粒径 D_{95}：超细水泥为普通水泥的 1/4。

现场试验：配比为 1∶1 时，浆液均匀、无沉淀，可注性较好；后对配比 0.8∶1 进行现场验证，搅拌时，高速搅拌桶上部浆液接近 1∶1，具有可注性，但底部却出现沉淀并淤积成块堵塞转子体，无法正常搅拌均匀，配比 0.8∶1 无法正常施工，现场选择配合比为 1∶1。

3. 注浆扩散半径

浆液扩散半径可根据堵水要求、隧道地质特点及注浆材料的颗粒尺寸，采取工程类比法来选取。施工中，可根据注浆试验或施工前期注浆效果试验、评估后进一步修正确定。

从试验段注浆过程来看，出现串浆现象的注浆孔多出现在探孔出水较大部位，串浆距离在 1～3 m 不等，探孔出水较小部位很少出现串浆现象。说明裂隙发育时浆液扩散较远，裂隙不发育时则扩散距离有限。浆液的扩散距离和钻孔揭穿的裂隙宽度、迂曲度、稠密度、注浆压力、浆液黏度等有关，裂隙发育时基本能达到 2 m，个别地方达 3～4 m。因此，注浆扩散半径可按 2 m 考虑。

4. 注浆终孔间距

注浆后形成严密的注浆帷幕，在注浆终孔断面上不应存在注浆盲区，因此，注浆孔终孔间距应取 $a=(1.5\sim1.7)R$，计算得出 $a=3.0\sim3.5$ m。为确保加固效果，一般注浆终孔间距不超过 3.5 m。a 为注浆终孔间距(m)；R 为浆液扩散半径(m)。

5. 注浆压力

裂隙岩体地层注浆压力一般需要比静水压力大 0.5～1.5 MPa，当静水压力较大时，宜为静水压力的 2～3 倍。海底隧道过断层破碎带、节理发育密集带，超前预注浆终压初步确定为：$P=1.5\sim3$ MPa。根据现场注浆试验及施工需要对注浆压力逐步进行调整，通过各注浆试验段注浆效果分析发现，针对一般出水地段，注浆压力采用 3～4 MPa 是比较合适的。

6. 注浆速率

注浆速度的控制根据不同情况采取不同的控制措施。注浆速率主要取决于地层的吸浆能力(即地层的孔隙率)和注浆设备的动力参数,建议注浆速率范围取 5~110 L/min,施工中可根据实际情况进行调整。

7. 注浆分段长度

在超前预注浆中,一般情况下可采用全孔一次性和分段前进式注浆。当采用分段前进式注浆时,分段长度可根据现场实际地质状况确定,在断层破碎带中,分段长度一般为 5~10 m。

6.1.4 径向补充注浆

对隧道开挖后未达到预期围岩改良目标[表面渗水量≥2 L/(m²·d)]时,应采用补充注浆方案对渗水部位进行封堵。补充注浆方法:

(1)对点状滴水主要采取堵漏剂逐点表面处理。
(2)对点状线流采取表面封堵为主、注浆处理为辅的原则处理。
(3)对大面积淋水或股状涌水的部位,在集中出水部位周围不小于 2 m 范围内布设注浆孔,注浆孔间距 1.5 m,孔径 56 mm,孔深 4.0 m,梅花形布置,孔内安装止浆塞或 32 mm 花管进行注浆处理,分Ⅰ、Ⅱ孔实施,由四周向中间,由下向上进行注浆。

6.1.5 注浆圈合理参数确定的方法

注浆圈参数主要包括注浆圈的厚度及渗透系数等。由前述分析可知,注浆圈的基本作用包括两个方面:①浆液充填围岩裂隙,封堵渗水通道,在隧道周围形成隔水保护圈,减小隧道涌水量并减轻衬砌结构外水压力;②经过围岩注浆,岩层中的裂隙被浆液充填,浆液固化后变成了岩块之间的胶结材料,从而使围岩的力学性质得到改善,自稳能力增加,减小了作用在衬砌结构上的永久荷载。因此,在进行注浆参数的选取时应该综合考虑以上两个方面。

在衬砌结构已经选定的情况下,衬砌的支护阻力就能够确定,支护阻力减去衬砌背后水压力就可以得到有效支护阻力,把有效支护阻力代入式(3-37)、式(3-38)就可以确定围岩塑性区的半径,从而得到注浆圈的厚度。对于海底隧道,根据排水设备能力和经济考虑可以确定隧道允许的排水量,隧道允许排水量确定后可以通过调整渗透到衬砌背后的地下水量来控制衬砌的背后水压力,并且通过注浆圈渗透到衬砌背后的涌水量又是通过改变注浆圈参数来进行控制的。因此,注浆圈合理参数的选取可以按照图 6-1 所示的程序来确定。

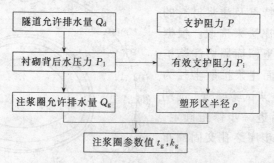

图 6-1 注浆圈合理参数选取流程图

6.1.6 超前预注浆设计方案及施工工艺

根据地质预报结果,对不良地段可以采取全断面帷幕超前预注浆、局部超前预注浆、顶水注浆及大管棚、小导管、径向注浆等方法进行止水和加固不良地段。

1. 超前地质预报

根据地质勘测资料及设计要求,主要在软弱围岩和硬质岩交界带、断层(裂)破碎带,施工中可能发生严重突涌水等地段,岩层接触带,物探电阻异常带等进行超前预注浆。特别是在断层(裂)破碎带,应进行全断面帷幕预注浆。对于破碎带的影响带,可以实施局部预注浆。

2. 掌子面涌水量测试与控制

掌子面出水量可以采用直接测试和钻孔预测的方法。

探孔涌水量控制标准:在探孔位置安装排水管,测出排水管中水的流速 V,然后测出排水管中的过水断面 A,即可计算出探孔涌水量:$Q = V \cdot A$。根据设计资料,当超前探水孔单孔出水量大于 5 L/min,或每循环所有超前探孔总出水量大于 10 L/min 时需要对围岩进行超前预注浆。开挖后检测孔单孔出水量大于 0.15 L/(min·m) 需要对周边围岩进行后注浆,开挖后局部出水点渗水量 $\geqslant 2$ L/(m^2·d) 时,需要对出水部位进行后注浆。

掌子面总涌水量控制标准:整个掌子面涌水量通过测试水沟中水的流速和水沟的过水断面,即可计算出隧道整个涌水量。

3. 方案确定

一般来说,在断层(裂)破碎带、节理裂隙比较发育且水量或水压较大地段应采用超前预注浆方案;在岩体完整、节理、裂隙不太发育地层中,局部出水或渗漏水地段可采用开挖后径向注浆及局部注浆方案。根据地质勘察资料及掌子面涌水量控制的要求,本段从 YK6+961-YK6+915 分为两循环,每循环注浆长度为 30 m,采用全断面超前预注浆。

6.1.7 隧道全断面超前(帷幕)预注浆参数设计

(1)注浆圈加固范围及渗透系数:根据本隧道工程的实际情况,确定隧道注浆堵水后主隧道排水量不得大于 0.9 m^3/(d·m),同时考虑到通过注浆圈渗流到衬砌背后的地下水都被排水系统排走,衬砌背后水压力取为 0 MPa。在此基础上结合第 4.3.6 节的分析结果可知,当注浆圈的渗透系数为围岩渗透系数的 1/50 即 1.7×10^{-8} m/s,注浆圈厚度为 5 m 时不仅能满足注浆堵水和施工安全的要求,并且经济可行。

(2)浆液扩散半径:浆液扩散半径可根据堵水要求、隧道地质特点及注浆材料的颗粒尺寸,采取工程类比法来选取。根据工程经验和工程类比,上断面周边注浆扩散半径为 1.5 m,下断面注浆扩散半径为 2 m。施工中,可根据注浆试验或施工前期注浆效果验证、评估后进一步修正确定。根据浆液扩散半径,各步序终孔交固圈布置如图 6-2 所示。

(3)注浆终孔间距:根据注浆加固交圈理论,注浆后应形成严密的注浆帷幕,在注浆终孔断面上不应存在注浆盲区,根据公式:$a \leqslant \sqrt{3} R$ 计算得出 $a = 3.46$ m,为确保

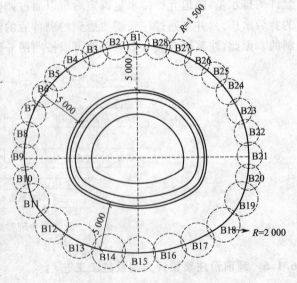

图 6-2 注浆终孔交固圈布置图

加固效果,一般注浆终孔间距不超过3.5 m。a为注浆终孔间距(m);R为浆液扩散半径(m)。

(4)注浆段长:注浆段长度一般应综合考虑工程水文地质情况、选择钻机的最佳工作能力、余留止浆墙厚度等内容。过断层破碎带全断面预注浆时,本设计胶州湾海底隧道主隧道每循环注浆段长为30 m,开挖25 m,预留5 m为下一循环止浆岩盘。

(5)注浆材料及配比设计:根据相关工程经验和室内试验结果,结合本工程特点初步选择普通水泥单液浆、超细水泥单液浆、特制硫铝酸盐水泥浆单液浆、普通水泥-水玻璃双液浆等作为注浆材料。普通水泥单液浆用于探孔涌水量较小的地段;超细水泥单液浆主要用于强风化和渗透性较差围岩段,同时可用于先期注浆,以冲开致密岩体中的裂隙;特制硫铝酸盐水泥单液浆主要用于探水孔涌水压力较大围岩地段及海水连通段,辅以超细水泥浆,以实现可控域注浆;普通水泥-水玻璃双液浆主要用于封闭掌子面、锚固孔口管和探孔顶水注浆,同时部分掌子面正前方钻孔中可采用可注性好、结石早期强度高的水泥-水玻璃双液浆。

施工时根据现场情况,进行选择和优化组合。浆液配比参数见表5-1,根据现场试验情况进行优化调整,同时每循环注浆段可根据注浆顺序采用不同配合比。

表6-1 浆液配比参数表

序号	名称	配比参数		
		水灰比 $W:C$	体积比 $C:S$	水玻璃浓度
1	普通水泥单液浆	$0.6:1\sim1:1$		
2	水泥-水玻璃双液浆	$0.6:1\sim1:1$	$1:1\sim1:0.3$	$20\sim30Be'$
3	超细水泥单液浆	$0.8:1\sim1.2:1$		
4	特制硫铝酸盐水泥单液浆	$0.8:1\sim1.2:1$		

同时,为改善水泥单浆液的析水性大、定性差、注入能力有限且凝胶时间较长,在遇高压动水情况下,浆液容易冲刷和稀释,影响注入效果,在浆液制备时可掺入适量的外加剂。此外,满足设计要求下,必要时可选用其他浆液作为注浆施工的辅助浆液,根据不同地层注浆堵水的需要灵活组合。

(6)注浆压力的确定:根据以往科研课题成果和类似工程经验,裂隙岩体地层注浆设计压力一般需要比静水压力大0.5~1.5 MPa;当静水压力较大时,宜为静水压力的2~3倍。海底隧道过断层破碎带超前预注浆终压初步确定为:$P=2\sim3$ MPa。局部径向补充注浆终压为:1~1.5 MPa。渗透注浆压力0.5~0.7 MPa。回填注浆压力应小于0.5 MPa。另外,注浆泵的压力应达到设计压力的1.3~1.5倍。注浆压力可根据现场注浆试验及施工需要逐步调整。

(7)浆液注入量:单孔注浆量根据注浆扩散半径和岩层填充率按照式(6-1)计算。

$$Q = L \cdot n \cdot \alpha \cdot \eta \frac{\pi D^2}{4} \tag{6-1}$$

式中 Q——注浆量;

D——注浆范围;

L——注浆段长;

n——岩层裂隙率;

α——浆液在岩石裂隙中的充填系数;

η——浆液消耗率。

当$D=4$ m,$L=1.0$ m,$n=0.1\sim0.3$,$\alpha=0.8$,$\beta=1.2$,理论可计算出单孔每延米浆液设计

注入量 $Q=1.21\sim 3.62 \text{ m}^3/\text{m}$。

(8) 分段长度：在超前预注浆中，一般采用分段前进式注浆，分段长度根据地质状况而不同，在断层（裂）破碎带中，分段长度一般为 5~7 m。

(9) 注浆速度：浆液在裂隙中的摩擦阻力受裂隙大小、延伸方向和其中存在的填充物有关，同时取决于浆液的密度和黏度。参照达西流体运动方程：

$$V=-Cd^2\frac{\rho g}{\mu}\frac{\mathrm{d}h}{\mathrm{d}L} \tag{6-2}$$

式中 Cd^2——介质渗透特性函数；

$\dfrac{\rho g}{\mu}$——流体特性函数。

改变上述方程，简化成单位长度内渗透速度的变化与相应水压力 h 的变化

$$\mathrm{d}h=\frac{\mu}{-cd^2\rho g}\mathrm{d}v \tag{6-3}$$

对于注浆的浆液而言：

$$\mathrm{d}h=\frac{\mu_{cs}}{-cd^2\rho_{cs}g}\mathrm{d}v_{cs} \tag{6-4}$$

$$h=-\int\frac{\mu_{cs}}{k\rho_{cs}}\mathrm{d}v_{cs}+P_{静} \tag{6-5}$$

(10) 注浆孔布置：可根据注浆加固范围、注浆扩散半径均匀布置注浆孔。当原设计要求布设的注浆孔无法满足实际注浆施工要求时，可适当增加注浆孔。

6.1.8 隧道全断面超前（帷幕）预注浆施工工艺

根据钻孔涌水量和裂隙发育程度确定注浆方式。当岩石裂隙发育、钻孔涌水量较大时，采取前进式分段注浆工艺；当岩石裂隙不够发育、钻孔涌水量较小时，采取后退式分段注浆工艺；当裂隙不发育、水量小时可采取全孔一次性注浆。

胶州湾隧道全断面超前（帷幕）预注浆施工工艺流程如图 6-3 所示。

1. 止浆墙施工

(1) 止浆墙的设置要求：当超前地质预报预测出工作面前方水压较大或围岩破碎，需要进行全断面帷幕注浆时，为防止承压水和受压浆液从工作面漏出，并保证能用最大的注浆压力把浆液注入含水层的裂隙中，使之沿裂隙有效地扩散，在工作面设置止浆墙。止浆墙厚度按下式计算：

$$B=K\sqrt{\frac{Wb}{2h[\sigma]}} \tag{6-6}$$

式中 K——安全系数，取 1.4~1.5；

W——作用在墙上的全荷载，$W=P_{\max}\cdot F$；

F——混凝土止浆墙的横断面积；

b——隧道宽度；

h——隧道高度；

$[\sigma]$——混凝土许用抗压强度。

(2) 止浆墙施工基面清理：止浆墙施工采用嵌入式施工方法，然后将隧道周边破碎岩石、浮渣清理干净，尤其是底板，要清理到硬底。

(3)浇筑止浆墙:本设计根据目前掌子面地质情况,结合施工方法,使用50 cm厚喷射混凝土作为止浆墙,设计里程暂定YK6+961,根据现场围岩揭示及超前探孔情况,止浆墙位置可适当进行调整。在止浆墙施作过程中,当止浆墙体积受到限制时,可在止浆墙体内架设钢筋,增加强度,减少体积。施工过程中要求混凝土密实,使墙体与围岩充分结合,薄弱环节预埋φ32.5 mm注浆小导管,墙体施工完毕,通过预埋注浆管注C-S双液浆或者早强水泥浆,加固墙体。

(4)止浆墙外侧隧道围岩的加固:止浆墙施工完毕,待混凝土强度达到设计值75%以后时才能注浆。为保证注浆加固和堵水的成功,在等强期间,还要对止浆墙墙体附近一定范围内的隧道围岩进行加固,防止由于围岩破碎引起浆液串流,在注浆压力增大时发生坍塌。加固范围视围岩体裂隙发育情况而定,一般止浆墙体至洞口方向15~30 m。在此范围内,每2~3 m划分一个断面,每断面在隧道周边环向方向按间距2.0 m、孔深3.5 m、直径φ32.5布置注浆小导管,用双液浆或者早强水泥加固围岩。

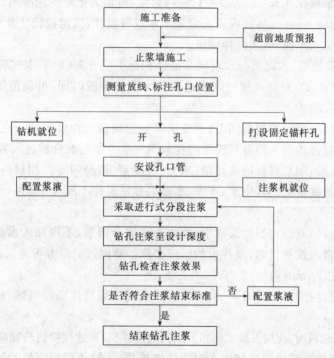

图6-3 超前帷幕预注浆施工工艺流程图

2. 钻孔注浆施工

(1)施工准备:钻孔前要按照设计及钻机所在位置,计算出各孔位在止浆墙上的坐标,标识注浆孔的准确位置,孔位误差应≤±1 cm。开孔前保持钻机前端中点与掌子面钻孔位于同一轴线上,固定钻机,保证钻杆中心线与设计注浆孔中心线相吻合。钻机安装应平整稳固,钻机定位误差≤±5 cm,角度误差≤±0.5°,在钻孔过程中也应检查校正钻杆方向。超前注浆孔的孔底偏差应不大于孔深的1/40孔深,注浆检查孔的孔底偏差应不大于孔深的1/80孔深,其他各类钻孔的孔底偏差应小于1/60孔深或符合施工设计交底图纸规定。

(2)开孔:为确保快速高效地完成钻孔注浆任务,最优发挥凿岩台车快速掘进能力,在施工过程中,采用凿岩台车施作短孔,多功能钻机施作长孔,台车和钻机相互配合、长短孔相衔接的方法,开孔由凿岩台车开孔,注浆孔由多功能钻机完成。

(3)孔口管安装:钻孔 2.2 m 后安装孔口管,孔口管是一端焊有抱箍卡口的钢管,长度 2.2 m。为防止孔口管由于注浆压力过大而爆突伤人,对所有已安装完毕的孔口管使用 $\phi 12$ 钢筋进行联体连接,确保施工安全。

(4)制浆:施工前应对不同水灰比、不同掺和料和不同外加剂的浆液进行下列项目的试验:

①浆液配制程序及拌制时间;

②浆液密度或比重测定;

③浆液流动性或流变参数;

④浆液的沉淀稳定性;

⑤浆液的凝结时间,包括初凝和终凝时间;

⑥浆液结石的容重、强度、弹性模量和渗透性。

一般情况下,部分制浆参数如下:

单液水泥浆:水灰比 0.6:1~1.2:1,先稀后浓,可加入适量的速凝剂。

单液水泥浆配制:先在搅拌机内放入定量清水进行搅拌,同时视设计及现场要求加入速凝剂,待全部溶解后放入水泥,继续搅拌即可。

水泥-水玻璃双液浆:水泥浆与水玻璃浆液体积比 1:1~1:0.3,水玻璃浓度 20~30 波美度,凝胶时间 1~3 min。并加入缓凝剂或速凝剂来调整凝胶时间,可调范围为十几秒到几十分钟。

双液浆的配制:水泥浆的配制同上,水玻璃浆的配制在搅拌桶内加一定量的清水,再放入一定量的水玻璃,搅拌均匀。两种浆液通过注浆机在混合器处混合后进入岩层。

为保证浆液质量,制浆材料准确计量,水泥、缓凝剂、速凝剂等固相材料采用重量称量法,水、水玻璃采用体积称量法。其中水、水泥、水玻璃称量误差不应大于 2%,外加剂称量误差不应大于 1%。

严格按顺序加料,有外加剂的浆液中,外加剂未完全溶解,不得加入水泥。搅拌时不得将绳头、纸片等杂物带入搅拌机内,搅拌后的浆液必须经筛网过滤后方可进入注浆机。掺有缓凝剂的水泥浆必须在 30 min 内用完。

单液水泥浆的搅拌时间为 30 s~3 min,浆液通过二级搅拌桶时过筛,从开始制备至用完的时间小于 4 h。

拌制超细水泥浆液时,应加入减水剂和采用高速搅拌机,高速搅拌机转速应大于 1 200 r/min,搅拌时间应通过试验现场确定。超细水泥浆液的搅拌,从制备至用完的时间宜小于 2 h,确保浆液的良好性能。

(5)钻孔注浆:采用前进式分段注浆,安设孔口管的孔位采用台车 $\phi 130$ mm 钻头开孔,随后改钻进钻头成孔,通过孔口管钻进 5~7 m 后,停止钻孔,进行注浆施工,之后每钻进 5~7 m,再注浆,如此循环下去,直至完成该孔的钻孔及注浆施工。注浆方式示意图如图 6-4 所示。

(6)注浆顺序:按序孔从外圈向里圈、自上而下进行钻孔注浆。每环注浆孔先施工奇数编号注浆孔,然后施工偶数编号注浆孔,偶数编号注浆孔同时可作为注浆检查孔。为防止临近孔位在注浆过程中发生浆液串流,孔位间隔一般控制在 2.0 m 左右,尽量避免在整个工作面"一上一下、一左一右"跳孔施工,否则会导致机械设备来回转移,影响施工进度。

3. 注浆结束标准

注浆结束标准以定压和定量为主,注浆压力达到设计终压,并且注浆速度小于 5 L/min 超

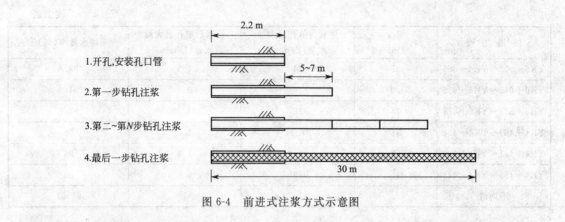

图 6-4 前进式注浆方式示意图

过 20 min 时,即可结束该孔注浆。当注浆过程中长时间压力不上升,并且达到设计注浆量时,应缩短浆液的凝胶时间,并采取间歇注浆措施,控制注浆量。当设计孔全部达到结束标准并注浆效果检查合格时,即可结束本循环注浆。

4. 注浆效果检查

(1) 钻孔法

注浆效果检查可采用钻孔检查法,根据注浆状况,确定检查孔位置。对检查孔进行钻孔检查,检查孔钻深为开挖段长度以内并预留 3 m 段。根据检查孔涌水量来决定是否须补设注浆孔。如果每孔每延米涌水量大于 0.15 L/min 或局部孔涌水量大于 3 L/min 的追加钻孔注浆,再次压注直至达到设计要求为止,所有的检查孔最后都作为注浆孔进行封堵。检查孔的数量一般按总注浆孔的 5%~10% 布设。

(2) 分析法(P-Q-t 曲线法)

通过对注浆施工中所记录的注浆压力 P、注浆量 Q 进行 P-t,Q-t 曲线绘制,根据地质特征、注浆机制、设备性能、注浆参数等对 P-Q-t 曲线进行分析,从而对注浆效果进行评判。注浆施工中 P-t 曲线呈缓慢上升趋势,Q-t 曲线呈缓慢下降趋势,在注浆结束时注浆压力达到设计终压,此类曲线属于正常注浆过程;在发生堵管或者浆液做渗透和劈裂扩散时,P-t 曲线和 Q-t 曲线则呈其他变化趋势,则要针对具体问题做具体分析。

(3) 浆液填充率反算

通过统计注浆总量,可采用式(6-7)反算出浆液填充率 α,根据浆液填充率评定该注浆段注浆效果。

$$Q = \frac{\pi D^2}{4} L \cdot n \cdot \alpha \cdot \eta \tag{6-7}$$

当地层含水率不大时,浆液填充率须达到 70% 以上,地层富含水时,浆液填充率须达到 80% 以上。

注浆堵水的效果见表 6-2。

表 6-2 青岛胶州湾隧道断层破碎带涌水量统计表

隧道里程	长度(m)	注浆前单孔最大涌水量(L/min)	注浆后单孔最大涌水量(L/min)	堵水效率(%)
YK6+961~YK6+931	30	36.5	0.1	99.7
YK6+936~YK6+911	25	156	0.8	99.5

续上表

隧道里程	长度(m)	注浆前单孔最大涌水量(L/min)	注浆后单孔最大涌水量(L/min)	堵水效率(%)
YK6+900～YK6+865	35	24	1.5	93.8
YK6+645～YK6+615	30	8	0.7	91.3
YK6+514～YK6+479	35	12	0.7	94.2
YK4+469～YK4+438	31	37.97	1.5	96
YK4+441～YK4+390	51	49.2	1.9	96
YK4+483～YK4+443	40	9.96	0.8	92
平均值		41.7	1	95.31

5. 径向注浆

径向注浆采用小导管注浆形式，对于开挖后仍呈面状渗水或围岩较破碎时，对初期支护和开挖周边进行径向小导管注浆加固，作为对全断面超前预注浆施工薄弱区域的补充，达到止水和加固围岩的作用。径向注浆根据注浆设计图纸并结合地层特点进行确定，并在现场施作过程中不断完善。隧道开挖后，初期支护局部表面渗水量≥2 L/(m·d)时，需对此处周围不小于2 m范围内进行补充径向注浆。

6.2 北天山隧道注浆施工设计

6.2.1 注浆圈合理参数确定的方法

北天山隧道存在岩溶及岩溶水、断层破碎带等不良地质问题，岩溶及岩溶水发育，导水断层均可能引起大的突水突泥，为避免突水、突泥带来的灾难性危害，根据超前探孔及地质预报结果采用帷幕注浆（全封闭注浆），以"堵水限排"的方式对地下水进行治理。

采用"堵水限排"的隧道防排水系统，需要确定注浆圈的厚度及渗透系数等参数值，其结果不仅与地下水水头大小有关，还与地层渗透系数和地下水排放量控制标准有关，若达不到设计要求，注浆圈将无法有效地控制渗透到隧道衬砌背后的地下水量，当衬砌背后的地下水量超过衬砌的排水能力时，将导致衬砌外水压力上升，最终对隧道安全不利。

由分析可知，衬砌外水压力折减系数的大小由隧道排水率决定，而排水率是隧道设计排水量与渗透到衬砌背后的地下水量二者的比值。根据环境保护要求，隧道允许的地下水排放量标准一般是确定的，这就决定了隧道的设计排水量通常是确定的，因此可以通过调整渗透到衬砌背后的地下水量即注浆后的隧道涌水量来控制排水率的大小，从而达到控制隧道衬砌外水压力的目的，而注浆圈的涌水量可以通过改变注浆圈参数进行控制，据此，可得注浆圈合理参数确定程序如图6-5所示。

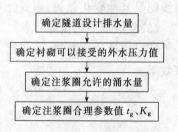

图6-5 注浆圈合理参数确定程序

6.2.2 断裂破碎带超前预注浆设计及施工工艺

1. 注浆设计方案

(1) 首先施作 DK118+485～+360 变更段拱墙未完成注浆段进行注浆,其次再施作 DK118+360～+330 段采用 ϕ42 小导管进行拱墙注浆,最后施作 DK118+400～+330 段仰拱部位进行注浆。因仰拱有水,现场先选取一段做试验段。目前试验段已完成。

(2) 注浆先施作拱墙再施工仰拱。注浆原则：采用无水地段向有水地段压注,由水小地段向水多地段压注,由下部孔眼向上部孔眼压注,以确保岩溶裂隙水被封堵,注浆时以 10～15 m 分段进行注浆,注浆逐孔完成,若个别孔浆液不畅被迫提前终止时,可在邻近适当加压补偿。

(3) 注浆材料采用水泥浆加速凝剂,对于 DK118+485～+330 段现场注浆困难时采用水泥-水玻璃双液浆进行注浆。注浆采用跳孔间隔注浆,实施挤密型注浆措施,注浆管同孔壁连接部分采用锚固剂或快凝混凝土等锚固材料黏接,利用喷射混凝土作为止浆墙,对于开裂处加喷 C20 混凝土厚 3 cm,保证注浆效果。注浆过程如发生串浆,则关闭孔口阀门或堵塞孔口,待其他孔注浆完毕后再打开阀门,若发生流水,则继续注浆,直至每个孔达到注浆结束标准。注浆结束后,若仍存在个别出水点,则应进行局部补注浆,直到达到结束注浆标准。为确保注浆效果,注浆过程中现场进行注浆试验,根据实际情况确定合理的注浆参数。

(4) DK118+400～+330 段仰拱部位因底部涌水较大,且有压力,在注浆前铺设一层 20 cm 厚的混凝土止浆板,采用小导管注浆后,最后开挖浇筑钢筋混凝土衬砌。

(5) 拱墙部位涌水通过小导管注浆后,对有压力的股状集中涌水采用 PVC 管集中引排到边墙侧沟内。

2. 隧道全断面超前(帷幕)预注浆参数设计

DK118+360～+485 洞身拱墙径向注浆孔间距为 1 m,梅花形布置,纵向间距 2.2 m,孔深 4.5 m;DK118+330～+360 段洞身拱墙径向注浆孔间距为 1.2 m×1.2 m,梅花形布置,注浆导管长 4.0 m;DK118+400～+330 段洞身仰拱注浆,注浆孔间距 1.2 m×1.2 m,导管长 4.0 m,梅花形布置。

其他注浆参数详见表 6-3。

表 6-3 注浆参数表

序 号	参 数 名 称	径向注浆参数
1	加固范围(m)	开挖轮廓线外 4.5
2	扩散半径(m)	1.5
3	注浆管直径(mm)	42
4	钻孔直径(mm)	50
5	孔底间距(m)	2.2/1.2
6	水泥标号	42.5 号普通硅酸盐水泥
7	注浆终压(MPa)	1.5～2.0
8	单液浆水灰比(速凝剂 2%)	1:1～0.6:1
9	双液浆：水泥浆与水玻璃体积比	1:1～1:0.6
10	水玻璃浓度(缓凝剂:水泥量 2%)	35Be'

注：现场注浆施工中,注浆参数根据情况进行动态调整优化。

3. 隧道全断面超前(帷幕)预注浆施工工艺

在有涌水危险地段采用超前帷幕注浆,在超前探明掌子面前方有大的岩溶裂隙水时,沿施工掌子面放射状布设超前注浆孔,固结隧道开挖线外 10 m 左右的岩体,一次固结范围为开挖轮廓周遍 4~9 m,固结堵水后再开挖,施工时根据实际地质情况,通过试验调整一次注浆的长度及注浆孔的布置。

超前帷幕注浆施工工艺见图 6-6。

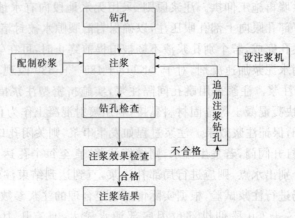

图 6-6 注浆施工工艺框图

4. 止浆墙施工

根据国内富水山岭隧道经验,在涌水高危地段,可在工作面设置止浆墙。如果已经预测出工作面前方水压较大,为防止承压水和受压浆液从工作面漏出,并保证能用最大的注浆压力把浆液注入含水层的裂隙中,使之沿裂隙有效地扩散,需要在工作面设置止浆墙。

根据 TSP 超前地质预报和掌子面施作水平超前探孔结论显示,若掌子面前方围岩极为松软,且含水率丰富,则需要施作 C20 模筑混凝土止浆墙(必要时局部用钢筋加固),厚度通过注浆压力现场确定。

为保证施工安全,结合现场实际在 DzK114+763~+768 段按照设计预案设一道 5.0 m 厚 C25 混凝土止浆墙。

对 DzK114+763~+780 段 17 m 范围内堆积体和掌子面前方空腔内注水泥-水玻璃双液浆、水泥浆,固结验收合格后后清除 DzK114+763 以后渣体。开挖断面采用在原设计Ⅲ级(精伊霍施隧 15-76 图)的基础上加大 100 cm,在为下步施工创造作业空间。

DzK114+774~+779 段按照设计预案设一道 5.0 m 厚 C25 混凝土止浆墙,为续帷幕注浆、超前管棚预支护做好施工准备。

5. 钻孔注浆施工

(1)注浆顺序

注浆施工自下而上,纵向分段(10~15 m)进行施工,先注边墙部位,再注拱部,然后再施作仰拱部分注浆,无水地段向有水地段压注,由水小地段向水多地段压注,由下部孔眼向上部孔眼压注,以确保岩溶裂隙水被封堵。

(2)注浆机组

注浆机主要由操作台、吸浆管、搅拌桶、注浆管、注浆嘴组成。

注浆机组:5 台注浆机,每组机组由 6 人组成(2 名操作员、2 名拌料工、2 名注浆工)。操作员监视机组的压力表、机械运转情况、注浆时间、浆液的稠度;拌料工负责称量、拌制浆液和搅拌工作;注浆工监视是否漏浆、串浆,及时堵塞、换孔工作;另外配属的现场技术干部负责注浆相关记录、技术指导工作,现场管理人员全天 24 h 负责注浆的工作协调、人员及机械配属工作。

(3)注浆

连接好注浆管路、注浆嘴,将注浆嘴塞进注浆孔内,连接牢固。先进行压水试验,保证管道畅通并探明裂隙发育情况,开动注浆机进行注浆,注浆时不停搅拌浆液,注浆压力应逐渐增大。注浆过程中,应留意浆液的稠度,不停地搅拌防止分层;观测注浆压力表,看是否有突然的变化,如一味的增大,可能是堵管所至,即可停止进行检修。检修时要将注浆管内所有的浆液人工排除,防止硬化凝固。

注浆过程中,如果注浆压力突然增加,表明裂隙变小,浆液通路变窄,这时可改清水或纯水,待泵压恢复正常后,重新注浆。

注浆过程中,如果进浆量很大,而泵压长时间不升高时,表明遇到较大裂隙,这时可调整浆液浓度和配比,缩小凝胶时间,进行小泵量、低压力注浆,以使浆液在岩层裂隙中尽快凝胶,也可采用间歇式注浆方式处理。

若注浆孔周围注浆孔串浆严重,且孔数较多时,应结束该孔注浆,采取间隔跳孔进行,实施挤密注浆措施,必要时采用喷射C20混凝土进行封堵。

注浆过程中若发生串浆,则关闭孔口阀门或采用木塞临时堵塞孔口,待其他孔注浆完毕后再打开阀门,若发生流水,则继续注浆,直至每个孔达到注浆结束标准。

拱墙如遇到涌水量较大,并有一定压力的股状出水点,在无法注浆封堵的情况下,可将出水点集中至水沟部位采用PVC管将水引排至水沟内。

6. 注浆结束标准

根据设计文件要求,注浆结束后必须保证满足以下要求。

段内正常涌水量的80%以上被堵住,不对正常使用造成影响,则可以结束注浆,若仍然有较大涌水,影响正常施工,则按照以下标准执行:

(1)单孔注浆结束标准:当达到设计终压1.5～2.0 MPa并继续注浆10 min以上,单孔进浆量小于20～30 L/min。

(2)全段结束注浆标准:

①所有注浆孔均以符合单孔结束条件,无漏浆现象;

②注浆后段内涌水量不大于15～20 $m^3/(m \cdot d)$。

如未达到上述要求,继续进行注浆处理。

7. 注浆效果检查

所有注浆孔都注满后,钻取岩芯对注浆效果进行检查。对浆液扩散较为薄弱及钻孔渗水量大的部位需加孔补注浆,直至达到要求指标为止。

8. 径向注浆

对一些裂隙水较丰富但又不会影响开挖安全的Ⅲ级围岩地段,可采取先开挖初支通过,后注浆固结堵水、加固的施工方法,即径向注浆。

径向注浆的参数需依据现场试验而定,其施工与帷幕注浆相似,只是在注浆时须注意以下几个方面的情况:

(1)注浆要采用定压与定量相结合标准进行注浆控制,以定压注浆为主,注浆终压为2～3 MPa,注浆量以单孔注浆量不超过设计注浆量为原则,但在施工过各中,若注浆孔周围注浆孔串浆严重,且孔数较多时,应结束该孔注浆。

(2)注浆应采取间隔跳孔进行,实施挤密注浆措施。在注浆过程中,若跑浆严重则采取间歇注浆措施,必要时补喷混凝土。注浆过程中要加强对隧道的监控量测和渗水量测试,任一桩号处沿洞轴线方向延伸30 m的出水段,开挖后14天内,经注浆封堵处理后的出水量不大于10 L/s,以确保施工安全。

6.3 本章小结

(1)在理论计算和数值分析的基础上,给出了流固耦合作用下海底隧道注浆圈合理参数确定方法和程序,并就青岛胶州湾海底隧道 F_{4-4} 断裂破碎带的注浆工程进行了初步设计,给出相关注浆参数。由于工程地质资料和破碎带透水性等因素的不确定性,本设计需要根据现场的注浆试验做进一步的调整。

(2)北天山隧道地质条件复杂,隧道进口端围岩顺层破碎,施工时易发生坍塌、冒顶。洞身穿越浅埋地段和 F_{14} 断层带,岩体较破碎,透水性好,易形成岩溶通道,将地下水引入隧道,造成突水突泥。为避免突水、突泥带来的灾难性危害,根据超前探孔及地质预报结果,合理确定注浆圈常数,科学设计超前帷幕预注浆施工工序和工艺,对断层带进行了成功治理。对于隧道穿过溶岩地段、断层破碎带等地段,预计地下水较大,根据实际情况采用"以堵为主,限量排放"的原则,达到了堵水有效、防水可靠、经济合理的目的。

第7章 隧道最大涌水量预测

7.1 隧道涌水量预测方法的研究

7.1.1 山岭隧道涌水量预测方法的研究

隧道涌水量的预测是从定性开始的,最早的预测只是通过查明隧道含水围岩中地下水的分布及赋存规律,分析隧道开挖区的水文地质及工程地质条件,依据钻探、物探、水化学及同位素分析、水文测定等手段,确定地下水的富集带或富集区,以及断裂构造带、裂隙密集带等可能的地下水涌水通道,并且用均衡法估计隧道涌水量的大小。随着技术水平和施工要求的提高,定量评价和计算涌水量成为可能,主要体现在隧道涌水位置的确定和涌水量预测这两个方面。在隧道涌水位置确定方面,人们通过对隧道围岩水文地质及工程地质条件的定性分析,发展了随机数学方法和模糊数学方法。在涌水量预测问题上,人们根据隧道环境地下水所处的地质体的不同性质、水文地质条件的不同复杂程度、施工的不同方式及生产的不同要求等因素提出了隧道涌水量预测计算的确定性数学模型和随机性数学模型两大类方法。其中确定性数学模型方法是利用水力学、地下水动力学等方面的理论,通过数学演绎,推导出隧道涌水量与环境地下水位、围岩渗透性、地下水补给范围、补给时间等因素的定量关系,得出一系列理论或经验解析公式,以预测计算隧道的涌水量。这类方法包括水文地质类比法(比拟法、径流模拟法)、水均衡法、解析法和数值模拟法等。而随机数学模型方法则是基于对隧道涌水相关水文地质及工程地质条件不甚了解的前提下,把隧道施工中产生的各种与涌水有关的信息与输出响应之间的随机关系,进而预测预报隧道的涌水问题。这类方法主要包括"黑箱(BlackBox)"理论法、灰色系统理论法、时间序列分析法和频谱分析法。

在20世纪60年代中期以前,水文地质类比法、水均衡法、解析法比较常用。Muskat (1973)首次利用解析法解出了地下水流的一系列解析解,后来由 Hantush 及 Jacob(1995)扩展了解析法的概念用来处理从弱透水层越流补给入含水层的水量[64]。再后来,Polu-barinova-Kochina(1962)及 Hantush(1964)等人也分别在自己的著作中论述了该方法。Carslaw 及 Jaeger(1959)的著作中收编了大量用于热流的表达式,这些方法可以在大多数情况下直接应用于求解隧道涌水量[65]。

在此之后,由于解析法等难以描述非均质含水层中和复杂条件下的地下水运动规律,并且随着快速大容量电子计算机的出现和广泛使用,数值计算法在地下水计算中得到推广,解决了非稳定流解析法计算中难以解决的复杂条件下的水文地质计算问题。1965年由斯托尔曼将数值方法引入地下水水文学,并提出了一种用对承压水进行数值分析以确定含水层渗透系数的方法[66]。Klute(1965)等人用一种迭代数值方法以解非线性水流方程。Liakopoulos (1965)把隐式交替方向法用于同时通过孔隙介质的水和空气一维渗流问题,并假定与流体压强和含水率相关的函数以及渗透系数和压强相关的函数是已经确定的,使问题大大简化[67]。鲁宾(1968)将迭代交替方向法用于水平入渗及渠道渗漏研究中的非稳定状态不饱和水流。Fiering(1964)首次利用数值法计算地下水含水层对抽水的反应,他采用了迭代隐式方法及从质量平衡推导出来的有限差分近似方程组[68]。Eshett 及 Lonffenbaugh(1965)采用高斯消去法来解一个均质各向同性含水层中水流的基本二维非线性二阶偏微分方程的有限差分近似解,该模型可以用来处理具有不透水侧向边界或者诸如河流式的定水头边界的潜水含水层。比延杰等人(1967)简要地描述了数值模型的数学原理以及用来解产生的代数方程的各种计算式,并描述了可能遇到的各种边界条件。Meiri(1985)基于地下水非稳定流理论,运用有限单元法,提出地下水自由流动的计算模型[69]。美国 Heuer(1995)根据钻孔水压力试验结果,运用半经验方法预测隧道涌水量[70]。

20 世纪 80 年代初,我国出版了几本有关地下水流动问题数值方法的专著,它们对推广数值方法在水文地质中的应用起到了积极的作用,在应用中发展很快,但是主要采用一维或二维流(平面流)地下水运动原理[71]。到了 90 年代初期,在国内出现地下水三维流原理和模型的报道,一些水文地质学界专家和学者对此进行了一些初步的研究和探索,如长春科技大学宿青山教授在大庆市和哈尔滨市小范围内应用地下水三维模拟和优化管理模型,并取得了良好的成效。目前国内许多高校和科研单位,广泛开展了地下水三维流理论和应用的研究。

隧道涌水量的预测计算是水文地质学科中一个重要的理论问题,同时也是隧道防排水设计和施工中一个亟待解决的实际问题,迄今为止尚无成熟的理论和公认的准确计算方法。由于隧道所处的复杂性的地质、水文环境以及地质勘探的经济、技术、施工等原因,用传统的隧道涌水量预测预报方法预测的隧道涌水量与实际涌水量的差异一直较大,不尽如人意。造成差异的主要原因是:传统的隧道涌水量计算和预测方法多采用水均衡法、地下水动力学法(解析法)、水文地质比拟法等方法,这些方法对客观地质和水文条件简化较多,致使隧道涌水量计算结果的可靠性和准确性较低。

7.1.2 海底隧道涌水量预测方法的研究

自日本青函隧道和英法海底隧道相继正式动工以来,海底隧道逐渐引起世界隧道工程界的瞩目。凿穿海底修隧道,将海洋隔开的陆地连接起来,这并不需要特别丰富的想象力,但要实施,其困难程度却是难以想象的。即使像日本、英法这样发达的资本主义国家,在长达数十年甚至一个多世纪的海底隧道勘察建设史中,也历经艰难曲折。

国内外对隧道水文地质条件的研究历来较重视。一般情况下,隧道水文地质研究首先应查明隧道所在水文地质单元内地下水补给、径流、排泄规律,确定隧道水文地质类型和主要充水来源、充水途径,进而计算隧道涌水量,为隧道施工过程中疏干排水方案设计提供科学依据。其中,隧道涌水量计算及预测是隧道水文地质研究的重要内容。

隧道涌水量是评价隧道充水条件复杂程度的主要标志,是制定隧道疏干排水设计的主要依据。做好隧道涌水量的预测工作,对隧道正确设计十分重要。

常用计算隧道涌水量的方法,一般说来有理论公式法、数值计算法和经验公式法三大类。

理论公式往往由水文、水力学原理经严密的数学推导得出,然而其适用条件苛刻,实际工程中很难完全符合这些条件,以至经由此法得到的结果与实际相差甚远,缺乏实际应用价值。

数值法是随着计算机的出现而迅速发展起来的一种近似计算方法。数值法包括有限单元法、有限差分法、边界单元法和离散单元法等,其中以有限单元法应用得最为广泛。有限元法的数学基础,是能量守恒原理和分割近似原理。有限单元数值计算方法是利用剖分插值把区域连续求解的初、边值条件混合的微分方程离散成求解线性代数方程组，以近似解代替精确解。该方法适合于不规则边界及承压与无压含水层共存，且不受含水层是否均质、初始水头是否水平等条件的限制，在地下水渗流计算方面具有较大的优越性，其中以变分有限单元法最为常用。变分有限单元法又称瑞里-里兹（Rayleihg-Ritz）法，是从变分原理出发，把微分方程的求解等价于求某个函数的极小值问题，再用剖分插值把求泛函数的极小值问题划成求解线性代数方程组，进而得到微分方程的近似解。数值计算法正得到越来越广泛的应用，其适用性强，只要地质模型正确就能取得较满意的结果。但是，数值法计算工作量巨大，必须借助计算机进行，对勘探试验的要求很高，因而计算成本也高，不够经济实用。它对工程的要求较高，仅用于工程控制程度较高的复杂隧道。数值法是研究各种隧道涌水问题行之有效的方法，它在处理复杂非均质、复杂边界条件方面弥补了解析法的不足，用三维数值法预测计算隧道掌子面前方的涌水量，这样才能更好地预测网状裂隙水的隧道涌水，更好地为施工服务。

用经验公式进行计算，尤其是基于地下水动力学理论并结合实际工程总结而得出的方法和公式，在其适用范围内，既简便好用又能达到一定的预测精度，可满足隧道工程勘测、初步设计和施工的要求。

7.2 隧道涌水量与各量值之间的关系

根据本书第一篇《承压地下水条件下隧道围岩应力场、位移场与渗流场的耦合研究》中第2章推导的涌水量计算公式(2-60)，作出隧道涌水量与注浆圈厚度、注浆圈渗透系数以及与覆盖层厚度的关系曲线图，如图 7-1、图 7-2、图 7-3 所示。图中 k_1、k_2 分别表示围岩和注浆圈的渗透系数。

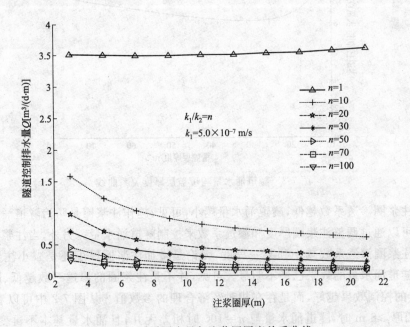

图 7-1　隧道涌水量与注浆圈厚度关系曲线

从图 7-2、图 7-3 中可以看出，隧道涌水量随着注浆圈厚度的增加逐渐减小，在相同的注浆

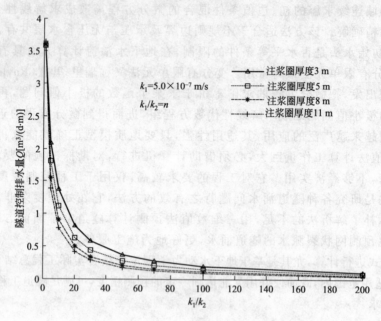

图 7-2 隧道涌水量与注浆圈渗透系数关系曲线

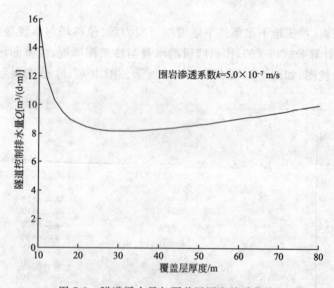

图 7-3 隧道涌水量与覆盖层厚度关系曲线

圈厚度下,注浆圈渗透系数越低,隧道涌水量越小,可见,施作注浆圈是防治隧道涌突水的有效措施,并且可以通过调整注浆圈厚度和渗透系数来控制隧道涌水量。另外,当注浆圈厚度增加到一定值、注浆圈渗透系数减小到某一程度,无论是增加注浆圈厚度还是减小注浆圈渗透系数,对减小隧道涌水量的效果已经不明显。可见,并不是注浆圈的渗透系数越低、厚度越大对隧道涌水量的控制效果越好,而是存在相对经济合理的参数值。从图 7-2 中可以看出:当 $n=50$ 且注浆圈厚 $\geqslant 8$ m 时,隧道涌水量与 $n=100$ 时相差无几,且涌水量基本不再变化,所以在实际设计和施工中应充分考虑到注浆加固的技术水平和具体施工过程的不确定性,合理地确定注浆加固圈参数。

从图 7-3 可以看出,隧道涌水量与覆盖层厚度有密切的关系,随着覆盖层厚度的增加,涌水量先减小后增大,存在一个最小涌水量,对于本次计算,覆盖层厚度在 25~35 m 之间时,涌水量最小。当覆盖层厚度小于这个范围时,涌水量随覆盖层厚度的增大逐渐减小,尤其是在覆盖层厚度较小的情况下,涌水量更是急剧减小;当覆盖层厚度大于此范围时,涌水量虽有增大的趋势,但增大趋势变缓,变化量不大。

早在日本修建关门隧道、青函隧道、早崎濑户隧道及长岛海峡隧道时,在确定最小岩石覆盖厚度时,就是以最小涌水量作为主要依据的。

7.3 承压地下水山岭隧道涌水量预测方法

长大隧道作为隧道的一种特殊类别,其涌水和中短隧道既有相同之处,又有其特殊性,这种特殊性主要与它的大埋深有关,同时长大隧道可能跨过更多的地貌单元,特别是可能跨过山间盆地沟谷等。因此,如果存在通畅的充水通道和丰富的补给源,可能发生比条件相同的中短隧道规模更大的涌水,并形成更大范围的疏干漏斗,从而导致长大隧道的涌水量计算公式与短隧道有所不同。基岩裂隙水与孔隙介质水赋存规律也存在很大的差别,山区水文地质与平原或盆地的水文地质条件也有很大的不同,并没有哪一种涌水量预测方法能适合于所有的地质条件,因此,在实际工作中,需要多方调查,广泛调查,综合多种预测方法进行对比分析,选择最适合研究区特征的计算方法。

7.3.1 近似方法

这种方法主要包括涌水量曲线方程(一般称 Q-S 曲线)外推法和水文地质比拟法两种。预测时前者以勘探阶段抽(放)水试验的成果为依据,后者则应用类似的隧道水文地质资料来计算,但两者共同的应用前提是水文地质资料的相似性,前者要求试验阶段与未来掘进阶段的条件相似,后者则立足于勘探区与借以比拟的施工区条件一致,因此,它们属于近似的预测方法。

7.3.2 专业理论方法

1. 水均衡法

水均衡法是根据水均衡原理,查明隧道施工期水均衡各收入、支出部分之间的关系进而获得施工段的涌水量。水均衡法能给出任意条件下进入施工地段的总的可能涌水量,而不能用来计算单独隧道的涌水量。当施工地段地下水的形成条件较简单时,采用水均衡法有良好的效果,如分水岭地段、小型自流盆地等。均衡法的关键是均衡式的建立即均衡要素的测定。但是在解决这问题时遇到了一个困难,就是天然条件下的水均衡关系,在隧道的施工过程中常常遭受强烈的破坏,如强烈的降压,使地下水运动的速度和水力坡降增大等。水均衡法虽然有种种不足,但它有一个最大的特点,就是能在查明有保证的根本补给来源的情况下,确定隧道的极限涌水量值。因此在补给源有限时,它可以作为核对其他方法计算结果的一种补充性计算方法。

2. 地下径流模数法

此法适用于越岭隧道通过一个或多个地表水流域地区,亦适用于岩溶区。本法采用假设地下径流模数等于地表径流模数的相似原理,根据大气降水入渗补给的下降泉流量或由地下水补给的河流流量,求出隧道通过地段的地表径流模数,作为隧道流域的地下径流模数,再确定隧道的集水面积,便可宏观、概略地预测隧道的正常涌水量。计算公式如下:

$$Q_y = M \cdot A, M = Q'/F'$$

式中　A——地下径流模数[$m^3/(d \cdot km^2)$];

　　　Q'——地下水补给的河流流量或下降泉流量(m/d^3),宜采用枯水期流量计算;

　　　F'——与 Q' 的地表水、下降泉流量相当的地表流域面积(km^2)。

3. 地下水动力学方法

地下水动力学法又称解析法,是根据地下水动力学原理用数学解析的方法对给定边界值和初值条件下的地下水运动建立解析式,而达到预测隧道涌水量的目的。在地下水运动学中有以裘布衣公式(1875)为代表的稳定流理论和以泰斯公式(1935)为代表的非稳定流理论。根据这两大理论人们研究出了许多隧道涌水量预测的经验公式,比较常见的有:日本的佐藤邦明公式、落合敏郎公式、前苏联的科斯嘉可夫公式、吉林斯基公式、福希海默公式以及我国的经验公式。地下水动力学法是比较常用的方法,但在工程建设中往往受地形、人力、物力、经费等诸因素影响,使预测精度受到限制。

4. 其他方法

地下径流深度法适用条件同地下径流模数法。由于各项参数难以取得精确数据,故预测的隧道涌水量,只能是宏观的、近似的数量。地球物理化学方法适用于与越岭隧道和傍山隧道地质条件类似的情况,主要是测定水中氚的含量。放射性元素氚(3H)是氢(H)的同位素,其半衰期为 12.26 年。根据含水体的地下水流向,沿水平方向或垂直方向,在较短距离内采取水样测定氚的含量,求出相对时间差,据此可求出地下水实际运动速度和大概的涌水量。

7.3.3 数值法

数值法是一种具有远大前景的方法,尤其是近几年发展很快,用它来求解描述疏干流场的数学模型有两种途径,即有限元法和有限差分法。前者对求解区域通常采用三角形单元剖分,用变分原理或卡辽金法或最小位能原理求解描述疏干流场单元节点上的近似值,而后者则一般采用方格形剖分单元并用差分代替微分方程,通过求解节点上的差分方程获得近似解。这两种方法中以有限元法应用得最为广泛。毕焕军(2000)有限单元数值计算方法是利用剖分插值把区域连续求解的初、边值条件混合的微分方程离散成求解线性代数方程组,以近似解代替精确解。该方法适合于不规则边界及承压与无压含水层共存,且不受水层是否均质、初始水头是否水平等条件的限制,在地下水渗流计算方面具有较大的优越性,其中以变分有限单元法最为常用。变分有限单元法又称瑞里-里兹(Rayleigh-Ritz)法,是从变分原理出发,把微分方程的求解等价于求某个函数的极小值问题,再用剖分插值把求泛函数的极小值问题划成求解线性代数方程组,进而得到微分方程的近似解。

7.3.4 解析法

解析法是利用地下水动力学原理演绎成各种公式,计算隧道的涌水量。按照地下水运动特点解析法可以分为稳定流方法和非稳定流方法。

1. 稳定流方法(表 7-1)

表 7-1 稳定流方法

顺序	条件	公式	说明
1	正交进入为陡倾隔水层阻隔的潜水非完整隧道，两侧边墙及掌子面进水	$q=\dfrac{2aKH_g}{\ln R-\ln r}$ $a=\dfrac{\pi}{2}+\dfrac{H_g}{R}$	q—两侧隧道单位长度涌水量； h_g、h_s—隧道以及潜水位高度； R、R_g、R_s—影响半径； H—隧道顶板至河水面高度； K—渗透系数； H—隧道底板以上岩层厚度； S—水位深度； T—岩层厚度； R、d—隧道引用半径或半宽； b—隧道引用直径或宽度； Q—涌水量； M—含水层厚
2	平行陡倾隔水水层的潜水非完整隧道，单侧边墙及掌子面进水	$q=\dfrac{2aKH_g}{\ln R-\ln r}$	
3	进入为陡倾隔水层两墙阻隔的潜水非完整隧道，两侧边墙及掌子面进水	$q=\dfrac{K}{2}\left(\dfrac{H_g^2}{R_g}+\dfrac{R^2}{H^2}\right)+\dfrac{\pi KS}{\ln\left[\dfrac{4(R_s+R_g)}{\pi b}\cos\dfrac{R_s-R_g}{(R_s+R_g)}\right]}$	
4	正交进入受地表水渗透影响的潜水非完整隧道，完整隧道，两侧边墙及掌子面进水	$q=K(H-h)/A$ $A=0.37\lg\left[\lg\left(\dfrac{\pi}{g}\dfrac{(4H-d)}{T}\right)\cot\left(\dfrac{\pi}{g}-\dfrac{d}{T}\right)\right]$ 当 T,h 很大时，$A=0.37\lg\left(\dfrac{4h}{d}-1\right)$ 当 $T=h$ 时，$A=0.37\lg\cot\left(\dfrac{\pi}{g}-\dfrac{d}{T}\right)$	
5	承压或潜水含水层无限深掌子面涌水量（平面）	$Q=4Krs$	
6	承压或潜水含水层无限深时掌子面涌水量（半圆形）	$Q=2\pi Krs$	
7	承压含水层有限降深（15～20 m）时掌子面涌水量（平面）	$Q=\dfrac{4\pi KMs}{\pi\left(\dfrac{M}{r}-1\right)+2\ln\left(\dfrac{3}{2}\dfrac{R}{M}\right)}$	
8	承压含水层有限降深（15～20 m）时掌子面涌水量（半圆形）	$Q=\dfrac{2\pi KMsr}{M+r\left[\ln\left(\dfrac{3}{2}\dfrac{R}{M}-1\right)\right]}$	
9	承压或潜水含水层隧道两侧边墙单位长度进水	$q=\dfrac{KH_g^2L}{R}$	

2. 非稳定流方法

隧道涌水时，地下水运动的非稳定流方程及定解条件为

$$\begin{cases}\dfrac{\partial}{\partial x}\left(MK_x\dfrac{\partial}{\partial x}\right)+\dfrac{\partial}{\partial z}\left(MK_z\dfrac{\partial}{\partial z}\right)+q=S\dfrac{\partial H}{\partial t}\\ H|_{\Gamma_1}=H_1(t>0)\\ MK_n\dfrac{\partial H}{\partial n}\bigg|_{\Gamma_n}=Q(t>0)\\ H|_{\Gamma_n}=z(t>0)\\ H|_{\Gamma=0}=H_z(r,z)\in\Omega\end{cases} \qquad (7\text{-}1)$$

式中 S——弹性储水系数；

H——地下水水位；

M——含水层厚度，对于潜水层用 H 代替；

K_x,K_z——轴方向的含水层渗透系数；

q——大气降水入渗量；

Ω——渗流区域；

K_n——法向渗透系数；

Q——地下水侧面补给量；

$\dfrac{\partial H}{\partial n}$——$H$ 的外法线方向导数；

H_0——地下水初始水位值；

H_Γ——Γ_1 边界上固定水位。

7.3.5 非线性理论方法

通过对隧道涌水的深入研究，人们发现隧道涌水往往是一个非线性系统，系统本身是一个不断与外部环境进行物质、能量和信息交换的开放系统，具有协同性、自组织性、信息性的特点。显然用线性理论或线性化理论来研究一个非线性系统是与客观实际相悖的，隧道涌水预测的可靠性也必然受影响。

目前，非线性理论应用于隧道涌水的预测相对较少，常见的有：神经元网络、专家系统、系统辨识法等。神经元网络专家系统是一种能够模仿人类专家工作的知识信息加工处理系统，它具有自适应、自组织、自学习、推理、联想记忆和分析决策能力。张憬、王延福等使用此系统对 53 个巷道进行了预测预报，准确的为 51 个，不准确的为 2 个，正确率达 92%。系统辨识方法的核心是对岩溶水进行系统辨识与描述。该方法首先对隧道标高附近及其以上庞大空间范围内的岩溶水进行系统识别与划分，同时完成对每个系统结构与功能的不同精度的描述。根据各个系统与隧道的空间关系及其他相关信息，确定系统向隧道供水的可能性，并进行分级。然后根据可能成为隧道充水水源的系统的径流量及导水通道的水力学特征，对隧道涌水量作出预测。徐则民、黄润秋等运用此法对渝怀铁路圆梁山特长隧道涌水量及疏干影响范围进行了预测和评估，该方法得到了同行专家的肯定，认为是对常规预测方法的一个有益补充。相信随着科学的发展，非线性理论在隧道涌水研究中的应用一定会越来越广泛，越来越完善。

7.3.6 随机数学方法

该方法主要是根据灰色理论、模糊数学、数量化理论和虚拟变量多元回归方法等随机数学方法，选取涌水灾害的影响因素，先进行关联度分析，然后按涌水程度进行分类，最后进行涌水量预测。

7.3.7 山岭隧道稳定渗流涌水量预测

1. 各向同性均匀连续围岩介质中隧道渗流场的解析解

根据高水压山岭隧道的特点，提出如下假设条件：

①隧道的排水不会影响到地下水位线的位置，即认为地下水位不变，设为 H_2；

②圆形断面隧道，围岩为均匀、各向同性介质；

③地下水不可压缩，且渗流符合稳定流规律；

④隧道洞周为等水头（或等水压）H_1。

研究思路：

①将 z 平面上较复杂的问题借助保角变换映射到 ζ 平面上，保证在 ζ 平面上映射区域的边界条件不变；

②考虑到 ζ 平面上映射区域的特点，应用抽水井的"圆岛模型"解出区域内水压力的分布规律；

③用反变换返回到 z 平面，将水压分布计算式表示成 (x,y) 的函数。

(1) 保角映射

利用映射函数 $z=\omega(\zeta)=-ih\dfrac{1-\alpha^2}{1+\alpha^2}\cdot\dfrac{1+\zeta}{1-\zeta}$ (7-2)

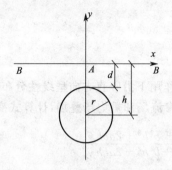

图 7-4 隧道渗流场计算区域

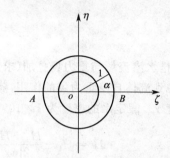

图 7-5 映射后的区域

其中 h 为隧道中心距离地下水位线的深度,a 为由 r/h 值决定的参数,

$$\frac{r}{h}=\frac{2a}{1+a^2}$$ (7-3)

将 z 平面的区域 R 保角映射为 ζ 平面内的由圆 $|\zeta|=1$ 和 $|\zeta|=\alpha(\alpha<1)$ 围成的环域,并将这个环域用 γ 表示。在 ζ 平面内易知,圆 $|\zeta|=1$ 对应于 $y=0$,而圆 $|\zeta|=a(a<1)$ 对应于圆 $x^2+(y+h)^2=r^2$。z 平面的原点对应于 $\zeta=-1$,且 z 平面内的无限远点对应于 $\zeta=1$。

在映射后的环形区域内,设液体的密度为常数,通过半径为 r,单位长度的圆形隧道的流量为:

$$Q=2\pi r|V|$$ (7-4)

这里 V 是径向的渗流速度,由于 $V_r=-|V|=\dfrac{\partial\varphi}{\partial r}$

φ 是势函数,则 $V=-\dfrac{Q}{2\pi r}$

积分之,则得矢径为 r 处水头为 $H=-\dfrac{\varphi}{k}=\dfrac{Q}{2\pi k}\ln r+a$

式中 Q、a 为未知,$r=|\zeta|$,应由边界条件确定,其中 a 为常数。

(2) 边界条件

① 地下水位线边界:$|\zeta|=1$,即 $y=0$:$H=H_2$

则得 $a=H_2$

② 洞周边界:$|\zeta|=\alpha$,即 $x^2+(y+h)^2=r_0^2$:$H=H_1$

由 $H_1=\dfrac{Q}{2\pi k}\ln r+H_2$,易知隧道排水量为 $Q=\dfrac{2\pi k(H_2-H_1)}{\ln\alpha}$

(3) 公式求解

当 $|\zeta|=\rho$,($\rho=\sqrt{\varepsilon^2+\eta^2}$,且 $\alpha<\rho<1$) 时,该点水头为

$$H=-\dfrac{\ln\rho}{\ln\alpha}(H_2-H_1)+H_2$$ (7-5)

(4) 返回到 z 平面

返回到 $z=x+iy$ 平面,变为

$$H = H_2 - \frac{H_2 - H_1}{2\ln\alpha} \times \ln\frac{a^2(x^2+y^2)+b^2h^2+2abhy}{a^2(x^2+y^2)+b^2h^2-2abhy} \tag{7-6}$$

其中：
$$a = 1 + \alpha^2$$
$$b = 1 - \alpha^2$$
$$\alpha = \frac{h - \sqrt{h^2 - r^2}}{r}$$

（5）排水渗流场与重力场叠加（求解压力水头）

考虑到流体自身重力场的作用，隧道渗流场在重力作用下沿竖直方向呈线性分布，梯度为流体重度 γ_w，假定水的密度为 1×10^3 kg/m³，则将排水渗流场和重力场叠加，计算式变为：

$$H' = H_2 - \frac{H_2 - H_1}{2\ln\alpha} \times \ln\frac{a^2(x^2+y^2)+b^2h^2+2abhy}{a^2(x^2+y^2)+b^2h^2-2abhy} - y \tag{7-7}$$

（6）表示成流量的形式

考虑到隧道的"以堵为主、限量排放"的防排水原则，可将渗流场表示成排水量 Q 的函数为：

$$H' = H_2 + \frac{Q}{4\pi k} \times \ln\frac{a^2(x^2+y^2)+b^2h^2+2abhy}{a^2(x^2+y^2)+b^2h^2-2abhy} - y \tag{7-8}$$

此时，只需确定洞周水头或洞周排水量就可确定隧道周围渗流场的水压分布。

7.4 海底隧道涌水量预测方法

鉴于海底隧道的特殊性，合理的涌水量预测是评价隧道充水条件复杂程度的主要标志，也是海底隧道防排水设计和施工措施制定的关键。当前，常用的隧道涌水量估计方法主要有理论公式法、经验公式法及数值计算法三大类[49]。

7.4.1 理论公式法

理论公式法是由水文、水力学原理，经过严密的数学推导得出，缺点是使用条件比较苛刻，实际工程中很难完全符合这些条件，以致于计算结果与实际情况相差的比较远，缺乏实用价值。

7.4.2 经验公式法

经验公式法是以地下水动力学理论为基础，结合工程经验给出的隧道涌水量的预测公式。由于地下水动力学法在解决复杂问题有所欠缺，其计算结果常常不太理想。为获得较接近实际隧道涌水量的计算，采用经验方法对理论公式加以修正。采用的修正办法有：对地下水动力学法公式的某些参数取值运用经验加以修正，或从理论着手修正基本假定，对地下水动力学法公式的形式加以修改。采用经验公式进行计算，尤其是基于地下水动力学理论并结合实际工程总结而得出的方法和公式，在其使用范围内，既简便好用又能达到一定的预测精度，可满足隧道工程勘测、初步设计和施工的要求。目前，比较常用的经验公式有：《铁路工程水文地质勘察规范》和《铁路供水水文地质勘察规范》提供的计算初期最大涌水量 q_0、递减涌水量 q 及经常涌水量 q_s 的经验公式。

海底隧道位于半无限含水层中，地下水直接接受海水的定水头入渗补给，施工前期的最大

涌水量与施工中的经常涌水量基本一致,常用的海底隧道最大涌水量的计算公式有:

①大岛洋志公式

$$q_0 = \frac{2\pi K(H-r)}{\ln\frac{4(H-r)}{d}} \tag{7-9}$$

式中　q_0——隧道单位长度可能最大涌水量$[m^3/(d \cdot m)]$;
　　　K——岩层渗透系数;
　　　H——含水层中原始静水位至隧道等价圆中心的距离(m);
　　　r——隧道洞身断面的等价圆半径(m);
　　　d——隧道洞身断面的等价圆直径(m);
　　　m——转换系数,一般取0.86。

②铁路规范古德曼经验式

$$q_0 = \frac{2\pi KH}{\ln\frac{4H}{d}} \tag{7-10}$$

式中　q_0——单位长度最大涌水量$[m^3/(d \cdot m)]$;
　　　K——渗透系数(m/d);
　　　H——静止水位至洞身横断面等价圆中心的距离(m);
　　　d——洞身横断面等价圆直径(m)。

③铁路规范经验式

$$q_0 = \frac{2\pi K(H+H_0)}{\ln\frac{2H}{r_0}} \tag{7-11}$$

式中　q_0——水底隧道施工中单位长度最大涌水量$[m^3/(d \cdot m)]$;
　　　K——渗透系数(m/d);
　　　H——自水体底部至洞身横断面等价圆中心的距离(m);
　　　H_0——地面水体厚度(m);
　　　r_0——洞身横断面等价圆半径(m)。

④马卡斯特公式。

日本青函隧道等其他海底隧道涌水量理论估算公式,常采用英法海峡隧道调查事务所用的马卡斯特公式:

$$Q = 2\pi K \frac{H+h}{\ln\left(\frac{2h}{r_0}-1\right)} \tag{7-12}$$

式中　Q——隧道预测涌水量(m^3/d);
　　　H——海水深度(m);
　　　h——隧道拱顶至海底的岩石覆盖层厚度(m);
　　　K——岩层渗透系数(m/d);
　　　r_0——隧道有效开挖半径(m)。

7.4.3 数值计算法

数值法是随着计算机的出现而迅速发展起来的一种计算方法。数值法包括有限单元法、有限差分法、边界单元法和离散单元法等。数值计算法正得到越来越广泛的应用,其适用性强,在处理复杂非均质、复杂边界条件方面弥补了解析法的不足,只要地质模型正确就能取得较满意的结果。但是数值法计算工作量巨大,对勘探试验的要求较高。隧道涌水量的预测计算方法很多,目前较为常用的是上述几种方法,但其预测精度往往相差较大,究其原因主要是隧道是一个复杂的开放系统,是非线性的,因此涌水量的预测必须采用多种方法结合、多学科交叉的手段,以提高预测精度。

7.4.4 海底隧道稳定渗流涌水量预测

1. 渗流模型

为定性地研究注浆圈各参数对海底隧道涌水量及衬砌外水压力的关系,本节采用了图7-6所示的渗流模型,并作了如下假定:①视围岩和结石体为均质的、各向同性的等效连续渗透介质;②隧道处于稳定渗流状态;③地下水流服从 Darcy 定理;④隧道排水是沿着毛洞周边均匀渗水实现的。

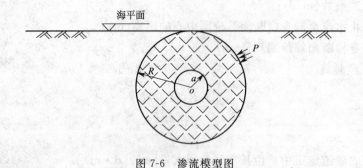

图 7-6 渗流模型图

2. 渗流场分析

根据地下水连续性方程及 Darcy 定理,孔隙水压力 u 可由式(2-48)确定。

$$\frac{EK}{(1+\mu)(1-2\mu)\gamma_w}\nabla^2 u = -\frac{\partial(\sigma'_x+\sigma'_y)}{\partial t} \tag{7-13}$$

式中 K——地层渗透系数;

γ_w——孔隙流体的容重。

对于稳定渗流有 $\partial/\partial t=0$,则 $\nabla^2 u=0$;由问题的对称性,有 $\partial/\partial \theta=0$。

在隧道围岩范围 $a \leqslant r \leqslant R$ 内,方程(2-48)可写成极坐标系下的表达式:

$$\left. \begin{array}{c} \left(\dfrac{\mathrm{d}^2}{\mathrm{d}r^2}+\dfrac{1}{r}\dfrac{1}{\mathrm{d}r}\right)u=0 \\ u|_{r=R}=P, u|_{r=a}=0 \end{array} \right\} \tag{7-14}$$

方程(2-48)的解为:

$$u=\frac{P}{\ln(R/a)}\ln\frac{r}{R} \tag{7-15}$$

式中 a——隧道毛洞半径；
　　　R——围岩半径；
　　　P——远场水压力。

根据达西定律，孔隙介质内流体流速为：

$$v = Ki = K\frac{\partial u}{\partial r}\frac{1}{\gamma_w} \quad (7-16)$$

远场水压力　$P = \gamma_w h$　(7-17)

式中 h——海水深度。

每延米隧道的涌水量为：

$$Q = 2\pi a v|_{r=a} = 2\pi a K \frac{\partial u}{\partial r}\frac{1}{\gamma_w} = \frac{2\pi K h}{\ln(R/a)} \quad (7-18)$$

式中 K——围岩的渗透系数。

由应力场对渗流场的影响规律可知，稳定渗流状态下应力场对渗流场的影响作用仅通过改变围岩渗透系数 K 来实现。从公式2-47 中可以看出，涌水量与围岩的渗透系数及海水的深度成正比，与覆盖围岩的厚度成反比。取围岩的渗透系数 $K = 1 \times 10^{-5}$ cm·s^{-1}，海水深度分别取 30 m、60 m、120 m，可以得到涌水量与覆盖岩层厚度的关系图，见图 7-7。

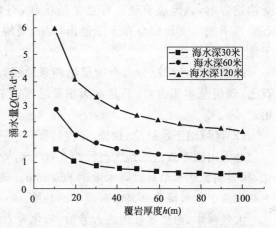

图 7-7　不同海水深度涌水量与覆岩厚度的关系

7.5　多年冻土地区隧道涌水量预测方法

多年冻土隧道涌水量预测原理：

(1)在最炎热的夏季，多年冻土隧道开挖后，由于施工过程改变了隧道的初始温度场，导致隧道围岩中的固态冰部分融化，产生隧道涌水。

(2)由于隧道的不同地段埋深不同，隧道涌水量需要分段分别计算。在隧道洞口等浅埋地段，隧道中的涌水受到地表降水的影响，直接接受地表水的垂直补给。在隧道的深埋地段，冻融线距离地表很远，隧道涌水无法接受地表补给。冻融线以外的围岩内部地下水以固态存在，无法流动；冻融线以内的围岩中地下水随着温度的升高逐渐融化，从而发生涌水现象。

(3)多年冻土隧道的涌水量为整个隧道纵向不同地段涌水量的总和。

7.6　工程实例

7.6.1　北天山隧道

1. 水文地质特征

(1)地下水类型、含水岩层的划分及分布

根据隧道通过区地层岩性及地质构造特征，结合含水性质的不同，将测区地下水分为岩溶裂隙水、基岩裂隙水、构造裂隙水。岩溶裂隙水主要发育于奥陶系石灰岩中，基岩裂隙水发育于石炭系岩层中，构造裂隙水发育于断层中。

隧道通过区基岩有奥陶系上统石灰岩，石炭系下统砂岩和灰岩及英安斑岩，这些地层以断层接触，受蒙马拉尔(博罗科努)复式背斜的影响，地层产状极为复杂。奥陶系上统石灰岩分布于隧道中部，发育有两组高角度节理，由于受构造影响石灰岩节理基本处于微张状态，有利于地表水的入渗及径流。石炭系下统砂岩和灰岩：该岩石自身具一定的富水性，受构造影响，该地层节理发育且呈微张状，有利于地下水的入渗，主要分布于隧道进口端；石炭系下统英安斑岩分布于隧道出口端，受构造影响，该地层也节理发育且呈微张状，有利于地下水的入渗。

隧道通过区广泛分布有薄层第四系地层，主要为坡积碎石土和部分洪积的碎石土及块石土，该层基本不含水，只是在雨季及融雪季节起到减缓地表水流速，加强地表水入渗的作用。

(2) 区域地下水补给、径流、排泄特征

北天山隧道通过区最大高程约 2 780 m，岭脊附近从 10 月初开始积雪至翌年 6 月中旬融化，积雪期长达 9 个月。降水量达 860 mm。该区处于高中山区，为地下水的形成区，地下水主要来源于大气降水和高山融雪水的补给。

大气降水、融雪水在地表入渗后，转化为岩溶裂隙水或基岩裂隙水、构造裂隙水。岩溶裂隙水经垂直渗流带下渗至水平径流带，沿裂隙或构造破碎带经短距离径流后，在石灰岩与砂岩、英安斑岩(断层)接触带以泉群的形式集中排泄。基岩裂隙水赋存于岩体裂隙中，在砂岩、英安斑岩区地下水的排泄主要为河流及小型泉水。构造裂隙水储存于构造破碎带中，在 F_{14}、F_{16} 断层带以泉群的形式集中排泄。

除上述天然径流排泄外，隧道建成后将形成新的人工排泄系统，石灰岩的深部缓流带将逐步转变为水平径流带，届时隧道通过区的地下水将涌入排泄。

地表水排泄分析结果表明，地下水循环交替积极，多为近 1~3 年来大气降水补给。

(3) 隧道围岩富水性划分与分区说明

根据隧道通过区地层岩性、地质构造特征，结合收集的区域资料，将隧道通过区划分为岩溶裂隙水强富水区、岩溶裂隙水中等富水区、基岩裂隙水弱富水区、构造裂隙水强富水区和构造裂隙水弱富水区。各富水性分区的地形地貌、地层岩性、地质构造、水文地质特征及分区里程如下。

① 岩溶裂隙水

由于山区降水量较大，为地下水的形成提供了良好的补给条件，石灰岩垂直及顺层节理、裂隙发育，有利于地下水的入渗及赋存，岭脊地形较平坦，有利于大气降水的入渗，积雪在融雪期基本入渗形成地下水。在 2003 年调查时，岭北积雪尚未大规模融化，泉群流量较小，$Q=0.66~196.131$ L/s，岭南已到融雪期，泉群流量 $Q=84.48~660.27$ L/s。而 2004 年调查时，岭北泉水流量增加，岭南减少。如图 7-8~图 7-11 所示。根据物探及钻探资料，将岩溶水分强富水区和弱富水区。

a. 岩溶裂隙水强富水区

DK111+280~DK112+500、DK114+350~DK115+900、DK116+200~DK117+000、DK117+200~DK117+600、DK118+830~DK119+520 段物探反映为低阻带，钻探表明石灰岩岩体中断层发育，断层两侧岩体破碎，水量大，属岩溶裂隙水强富水区，长度 4 660 m。

b. 岩溶裂隙水中等富水区

隧道在 DK111+020~DK111+280、DK112+500~DK114+350、DK115+900~

DK116+200、DK117+000～DK117+200、DK117+600～DK118+830、DK119+520～DK120+220 通过岩溶裂隙水中等富水区，长度 4 540 m。

图 7-8　DK119+885 涌水

图 7-9　DK118+450 涌水

图 7-10　DK113+452 涌水

图 7-11　DK114+701 涌水

②基岩裂隙水弱富水区

隧道在 DK109+240～DK110+770 和 DK120+570～DK122+850 通过弱富水区，长度 3 810 m，岭北地层为石炭系下统砂岩夹灰岩，岭南地层为石炭系下统英安斑岩、凝灰岩。岩层层理、节理比较发育，微张或有充填物，透水性较差，因而相对弱富水，本区地下水补给以大气降水为主，相对径流条件较差，地下水的排泄，以小型泉水沿沟谷排泄，泉水流量一般小于 0.3 L/s。

③构造裂隙水

a. 构造裂隙水强富水区

隧道在 DK110+770～DK111+020 通过 F_{14} 断层破碎带及影响带，长度 250 m，正断层，带内物质以断层角砾岩为主。张性节理、裂隙发育，裂隙内大多有方解石充填，在地表沿断层带有泉水分布，流量 50～4 000 m³/d。隧道开挖通过时最大涌水量约 38 850 m³/d，目前水量在 4 000～6 000 m³/d，属构造裂隙水强富水区。

b. 构造裂隙水弱富水区

隧道在 DK120+220～DK120+570 通过 F_{16} 断层破碎带及影响带，长度 350 m。逆断层，

断层带为断层角砾岩,角砾成分主要为英安斑岩(局部可见擦痕),影响带为压碎的石灰岩或英安斑岩,虽然在地表沿断层带有泉群分布,流量达 10 000 m³/d,但隧道开挖通过时由于破碎带胶结致密,局部有滴水,没有形成地下水径流通道,属构造裂隙水弱富水区。

2. 隧道涌水量预测计算

依据越岭地区区域水文地质、工程地质调查,地表水测流和搜集的有关气象资料,结合物探 V5 沿隧道洞轴贯通剖面和 5 个深孔钻探的综合测井,分析隧道通过地区地层岩性、富水性等因素,确定采用地下径流模数法、降水入渗法分别计算隧道涌水量。

①参数取值

本地区降水入渗条件、物探及钻探资料,并参考其他线路的越岭隧道涌水量计算方法,确定不同岩性入渗系数 a 及影响宽度 B,见表 7-2。

表 7-2 各地层岩性的入渗系数 a 及影响宽度 B 取值表

地 层	岩 性	入渗系数 a	影响宽度 B(km)
奥陶系 O_3	岩溶及断层发育段	0.5	2.0
	一般灰岩段		1.4
石炭系 C_1	砂岩夹灰岩夹砾岩	0.15	0.8
石炭系 C_1	英安斑岩	0.18	1.2

2004 年调查地下径流模数(M)159~2 708.19 m³/(d·km);2003 年调查为 138.74~11 760.14 m³/(d·km);1999 年调查为 1 064.57~1 779.98 m³/(d·km)。根据物探及钻探资料,调整后地下径流模数实际采用值(M)。奥陶系灰岩:岩溶及断层发育段 5 000 m³/(d·km),一般灰岩段 1 900 m³/(d·km),石炭系英安斑岩 1 000 m³/(d·km),石炭系砂岩夹灰岩夹砾岩 800 m³/(d·km)。降雨量 w 取值 860 mm。入渗系数 a:灰岩 0.50,砂岩夹砾岩 0.15,英安斑岩 0.18。影响带宽度 B:岩溶及断层发育段 2.0 km,一般灰岩段 1.4 km,砂岩 0.8 km,英安斑岩 1.2 km。

降水量取值说明:勘测区(山区)没有气象台站,缺乏准确的气象资料,降水量值参考海拔高程与之相近的西天山山区的昭苏县气象资料,气象站海拔高程 1 851.0 m,年最大降水量 618.0 mm。另根据区域水文地质普查资料:山区气候与平原差别较大,一般高程在 1 000~3 000 m 之间的山区,海拔每升高 100 m 降水量增加 39~42 mm,那么,岭南以伊宁县气象站(海拔高程 770 m)年最大降水量 551.7 mm,为 1 000 m 高程的降水量基数,以 40 mm/100 m 递增推算隧道出口处降水量约为 900 mm,岭脊处约为 1 200 mm。岭北以尼勒克汇岸水文站(海拔高程约 1 300 m)观测资料 93 年出现的降雨峰值 292.7 mm,为基数推算隧道进口处降水量约为 530 mm,岭脊处约为 850 mm。根据 2000 年新疆气象科学研究所提供推测资料:苏古尔野外气候考察站为 300.0 mm(海拔高程约 1 900 m),蒙马拉尔野外考察站为 860.0 mm(海拔高程约 1 900 m)。结合实际调查、新疆气象科学研究所提供推测资料及植被发育程度等综合分析研究,本次采用降水入渗法计算隧道涌水量时,降水量采用上述推算值的平均值 860 mm。

②计算结果及采用方法说明

根据野外调查,地下水排泄主要以泉水形式集中出露于碳酸岩岩溶中等富水区,地表径流汇水区主要出露地层为碳酸盐岩,地下径流模数法能实际反映地下水补给量、排泄量大小及地下水径流条件,故采用地下径流模数法能够比较准确地预测隧道通过段涌水量大小。基岩裂隙水弱富水区没有地下水集中排泄段,调查区所测地下径流模数、地表水径流量,主要反映岩溶区补给、排泄条件,直接用地下径流模数法预测隧道通过基岩裂隙水弱富水区(砂岩、英安斑岩),隧道涌水量值偏大,根据物探及钻探资料相应地调整了地下径流模数。用大气降水入渗法对测隧道涌水量进行了复算。计算结果见表7-3。

表7-3 隧道涌水量计算结果表

隧道方案	13.61 km			
富水段长度 (km)	灰岩		砂岩、英安斑岩	
	岩溶及断层发育段	一般灰岩段	岭南	岭北
	3.605	5.955	2.38	1.67
地下水径流模数法涌水量 (m³/d)	36 050.00	158 400.30	2 856.00	1 068.80
	55 815.10			
降水入渗法涌水量 (m³/d)	8 494.82	9 822.65	1 211.38	472.22
	20 001.07			

③采用结果

根据计算结果及野外地质调查分析,本次采用径流模数法计算的隧道涌水量计算结果,见表7-4。

涌水量 $Q=55\,815.10$ m³/d。灰岩:岩溶及断层发育段 $Q=36\,050.00$ m³/d,$q=10.00$ m³/(d·m);一般灰岩段 $Q=15\,840.30$ m³/d,$q=2.66$ m³/(d·m)。岭南英安斑岩段 $Q=2\,856.00$ m³/d,$q=1.2$ m³/(d·m);岭北砂岩夹砾岩段 $Q=1\,068.80$ m³/d,$q=0.64$ m³/(d·m)。

表7-4 北天山隧道分段涌水量统计表

隧道里程	长度(m)	正常涌水量(m³/d)	地下水类型	预测涌水量(m³/d)	准确率(%)
DK109+240～DK110+770	1 530	1 000	基岩裂隙水	848	84.8
DK110+770～DK111+020	250	4 000	构造裂隙水	4 250	93.8
DK111+020～DK111+280	260	500	岩溶裂隙水	610	78
DK111+280～DK112+265	985	30 500	岩溶裂隙水	32 750	92.6
DK112+265～DK112+500	235	4 700	岩溶裂隙水	4 080	86.8
DK112+500～DK114+750	1 850	4 921	岩溶裂隙水	5 230	93.7
DK114+750～DK115+900	1 550	31 000	岩溶裂隙水	27 900	90
DK115+900～DK116+200	300	798	岩溶裂隙水	850	92.8
DK116+200～DK117+000	800	16 000	岩溶裂隙水	14 480	90.5
DK117+000～DK117+200	200	532	岩溶裂隙水	610	85.3
DK117+200～DK117+600	400	8 000	岩溶裂隙水	7 580	94.8
DK117+600～DK118+500	900	2 394	岩溶裂隙水	2 040	85.2
DK118+500～DK119+520	1 020	8 338	岩溶裂隙水	7 080	84.9
DK119+520～DK120+220	700	1 862	岩溶裂隙水	1 620	87
DK120+220～DK120+570	350	42	构造裂隙水	50	81
DK120+570～DK122+850	2 280	7 758	基岩裂隙水	6 930	89.3
平均值		7 647		7 307	88.2

7.6.2 青岛胶州湾海底隧道

1. 水文地质条件

根据地下水补给贮藏条件及水化学类型等特征,可将场区水文地质单元划分为低山丘陵基岩裂隙水分布区、低山丘陵松散岩类孔隙水分布区、滨海基岩裂隙水分布区、滨海松散岩类孔隙水分布区和海域基岩裂隙水分布区。两岸高程约 5 m 以上基岩出露区为低山丘陵基岩裂隙水分布区,薛家岛岸低山丘陵坡麓和沟谷洼地残坡积层为低山丘陵松散岩类孔隙水分布区,滨海地带海蚀洼地沉积层或人工填土属滨海松散岩类孔隙水分布区,滨海地带低于高潮位的基岩分布带为滨海基岩裂隙水分布区,被海水淹没地带为海域基岩裂隙水分布区。地下水运动主要受地形、地貌的控制。在低山丘陵区,基岩裂隙水在降雨补给下,形成强烈的交替作用,地下水沿裂隙向低洼处汇流,常在冲沟、山脚、陡坎处露出地表或渗流补给邻近含水层。低山丘陵松散岩类孔隙水除接受大气降雨补给外,主要接受基岩裂隙水的侧向和顶托补给,并从高处向低处汇流,排泄于沟口。滨海松散岩类孔隙水主要接受海水侧向补给,流向随海水涨落往复改变。滨海基岩裂隙水既接受低山丘陵基岩裂隙水的侧向补给,也可接受海水补给,地下水运动缓慢。海域基岩裂隙水接受海水垂直补给,地下水在自然状态下基本不运动。

地下水的埋藏深度受地形控制较明显,从丘顶到海边渐次变浅。在丘陵的山坡上,地下水埋深可以几米到十几米;在坡脚、山谷或洼地,埋深常小于 1 m 或接近地表。

低山丘陵区地下水的动态受气象因素控制,其变化幅度又受地形、含水层的不同而异。低山丘陵基岩地下水位随降雨变化较剧,变幅可在 1~5 m 左右,残坡积层地下水变幅一般在 1~3 m 左右。滨海地带地下水位主要受海潮影响产生周期性变化,变幅一般在 2~4 m。

基岩弱风化带多为中等透水性、少数弱透水性,微风化破碎岩体和断裂带大部为弱透水性、部分为中等渗透性,绝大多数微风化岩体为微~弱透水性、局部为中等渗透性。

另外,从岩石结构面被地下水侵染特征及孔内电阻率测试结果可以看出,绝大多数地段埋深 20 m 以下岩体的地下水活动迹象或富水程度明显减弱,但在某些地段 20 m 以下仍有富水性相对较好的岩体。

根据青岛水文地质勘察报告,岩土体渗透系数见表 7-5。

表 7-5 岩土体渗透系数统计成果表

含水岩组	试验段数	渗透系数(m/d)		透水率 L_u		渗透性等级
		范围值	平均值	范围值	平均值	
人工填土	1	26.31	26.31			强透水
基岩弱风化带	7	0.036~0.15	0.108	3.77~18.04	11.50	弱~中等透水
微风化破碎岩(包括断裂带)	23	0.040 3~0.14	0.039	0.33~13.45	3.25	微~中等透水
基岩微风化带	60	0.001~0.13	0.032	0.31~14.77	3.59	微~中等透水

隧道区海域段弱~微风化岩层在同一层面上透水性较均匀,无突跃增大或减小的现象。弱风化岩体受风化裂隙影响,具弱~中等透水性,综合渗透等级为中等透水。微风化岩体具微~弱透水性,综合渗透等级为弱透水。微风化破碎岩体,具中~微透水性,综合渗透等级为中等透水。总体来讲,海域隧道洞身多处于弱透水性岩层中,水量较贫乏,局部微风化破碎岩体具中等透水性,但不排除在海域某些地段因构造裂隙发育而存在的独立强透水区段。围岩

透水性主要受构造裂隙的发育程度、充填情况所控制。

2. 隧道涌水量预测结果

采用三种不同的公式对青岛胶州湾海底隧道某海域段涌水量进行预测,不同预测方法,涌水量有一定的差别,隧道预测涌水量随里程的关系如图7-12、图7-13所示。

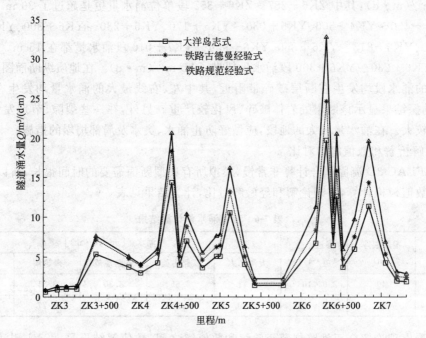

图 7-12 左线隧道预测涌水量与里程的关系曲线

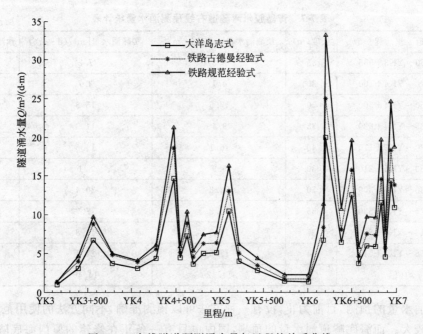

图 7-13 右线隧道预测涌水量与里程的关系曲线

通过以上三种公式对隧道海域分段计算最大涌水量可以看出,大岛洋志式计算出的单位涌水值最小,古德曼经验式次之,铁路规范经验式值最大。可见,铁路规范经验式的预测值是偏于安全的。

按照铁路规范经验式预测的结果,隧道左线 ZK4+362～ZK4+422、ZK5+022～ZK5+212、ZK6+287～ZK6+352、ZK6+442～ZK6+462、ZK6+742～ZK6+942 段的涌水量都超过了 15 m³/(m·d),其中 ZK6+287～ZK6+352 段单位涌水量更是超过了 30 m³/(m·d)。右线 YK4+450～YK4+500、YK5+030～YK5+170、YK6+230～YK6+300、YK6+475～YK6+530、YK6+813～YK6+850、YK6+956～YK7+010 段涌水量都在 15 m³/(m·d)以上,其中 YK6+230～YK6+300 段涌水量超过了 30 m³/(m·d)。在地质纵断面图中显示,上述比较大的涌水段均发生在断层破碎带附近,其中左、右线最大的涌水量均发生在断层 F_{4-1} 处,地质勘探结果显示该断层处岩体破碎、风化较严重。另外,在一些裂隙、节理发育的地段,涌水量也较大。在涌水量较大的地段,应做好防止涌水、突水及局部坍塌的措施。

3. 与解析解和数值解的对比

由于 FLAC 3D 流固耦合计算非常慢,模拟所有典型断面需要的时间很长,所以只取某一断面进行数值模拟计算,将理论解和经验解对比,计算结果见表 7-6。

表 7-6 隧道涌水量计算结果

海水深度(m)	覆盖层厚(m)	渗透系数(m·s⁻¹)	涌水量[m³/(d·m)]				
			大洋岛志	铁路古德	铁路规范	理论解	数值解
30	40	2.0×10^{-7}	2.11	2.65	3.30	3.31	3.53
35	30	1.0×10^{-7}	1.00	1.26	1.75	1.77	1.83

可以看出理论解介于铁路规范经验解和数值解之间,数值解结果最大。实测涌水量和预测涌水量的对比见表 7-7。

表 7-7 青岛胶州湾隧道右线预测涌水量统计表

隧道里程	长度(m)	预测涌水量[m³/(d·m)]	实际涌水量[m³/(d·m)]	预测准确率(%)
YK3+550～YK3+585	35	8.3	7.2	84.7
YK4+070～YK4+100	30	4.1	3.7	89.2
YK4+450～YK4+500	50	17.5	15.8	89.2
YK4+585～YK4+620	35	9.4	11.3	83.2
YK5+030～YK5+170	40	16.1	14.5	89
YK5+180～YK5+210	30	6.9	8.1	85.2
YK6+230～YK6+300	70	32.8	30.4	92.1
YK6+475～YK6+530	55	15.2	17.7	85.9
YK6+813～YK6+850	37	16.3	14.8	89.9
YK6+956～YK7+010	54	17.6	21.1	83.4
平均值		14.42	14.46	87.2

对于涌水量的预测,目前为止,没有一种方法可以预测准确,不同方法的使用范围、预测精度也相差较大。而海底隧道涌水量的预测,国内也只有一条正在修建的厦门海底隧道可供参考,所以在海底隧道涌水量预测中,建议采用多种方法相互对比,并与施工中的实测值对比验证,选出合理的预测方法,以指导工程施工和排水设计。

7.6.3 昆仑山隧道

1. 工程地质

昆仑山隧道位于青藏高原多年冻土北端,属昆仑山北麓低、中高山区,地形起伏大,山坡陡峻。昆仑山隧道洞身为三叠系板岩夹片岩,构造节理、片理极其发育,山体破碎,山坡为坡积角砾土、碎石土、洪积碎石土。昆仑山隧道位于多年冻土区,隧道进口山坡为阴坡,冻土上限约 2.7 m,除进口处分布 1.8 m 左右厚的饱冰冻土需要处理外,隧道余部为少冰、多冰冻土。出口山坡为阳坡,冻土上限一般为 2.1~3 m,为少冰、多冰冻土。该隧道物探断面反映:自地表随深度不断加深,地层含冰量逐渐降低。在 36 m 以下基本无冻结冰存在。在 36 m 以上岩层中局部分布薄层裂隙冰。DK976+565 左 20 m 钻孔(孔深:101.74 m)测温资料显示 100 m 处地温为 $-0.64\ ℃$,DK977+400 右 20 m 钻孔(孔深:120.73 m)120 m 处地温为 $-0.39\ ℃ \sim 0.29\ ℃$,根据此勘测资料推测,昆仑山隧道多年冻土下限为 100~110 m,年平均地温 $-1.81\ ℃ \sim -2.65\ ℃$,属多年冻土低温稳定区或低温基本稳定区。

2. 水文地质特征

由于乱石沟基岩节理、裂隙发育,冻土下限融区附近可能分布有基岩裂隙水。基岩裂隙水对隧道污工无侵蚀性。

(1) DK976+250~DK976+832,长 582 m。采用 D6Z-253-1 号孔资料。静止水位标高 4 658.30 m。至隧道洞底的含水层厚度约为 12 m,$h_0=0.5$ m,$k=0.064\ 7$ m/d,$R_y=185$ m。计算涌水量为 29.26 m³/d。

(2) DK976+832~DK977+635,长 803 m。采用 D6Z-254-1 号孔资料。静止水位标高 4 672.08 m。至隧道洞底的含水层厚度约为 16 m,$h_0=0.5$ m,$k=0.172\ 8$ m/d,$R_y=183.6$ m。计算涌水量为 193.2 m³/d。

3. 隧道最大涌水量预测

隧道涌水量预测是一个难度较大的课题,特别是多年冻土地区隧道涌水量的预测,但通过隧道施工完成后运营时温度场的分布情况,可以大致估算出多年冻土区隧道的最大极限涌水量。其主要原理如下:

① 计算隧道开挖完成后夏季温度最高时隧道温度场分布情况以及温度为 0 ℃ 的分布情况;计算隧道运营时温度场中 0 ℃ 线与山体冻土中夏季温度最高时的 0 ℃ 线之间的距离(设为 L_1)。

② 计算 $L_1=0$ 处隧道轴线的长度,然后根据隧道温度场的分布情况,估算出夏季温度最高时的冻土融化时的岩石体积,最后根据岩石含冰量、含水率,计算出隧道的最大极限涌水量。

(1) 隧道温度场的计算

经过专门程序计算,隧道保温材料的导热系数为 0.033(聚氨酯泡沫板),其边界条件是利用洞内空气温度为 8 月份的最高气温(13.340 ℃)、上边界温度约为 $-2.50\ ℃$、下边界为 $-1.80\ ℃$、左右边界温度为 $-2\ ℃$ 求得。由于隧道洞内温度比围岩温度高,使得隧道周围岩石受到影响,在隧道周围,围岩温度大于 0 ℃ 的范围大致为一个椭圆,其方程为:

$$\frac{x^2}{28.5^2}+\frac{y^2}{30.6^2}=1 \tag{7-19}$$

式中,椭圆以隧道中心为中心,以隧道高的方向为 y 轴,以隧道宽的方向为 x 轴。经过计算,要达到该影响范围,需要保持原始计算条件 86 年不变,则由于温度变化引起围岩中的冰融化而增加的水量按下列数据计算。

其影响围岩的体积(每延米)为:$\pi \times 28.5 \times 30.6 - 67.7 = 2670.7 \text{ m}^3$,其中 67.7 为隧道每延米的体积。

总的含水率为:$2670.7 \times 4.78\% = 127.66 \text{ m}^3$。

在隧道纵断面上,椭圆的最高点在纵断面中形成一条直线,此直线与地表以下的冻土上限(地表下 10.5 m 处)的交点分别为 DK976+428,DK976+810,DK976+850,DK977+580,DK977+692,DK977+864,如图 7-14 所示。

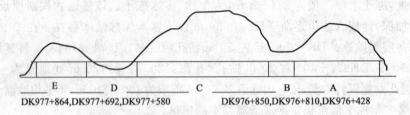

图 7-14 椭圆最高点与冻土上限的交点示意图

(2)计算说明

隧道内温度采用 5.6 ℃,地表为 -2 ℃,地下 100 m 处为 0 ℃,两者之间地层温度逐渐增加。根据以上计算,在夏天洞内气温最高时(13.34 ℃),以多年冻土上限(地表以下 10.5 m)为根据,隧道最大涌水主要来自 A、C、E 段的围岩融化冰与所含水率,其总量为:

$$Q_{max} = 127.66 \times (382 + 730 + 172) = 163914.75 \text{ m}^3$$

以上所计算的隧道涌水量为隧道建成后内部气温长期保持在 13.34 ℃ 不变的最大极限涌水量,当这些水量被排走后将不会有后续的涌水。将这些涌水量平均分配到 86 年,则平均天涌水量为:$163914.75 \text{ m}^3/(86 \times 365) = 5.22 \text{ m}^3/d$。当然,要长期保持 13.34 ℃ 的洞内气温与原始计算条件不变是不可能的,洞内气温应该在最高气温与最低气温之间变化,且在冬季又有冻结过程发生,要达到计算的影响范围几乎是不可能的,所以隧道的涌水量应该远小于这个极限最大涌水量。

然而,在 B、D 段,由于隧道的融化线已经与地表相通,这两段的涌水量则需要考虑地表水的补充。当多年冻土上限为地表以下 3.5 m 时,计算结果如下:

其交点为 DK976+413,DK976+819,DK976+844,DK977+587,DK977+686,DK977+871:

$$Q_{max} = 127.66 \times (406 + 743 + 185) = 170298.44 \text{ m}^3$$

86 年的平均涌水量为:$170298.44 \text{ m}^3/(86 \times 365) = 5.43 \text{ m}^3/d$。

根据昆仑山隧道实际情况,考虑到夏季和冬季的气温变化,在开挖 30 天后施作初衬,再过 90 天后施作二衬,施作二衬后一年的时间,隧道围岩融化的影响范围仅 6.52 m,此时的涌水量计算公式为:

$$\frac{x^2}{10.72^2} + \frac{y^2}{11.42^2} = 1 \qquad (7-20)$$

此时,所影响的围岩体积为:$\pi \times 10.72 \times 11.42 - 67.7 = 316.71 \text{ m}^3$。

每延米的含水率为:$316.71 \times 4.78\% = 15.14 \text{ m}^3$。

当多年冻土上限为地表下 3.5 m 时,计算结果如下:

其交点为 DK976+292,DK977+612,DK977+656,DK977+925:

$$Q_{max} = 15.14 \times (1\,420 + 269) = 25\,571.46 \text{ m}^3$$

则每天的涌水量为：$25\,571.46 \text{ m}^3/(365+30+90) = 53.83 \text{ m}^3/\text{d}$。

故昆仑山隧道多年冻土段的平均涌水量在 $53.83 \text{ m}^3/\text{d}$ 以下。

(3) 最大多年冻土隧道涌水量的估算公式

$$\frac{x^2}{(A+a)^2} + \frac{y^2}{(B+b)^2} = 1 \tag{7-21}$$

式中　A、B——隧道宽、高的一半；

a、b——与所用保温材料、围岩、衬砌导热系数有关的参数，一般情况下为隧道多年冻土在宽、高方向的融化深度。

$$V = \pi \times (A+a)(B+b) - C \tag{7-22}$$

式中　V——单位长度内受温度影响的围岩体积；

C——隧道开挖的面积。

$$Q_{max} = \omega \times V \times \sum_{i=1}^{n} L_i \tag{7-23}$$

式中　ω——隧道围岩的含水率；

L_i——隧道中第 i 段受到影响的长度；

N——隧道受到影响的段数。

此时计算的隧道涌水量是在冻土融化圈范围内的最大涌水量，隧道实际的涌水量是小于该数值的。如果隧道的融化圈与多年冻土的上限交叉，则需考虑地表水和地下水的影响。

第8章 结 论

本书以国家863科研项目"地下工程承压地下水控制系统与防治技术研究"为依托,以青岛胶州湾海底隧道、精伊霍铁路北天山隧道和青藏铁路昆仑山隧道为工程背景,利用理论分析、数值模拟、现场量测等研究手段,分析了隧道穿越断层破碎带的围岩渗流场和应力场、位移场的耦合特性,得到以下结论。

(1)利用简化渗流模型推导出了流固耦合作用下海底隧道涌水量理论计算公式,计算结果表明当采取全封堵型衬砌时,注浆不能达到减小衬砌背后水压力的目的,只有当隧道排水系统能够及时将渗透到衬砌背后的地下水部分或全部排出时,衬砌背后水压力才能得到降低或完全消失。注浆圈的作用是通过封堵地下水来降低渗透到衬砌背后的涌水量,从而可以在不影响生态环境的小量排水条件下显著降低甚至消除作用在衬砌上的外水压力。因此,海底隧道防排水应采取"以堵为主、限量排放"的原则,采取切实可靠的设计、施工措施,达到防水可靠、排水畅通、经济合理的目的。

(2)采用了双剪统一强度理论,得出了圆形海底隧道围岩在流固耦合作用下的应力场、位移场、塑性区半径、围岩特性曲线方程的解析解。计算结果表明由于海底隧道通常位于高水压富水区,很高的孔隙水压力和渗水压力会降低隧道围岩的有效应力,导致地层的成拱作用和稳定性的降低,同时中间主应力对海底隧道围岩的应力场、位移场、塑性区半径都有一定的影响。考虑中间主应力效应有利于充分发挥围岩的自身强度,因此,在海底隧道工程中,合理地考虑围岩材料的中间主应力效应是必要的,选用符合岩体自身实际的强度准则是正确进行岩石工程力学分析的基础。通过选用不同的中间主应力效应系数 b 和不同的有效孔隙水压力系数 η,可以使本文结果适用于各种工程实际情况,并对海底隧道围岩稳定性的判别、支护结构的设计以及预注浆范围的确定具有一定的工程实用意义。

(3)采用商用大型有限差分程序——FLAC 3D计算分析软件,针对青岛胶州湾海底隧道和北天山隧道断层破碎带进行了数值模拟,详细分析了考虑流固耦合作用下注浆圈厚度、渗透系数及隧道排水方式对围岩渗流场、应力场、位移场、破坏区的影响规律,数值分析的结果与理论解析所得结果基本一致。

(4)基于复变函数保角变换法,总结推导了承压地下水隧道开挖后稳定渗流场分布公式,得出了隧道围岩、注浆加固圈、衬砌中的水头、水压分布公式,并在考虑流固耦合的情况下,对渗流场进行了数值模拟分析,得出解析解与数值解基本相吻合的结论,证明了解析解的正确性。

(5)衬砌背后水压力主要由围岩、注浆圈的渗透系数、注浆圈厚度和隧道控制排水量的大小决定。衬砌背后水压力随衬砌渗透系数的减小而增大,随注浆圈厚度的增大而减小,随注浆圈渗透系数的减小而减小。衬砌背后水压力与隧道排水方式有关,若隧道采用"全封堵"排水方式,则衬砌背后的水压力不能折减,即使采用了注浆加固(防坍塌)方案,水压力也不能折减;若隧道采用"限量排导"排水方式,衬砌背后水压力随隧道排水量的增大而减小。对围岩注浆可以降低渗透系数,减小衬砌背后水压力,并且可以达到限量排放的目的。

(6)通过对隧道双侧壁导坑法和台阶法施工过程的数值模拟,得出了承压地下水隧道位移、应力、塑性区和初期支护内力随隧道开挖的变化规律,为同类工程设计和施工提供一定的参考依据。

第二篇

承压地下水隧道注浆效果检测研究

第1章 绪 论

注浆(Injection Grout),又称为灌浆(Grouting),是利用液压、气压或其他方法,通过注浆钻孔或插入其中的注浆管将具有胶凝能力的浆液注入土层中的裂隙、空隙和空洞中,将其中的水分和空气赶走,将原来松散的土粒或裂隙胶成一个整体,形成一个结构新、强度大、防水性能强和化学稳定性良好的结实体,以达到加固地层和防渗堵漏的目的。

注浆与工程地质学、岩石力学、土力学、水文地质学一样是一门科学,由于研究的对象都是岩土,而处于地下的岩土具有各向异性、不均质性和复杂的地质构造及结构,所以浆体的分布与地质构造密切相关,具有不确定性,是一种概率型分布。注浆后的岩土力学性质与岩体力学、土力学相似,同样存在个性异性和离散性。因此,岩土中浆液的分布可用地质方法分析,岩土与浆液组合体的力学性质仍然可用于岩土力学方法确定,浆液在地层中的运动规律受到地层空隙特性、浆液压力的控制,从而形成渗透流动、缝隙流动、劈裂流动等形式。此外,浆液本身也有其特点,因而注浆理论引用了流体力学的概念,发展自己的理论。

1.1 注浆的起源、发展、现状、趋势

1.1.1 国外注浆技术的发展概况

注浆技术已有 200 多年的发展历史,大致可以分为四个阶段:原始黏土浆液阶段(1802 年~1857 年);初级水泥浆液注浆阶段(1858 年~1919 年);中级化学浆液注浆阶段(1920 年~1969 年);现代注浆阶段(1969 年以后)。

据文献记载,国外最早的注浆是法国人查理士贝里尼(Charles Berigny)于 1802 年用冲击泵注入黏土和石灰加固港口砌筑墙,距今已有 210 余年的历史了。1838 年英国汤姆逊隧道开始用水泥浆进行填充注入。1884 年英国毫斯古德(Hosagood)在印度建桥时首次采用化学注浆获得成功,至今已有 128 年的历史。1887 年德国的切撒尔斯基利(Jeziorsky)利用一个钻孔灌水泥浆,另一个钻孔灌氯化钙,创造了原始的硅化法,并获得专利。1909 年比利时人勒马尔塔蒙特(Lemaire Dumont)在水玻璃中加入稀酸,发现了改变水玻璃 pH 值的凝固机理,并提出了双液单系统的一次压注法并获得专利。1914 年,比利时的阿尔伯特弗兰科伊斯(Albert Francois)用水玻璃和硫酸铝注浆。1920 年,荷兰采矿工程师尤斯登(E. J. Joosten)首次论证了化学注浆的可靠性,并提出了使用水玻璃、氯化钙的双液双系统的注浆方式并获得专利。由于水玻璃浆液价格便宜、无毒,所以从那时起直至现在一直被广泛地用于基础、大坝、隧道等领域。

水玻璃类浆液虽然具有价格便宜、无毒性等优点,但是这种浆液的固结强度和耐久性均差,故对要求加固强度和耐久性高的工程而言,水玻璃浆液已不能满足工程的需要。随后,高分子型新的注浆材料相继问世。其中有代表性的高分子材料就是 20 世纪 50 年代美国人推出的黏度近于水、凝胶时间任意可调的丙烯酰胺浆液 AM-9,前苏联推出的 MΦ-17 脲醛类浆液。此后,国际上相继推出木素类(英国的 TDM 铬木素浆液),丙烯酸盐类(日本商品"阿隆 A-40

系"丙下烯酸盐浆液,美国的 AC-400 丙烯酸盐浆材)、聚氨酯类(日本的 TACSS)、环氧类等种类繁多的高分子类浆液。

1974 年 5 月,日本福冈县发生了下水道工程注入丙烯酰胺污染附近井水的事故。为此,日本政府发布了"建设工程中的注浆施工的暂行准则"。准则中规定,以后的注浆材料只限于使用不含剧毒物质和氟化钠浆液。该规则对国际注浆行业影响极大,许多国家都采用类似准则,禁止使用有毒性浆液。鉴于有机高分子材料被禁用,而水玻璃类浆液在固结强度和耐久性方面又不能满足某些工程的需要,所以人们必须寻求新的注入材料。超细水泥浆液成为人们研究的热点,各种超细水泥产品被开发出来,注浆材料的发展又迈入一个新的阶段。

为了满足注浆的一些特殊要求,近年来有人采用水泥+硅粉+高效塑化剂制成的触变性浆液注浆。这种浆液的特点是利用粒径仅有 $0.1~\mu m$ 的硅粉的高活性,大幅度提高了浆液固结体的抗压强度(长期强度),且固结体的空隙大为减少,从而提高了固结体在腐蚀性环境中的抗化学侵蚀的能力。1993 年,还有人提出了硅粉注浆,即以硅粉(平均粒径为 $1.5~\mu m$)为主材添加氢氧化钙和氢氧化钠,这种浆液的流动性好,可注性强,抗渗性好,无析水现象,早期抗压强度好[72][73]。

此外在一些领域中出现了另一些新的注入材料,如:1983 年,加拿大人在 Stewartville 大坝的两个坝段的坝基的防渗堵漏中,注入热沥青浆液进行堵漏收到了满意的效果。1991 年,有人试验成功了一种常温下水中固化型沥青类新型复合注浆材料,这种浆液由沥青乳剂+水泥+吸水性聚合物组成,具有极佳的防渗性和柔性,极适于作为抗震性的防渗填充材料使用。有人预言,这种材料今后必定占领各种地下工程中的防渗、堵漏等领域,其中以隧道工程中的背后填充注浆为最。

随着注浆材料的发展,注浆方法也从最初简单的填压式注浆法发展到循环式注浆法、双管注浆法、电渗注浆法及高压喷射注浆法等。注浆机具也得到较大的发展,钻孔使用了轻型全液压高速钻机,出现超超高压注浆泵,注浆设备出现专用化、机组化、系列化的趋势。在施工管理上,对注浆过程的控制,出现了自动记录、集中化管理和自动化监控的趋势。

经过这么多年的发展,注浆行业已经发展到相当的水平,许多国家在这方面都有很强的实力。如:日本、美国、英国、德国、法国、前苏联等。

日本注浆行业技术先进,兴旺发达,有目共睹。他们非常重视注浆工艺和材料的研究,不断推出新工艺和新材料。在注浆工艺方面,早在 20 世纪 40 年代,日本的丸安隆和博士就采用水玻璃、铝酸钠双液单系统的注浆法。在 1960 年由中西涉博士发明了单管高压旋喷注浆法(CCP 工法),随后高压旋喷在日本国内和国外得到了广泛应用。后来日本又相继开发了二重管高压旋喷注浆法(JGS 工法)、三重管高压旋喷注浆法(GJG 工法)、全方位高压旋喷注浆法(MJS 工法)。近年来,日本又开发了超高压旋喷注浆法(RJP 工法),其固结体直径可达 3 m。在注浆材料方面,仅以水玻璃为例,就 1991 年的文献报导来看,经日本政府的有关部门批准生产的有注册商标的品种就有 350 多种,可见注浆材料研究开发生产之兴旺程度。在注浆研究和施工方面,由早稻田大学的森麟教授领导的土木研究室专门从事注浆基础的理论研究,每年都有一定数量的高质量的重要的研究论文发表。日本专门从事注浆施工的单位就有 40 多家,他们除承担日本国内的大量注浆工程外,还承包东南亚各国及台湾、香港等地的注浆工程。

美国从事注浆研究工作的单位有西北大学、斯坦福大学等。英国于 1919 年就成立了注浆公司,是世界上最早成立注浆公司的国家,目前英国有 6 个注浆公司,他们分别从事材料、设备、施工工艺等试验研究,同时承包大量的工程任务。德国从事注浆研究的单位有柏林大学、卡尔斯鲁厄大学,慕尼黑大学及纽伦堡地基研究所。另外,法国的索莱坦修公司、前苏联的全苏水利科学研究院等单位也相当闻名[73]。

1.1.2 国内注浆技术的发展概况

我国的注浆技术可以说是由来已久。据历史记载,我国在几千年前就普遍使用黏土、糯米作为砌块的胶结材料及防渗止水材料。在我国的一些古代典籍,如《抱朴子内外篇》、《周易参同契》、《齐民要术》等著作中均有胶黏剂的制作和使用方面的记载。

但就现代化的注浆技术而言,我国起步较晚,20世纪50年代以前所做的工作甚少,20世纪50年代开始初步掌握注浆技术[74]。1956年在山东淄博夏家林煤矿用地面预注浆法恢复了淹没20余年的矿井。我国于60年代开始在水电行业采用静压注浆法进行坝基基础注浆,随后冶金、煤炭、建筑、交通和铁道等部门相继应用在矿山井巷、软基加固、边坡治理等。例如,1960年山东济宁1号井首次使用水玻璃、铝酸钠处理30.6 t/h的井壁淋水;1963年4月,凡口铅锌矿金星岭矿井首次采用预注法凿井,顺利通过了喀斯特地层。我国从70年代末在铁道行业开始进行高压喷射注浆法的研究和应用,随后在冶金、煤炭、水电、建筑、交通等各部门进行了大量的工程应用。特别在铁路建设中,山岭隧道的施工广泛应用了注浆法。在地表进行帷幕注浆以截断地下水对隧道开挖的影响,同时在隧道开挖的工作面上进行预注浆以加固围岩,堵塞地下水,如京广复线上的大瑶山隧道与京九线的歧岭隧道的施工中既使用地表帷幕注浆,也使用工作面预注浆的方法,顺利通过特大涌水层,优质高速地完成了隧道施工任务。

在注浆材料方面,我国于20世纪50年代末和60年代初,开始有机高分子化学注浆材料的研究工作,特别是我国中科院著名化学家戴安邦提出的硅酸聚合机理,较好地解释了水玻璃的胶凝现象,推动了我国水玻璃注浆材料的发展,与此同时,结合工程进行了试验和试用。

50多年来广大科技工作者们通过科学研究和生产实践,进一步改善了浆液材料的性能,如中科院广化所研制的高渗透性的中化-798化注材料,是一种环氧树酯类补强固化剂,其渗透性极好,达10^{-8} m/s。又如东北工学院的杜嘉鸿教授研制的无铬木素浆液和硫木素浆液等高分子浆液。还有中南大学王星华教授研制的黏土固化浆液[75][76],作为一种新型廉价注浆防水材料,它具有成本低(仅为水泥浆液的1/2~1/3,材料成本大约为100~150元/m^3,如用施工现场的当地黏土则成本会更低),抗水稀释性好,吸水性高,浆液流失量小(可在流动的地下水条件下甚至能在较高的地下水流速情况下及大溶洞里注浆并获成功),堵水效率高,初凝时间可调(从几秒到几十分钟)等特点,正受到人们的关注。

目前我国可自行生产水玻璃、丙烯酰胺、木素、尿醛树脂、聚氨脂、超细水泥、硅粉等多种注浆材料。在注浆设备方面,我国自行研制了高压注浆柱塞泵、注浆钻机、调速齿轮泵、隔膜式计量泵、高压管、混合器等注浆设备,注浆设备基本能自行生产。目前,上述注浆材料和注浆设备均成功地广泛应用于水电、采矿、土建、市政、铁路、石油、隧道、桥梁、公路等各个领域的注浆工程中。

经过近40年的发展,我国注浆技术已经很成熟了,据不完全统计,目前我国从事注浆研究和施工的人员、单位近年猛增,大小注浆公司近百家,该行业中仅高级职称的专业人员就有300多人。综上所述,这些均充分说明我国的注浆技术(无论材料、工法、应用及规模)均已跻身于国际先进行列。

1.1.3 注浆技术的应用

随着注浆技术的日益成熟和发展,它的应用范围和作用逐渐扩大,注浆技术在工程中的应用主要包括如下几个方面。

(1) 治水防渗

大坝灌浆始于 20 世纪 20 年代,主要有坝基加固和帷幕灌浆,具有防渗和加固的双重作用。国外典型的实例主要有英国的 Wimbleball 大坝,美国的 Rocky-Beach 大坝,瑞士的 Mattmarky 大坝,德国的 Frallenau 大坝,塞浦路斯的 Yemasoyia 大坝。国内有龙羊峡大坝,葛洲坝,二滩电站及举世闻名的三峡水电站。

水下隧道及城市地铁开挖过程中常常会遇到软弱破碎带及涌砂涌水现象,使工程受阻,解决这些难题的首选方法之一就是注浆法。当盾构向前推进时,由于盾构外径比衬砌外径大,随即出现盾尾的空隙,需采用注浆的方式及时填充处理,减小土体扰动,防止土体坍塌,在基坑工程中,对支护结构变形,可在壁后跟踪注浆充填法进行加固。

(2) 地层加固

各类房屋、塔基等,常因各种原因发生沉降并导致上部建筑物不均匀下沉和开裂,危及建筑物安全和使用。用注浆法加固基础下面的空隙和软弱土层,可以制止基础继续下沉,而且能够将建筑物回升,使不均匀沉降减小。

在竖井开挖过程中,常遇到流沙和不稳定地层,可用注浆的方法进行加固处理。

用水泥或高强度化学浆,提高桥梁岩石支座的力学强度和完整性。

(3) 特殊工程中的应用

地下核电站工程、混凝土裂纹修补工程和混凝土壁后注浆工程等。

可以预料,随着各项建设事业的更大发展,对注浆法的需求将与日俱增,它所发挥的作用也将愈来愈大。

1.1.4 注浆技术的发展趋势

由于地层内部构造的复杂性和多变性,浆液在地层中流动的隐蔽性,以及浆液自身性质的多样性,给注浆理论研究带来了很大困难。因而,理论研究相对于实际工程需求还相差很远。为了满足工程实践需求,加强注浆理论的研究是非常必要的。

(1) 尚需进行理论研究的方面:①浆液流体的力学与其本构关系;②注浆加固的力学机理;③浆液在岩体裂隙中的流动和松散介质中的渗透规律(尤其是非牛顿流体浆液);④注浆理论的优化及可靠性分析(目前有研究人员通过绘制成功树来分析注浆可靠性。

(2) 注浆材料研究开发方面:①应进行无毒催化剂的研制,因为目前大部分化学注浆材料都要靠固化剂或催化剂来调整固化时间,而且基本上所有这些外加剂都有毒或有强的腐蚀性;②无溶剂型浆材的开发;③水做介质的化学浆材的研制(目前长江科学院已经研制出用水作为溶剂的环氧注浆材料);④新型高浸润、高渗透性注浆浆材的研究;⑤弹性化学浆材的开发,包括低温反应,高发泡化学材料的开发;⑥耐久性浆材的开发,包括耐水、耐酸碱、耐气候、耐紫外光、耐冻融和干湿循环、耐磨蚀、耐微生物作用(霉)等方面。

(3) 注浆设备仪器的系列化、成套化、标准化和环保化。①高性能高压注浆泵的系列化、成套化和标准化。高性能注浆泵是实施注浆作业的主要设备,国内有多家研究所和小企业研制和开发,但都只能小批量生产或试生产,同时国内基本上没有高压注浆泵的生产厂家,高压化学注浆泵主要是用国外的设备,今后应定点、定型生产,并向产品的系列化、成套化、标准化方向发展,以便注浆技术的推广应用。②注浆自动记录仪的研制,可有效地避免人工记录难免出现的一些差错,对提高隐蔽工程注浆质量起到很好的监控作用,并使注浆数据分析建立在可靠的基础之上。

(4) 制定注浆施工规范。目前我国还没有正式的注浆施工规范,注浆施工基本上是靠施工技术人员经验来确定施工方案与工艺。今后应组织技术人员制定这方面的规范,至少要制定行业的注浆施工规范。

1.2 注浆效果评价方法的研究现状、发展趋势

1.2.1 分析法

分析法是通过对注浆施工中所收集的参数信息进行合理的整合,采取分析、比对等方式,对注浆效果进行定性、定量化评价。分析法具有快速、直接的特点,通过分析法可以较为可靠地进行注浆效果评价。

(1) P-Q-t 曲线法

P-Q-t 曲线法是通过对注浆施工中所记录的注浆压力 P、注浆速度 Q 进行 P-t,Q-t 曲线绘制,根据地质特征、注浆机制、设备性能、注浆参数等对 P-Q-t 曲线进行分析,从而对注浆效果进行评判。对于一般注浆工程,不必采取钻孔取芯,基本上都可以采用 P-Q-t 曲线法对注浆效果进行十分有效的评判。

(2) 注浆量分布特征法

注浆量分布特征法分为注浆量分布时间效应法和注浆量分布空间效应法两种,即注浆量分布时空效应法。注浆量分布特征法简单易行,施工中不必采集过多的注浆信息,只需要统计、分析注浆量这一个参数就可以达到对注浆效果的合理评价。

注浆量分布时间效应法是通过将各注浆孔注浆量按注浆顺序进行排列,绘制注浆量分布时间效应直方图,根据注浆量分布时间效应图,对注浆效果进行宏观评价。

注浆量分布空间效应法是通过将各注浆孔注浆量按注浆孔位置绘制注浆量分布空间效应图,根据注浆量分布空间效应图,对注浆效果进行宏观评价。

(3) 涌水量对比法

涌水量对比法是通过对注浆过程中各钻孔涌水量变化规律进行对比,或对注浆前后涌水量进行对比,从而对注浆堵水效果进行评价。

(4) 浆液填充率反算法

通过统计总注浆量,可采用下式反算出浆液填充率,根据浆液填充率评定注浆效果,即

$$\sum Q = V n \alpha (1+\beta) \tag{1-1}$$

式中 $\sum Q$——总注浆量(m^3);
V——加固体积(m^3);
n——地层孔隙率或裂隙度;
α——浆液填充率;
β——浆液损失率。

1.2.2 检查孔法

检查孔法是针对注浆要求较高的工程所采用的一种方法,该方法也是目前公认的最为可靠的方法。检查孔法是在注浆结束后,根据注浆量分布特征,以及注浆过程中所揭示的工程地质及水文地质特点,并结合对注浆 P-Q-t 曲线分析,对可能存在的注浆薄弱环节设置检查孔,

通过对检查孔观察、取芯、注浆试验、渗透系数测定,从而对注浆效果进行评价。一般来说,检查孔数量宜为钻孔数量的3‰~5‰,且不少于3个。注浆要求越高,检查孔数量应越多。

(1)检查孔观察法

检查孔观察法是通过对检查孔进行观察,察看检查孔成孔是否完整,是否涌水、涌砂、涌泥,检查孔放置一段时间后是否坍孔,是否产生涌水、涌砂、涌泥,通过观察,定性评定注浆效果。

(2)检查孔取芯法

对检查孔进行取芯,通过对检查孔取芯率、岩芯的完整性、岩芯强度试验等进行综合分析,判定注浆效果。

(3)检查孔 P-Q-t 曲线法

对检查孔进行注浆试验,根据检查孔 P-Q-t 曲线特征判断注浆效果。

(4)渗透系数测试法

对于注浆堵水工程,特别是注浆截水帷幕,注浆后测试地层渗透系数是评定注浆堵水效果的最主要、最可靠的方法。测试注浆后地层渗透系数的方法常采用注水试验。可采用下式计算地层注浆后渗透系数:

$$k=\frac{0.366Q}{ls}\lg\frac{2l}{r} \tag{1-2}$$

式中　k——渗透系数(m/d);

　　　Q——稳定注水量(m³);

　　　l——试验段长(m);

　　　s——孔中水头高度(m);

　　　r——钻孔半径(m)。

1.2.3　开挖取样法

开挖取样法是在隧道开挖过程中,通过观察注浆加固效果、对注浆机制进行分析、测试浆液固结体力学指标,从而对注浆效果进行有效评定,同时,开挖取样法也为下一阶段注浆设计与施工提供重要的价值。

(1)加固效果观察法

加固效果观察法是通过对开挖面进行观察,宏观评定注浆加固效果。

(2)注浆机制分析法

通过对掌子面注浆效果观察,分析注浆机制,定性判定注浆效果。

(3)力学指标测试法

对掌子面进行取样,对试件进行力学指标测试,通过分析力学指标,确定注浆效果。

1.2.4　变位推测法

变位推测法是通过监测注浆前后,以及施工过程中地下水位变化、地表沉降量变化等,分析评判注浆效果。

(1)水位推测法

水位推测法是通过监测帷幕注浆圈外水位监测孔的水位变化,分析评判帷幕注浆效果。

(2)变形推测法

变形推测法是通过监测注浆前后,以及施工过程中被保护体的沉降变形,分析评判注浆加固效果。

1.2.5 物探法

目前,采取物探法检查评定注浆效果应用不多,技术也不太成熟,但物探法应用于注浆效果检查,可以宏观地评定注浆效果,特别是对于帷幕注浆的纵向连续性检测,目前尚无可靠的方法,物探法对检查帷幕的连续性有着较大的研究空间。

1.2.6 各种注浆效果评价方法比较(见下表)

各种注浆效果评价方法比较

注浆效果评价方法	优　　点	缺　　点
分析法	不需要钻孔取芯,评价注浆效果较为可靠	由于是从注浆过程反馈的注浆量、压力、涌水量分析评价注浆效果,只能进行宏观评价,评价范围和精度不够
检查孔法	能够直观反映注浆效果,结果较为可靠	需要钻孔,数量太少无法真实反映注浆效果
开挖取样法	能直观、准确地反映注浆效果,结果最为可靠	需要开挖土体,影响工期,成本较高
变位推测法	不需要钻孔取芯,评价注浆效果较为可靠	通过水位、变形间接推测注浆效果,评价的范围和准确度不够
物探法	不需要开挖土体,评价注浆效果较为可靠	需要昂贵的检测设备,只能宏观评价注浆效果,无法对浆液走向准确定位

1.3 注浆效果检查的意义

注浆作为一种特殊的施工方法,在土木、水利、矿山、交通等许多领域中得到了广泛的应用。在修建隧道时,常用注浆法加固隧道周围松散软弱围岩,充填岩体中的空隙,限制地下水的流动以控制施工现场岩土体的位移和塌方等。保证注浆质量的关键是杜绝渗漏部位。如何使每个注浆孔的注入浆液均按设计要求到位,即提高每个孔的注入成功率是解决问题的关键所在。

第2章 注浆浆液流变学

2.1 浆液的流变性

地下水在地层中流动时,按其流线形态分为层流和紊流两种。当地下水流速较小时,流线相互平行,称为层流;当流速较大时,流线相互混掺,称为紊流。区分两种液态的指标是雷诺(Reynolds)数 Re。国内外已有学者试验证明,当雷诺数 Re 在10附近时,层流状态开始破坏。一般条件下地下水和浆液的运动都属于层流。浆液在地层中的运动规律和地下水的运动规律有点类似,不同之处是有些浆液具有随时间而发生变化的黏度,不像水那样容易流动。

浆液的黏度是指浆液混合好后的静态黏性,一般把黏度视作常数。然而注浆所用的浆液可能是单液,也可能是裂隙岩体复合防渗堵水浆液,浆液组分可能在孔口混合,

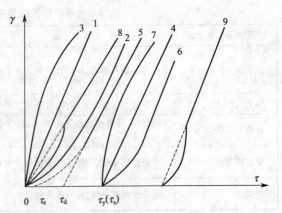

图 2-1 各种流体流变曲线示意图
1—牛顿流体;2—假塑流体;3—膨胀体;4—塑性体;5—黏塑体

也可能浆液注入后在孔底混合。混合后的浆液并不一定是以一定的黏度向地层渗透。有些浆液在凝胶以前,其黏度会随外力和时间而改变。浆液的流变性正是反映浆液在外力作用下的流动性,浆液的流动性越好,浆液流动过程中压力损失越小,浆液在岩土中扩散的越远。反之,浆液流动过程中压力损失大,浆液不易扩散。浆液的流变性一般用浆液的流变方程及曲线来描述。浆液的流型一般分为牛顿型(或牛顿流体)与非牛顿型(或非牛顿流体)两大类,如表2-1所示。各种流体的基本流变曲线示意图如图2-1所示。下面进一步阐述它们的曲线方程。

表 2-1 流体流型分类表

纯黏性体	与时间无关流体		牛顿流体	非牛顿流体
			塑性流体(宾汉流体)	
		幂律流体	假塑流体	
			膨胀流体	
		带屈服值幂律流体	带屈服值假塑流体	
			带屈服值膨胀流体	
	与时间有关流体		触变流体	
			振凝流体	
黏弹性体				

2.1.1 塑性流体

宾汉(Bingham)流体是典型的塑性流体,其流变曲线不是通过原点的直线,流体具有这种性质是由于流体含有一定的颗粒浓度,在静止状态下形成颗粒之间的内部结构。在外部施加的剪切力很小时,浆液只会产生类似于固体的弹性。当剪切力达到破坏结构后(超过内聚力),浆体才会发生类似于牛顿流体的流动,浆液的这种性质称为塑性。宾汉姆流体的流变方程表示为

$$\tau = \tau_n + \mu_p \cdot \gamma \tag{2-1}$$

式中 τ_n——静切力或剪断强度或宾汉姆塑变值(Pa);

μ_p——塑性黏度(Pa·s 或 mPa·s)。

塑性流体的表现黏度为

$$\mu_n = \tau/\gamma = (\tau_n + \mu_p \gamma)/\gamma = \mu_p + \tau_n \cdot \gamma^{-1} \tag{2-2}$$

可见,宾汉姆流体比牛顿流体具有较高的流动阻力,注宾汉姆型浆液需要较大的压力,浆液才能扩散较远。多数黏土浆液和一些黏度很大的变化浆液属于宾汉姆流体。水泥浆由牛顿流体转变为宾汉姆流体的临界水灰比发生在 W/C 接近于 1 处。水灰比大于 1 属于牛顿流体,水灰比小于 1 为宾汉姆流体。

塑性流体的流变曲线不通过原点,即含有屈服值,用下列通式表示:

$$\tau = \tau_y + K \cdot \gamma^N \tag{2-3}$$

式中 τ_y——屈服应力(当 $n=1$ 时,等于宾汉姆流体;$n>1$ 时,为带屈服值的假塑流体,剪切稀化液;当 $n<1$ 时,为带屈服值的膨胀流体,剪切稠化液)。

表现黏度为

$$\mu = \tau/\gamma = \tau_y/\gamma + K\gamma^{n-1} \tag{2-4}$$

2.1.2 黏性流体

牛顿流体是典型的黏性流体,其流变曲线是通过原点的直线,方程表达式为

$$\tau = \mu \cdot \gamma \tag{2-5}$$

式中 τ——剪应力(单位面积上的内摩擦力)(Pa);

γ——剪切速率或流速梯度(s^{-1});

μ——牛顿黏度或动力黏度,黏度系数(mPa·s)。

大多数化学浆液都属于牛顿流体。牛顿流体在单个圆形毛细管内的速率可以用伯塑尼(Poissuine)的方程式表示

$$q = \frac{\pi R^2}{8\mu} \frac{\Delta p}{r} \tag{2-6}$$

式中 q——单位时间的流量;

R——毛细管的半径(空隙半径);

Δp——有效注浆压力;

r——浆液在毛细管内流动距离。

从式(2-6)可看出,牛顿流体浆液的流动性主要受黏滞性控制。当压力一定时,浆液在均质土中的流动速度随扩散半径 r 增大而减小。

黏性流体的流变曲线都通过坐标原点,可以用下面通式表示

$$\tau = K\gamma^n \tag{2-7}$$

式中 K——黏度量,但不等于黏度值;

n——流变指数(当 $n<1$ 时为假塑流体;$n=1$ 时为牛顿流体;$n>1$ 时为膨胀流体)。

因此,剪切黏性流体又可称为幂律流体。按照牛顿方程的定义,剪切应力与剪切速率之比为黏度。同理,黏性流体的剪切力与剪切速率之比定义为黏性流体的表现黏度为

$$\mu_n = \tau/\gamma = K \cdot \gamma^{n-1} \tag{2-8}$$

式中 K、n——幂律流体的两个流变参数。其中 n 值反映了幂律流体剪切稀化和剪切稠化的重要指数。

2.1.3 黏塑性流体

由于固相颗粒的不均匀性,在表面引力与斥力作用下易形成结构。在低剪切速率下其流变曲线往往偏离直线形成曲线变化。在剪切速率 γ 增加至层流段时才成直线变化。这种流体称为黏塑性流体。仍可用方程表示:

$$\tau = \tau_0 + \mu_p \cdot \gamma \tag{2-9}$$

式中 τ_0——动切力,也叫屈服值(Pa);

μ_p——表现黏度

$$\mu_n = \mu_p + \tau_0/\gamma_0 \tag{2-10}$$

黏塑性流体的表现黏度由塑性黏度 μ_p 和结构黏度 τ_0/γ_0 组成。τ_0/γ_0 代表颗粒形成结构的趋势引起的剪切阻力。剪切速率越高,τ_0/γ 越小,μ_n 也越小,这种表现黏度随剪切速率升高而降低的现象,称为剪切稀释作用。反映剪切稀释作用大小的指标是动塑比(τ_0/μ_p),动塑比越大,剪切稀释作用越强。

2.1.4 黏时变流体

流体的黏性与温度、剪切速率 γ 等有关外,还与切变运动时间相关(剪切持续时间)相关。如图 2-2 所示,在剪切速率 γ 不变的条件下,曲线 a 随时间 t 的延长,剪切力 τ 逐步降低到稳定为止,称为触变流体属于剪切稀释液;曲线 b 随着时间 t 的延长,剪切力逐步上升到稳定为止,称为振凝流体,振凝流体属于剪切稠化液。

泥浆是典型的触变流体,特别是膨润土泥浆,具有较好的触变性,如图 2-3 所示。

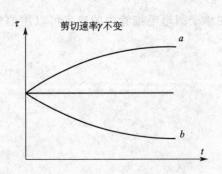

图 2-2 与时间有关的流体
a—触变流体;b—振凝流体

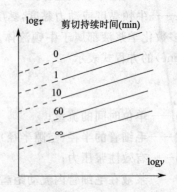

图 2-3 触变流体流变曲线(对数坐标)

水泥和水拌成水泥浆液后,随时间的延长,浆液越来越稠,其流变曲线也表现振凝性。

黏时变流体的黏度随时间而增大。试验表明,许多黏度渐变型浆液,其凝胶过程中,黏度变化都符合下列规律:

$$\mu(t)=Ke^{At}$$

式中 μ——浆液的黏度;

t——浆液的混合的时间;

K、A——待定常数,由各种不同浆液本身的性能所决定。

水玻璃-磷酸浆液黏度变化曲线方程为

$$\mu(t)=2.54e^{0.35t}$$

虽然新型的注浆材料不断地涌现出来,但这些材料的流变性能往往各不相同,有些属于牛顿流体,有的则为宾汉型、幂律型等非牛顿流体,不同流型的浆液在岩土中的扩散情况存在很大差异。阮文军对浆液流型进行比较系统的试验,通过流变曲线拟合出流变方程,并判定出浆液流型:① 纯水泥浆的流型分属 3 种不同流型,而不是某种单一流型。水灰比为 0.5~0.7 的水泥浆是幂律流体,$W/C=0.8 \sim 1.0$ 的水泥浆是宾汉流体,$W/C=2.0 \sim 10.0$ 的水泥浆是牛顿流体。② 水泥黏土浆液和水泥复合浆液是宾汉流体。③ 水泥浆由幂律流体向宾汉流体转化的临界水灰比是 0.7,由宾汉流体向牛顿流体转化的临界水灰比为 1.0。

目前在注浆领域里,普遍存在理论滞后实际的现象。而相对比较成熟的是渗入性灌浆理论中基于球形、柱形基础上的扩散半径计算公式,但遗憾的是这些公式仅适用于牛顿流体,对于非牛顿流体包括宾汉流体、幂律流体在内的浆液均不适用。虽然近年来也有人曾对非牛顿流体进行过研究,但由于所提公式参数物理意义不明确,因此难以在实际工程中推广使用。本文中对这两种流型的浆液在岩土中的扩散公式做一些有益的探讨。

2.2 宾汉流体

2.2.1 宾汉体浆液流变方程

宾汉流体是具有固相颗粒的非均匀流体,其屈服值与液体中各颗粒间的静电引力有关,是悬浮液的典型特征。宾汉姆流体是典型的塑性流体,其流变曲线是不通过原点的直线。流体具有这种性质是由于流体含有一定的颗粒浓度,在静止的状态下形成颗粒之间的内部结构。在外部施加的剪切力很小时,浆液只会产生类似于固体的弹性。当剪切力达到破坏后(超过凝聚力),浆液才会发生类似于牛顿流体的流动,浆液的这种性质称为塑性。宾汉姆流体宾汉体浆液的流变方程为:

$$\tau=\tau_s+\eta_p\gamma \tag{2-11}$$

式中 τ——剪切应力;

τ_s——静切力;

η_p——塑性黏度;

γ——剪切速率,其值为

$$\gamma=-dv/dr$$

2.2.2 宾汉体浆液渗流公式

首先,我们考察圆管中的层流流动。根据文献[77][78],设圆管半径为 r_0,在管内取一以管轴为对称轴的流体柱,其长度为 dl,半径 $r<r_0$,如图 2-4 所示。在不考虑重力的情况下,该流体柱元素上受力的平衡关系为:

$$\pi r^2 dp = -2\pi r \tau dl \tag{2-12}$$

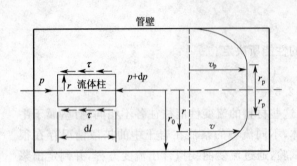
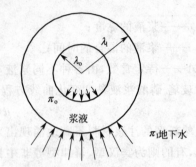

图 2-4　浆液在圆管中流动示意图　　　　图 2-5　浆液球形扩散理论模型

流体微元段 dl 两端压力分别为 $p+dp$ 和 p,段上压差为 dp。流体柱元素表面上所受剪切应力为 τ,其方向向左与流速方向相反。由式(2-12)可得剪切应力 τ:

$$\tau = -(r/2)(dp/dl) \tag{2-13}$$

即柱元素表面上的剪切应力 τ 与柱元素半径 r 和压力梯度 dp/dl 的乘积成正比,但符号相反。将式(2-13)代入式(2-11)可得:

$$\gamma = -dv/dr = (\tau - \tau_s)/\eta_p = -\left(\frac{1}{\eta_p}\right)\left[\left(\frac{r}{2}\right)\left(\frac{dp}{dl}\right) + \tau_s\right] \tag{2-14}$$

式(2-13)表明,剪切应力 τ 的大小与管内径向距离成正比,因而在管中心线附近剪切应力 τ 很小。对于宾汉流体,当 $\tau = -(r/2)(dp/dl) \leqslant \tau_s$ 时,流体不受剪切作用,即在管中存在一个径向距离 r_p,在 $0 \leqslant r \leqslant r_p$ 处流体相对于邻层流体是静止的,流体呈活塞式整体运动,速度 $v = v_p$;而在 $r_p < r \leqslant r_0$ 处,流体相对于邻层流体处于运动状态,流体的具体运动形态如图 2-4 所示。由式(2-13)显然有:

$$r_p = 2\tau_s/(-dp/dl)$$

当圆管中流动为层流时,对于式(2-14)利用分离变量法求解,并考虑边界条件 $r=r_0$ 时,$v=0$,则:

$$v = \left(\frac{1}{\eta_p}\right)\left[\left(-\frac{dp}{4dl}\right)(r_0^2 - r^2) - \tau_s(r_0 - r)\right] \qquad r_p < r < r_0 \tag{2-15}$$

当 $r_p < r < r_0$ 时,速度直接用上式表示;当 $0 \leqslant r \leqslant r_p$ 时,流体呈活塞式整体运动,v_p 为:

$$v_p = \left(\frac{1}{\eta_p}\right)\left[\left(-\frac{dp}{4dl}\right)(r_0^2 - r_p^2) - \tau_s(r_0 - r_p)\right] \tag{2-16}$$

所以圆管中的速度为截头抛物面形状,其流量为通过剪切区($r_p < r < r_0$)与活塞区($0 \leqslant r \leqslant r_p$)流量之和。于是通过半径为 r_0 的单个毛细管的单位时间流量 Q 为:

$$Q = \int_{r_p}^{r_0} 2\pi r v dr + \pi r_p^2 v_p \tag{2-17}$$

将式(2-15)和式(2-16)代入式(2-17),可以得到通过半径为 r_0 单个毛细管中层流流动的流量 Q 为:

$$Q = \frac{\pi r_0^4}{8\eta_p}\left(-\frac{dp}{dl}\right)\left[1 - \frac{4}{3}\left(\frac{2\tau_s/r_0}{-dp/dl}\right) + \frac{1}{3}\left(\frac{2\tau_s/r_0}{-dp/dl}\right)^4\right] \tag{2-18}$$

管道截面上平均流速为：

$$\bar{v} = \frac{Q}{\pi r_0^2} = \frac{r_0^2}{8\eta_p}\left(-\frac{\mathrm{d}p}{\mathrm{d}l}\right)\left[1 - \frac{4}{3}\left(\frac{2\tau_s/r_0}{-\mathrm{d}p/\mathrm{d}l}\right) + \frac{1}{3}\left(\frac{2\tau_s/r_0}{-\mathrm{d}p/\mathrm{d}l}\right)^4\right] \tag{2-19}$$

如果使圆管中流量为零，上式方括号中的量必须为零，由此解出正根：

$$-\frac{\mathrm{d}p}{\mathrm{d}l} = \frac{2\tau_s}{r_0} = \lambda \tag{2-20}$$

这就是圆管中宾汉流体的启动压力梯度。

考虑到渗透速度 $V = \phi\bar{v}$，并令

$$K = \frac{\phi r_0^2}{8\eta} \tag{2-21}$$

$$\beta = \frac{\eta_p}{\eta} \tag{2-22}$$

式中 η——水的黏度（20 ℃时水的黏度为 1.010×10^{-3} Pa·s）；
η_p——浆液的黏度；
ϕ——孔隙度。

最终可得：

$$V = \frac{K}{\beta}\left(-\frac{\mathrm{d}p}{\mathrm{d}l}\right)\left[1 - \frac{4}{3}\left(\frac{\lambda}{-\mathrm{d}p/\mathrm{d}l}\right) + \frac{1}{3}\left(\frac{\lambda}{-\mathrm{d}p/\mathrm{d}l}\right)^4\right] \tag{2-23}$$

2.3 幂律体浆液扩散公式

2.3.1 幂律型浆液流变方程

幂律型浆液的流变方程为：

$$\tau = c\gamma^n \tag{2-24}$$

式中 τ——剪切应力；
c——稠度系数；
γ——剪切速率，其值为

$$\gamma = -\mathrm{d}v/\mathrm{d}r$$

2.3.2 幂律型浆液渗流公式（广义达西定律）

首先，我们考察圆管中的层流流动。根据文献[79]，设圆管半径为 r_0，在管内取一以管轴为对称轴的流体柱，其长度为 $\mathrm{d}l$，半径 $r < r_0$，如图 2-6 所示。在不考虑重力的情况下，该流体柱元素上受力的平衡关系为：

$$\pi r^2\mathrm{d}p = -2\pi r\tau\mathrm{d}l \tag{2-25}$$

流体微元段 $\mathrm{d}l$ 两端压力分别为 $p+\mathrm{d}p$ 和 p，段上压差为 $\mathrm{d}p$，流体柱元素表面上所受剪切应力为 τ，其方向向左与流速方向相反。由上式可得剪应力 τ：

$$\tau = -(r/2)(\mathrm{d}p/\mathrm{d}l) \tag{2-26}$$

即柱元素表面上的切应力 τ 与柱元素半径 r 和压力梯度 $\mathrm{d}p/\mathrm{d}l$ 的乘积成正比，但符号相反。

将式(2-25)代入式(2-26)可得：

$$\gamma = -\mathrm{d}v/\mathrm{d}r = (\tau/c)^{1/n} = \left(-\frac{1}{2c}\frac{\mathrm{d}p}{\mathrm{d}l}\right)^{1/n}r^{1/n} \tag{2-27}$$

对式(2-27)利用分离变量法求解,并考虑边界条件 $r=r_0$ 时, $v=0$,有:

$$v=\left[\left(-\frac{1}{2c}\frac{dp}{dl}\right)^{1/n}\frac{n}{1+n}\right]\left(r_0^{\frac{1+n}{n}}-r^{\frac{1+n}{n}}\right) \tag{2-28}$$

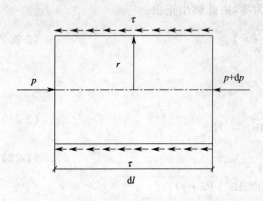
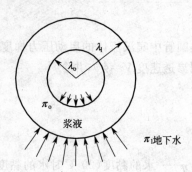

图 2-6　幂律型浆液在圆管中流动示意图　　　图 2-7　浆液球形扩散理论模型

于是通过半径为 r_0 的单个毛细管的单位时间流量 Q 为:

$$Q=\int_0^{r_0} 2\pi r v \, dr \tag{2-29}$$

将式(2-28)代入式(2-29),可以得到通过半径为 r_0 单个毛细管中层流流动的流量 Q 为:

$$Q=\pi\left(-\frac{1}{2c}\frac{dp}{dl}\right)^{1/n}\left(\frac{n}{1+3n}\right)r_0^{\frac{1+3n}{n}} \tag{2-30}$$

管道截面上平均流速为:

$$\bar{v}=\frac{Q}{\pi r_0^2}=\left(-\frac{1}{2c}\frac{dp}{dl}\right)^{1/n}\left(\frac{n}{1+3n}\right)r_0^{\frac{1+n}{n}} \tag{2-31}$$

考虑到渗透速度 $V=\phi\bar{v}$,并引进有效黏度 μ_e 和有效渗透率 K_e

$$\mu_e=c\left(\frac{1+3n}{\phi r_0 n}\right)^{n-1} \tag{2-32}$$

$$K_e=\frac{\phi r_0^2}{2}\left(\frac{n}{1+3n}\right) \tag{2-33}$$

其中 ϕ 为孔隙度。最终可得:

$$V=\left(\frac{K_e}{\mu_e}\right)^{1/n}\left(-\frac{dp}{dl}\right)^{1/n} \tag{2-34}$$

第3章 注浆浆液在孔隙地层中的流动规律

岩体注浆的实质是浆液在裂隙中的流动,而渗流则是水在裂隙中的流动,若将浆材按与水类似的牛顿流体来考虑,浆液的流动应当符合有关的裂隙水力学公式。有关裂隙注浆的几个理论公式:如 Baker 公式、刘嘉材公式、佳宾方程、威特克方程等所研究的是注浆孔出口与裂隙相交的裂隙中的浆液扩散,即注浆扩散研究的是偏向流,而在有关裂隙渗流的理论分析和数值模拟中所侧重的是单向流。若对注浆堵水而言,浆液注入过程就是水渗流的逆过程。若考虑牛顿流体浆液的单向流动,裂隙渗流与注浆是一致的,有关渗流理论可直接引入注浆分析中,而非牛顿流体的渗流规律的研究虽然不能直接应用牛顿流体的公式,但它们之间存在着密不可分的关系。

3.1 牛顿流体粗糙裂隙的渗流规律

对裂隙渗流作出突出贡献的学者有:洛米捷(Lomize)、路易斯(Louis)、速宝玉、Amadei、Nolte、Barton、耿克勤、B. H. 日连可夫、Y. W. Tsang 等,他们都分别提出适合不同状态下的裂隙渗流方程。下面简要介绍粗糙裂隙各种不同的水流公式[80]。

洛米捷(1951)粗糙隙缝水流公式: $q = \dfrac{gb^3}{12\mu} J \dfrac{1}{\left[1 + 6\left(\dfrac{e}{b}\right)^{1.5}\right]}$

这一关系式适合于 $\dfrac{e}{b} > 0.066$ 的隙缝。

路易斯(1967)粗糙隙缝水流公式: $q = \dfrac{gb^3}{12\mu} J \dfrac{1}{\left[1 + 8.8\left(\dfrac{e}{b}\right)^{1.5}\right]}$

速宝玉等(1995)采用: $q = \dfrac{gb^{-3}}{12\mu} J^m \dfrac{1}{\left[1 + 1.2\left(\dfrac{e}{b}\right)^{-0.75}\right]}$

Amadei 等(1994)采用: $q = \dfrac{gb^{-3}}{12\mu} J^m \dfrac{1}{\left[1 + 0.6\left(\dfrac{e}{b}\right)^{1.2}\right]}$

其中,e 是洛米捷和路易斯提出用粗糙面上凸起的绝对高度与裂隙弯度的关系表示的水力阻力:

$$e = \frac{1}{n} \sum_{i=1}^{n} |b_i - b_{i+1}|$$

式中 e——绝对粗糙度;
n——测定隙宽值的次数;
b_i——i 测定点上的隙宽值。

如果裂隙的一个隙壁是光滑的,另一个隙壁是粗糙的,或者两个隙壁彼此对着弯曲不平时，用下式给出粗糙度的值：

$$e = \frac{1}{n}\sum_{i=1}^{n}\left|\frac{b_i - b_{i+1}}{2}\right|$$

Nolte 采用：$Q = Q_0 + Cb_m^n$（n 随隙宽增大分别为 7.6、8.3 和 9.8）

Barton 等（1985 年）采用 $q = \frac{1}{JRC^{7.5}}\frac{gb_m^6}{12\mu}J$

耿克勤（1994 年）采用 $Q = Ab_m^n$

B. H. 日连可夫（1975 年）粗糙隙缝水流公式：$q = \frac{gb^3}{12\mu}J\frac{1}{\left[1 + \frac{5}{6}(k-1)\right]}$

式中　k——裂隙壁面的发育系数，等于粗糙壁面的面积与其在平行面上投影面积的比。

NeuzzlC. E.（1981 年）把裂隙的宽度作为一个概率分布函数，修改了光滑隙壁的水流公式，他假定在一条裂隙截面上（垂直于水流方向），取无数个点测量隙宽，隙宽的频率函数为 $f(b)$，则 $q = \frac{g}{12\mu}J\int_0^\infty b^3 f(b) \mathrm{d}b$。

Iwai（1976 年）采用两壁面凸起接触面积与总面积之比 ω 进行修正。得出如下的经验公式：

$$\frac{Q}{Q_0} = \frac{1-\omega}{1+\eta\omega} \tag{3-1}$$

式中　η——经验常数；
　　　Q_0——无接触面积时的流量。

Y. W. Tsang 提出非规则裂隙的沟槽流模型，认为非规则裂隙中液体的渗流是沿着隙宽较大的优势路径进行渗透的，并提出通过非规则裂隙的流量计算公式。

$$q_i = \frac{1}{\mu}\left(\sum_j \frac{12\Delta x}{b_{ij}^3}\right)^{-1}\lambda(p_1 - p_2) \tag{3-2}$$

$$t_i = \frac{\mu}{p_1 - p_2}\left(\sum_j b_{ij}\Delta x\right)\left(\sum_j \frac{12\Delta x}{b_{ij}^3}\right) \tag{3-3}$$

式中　b_{ij}——第 i 条路径中以间距 Δx 离散时的第 j 个单元的张开度（cm）；
　　　q_i——第 i 条路径稳定状态的流量（cm³）；
　　　t_i——流过第 i 条路径所需时间（s）；
　　　μ——运动黏滞系数（cm²/s）；
　　　p_1, p_2——两端水头（cm）。

B. Amadei 则应用有限差分法，把裂隙区间分成细小的单元，并应用 Louis 的修正立方公式计算了非规则裂隙整个流场流速的分布及流量。

明滋提出了充填介质的渗透系数与颗粒粒径及孔隙率的关系：

$$k = \frac{gm^3 d^2}{184\mu\alpha^2 (1-m)^2} \tag{3-4}$$

式中　g——重力加速度；
　　　d——颗粒直径；
　　　m——孔隙率；
　　　μ——水的运动黏滞系数；
　　　α——颗粒形态系数。

速宝玉在此基础上修正了明滋公式,并考虑了裂隙尺寸的影响。

以上是目前牛顿流体较常用的渗流规律公式,而注浆时常用的是粒状灌浆材料,这些浆液大多是非牛顿流体,因此建立非牛顿流体的渗流规律很重要,笔者以宾汉流体为例研究了非牛顿流体的渗流规律,给非牛顿流体注浆扩散模型的建立提供理论基础。

3.2 非牛顿流体粗糙裂隙渗流规律的研究

以宾汉流体为例研究非牛顿流体的渗流规律。宾汉流体具有屈服强度,当流体的压力梯度所提供的剪力不足以克服它的屈服强度时,将不会流动,因此它的流动过程不同于牛顿流体,有其自身的特点。

假设有一粗糙裂隙,其隙宽为 b(采用频率水力隙宽),对于二维黏性不可压缩流体,其恒定流基本方程式可由连续方程和运动方程(N-S 方程)表示[81]:

$$\frac{\partial u}{\partial x}+\frac{\partial v}{\partial y}=0 \tag{3-5}$$

$$u\frac{\partial u}{\partial x}+v\frac{\partial u}{\partial y}=g_x-\frac{1}{\rho}\frac{\partial p}{\partial x}+\frac{u}{\rho}\left(\frac{\partial^2 u}{\partial x^2}+\frac{\partial^2 u}{\partial y^2}\right) \tag{3-6}$$

$$u\frac{\partial v}{\partial x}+v\frac{\partial v}{\partial y}=g_y-\frac{1}{\rho}\frac{\partial p}{\partial x}+\frac{v}{\rho}\left(\frac{\partial^2 v}{\partial x^2}+\frac{\partial^2 v}{\partial y^2}\right) \tag{3-7}$$

式中 u——沿 x 方向的流速;
v——沿 y 方向的流速;
g_x、g_y——重力加速度沿 x、y 方向的分量;
p——流体所受压力;
μ——流体黏滞系数;
ρ——流体密度。

设裂隙为水平裂隙,取流动方向为 x,则 $g_x=g_y=0$,$v=0$,u 沿程不变,

即:
$$\frac{\partial v}{\partial y}=\frac{\partial^2 v}{\partial y^2}=\frac{\partial v}{\partial x}=\frac{\partial^2 v}{\partial x^2}=0$$

$$\frac{\partial u}{\partial x}=\frac{\partial^2 u}{\partial x^2}=0 \tag{3-8}$$

则前式可简化为:
$$\frac{\partial p}{\partial x}=u\frac{\partial^2 u}{\partial y^2}$$

宾汉流体在管道或裂隙内流动时存在流核[82]。研究宾汉流体渗流规律时必须考虑流核的影响。宾汉流体在平面裂隙中流核的表达式是由宾汉流体在平直圆管中流动时产生流核的表达式推导而来的,因此先推导圆管中流核的表达式。

宾汉流体在平直圆管内层流流动时存在流核。如图 3-1 所示,建立圆管情形中的 $r-z$ 柱坐标系(半径方向为 r 轴,浆液流动方向为 z 轴)。在半径为 r_c 的流核截面内,速度梯度为 0,流速最大;从流核边缘到圆管边缘的截面上,速度逐渐减小,圆管内壁处速度为 0。

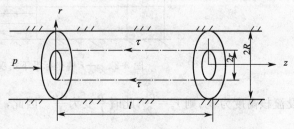

图 3-1 宾汉流体在平直圆管内流动示意图

任取半径为 r、长度为 l 的液柱，则液柱左侧所受有效压力为 p，液柱外侧剪切力为 τ。由压力平衡可得：

$$p(\pi r^2) = 2\pi r l \tau$$

因此：

$$\tau = \frac{p}{l} \cdot \frac{r}{2}$$

式中 p——作用在流体截面上的有效压力；

τ——液柱外侧所受剪切力；

r——液柱半径。

宾汉流体流变方程：

$$\tau = \tau_0 + u\frac{du}{dr}$$

当速度梯度 $\dfrac{du}{dr}=0$ 时，$\tau=\tau_0$，因此，在流核表面上的剪应力 $\tau=\tau_0$。在流核边缘必有：

$$\tau_0 = \frac{p}{l} \cdot \frac{r_e}{2}$$

式中 τ——宾汉流体的剪应力（屈服强度）；

τ_0——宾汉流体的初始剪应力（屈服强度）；

$\dfrac{du}{dr}$——速度梯度；

r_e——管道横截面上流核高度一半，即流核半径。

由上式得：$r_e = \dfrac{2\tau_0 l}{p}$，即为宾汉流体在平直圆管中流动时的流核半径表达式。下面将圆管中的情形转化为裂隙中求得流核高度的表达式。根据文献[83]，若将裂隙宽 b 转化成等效直径 ϕ_b，并将 ϕ_b 作为圆管直径 R，可将圆管中得到的公式推广到平面裂隙。裂隙宽度 b 与等效直径 ϕ_b 的关系为：

$$\phi_b = 1.633b \tag{3-9}$$

式中 ϕ_b——宽度为 b 的裂隙转化成的等效圆管直径；

b——裂隙隙宽。

根据以上关系有 r_e 的表达式仍为 $r_e = \dfrac{2\tau_0 l}{p}$。

设裂隙为一般裂隙（即倾斜裂隙），将圆管中 $r-z$ 柱坐标系转变成裂隙中的 $z-r$ 柱坐标系（图3-2）。

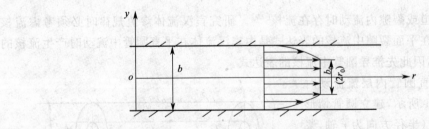

图3-2 $z-r$ 柱坐标系下宾汉流体流动示意图

设流核高度为 b_0，则 $r_e = \dfrac{b_0}{2}$，此时 $\dfrac{p}{l}$ 变为 $\dfrac{dp}{dr}$。因此，

$$r_e = 2\tau_0 \frac{dr}{dp} \tag{3-10}$$

$$b_0 = 4\tau_0 \frac{dr}{dp} \tag{3-11}$$

式中　b_0——裂隙柱坐标系中 z 轴方向的流核高度。

假设在浆液流程中裂隙内各截面处的 b_0 值相等时，可将 $\frac{dp}{dr}$ 用平均压力梯度 $\frac{p_0 - p_c}{R - r_0}$ 代替，则

$$b_0 = \frac{4\tau_0(R - r_0)}{p_0 - p_c}$$

式中　R——浆液流动最大半径；

　　　r_0——钻孔半径；

　　　p_0——钻孔内的压力；

　　　p_c——地下水静压力。

考虑宾汉流体具有屈服强度，且有流核存在，把宾汉流体在整个流域内分为三个区：流核区 $\left[-\frac{b_0}{2}, \frac{b_0}{2}\right]$、速梯区 $\left[-\frac{b}{2}, \frac{b_0}{2}\right]$ 和 $\left[-\frac{b_0}{2}, \frac{b}{2}\right]$。分别在这三个区段对式积分求出各段的流速公式，然后求其平均值，得到整个断面上的平均流速公式如下：

$$\bar{u} = \frac{\partial p}{\partial x}\left(\frac{bb_0}{8u} - \frac{b_0^2}{24u} - \frac{b^2}{12u}\right) \tag{3-12}$$

则单位宽度的流量为：

$$Q = b\bar{u} = \frac{\partial p}{\partial x}\left(\frac{b^2 b_0}{8u} - \frac{bb_0^2}{24u} - \frac{b^3}{12u}\right) \tag{3-13}$$

令 $\frac{\partial p}{\partial x} = gJ$，则式(3-13)变为：$Q = b\bar{u} = gJ\left(\frac{b^2 b_0}{8u} - \frac{bb_0^2}{24u} - \frac{b^3}{12u}\right)$

式中　g——流体的重度；

　　　J——水力梯度；

　　　u——流体的平均流速。

其余符号同前。

即为宾汉流体的渗流模型，当 $b_0 = 0$ 时，$Q = -\frac{gb^3}{12u}J$，则为牛顿流体的渗流模型。而 $b_0 = \frac{4\tau_0(R - r_0)}{p_0 - p_c}$，在其他条件已知的情况下，$b_0$ 的值由宾汉流体的初始屈服强度 τ_0 决定，因此，宾汉流体的屈服强度 τ_0 对宾汉流体的渗流过程有着重要的影响。这是宾汉流体与牛顿流体的区别所在，宾汉流体的这一渗流规律是注浆扩散理论的基础。

3.3　牛顿流体扩散模型

3.3.1　牛顿流体水平裂隙的注浆扩散模型

设浆液在注浆压力的作用下，从注浆孔注入裂缝内，并作平行于裂隙面的平面径向流动如图 3-3 所示。

设裂隙的宽度为 b（取为频率水力隙宽 b_{pk}），注浆孔内的压力为 p_0，浆液的黏度为 μ。现从流域中取出任一流体单元（图 3-4）。流体单元所受的外力为法向应力 p 和剪应力 τ，垂直于裂缝平面的各径向平面间无剪应力作用。若不计速度变化的影响，则沿单元体中心径向轴线方

向的各分力之和应等于零。

$$pr\Delta\theta\Delta z-\left(p+\frac{\mathrm{d}p}{\mathrm{d}r}\Delta r\right)(r+\Delta r)\Delta\theta\Delta z+\left(p+\frac{\mathrm{d}p}{\mathrm{d}r}\frac{\Delta r}{2}\right)\Delta\theta\Delta r\Delta z+\left(\frac{\mathrm{d}\tau}{\mathrm{d}z}\Delta z\right)\frac{(2r+\Delta r)\Delta\theta}{2}\Delta r=0 \tag{3-14}$$

经整理并简化,略去高阶微量,得

$$\frac{\mathrm{d}p}{\mathrm{d}r}-\frac{\mathrm{d}\tau}{\mathrm{d}z}=0 \tag{3-15}$$

式(3-15)表明在流域中的任一点处,浆液沿 z 方向的剪力坡降等于其径向压力坡降。

根据牛顿摩擦阻力定律

$$\tau=\mu\frac{\mathrm{d}u}{\mathrm{d}z} \tag{3-16}$$

式中　τ——浆液剪应力;
　　　μ——浆液黏度;
　　　$\dfrac{\mathrm{d}u}{\mathrm{d}z}$——浆液沿 z 方向的速度坡降。

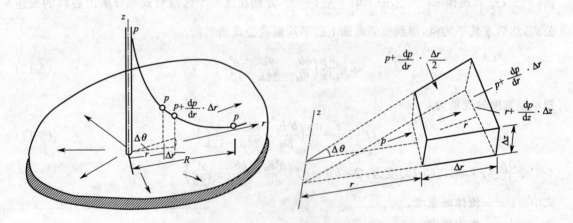

图 3-3　牛顿流体扩散示意图　　　　图 3-4　牛顿流体微元体受力示意图

由式(3-15)和(3-16)积分得:$\mu\dfrac{\mathrm{d}u}{\mathrm{d}z}=\dfrac{\mathrm{d}p}{\mathrm{d}r}(z+C_1)$。

将边界条件 $\left.\dfrac{\mathrm{d}u}{\mathrm{d}z}\right|_{z=0}=0$ 代入上式,得:$C_1=0$。

从而有 $u=\dfrac{\mathrm{d}p}{2\mathrm{d}r}(z^2+C_2)\mu$,代入边界条件 $u|_{z=\pm\frac{b}{2}}=0$,得:$C_2=-\dfrac{b^2}{4}$。

因此,$u=\dfrac{\mathrm{d}p}{2\mu\mathrm{d}r}\left(z^2-\dfrac{b^2}{4}\right)$。

浆液平均流速 $\bar{u}$ 满足方程:$\bar{u}=\dfrac{1}{b}\int_{-\frac{b}{2}}^{\frac{b}{2}}\dfrac{1}{2\mu}\left(z^2-\dfrac{b^2}{4}\right)\dfrac{\mathrm{d}p}{\mathrm{d}r}=-\dfrac{b^2}{12\mu}\cdot\dfrac{\mathrm{d}p}{\mathrm{d}r}$

流量 q 为:

$$q=2\pi rb\bar{u}=-2\pi rb\cdot\frac{b^2}{12\mu}\cdot\frac{\mathrm{d}p}{\mathrm{d}r}=-\frac{\pi b^3 r}{6\mu}\cdot\frac{\mathrm{d}p}{\mathrm{d}r} \tag{3-17}$$

考虑到裂隙中存在地下水,因此灌浆过程中不但浆液在流动,在浆液的推动下外围的地下水也在流动,故应分别在灌浆和水流两个区域建立流动方程,然后联解。因此根据以上公式模型推导得出浆液和水的流动方程分别如下。

在浆液流动区根据式(3-17)有:

$$\mathrm{d}p_g = -\frac{6\mu_g q_g}{\pi b^3 \xi} a\xi \quad (r_0 < \xi < r)$$

积分得:

$$p_g = -\frac{6\mu_g q_g}{\pi b^3}\ln\xi + C_3$$

代入边界条件 $\xi=r_0, p_g=p_0, \xi=r, p_g=p$ 得:

$$p - p_0 = -\frac{6\mu_g q_g}{\pi b^3}\ln\frac{r}{r_0}$$

从而导出

$$q_g = \frac{\pi b^3 (p_0 - p)}{6\mu_g \ln\frac{r}{r_0}} \tag{3-18}$$

在水流动区根据(3-18)式有: $\mathrm{d}p_w = -\dfrac{6\mu_w q_w}{\pi b^3 \xi} a\xi \quad (r < \xi < r_c)$

积分得:

$$p_w = -\frac{6\mu_w q_w}{\pi b^3}\ln\xi + C_4$$

同样将边界条件 $\xi=r_c, p_w=p_c, \xi=r, p_w=p$ 代入得:

$$q_w = \frac{\pi b^3 (p - p_c)}{6\mu_w \ln\frac{r_c}{r}} \tag{3-19}$$

在浆液与水的交界面上 $\xi=r, p_g=p_w=p, q_w=q_g$,利用此边界条件联解式(3-18)和式(3-19)可得浆液流量的计算公式:

$$q_g = \frac{\pi b^3 (p_0 - p_c)}{6\left(\mu_g \ln\dfrac{r}{r_0} + \mu_w \ln\dfrac{r_c}{r}\right)} \tag{3-20}$$

式中　u——浆液流速;

q_g——裂隙中浆液流量;

q_w——裂隙中水流量;

μ_g——浆液黏度;

μ_w——水的黏度;

r_0——灌孔半径;

ξ——浆液流场中任意一点的半径;

r——浆液在任意时刻的扩散半径;

r_c——地下水的影响半径;

p_g——浆液部分的压力;

p_w——水流部分的压力;

p_0——灌浆孔底压力;

p_c——地下水静水压力;

p——灌浆孔内任意一点的压力。

由于在单位时间段内灌入裂隙的浆液量应等于该时段内增大扩散半径 r 所需要的浆液量,因此有:

$$\int_0^t q\mathrm{d}t = \int_{r_0}^r 2\pi b r\mathrm{d}r$$

将式(3-20)代入并整理积分得

$$t = \frac{12(\mu_g - \mu_w)}{b^2(p_0 - p_c)} \cdot \frac{1}{2}\left(r^2 \ln r - r_0^2 \ln r_0 - \frac{r^2 - r_0^2}{2}\right) + \frac{12}{b^2(p_0 - p_c)}(\mu_w \ln r_c - \mu_g \ln r_0) \cdot \frac{r^2 - r_0^2}{2} \tag{3-21}$$

式(3-21)即为灌浆时间与浆液扩散半径的关系式。

当灌浆结束时 $t=T$,灌浆扩散半径 $r=R$,则上述公式可变为：

$$T = \frac{12}{b^2(p_0 - p_c)} \left\{ \begin{array}{l} \mu_g \left[\dfrac{R^2}{2}\ln\left(\dfrac{R}{r_0}\right) - \dfrac{R^2 - r_0^2}{4}\right] + \\ \mu_w \left[\dfrac{R^2}{2}\ln\left(\dfrac{r_c}{R}\right) - \dfrac{r_0^2}{2}\ln\left(\dfrac{r_c}{r_0}\right) + \dfrac{R^2 - r_0^2}{4}\right] \end{array} \right\} \tag{3-22}$$

上述是牛顿流体的二维粗糙水平单裂隙的注浆扩散模型,适用于可泵前期黏度不变或变化很小的浆液。

根据前面的总结,有些牛顿流体的黏度是随时间变化的,并且随时间遵循指数变化,即

$$\mu_g = \mu_g(t) = \mu_g(0) e^{kt}$$

式中 $\mu_g(0)$——浆液的初始黏度;

k——随浆液不同的变化指数;

t——灌浆时间。

在推导这些牛顿流体的扩散公式时就应考虑黏度的时变性,将黏度的时变性公式 $\mu_g = \mu_g(t) = \mu_g(0)e^{kt}$ 代入式（3-20）得：

$$q_g = \frac{\pi b^3 (p_0 - p_c)}{6\left(\mu_g(0)e^{kt}\ln\dfrac{r}{r_0} + \mu_w \ln\dfrac{r_c}{r}\right)} \tag{3-23}$$

从式(3-23)看出浆液流量随着扩散半径的增大和灌浆时间的增长是逐渐减小的。

根据单位时间段内灌入裂隙的浆液量应等于该时段内增大扩散半径 r 所需要的浆液量得结论有：$qdt = 2\pi br dr$,将式(3-23)代入,整理得：

$$\frac{e^{-kt} b^2 (p_0 - p_c) dt}{dt} = 12\left[\mu_g(0) r \ln \frac{r}{r_0} + \mu_w \ln \frac{r_c}{r} r e^{-kt}\right] \tag{3-24}$$

进一步积分整理得：

$$\chi(r) = e^{-\frac{12k\mu_w}{b^2(p_0-p_c)}\left(\frac{r^2 \ln r_c}{2} - \frac{r^2 \ln r}{2} + \frac{r^2}{4}\right)} \cdot \frac{12k\mu_g(0)}{b^2(p_0 - p_c)} \cdot$$

$$\left[\frac{r\ln r_0}{2} + \frac{12k\mu_w \ln r_0}{b^2(p_0 - p_c)}\left(\frac{r^4 \ln r_c}{8} - \frac{r^4 \ln r}{8} + \frac{3r^4}{32}\right) - \frac{r^2 \ln r}{2} + \frac{r^2}{4} - \frac{12k\mu_w}{b^2(p_0 - p_c)} \cdot \right.$$

$$\left. \left(\frac{r^4 \ln r_c \ln r}{8} - \frac{r^4 \ln r_c}{16} + \frac{r^4 \ln^2 r}{8} + \frac{r^4 \ln r}{32} - \frac{r^4}{128}\right)\right]$$

$$\chi(r_0) = e^{-\frac{12k\mu_w}{b^2(p_0-p_c)}\left(\frac{r_0^2 \ln r_c}{2} - \frac{r_0^2 \ln r_0}{2} + \frac{r_0^2}{4}\right)} \cdot \frac{12k\mu_g(0)}{b^2(p_0 - p_c)} \cdot \left[\begin{array}{l} \dfrac{r_0 \ln r_0}{2} - \dfrac{r_0^2 \ln r_0}{2} + \dfrac{r_0^2}{4} - \dfrac{12k\mu_w}{b^2(p_0 - p_c)} \cdot \\ \left(\dfrac{r_0^4 \ln r_c}{16} - \dfrac{r_0^4 \ln^2 r_0}{4} + \dfrac{r_0^4 \ln r_0}{16} + \dfrac{r_0^4}{128}\right) \end{array} \right]$$

则灌浆时间与扩散半径的关系式变为：

$$t = -\frac{1}{k}\ln[1 + \chi(r) + \chi(r_0)] \tag{3-25}$$

当灌浆结束时 $t=T$,灌浆扩散半径 $r=R$,则上述公式变为：

$$T = -\frac{1}{k}\ln[1 + \chi(R) + \chi(r_0)] \tag{3-26}$$

上述是牛顿流体的二维粗糙水平单裂隙的注浆扩散模型,适用于黏度变化的牛顿流体。

3.3.2 牛顿流体倾斜裂隙的注浆扩散模型

对于倾斜裂隙,应考虑重力对浆液流动扩散的影响,流体的密度为 ρ。将水平裂隙注浆扩散模型中的坐标旋转 α 角,得到一个新的坐标系。裂隙倾角为 α,方位角为 θ,浆液的密度为 ρ_s,水的密度为 ρ_w,得到浆液径向单元体受力平衡方程为:

$$\left(\frac{d\tau}{dz}-\frac{dp}{dr}\right)r\Delta\theta\Delta r\Delta z+\frac{(2r+\Delta r)\Delta\theta}{2}\Delta r\Delta z\rho g\sin\alpha\cos\theta=0 \tag{3-27}$$

忽略高阶微量化简并代入牛顿流体流变方程 $\tau=\mu\dfrac{du}{dz}$ 积分得:

$$\mu\frac{du}{dz}=\left(\frac{dp}{dr}-\rho g\sin\alpha\cos\theta\right)(z+C_6) \tag{3-28}$$

考虑边界条件 $\left.\dfrac{du}{dz}\right|_{z=0}=0$ 及 $u|_{z=\pm\frac{b}{2}}=0$ 积分得:

$$u=\frac{\left(\dfrac{dp}{dr}-\rho g\sin\alpha\cos\theta\right)}{2\mu}\left(z^2-\frac{b^2}{4}\right) \tag{3-29}$$

浆液平均流速 $\bar{u}$ 满足方程:

$$\bar{u}=\frac{1}{b}\int_{-\frac{b}{2}}^{\frac{b}{2}}\frac{1}{2\mu}\left(z^2-\frac{b^2}{4}\right)\left(\frac{dp}{dr}-\rho g\sin\alpha\cos\theta\right) \tag{3-30}$$

在倾斜裂隙平面径向流中,单位时间浆液流量由下式确定:

$$q=-\frac{\pi b^3 r}{6\mu}\left(\frac{dp}{dr}-\rho g\sin\alpha\cos\theta\right) \tag{3-31}$$

同样考虑到裂隙中存在地下水,推导得出浆液和水的流动方程分别如下。

在浆液流动区根据式(3-31)有:

$$dp_g=\left(-\frac{6\mu_g q_g}{\pi b^3 \xi}+\rho_g g\sin\alpha\cos\theta\right)a\xi \quad (r_0<\xi<r) \tag{3-32}$$

对上式积分,并代入边界条件 $\xi=r_0,p_g=p_0,\xi=r,p_g=p$ 得:

$$p-p_0=-\frac{6\mu_g q_g}{\pi b^3}\ln\frac{r}{r_0}+\rho_g g(r-r_0)\sin\alpha\cos\theta \tag{3-33}$$

和 r 相比,r_0 非常小,小到可以忽略不计,得到灌浆过程中任意时刻扩散半径的灌浆压力如下:

$$p-p_0=-\frac{6\mu_g q_g}{\pi b^3}\ln\frac{r}{r_0}+\rho_g gr\sin\alpha\cos\theta \tag{3-34}$$

可推得流量 q_g:

$$q_g=\frac{\pi b^3(p_0-p+\rho_g gr\sin\alpha\cos\theta)}{6\mu_g \ln\dfrac{r}{r_0}} \tag{3-35}$$

在水流动区根据式(3-31)有:

$$dp_w=\left(-\frac{6\mu_w q_w}{\pi b^3 \xi}+\rho_w g\sin\alpha\cos\theta\right)a\xi \quad (r<\xi<r_c) \tag{3-36}$$

对式(3-36)进行积分,同样将边界条件 $\xi=r_c,p_w=p_c,\xi=r,p_w=p$ 代入上式得:

$$q_\mathrm{w} = \frac{\pi b^3 (p_0 - p_\mathrm{c} + \rho_\mathrm{w} g(r_\mathrm{c}-r)\sin\alpha\cos\theta)}{6\mu_\mathrm{w}\ln\dfrac{r_\mathrm{c}}{r_0}} \tag{3-37}$$

在浆液与水的交界面上 $\xi=r, p_\mathrm{g}=p_\mathrm{w}=p, q_\mathrm{w}=q_\mathrm{g}$，利用此边界条件联解式(3-36)和式(3-37)可得浆液流量的计算公式：

$$q_\mathrm{g} = \frac{\pi b^3 \left[p_0 - p_\mathrm{c} + \rho_\mathrm{g} gr\sin\alpha\cos\theta - \rho_\mathrm{w} gr\sin\alpha\cos\theta + \rho_\mathrm{w} gr_\mathrm{c}\sin\alpha\cos\theta\right]}{6\left(\mu_\mathrm{g}\ln\dfrac{r}{r_0} + \mu_\mathrm{w}\ln\dfrac{r_\mathrm{c}}{r}\right)} \tag{3-38}$$

根据公式 $\int_0^t q\mathrm{d}t = \int_{r_0}^r 2\pi br\mathrm{d}r$，整理得灌浆时间和扩散半径的关系如下：

$$\begin{aligned}
t =& \frac{12(\mu_\mathrm{g}-\mu_\mathrm{w})}{b^2(A-B)}(r\ln r - r_0\ln r_0 - r + r_0) \\
& - \frac{12(\mu_\mathrm{g}-\mu_\mathrm{w})}{b^2(A-B)}\left[\ln r\ln\left(\frac{A-B}{p_0-p_\mathrm{c}+r_\mathrm{c}B}r+1\right) - \ln r_0\ln\left(\frac{A-B}{p_0-p_\mathrm{c}+r_\mathrm{c}B}r_0+1\right)\right] \\
& + \frac{12(\mu_\mathrm{g}-\mu_\mathrm{w})}{b^2}\left[\sum_{n=0}^{+\infty}\frac{(-1)^n (A-B)^n r^{n+1}}{(n+1)^2 (p_0-p_\mathrm{c}+r_\mathrm{c}B)^{n+1}} - \sum_{n=0}^{+\infty}\frac{(-1)^n (A-B)^n r_0^{n+1}}{(n+1)^2 (p_0-p_\mathrm{c}+r_\mathrm{c}B)^{n+1}}\right] \\
& + \frac{12(\mu_\mathrm{g}\ln r_0 - \mu_\mathrm{w}\ln r_\mathrm{c})}{b^2(A-B)}\left[(r-r_0) - \frac{p_0-p_\mathrm{c}+r_\mathrm{c}B}{A-B}\ln\frac{p_0-p_\mathrm{c}+r(A-B)+r_\mathrm{c}B}{p_0-p_\mathrm{c}+r_0(A-B)+r_\mathrm{c}B}\right]
\end{aligned} \tag{3-39}$$

当灌浆结束时 $t=T$，灌浆扩散半径 $r=R$，则式(3-39)变为：

$$\begin{aligned}
T =& \frac{12(\mu_\mathrm{g}-\mu_\mathrm{w})}{b^2(A-B)}(R\ln R - r_0\ln r_0 - R + r_0) \\
& - \frac{12(\mu_\mathrm{g}-\mu_\mathrm{w})}{b^2(A-B)}\left[\ln R\ln\left(\frac{A-B}{p_0-p_\mathrm{c}+r_\mathrm{c}B}R+1\right) - \ln r_0\ln\left(\frac{A-B}{p_0-p_\mathrm{c}+r_\mathrm{c}B}r_0+1\right)\right] \\
& + \frac{12(\mu_\mathrm{g}-\mu_\mathrm{w})}{b^2}\left[\sum_{n=0}^{+\infty}\frac{(-1)^n (A-B)^n R^{n+1}}{(n+1)^2 (p_0-p_\mathrm{c}+r_\mathrm{c}B)^{n+1}} - \sum_{n=0}^{+\infty}\frac{(-1)^n (A-B)^n r_0^{n+1}}{(n+1)^2 (p_0-p_\mathrm{c}+r_\mathrm{c}B)^{n+1}}\right] \\
& + \frac{12(\mu_\mathrm{g}\ln r_0 - \mu_\mathrm{w}\ln r_\mathrm{c})}{b^2(A-B)}\left[(R-r_0) - \frac{p_0-p_\mathrm{c}+r_\mathrm{c}B}{A-B}\ln\frac{p_0-p_\mathrm{c}+R(A-B)+r_\mathrm{c}B}{p_0-p_\mathrm{c}+r_0(A-B)+r_\mathrm{c}B}\right]
\end{aligned} \tag{3-40}$$

其中 $A=\rho_\mathrm{g} g\sin\alpha\cos\theta, B=\rho_\mathrm{w} g\sin\alpha\cos\theta$。

上式即为牛顿流体的二维粗糙倾斜单裂隙的注浆扩散模型，适用于浆液可泵期前黏度不变或变化很小的浆液。

根据前面牛顿流体水平裂隙考虑黏度时变性的推导过程，同样可以得出倾斜裂隙考虑黏度时变性的公式，公式的形式和水平裂隙是一样的，在此不再推导其过程，以水平裂隙的表达形式表示倾斜裂隙的黏度时变性公式。

因此以 $\chi'(r)$ 代替 $\chi(r)$，$\chi'(r_0)$ 代替 $\chi(r_0)$。

得到牛顿流体倾斜裂隙的考虑黏度变性的扩散模型如下：

$$t = -\frac{1}{k}\ln[1+\chi'(r)+\chi'(r_0)] \tag{3-41}$$

当灌浆结束时 $t=T$，灌浆扩散半径 $r=R$，则上述公式变为：

$$T = -\frac{1}{k}\ln[1+\chi'(R)+\chi'(r_0)] \tag{3-42}$$

上述是牛顿流体的二维粗糙倾斜单裂隙的注浆扩散模型，适用于黏度变化的牛顿流体。

3.4 宾汉姆流体的扩散模型

3.4.1 宾汉姆流体水平裂隙的注浆扩散模型

非牛顿流体在平行裂隙中做层流流动时,假设流体只沿 x 轴流动,即仅研究浆液在二维裂隙中流动的平面问题。设裂隙的宽度为 b(频率水力隙宽 b_{pk})。由于宾汉姆流体在裂隙内呈层流运动时存在流核,前面已论述,设流核高度为 b_0,$b_9 = \dfrac{4\tau_0(R-r_9)}{p_0-p_c}$,其计算简图如图 3-5 所示。

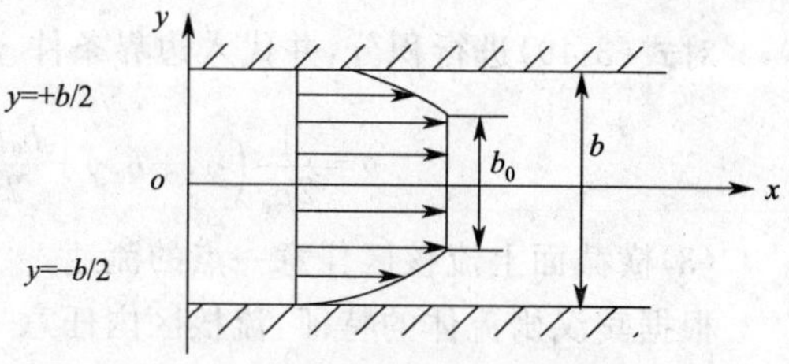

作用在流体上的力有使浆液流动的注浆压力、因浆液黏度而引起的阻力及粗糙裂隙表面产生的摩阻力。

图 3-5 浆液在二维裂隙中的流动模型

在注浆压力与总阻力之和相等时,浆液停止流动。此时即为浆液充填的最大长度(浆液扩散半径)。

对于不可压缩黏性流体的运动方程(纳维尔-斯托克斯方程)为:

$$\rho\left(\frac{\partial u}{\partial t}+u\frac{\partial u}{\partial x}+v\frac{\partial u}{\partial y}+\omega\frac{\partial u}{\partial z}\right)=\rho F_x-\frac{\partial p}{\partial x}+\mu\left(\frac{\partial^2 u}{\partial x^2}+\frac{\partial^2 u}{\partial y^2}+\frac{\partial^2 u}{\partial z^2}\right) \tag{3-43}$$

$$\rho\frac{dv}{dt}=\rho F_y-\frac{\partial p}{\partial y}+\mu\left(\frac{\partial^2 v}{\partial x^2}+\frac{\partial^2 v}{\partial y^2}+\frac{\partial^2 v}{\partial z^2}\right) \tag{3-44}$$

$$\rho\frac{d\omega}{dt}=\rho F_z-\frac{\partial p}{\partial z}+\mu\left(\frac{\partial^2 \omega}{\partial x^2}+\frac{\partial^2 \omega}{\partial y^2}+\frac{\partial^2 \omega}{\partial z^2}\right) \tag{3-45}$$

对于不可压缩流体:

$$\frac{\partial u}{\partial x}+\frac{\partial u}{\partial y}+\frac{\partial u}{\partial z}=0 \tag{3-46}$$

对于不可压缩流体的平行流动,得:$\dfrac{\partial v}{\partial x}=0$。

也即流体运动速度 u 与 x 无关,所以有:$u=u(y,z,t)$,$v=0$,$\omega=0$。

压力 p 仅是 x 的函数,即 $p=p(x)$,且液体本身重力与浆液压力相比很小,可忽略不计,即 $F_x=0$,所以有:

$$\rho\frac{\partial u}{\partial t}=-\frac{dp}{dx}+\mu_g\left(\frac{\partial^2 u}{\partial y^2}+\frac{\partial^2 u}{\partial z^2}\right) \tag{3-47}$$

浆液的流动为稳定流动,即 $\dfrac{\partial u}{\partial x}=0$,式(3-47)变为:

$$\frac{dp}{dx}=\mu_g\frac{d^2 u}{dy^2} \tag{3-48}$$

下面分浆液流动横截面的上、中、下三个部分分别求出流速,再求出横截面上的平均流速 $\bar{u}$。

(1)横截面上流核上半部分任意一点的流速分布公式

对式(3-48)进行积分并代入边界条件得:

$$\mu_g\frac{du}{dy}=\left(y-\frac{b_0}{2}\right)\frac{dp}{ds},\quad \frac{b_0}{2}\leqslant y\leqslant \frac{b}{2} \tag{3-49}$$

对式(3-49)积分并代入边界条件 $y=\dfrac{b_0}{2}, u=0$，得到在区间 $\dfrac{b_0}{2} \leqslant y \leqslant \dfrac{b}{2}$ 内的速度分布公式如下：

$$u=\frac{1}{2\mu_g}\left(y^2 - b_0 y + \frac{b_0 b}{2} - \frac{b^2}{4}\right)\frac{\mathrm{d}p}{\mathrm{d}x}, \frac{b_0}{2} \leqslant y \leqslant \frac{b}{2} \tag{3-50}$$

(2)横截面上流核下半部分任意一点的流速分布公式

对式(3-49)进行积分，并代入边界条件 $y=-\dfrac{b_0}{2}, \dfrac{\mathrm{d}u}{\mathrm{d}y}=0; y=-\dfrac{b}{2}, u=0$，表达式为：

$$u=\frac{1}{2\mu_g}\left(y^2 + b_0 y + \frac{b_0 b}{2} - \frac{b^2}{4}\right)\frac{\mathrm{d}p}{\mathrm{d}x}, -\frac{b}{2} \leqslant y \leqslant -\frac{b_0}{2} \tag{3-51}$$

(3)横截面上流核区任意一点的流速

根据宾汉姆流体的特征，流核区内任意一点的流速相等，因此，根据上、下两部分的流速均可推导出流核区域内的流速表达式：

$$u=\frac{1}{2\mu_g}\left(-\frac{b_0 b}{2} + \frac{b_0^2}{4} - \frac{b^2}{4}\right)\frac{\mathrm{d}p}{\mathrm{d}x}, -\frac{b_0}{2} \leqslant y \leqslant -\frac{b_0}{2} \tag{3-52}$$

(4)裂隙横截面上浆液的平均流速

$$\bar{u}=\frac{1}{4\mu_g}\left(\frac{b_0 b}{2} - \frac{b_0^2}{6} - \frac{b^2}{3}\right)\frac{\mathrm{d}p}{\mathrm{d}x} \tag{3-53}$$

浆液在二维裂隙中单位时间的流量 q_g 为：

$$q_g = 2\pi x \int_{-\frac{b}{2}}^{\frac{b}{2}} \bar{u}\, \mathrm{d}y = \frac{\pi x}{4\mu_g}\left(b_0 b^2 - \frac{b_0^3}{3} - \frac{2b^3}{3}\right)\frac{\mathrm{d}p}{\mathrm{d}x} \tag{3-54}$$

对上式积分并代入边界条件 $x=r_0, p=p_0$，得到裂隙中任意一点的压力分布表达式如下：

$$p_0 - p = \frac{4\mu_g q_g \ln\dfrac{r}{r_0}}{\pi\left(b_0 b^2 - \dfrac{b_0^3}{3} - \dfrac{2b^3}{3}\right)} \tag{3-55}$$

由式(3-55)得单位时间内的流量为：

$$q_g = \frac{p_0 - p}{4\mu_g \ln\dfrac{r}{r_0}} \pi\left(b_0 b^2 - \frac{b_0^3}{3} - \frac{2b^3}{3}\right) \tag{3-56}$$

考虑地下水对注浆过程的影响时，设裂隙中充满地下水，地下水压力为 p_c，类似牛顿流体的推导过程，得到水流流量：

$$q_w = \frac{\pi b^3 (p - p_c)}{6\mu_w \ln\dfrac{r_c}{r}} \tag{3-57}$$

在浆液与水的交界面上 $\quad x=r, p_g=p_w=p, q_w=q_g \tag{3-58}$

利用边界条件式(3-58)，联解式(3-56)和式(3-57)可得浆液流量的计算公式：

$$q_g = \frac{\pi b^3 (p_0 - p_c)}{\dfrac{4b^3 \mu_g \ln\dfrac{r}{r_0}}{b_0 b^2 - \dfrac{b_0^3}{3} - \dfrac{2b^3}{3}} + 6\mu_w \ln\dfrac{r_c}{r}} \tag{3-59}$$

令 $C = b_0 b^2 - \dfrac{b_0^3}{3} - \dfrac{2b^3}{3}$

单位时间内灌入裂隙的浆液量等于该段增大扩散半径所需浆液量,因此有:

$$\int_0^t q\,dt = \int_{r_0}^r 2\pi b r\,dr$$

将式(3-59)代入,并整理得:

$$t = \frac{8b\mu_g}{(p_0-p_c)C}\left(\frac{r^2\ln r}{2}-r^2\ln r_0+\frac{r_0\ln r_0}{2}-\frac{r^2-r_0^2}{4}\right)$$

$$+\frac{12\mu_w}{b^2(p_0-p_c)}\left(\frac{r^2}{2}\ln\frac{r_c}{r}+\frac{r_0^2}{2}\ln\frac{r_0}{r_c}+\frac{r^2-r_0^2}{4}\right) \tag{3-60}$$

当灌浆结束时 $t=T$,灌浆扩散半径 $r=R$,则式(3-60)变为:

$$T = \frac{8b\mu_g}{(p_0-p_c)C}\left(\frac{R^2\ln R}{2}-R^2\ln r_0+\frac{r_0\ln r_0}{2}-\frac{R^2-r_0^2}{4}\right)$$

$$+\frac{12\mu_w}{b^2(p_0-p_c)}\left(\frac{R^2}{2}\ln\frac{r_c}{R}+\frac{r_0^2}{2}\ln\frac{r_0}{r_c}+\frac{R^2-r_0^2}{4}\right) \tag{3-61}$$

上述是宾汉姆流体二维粗糙水平裂隙考虑地下水影响半径的注浆扩散模型,适用于浆液在可泵期前黏度不变或变化不大的宾汉姆流体。

宾汉姆流体中同样有学弟黏度随时间变化的流体,其变化的关系同牛顿流体一样呈指数规律,即 $\mu_g = \mu_g(t) = \mu_g(0)e^{kt}$。

将上式代入(3-59)式得:

$$q_g = \frac{\pi b^3(p_0-p_c)C}{4b^3\mu_g(0)e^{kt}\ln\frac{r}{r_0}+6C\mu_w\ln\frac{r_c}{r}} \tag{3-62}$$

因为单位时间内灌入裂隙的浆液量等于该段增加扩散半径所需浆液量,所以:

$$q\,dt = 2\pi b r\,dr$$

将式(3-62)代入上式考虑边界条件并整理得:

$$\varphi(r) = e^{-\frac{12k\mu_w}{b^2(p_0-p_c)}\left(\frac{r^2\ln r_c}{2}-\frac{r^2\ln r}{2}+\frac{r^2}{4}\right)} \cdot \frac{8bk\mu_g(0)}{(p_0-p_c)C} \cdot \left[\frac{r\ln r_0}{2}+\frac{12k\mu_w\ln r_0}{b^2(p_0-p)}\left(\frac{r^4\ln r_c}{8}-\frac{r^4\ln r}{8}+\frac{3r^4}{32}\right)-\right.$$

$$\left.\frac{r^2\ln r}{2}+\frac{r^2}{4}-\frac{12k\mu_w}{b^2(p_0-p_c)}\cdot\left(\frac{r^4\ln r_c\ln r}{8}-\frac{r^4\ln r_c}{16}+\frac{r^4\ln^2 r}{8}+\frac{r^4\ln r}{32}-\frac{r^4}{128}\right)\right]$$

$$\varphi(r_0) = e^{-\frac{12k\mu_w}{b^2(p_0-p_c)}\left(\frac{r_0^2\ln r_c}{2}-\frac{r_0^2\ln r_0}{2}+\frac{r_0^2}{4}\right)} \cdot \frac{8bk\mu_g(0)}{(p_0-p_c)C} \cdot \left[\frac{r_0\ln r_0}{2}-\frac{r_0^2\ln r_0}{2}+\frac{r_0^2}{4}-\right.$$

$$\left.\frac{12k\mu_w\ln r_0}{b^2(p_0-p_c)}\cdot\left(\frac{r_0^4\ln r_c}{16}-\frac{r_0^4\ln^2 r_0}{4}+\frac{r_0^4\ln r_0}{16}+\frac{r_0^4}{128}\right)\right]$$

则灌浆时间与扩散半径的关系式变为:

$$t = -\frac{1}{k}\ln[1+\varphi(r)+\varphi(r_0)] \tag{3-63}$$

当灌浆结束时 $t=T$,灌浆扩散半径 $r=R$,则式(3-63)变为:

$$T = -\frac{1}{k}\ln[1+\varphi(R)+\varphi(r_0)] \tag{3-64}$$

上述是宾汉姆流体二维粗糙水平裂隙考虑地下水影响半径的注浆扩散模型,适用于黏度变化的宾汉姆流体。

3.4.2 宾汉姆流体倾斜裂隙的注浆扩散模型

根据上述运动方程,倾斜裂隙中考虑浆液自重的影响,公式中的 $F_x = \rho_g g\sin\alpha\cos\theta$,其中 α

为倾角,θ 为方位角,浆液的密度为 ρ_g,水的密度为 ρ_w。将 $F_x = \rho_g g \sin\alpha \cos\theta$ 代入运动方程:

$$\frac{\mathrm{d}p}{\mathrm{d}x} = \mu_g \frac{\mathrm{d}^2 u}{\mathrm{d}y^2} + \rho_g g \sin\alpha \cos\theta \tag{3-65}$$

下面分浆液流动截面的上、中、下三个部分分别求出流速,再求出横截面上的平均流速 $\bar{u}$。

(1)横截面上流核上半部分任意一点的流速分布公式

对式(3-65)进行积分并代入边界条件 $y = \frac{b_0}{2}, \frac{\mathrm{d}u}{\mathrm{d}y} = 0$ 得:

$$\mu_g \frac{\mathrm{d}u}{\mathrm{d}y} = \left(y - \frac{b_0}{2}\right)\left(\frac{\mathrm{d}p}{\mathrm{d}s} - \rho_g g \sin\alpha \cos\theta\right), \frac{b_0}{2} \leqslant y \leqslant \frac{b}{2} \tag{3-66}$$

对式(3-66)积分并代入边界条件 $y = \frac{b}{2}, u = 0$,得到在区间 $\frac{b_0}{2} \leqslant y \leqslant \frac{b}{2}$ 内的速度分布公式如下:

$$u = \frac{1}{2\mu_g}\left(y^2 - b_0 y + \frac{b_0 b}{2} - \frac{b^2}{4}\right)\left(\frac{\mathrm{d}p}{\mathrm{d}x} - \rho_g g \sin\alpha \cos\theta\right), \frac{b_0}{2} \leqslant y \leqslant \frac{b}{2} \tag{3-67}$$

(2)横截面上流核下半部分任意一点的流速分布公式

对式(3-67)进行积分,并代入边界条件 $y = -\frac{b_0}{2}, \frac{\mathrm{d}u}{\mathrm{d}y} = 0; y = -\frac{b}{2}, u = 0$。表达式为:

$$u = \frac{1}{2\mu_g}\left(y^2 + b_0 y + \frac{b_0 b}{2} - \frac{b^2}{4}\right)\left(\frac{\mathrm{d}p}{\mathrm{d}x} - \rho_g g \sin\alpha \cos\theta\right), -\frac{b}{2} \leqslant y \leqslant -\frac{b_0}{2} \tag{3-68}$$

(3)横截面上流核区任意一点的流速

根据宾汉姆流体的特征,流核区内任意一点的流速相等,因此,根据上、下两部分的流速均可推导出流核区域内的流速表达式如下:

$$u = \frac{1}{2\mu_g}\left(-\frac{b_0 b}{2} + \frac{b_0^2}{4} - \frac{b^2}{4}\right)\left(\frac{\mathrm{d}p}{\mathrm{d}x} - \rho_g g \sin\alpha \cos\theta\right), -\frac{b_0}{2} \leqslant y \leqslant -\frac{b_0}{2} \tag{3-69}$$

(4)裂隙横截面上浆液的平均流速为:

$$\bar{u} = \frac{1}{4\mu_g}\left(\frac{b_0 b}{2} - \frac{b_0^2}{6} - \frac{b^2}{3}\right)\left(\frac{\mathrm{d}p}{\mathrm{d}x} - \rho_g g \sin\alpha \cos\theta\right) \tag{3-70}$$

浆液在二维裂隙中单位时间的流量 q_g 为:

$$q_g = 2\pi x \int_{-\frac{b}{2}}^{\frac{b}{2}} \bar{u} \mathrm{d}y = \frac{\pi x}{4\mu_g}\left(b_0 b^2 - \frac{b_0^3}{3} - \frac{2b^3}{3}\right)\left(\frac{\mathrm{d}p}{\mathrm{d}x} - \rho_g g \sin\alpha \cos\theta\right) \tag{3-71}$$

对式(3-71)积分并代入边界条件 $x = r_0, p = p_0$,得到裂隙中任意一点的压力分布表达式如下:

$$p_0 - p = \frac{4\mu_g q_g \ln\frac{r}{r_0}}{\pi\left(b_0 b^2 - \frac{b_0^3}{3} - \frac{2b^3}{3}\right)} - \rho_g g r \sin\alpha \cos\theta \tag{3-72}$$

由上式得单位时间内的流量为:

$$q_g = \frac{p_0 - p + \rho_g g r \sin\alpha \cos\theta}{4\mu_g \ln\frac{r}{r_0}} \pi\left(b_0 b^2 - \frac{b_0^3}{3} - \frac{2b^3}{3}\right) \tag{3-73}$$

考虑地下水对注浆过程的影响时,设裂隙中充满地下水,地下水压力为 p_c,类似牛顿流体的推导过程,得到水流流量:

$$q_w = \frac{\pi b^3 (p - p_c + \rho_w gr\sin\alpha\cos\theta)}{6\mu_w \ln\dfrac{r_c}{r}} \tag{3-74}$$

在浆液与水的交界面上 $\quad x=r, p_g=p_w=p, q_w=q_g \tag{3-75}$

利用边界条件(3-75),联解式(3-73)和(3-74)可得浆液流量的计算公式:

$$q_g = \frac{p_0 - p_c + \rho_g gr\sin\alpha\cos\theta - \rho_w gr\sin\alpha\cos\theta + \rho_w gr_c\sin\alpha\cos\theta}{\dfrac{4\mu_g \ln\dfrac{r}{r_0}}{\left(b_0 b^2 - \dfrac{b_0^3}{3} - \dfrac{2b^3}{3}\right)\pi} + \dfrac{6\mu_w \ln\dfrac{r_c}{r}}{\pi b^3}} \tag{3-76}$$

单位时间内灌入裂隙的浆液量等于该段增大扩散半径所需浆液量,因此有: $\int_0^t q\,\mathrm{d}t = \int_{r_0}^r 2\pi br\,\mathrm{d}r$

将(3-76)式代入,并积分得:

$$\begin{aligned}
t ={} & \frac{8b^3\mu_g - 12C\mu_w}{b^2 C} \cdot \frac{(r\ln r - r_0\ln r_0 - r + r_0)}{A-B} - \frac{8b^3\mu_g - 12C\mu_w}{b^2 C} \cdot \\
& \left[\frac{\ln r \ln\left(\dfrac{A-B}{p_0 - p_c + r_c B}r + 1\right)}{A-B} - \frac{\ln r_0 \ln\left(\dfrac{A-B}{p_0 - p_c + r_c B}r_0 + 1\right)}{A-B}\right] \\
& + \frac{8b^3\mu_g - 12C\mu_w}{Cb^2}\left[\sum_{n=0}^{+\infty}\frac{(-1)^n (A-B)^n r^{n+1}}{(n+1)^2 (p_0 - p_c + r_c B)^{n+1}} - \sum_{n=0}^{+\infty}\frac{(-1)^n (A-B)^n r_0^{n+1}}{(n+1)^2 (p_0 - p_c + r_c B)^{n+1}}\right] \\
& - \left(\frac{8b^3\mu^3 \ln r_0}{C} - \frac{12\mu_w \ln r_c}{b^2}\right)\left[\frac{(r-r_0)}{A-B} - \frac{p_0 - p_c + r_c B}{A-B}\ln\frac{p_0 - p_c + r(A-B) + r_c B}{p_0 - p_c + r_0(A-B) + r_c B}\right]
\end{aligned} \tag{3-77}$$

当灌浆结束时 $t=T$,灌浆扩散半径 $r=R$,则式(3-77)变为:

$$\begin{aligned}
T ={} & \frac{8b^3\mu_g - 12C\mu_w}{b^2 C} \cdot \frac{(R\ln R - r_0\ln r_0 - R + r_0)}{A-B} - \frac{8b^3\mu_g - 12C\mu_w}{b^2 C} \cdot \\
& \left[\frac{\ln R \ln\left(\dfrac{A-B}{p_0 - p_c + r_c B}R + 1\right)}{A-B} - \frac{\ln r_0 \ln\left(\dfrac{A-B}{p_0 - p_c + r_c B}r_0 + 1\right)}{A-B}\right] \\
& + \frac{8b^3\mu_g - 12C\mu_w}{Cb^2} \cdot \left[\sum_{n=0}^{+\infty}\frac{(-1)^n (A-B)^n R^{n+1}}{(n+1)^2 (p_0 - p_c + r_c B)^{n+1}} - \sum_{n=0}^{+\infty}\frac{(-1)^n (A-B)^n r_0^{n+1}}{(n+1)^2 (p_0 - p_c + r_c B)^{n+1}}\right] \\
& - \left(\frac{8b^3\mu^3 \ln r_0}{C} - \frac{12\mu_w \ln r_c}{b^2}\right)\left[\frac{(R-r_0)}{A-B} - \frac{p_0 - p_c + r_c B}{A-B}\ln\frac{p_0 - p_c + R(A-B) + r_c B}{p_0 - p_c + r_0(A-B) + r_c B}\right]
\end{aligned} \tag{3-78}$$

上式即为宾汉姆流体的二维粗糙倾斜裂隙考虑地下水影响的注浆扩散模型,适用于浆液可泵期前黏度不变或变化很小的宾汉姆流体。

根据前面牛顿流体水平裂隙考虑黏度时变性的推导过程,同样可以得出倾斜裂隙的考虑黏度时变性的公式,公式的形式和水平裂隙是一样的,在此不再推导其过程,以水平裂隙的表达形式表示倾斜裂隙的黏度时变性公式。

因此以 $\varphi'(r)$ 代替 $\varphi(r)$, $\varphi'(r_0)$ 代替 $\varphi(r_0)$。

得到牛顿流体倾斜裂隙的考虑黏度变性的扩散模型如下:

$$t = -\frac{1}{k}\ln[1 + \varphi'(r) + \varphi'(r_0)] \qquad (3\text{-}79)$$

当灌浆结束时 $t=T$,灌浆扩散半径 $r=R$,则式(3-79)变为:

$$T = -\frac{1}{k}\ln[1 + \varphi'(R) + \varphi'(r_0)] \qquad (3\text{-}80)$$

上述是宾汉姆流体的二维粗糙倾斜单裂隙的注浆扩散模型,适用于黏度变化的宾汉姆流体。

以上考虑地下水的影响半径及频率水力隙宽推导了各种情况下的注浆扩散模型,为注浆控制方法的建立提供了坚实的基础。

3.5 Herschel-Bulkley 浆液在裂隙岩体中的扩散规律研究

由 Herschel,W. H 和 Bulkley,R 提出的三参数流变模式 Herschel-Bulkley 流变模式(简称 H-B 流体),因其综合了以上牛顿、宾汉塑性和幂律流变模式的特点,既能反映流体的塑性特征,又能反映流体的剪切稀释特征和膨胀特征,所以其精度较高,有着普遍的适用性。本文利用柱坐标下黏性流体力学的 Navier-Stokes 方程和动量方程以及 H-B 流体的本构方程,推导出 H-B 流体在光滑平板裂隙模型中做径向层流的运动规律,着重讨论了扩散半径和压降分布的计算问题以及各参数的影响规律,为裂隙岩体的灌浆设计计算提供了理论依据。

3.5.1 浆液扩散模型的建立

为了定量地研究 H-B 流体在裂隙中的扩散规律,求解时对实际问题作了如下假定:①浆液为不可压缩的均质各向同性的非时变流体;②裂隙壁面不透水,即浆液中的水分不向岩体中渗滤;③流体在裂隙壁面上不存在滑移,即壁面上的流速为零;④裂隙壁面对浆液内固体颗粒无吸附效应,浆液在运动过程中无沉淀发生,裂隙的开度恒定且处处相等;⑤裂隙的开度不大,浆液在裂隙内的流速较慢,除灌浆孔附近的局部区域为紊流外,浆液的流态皆为层流。

图 3-6 为单裂隙注浆辐向扩散示意图。浆液在注浆压力 p_0 的作用下从钻孔半径 r_w 的注浆管流出,沿径向向四周环形扩散。取裂隙倾角为 α,开度为 $2h$,远场静水压力为 p_c,浆液重度为 γ_g,建立柱坐标系 (r,θ,y),其中 r,θ 位于倾斜裂隙平面内,取 r 为流动方向,y 为开度方向,θ 为裂隙倾向与计算方向的夹角。由于带屈服值的塑性流体在管道或裂隙内流动存在流核,设流核高度为 $2y_0$。

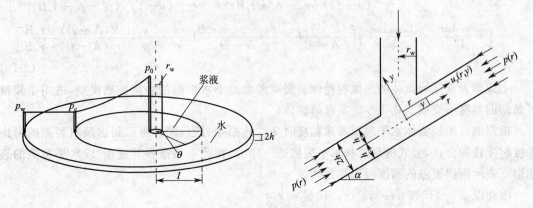

图 3-6 单一裂隙中浆液径向扩散示意图

3.5.2 浆液扩散模型的求解

1. 流速及流体压降分析

H-B流体也称为带屈服值的幂律流体，其本构方程如下：

$$\begin{cases} \dot{\gamma}=0 & \tau \leqslant \tau_0 \\ \tau=\tau_0+k\dot{\gamma}^n & \tau > \tau_0 \end{cases} \tag{3-81}$$

式中　τ_0——屈服应力，Pa；
　　　k——稠度系数，$Pa \cdot s^n$；
　　　n——流变指数，无因次；
　　　$\dot{\gamma}$——剪切率。

浆液在裂隙流动中，速梯区 $y_0 < r \leqslant h$ 有 $\dot{\gamma} = -du/dr$，流核区有 $\dot{\gamma}=0$。

在圆柱坐标系下，流体扩散的连续性方程和动量方程分别

$$\begin{cases} \nabla \cdot \rho \vec{u} + \dfrac{\delta \rho}{\delta t} = 0 \\ \nabla \cdot \vec{\tau} + \rho \vec{g} = \rho \dfrac{D\vec{u}}{Dt} \end{cases} \tag{3-82}$$

式中　ρ——流体密度；
　　　$\vec{u}$——流速矢量；
　　　$\vec{\tau}$——应力张量；
　　　$\vec{g}$——加速度矢量或体力矢量。

对于密度为常数的恒定流浆液，在裂隙中做径向流动时，存在 $D\vec{u}/Dt=0$，$u_\theta=u_y=0$，$\tau_{\theta\theta}=\tau_{yy}=\tau_{\theta y}=\tau_{r\theta}=0$，$\tau_{rr}=p$，$p$ 为流体压力，则以上两式在柱坐标系下可简化为：

$$\begin{cases} \dfrac{1}{r} \dfrac{\partial r u_r}{\partial r} = 0 \\ \dfrac{dp}{dr} + \dfrac{\partial \tau_{ry}}{\partial y} + \gamma_g \sin\alpha \cos\theta = 0 \end{cases} \tag{3-83}$$

式中　u_r——径向流速。

根据假设及流动模式，其边界条件为：

$$\begin{cases} u_r(r,h)=0 \\ p(r=r_w)=p_0, \; p(r=I)=p_c \\ \tau_{ry}(r,h) = -\left(\dfrac{dp}{dr} + \gamma_g \sin\alpha \cos\theta \right) h \end{cases} \tag{3-84}$$

在求解上述微分方程过程中，由式(3-84)可知 ru_r 独立于 r，故可令函数

$$U(y) = ru_r \tag{3-85}$$

将式(3-85)代入 H-B 流体本构方程，即式(3-81)中，联立式(5)可得：

$$(-1)^n \left(\dfrac{dU}{dy} \right)^{n-1} \dfrac{d^2 U}{dy^2} \dfrac{nk}{r^n} + \dfrac{dp}{dr} + \gamma_g \sin\alpha \cos\theta = 0 \tag{3-86}$$

可以看出，仅当 $(-1)^n \left(\dfrac{dU}{dy} \right)^{n-1} \dfrac{d^2 U}{dy^2} = C_1$ 时，(C_1 为待定常数)，式(3-86)方可成立，结合边界条件(3-85)及式(3-86)，可得裂隙过流横截面速梯区($y_0 \leqslant y \leqslant h$)的流速为：

$$u_r(r,y) = \dfrac{\sqrt[n]{n}}{C_1 r} \dfrac{n}{1+n} \left[(C_1 h + C_2)^{\frac{1+n}{n}} - (C_1 y + C_2)^{\frac{1+n}{n}} \right] \tag{3-87}$$

其中，
$$\begin{cases} C_1 = \dfrac{\Delta p - \gamma_g \sin\alpha \cos\theta (I - r_w)}{nk} \dfrac{1-n}{I^{1-n} - r_w^{1-n}} \\ C_2 = -\dfrac{r^n \tau_0}{nk} \end{cases}$$

$\Delta p = p_0 - p_c$。

在流核区内，切应力 τ 小于屈服值 τ_0，两邻层流体之间处于相对静止，流体呈活塞式整体运动，其流速均匀，以 $y = y_0$ 代入上式，得出流核区 ($0 \leqslant y \leqslant y_0$) 的流速为：

$$u_r(r, y_0) = \dfrac{\sqrt[n]{n}}{C_1 r} \dfrac{n}{1+n} \left[(C_1 h + C_2)^{\frac{1+n}{n}} - (C_1 y_0 + C_2)^{\frac{1+n}{n}} \right] \tag{3-88}$$

在 $y = y_0$ 处，$\tau_{ry}(r, y_0) = \tau_0$，根据式(3-85)和式(3-88)，有

$$\tau_0 = -\left(\dfrac{dp}{dr} + \gamma_g \sin\alpha \cos\theta \right) y_0 = \dfrac{n\mu C_1}{r^n} y_0 \tag{3-89}$$

则可得出流核区高度 $2y_0$ 为：

$$2y_0 = \dfrac{2\tau_0 r^n}{\Delta p - \gamma_g \sin\alpha \cos\theta (I - r_w)} \dfrac{I^{1-n} - r_w^{1-n}}{1-n} = -\dfrac{2C_2}{C_1} \tag{3-90}$$

可见流核区高度是一个与计算半径 r 及方位角 θ 相关的量，在裂隙各截面处其值并不相等。当浆液为 Bingham 流体时，即 $n=1$，根据极限定理，式(3-90)可简化为

$$2y_0 = \dfrac{2\tau_0 r}{\Delta p - \gamma_g \sin\alpha \cos\theta (I - r_w)} \ln \dfrac{I}{r_w} \tag{3-91}$$

根据 $\bar{u}_r = \left[\int_{y_0}^{h} u_r(r, y) dy + u_r(r, y_0) y_0 \right] / h$，将式(3-89)、式(3-90)及式(3-91)代入，积分可得裂隙横截面上平均流速 $\bar{u}_r$ 为：

$$\bar{u}_r = \dfrac{n}{(1+n)h} \left(\dfrac{\tau_0}{nky_0} \right)^{\frac{1}{n}} \left[\dfrac{1+n}{1+2n} (h - y_0)^{\frac{1+2n}{n}} + y_0 (h - y_0)^{\frac{1+n}{n}} \right] \tag{3-92}$$

根据注浆孔 $r = r_w$ 圆周上各 θ 角方向的径向流速，可得相应的注浆量 Q 为：

$$Q = 2hr_w \int_0^{2\pi} \bar{u} \big|_{r=r_w} d\theta = \dfrac{4\pi h r_w}{N} \sum_{i=1}^{N} \bar{u}(\theta_i) \big|_{r=r_w} \tag{3-93}$$

式中 N —— 圆周上所取流速点的计算个数。由于上述积分不可直接求出，可在计算出扩散半径 I 后通过最右式求平均流速的方法进行求解。

由式(3-88)同时结合边界条件(3-86)中的第二项，可得流体压力沿流程的分布规律为：

$$p(r) = p_0 - \gamma_g \sin\alpha \cos\theta (r - r_w) - [\Delta p - \gamma_g \sin\alpha \cos\theta (I - r_w)] \dfrac{r^{1-n} - r_w^{1-n}}{I^{1-n} - r_w^{1-n}} \tag{3-94}$$

2. 流体扩散半径分析

目前在大部分浆液扩散的报道中[85]，大多数作者是根据单位时间内灌入裂隙内的浆液量等于该段内增大扩散半径所需的流量来求解扩散半径的，这在裂隙水平时直接采用 $qdt = 2\pi I \cdot 2hdr$ 进行积分求解是可行的，但对于倾斜裂隙的情况，本文建议采用流速连续性条件进行求解，原因在于：由于重力效应的影响，浆液扩散范围将呈现出近乎椭圆的模式，而并未圆形，在同一注浆时间 T 下，不同方位角 θ 所对应的扩散半径 I 是不相等的，即 I 与 θ 之间相互关联，但由于其函数关系事先并未确定，故难于按照流量连续条件进行积分求解，而采用流速连续性条件则可避免这个问题。

在以上驱水注浆过程中，浆液推动地下水向外流动，可认为每种流体被限制在两个完全确

定的区域内,之间存在一个使它们隔开的浆液-地下水分界面,根据该分界面流速连续性条件 $r=I$ 处:$\bar{u}_r=\mathrm{d}I/\mathrm{d}t$,即可建立起分界面从 $r=r_w$ 推进到 $r=I$ 时的注浆时间 T 与浆液扩散半径 I 之间的关系:

$$\int_0^T \bar{u}_r \mathrm{d}t = \int_{r_w}^I \mathrm{d}I \tag{3-95}$$

将式(3-94)代入式(3-95),则最终的注浆扩散方程为:

$$T = \frac{(1+n)(1+2n)h}{n}\left(\frac{nk}{\tau_0}\right)^{\frac{1}{n}}\int_{r_w}^I \frac{\sqrt[n]{y_0}}{\left[(1+n)(h-y_0)^{\frac{1+2n}{n}}+(1+2n)y_0(h-y_0)^{\frac{1+n}{n}}\right]}\mathrm{d}I \tag{3-96}$$

式中 y_0 采用式(3-95)表示,其中用扩散半径 I 代替式中的变量 r 进行积分。在上述积分过程中,由于被积函数的复杂性,无法得到解析形式的原函数,本书采用 MATLAB 数学软件,在不断搜索扩散半径 I 的情况下进行数值积分,最终获得满足精度要求的扩散半径 I。

第4章 注浆效果检测方法研究

4.1 分 类

　　注浆效果是指浆液在地层中的实际分布状态与设计的预定注入范围的吻合程度及注浆后复合土质参数(抗剪强度、承载力、密度、渗透系数等)的提高状况。注浆效果的检查方法,也有范围、形状探查及土质参数变化之分。

　　表 4-1 给出的方法较多,应该说,这些方法各有各的用途,不能绝对地说哪种方法绝对好,哪种方法绝对差。选用哪种方法应根据注浆目的、客观条件因地制宜。如:①场地平坦、宽敞、注入深度浅,则可以考虑采用地表探查法;又如注入深度较深或者场地复杂、狭小、地表探查的条件不具备,则考虑钻孔发。②如果注浆的目的是为了提高地层的承载力,那么显然应首先考虑载荷试验(地表或钻孔)及标准贯入试验;如果注浆的目的是为了提高土的抗剪强度,则应进行十字板剪切试验,或者钻孔取芯进行室内剪切试验;如果需要测定土体的变形模量、压缩模量等参数,则应考虑弹性波法、声波法、动静触探及地下雷达等方法,不过后面这些方法耗资较大。③如果要再注浆的同时进行过程检测,即检测浆液的流动状况,则可选用电阻率剖面法。若场地条件不允许,则只能考虑钻孔探查中的电阻法、地中电阻率法、地温法,其中电阻法最简单、实用。④如果要想在钻孔的同时获得土的各种参数;如抗剪强度、压缩模量等,即把钻孔、探查、计算三步合并一次成功,则只能选用旋转触探法,并非它莫属。它是现场土质调查、当场注浆设计、当场施工的唯一途径。⑤如果注浆的目的是为了防水,那么应该考虑选用表中示出的几种渗透系数的测定方法。⑥如果注浆目的是浅层加固,纠偏建筑物得位置及地表抬高,则应考虑使用水准仪、经纬仪测定纠偏和抬高状况。⑦如果想知道浆液对土体中的空隙的填充率 a,应考虑选用钻孔取芯然后化学分析,相当而言这种方法稍微麻烦一点,但有一定的实用价值。⑧如果在注入过程中及时知道浆液的分布形态,也可选用 p-q 法(即注入压力与注入速度的关系)判断。

表 4-1 探查方法分类

方 法	名 称	测量的量值
地表探查	电阻率剖面法	电阻率 ρ
	声波法	传播速度 v
	弹性波法	波速 v
	地质雷达探测法	介电常数 ε
	水准仪、经纬仪法	地表抬高、建筑物变位
钻孔探查	电阻法	电阻 r
	电阻率法	电阻率 ρ
	电探法	电阻率 ρ
	地质雷达法	ε
	弹性波法	波速 v
	声波法	波速 v

4.2 静力触探法

4.2.1 概 述

静力触探是将金属制作的圆锥形的探头以静力方式按一定的速率均匀压入土中,借以量测贯入阻力等参数值间接评估土的物理力学性质的试验。这种方法对那些不易钻孔取样的饱和砂土,高灵敏度的软土,以及土层竖向变化复杂、不易密集取样查明土层变化状况的情形而言,可在现场连续、快速地测得土层对触探头得贯入阻力 q_c、探头侧壁与土体的摩擦 f_s、土体对侧壁的压力 p_n 及土层空隙水压力 u 等参数。这些参数为试验成果,进而可以得出土层的各种特性参数,如:土层的承载力 R,侧限压缩模量 E_s,变形模量 E_c,区分土层、土层液化的液化势等。

4.2.2 静力触探试验

通常静力触探仪由主机、反力装置、测量仪表、触探头构成。

1. 触探主机

能自身产生压力将装有触探头的探杆压入土层。据加压装置动力的不同,静力触探仪分为电动机械式、液压式及手摇轻型链式三种。

2. 反力装置

可由单叶螺旋状地锚或压重来获得。目前大多数将仪器设备固定在卡车上,利用车身自重来平衡反力。

3. 测量仪器

静态电阻应仪、数字测力仪(或自动记力仪)、深度记录仪及传输信号的电缆等。

4. 触探头

触探头是触探仪的关键部件。探头的顶端是一个锥形尖头,锥角60°,锥底面积有10 cm²、15 cm²、20 cm² 三种形式,摩擦筒的表面积也有 100 cm²、200 cm²、300 cm² 三种类型。厂家不同、规格不同,上述结构、尺寸也有差异。通常是将电阻式应变传感器安装在探头上,置于平衡电路中,当探头贯入土层时,由于应变电阻受到土层的的贯入阻力作用,故应变电阻阻值发生变化,电桥失去平衡,即产生电桥的输出信号。这个电信号与贯入阻力成正比。也就是说,要测量一个参数(贯入主力)必须相应地安装一个电桥。如果要使探头具有两个功能(即两个参数),则必须配备两个电桥。因此,若探头具有三个测量功能(测量贯入阻力、壁摩擦两个参数),则必须安装三个桥路。以此类推,n 桥有 n 个功能(可测 n 个参数)。所以习惯上探头有单桥、双桥、三桥和四桥之分,实际上这种习惯用法上用法有些欠妥,这就是传感器选用电阻应变传感器传递力信号时必须使用电桥。然而,若传感器不使用应变电阻,而是使用其他传感器如晶体压力传感器时,力的变化引起晶体的谐振频率变化,而检测这一频率变化就不再使用电桥来检测,所以,按桥路个数定义探头有一定的局限性。这里按单功能探头、双功能探头及多功能探头的方法对探头进行分类。

(1)单功能探头:系指只能测定一个参数的探头。通常指可测定比贯入阻力 p_s 的探头。

(2)两功能探头:系指能测定两个参数的探头。通常指装有摩擦筒、可同时测定锥尖阻力 q_c 和侧壁摩阻力 f_x 的探头。

(3)三功能探头:系指能测定三个参数的探头。通常指可测定 q_c、f_s 及 u(空隙水压力)的

探头及可测定 q_c, u 及 θ_x（x 方向倾角）、θ_y（y 方向倾角）的三参数探头。

(4) 四功能探头：系指能测定四个参数的探头。通常可测定 q_c, f_x, u 及 p_h（侧面土压力）的探头。

4.2.3 试验条件的记录及试验方法的技术要求

静力触探试验结果的评估与试验条件和试验方法密切相关，整理成果资料时必须注意这一点。

1. 试验条件

(1) 锥尖的断面积、尖角、测力传感器的容量、材质。

(2) 摩擦筒的表面积、直径、位置、表面粗糙程度，上下端面的缝隙处理。

(3) 间隙水压计、过滤器的材质、安装位置、封入液体、脱体方法、测量系统的刚性。

值得指出的是测定摩阻力的摩擦筒的表面积，前面曾指出有 100 cm²、200 cm²、300 cm² 三种。但是现在多选用 100 cm²，这是因为表面积越小得到的底层的信息越详细，但是，表面积小信号也小。若电测仪的灵敏度低，则信号无法满足电测仪的灵敏度的要求。但是由于集成电路制作技术的进步，低噪声、低漂移前置放大器的噪声和漂移可做得很低。也就是说点测仪的接收灵敏度大为提高，因此尽管 100 cm² 表面积对应的电信号小，但仍能清晰地接收显示。此外，土谷等人在东京湾冲积地层的摩阻力做了直接对比。表明，虽然摩擦筒的表面积不同，但摩擦阻力却大致一致。

2. 试验方法及要求

(1) 平整场地，设备反力装置，安装触接机，必须保证探杆垂直贯入。

(2) 触探孔离开钻孔至少 2 m 或 25 倍钻孔孔径。

(3) 试验之前应先对探头进行率定，应保证室内率定的重复性误差、线性误差、归零误差和温度漂移等不超过 0.5%～1.0%，现场归零误差小于 3%。

(4) 试验中探头垂直压入土中的速度必须匀速，贯入速度：黏土中为 0.6～1.2 m/s；砂土中以 0.6 m/min 为好。

(5) 贯入测量间隔因仪器性能优劣而异。对备有自动测量装置的仪器而言，可密到 1 个数据/0.5～1 cm；对性能差的设备而言，可稀到 1 个数据/10～20 cm。总之要视仪器性能优劣的具体情况而定。

(6) 当贯入深度超过 50 m 或经软层入硬层时，应特别注意钻杆倾斜对深度记录误差的影响，总之深度记录误差要控制在 1% 以内。

(7) 要求电测仪的读数误差小于读数的 5% 或大于读数的 1%。

关于贯入速度对触探参数测定值，特别是 q_c 和 u 的影响，土谷等人特地进行了贯入速度从 0.03 cm/s 变到 10 cm/s 的现场试验。现场试验在回填地层中的 5 个点进行。贯入速度对 q_c 的影响较小，可以不考虑，而对 u 来说，存在一定的影响。为了更清楚地表现影响的程度，特地以 1 m/s 为基准贯入速度来测定对 u 的影响。对间隙水压力而言，在黏土中贯入速度的影响很小，对砂土中的影响大。在砂土中贯入速度在 1～2 m/s 时，差异为 5%～30%，并且还得出，砂质土中的贯入速度≤1 cm/s 为好。

4.2.4 用静力触探试验数据估算桩的承载力

桩的承载力多由静载试验法确定，这种方法的优点是直观、准确、可靠性好。缺点是设备笨重、麻烦、试验周期长(几十天),有些工程不允许这样长的时间。而静力触探试验确认桩承载力方法的特点就是迅速、简便、精度同样也较高。目前国内外提出的估算桩承载力的方法较多,这里给出用单功能探头及双功能探头触探资料成果确定单桩承载力的方法。

1. 用单功能探头资料成果确定单桩承载力

《建筑桩基技术规范》中指出:

$$R_{uk} = Q_{sk} + Q_{pk} = u_p \sum q_{ski} l_{si} + a_b p_{sb} A_p$$

式中　R_{uk}——混凝土预制桩单桩竖向极限承载力标准值(tf);
　　　u_p——桩身周长(m);
　　　q_{ski}——静力触探比贯入阻力估算的桩周第 i 层土的极限侧阻力(tf/m²);
　　　l_{si}——桩穿越第 i 层土的厚度(m);
　　　a_b——桩端阻力修正系数(无量纲),由表 4-3 确定;
　　　p_{sb}——桩端附近的用静力触探测得的贯入阻力(kN/m²),由式(4-1)和式(4-2)确定。

q_{ski} 的值应由土工试验资料,土的类型、深度、排列次序取值。当桩端穿越粉土、粉砂、细砂及中砂层底面时,折线 D 估算的 q_{ski} 值需乘以表 4-2 中示出的 ξ_s 值。

表 4-2　ξ_s 值

p_s/p_{sl}	≤5	7.5	≥10
ξ_s	1.00	0.50	0.33

注:1. p_s 为桩端穿越的中密-密实砂土、粉土的贯入阻力平均值;p_{sl} 为砂土、粉土的下卧软土层的比贯入阻力平均值。
　　2. 采用的单功能探头,圆锥底面积为 15 cm²,底部带 7 cm 高的滑套,锥角60°。

桩端附近的比贯入阻力 p_{sb} 可按下式计算。

当 $p_{sb_1} \leqslant p_{sb_2}$ 时,有

$$p_{sb} = \frac{1}{2}(p_{sb_1} + p_{sb_2}) \tag{4-1}$$

当 $p_{sb_1} > p_{sb_2}$ 时,有

$$p_{sb} = p_{sb_2} \tag{4-2}$$

式中　p_{sb_1}——桩端全截面以上 8 倍桩径范围内的比贯入阻力平均值;
　　　p_{sb_2}——桩端全截面以下 4 倍桩径范围内的比贯入阻力平均值,如桩端持力层为密实的砂土层,其比贯入阻力平均值 p_s 超过 20 MPa 时,则需乘以表 4-4 中示出的系数 c 予以折减后,再计算 p_{sb_1} 和 p_{sb_2};
　　　β——折减系数,按 p_{sb_1}/p_{sb_2} 的值从表 4-5 选取。

表 4-3　桩端阻力修正系数 a_b 值

桩入土深度(m)	$H<15$	$15<H\leqslant30$	$30<H\leqslant60$
a_b	0.75	0.75~0.95	0.9

注:桩入土深度 $15<H\leqslant30$ 时,a_b 值按 H 值直线内插值,H 为基底至桩端全断面的距离(不包括桩尖高度)。

表 4-4　系数 c

p_s(MPa)	20~30	35	>40
系数 c	5/6	2/3	1/2

表 4-5　折减系数 β

p_{sb_1}/p_{sb_2}	<5	7.5	12.5	>15
β	1	5/6	2/3	1/2

注：表 4-4 和表 4-5 可插取值。

2. 用双功能探头资料成果确定单桩承载力

就一般黏性土、粉土和砂土而言，当需要确认混凝土预制桩单桩竖向极限承载力 R_{uk}，且又无当地经验数据的情形下，可用双功能静力触探探头的资料成果按下式估算承载力：

$$R_{uk} = u_p \sum l_{si}\beta_i f_{si} + \alpha q_c A_p \tag{4-3}$$

式中　f_{si}——第 i 层土的探头的侧壁摩阻力（kN/m^2）；

q_c——双功能探头资料成果求得的桩尖承载力（tf/m^2），其值为

$$q_c = (q_{c_1} + q_{c_2})/2$$

其中　q_{c_1}——桩端下方 $1d$（桩直径或边长）范围内的平均锥尖阻力（kN/m^2）；

q_{c_2}——桩端上方 $4d$ 范围内的平均锥尖阻力（kN/m^2）；

α——桩端阻力修正系数，对黏性土、粉土去 2/3，饱和砂土取 1/2；

β_i——第 i 层土桩侧壁摩阻力综合修正系数，对黏性土 $\beta_i = 10.04(f_{si})^{-0.55}$，对砂类土 $\beta_i = 5.05(f_{si})^{-0.45}$。

双功能探头的圆锥底面积为 15 cm^2，锥角 60°，摩擦套筒高度 21.85 cm，侧面积 300 cm^2。此外，村中等人发表的研究结果与式（4-3）完全相同，略有不同的是式中的 α 对各种土型均取 0.35，β_i 对冲积黏性土取 0.6。还把用式（4-3）估算得到的承载力与静载试验的结果作了比较，得出静载试验结果（y）与用式（4-3）计算得出的承载力（x）之间存在 $y = 0.96x$ 的关系，同时可以确认其相关系数 r 高达 0.77。这些足以说明静力触探资料成果估算单桩承载力的准确性和实用性。

4.2.5　静力触探资料成果在其他方面的应用

静力触探资料成果除了判定土质、砂层液化及单桩承载力的估算之外，我国的勘察规范（TJ21—77）给出用来确定地基承载力的规范公式（4-4），土的变形性质的规范公式（4-5）和（4-6）。

$$R = 0.104p_s + 0.269, 0.3 \text{ MPa} \leqslant p_s \leqslant 6 \text{ MPa} \tag{4-4}$$

$$E_s = 3.72p_s + 12.62, 0.3 \text{ MPa} \leqslant p_s \leqslant 5 \text{ MPa} \tag{4-5}$$

$$E_0 = 11.77p_s - 46.87, 3 \text{ MPa} \leqslant p_s \leqslant 6 \text{ MPa} \tag{4-6}$$

式中　R——地基土的承载力；

E_s——侧限压缩模量；

E_0——变形模量。

此外，静力触探资料成果还可用来计算地基沉降，确定砂土内摩擦角，压密中黏土层的压密度估算，冲积黏土层的非排水强度的推定等。

4.2.6　静力触探试验在注浆效果检查上的应用

通常根据注浆目的要求的土的力学性质的参数（如 $q_c, R_L, R_{uk}, R, E_s, E_0$），在注浆前后各作一次静力触探试验，并把资料成果求出的上述参数值进行对比，找出提高精确度的办法，如

达到了事先甲方提出的指标要求,即说明注浆效果良好。否则需进行二次补注。

为了保证监测数据的可靠性,静力触探试验的孔数不应少于注入孔的5%~10%。

4.3 旋转触探法

4.3.1 概 述

确认地层强度的方法,以往大致上分为原位测试法和室内强度试验法两种。这些方法是在长期实践中确立的且已规范法,根据不同的调查目的和状况灵活选用。

原位试验法中有各种贯入试验法和荷载试验法,前者试验方法简便,操作时间也短,故通常使用较多。尤其是标准贯入试验,不仅可以得出多种土质的强度(N值),还可以对试验区间内的土质进行取样,是目前利用率最高的调查方法。但是原位试验方法的试验对象均为土质地层,在固结强度高的泥岩、软沿或者固化处理后的地层中使用时,有的地层的强度超出了设备的上限。因此,对于这些高强度的地层,应使用室内强度试验确认其强度。

室内强度试验是把钻孔取芯(或者块状取样)的采样运回试验室对其整形,做成试块然后再进行抗压和抗剪试验,求出地层的强度和常数。因为试验值是地层强度的绝对尺度,所以利用价值非常大。然而,在强度低的地层中使用这些试验方法时,又因钻孔取芯过程中或者把样芯运回试验室的途中,由于振动至使样芯折断或产生细小裂纹的情形较多,故此这样得到的强度与原位强度的相关性与连续性均出现问题。另外,对于难以取芯和整形的地层而言,司钻人员和试验者的水平等人为因素对结果的影响也较大。再有,由于花费时间长,费用高,故试验的数量受到限制。

由于水泥等固化地层的强度往往超过原位试验设备的使用范围,同时设计中预定的加固强度的目标也用轴抗压强度表示,所以作为加固地层质量管理方法的地层强度试验,一般是把钻孔取芯的轴抗压强度作为加固地层的轴抗压强度。显然这种确定加固强度的方法存在着上述室内强度试验中产生的各种问题,再加上有限的部分取样评估加固工程总体质量的自身误差,所以很难由样芯的状况得到连续加固地层的强度特性。另外,近来注浆工法在砂层的加固中的作用不再是简单的抗渗,提高强度为目的的加固也屡见不鲜(如防止竖井井底隆起的加固)。但是,在未固结砂层甚至有的加固地层中,要想通过钻孔采样得到不散乱的芯样也是相当困难的,在讨论的多数工程中差不多均存在这个问题。对此也有使用贯入试验进行评估的情形,但是由于加固的强度目标一般定为轴抗压强度,所以这种贯入试验始终是一种间接的评估方法。

钻探法(Rotary Penetration Test)是针对上述各种问题,特别是作为加固地层的质量管理方法,补充以往的探查方法的不足而开发的。这种探查方法是根据钻孔机的钻孔阻力(钻头贯入推力、钻头扭转)等参数,直接定量地评估地层强度的探查法。几年来通过大量的现场试验证实RPT法是一种较为实用的方法,它不仅适用于各种固化处理的地层,可以说从一般的土层到软岩,此法均可胜任,可见用途之广泛。该探查法的另外一特点是简便、连续测定、迅速及可靠性高。

4.3.2 RPT法的基本原理

RPT法是由钻机运转参数、推演从属钻孔参数,确定地层强度的方法,是由以前的石油钻井的钻进管理中的钻孔公式演变而来。在石油钻井的钻进中提高钻头的寿命已成为降低钻探成本的关键,所以以往提出过多种用钻孔参数(表 4-6)表征钻孔速度的钻进公式。具体形式见表 4-7,这些公式的特点是钻孔速度均可用钻孔参数的指数函数的相关积型表示。显然可将表 4-7 的公式改写成以 K,r,n,F,a,v 表征 q_u 的公式。不过得出的这些公式只适用于大深度岩层中的大直径采样钻进中的情形。而对于强度较低的土质地层(包括加固地层)及钻头直径较小的 RPT 法的场合而言,当钻头的形状已知和直径一定,钻孔水的压力变化不大,钻削的排土量一定的状况下,地层强度 q_u 可用下式表示:

$$q_u = K v^a \cdot n^b \cdot w^c \cdot T^d \tag{4-7}$$

式中　a,b,c,d——常数。

表 4-6　钻孔参数

附加参数	钻孔参数	附加参数	钻孔参数
钻孔旋转速度 n	钻进速度 v	钻头形状	钻孔水压 P
钻头贯入推力 F	钻孔扭矩 T	地下水压	
钻头直径 r	地层强度 q_u		

表 4-7　钻孔公式

提出人	钻孔公式	备注
Somerton. W. H	$v = Krn(Fr^{-2}q_u^{-1})^a$	K 为可钻性常识,$a=2$
Vanlingen N. H	$v = Kn^{-1}(Fq_u^{-1} - F_0)^\beta$	$\beta = 1 \sim 1.25$
Mauteer W. C	$v = KnF^2 r^{-2} q_u^{-2}$	

因为钻孔速度和钻头的旋转速度受钻孔贯入推力(荷载)和钻孔扭矩支配。也就是说,地层强度 q_u 可用钻孔阻力定量的表征,所以提高测量精度的关键是高精度地控制运转条件及测定作用于钻头上的纯荷载和钻孔扭矩。

不过 RPT 法有多种表征形式。具体地说,不同的固化处理地层,采用的钻头的形状和尺寸也不同,因而描述地层强度的相关参数也不同。

4.3.3　三角钻 RPT 试验

这里介绍三角锥形钻头旋转触探法确认注浆加固地基效果(轴抗压强度)的大型试验。

1. 试验方法和试验条件

本试验在 4 m×8 m×4 m 大型土槽内,均匀地铺上一层 30 cm 的粗砂,随后用振动碾加固形成一个模拟地层,容重 $r_t = 1.9$ gf/cm³,渗透系数 $K = 1 \times 10^{-2}$ cm/s。地层形成后按表 4-8 示出的条件注入。5 个注入孔的注入材分两种,一种是瞬结溶液型无机类,另一种是缓结溶液型无机类和溶液型有机类。使用双层管双液注入工法。注入范围在地下水位以下设计注入量每孔 620 L,各注入孔形成(半径)50 cm×(高)300 cm 的固结体。

表 4-8　注入条件

注入材	瞬结材(S):溶液型无机类 缓结材(L):溶液型无机类及有机类	注入材	瞬结材(S):溶液型无机类 缓结材(L):溶液型无机类及有机类
注入率	37%	注入孔数	5 孔
注入量	620 L/孔	注入速度	均为 15 L/min
设计加固体尺寸	(半径)50 cm×(高)300 cm		

旋转触探利用液压式钻机,使其杆尖装有三角锥形钻头的钻杆,旋转贯入到注入的地层中,利用测力器、转矩传感器及位移计测定旋转贯入时的作用于锥体上的贯入推力、旋转扭矩、贯入量(贯入速度)等参数。再有,锥尖钻头高 100 mm,底面为直径 50 mm 的圆内接三角形的三角锥体。

因为注浆土的电阻率 ρ 远小于非注入孔的固结土的电阻率,利用触探孔测定电阻率的变化与旋转贯入触探的结果作了比较。结果表明每个注入孔的固结土试块的轴抗压强度 q_u,在深度方向上的分布均无大的变化,q_u 大致上分布于 0.05～0.15 MPa(平均值为 0.1 MPa)区间内。另一方面,破坏应变的 $\frac{1}{2}$ 处应力-应变曲线的斜率(E_{50})为 7～30 MPa。

2. 试验结果

利用旋转触探法得到的贯入速度的倒数 $1/v$,贯入推力 F,旋转扭矩 T 和钻孔能量比 E_s 与注入固结形状的对比。

这里选用贯入速度倒数曲线的原因是只有这样选择才能与其他的参数曲线吻合。另外,所谓的单位钻孔能量 E_s 是钻进单位体积时所需能量和旋转所需能量的和,可以用下式表示:

$$E_s = \frac{2\pi Tn + Fv}{10\pi r^2 v} \tag{4-8}$$

式中　E_s——单位钻孔能量(MPa);
　　　n——旋转速(r/min);
　　　F——贯入推力;
　　　T——旋转扭矩;
　　　r——旋转半径;
　　　v——贯入半径。

同时还用虚线给出非固结部位的测定结果,在非固结部位贯入速度的倒数 $1/v$,贯入推力 F,旋转扭矩 T 和钻孔能量比 E_s 在垂直方向上的值大致相等。与此对应的预定注入固结点的测量值(非固结部位相比),$1/v, F, T$ 和 E_s 等值全部增大。再有,图中还给出了钻进测定的注入固结体得状态,但是如果把两者进行比较,则可认定贯入阻力与固结部位及未固结部位的对应关系较好。例如,判断为未固结部位 1.3 m 深度附近的贯入推力 $F = 30$ kgf,旋转扭矩 $T = 100$ kgf·cm,与未固结部位测定值的结果大致相同。与此对应,判断为固结的区域 0.5～1.0 m 深度或深度大于 1.5 m 处的 $F = 180$ kgf,$T = 600$ kgf·cm,与未固结部位的差异极为明显。通过贯入速度的倒数 $1/v$ 或者钻孔能量比 E_s 的对比,也可以进行固结、非固结的判定。另外同样的倾向,从测量结果判定固结部位发生在深度 1.5 m 或 2.0～3.0 m 附近的位置上,与开挖后的固结形状大致对应。

通过电阻率 ρ 的倒数 $1/\rho$ 与贯入速度的倒数 $1/v$ 的固结形状的对比。这是因为 $\rho、v$ 的倒数与加固土强度的关系极为密切。由该图可以看出,$1/\rho$ 和 $1/v$ 在垂直向上的变化规律大致一致,与此同时还可以看出与固结形状的对应关系也比较好。从这些结果可以看出,对应判定注入固结土的固结领域旋转触探是一个适用性高的方法。

4.3.4　刀型钻头的 RPT 试验

这里通过以水泥加固处理为对象的小规模试验,叙述利用旋转触探法确认加固处理地层质量的适用性。

1. 试验方法

试验中使用的试体，采用深 1.0 m、宽 1.0 m、长 2.0 m 的钢制土槽中添加水泥的固结砂层（未加固砂层）交错层状压密制成。试验中改变各层分布从层 1 到层 3 设置 3 层，钻杆的旋转速度设定为 80 r/min，由钻头正上方钻杆的侧面喷水排除钻进土，同时旋转贯入。旋转触探时的测定项目是地面上的贯入量（贯入速度）、贯入推力、旋转扭矩三项。但是因为钻进水通过钻杆，所以无法在杆内安装测定作用于钻头上的贯入推力和旋转扭矩的传感器。另外，钻头呈刀型，刀刃旋转直径是 50 mm。旋转触探试验是在水泥和土混合后，大约再经过 3~4 周的养护后进行的。

2. 试验结果

(1) 旋转贯入测定值的特性

图 4-1(a)、(b)、(c) 中示出了三层得贯入推力 F，旋转扭矩 T，贯入速度的倒数 $1/v$ 的深度分布。图中明确地示出了各个层轴抗压强度（硬度）对应的各个测量值的变化状况和各层的界面处测量参数值急剧变化。在这些图形中如果注意扭矩的深度分布，则再添加 20%。水泥的固结砂层中 $T=800~900$ kgf·cm，在添加水泥 5% 的层中 $T=250$ kgf·cm。另外，未固结的砂层中的 $T=20$ kgf·cm，各层的轴抗压强度发生明显的变化。另外，贯入推力 F、贯入速度的倒数 $1/v$ 的变化也同样与各层的轴抗压强度相对应。

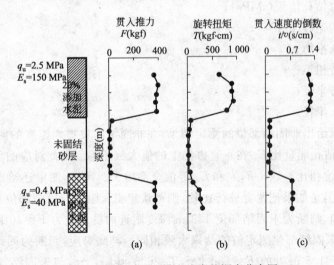

图 4-1 推力、扭矩、贯入速度的深度分布图

(2) 用钻孔能量比评价加固土的强度

图 4-2 是把各试验层测得的参数代入式 (4-8) 算出的每 10 cm 深度的钻孔能量比 E_s 与深度的关系。显然钻孔能量比与各层固结土的轴抗压强度一一对应。且未固结的砂对应的钻孔能量比 $E=0.2$ MPa，添加 5% 水泥的固结砂 $E_s=2~10$ MPa，添加 20% 水泥的固结砂的 $E_s=60~200$ MPa。图 4-11~4-12 是把固结砂钻孔能量比 E_s 与轴抗压强度 q_u 及变形系数 E_{50} 的关系整理于双对数坐标中的结果。显然固结土的轴抗压强度 q_u 及 E_{50}，可以用钻孔能量比 E_s 来评价。再有，图 4-12 还示出了注浆加固地层的试验结果。

3. 小结

上述旋转贯入触探的试验结果可归纳出：

(1) 观察三角锥形钻头旋转触探得到的贯入速度、推力或旋转扭矩等信息，可以鉴别注浆

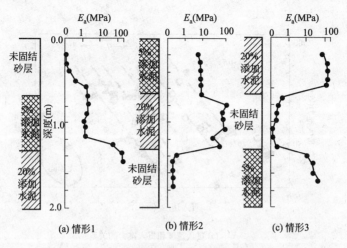

图 4-2 钻孔能量比 E_s 与深度的关系

地层的固结状态。

(2) 刀形钻头的旋转贯入触探,同样适于高强度的互交层态的水泥加固处理地层的触探,观察各层测定参数值的大小,即可鉴别固结强度。

(3) 可用测定参数的综合指标单位钻孔能量评估加固处理土的强度特性,同时还找出了强度参数(q_u, E_{50})与单位钻孔能量的关系。

4.3.5 多刃钻头的 RPT 试验

RTP 的测量对象是地层作用于钻头刀片上的切削阻力。其主要测量贯入阻力(作用于切削刀片上的力的垂直分力)、贯入速度、旋转扭矩(切削刃上的水平分力)和转数(切削速度)。剪切型切削的场合下,刀刃上剪切应力超过被切削土体的(加固地层)的剪切阻力时,产生切削。切削的水平分力和垂直分力均正比于切削土层的剪切阻力。实际切削时,不一定只局限于剪切切削和龟裂切削,但是在测定加固地层切削中可以认为能反映加固地层的破坏阻力(剪切阻力)。

1. 试验方法

试验中使用的装置是由气缸加油贯入杆降下,利用电动机带动贯入杆的旋转。贯入杆的尖头上安装有切削钻头,由尖头部位的刀刃切削试件,由位移计测定贯入速度,由荷载变换器测定贯入推力,由扭矩变换器测定旋转扭矩。

试件以细砂做试料,而且把一定量的普通波特兰水泥和自来水投入拌和,按要求的试件搅拌后投入模型中。固结后于水中养护直到试验日期止。表 4-9 中示出了试件的种类和 7 d 养护的平均轴抗压强度($\bar{q}_{u7}$)。再有,试验时调整气缸的压力保证一定的贯入推力,贯入轴的转速固定在 80r/min,由切削钻头的送水孔注水,相当于旋转贯入。

表 4-9 试体的轴压缩强度

配 比	$\bar{q}_{u7}$(MPa)	配 比	$\bar{q}_{u7}$(MPa)
砂+水泥 2%	0.33	砂+水泥 8%	1.9
砂+水泥 3%	0.40	砂+水泥 13%(1)	5.08
砂+水泥 5%(1)	1.19	砂+水泥 13%(2)	3.72
砂+水泥 5%(2)	1.61		

2. 试验结果

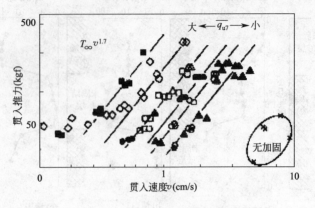

(a) 贯入速度和贯入推力的关系

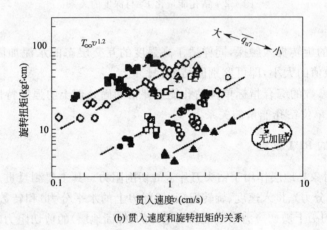

(b) 贯入速度和旋转扭矩的关系

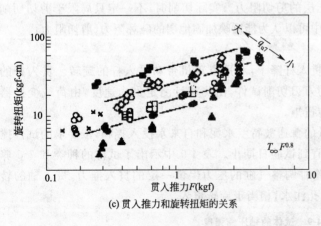

(c) 贯入推力和旋转扭矩的关系

图 4-3 贯入速度、贯入推力、旋转扭矩之间的关系

图 4-3(a)(b)(c)中用双对数曲线表示旋转贯入时测定的贯入速度 v、贯入推力 F、旋转扭矩 T 的相互关系。由(a)示出的 v 与 F 的关系可以看出大致呈线性规律，试块的轴抗压强度 $\bar{q}_{u7}$ 增大直线向左移动，从直线的斜率可以得出 $F \infty v^{1.7}$，从(b)可以看出 v 与 F 呈线性关系，试块 $\bar{q}_{u7}$ 增大时直线向左移动由直线的斜率可得 $T \infty v^{1.2}$；(c)的 F 与 T 大致为直线有 $T \infty F^{0.8}$ 的关系。另外，在(a)、(b)中用虚线示出了无加固情形的试块的测定值，显然与其水泥加固试块

的区别较大。

由此可知,由 RPT 测得的参数相互间存在指数关系,分布的位置取决于 $\bar{q}_{u7}$。当用这些测量参数构成试块的 q_{u7} 的估算公式时,它是 v,F,T 的积型,即 $v^a \cdot F^b \cdot T^c$。这里为了确定系数 a,b,c 分别对 q_{u7} 和 $v^a \cdot F^b \cdot T^c$ 取对数,根据线性回归分析,使相关系数最大时求出的各系数分别为 $a=1.1, b=0.65, c=-0.05$,故得式(4-9)。此时,$I(v^{-1.1} F^{0.65} T^{-0.05})$ 与 q_{u7} 的相关系数 r 是 0.88。

$$q_{u7} = 0.16(v^{-1.1} F^{0.65} T^{-0.05}) - 0.79 \tag{4-9}$$

其次,试行中考虑的是 q_{u7} 与 $v^a \cdot F^b \cdot T^c$ 的一次式,如果按相关系数 r 最大的条件求出各个系数,则 $a=-1, b=0.5, c=0.25$,得出式(4-10)。此时 q_{u7} 与 $I(v^{-1} F^{0.5} T^{-0.25})$ 的相关系数 r 为 0.93。

$$q_{u7} = 0.12(v^{-1} F^{0.5} T^{-0.25}) - 0.43 \tag{4-10}$$

比较式(4-9)和式(4-10),可知旋转扭矩 T 的指数的符号和数值均存在差异,这可推测为 T 受 I 的影响程度减小的原因。

图 4-4(a)、(b)分别示出式(4-9)和式(4-10)用到的尺度所构成的值 $I(v^a F^b T^c)$ 与试块的轴抗压强度 q_{u7} 的关系。图中,还可以看出也有离开回归直线的数据,从低强度到高强度大致分布均匀。由此可知,式(4-9)和式(4-10)作为 q_{u7} 的估算公式适用性高。

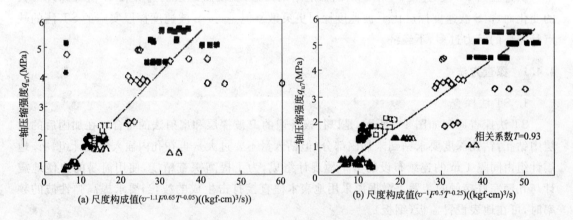

图 4-4　尺度构成值 I 和轴抗压强度 q_{u7} 的关系

RPT 调查法的最大优点,即它是钻孔自身的调查,其数据可用小型计算机处理,从调查到解析需要的时间极短,结果的输出也较容易,由于遥感钻机的操作自动化,施工简便且安全性得以提高。另外,调查时操作人员技术水平等因素对测量结果的影响可以排除。

但是用 RPT 法推算地层强度时,每个现场的推算值必须与以往的试验值进行对比并作一些必要的修正。此外,目前还必须与以往的根据调查目的确定的试验方法并用。另外,因为是无岩芯钻探,所以目前土质判别还须钻进排出物进行管理。但是如果预先掌握附近一个孔的数据,则可由水压和钻孔扭矩的变化判定地层的土质。

如上所述,目前 RPT 法的主要用途是管理地层加固效果,可以说这是一种最有效的方法。另外因为储存数据地层强度的推算精度高,故完全可以确信这是一种可靠性高的调查法。

4.4 弹性波探查法

弹性波探查法检测的是波的传播速度,而波的传播速度的变化取决于激振点到拾振点的介质的物理特性的变化。这种方法可以用于水平的、竖直的和连续的评价地层。现在用得最多的弹性波探查法是折射波法,但是该方法如果在水平成层且下层的弹性波传播速度较小的地层上使用时,解析极为困难。此外,深度必须5倍于侧线长度。由于诸如此类的多种因素的限制,所以折射波法不太适合用来评估地层加固的效果。

就弹性波探查方法而言,还存在另外两种形式,即反射波法和直接波法。利用弹性波在速度高的地层处产生的反射波进行探查的方法称为反射波法。利用弹性波从激振点直接传到拾振点的直接波进行探查的方法称为直接波法。前者以往多用于资源探查等地下深部探查,但是近年来由于数据采集和解析装置性能的大幅度提高,所以在陆地、海域钱层构造的评价等方面应用的较多。后者,特别在土木地质方面 PS 波探层是极为普遍的探查方法,但近年来提出的 ST 法(Seismic Tomography)在利用弹性波速度分别测定端面内空间的应用中,因解析精度极高,故引起人们重视。

利用浅层反射法和 ST 法对身材搅拌(水泥类)加固后的地层实施的探查,利用探查得到的测量断面内弹性波得速度分布,可简单、方便地判定加固的效果。

从过去的 PS 波(速度)土质地层的探层结果知道,就反映地层的边界和 N 值等物理参数的变化而言,S 波速度探层比 P 波速度探层更灵敏。但是,按 S 波速度探层实施的 ST 法的缺点是需要的劳力过多,不经济。

4.4.1 探查方法

1. ST 法探查

ST 法探查原理如图 4-5 所示,是以往极普遍的 P 波探层和扇射法的组合。在加固后的地层中钻孔,钻孔深度要求钻到未加固部分(但钻入量不要过大),再在孔内插入地震计组。该地震计组由间隔 1 m 的连续布设的多个地震计组成,为了提高探查精度,使用简易的迫使地震计与孔壁完好接触的装置。激振源采用地表木槌直接打击生成的波,当要求提高弹性波的频率时,可在地表设置盖板(钢板)。

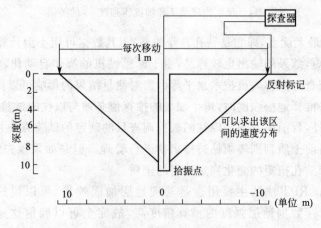

图 4-5 ST 法的探查情况

在水平方向上使激振点从孔口起按每次移动 1 m 的规律记录所有拾振点对应的波束。但是，随着激振点与拾振点夹角的增大，因弹性波折射和绕射等因素的影响，其精度变差。因此，该角度即孔口到激振点的水平距离不能超过某一限度。

解析如图 4-6 所示，把加固地层分割成 1 m×1 m 的单元，用电子计算机对各单元的速度值进行处理，进而明确测量断面内的速度分布。在 ST 法中求取各单元速度的方法，一般是数学上的直接求取的 BPT 法，计算各单元的速度是与测量值的误差决定速度的一种迭代法的 ART 法、SIRT 法等，本次采用 SIRT 法。

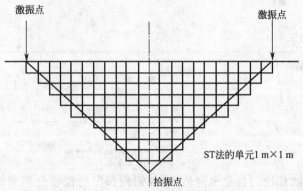

图 4-6　SIRT 法的单元模型

以各激振点至拾振点间的经历时间与测量断面内各单元的坐标为输入值，使用 16 位微机进行实际处理。图 4-6 示出的 SIRT 法的处理时间为几分钟。

2. 浅层反射

就反射法而言，当仅存在一组某任一反射点对应的激振点到拾振点的水平距离（或角度）测定值的情形下，要想由测得的往返反射时间求取各地层的速度值是不可能的。要想获得多个测定数据必须使用几种测量方法，通常使用的方法是所谓的剖面测定和宽角测定法。

宽角测定如图 4-7 所示，以一个公共反射点为中心改变激振点到拾振点的水平距离得到多个反射波形，据此解析求出速度边界的深度和速度值。本次测量是在间隔 1 m（0.5 m＋

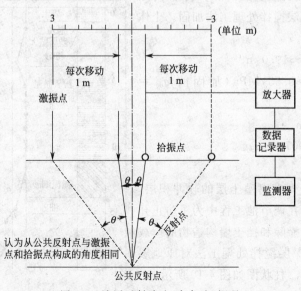

图 4-7　浅层反射波法（宽角法）概况

0.5 m)的测线上的一些点上进行的。

剖面测量如图 4-8 所示,把一组激振点和拾振点固定在一定的间隔上,再对此系统做等间隔移动得到多个波形。本次测量中激振点和拾振点间的距离为 2 m。这个系统在测线上每移动 1 m,测量进行一次。

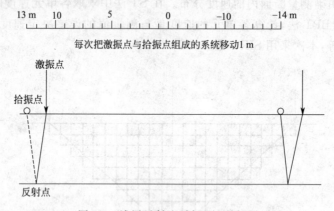

图 4-8　浅层反射法(剖面法)的概况

P 波的情形与 S 波相比因自身速度值大,故对应深度的探查分辨率低。因此要想提高精度,则必须尽可能地增大弹性波的频率。本介绍的中心频率为 600 Hz,并使用带通滤波器处理记录数据。

另外,就宽角测量而言,作为从其记录求速度的方法,使用 T^2-x^2 扫描曲线法。

4.4.2　对象地层和加固方法的概况

用弹性波探查法判定加固地层的加固效果的探查地点、土质和施工概况如下。

1. 探查现场 1

在填湖造地工程地区边界部斜面和调节池的斜面处,为了防止填土荷重造成的滑动破坏,对原地层下面的软层用深层搅拌处理工法加固。土体柱状图如图 4-9 所示。

加固深度:$GL=-19.0$ m。

加固深度:$q_u=0.55$ MPa(加固前 $q_{u_0}=0.03 \sim 0.04$ MPa)。

桩径:$D=100$ cm。

加固率:$ap=0.907$。

2. 探查现场 2

该现场的土质是含有腐殖土层的软冲积层,有几米到十几米厚。在调节池工程中为了防止开挖造成的压力荷载的撤除和挡土墙构造物的荷载造成的滑动破坏,用深层搅拌处理工法对原地层下面的软层进行加固。柱状图如图 4-10 所示。

加固深度:$GL=-9.0$ m。

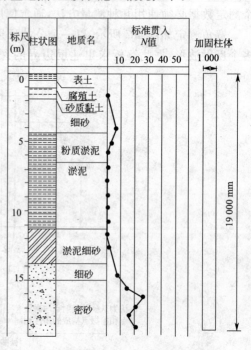

图 4-9　柱状图

加固深度：$q_u=0.3$ MPa（加固前 $q_{u_0}=0.02\sim0.03$ MPa）。

桩径：$D=100$ cm。

加固率：$ap=0.907$。

3. 探查现场 3

该现场是直到现代海平面的上升期埋积而成的冲积洼池，冲积层厚度为 30 m。在排水的机场工程中利用深层搅拌处理工法加固构造物的基础地层。柱状图如图 4-11 所示。

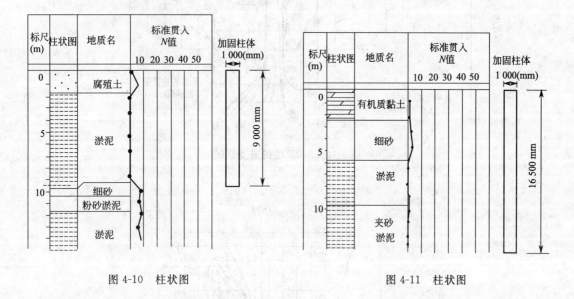

图 4-10　柱状图　　　　　　　　　图 4-11　柱状图

加固深度：$GL=-16.5$ m。

加固深度：$q_u=0.2\sim0.4$ MPa（加固前 $q_{u_0}=0.03\sim0.04$ MPa）。

桩径：$D=100$ cm。

加固率：$ap=0.907$。

4.4.3　探查结果

加固工程结束后（经过 14～28 d）实施 STRT 法的浅层发射法探查的结果如下：

图 4-12 是探查现场 2 时采用 SIRT 法得到的等速分布图。各单元的大小设定为 1 m×1 m。所谓的宽度 1 m 是施工中的深层搅拌处理工法中的桩径的 1 m。由图 4-12 可知，深度到 1 m 的表层速度偏大（$v_p=1\,200\sim1\,600$ m/s），深度 2～6 m 层段中间部位和钻孔周围的深度 1 m 附近区域，示出的速度偏小（$v_p=900\sim1\,000$ m/s）。深度大于 7 m 可以发现速度再次增大（$v_p=1\,200\sim1\,500$ m/s）。原位地层的土质，$GL=-1.5\sim9$ m 层段分布着匀质的淤泥层，该地层经深层搅拌处理后速度分布出现上述差异。

图 4-13 是探查现场 1 用 ST 法的解析结果，单元的大小是 1 m×2 m。其中，深度在 5 m以内是 $v_p=900\sim1\,000$ m/s 的低速区，当深度大于 5 m 时，$v_p=1\,100\sim1\,600$ m/s，速度在深度方向上呈现出增大的特征。

图 4-14 是在现场 2 实施浅层反射法（剖面）的记录例。个速度带的层厚呈 2～3 m，且因速度值自身较大（即波长长），故要想用剖面法明确地解析出各速度带的层厚是相当困难的，这次的解析中使用了 ST 法和宽角法的速度解析结果，用剖面波决定反射波的相位。

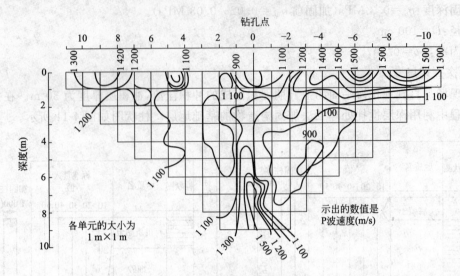

图 4-12 SIRT 法的速度分布

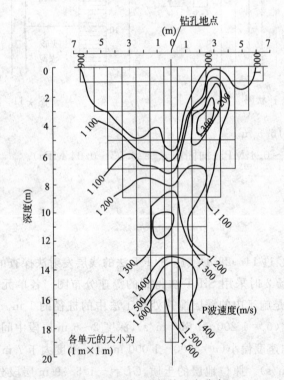

图 4-13 ST 法测得的速度分布

图 4-15 是把现场 2 的 ST 法和浅层反射法的解析结果绘在同一图中的情形。图中示出的 $P_1A \sim P_1C$ 是实施宽角法的位置，( )内的数值表示用这种方法求出的 P 波速度。由图可知，用反射法求出的速度值，与 ST 法求出的断面内的平均值较为接近。观察 P_1B 正下方示出曲线，不难发现 SP 波的细小速度变化，也可以区分开来(说明分辨精度较高)。即使相当细小的速度变化也可检测。但是，就反射法而言，达到这个分辨精度是不可能的。这个精度可以认为是速度值大的 P 波浅层反射法的极限，可以考虑与 ST 波同时并用，以便综合判断。在本次现场

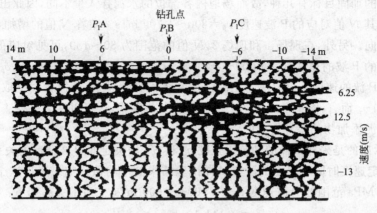

图 4-14 剖面法的记录例

2 的事例中,业已判定存在速度值比上、下层速度值均小的另一种波速的中间层。

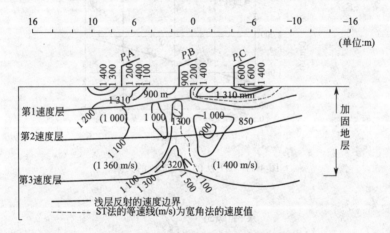

图 4-15 浅层反射法和 ST 法的解析结果

4.4.4 加固效果的判定

无论使用哪种弹性波探查法得到的都是地层内部的弹性波的速度分布,并不是加固目的所需要的强度。因此,要想判定加固效果,必须明确两者的关系。

图 4-16 示出了在 ST 法的钻孔中实施标准贯入试验的 N 值与 ST 法确定的 P 波速度的关系。在现场 3 的例子中,N 的分布范围为 5~50。强度由低到高分布的范围太宽。其原因

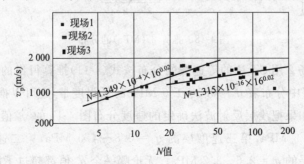

图 4-16 ST 法的 v_p 与 N 值的关系

是场地内设定的加固目标有几种,故而场地内各部位的水泥拌入量不同,因此出现各部位强度不等的现象。其 N 值对应的 P 波速度 $v_p=800\sim1\,700$ m/s。随着 N 值的增加,P 波速度出现明显增大的倾向。另外,在现场 1 和现场 2,N 值的范围为 $30\sim180$,可见对应的强度相当大。但与此时对应的 P 波的速度 $v_p=1\,000\sim1\,700$ m/s,显然变化范围并不大,即 v_p-N 相关公式的斜率较小。P 波的速度不仅取决于土的强度和体积弹性模量,还极大程度取决于间隙水的有无。就 N 和 v_p 而言,图中示出了两个不同的相关关系式,这可以认为是探查地点的地层条件不同或者水泥添加物的差异造成的。

图 4-17 示出的是采样试样的轴抗压强度 q_u 和 ST 法决定的 P 波速度的关系。其中 q_u 的值是 ST 法决定速度时同一单元的所有试样试验结果的平均值。如果采用这个结果,则对应 $q_u=1.5\sim3.0$ MPa 范围的 P 波速度 $v_p=1\,000\sim1\,600$ m/s,二者的关系如下:

$$q_u=0.111\,4\times10^{-9}\times v_p^{3.322} \tag{4-11}$$

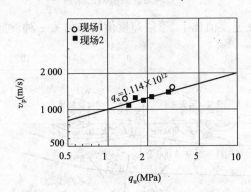

图 4-17 ST 法的 v_p 与 q_u 的关系

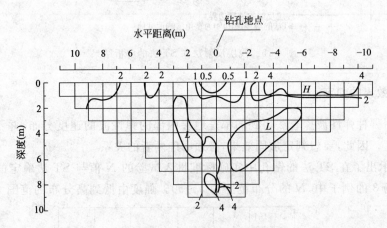

图 4-18 推算 q_u(MPa)的分布

图 4-18 是由现场 2 用 ST 法的等速线的分布按式(4-11)推算得出的 q_u 值分布图。钻孔周围的表层和中间层中分布着 $q_u=0.5\sim1.0$ MPa 的低强度带,还可以推定其他层位的 $q_u=2\sim4.0$ MPa。同样如果把浅层反射波法确定的速度分布图 4-17 的 v_p 值代入式(4-11),计算得到的 $q_u=0.6\sim1.5$ MPa,第三速度层的 $q_u=0.8\sim4.0$ MPa,第二速度层的 $q_u=0.6\sim1.5$ MPa,第三速度层的 $q_u=2.6\sim3.2$ MPa。无论哪一个 q_u 值都超过了加固目标(强度 $q_u=0.3$ MPa),可以判定加固地层的强度(在垂直断面内)均达到或超过了预定的要求值。

图 4-19 是使用式(4-11)由现场 1 用 ST 法的 P 波速度分布推算出的 q_u 值。深度到 5 m 附近分布 $q_u=2\sim5$ MPa。本文没有示出浅层反射波决定的速度分布图,不过,与推算的 ST 法的速度分布具有相同的构造,即在水平向分布较宽。现场的加固目标(强度)$q_u=0.55$ MPa,可以判定加固地层的垂直断面内的整个领域均达到所需要的强度。

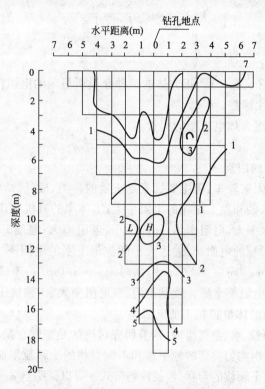

图 4-19 q_u(MPa)分布的推定

4.5 电探法

电探法指的是地表电阻率剖面法及钻孔电阻法、电阻率法。这种方法的原理是通过于地表或地中的电极在地中建立电流场,并使其流场域与注浆域重合。未注浆之前电流场域中的介质是纯土,而注浆后该域内的介质是土和浆液的混合体(注入方式不同混合形式不同),故二者的电参数(电阻率、电阻)发生变化。对水玻璃和水泥浆而言,电阻、电阻率均呈下降趋势。用测量装置测出注浆后的电阻、电阻率的下降状况,判断注浆效果(范围、土层、力学性质和抗渗性能)的方法称之为电探法。下面介绍电探法中的室内土槽电参数测定法。

1. 土、浆液及其混合体的电阻和电阻率及土槽测定法

(1)电阻和电阻率定义

这里给出电阻及电阻率的概念。如图 4-20 所示,在长度为 l、截面积为 S 的塑料箱内放入土体或浆液,并在两端贴上电极(A、B),两极间加电源 E。设通过电流表的电流为 I,则中间两框形电极 M、N 间的土体或浆液的电阻。

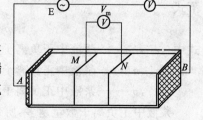

$$R_{MN}=V_{MN}/I \qquad (4-12)$$

图 4-20 测量电阻率的方法

试验发现 R_{MN} 与 l 成正比，与 S 成反比，即

$$R_{MN} = \rho_{MN} \frac{l}{S} \tag{4-13}$$

或改写成

$$\rho_{MN} = R_{MN} \cdot \frac{S}{l} = \frac{V_{MN}}{I} \cdot \frac{S}{l} \tag{4-14}$$

式中　l——长度，m；

　　　S——截面积，m^2；

　　　ρ_{MN}——电阻率，其含义为 $1\ m^3$ 正方体的某种介质所呈现的电阻值，$\Omega \cdot m$。介质的 ρ_{MN} 越大，其导电性越差。

(2) 决定土、浆液及混合体电阻率的因素

① 土体的电阻率

a. 影响土体电阻率的因素

影响土体电阻率的因素较多，但主要因素是土质的种类、成分、结构、密度、粒径、含水率及温度等因素。通常砾石、砂和黏土淤泥的电阻率大；土体中的有机物质多，则电阻率小；密度大的电阻率大、土体的含水率大，电阻率小；间隙率小，电阻率大；温度升高，电阻率增大；在球形等粒径的情形下，球体颗粒的电阻率 $\rho_颗$ 远大于间隙地下水的电阻率 $\rho_水$。有人指出在间隙率为 47.64% 时，$\rho_颗 = 2.65\rho_水$，间隙率为 25.94% 时，$\rho_颗 = 5.19\rho_水$。不过这一关系仅限于砂、砾石。黏土的存在会导致电阻率下降。就黏土而言，电阻率大者，轴抗压强度大。

b. 地下水均匀贯通的球形颗粒土的电阻率

众所周知，土由土颗粒、水、空气组成，本节研究讨论的是空气含量较少的情形，这里略去其影响，故多数土体可视为由均匀贯通的地下水和不同形状的土颗粒组成。土体的电阻率取决于地下水的电阻率及含量、土颗粒的形状、粒径排列形式。可以证明当 $\rho_水 \ll \rho_颗$ 时，有下列关系：

$$\rho_土 = \rho_水 \frac{3-V_水}{2V_水} \tag{4-15}$$

$$R_土 = R_水 \frac{3-V_水}{2V_水} \tag{4-16}$$

式中　$\rho_水$、$\rho_土$——地下水及土体的电阻率；

　　　$V_水$——地下水的体积百分比。

由式 (4-16) 可知，空隙率较小时，$\rho_土$ 几乎与空隙率成反比，此时 $V_水$ 微小变化，可引起 $\rho_土$ 的较大变化；$V_水$ 与 $\rho_土$ 成正比。$\rho_水$ 取决于地下水中的导电离子的数量、电荷量及迁移速度，三者越大，$\rho_水$ 越小；反之，则反。

② 浆液的电阻率 $\rho_浆$

$\rho_浆$ 的大小与浆液中的正负离子的数量、所带电荷的量及离子的迁移速度成反比。即满足下式

$$\rho_浆 = (e^+ n^+ v^+ + e^- n^- v^-)^- \tag{4-17}$$

式中　e^-，e^-——浆液中正负离子所带的电荷；

　　　n^+，n^-——浆液中正负离子的数目；

　　　v^+，v^-——浆液中正负离子的迁移速度。

浆液中正负离子数量越多，所带电荷量越大，迁移速度越快，则浆液的电阻率越小；反之，则反。显然浆液的浓度越大，$\rho_浆$ 越小。

③ 土体与浆液混合的电阻率和电阻

这里讨论的土体与浆液的混合体,系指空隙水为地下水的土体与浆液的混合体。影响混合体电阻及电阻率的因素较多,它与浆液与土体的混合形式、浆液与土体的百分比、土质的种类及浆液的成分等因素有关。不过总的来说有下列规律:混合后混合体的电阻和电阻率与混合前的土体的电阻和电阻率相比要下降;浆液越多下降程度越大,浆液少下降程度小;浆液中导电离子多电阻及电阻率下降得多,反之,下降程度小;对砾石、砂等孔隙率大的土体而言,下降程度大;对黏土、淤泥等粒径小的土体而言,下降程度小。通常由试验确定。

(3)电阻率的土槽测定法

本节研究中设计的测量装置的原理图与图 4-20 完全相同。不过图中的信号源为音频发射源,其电流稳定度优于 5×10^{-2}。V_{MN} 晶体管视频毫伏表 DA-16,测量精度为 10^{-2}。将测得的 V_{MN}、I 分别代入公式(4-13)、(4-14),即可得出土体、浆液及混合体的电阻和电阻率。

2. 测量结果

(1)黏土的测定结果

① 黏土电阻与截面积的关系

测量结果见表 4-10、表 4-11。

表 4-10　黏土电阻与截面积的关系(一)

l(cm)	24	24	24	24	24	24	备注
$S=30\times35\ cm^2$	S/4	S/3	S/2	2S/3	3S/4	S	土样取自上海市人民广场地铁站开挖现场当场试验(灰色黏土)
$R_{MN土}(\Omega)$	62	45.6	30.01	23.5	20.78	16	
$\rho_{MN土}(\Omega\cdot m)$	6.78	6.650	6.564	6.854	6.847	7	$\bar\rho_{MN土}=6.78$
$V_{MN土}(V)$	1.27	0.935	0.617	0.482	0.426	0.328	
I(mA)	20.5	20.5	20.5	20.5	20.5	20.5	

表 4-11　黏土电阻与截面积的关系(二)

l(cm)	20	20	20	20	20	20	备注
$S=24\times16\ cm^2$	S/4	S/3	S/2	2S/3	3S/4	S	土样取自上海市人民广场地下变电站南口开挖出土,运回所内(灰色淤泥土)试验
V_{MN}(V)	0.93	0.697	0.477	0.346	0.307	0.241	
I(mA)	4.42	4.42	4.42	4.42	4.42	4.42	
$R_{MN土}(\Omega)$	210.41	157.81	108	78.5	69.5	54	
$\rho_{MN土}(\Omega\cdot m)$	10.10	10.09	10.36	10.04	10.00	10.46	$\bar\rho_{MN土}=10.1$

② 黏土电阻与长度的关系

测量结果见表 4-12。

表 4-12　黏土电阻与长度的关系(一)

l(cm)	12	18	24	36	
$S=30\times35\ cm^2$	S	S	S	S	
V_{MN}(V)	0.16	0.235	0.31	0.47	
I(mA)	20.5	20.5	20.5	20.5	
$R_{MN土}(\Omega)$	7.8	11.4	15.1	22.9	
$\rho_{MN土}(\Omega\cdot m)$	6.825	6.69	6.62	6.68	$\bar\rho_{MN土}=6.7$

表 4-13 黏土电阻与长度的关系(二)

l(cm)	10	15	20	25	
$S=24\times 16$ cm²	S	S	S	S	
V_{MN}(V)	0.14	0.18	0.24	0.315	
I(mA)	4.42	4.42	4.42	4.42	
$R_{MN土}$(Ω)	26	40.5	54.5	71.3	
$\rho_{MN土}$($\Omega\cdot$m)	9.98	10.36	10.46	10.95	

③干黏土加水电阻值的测量结果

测量结果见表 4-14。

表 4-14 干黏土加水电阻值的测量结果

参数 黏土样品	l(cm)	S(cm²)	V_{MN}(V)	I(mA)	R_{MN}(Ω)	ρ_{MN}($\Omega\cdot$m)
干黏土	36	24×7	0.97	0.083	116.8	584
干黏土加自来水	36	24×7	0.215	0.25	860	43

备注：上海市人民广场地下变电站土样晒干

(2) 砂的测量结果

测量结果见表 4-15。

表 4-15 砂电阻值的测量结果

参数 样品建筑用砂	l(cm)	S(cm²)	V_{MN}(V)	I(mA)	R_{MN}(Ω)	ρ_{MN}($\Omega\cdot$m)
干砂	46	34×10.5	1.42	0.104	136.5	1 059
干砂加满水(浸没)	46	34×10.5	0.511	0.773	661.65	51.35

(3) 地下水/自来水的电阻及电阻率的测定

①地下水电阻与电阻率的测定

地下水的电阻与电阻率的测定结果见表 4-16、表 4-17。地下水取自上海市人民广场北端头井开挖现场。

表 4-16 地下水电阻与截面积关系

l(cm)	42	42	42	42	42	42
$S=30\times 35$ cm²	$S/4$	$S/3$	$S/2$	$2S/3$	$3S/4$	S
V_{MN}(V)	2.009	1.486	0.994	0.742	0.664	0.494
I(mA)	20.5	20.5	20.5	20.5	20.5	20.5
$R_{MN水}$(Ω)	98	72.5	48.5	36.2	32.4	24.1
$\rho_{MN水}$($\Omega\cdot$m)	6.125	6.04	6.62	6.033	6.075	6.025

第4章 注浆效果检测方法研究

表4-17 地下水电阻与长度的关系

l(cm)	12	20	28	36
$S=30\times35$ cm²	S	S	S	S
$V_{MN水}$(V)	0.143	0.235	0.332	0.435
I(mA)	20.5	20.5	20.5	20.5
$R_{MN水}$(Ω)	6.971	11.466	16.21	21.26
$\rho_{MN水}$(Ω·m)	6.1	6.02	6.08	6.2
				$\bar\rho_{MN水}=6.1$

②自来水电阻与电阻率的测定

测定结果见表4-18。表中$R_自$、$\rho_自$分别为自来水的电阻和电阻率。

表4-18 自来水电阻电阻率的测定结果

参数 样品	l(cm)	S(cm²)	V_{MN}(V)	I(mA)	$R_自$(Ω)	$\rho_自$(Ω·m)
自来水	46	34×14	0.204	0.409	498.8	51.61

(4) 水泥浆液的电阻及电阻率的测定结果

①水泥浆液的配比

水泥:2 kg;粉煤灰:3 kg;水玻璃:50 kg;自来水 4 kg。

②水泥浆液电阻与截面积的关系见表4-19。

表4-19 水泥浆液电阻与截面积的关系

l(cm)	42	42	42	42	42	42
$S=30\times35$ cm²	$S/4$	$S/3$	$S/2$	$2S/3$	$3S/4$	S
V_{MN}(V)	0.82	0.595	0.369	0.287	0.256	0.206
I(mA)	20.5	20.5	20.5	20.5	20.5	20.5
R_{MN}(Ω)	41	29	18	14	12.5	10.06
ρ_{MN}(Ω·m)	2.5	2.416	2.25	2.33	2.34	2.5

③水泥浆液电阻与长度的关系见表4-20。

表4-20 水泥浆液电阻与长度的关系

l(cm)	12	20	28	36	
$S=30\times35$ cm²	S	S	S	S	
V_{MN}(V)	56.17	95.94	131.4	167.9	
I(mA)	20.5	20.5	20.5	20.5	
R_{MN}(Ω)	2.74	4.68	6.41	8.19	
ρ_{MN}(Ω·m)	2.4	2.45	2.403	2.388	$\bar\rho_{MN}=2.41$

(5) 黏土与水泥浆液混合体得电阻的变化规律

①层状混合时层理向电阻随混合比改变而改变的例子的实测数据,分别见表4-21及表4-22。

表 4-21 黏土浆液混合电阻与混合比的关系

参数 序号	l(cm)	g(cm)	厚度(cm)		混合体积比(%)	V_{MN}(V)	I(mA)	R_{MN}(Ω)	备注
			黏土(cm)	浆液(cm)					
1	36	24	16	1.59	10	0.3	4.42	67.8	
2	36	24	16	2.38	14.6	0.25	4.42	56.56	无浆液加入之前
3	36	24	16	3.18	19.8	0.21	4.42	47.5	$R_{MN}=94.79\ \Omega$
4	36	24	16	3.98	24.8	0.185	4.42	42	
5	36	24	16	4.78	39.8	0.165	4.42	37.3	

表 4-22 浆液砂混合电阻与混合比的关系

参数 序号	l(cm)	g(cm)	厚度(cm)		混合体积比(%)	V(V)	I(mA)	$R_{混}$(Ω)
			砂	浆				
1	64	32	7.5	0.25	3.3	0.849	3.81	222
2	64	32	7.5	0.5	6.7	0.543	3.81	140
3	64	32	7.5	0.75	10	0.434	3.81	114
4	64	32	7.5	1	13.3	0.372	3.81	97
5	64	32	7.5	1.25	16.7	0.328	3.81	86
6	64	32	7.5	1.5	20	0.286	3.81	75
4	64	32	7.5	1.75	23.3	0.257	3.81	67
5	64	32	7.5	2	26.7	0.233	3.81	61

②黏土浆液混合体凝结过程中电阻变化的数据见表 4-21 和表 4-22。表 4-21 是黏土 420 mm×350 mm×200 mm 与浆液 420 mm×350 mm×90 mm 混合的情形。表 4-22 是黏土 640 mm×320 mm×75 mm 与浆液 640 mm×320 mm×20 mm 混合的情形。

(6) 砂与浆液混合体电阻变化的观测

①浆液渗入细砂(粒径 0.1~0.2 mm)时混合体电阻与混合比的关系见表 4-23。

表 4-23 浆液渗入砂时电阻与混合比的关系

参数 序号	l(cm)	g(cm)	厚度(cm)		混合体积比(%)	V(V)	I(mA)	$R_{渗}$(Ω)
			砂	浆				
1	46	34	10.5	0.88	8.2	0.3	0.4	750
2	46	34	10.5	1.32	12.3	0.15	0.42	357
3	46	34	10.5	1.76	16.4	0.11	0.42	261
4	46	34	10.5	2.2	20.5	0.079	0.43	188
5	46	34	10.5	2.64	25.1	0.072	0.43	167

②砂中渗入浆液凝结过程中混合体电阻的变化

砂中渗入水泥浆液时混合体的电阻随时间变化曲线的测定试验在 460 mm×340 mm×180 mm 的塑料槽内进行的,首先加入 105 mm 厚的砂和少许自来水,测得其阻值 $R_{混}=$

0.265 V/0.48 mA＝550 Ω,随后加入 35 mm 厚的水泥浆,测其电压的变化,然后算出电阻,并记录电阻随时间的变化情况,即得图 4-40 中的曲线③。

3. 试验总结

通过前文对黏土、砂、地下水、自来水、水泥浆液及其混合体的电阻及电阻率的测定,得出如下规律:

(1)这些介质及其混合体均符合欧姆定律,即有 $R=\rho l/S$。其中,R 为介质(土、砂、地下水、浆液等)的电阻,ρ 为该介质的电阻率,l 为介质长度,S 为面积。

(2)通常情况下,就电阻率而言,$\rho_砂>\rho_土>\rho_自>\rho_水>\rho_浆$,就电阻而言在体积相同的条件下,存在 $R_砂>R_土>R_自>R_水>R_浆$,以上两点是电检测注浆效果的重要依据。

(3)对同一类土质而言,含水率高的土体的电阻率较含水率低的土体的电阻率要小。

(4)对饱和态的土和砂而言,孔隙率越大,电阻率越小;反之,则反。

(5)对地下水、自来水、浆液等液态介质而言,介质中的带电离子数越多,移动速度越快,带电量越大,电阻率越小;反之,则反。

(6)浆液与土体的混合比(体积比)越大,混合体的电阻 $R_混$ 和电阻率 $\rho_混$ 越小。

(7)层状混合时,层理向电检测优于垂直层理向电检测。

土槽试验中的土样是开挖现场相当土层的土样,浆液按设计的配比配制或用现在的浆液,因此土槽的测定结果实质上是地下注浆情形的模拟。土槽试验的结果直观、清晰、明显,对现场检测结果起验证、定标作用。土槽试验可以得出各种土质、地下水、浆液及混合体、混凝土等多种介质的电阻率,为研究上述介质的电参数与物理参数间的相关关系奠定了基础。

对于注浆后的效果检测,目前使用的方法有:弹性波法,动、静触探法,采样取芯法,放射线密度测定等方法。这些方法均属于点探查,而不是区域探查,也就是说探查结果只能确认探查孔一点有无浆液,而不能证明探查孔周围的一个范围是否存在浆液。由于探孔的数目不可能很多,探查的结果具有很大的偶然性,至于浆液在地层中的实际分布状态与设计的预定注入范围的吻合程度、岩体注浆后的密实程度更是无法得知。各种注浆效果探查方式的特点见表4-24。随着各种加固方法的不断出现,注浆工法要想保持自身优势,立于不败之地,只有克服上述弱点,方能适应形势发展的需要。

表 4-24 各种注浆效果探查方式的特点

	电 探 法		其他探查法
缺点	探测结果是注浆前后电阻或电阻率的变化,不能像其他探查法那样直观给出土的抗剪强度、变形模量、渗透系数等参数	优点	探查结果直接给出土的抗剪强度、变形模量、渗透系数等参数。特点是直观、明了,利于工程设计
优点	①电探法的电极附设在注浆管上,无需单独另外钻孔,可节约一道钻孔工序,能够省力、省工、省时、省钱。②电探法是边注浆边检测,属过程检测,可以和注入工艺参数发生关联,实现信息化施工,并当场调整参数。③设备简单,造价低,易于规范化,操作方便。④测量仪体积远小于其他方法设备的体积,不受地形、土貌、土质差异等环境条件的限制	缺点	①一个钻孔的探查结果只能表征该孔位置处是否有浆液凝结,要想知道某一区域浆液分布状况,探查孔数不应少于注浆孔的15%～25%,否则置信度下降。孔数越多,必然费工、费时、费力、费钱。②均属于事后检查,发现问题只能进行二次补注造成人力、物力浪费。③多数方法的设备价格贵,使用方法复杂。④一般设备体积远大于电探仪的体积,容易受地形、地貌、场地大小等环境条件限制

4.6 注浆效果检查的物探法研究

4.6.1 TSP方法

使用 TSP 超前地质预报系统进行对比探测来检测注浆效果的方法,克服了常规方法的缺陷,可以清楚地探明浆液在岩体内的分布和走向,以及岩体注浆后的密实程度。

TSP 系统检测注浆效果的工作原理是运用地震波反射原理。在进行注浆效果检测时,由人工制造一系列有规则排列的地震震源。由此产生的地震波向外传播,当地震波遇到岩体的波阻抗发生变化时(比如有裂隙、断层或岩层变化),就会发生反射和折射。反射信号携带着所穿越地层岩体的地质信息并可以被接收器所接收,而折射波将继续向前传播,遇到不同波阻抗的介质时继续发生地震波的反射和折射。

本技术方案可以通过以下途径实现:在隧道注浆前和注浆后,两次使用 TSP 超前地质预报系统来探测隧道掌子面前方围岩的情况,然后把隧道注浆前后的 TSP 检测结果数据进行比对、分析,再运用自主开发的处理软件来分析、绘制注浆浆液分布的横(纵)断面图、平面图和立体图,从而正确判断隧道注浆取得的效果。

具体实施方式如下:

第一步,数据采集(图 4-21)。

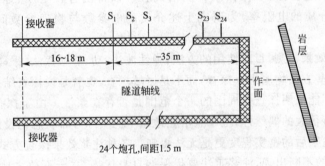

图 4-21　TSP 系统布置图

①根据岩层产状与隧洞轴线的关系,在隧道边墙布置传感器安装孔和炮点装药孔。
②对传感器安装孔参数进行复测,然后将接收器套管放入探测孔中。
③对炮点炮孔参数进行复测,用木制炮棍将炸药包安放到位。
④将接收器放入测试套管内,放置时对好方向,连接信号数据传输线,接受信号线一端连接传感器,另一端连接数据记录单元。
⑤启动记录单元,设置采集参数。
⑥连接炮点起爆系统,和信号记录触发系统。起爆线一端接电雷管脚线,另一端接记录触发盒。
⑦在噪声检查模式下测试记录单元功能,做好噪声监视。
⑧依次单个激发震源炮点,进行地震波信号数据采集。

第二步,数据分析。

利用自主开发的处理软件对 TSP 探测系统所采集的数据进行处理,包括以下流程:

①设置数据长度,根据地质情况和探测目的,合理设置数据最大记录长度以节约计算时

间、内存和存储空间。

②设置带通滤波器参数,对软件处理得到的地震波频谱进行分析,根据以往测试得到的不同岩层的地震波频谱特性,选择合理的滤波参数。

③首先到达信号波的舍取,数据采集过程中接受器采集的信号包括爆破地震波的直达波、反射波和干扰波,干扰波信号可以通过滤波的方式进行处理。

④初至处理,由纵波初至确定横波初至,TSP-win 需要横波初至来计算横波速度,并且为了下面的质量估算需要放置一个短的分析窗口在直达横波波形上。

⑤药炮能量平衡,对每一炮由于弹性能量释放变化进行补偿。

⑥估算质量因子,由初至波确定衰减参数 Q。

⑦反射波的提取,包括 Radon 变换和 Q 滤波,Radon 变换是用倾角滤波提取反射波。Q 滤波是指通过滤波部分地逆换波的衰减。

⑧ P-S 波分离,将 X、Y、Z 分量记录转换为 P、SH、SV 分量记录。

⑨地震波速度分析,包括 4 个步骤:创建一个速度模型,由此模型计算旅行时间,偏移地震数据到一个同激发距离道集上,以及由这些偏移得出一个新模型。

⑩反射界面的深度偏移,主要是通过纵、横波偏移将地震振幅由时间域映射到物理空间。

⑪地震波反射界面的提取,由最终的偏移结果使用影像处理和结果列表提取主要的纵波和横波反射界面,包括 P 波反射界面的提取、SH 波反射界面的提取和 SV 波反射界面的提取。

第三步,在对隧道掌子面前方注浆施工完成后,在第一次的炮点装药孔位置重新钻取相同深度的装药孔,装入相同的炸药量,信号接收器的位置保持不变。重复第一步和第二步的工作。

第四步,将两次观测的数据结果汇总对比,分段比较地层注浆后相关参数的变化,得到注浆效果分布图。

4.6.2 超声波 CT 扫描方法

岩石中声波的传播特征是岩石物理性态的反映,岩石介质内的声速越高,反映出岩石越致密坚硬或裂隙较少,风化程度微弱,岩性较好,反之亦然。而注浆技术正是封堵空洞、裂隙、断裂等处的地下水赋存、流通的一种有效手段。由于浆液的注入,原岩体的空隙被充塞,浆液的凝胶、固结,将原来破碎(不连续的结构面)的岩体胶结为较完整的岩体。注浆改变了原岩体的力学性态及其自身的结构,故注浆后岩体的声速一般应比注浆前有明显的提高。其次,因岩体常处于地下水和气体的包围中(声速值:水为 1 500 m/s;空气为 344 m/s;水泥结石体>2 000 m/s),注浆后岩体裂隙中的水或其他充填物将被水泥结石体所替代,岩石密度和强度都将提高,其声速值也相应增大。因此根据超声波检测岩体注浆前后声学参数值的对比,便可评价注浆质量的优劣。

超声波 CT 扫描系统检测地表注浆效果的工作原理是测试穿过检测剖面上的超声波时,再采用适当的算法反演检测剖面上超声波速度的分布状况,最后根据超声波速与材料的关系确定检测剖面上不同材料的分布,从而显示检测对象的内部结构。

本技术方案可以通过以下途径实现:在对工程结构物(地表或边坡)注浆前和注浆后,两次使用超声波 CT 扫描系统来探测围岩的情况,然后再运用自主开发的软件,对注浆前后的超声波 CT 扫描检测结果数据进行比对、分析,绘制注浆浆液分布图,从而正确判断地表注浆取得的效果。

具体实施方式如下：
①在准备实施注浆的区域两端分别钻取两个探测孔，保持探孔畅通。
②在探孔中安放超声发射和接收装置，连接计算机系统和控制设备，并调试仪器参数。
③启动系统，从检测孔底部开始，测取声时、波幅等参数。
④对获取的数据进行分析判断，在断面图上标注岩体的裂隙位置。
⑤对路基或边坡进行注浆施工。
⑥重复步骤②和③。
⑦对获取的数据进行处理，绘制注浆后岩体的裂隙分布图。
⑧将注浆前后得到的岩体裂隙分布图进行分析比对，判断注浆浆液的分布情况和注浆效果。

4.6.3 探地雷达方法

探地雷达是利用高频电磁脉冲波的反射原理来探测地下目的物及地质现象。与其他雷达相异之处在于它是由地面或物面向下或向内发射电磁波来实现探测目的。探地雷达是一种电磁波探测技术。电磁波通过天线向地下发射，遇到不同阻抗介面时将产生反射波和透射波，接收机利用分时采样原理和数据组合方式，把天线接收的信号转化为数字信号供解译人员分析。Sir-20 地质雷达能探测 20~30 m 范围内地质情况；CR-20B 地质雷达，能探测 20~30 m 范围内地质情况，对探测底部及周边地质情况效果较好。探地雷达利用一个天线发射高频率宽频带短脉冲电磁波，另一个天线接收来自地下介质界面的反射波。电磁波在介质中传播时，其路径、电磁场强度与波形将随所通过介质的电性质及几何形态而变化。因此，根据接收到波的旅行时间（亦称双程走时）、幅度及波形等资料，可探测介质的结构、构造及其内部的物体。

探地雷达利用主频为数十兆赫（MHz）至千兆赫波段的电磁波，以宽频带短脉冲形式，由探测面通过天线发射器发送至被探测物体内部，经由被探测体内部的不同介质界面反射后返回物体表面，为雷达天线接受器所接受。

本技术方案是通过以下途径实现的：它是在隧道注浆前和注浆后，两次使用探地雷达系统来探测隧道掌子面前方围岩的情况，然后把隧道注浆前后的检测结果数据反演处理成图像，进行比对、分析，再运用各种程序包软件来处理，绘制注浆浆液分布的横（纵）断面图、平面图和立体图，从而正确判断隧道注浆取得的效果。

第5章 注浆效果检测实例分析

北天山隧道为北天山越岭主隧道,是精伊霍铁路的主要控制工程。隧道进口位于阿萨勒沟右岸山坡上,出口位于阿肯乌依君沟与博尔博沟交汇处,最大埋深约1 038 m,隧道起迄里程为DK109+240~DK122+850,全长13 610 m。

根据隧道设计说明,北天山隧道位于北天山西段的中山区内,山系为博罗科努山,是伊犁盆地和准噶尔盆地的分水岭,其岭脊线近东西走向展布。隧道洞身岩性主要为下石炭系的砂岩夹灰岩、灰岩、英安斑岩与凝灰岩互层和奥陶系灰岩等。在隧道进出口端附近地表分布有第四系全新统洪积碎石土。

预报采用瑞士安伯格公司生产的TSP203隧道地质超前预报系统,TSP203可以预报隧道掌子面前方0~100 m范围的地层状况,可以满足长期(长距离)超前地质预报的要求。

根据设计地质资料,本次自检波器位置至预报区(DK110+772.7~DK110+990)区段地层岩性为石炭系下统砂岩夹灰岩(局部夹砾岩、页岩)和奥陶系灰岩(局部夹少量的中粒岩屑长石砂岩)。下石炭系砂岩:灰色,中细粒砂状结构,层状构造;石灰岩:青灰色,中薄层状构造,节理较发育,微张。岩层次级褶皱、节理较发育。该岩石自身具一定的富水性。奥陶系灰岩:灰白色、灰褐色,中厚层状、块状,岩石坚硬,存在两组节理,微张。隧道在DK110+920附近通过F_{14}正断层,上盘为下石炭系砂岩夹灰岩,下盘为奥陶系灰岩,破碎带宽约20 m,带内为断层角砾岩。存在坍方、突水的可能性较大。

实际情况是:在DK110+830~DK110+857区段地层岩性主要为灰岩(局部为砂质灰岩),中厚-厚层状结构,节理较发育,微张,充填方解石。在DK110+830断面的左下方和右上方裂隙发育处炮眼涌水(左下方涌水量大),并随开挖回缩至掌子面,涌水量达2.3万 m^3/d,未见水量减小。为此,项目部决定在DK110+830~DK110+975区段实施超前帷幕预注浆进行堵水加固处理,在注浆前后两次使用TSP203检测注浆效果,并通过开挖来验证TSP203超前地质预报技术在隧道注浆加固效果检测中的可行性。

5.1 注浆前TSP超前预报成果分析

注浆前TSP超前预报成果分析见表5-1,注浆前2D成果显示及岩石力学参数曲线如图5-1所示。

表5-1 注浆前TSP超前预报成果分析表

序号	里 程	长度(m)	推 断 结 果
1	DK110+830~DK110+857	27	横波速度较低,纵波无变化,v_p/v_s、泊松比比较高,表明岩石强度与掌子面基本一致,裂隙较发育,存在涌水的可能
2	DK110+857~DK110+873	16	岩性为灰岩,围岩强度无变化,岩体较完整,地下水不发育,稳定性较好
3	DK110+873~DK110+884	11	v_p有所波动,v_s较低,v_p/v_s、泊松比比较大,表明岩石强度降低,局部裂隙增多,含水较多的可能性大

续上表

序号	里程	长度(m)	推断结果
4	DK110+884～DK110+895	11	岩性主要为灰岩,围岩强度较高、较完整,稳定性较好,地下水不发育
5	DK110+895～DK110+929	34	岩石强度较低,存在断层破碎带,围岩裂隙发育,构成地下水通道,涌水的可能性大
6	DK110+929～DK110+940	11	围岩强度较低,岩石破碎或软弱,可能为断层角砾岩,地下水不发育
7	DK110+940～DK110+975	35	岩石强度由高变低,局部裂隙增多,岩石破碎,尤其是+964～+975区段。整体区段地下水发育,存在涌水的可能性大

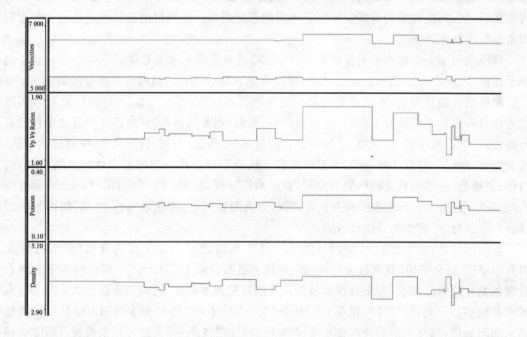

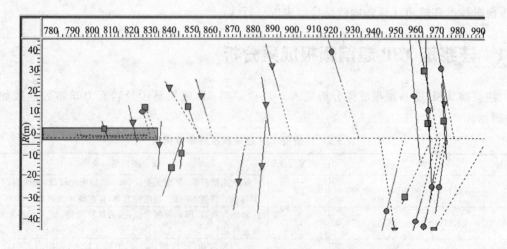

图 5-1　注浆前 2D 成果显示及岩石力学参数曲线

5.2 注浆后 TSP 超前预报成果分析

注浆后 TSP 超前预报成果分析见表 5-2,注浆后 2D 成果显示及岩石力学参数曲线如图 5-2 所示。

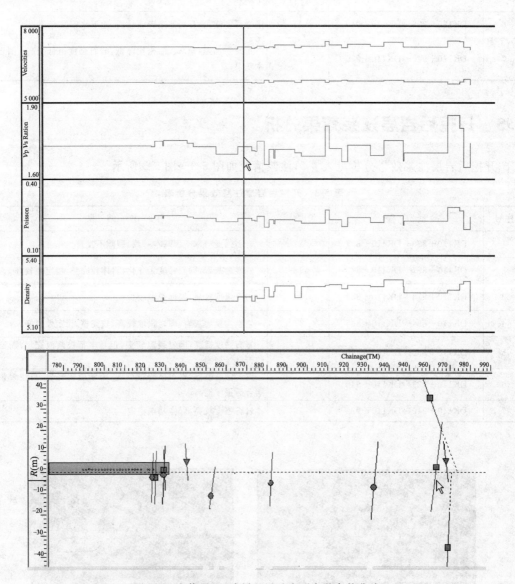

图 5-2 注浆后 2D 成果显示及岩石力学参数曲线

表 5-2 注浆后 TSP 超前预报成果分析表

序号	里　　程	长度(m)	推　断　结　果
1	DK110+830～DK110+857	27	横波、纵波波速变化不大,v_p/v_s、泊松比较高,表明岩石强度与掌子面基本一致,裂隙不发育
2	DK110+857～DK110+873	16	围岩强度无变化,岩体基本完整,地下水不发育,稳定性较好
3	DK110+873～DK110+884	11	v_p 稍有提高,v_p/v_s、泊松比降低,表明岩石强度提高,裂隙不发育,含水较少

续上表

序号	里程	长度(m)	推断结果
4	DK110+884～DK110+895	11	围岩强度较高、较完整,稳定性较好,地下水不发育
5	DK110+895～DK110+929	34	v_p稍有提高,v_p/v_s、泊松比降低,岩石强度有提高,围岩裂隙不发育
6	DK110+929～DK110+940	11	围岩强度低,岩石局部破碎或软弱,地下水不发育
7	DK110+940～DK110+975	35	正发射加强,v_p/v_s、泊松比降低,岩石强度由低变高,围岩基本稳定

5.3 开挖后岩层注浆效果分析

开挖后岩层注浆效果分析见表 5-3,注浆情况如图 5-3～图 5-5 所示。

表 5-3 开挖后岩层注浆效果分析表

序号	里程	长度(m)	开挖结果
1	DK110+830～DK110+857	27	岩石强度与掌子面基本一致,裂隙不发育
2	DK110+857～DK110+873	16	岩性为灰岩,围岩强度无变化,岩体较完整,稳定性较好
3	DK110+873～DK110+884	11	岩石强度较高,局部裂隙较少
4	DK110+884～DK110+895	11	岩性主要为灰岩,围岩强度较高、较完整,稳定性较好
5	DK110+895～DK110+929	34	岩石强度提高,围岩裂隙较多,但基本都被浆液充填,断层破碎带已经加固
6	DK110+929～DK110+940	11	围岩强度较低,岩石破碎或软弱,为断层角砾岩,与注浆浆液结合后强度提高
7	DK110+940～DK110+975	35	岩石强度较高,岩体基本稳定

(a) F_{4-4}断层第一循环

(b) F_{4-4}断层第二循环

图 5-3 现场注浆施工情况

图 5-4 开挖后掌子面情况

图 5-5 海域段隧道试验段注浆效果图

第6章 结 论

(1) 在隧道注浆效果的检测方面,合理使用 TSP、探地雷达、超声波等多种物探方法是完全可行的。在某些特定的条件下,寻找注浆浆液在岩土体中的主要流向和空间分布,从技术上来看是可以实现的。

(2) 探测结果表明,TSP 法预报距离长、结论较可靠,相对其他方法而言,是目前隧道地质预报最先进的方法之一。作为注浆效果检测的手段,还必须充分认识和掌握各种不良地质体在 TSP 系统探测结果中的基本特征,熟悉 TSP 方法及 TSPwin 具体应用条件,才能取得更好的效果。

(3) 在使用超声波检测注浆后的隧道时,波速是衡量注浆效果的主要指标。注浆前后声速差值愈大,说明裂隙被充填愈好,愈密实,注浆效果愈好。但是怎样科学地确定其评价标准,目前尚无统一标准,有用注浆前后岩体声速比(v_{p1}/v_{p2}),也有用注浆后岩体声速 v_{p2} 与同类完整岩体声速 v_{p0} 比(v_{p2}/v_{p0}),这两种方法都是定性地评价,无定量标准,也没有考虑到岩性、浆液配比、灌浆后的时间效应和裂隙发育状况等因素,因此具有一定局限性。如何综合衡量和划分评价注浆质量及效果的标准,还有待进一步研究。

(4) GPR 的工作频率高,对近距离目标具有较高的分辨能力,对需要注浆充填的洞穴、夹层和断裂带(特别是含水带、破碎带)具有较高的识别能力。工程实践表明,使用地质雷达检测注浆效果时,介质的电导率、磁导率、介电常数以及探测频率四个因素密切相关,对探测深度、分辨率和精度具有重要的影响。实测时应根据目标体的性质和探测深度合理选择探测频率。

(5) 由于隧道内可供观测的空间位置有限、干扰因素多、观测方案受到限制,要准确地探测浆液流向的要求难度很大。虽然国内外在不断地改进探测技术和分析方法,试图提高预报的可靠性和精度,取得了许多成功的经验,但目前的技术水平在探测的准确性和可靠性方面还有待提高。

第三篇

承压地下水隧道超前地质预报研究

第 1 章 绪 论

隧道超前地质预报方法历经几十年的发展,已经由单一的地质分析的预报阶段发展到地质分析结合地球物理探测的综合预报阶段。我国超前地质预报的研究始于 20 世纪 50 年代末,真正应用到隧道工程建设当中是在 20 世纪 70 年代初,国内的各高校和科研院所在超前预报技术研究应用中做了很多有益的工作,提出了一些新方法,改进了一些技术设备,其成果已经成功地运用到了工程建设实际当中。如在大瑶山隧道首先成功地采用了浅层地震反射波超前探测、超前声波探测与显微构造分析等,并首先引进超前水平钻探,同时结合超前导坑以及洞内素描和赤平投影等方法进行隧道地质预测预报[86]。在军都山隧道施工过程中,由中科院地质所和铁道部隧道工程局组成的"军都山隧道快速施工超前预报课题组"采用以地质素描为基础配合钻速测试和声波测试,编写了《军都山隧道快速施工超前预报指南》,为后来的隧道施工超前预报提供了很好的借鉴[87]。在鹧鸪山公路隧道施工过程中,李天斌等以工程地质分析为主线,综合采用多种途径和方法进行超前地质预报,提出以工程地质综合分析为核心、直接探测与间接探测相结合、现场量测与室内分析计算相结合的先进的施工地质超前预报学术思路,并初步建立了隧道施工地质超前预报系统,该系统对于今后其他隧道的施工地质预报起到了十分重要的指导作用[88]。

作为对隧道掌子面前方地质情况预测的各种技术、手段和方法,超前地质预报已逐步成为隧道施工中一道重要的工序。含有承压地下水的隧道在施工中一直存在许多问题,有时突发性事故不仅延误施工工期,并且还严重威胁到施工安全。因此在含有承压地下水隧道的施工中,准确地预报地下水体情况,及时采取有效的防范措施显得尤为重要。

目前常用的超前地质预报方法较多,主要可分为地质分析方法和地球物理探测方法两大类。

1.1 地质分析方法

1.1.1 地面地质调查法

地面地质调查法是隧道地质预报中使用最早的方法。该方法通过调查与分析地表工程地质条件,了解隧道所处地段的地质结构特征,推断前方的地质情况。调查的内容包括地层与岩性的产出特征,断裂构造与节理的发育规律,岩溶带发育的部位、走向、形态等,预测隧道掌子面前方的不良地质体可能的类型、出露部位、规模大小等,以便隧道施工中采取合理的工艺与措施,避免事故。这种预报方法在隧道埋深较浅、构造不太复杂的情况下有很高的准确性,但是在构造比较复杂地区和隧道埋深较大的情况下,该方法工作难度较大,准确性较差[89]。

1.1.2 掌子面地质调查法

掌子面地质调查法即在隧道每个施工循环过程中,爆破作业和出渣后,对隧道新鲜的掌子面进行详细的地质素描。掌子面素描的主要内容包括岩性、产状、岩体结构、节理裂隙情况、风化卸荷特征、地下水特征、围岩变形破坏特征等。通过对掌子面进行详细的地质素描，可以真实而准确地反映掌子面工程地质情况，从而对下一步的施工进行正确的指导。

同时一些学者根据调查统计规律，总结了一些具体的地质预报方法，如断层参数预测法是刘志刚结合地质力学理论总结出的一套超前预报隧道断层的预报方法，其原理是基于前苏联著名地质学家 И. С. 葛尔比耳的断层影响带理论，利用断层影响带内的一种特殊节理预报隧道掌子面前方隐伏断层的产状、位置和规模的一种预报方法。此特殊节理的产状与断层产状一致或相近，分布范围很宽，其始见点离断层很远，它常常集中成带状分布，一般可出现 3～4 个集中带，各带的节理强度和密度不同，总的趋势是向着断层方向增加。这些特征基本不受地域和岩石、岩层组成影响，是应用断层参数预报隧道断层的理论基础[90]。

1.1.3 超前水平钻孔法

超前水平钻孔法是在隧道掌子面进行超前水平钻探，通过钻进速度测试、岩芯采取率统计、钻孔岩芯鉴定等手段来确定掌子面前方地层的展布、地层岩石的软硬程度、岩体完整性及可能存在的断层、孔洞的分布位置。该方法属于直接探测法，不足之处在于速度慢，影响施工，遇到水体或瓦斯突出等灾害时会造成危害，而且其探测结果只是一孔之见，难以形成面的概念[91]。

1.1.4 超前导坑法

超前导坑法可分为超前平行导坑和超前正洞导坑。平行导坑的布置平行于正洞，断面小而且和正洞之间有一定的距离，在施工过程中对导坑中遇到的构造、结构面或地下水等情况做地质素描图，通过做地质素描图对正洞的地质条件进行预报。采用平行导坑预报的优点是平行导坑超前的距离越长，预报也越早，施工中就有充分的准备时间，可以增加工作面，加快施工进度，还可以起到排水减压放水，改善通风条件和探明地质构造条件的作用。

超前正洞导洞（坑）法则是先沿隧道正洞轴线开挖小导洞（坑），探明前方的地质情况，再将导洞（坑）扩为隧道断面，其作用与平行导坑相比，效果更好。但是采用超前导坑法进行预报也有缺陷：一是成本太高，有时需要全洞进行平导开挖；二是在构造复杂地区准确度不高。国内采用正洞导坑法预报的隧道并不多见[92]。

1.2 地球物理探测方法

1.2.1 地质雷达法

用雷达探测地下目标最早可追溯到 20 世纪初期，1910 年 Letmbach 和 Lowy 在一项德国专利中提出了探测埋藏物体的方法，他们将偶极天线埋设在两孔洞中进行发射和接收，由于高电导率的媒质对电磁波的衰减作用，通过比较不同孔洞之间接收信号的幅度差别，可以对媒质中电导率高的部分进行定位，于是正式有了地质雷达概念[93~95]。

1926 年，德国人提出电磁波在介电常数不同的介质交界面上会产生反射，这个结论也成为了地质雷达探测应用的物理基础。由于电磁波在地下传播要比空气中复杂得多，地质雷达的初期应用仅限于对电磁波吸收很弱的冰层、岩盐等介质中[96~98]。60 年代末期，阿波罗登月计划的实施及研究月球表面岩性地质构造的需要给地质雷达技术的发展带来了新的动力。A. PAnnan 等许多学者先后做了大量理论及试验研究工作，为这一技术的进一步发展奠定了基础。70 年代以来,随着电子技术的迅速进步以及现代数据处理技术的广泛应用,地质雷达得以加快发展,国外设备生产商相继研制开发了大量先进的地质雷达产品[99][100],主要有以下几种:(1)美国地球物理探测设备公司(GSSI)的 SIR 系列;(2)加拿大探头及软件公司(SSI)的 Pulse EKKO 系列;(3)日本应用地质株式会社(OYO)的 GEORADAR 系列;(4)瑞典地质公司(SGAB)的 RAMAC/GPR 钻孔雷达系统等。

我国的地质雷达研究始于 70 年代初期,起步较晚,但是由于我国及时引进并借鉴了国外的先进技术,近些年来在该领域也取得了较为突出的成果,一些高校、科研院所和生产单位也开发出一些地质雷达的产品,并且在引进国外先进的地质雷达理论和应用研究方面做了大量工作。

地质雷达对不良地质的响应特征如下。

根据地质雷达探测原理,及借鉴地质雷达在其他岩溶地区隧道中的代表性成果,初步分析掌子面前方含以下不良地质时地质雷达波的典型波形特征为:

(1)完整岩石:对于完整致密未发生溶蚀的岩石,电磁波不发生反射或发射能量较小,波形均一,振幅、波长基本一致,同相轴连续。

(2)空洞(含干溶洞):电磁波在空洞与周围岩体界面发生较强发射,强发射界面增多,地质雷达反射波波幅及相位变化较大,同相轴发生错断。

(3)破碎岩体(节理裂隙密集带):由于岩石被节理裂隙切割,反射界面增多,当节理裂隙近水平发育时,反射波同相轴一般连续,与完整岩石的差别在于振幅、波长的不同;当节理裂隙纵向或不规则发育时,反射波能量发生变化、频率降低,反射波同相轴连续性变差,岩体破碎时常表现为波形杂乱。

(4)裂隙水:其振幅、波长因含水率差异而不同(一般反射波振幅衰减较快、波长变长),与两侧反射波差异明显,且同相轴错断。

(5)溶洞:当溶洞充水时,电磁波在溶洞周界发生反射,一般形成振幅较强的弧形反射波;当部分充填岩石碎块时,与破碎岩体相似,表现为振幅增强、波形杂乱;当部分充填黏土时,由于黏土对电磁波的强吸收,表现为局部反射波振幅减弱或消失。

由于电磁波理论和隧道不良地质情况的复杂性,上述认识有待今后进一步修正和完善。从隧道的超前预报经验,总结认为:地质雷达探测距离为 $10\sim30$ m,对断层破碎带、破碎岩体、溶洞等探测效果明显,探测掌子面前方断层、破碎带、溶洞等不良地质体,地质雷达比 TSP 更加精确;缺点是地质雷达虽然能预报掌子面前方地下水,但效果不甚理想,且探测距离短,对工程施工干扰较大。

1.2.2 TSP 地震反射波法

TSP 地震反射波法是瑞士 Amberg 测量技术公司于 20 世纪 90 年代初期研制开发的一套隧道地震超前预报系统。国内首次引进瑞士 TSP 技术是 1996 年,该技术也得到国内工程技术人员广泛认同,并成功地应用于秦岭铁路隧道、株六铁路复线、渝怀铁路部分隧道工程、青海公伯峡水电站导流洞、云南元磨高速公路、兰武二线、山西雁门关公路隧道、晓南煤矿等几十个工程中。石家庄铁道学院的李忠、刘志刚、刘秀锋等人(2002,2003)从地质构造学理论、爆破地震学理论出发,就如何增加 TSP 超前预报系统的探测距离进行了初步的探讨,认为若能根据现场具体地质情况来确定传感器最佳安装位置、选择合适的采样参数以及探测炸药种类和用量,则探测距离可有效提高;他们还对如何利用 TSP 超前探测系统搜索角问题进行了探讨,指出当以一个较符合实际地质情况的搜索角去处理地震记录,不但会大大增加信息量,而且对构造体的预测精度也会大大提高,他们应用概率论数学方法,在新课纳隧道地质超前预报中也取得了一定效果。齐传生、张景生等人认为合理选择参数能提高探测长度和精度[101~103]。

现在 TSP 已经被国内外广大技术人员和工程单位广泛采用,但也存在一些缺点,如:探测费用高;对隧道施工有细微干扰;受探测人员专业技术水平限制;存在多解性特点,在探测成果图中,断层、节理、软弱岩层界面都以相近的异常带形式出现,差别甚小,在经验不足或解释水平不高的情况下很难区分,对人依赖比较大[104][105]。

1.2.3 Beam 超前预报法

Beam(Bore Tunnelling Electrical Ahead Monitoring)探测技术是当前国际上一种较先进的电法隧道超前探测技术,由德国 GEOHYDRAULIK DATA 公司从 1998 年开始进行开发研制[106][107]。

Beam 超前探测技术原理是通过对岩层电阻率进行测试的电法(激发极化法)来探知岩石质量、空洞和水体的一种物探方法。基于整个极化的过程(与电容相比较),岩层的电阻系数(综合阻抗)的变化频率能够被侦测记录下来,特殊的水体或者空洞、高孔隙率的地下结构(如喀斯特洞穴等)会对激发极化的参数有相当大的影响,因此 Beam 超前探测技术能够对这些工程地质问题做出准确的预测。相对传统的电法探测,Beam 测试技术的核心在于改善了电法测试的灵敏度和稳定性,依靠适合在隧道掘进工作面布置的环绕 A1 电极来实现保护电场,使独立的 A0 电极产生的电流能够更纵深地以放射状半径或者垂直隧道掘进的径向传播[108~110]。

Beam 第一次进行大尺度的探测是在 2000 年对 TBM 掘进隧道进行岩溶洞穴的探测。自 2000 年伊始,Beam 被应用于在各种复杂的地质条件下进行施工的隧道工程,截至 2005 年 5 月已经完成探测隧道的累计洞身长度已达 30 km。Beam 在国外应用的隧道主要有:意大利 Ginori 隧道,瑞士哥斯塔特基线隧道(Gotthard Base Tunnel),瑞士勒其山基线隧道(Lotschberg Base Tunnel),德国连接 Nuremberg 到 Ingolstadt 的 Irlahull、Geisberg 和 Stammham 隧道,西班牙连接 Madrid 到 Segovia 的瓜达马拉隧道(Guadarrama Tunnel),意大利 Prisnig 隧道,西班牙巴塞罗那地铁(Metro Barcelona)等。Beam 在国内应用的还比较少,主要有辽宁省大伙房水库输水工程、锦屏二级水电站辅助洞、铜锣山公路隧道。

1.3 承压地下水隧道超前地质预报的目的和性质

1.3.1 超前地质预报的主要目的

在含有承压地下水的隧道施工过程中,经常遇到涌水、突泥和坍塌等无法预料的地质灾害,为了探明隧道工作面前方及两侧的水文地质条件,确定加固处理、注浆堵水所需工艺地质条件,需进行超前地质预报工作,为隧道施工提供依据,以期有效预防地质灾害,保障隧道施工安全[111]。因此采用超前地质预报方案应达到以下目的:

(1)进一步查明前期没有探明的、隐伏的重大地质问题,进而指导隧道施工顺利进行,减少隧道施工的盲目性。

(2)降低隧道施工地质灾害发生的机率,保证隧道施工安全。

(3)为隧道动态设计和信息化施工提供基础资料,为施工单位优化施工方案、安全科学施工、提高施工效率、缩短施工周期等提供依据,为预防隧道塌方、突水、突泥、突气等可能形成的灾害性等事故及时提供信息。

(4)为编制竣工文件提供地质资料、为隧道长期安全运营提供基础资料。

1.3.2 超前地质预报工作的性质

1. 科研性

只有深刻了解地质体规律和详实的地质资料,才能为隧道设计和施工提供准确的依据。由于隧道一般埋藏较深,周围地质环境复杂且勘察困难,对地质体的本来面貌不可能准确无误的反映,而只有通过有限的测量工具和预报方法在一定精度和可靠程度上进行反映。对地质情况的观察和研究贯穿于整个隧道地质勘察设计和施工期过程,并且是取得对地质体特点与规律性认识的基本方法。通过地质观察研究所获得的地质认识,来确定超前地质预报手段的布置以及隧道施工应急预案和施工方案。

2. 生产性

超前地质预报作为施工中不可或缺的一道工序,它关系到施工安全、质量和进度。必须坚持实事求是,在确保不遗漏不良地质体、保障施工安全的基础上,按照实际需要决定各项超前地质预报手段,才能取得比较理想的隧道生产经济效果,达到安全和节约的目的,因此必须通过加强超前地质预报工作,按实际情况布置各项工作。

近年来隧道超前地质预报工作越来越引起人们的重视,国内外学者也取得不少研究成果,但是还明显存在以下不足[112]:

(1)一些隧道超前物探预报方法的解译方法还不成熟,未对瞬变电磁法、地质雷达、TSP等地球物理探测成果图件中不良地质的响应规律进行总结,各种不良地质的解译方法没有完善统一,未得到较为健全的解译方法。

(2)地质雷达等物理探测图像的识别尚处于人工判译阶段,一般由超前地质预报专业人员将解译图件与隧道地质勘察资料、掌子面地质描述等相结合进行综合分析,还未对地质雷达等物理探测图像中某些不良地质的成熟标志进行计算机自动识别。

(3)主要局限于对隧道基本地质情况和不良地质体的预报,对地质灾害中的岩爆、大变形等成因机理较复杂的灾害研究甚少,或根本不纳入超前预报范畴。

(4)隧道涌水量计算方法主要用于隧道勘察设计阶段涌突水灾害预测,在一定程度上满足隧道涌突水量的估算,但是其预测精度经常不足,有时计算涌水量与实际涌水情况差距非常大。

(5)只是单纯依靠某种或某几种地球物理方法的探测结果进行预测预报,对地质分析的方法重视不够,没能将探测结果和地质分析方法进行合理结合,加之物探结果的多解性,预报精度往往不高。

(6)隧道超前综合预报系统研究已取得部分成果,但是有的系统框架较简单,预报方法相互间的配合不够,有的系统没有将一些新的物探超前预报技术纳入预报方法体系,有的系统没有将隧道施工中一些重大工程地质灾害纳入预测体系,总体上还没有形成一套合理、完善和易于推广应用的以地质分析为核心、结合物理探测的隧道综合预报工作方法和体系。

(7)现代信息技术在隧道超前地质预报中的应用水平还比较低,信息处理手段落后,还没有形成一套比较完整的隧道超前地质预报计算机辅助软件供预报专业人员应用,预报专业人员有可能一时无法从大量已知数据中发现有用的信息,从而对地下工程施工过程中可能出现的不良地质和地质灾害无法进行准确预报。

从当前各种超前地质预报的新旧方法在国内外应用情况可知,每种方法都不可避免地存在局限性,并且各有优缺点,提高预报的准确性和及时性仍是国内外隧道工程地质界需要解决的技术难题,有必要提出一种综合预报体系。

1.3.3 超前探测的难点及存在的主要问题

超前探测和预报的内容主要包括：①不良地质体及灾害地质体的探测和预报,如掌子面前方一定范围内有无突水、突泥、岩爆及其有害气体等,并查明其范围、规模、性质；②不良水文地质条件预报；③断层及其破碎带的探测和预报,如断层位置、性质、宽度、产状、充填物状态,是否充水；④围岩类别及其稳定性预报。相对于地面物探而言,隧道超前探测一般距离目标体较近,有利于探测精度和准确性的提高。但是由于隧道空间的限制和许多干扰因素的存在,使得很多物探方法不能得到有效应用,因此,探测方法的选择、现场观测方式的布置以及信号最佳激发方式和接收方式的确定等方面成了超前探测和超前预报的难点。多年的应用实践表明,合理运用地震反射波法、电磁波透视法、探地雷达法、直流电法、瑞雷波法等探测方法,可以有针对性地解决一些具体的地质问题,但在探测精度、准确性和探测距离等方面仍然存在许多问题,主要表现在以下几个方面：

(1)理论上隧道内所建立的人工物理场是"似全空间而非全空间"物理场,而实测中大多数方法都"假定地下场为全空间分布",或"当极距较小时,电流场是半空间分布的"。当采用地震波法探测时,隧道的各个临空面又成了强干扰反射波的来源。若反演时忽略巷道的影响,则客观上存在理论与实际的不相符,探测结果必然存在偏差。事实上,隧道内观测系统的布置受到场地条件的限制(通常极距或源距较小,或采用单边布极),不可避免地受到全空间的影响,"多解性"将更加凸显,探测的准确性和精度难以保证。

(2)如何在隧道工作面小的不利前提下合理选择物探方法和观测方案直接影响到探测效果,而且超前探测方法大多是地面物探方法的移植,针对隧道应用条件的研究还不够深入,方法试验多,理论研究少,对不同方法的使用没有形成相应的技术规程。

(3)隧道内干扰因素多(生产、运输的爆破、振动、大功率用电等形成复杂的干扰源,即使是同一场源越存在多种路径),不利于有效信号的激发和采集,采用常规的传感器(或电极)和接地条件难以确保可靠、有用信息的获取和分离。

(4)在数据处理方面,对巷道条件下二维、三维数学物理模型的研究还处于探索阶段,适用于地下井巷、隧道条件的正、反演三维数值模拟技术还远未达到实际应用的要求。尚未开发出适合井下探测的资料解释系统和软件,使隧道地球物理探测仍处于定性或半定量阶段。

第 2 章 地球物理特性

隧道地质灾害形成的地质体或可能产生地质灾害的地质体称为"灾害地质体",从物理意义上可以理解为:弹性异常体、电性与电化学性质常体、应力异常体和有害物质含量异常体等。如塌方、崩塌、岩堆、高强度地层、断层破碎带、陷落柱、松散地层、软土等可视为弹性异常体;充水或充泥溶洞、含水断层和裂隙带、流沙层等可视为电性与电化学性质异常体;岩爆、冒顶与底鼓、高低应力区可视为应力异常体;瓦斯突出、放射性辐射强的地段可视为有害物质含量异常体。通常不同成因、不同规模的灾害地质体,具有不同的物理性质,包括密度、弹性模量、载波速度、导电性、磁性、声学性质、热学性质和放射性等。如含水破碎带既具有低密度、低波速的弹性异常体的特征,又具有低电阻率、高介电常数的电磁异常体的特征。软弱岩带、断层带、破碎带、溶洞、含水地层等灾害地质体与其围岩之间存在较明显的物性差异,为地球物理探测方法的应用提供了良好的地质地区物理基础。

2.1 密度与波速

大多数火成岩和变质岩只有很少或几乎没有空隙,其密度和地震波速度主要取决于它们的组成矿物。火成岩中,超基性岩密度最大,由基性向酸性过渡,密度逐渐减小;变质的密度变化较大,变质程度不同,密度也不同。通常,火成岩的地震波速度比其他类型岩石的要高。

沉积岩的密度和波速除取决于组成矿物的密度外,还受其压实和胶结程度的很大影响。对同一种沉积岩而言,密度变化最显著的是砂质岩系,灰岩的密度基本取决于它的裂隙和胶结矿物,水化学沉积的岩石密度最稳定。成分相同,压实和胶结程度越高,其密度越大;泥质含量越多,密度越低;喀斯特和裂隙越发育的岩石密度越低,同一种岩性的岩石,埋藏越深、地质年代越老,其密度越大。

地震波在介质中传播的纵波速度和横波速度与介质的密度、弹性模量密切相关,其定量关系为:

$$v_\mathrm{p}=\sqrt{\frac{E(1-\gamma)}{\rho(1+\gamma)(1-2\gamma)}}, \quad v_\mathrm{s}=\sqrt{\frac{E}{2\rho(1+\gamma)}} \tag{2-1}$$

$$\frac{v_\mathrm{p}}{v_\mathrm{s}}=\sqrt{\frac{2(1-\gamma)}{1-2\gamma}} \tag{2-2}$$

式中 v_p——纵波速度;

v_s——横波速度;

ρ——介质密度;

E——杨氏模量;

γ——泊松比。

大多数情况下,$\gamma \approx 0.25$,所以,纵横波速度比值$\frac{v_\mathrm{p}}{v_\mathrm{s}} \approx 1.73$。

通常,基岩:$v_p > 2.2$ km/s,$2.0 > \frac{v_p}{v_s} > 1.7$,$0.33 > \gamma > 0.25$;未固结松散层:$10 > \frac{v_p}{v_s} > 2.5$,$0.5 > \gamma > 0.4$,与基岩存在较大差异。

大量试验表明,对于某些石灰岩和砂页岩来说,速度与密度的关系可近似表示为:

$$v = 6\rho - 11 \tag{2-3}$$

因此,一般情况下,介质密度越大,弹性波在其中的传播速度也越快。

2.1.1 岩体完整性与岩体弹性波速度

根据国标《工程岩体分级标准》,岩体基本质量由岩石坚硬程度和岩体完整程度两个因素确定。岩石的坚硬程度评价以岩块饱和单轴抗压强度 R_c 作为质量优劣的评定标准,岩体完整程度的定量指标,用岩体完整系数 K_v 表示,岩体的基本质量指标 B_Q 可由下式得出:

$$B_Q = 90 + 3R_c + 250K_v \tag{2-4}$$

同一岩性的岩石其坚硬程度即单轴抗压强度是确定的,即某特点范围内工程岩体的质量,主要取决于完整性系数 K_v,因此在同一岩性的情况下,对工程岩体质量的划分可以由完整性系数 K_v 确定。岩体完整性系数 K_v 由岩体的弹性波速度和岩块的弹性波速度确定:

$$K_v = \left(\frac{V_{mp}}{V_{np}}\right)^2 \tag{2-5}$$

式中 V_{mp}——岩体纵波速度;

V_{np}——完整岩石纵波速度。

岩体裂隙发育程度,对隧洞围岩的稳定性起着重要作用,裂隙系数越小,岩体完整性越好。

$$裂隙系数 = 1 - K_v = 1 - \left(\frac{V_{mp}}{V_{np}}\right)^2$$

根据《工程岩体分级标准》(GB 50218—94),岩体的完整程度与完整系数的对应关系见表 2-1。

表 2-1 岩体完整程度与完整性系数对应关系

K_v	>0.75	0.45~0.75	0.2~0.45	<0.2
完整程度	完整	中等完整	完整性差	破碎

根据表中的对应关系,可以对岩体质量进行定性与定量评价。

岩体弹性波速度是岩体资料的一个重要表征参数,速度的高低可以直接反映岩体的质量与完整程度;利用岩体波速和完整性系数,结合工程地质分析,对工程岩体结构进行分类,可以较客观、准确地评价岩体质量。

2.1.2 含水饱和度与弹性波特性

岩石中的纵波首波幅度和速度的变化不仅与岩性、空隙度、渗透率等因素有关,还与岩石空隙中的流体类型及其饱和条件有着非常密切的关系,而且含水饱和度对波幅非常敏感。干燥岩石,因气体黏滞性小,衰减主要是由颗粒间的滑动摩擦产生,而这一机制产生的衰减很小,所以波幅较大。完全饱和岩石中各个空隙中没有流体明显的位移,纵波的衰减较小,其幅度也较大。即岩石在干燥和完全饱和状态下幅度较大,而在部分饱和状态下幅度较小。这一特性对弹性波法探测的资料解释有重要意义,可以根据波速和波幅的变化规律来推测前方岩体的含水性。

2.2 电阻率

2.2.1 岩石电阻率

岩石的电阻率取决于其组成矿物的电阻率、矿物含量以及矿物晶体和颗粒之间相互联系的特性。岩石、矿物的电阻率差别很大,大多数金属硫化物具有最低的电阻率,而造岩矿物的电阻率很高,一般为 $10^6 \sim 10^{15} \Omega \cdot m$,所以大多数岩石的导电性基本上取决于岩石的孔隙率及其空隙中溶液的性质。表2-2为常见岩石的电阻率。

表2-2 常见岩石的电阻率

岩石名称	电阻率值($\Omega \cdot m$)	岩石名称	电阻率值($\Omega \cdot m$)
泥沿	$100^{-3} \times 10^2$	无烟煤	$10^{-3} \sim 10^0$
黏土	$2 \sim 10$	烟煤	$5 \times 10^2 \sim 6 \times 10^3$
白云岩	$5 \times 10^1 \sim 5 \times 10^3$	褐煤	$10^{1-2} \times 10^2$
石灰岩	$6 \times 10^2 \sim 6 \times 10^3$	玄武岩	$6 \times 10^2 \sim 6 \times 10^3$
砾岩	$2 \times 10^1 \sim 2 \times 10^3$	片麻岩	$6 \times 10^2 \sim 6 \times 10^4$
砂岩	$2 \times 10^0 \sim 3 \times 10^3$	花岗岩	$6 \times 10^2 \sim 9 \times 10^5$
页岩	$10^1 \sim 10^3$	辉绿岩	$6 \times 10^2 \sim 6 \times 10^4$

一般情况下,火成岩的电阻率最高,变质岩次之,沉积岩最低。

2.2.2 主要影响因素

影响岩石电阻率的主要因素有:组成岩石的矿物成分,组成岩石的矿物颗粒的结构状态,岩石的空隙裂隙发育情况和含水性,以及温度、湿度等,阿尔奇公式表达了它们之间的关系:

$$\rho = a\phi^{-m} S^{-n} \rho_0 \tag{2-6}$$

式中 ρ——电阻率;
　　ϕ——空隙度;
　　S——含水饱和度;
　　ρ_0——空隙中溶液的电阻率;
　　a——比例系数(在0.6~1.5之间变化);
　　m——空隙度指数(或称胶结系数,通常在1.5~3.0之间变化);
　　n——饱和度指数。

多数造岩矿物基本不导电,一般岩石之所以导电,是因为岩石的空隙或裂隙中的水导电。水的导电率与其矿化度和温度密切相关,通常在岩性条件变化不大的情况下,矿化度越大,水溶液中导电离子就越多,电阻率越低;温度越高,水溶液中离子的活动性越好,电阻率越低。

岩层越破碎松散、裂隙越发育,孔隙度越大,越有利于含水,电阻率越低。

断层、断层破碎带、裂隙越发育、陷落柱不仅密度低,而且电阻率也低(介电常数高),在弹性波法探测、电法和电磁探测中都有明显的异常反映。

大部分沉积岩具有层理结构,其电阻率与通过电流的方向有关,呈各向异性。可用各向异性系数 λ 来描述:

$$\lambda = \sqrt{\frac{\rho_n}{\rho_1}} \tag{2-7}$$

由于 $\rho_n > \rho_1$，所以各向异性系数 λ 总是大于 1。在进行电阻率法勘探时，要充分考虑岩石导电性的各向异性，常见岩石的各向异性系数见表 2-3。

表 2-3　几种常见沉积岩的各向异性系数

岩石名称	层状黏土	层状砂岩	石灰岩	泥质板岩	泥质页岩
λ	1.02～1.05	1.1～1.6	1～1.3	1.1～1.59	1.41～2.25

2.3　介电常数

各种岩石矿物的介电常数都大于 1，而水的介电常数达 81，较常见的各种造岩矿物都大得多，所以，介质中水的含量是影响其介电常数的主要因素之一。表 2-4 为常见介质的介电常数与电磁波传播速度。

表 2-4　常见介质的介电常数与电磁波传播速度

介质	导电率(sm)	介电常数(相对值)	电磁波传播速度(m/ns)	衰减系数(dB/m)
空气	0	1	0.3	0
纯水	$10^{-4} \sim 3 \times 10^{-2}$	81	0.033	0.1
新鲜水	5×10^{-4}	81	0.033	0.1
花岗岩(干)	10^{-8}	5	0.15	10^{-3}
花岗岩(湿)	10^{-3}	7	0.1	0.01～1
玄武岩(湿)	10^{-2}	8～9	0.15(干)	—
灰岩(干)	10^{-9}	7	0.11	0.4～1
灰岩(湿)	2.5×10^{-2}	8	—	0.4～1
砂(干)	$10^{-7} \sim 10^{-3}$	4～6	0.15	0.01
砂(湿)	$10^{-4} \sim 10^{-2}$	30	0.06	0.03～0.3
淤泥	$10^{-3} \sim 0.1$	5～30	0.07	1～100
黏土(湿)	0.1～1	8～12	0.06	1～300
页岩(湿)	0.1	7	0.09	1～100
砂岩(湿)	4×10^{-2}	6		
沥青		3～5		
混凝土		4～11		

岩石的介电常数主要决定于矿物成分、湿度及结构特征，并与温度和频率有关。随温度的增高，极性溶液(如水)的介电常数减小；岩石湿度增大，其介电常数也增大；随着外电场频率的增高，介质的介电常数减小。介电常数与含水率、孔隙率的关系如图 2-1 所示。

此外，介质电阻率增大，介电常数减小，其相互关系可由下式表示：

$$\varepsilon = \frac{K}{\sqrt[4]{\rho}} \tag{2-8}$$

式中　ε——介电常数；

K——与介电性质有关的常数;
ρ——岩石电阻率。

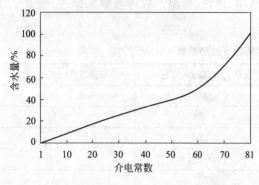
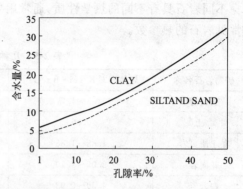

图 2-1 介电常数与含水率、孔隙率的关系

导电介质中、电磁波随传播距离的增加而衰减:

$$E = E_0 e^{-bz} e^{i(\omega t + az)} \tag{2-9}$$

式中 z——传播距离;
ω——圆频率,$\omega = 2\pi f$;
f——频率;
t——时间;
q——自由电荷体密度(与 t 有关,均匀介质中 q 随时间增长而逐渐趋于零);
b——介质对电磁波的吸收系数(或衰减因子);
a——相移常数,与介质的导磁系数 μ、介电常数 ε、电阻率 ρ 及电磁波的频率 f 有着密切的关系。

显然,电场强度 E、磁场强度 H 呈负指数规律衰减,其穿透深度随介质电阻率增大而增大,随频率增高而减小,其能量随传播距离增大而减小。介电常数直接影响到电磁波在介质中不同的传播、吸收和衰减。即当电磁波频率一定时,介质电阻率越高、介电常数越低,电磁波传播越远,衰减越慢。而常见的地质灾害体多呈松散、低密、含水状态,具有相对较高的介电常数,使电磁波衰减较快,在探地雷达、无线电波透视法、瞬变电磁法的探测结果中表现出明显的异常特征。

2.4 岩石的红外辐射特性

物质分子或原子的热运动变化伴随着电磁波的辐射或吸收,自然界温度高于绝对零度的物体都具有向外辐射能量的特性(即热辐射),热辐射的波长由该物体的绝对温度决定。温度越高,热辐射的强度越大,短波所占的比重越大;温度越低,热辐射的强度越低,长波所占的比例越大。地球表面的温度约为 288 K,地表热辐射的最强波段位于红外区(红外辐射)。地壳浅层岩体的温度主要受地球热场的影响,在一定深度范围内,低热场平均变化为公里每深度增加 30 ℃,而在水平方向,低热场的平均变化远远小于该量,可近似视为均匀温度场,温度变化为零(正常场)。当开挖掌子面前方存在含水地层(溶洞、裂隙水等),且该含水层与岩体存在温差时,岩体中将产生热传导和对流作用,进而产生温度异常场。在一定的距高和观测精度条件下,掌子面上存在着温度差异,利用红外辐射测温方法测定这种温度变化差异,可为含水层的超前预报提供依据。红外线测温对构造的含水性探测效果比较好,对各种巷道条件都适用。

不同岩石具有不同的热学性质,通常用导热率、比热、导温系数等参数来描述,表 2-5 为基准常见岩石的热参数。

表 2-5 几种常见岩石的热参数

矿物岩石名称	导热率 $k[K/(m \cdot h \cdot ℃)]$	比热 $k[K/(kg \cdot ℃)]$	导温系数$(m^2 \cdot 10^2/h)$
玄武岩	1.5~1.7	0.203	2.7~3.01
黏土	0.86	0.18	3.5
黏土质页岩	1.33~1.88	0.184	3.5
花岗岩	2.09~3.10	0.155~0.190	2.2~2.7
白云岩	4.30~0.93	/	3.1
多孔灰岩	1.88	2.24	1.80~4.33
泥灰岩	0.792~1.88	/	/
大理岩	2.6~3.2	0.189	5.5
致密砂岩	1.1~2.6	0.20	5.0
水(0℃)	0.474	1.006	0.471
水(10℃)	0.49	1.001	0.494
水(20℃)	0.515	0.999	0.516

第3章 施工超前地质预报方案

3.1 地质调查法

地质调查法是根据隧道已有勘察资料、地表补充地质调查资料和隧道内地质素描,通过地层层序对比、地层分界线及构造线地下和地表相关性分析、断层要素与隧道几何参数的相关性分析、临近隧道内不良地质体的前兆分析等,利用常规地质理论、地质作图和趋势分析等,推测开挖工作面前方可能揭示地质情况的一种超前地质预报方法。主要地质调查对象划分见表3-1,这五个方面的地面调查工作不是孤立进行的,而是相互关联、互为补充。

表 3-1 地质调查对象

调查对象	地层地质	构造地质	岩溶地质	瓦斯地质	水文地质
调查内容	岩层层序、特殊岩层	断层、破碎带、背斜、向斜	溶洞、暗河、岩溶陷落柱	煤系地层调查	汇水区、泄水区、泉水分布

针对承压地下水的超前地质预报,地质调查法中更注重对水文地质的调查,其中就包括:
(1)地下水的分布、出露形态及围岩的透水性、水量、水压、水温、颜色、泥砂含量测定,以及地下水活动对围岩稳定的影响,必要时进行长期观测。
(2)水质分析,判定地下水对结构材料的腐蚀性。
(3)出水点和地层岩性、地质构造、岩溶、暗河等的关系分析。
(4)必要时进行地表相关气象、水文观测,判断洞内涌水与地表径流、降雨的关系。
(5)必要时应建立涌突水点地址档案。

3.2 超前钻探法

在含有承压地下水隧道中钻孔探水,目前一般采用两种方法:一种是结合超前水平钻孔进行地质预报;另一种是结合钻爆孔施工进行,加深钻爆孔以达到探水目的。

3.2.1 超前地质钻探

超前地质钻探是利用钻机在隧道开挖工作面进行钻探获取地质信息的一种超前地质预报方法。

超前地质钻探法适用于各种地质条件下的隧道超前地质预报,在富水软弱断层破碎带、富水岩溶发育区等地质条件复杂地段必须采用。

一般地段采用冲击钻。冲击钻不能取芯,但可以通过冲击器的响声、钻速及其变化、岩粉、卡钻情况、钻杆震动情况、冲洗液的颜色及流量变化等粗略探明岩性、岩石强度、岩体完整程度、溶洞、暗河及地下水发育情况等。

复杂地质地段采用回转取芯钻。回转取芯钻岩性鉴定准确可靠,地层变化里程可准确确定,一般只在特殊地层、特殊目的地段、需要精确判定的情况下使用。比如煤层取芯及试验、溶洞及断层破碎带物质成分的鉴定、岩土强度试验取芯等。

1. 超前地质钻探的技术要求

(1) 孔数。

①断层、节理密集带或其他破碎富水地层每循环可只钻一孔。

②富水岩溶发育区每循环宜钻 3~5 孔。揭示岩溶时,应适当增加,以满足安全施工和溶洞处理所需资料为原则。

(2) 孔深。

①不同地段不同目的钻孔应采用不同的钻孔深度。

②钻探过程中应进行动态控制和管理,根据钻孔情况可适时调整钻孔深度,以达到预报目的为原则。

③在需连续钻探时,一般每循环可钻 30~50 m,必要时也可钻 100 m 以上的深孔,此项还需结合机械设备能力综合确定。

④连续预报时前后两循环钻孔应重叠 5~8 m。

(3) 富水岩溶发育区超前钻探应终孔于隧道开挖轮廓线以外 5~8 m。

2. 超前地质钻探的工作要求

(1) 在富水区实施超前地质预报钻孔作业时,必须先安设孔口管,并将孔口管固定牢固,装上控制闸阀,进行耐压试验,达到设计承受的水压后,方可继续钻进。特别危险的地区,应有躲避场所,并规定躲避路线。当地下水压力大于一定数值时,应在孔口管上焊接法兰盘,并用锚杆将法兰盘固定在岩壁上。

(2) 富水区隧道超前地质钻探时,若发现岩壁松软、片帮或钻孔中的水压、水量突然增大,以及有顶钻等异状时,必须停止钻进,立即上报有关部门,并派人监测水情。当发现情况危急时,必须立即撤出所有受水威胁地区的人员,然后采取措施,进行处理。

(3) 孔口管锚固可采用环氧树脂、锚固剂,亦可采用快凝高强度微膨胀的浆液锚固,锚固长度宜为 1.5~2.0 m,孔口管外端应露出工作面 0.2~0.3 m,用以安装高压球阀。

3.2.2 加深炮孔探测

加深炮孔探测是利用风钻或凿岩台车等在隧道开挖工作面钻小孔径浅孔获取地质信息的一种方法。该方法适用于各种地质条件下隧道的超前地质探测,尤其适用于岩溶发育区。

应该指出的是由于钻孔探水对岩溶管道水及与地表水有直接连系的导水性极好的断层破碎带有很大的钻孔涌水涌泥砂风险,应特别慎重。特别是当钻孔接近岩溶管道和导水性极好的断层破碎带时,应密切关注钻速变化、流出液颜色变化及携带物变化,及时终孔,防止钻孔涌水涌泥砂灾害的发生。

3.2.3 水平超前钻探

掌子面超前钻探是直接获取地下地质信息最常见的勘探技术,共有两类钻探:冲击钻探和取芯钻探。

1. 冲击钻探

冲击钻探是指借重钻头产生的冲击力穿透地层,而取芯回转钻探是通过施加于钻头向前压力和泥浆的作用力而钻进的,可配合测孔法为超前地质预报提供资料。

2. 取芯回转钻探

钻孔取芯法是一种迫不得已的直接方法,该方法造价高、时间长,但确为实际反映,仅为掌子面前方一个点的反映,但取得的岩芯可进行各种室内试验,以确定最佳的施工方法、最佳的支护方式、防水处理、衬砌结构等。

回转取芯钻是勘探钻孔最常用的技术。由于多种因素影响钻探,因此它并不能提供足够信息(一孔之见),尤其受隧道掌子面条件限制费时费力。由于隧道内空间非常有限开挖工程设施多障碍大,所以除非特殊情况,大多数承包商不愿进行水平超前钻探。

从几十甚至及百米长距离的勘探孔需要有特殊钻探设备和经验丰富的操作人员,所以,只有在需要进行详细调查等几种特殊情况下才进行水平勘探钻探。

适用条件:地质情况非常复杂,虽有其他探测资料但鉴于工程的重要程度必须做。

3.3 物探法

物探法是指利用物理学的原理、方法和专门的仪器,观测并综合分析天然或人工地球物理场的分布特征,探测地质体或地质构造形态的勘探方法。目前比较新的物探法包括TSP203、HSP、负视速度法、地质雷达、瞬变电磁、红外探测等方法。

3.3.1 TSP203

1. TSP203测量系统简介

TSP203测量系统是对TSP202进一步的发展和完善,它在软、硬件设计方面做出许多的修改和改进,相应地对地震接收系统和配置的计算机进行了改进。

接收单元在特制钢套管内接收地震波信号。套筒与岩石之间采用水泥灌注或双组树脂牢固地结合。接收单元由一个极灵敏的三分量地震加速度检波器组成,检波器可在频宽约10~5 000 Hz动态范围将地震信号转换为电信号。由于采用了能同时记录三分量加速度的传感器,因此,可以确保三维空间范围的全波记录,并能分辨出不同类型的声波信号,如压缩波(P波)和剪切波(S波)。此外,三分量记录按正常顺序排列,可以计算出声波的入射角。隧道发内测量结束后,测量数据要进行包括11个步骤的数据处理,这11个步骤按顺序依次进行。数据经过上述处理后,关于此隧道的一些地质构造将会通过评价子程序以图表的形式呈现出来。

评价结果包括预备范围内反射信号分布情况的二维或三维图形显示,同时以图表的形式描述该区域内岩石性质的变化情况。如在掌子面前方探测到较厚的断层或结构层,此软件可确定出断层的起始位置。同时,可在装有三分量接收系统处对开挖面周围情况对采集的信号进行扫描分析,查看是否有如岩体结构改变之类的情况。三维接收器还允许在压缩波中进行剪切波的记录与记录结果的处理。反射界面岩体的性质可以通过以下几个方面判断:①出现较高的反射振幅、较大的反射系数和较小的弹性抗阻,表示反射界面的岩石密度和波速较高。②波形中央出现正的反射振幅,表示反射界面的岩石是坚硬的。如果是负的反射振幅,表示反射界面是相对软弱岩石。③如果S波反射比P波反射更强,这表示反射界面富含水。④v_p、v_s增大或突然增大,常常由于流体的存在而引起。⑤若v_p下降,则表明裂隙或空隙度增大。

2. TSP203的原理

TSP(Tunnel Seismic Prediction)系统是瑞士Amberg(安伯格)测量技术公司研制的,是目前隧道超前地质预报中最新的地球物理探测方法之一,属于多波多分量地震勘探方法。

TSP203最大探测范围可达200 m,可以为安全高效的隧道施工提供决策依据。该系统获瑞士国家专利,代表了当今隧道地质超前预报的最新水平。作为一项先进、成熟的长距离超前预报系统,在预报软弱地层的分布,断层及其影响带和裂隙发育带等方面,所表现出的优势非常突出[113]。TSP203 PLUS系统不仅仅改善了有关的硬件,而且应用了全新TSPWIN软件,该软件集数据采集、处理和评估为一体,高度智能化。

TSP隧道地震波超前地质预报系统利用地震波在不均匀地质体中产生的反射特性,预报隧道掘进前方及周围临近区域地质体状况。地震波在设计的震源点(通常在隧道掌子面后方的左或右边墙上有规则排列的爆破孔)依次进行微弱爆破激发产生。地震波信号在隧道周围岩体内传播,当地震波遇到岩石波阻抗差异界面(岩石强度发生变化、遇到地层层面、节理面)时,特别是断层破碎带界面和溶洞、暗河、岩溶、淤泥带等不良地质界面时,一部分地震信号被反射回来,一部分信号透射进入前方介质,反射的地震信号将被高灵敏度的地震检波器接收。回波信号数据根据返回的传播速度、延迟时间、波形、强度和方向,通过TSPWIN软件处理,便可了解隧道工作面前方地质体的性质(软弱岩带、破碎带、断层、含水岩层等)和位置及规模。工作原理如图3-1所示。

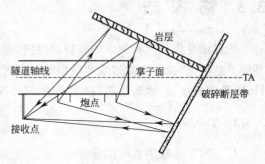

反射信号的传送时间与地质界面的距离成正比,反射信号的强度与相关界面的性质、界面的产状密切相关。在一定间隔距离内连续多次采用上述方法,可以得到前方地层的地质力学参数,如杨氏模量和横向变形系数等。现场工

图3-1 TSP探测原理

程技术人员结合相关的地质资料可以准确地预知前方及周围地质变化状况。TSP 203洞内数据采集部分如图3-2所示。

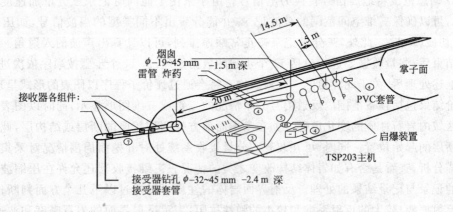

图3-2 TSP203洞内数据采集部分示意图

3. TSP可解决的主要技术问题

(1)探测作业面前方是否存在断层、特殊软岩、富水岩层和煤系地层,以及其他地层的界线及岩溶发育地区的溶洞、暗河和岩溶陷落柱,岩浆岩岩体岩脉等特殊地质体。

(2)查明作业面前方不良工程地质体的位置和规模。

(3)判断不良地质体的围岩级别,和发生塌方等地质灾害的可能性。

3.3.2 水平声波剖面预测法(HSP法)

HSP法是向岩体中辐射一定频率的声波,当声波传播路径中存在两种不同介质界面时,声波将发生折射、反射,频谱特征发生变化,通过探测反射波信号,求得其传播特征后,便可了解前方的岩体特征。其实质是:将发射源、接收换能器布置在隧道两侧的浅孔内,发射、接收位置均在平行于隧道底面的同一水平面上,即构成一水平声波剖面;在该剖面内向空间激发并接收振动(声波)信号;采用时域、频域中的时差、频差与地质相结合的方法确定反射面的空间方位并投影到该剖面上,从而确定反射面的出露里程及性质。

3.3.3 地质雷达预报法

1. 地质雷达探测原理和方法

地质雷达方法是一种用于探测地下介质分布的广谱(1 MHz~1 GHz)电磁技术[114]。地质雷达用一个天线发射高频电磁波,另一个天线接收来自地下介质界面的反射波,如图3-3所示。地质雷达的雷达接收机利用分时采样原理和数据组合方式把天线接收到的信号转换成数字信号,主机系统再将数字信号转换成模拟信号或彩色线迹信号,并以时间剖面显示出来。剖面的横坐标为连续测量时水平测线的走距,纵坐标为反射波的双程走时。这样通过对接收到的反射波进行分析就可推断地下地质情况。地质预报主要的探测内容为地下水、断层及其影响带等对施工不利的地质情况。这些不利的地质与完好基岩的相对介电常数均有较大差异,为采用地质雷达对隧道掌子面前方进行地质预报提供了良好的地球物理基础。通过对时域波形的采集、处理和分析,可以确定地下界面、地质体的空间位置及结构。

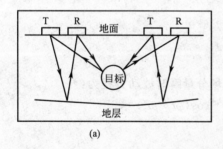
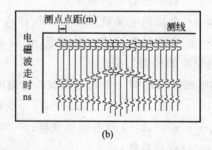

图3-3 雷达探测原理示意图

探地雷达的分辨率是指对多个目标体的区分或小目标体的识别能力,取决于脉冲的宽带,频宽越宽,时越脉冲越窄,它在射线方向上时域空间的分辨就越强,或者说深度方向上的分辨率高。探地雷达的水平分辨率主要取决于介质的吸收特性、天线方向及移动步距等因素。

探地雷达属于反射波探测法,其基本原理与对空雷达相似,根据掌子面反射与目标反射的时间差 Δt,即可计算出该目标的埋藏深度 L:

$$L = \frac{1}{2}\sqrt{v^2 \Delta t^2 - x^2} \tag{3-1}$$

式中 L——目标埋藏深度(距掌子面的距离)(m);
v——电磁波传播速度(m/ns);
Δt——掌子面反射与目标反射的时间(ns);
x——偏移距(反射天线和接收天线之间的距离)(m)。

对圆柱体而言，靠掌子面一侧圆弧面电磁波的反射时间为：

$$t=\frac{1}{v}\left(\sqrt{h^2+x^2}-r\right) \tag{3-2}$$

式中　h——圆柱体中心到掌子面的垂直距离(m)；
　　　r——圆柱体半径(m)；
　　　x——天线至圆柱体中心在掌子面上投影的距离。

圆柱体靠掌子面一侧圆弧面电磁波的反射时间 t 与 x 的关系为双曲线关系。

对隧道进行超前探测时，根据掌子面具体情况布置 3~6 条测线，一般采用低频天线进行步进点测，中心频率为 25 MHz 或 50 MHz，点距为 0.1~0.3 m，探测结果采用伪色彩图像或堆积波形方式显示。通过对接收信号实施适当的处理以改善数据资料，压制干扰，突出有效信号，获得清晰可辨的雷达图像，在此基础上识别异常，与正演图像比较进行地质解释。

2. 地质雷达方程

根据经典对空雷达方程导出的地质雷达方程为

$$P_r=\frac{P_t G^2 Q \eta v^2}{64\pi^3 R^4 f^2} e^{-4aR} \tag{3-3}$$

式中　P_r——接收机接收到的功率(W)；
　　　P_t——发射机发射功率(W)；
　　　R——天线到目标的距离(m)；
　　　G——天线增益(dB)；
　　　Q——目标截面积(m²)；
　　　f——雷达中心工作频率；
　　　a——介质的电场衰减系数(Db/m)；
　　　v——介质的雷达波传播速率(m/s)。

3. 电磁波的传播与波速

雷达电磁波可近似为平面电磁波。它的电场分量瞬时波动方程为：

$$E_x(z,t)=E_0 e^{-at}\cos(\omega t-\beta Z) \tag{3-4}$$

式中　E_0——$z=0$，$t=0$ 时电磁场强度；
　　　a——衰减系数；
　　　β——相移系数；
　　　Z——传播距离。
　　　ω——电磁波的角频率。

当 $\cos(\omega t-\beta Z)=1$ 时，电场强度最大，求得电磁波波速的表达式为：

$$v=\omega/\beta \tag{3-5}$$

$$\beta=(\omega^2\mu\varepsilon/2)^{\frac{1}{2}}\left\{\left[1+\left(\frac{\sigma}{\omega\varepsilon}\right)^2\right]+1\right\}^{\frac{1}{2}} \tag{3-6}$$

式中　μ——磁导率；
　　　ε——介电常数；
　　　σ——电导率。

4. 电磁波的反射与透射

雷达电磁波的反射与透射遵循波的反射与透射定律。反射系数可用下式表示：

$$R_e = \frac{\sqrt{\varepsilon_1} - \sqrt{\varepsilon_2}}{\sqrt{\varepsilon_1} + \sqrt{\varepsilon_2}} \tag{3-7}$$

式中 ε_1 和 ε_2——不同介质的相对介电常数。这是雷达探测的基础。

反射系数与界面两侧介质的介电常数的关系如图 3-4 所示,ε_1 增大或 ε_2 减小,反射系数增大;ε_1 与 ε_2 差异越大,则反射信号越强,能量越大。

当 $\varepsilon_1 < \varepsilon_2$ 时,$r < 0$,电磁波从高阻介质过渡到低阻介质产生负反射,即反射波与入射波相位相反;当 $\varepsilon_1 > \varepsilon_2$ 时,$r > 0$,电波从高阻介质过渡到低阻介质电磁波正负反射,即反射波与入射波相位相同。

电磁波遇到界面正反射还是负反射取决于介质的介电性质,当岩性不变或变化不大时,含水性的变化就决定了介电常数的不同,因此,可以根据电磁波的正负反射特征来判断目标体(岩溶、裂隙发育带或破碎带等)是否含水,对由地下水引起的地质灾害进行准确的预备。

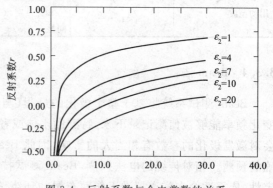

图 3-4 反射系数与介电常数的关系

雷达探测资料的解释是根据现场获得的雷达图像的异常形态、特征及电磁波的衰减情况对测试范围内的地质情况进行推断解释。一般来说,反射波越强,前方地质情况与掌子面的差异就越大。完整岩石对电磁波的吸收相当较小,衰减较慢。当围岩较破碎或含水率较大时对电磁波的吸收较强,衰减较快。解释过程中电磁波的传播速度主要根据岩石类型(相当介电常数)进行确定,在有已知地质断面的洞段则以现场标定的速度为准。

5. 电磁波的波长与频率之间的关系

雷达的探测分辨率与频率有关,频率越高,分辨率越高,且只有当目标体大于介质的波长时才可分辨出来。根据电磁波传播理论可知,介质中电磁波波长与频率之间的关系如下:

$$\lambda = \left[f \left(\frac{\varepsilon\mu \sqrt{1+(2\pi f \rho \varepsilon)^2}+1}{2} \right)^{\frac{1}{2}} \right]^{-1} \tag{3-8}$$

式中 f——工作频率;
ε——介质的介电常数;
μ——磁导率;
ρ——电阻率。

6. 雷达检测中波速计算方法

表 3-2 雷达检测常用几种确定波速的方法

已知条件	公式	说明	备 注
介电常数 ε	$v = \dfrac{C}{\varepsilon^{\frac{1}{2}}}$	查表求得参数 ε	由于介电常数不准引起波速的误差
埋深 h	$v_a = \dfrac{2h}{t}$	以点带面,以偏盖全	点是准确的,由于介质的不均匀,从而引起面的差异。这是目前常用确定波速的方法

续上表

已知条件	公式	说明	备注
CMP(共中心点)	$v_m = X(t_x^2 - t_d^2)^{\frac{1}{2}}$	X 为距中距离,t_d 为中点反射时间,t_x 为不同 X 点上的反射时间	不易操作
用初至波	$v_s = \dfrac{d}{\left(\Delta t_x + \dfrac{d}{c}\right)}$	d 为偏移距;Δt_x 为空气波与地表被至时间差	只能获得浅部表层雷达波速度

3.3.4 Beam 法

Beam 测试系统将基于整个极化的过程(与电容相比较),岩层的电阻系数(综合阻抗)的变化频率能够被侦测记录下来,特殊的水体或者空洞、高孔隙率的地下结构譬如喀斯特洞穴等会对激发极化的参数有相当大的影响,因此 Beam 测试能够及时对这些工程地质问题作出准确的预测。相对传统的电法探测,Beam 测试技术的核心在于改善了电法测试的灵敏度和稳定性,依靠适合在隧道掘进工作面布置的环绕 A1 电极利用同性电极相排斥的原理来实现保护电场,使独立的 A0 电极产生的电流能够更纵深的以放射状半径或者垂直隧道掘进的径向传播,与无穷远处 B 电极形成回路,从而更加精确有效的测量掌子面前方一定范围的岩石电性变化。图 3-5 为 Beam 工作原理示意图。

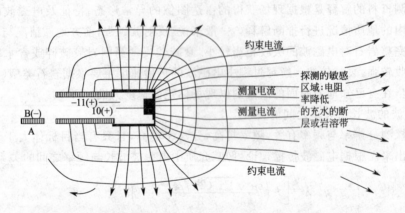

图 3-5 Beam 工作原理示意图

Beam 系统采用交流激发电极法进行超前预报,获得百分频率效应 PFE 值和电阻率两种主要预报参数。测试系统使用超低频段(0.01~10 Hz)中两种相差较大的固定频率分别供电(f_1 和 f_2),然后分别观测 f_1 和 f_2 两种频率供电时的电压,求得两种电阻率 R_{f_1}(用较低频率 f_1 观测所得)和 R_{f_2}(用较高频率 f_2 观测所得),由此来计算百分频率效应 PFE 的公式为:

$$R_{f_1} = U_1/I_1 \text{ 和 } R_{f_2} = U_2/I_2$$
$$\text{PFE} = (R_{f_1} - R_{f_2})/R_{f_1} \times 100\%, \quad (f_1 > f_2) \tag{3-9}$$

PFE 是一种表征岩石储存电能能力的岩体特性参数,是一种反应基本地质情况极其重要的参数。其解译标准是 GEOHYDRAULIK DATA 公司在技术开发初期由模拟试验得出,而后在不断的应用中得到修正,在结合电阻率变化,能够较为准确地反应目标体的地质情况。对于硬岩和软质岩土地区的典型地质情况,PFE 有一些典型的反应特征(图 3-6),其中高、中、低表示岩体的孔隙率高低程度。根据图 3-6 可以看出,硬质岩地区空隙较高的断层带、洞穴等 PFE 值最低,软土区的类似地质情况次之,较为紧密的岩体 PFE 值最高,孔隙率和 PFE 值呈明显的反比关系。

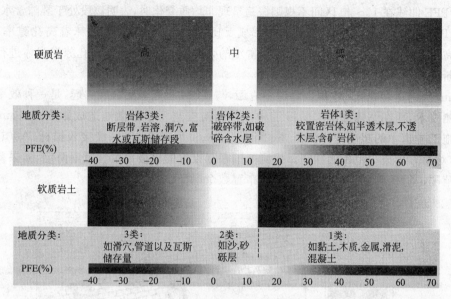

图 3-6　PEF 值分类示意图

在隧道超前预报中,岩溶洞穴、断层、破碎带等具有较高孔隙率的不良地质体相应的 PFE 就较低;充水和充气的高孔隙率段只能储存很少的电能,PFE 也因此较低;沙、黏土层、桩、漂石和混凝土等也因其典型的 PFE 值,能够通过 Beam 探测到。不同的电阻率也会对应不同的岩体情况,干燥致密的岩体电阻率较高,孔隙率大的含水岩体电阻率较低。

在软质岩土地区,综合百分频率效应 PFE 和电阻率对不良地质的响应特征如图 3-7 所示。

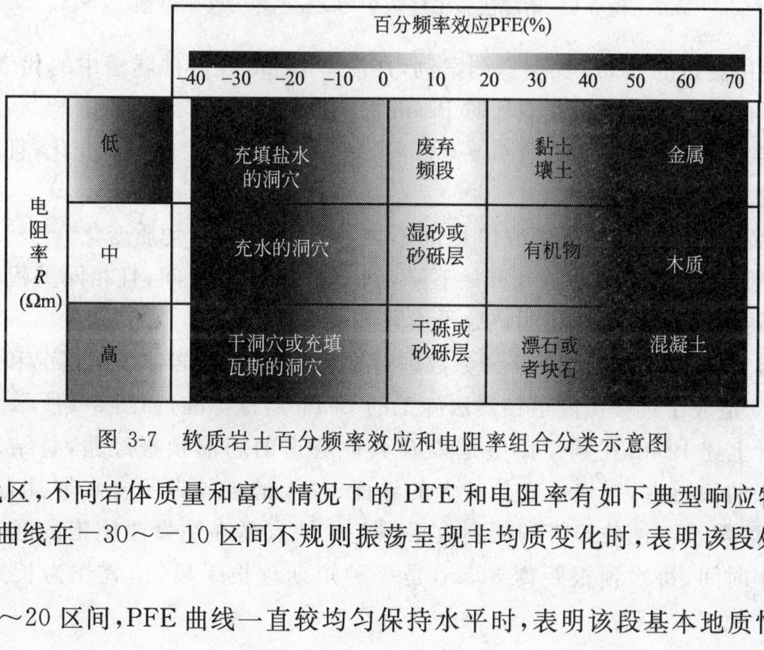

图 3-7　软质岩土百分频率效应和电阻率组合分类示意图

在硬岩地区,不同岩体质量和富水情况下的 PFE 和电阻率有如下典型响应特征:
(1)PFE 曲线在 $-30 \sim -10$ 区间不规则振荡呈现非均质变化时,表明该段处于充水断层带中。
(2)在 $10 \sim 20$ 区间,PFE 曲线一直较均匀保持水平时,表明该段基本地质情况没有太大变化并且不具备赋存水的条件。

(3) PFE 曲线一段保持水平状态，然后出现较均匀的线性上升，表明该段地质情况没有改变，岩体质量逐渐趋好并且不具备赋存水的条件。

(4) PFE 曲线在 10~40 区间不规则振荡呈现非均质变化时，表明该段处于裂隙含水层中。

(5) PFE 值与空隙率相关，它与孔隙率成反比，低 PFE 值的岩体意味着高孔隙率，反之同理。但高孔隙率可能是干燥的，也可能是富水的，因此引入电阻率对高孔隙率岩体进行含水情况的判断。

Beam 系统适合在 TBM 掘进隧道中应用，与 TBM 机高效集合在一起，是一种效率很高的超前探测技术，而在钻爆法施工的隧道中工作会对掘进工作稍微地造成影响。Beam 系统在钻爆法施工隧道中的超前探测如图 3-8 所示。Beam 系统的 A1 电极接入锚杆，A0 电极接入风钻杆，对前方形成小范围的探测。探测范围根据设置的电极数量和范围而定，如果要对整个掌子面范围进行探测，需要在整个掌子面布置数个电极。

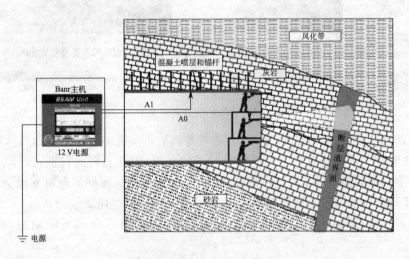

图 3-8　钻爆法施工隧道中 Beam 工作方法示意图

根据铜锣山隧道的 Beam 典型探测案例，并借鉴 Beam 在其他隧道中的代表性成果，初步分析得到掌子面前方含以下不良地质时 Beam 的响应特征：

(1) 岩溶含水体：PFE 曲线在 -40~0 区间，呈现不规则振荡非均质变化，且相同里程的电阻率突然降低。

(2) 含水裂隙：PFE 曲线在 10~40 区间不规则振荡，呈现非均质变化。

(3) 充水断层带：PFE 曲线从 0 开始下降，到 -20~-40 之间，且相同里程的电阻率突然增大，从数百陡增至数千以上，说明该处干燥且孔隙率较大。

在此基础上，对原 Beam 基础解译参数进行修正，根据不同岩体破碎情况和富水情况变化特点，初步建立适应于铜锣山隧道钻爆法施工的 Beam 解译标准，如图 3-8 所示。

通过分析上述 Beam 在铜锣山隧道以及其他隧道的超前预报经验，总结认为：Beam 对水体具有良好的敏感性，对岩石变化较大的界面、较大的破碎带及含水带具有良好的效果，对小裂隙、小溶隙及溶蚀破碎带的探测效果稍差。缺点是在钻爆法施工的隧道中应用需要相当长的操作时间，每次预报距离 30 m，是一种短期预报手段，适宜作为长期预报手段的补充。

3.3.5 红外探测法

红外探测是根据红外辐射原理,即一切物质都在向外辐射红外电磁波的原理,通过接受和分析红外辐射信号进行超前地质预报的一种物探方法。地球上部岩体的温度主要受地球地热场的影响。在一定深度上,地热场的平均变化为每千米深度增加 30 ℃,而在水平方向,地热场的平均变化远远小于该量。因此,隧道开挖深度的岩体,可视为位于一均匀温度场中,即为一常温场,温度变化为零(正常场)。当开挖掌子面前方存在含水地层(溶洞、裂隙水等),且含水层与岩体存在温差时,岩体中将产生热传导和对流作用,温度场不再为恒温场,而将产生温度异常场,在一定的距离和观测精度条件下掌子面上存在着温度差异,利用红外辐射测温方法测定这种温度变化差异,可为含水层的超前预报提供依据。这就是红外辐射测温超前预报含水层的物性基础。因此,研究岩体中含水层温差引起的温度异常场的分布规律,对该方法的探测能力、资料解释都是极其重要的。

红外探测适用于定性判断测点前方有无水体存在及其方位,但是不能定量给出水量大小等参数。测点分布如图 3-9 所示。

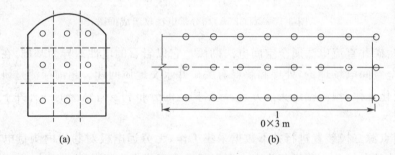

图 3-9 红外探水掌子面和纵向测点分布图

3.3.6 高分辨直流电法

高分辨直流电法是以岩石的电性差异(即电阻率差异)为基础,在全空间条件下建立电场,电流通过布置在隧道内的供电电极在围岩中建立起全空间稳定电场,通过研究电场或电磁场的分布规律预报开挖工作面前方储水、导水构造分布和发育情况的一种直流电法探测技术。高分辨直流电法适用于探测任何地层中存在的地下水体位置及相对含水率大小,如断层破碎带、溶洞、溶隙、暗河等地质体中的地下水。现场采集数据时必须布设三个以上的发射电极,进行空间交汇,区分各种影响,并压制不需要的信号,突出隧道前方地质异常体的信号,该方法也称为"三极空间交汇探测法"。

YD32(A)高分辨电法仪是井下电法勘探仪器(图 3-10),也可用于地面进行电法勘探工作。仪器由锂电池组、发射输出、单片机控制、A/D 转换、PC104 工控机、存储体、电源系统等组成。发射电路由两个相同电路板组成,必要时可以两路同时供电,以增大发射电流信号。电池输出的直流电压由逆变升压电路产生 90 V 的高压,经整流滤波、极性变换输出、继电器切换,给不同的电极供电,即通过 $A_i(i=1,2,3,4)$ 电极和无穷远电极向大地供电,建立稳定的人工场。同时通过 33 个接收电极 M_j、$N_{j+1}(j=1\cdots,32)$ 接收大地的感应电压信号,接收转换由 32 个继电器切换,模拟信号经过滤波和放大后进入 A/D 转换器,转换成数字信号传送到 PC104 工控机,形成文件存储。电流信号由取样电阻和 V/F(电压/频率)转换器组成,在发射过程中采集发射电流并存储。接收的电压和电流信号文件以及施工参数由超前探测软件调用,处理形成含水构造剖面图,从而进行地质分析。另外仪器具有电极检测、电池电压检测等功能。

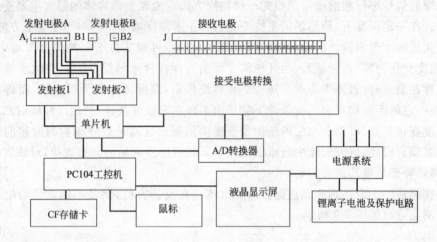

图 3-10　YD32(A)高分辨电法仪组成框图

工作原理:矿井直流电法属全空间电法勘探。它以岩石的电性差异为基础,在全空间条件下建场,使用全空间电场理论,处理和解释有关矿井水文地质问题。超前探测是研究掘进头前方地层电性变化规律,预测掘进头前方含、导水构造的分布和发育情况的一种井下电法探测新技术。

由于采用点源三极装置进行井下数据采集工作,无穷远电极对巷道内测量电极的影响可以忽略不计,故其电场分布可近似为点电源电场。由于供电电极位于巷道中,其电场呈全空间分布,可利用全空间电场理论对数据进行分析解释。根据点电源场理论分析,点电源在均匀全空间的电力线呈射线发散,等电位面为以供电点为球心的球面,电位差则是以供电点为球心的同心球壳,球壳厚度应为测量电极间距。

均匀介质中,当 A 点供电时,测量电极 M、N 所产生的信号是由于图 3-11 中阴影部分的影响,在全空间条件下,该阴影包含供电点前后左右上下等各个方向的体积。由于阴影所包含区域的影响可以反映到 MN 处,显然,前方的异常信息也可以反映到 MN 处。如电法勘探原理图(图 3-12)所示,堵头内某位置的异常会使测量电位差曲线产生畸变,但该畸变在堵头内部并不能直接测量,图中虚线所示。根据电法勘探的体积效应,畸变的实质是球状等位面发生畸变,即 MN 所在的球壳发生变形,根据等值性原理,在掘进巷道内的测量点上也可以观测到这种变化,所不同的是幅度可能会降低,如图 3-12 中实线所示。

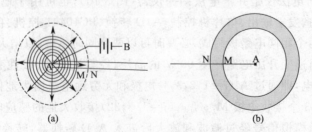

图 3-11　点电源电位及电力线分布和球壳原理图

实际上，井下三极装置探测的是勘探体积范围内包括巷道影响在内的全空间范围的岩石、构造等各种地质信息。

在均匀地层中，视电阻率是以测量电极所在地段的真电阻率为基础，并与测量电极所在地段 MN 间的电流密度成正比。这说明实测视电阻率在地层均匀且无地质构造影响时，其曲线波动主要受 MN 电极所在地段的地层真电阻率的影响，即此时的视电阻率曲线反映的

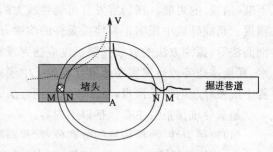

图 3-12　电法勘探原理示意图

是迎头后方 MN 电极附近巷道的影响。目前，巷道掘进有许多是穿层进行的，各层岩石，其真电阻率变化很大，如泥岩、砂岩、灰岩真电阻率相差几倍甚至几十倍，并且即使是沿同一层掘进，往往会碰到破碎、积压、断裂等局部地质现象，进而使测量地段的真电阻率在横向上产生变化，这种变化远远大于巷道前方异常体所产生的影响，必须进行消除。

施工方法：超前勘探前方含水异常常用方法为"三点源法"，即在掘进堵头布置第一个供电电极，形成一个点电源场，同时，在同一直线上向掘进后方距离第一个电极 a 米均匀布置第二个、第三个和第四个供电电极，形成四个供电点，布置无穷远电极 B 在距离堵头 b 处，如图 3-13 所示。

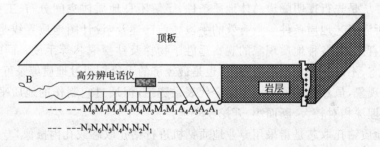

图 3-13　施工示意图

具体施工时，依据上法布置供电电极，布置好以后，供电电极、无穷远电极及仪器均固定不动，测量电极 M、N 根据设计的观测系统由仪器自动切换。先接通第 1 供电点 A_1，对每个测量点 M_1、N_1，记录供电电流、电位差、桩号、电极距等数据，接下来移动测量电极到 M_2、N_2 位置，测量所有数据，然后移动测量电极到 M_3、N_3 位置继续测量，直至所有 MN 测量完成，然后断开 A_1，接通 A_2，重复以上过程，记录 A_2 点源产生的供电电流、电位差、桩号、电极距等数据，然后接通 A_3 供电电源，并记录 A_3 点源产生的供电电流、电位差、桩号、电极距等数据，最后断开 A_3，接通 A_4 供电电源，重复以上过程，直到测量完成所有的设计观测点。

3.4　超前导坑预报法

超前导坑预报法是以超前导坑中揭示的地质情况，通过地质理论和作图法预报正洞地质条件的方法。超前导坑预报法适用于各种地质条件。超前导坑预报法可分为平行超前导坑法和正洞超前导坑法。线间距较小的两座隧道可互为平行导坑，以先行开挖的隧道预报后开挖的隧道地质条件。

超前导坑预报法对煤层、断层、地层分界线等面状结构面预报比较准确，对岩溶等有预报

不准(漏报)的可能。在岩溶发育可能性较大的地段可利用物探、钻探手段由导坑向正洞探测预报。超前导坑中探测正洞地质条件的物探方法可采用地质雷达探测、陆地声纳法、水平声波剖面法等,探测方法的有效探测长度应达到或超过隧道被探测的范围。隧道中出现的涌泥、突水、瓦斯爆炸等地质灾害在超前导坑施工中同样会发生,必须引起足够重视。超前导坑开挖过程中应做好超前地质预报,可采用地质调查法、物探、钻探等方法,防止导坑地质灾害的发生。

超前导坑预报法主要包括以下内容:
(1)地层岩性、地质构造的分布位置、范围等;
(2)岩溶的发育分布位置、规模、形态、填充情况及其展布情况;
(3)在采及废弃矿巷与隧道的空间关系;
(4)有害气体及放射性危害源分布层次;
(5)涌泥、突水及高地应力现象出现的隧道里程段;
(6)其他可以预报的内容。

3.5 超前地质预报技术手段的效用及特点

针对之前所述,施工超前地质预报方案有超前导坑、超前地质钻孔取芯、超前水平钻孔、超前探孔、物探、地质编录等方法。现将其效用特点分析如下:

(1)超前导坑是先行探明隧道总体地质条件,了解不良地质体空间分布、工程水文地质特性、注浆堵水所需工艺地质条件等最有效的手段。前已述及,设计图地质界线是推断,而超前导坑的揭露最直观,对各种地质现象的观察远胜于物探及钻探取芯等手段。同时它又是设计要求建设的洞室,不需额外增加经费,所以也是最经济的手段。通过地质编录可发现许多应引起注意的地质现象,虽然得到的不一定完全代表主隧道,但通过它制作的地质平面图,极具指导意义。因其埋深相对较大、断面小,开挖较安全。

(2)超前地质钻孔取芯是指采用专业地质钻机进行钻孔取芯或孔内摄像,专门获取前方地质信息的一种手段,能获得较为详尽的地质素描、影像资料及水文资料,探测长度≥30 m。但它是间接观察,因岩芯直径受限,且受取芯率影响,不利于地质观察,精度等不如服务隧道,对可注浆地质条件的判断较困难,断裂产状难以确认且耗时较长。

(3)超前水平钻孔是根据钻进速度、时间、压力、卡钻、跳钻、出渣、出水情况等间接获得的一些地质、水文信息的一种方法,通常也是采用地质钻机钻孔,可进行孔内摄像,耗时较短,探测长度≥30 m。但它不利于地质观察,精度等逊色于钻孔取芯。

(4)超前探孔钻爆施工时通过超前加深炮孔,根据钻进速度、时间、压力、卡钻、跳钻、出渣、出水情况等间接获得一些地质、水文信息。不同于地质观察,其精度、探测长度等逊色于钻孔,探测长度通常仅有10 m,但耗时短,施工方便。

(5)物探包括TSP203、HSP、负视速度法、地质雷达、瞬变电磁、红外探测等方法。物探方法操作方便、耗时短,但存在三个特性,也是其缺点。

①物探方法必须实行两个转化才能完成超前地质预报的任务。先将地质问题转化为地球物理问题,才能使用物探方法去观测。在观测取得数据后(所得异常),只能推断具有某种或某几种物理性质的地质体。然后经过综合研究,并根据地质体与物理现象间存在的特定关系,把物探结果转化为地质的语言图示,从而去推断异常地质体。最后还得通过钻探、坑道等工程去验证其地质效果。

②物探异常具有多解性。产生物探异常现象的原因往往是多种多样的,这是由于不同的地质体可以有相同的物理场,故造成物探异常推断的多解性。所以工作中采用单一的物探方法,往往不易得到较肯定的地质结论。一般情况下应合理地综合运用几种物探方法,并与地质观察研究紧密结合,才能得到较为肯定的结论。

③每种物探方法都要求有严格的应用条件和使用范围。因为异常地质体的地球物理特征及自然条件因地而异,影响物探方法的有效性,如用物探探测工作面前方与隧道轴向近于平行的结构面,探测效果很差或几乎探测不到。

(6)地质编录

包括原始地质编录和综合地质编录。

①原始地质编录指服务隧道、正洞、钻孔等的素描、文字描述及影像资料。在掌子面及其前方(地质钻孔取芯)及隧道两侧,把直接观察到的地质现象经分析研究,并运用地质规律和地质理论推测作业面前方及隧道两侧的地质条件,如利用岩浆岩岩体边缘相带特征推测岩体接触破碎带等。

②综合地质编录以原始地质编录为基础,两者不可分割。原始编录须经严格质量检查或核实,认为合格无误方能应用于综合地质编录。如利用服务隧道、正洞制作的地质平面图,具有非常重要的超前预报价值,指导性很强。

3.6 承压地下水隧道超前地质预报方案选择

含有承压地下水的隧道,在超前地质预报方案的选择上,首先应采用超前钻孔探水,然后辅以其他超前地质预报措施。钻孔探水目前一般采用两种方法:一种是结合超前水平钻孔地质预报进行;另一种是加深钻爆孔施工进行。隧道位于承压地下水中,潜在的最大威胁就是前方蕴藏的未知巨大压力的水体。在不同的地质情况下,超前钻孔具有操作简单、预报直接明了等特点。根据钻孔出水量的大小,直接就能简单地判断前方水体的压力大小和围岩裂隙的情况。因此超前钻孔是含有承压地下水隧道首要的超前地质预报措施。

第4章 海底隧道承压水地质超前预报

海底隧道最大的特点是直接处于水下作业,险情大,怕塌方和涌水。山岭隧道施工即使遇到大塌方还可以挽救,而海底隧道遇到大塌方,海水泄漏到隧道中则无可挽救。

海底隧道地质勘察难度极大,茫茫海域,即使动用大量人力物力,但地质界线仍多属推测。由于地质勘察工作的局限,必然存在难以探察的、隐伏的地质问题。如果海底隧道场区内构造发育,那么各断层的性质、产状在勘察阶段无法完全查明,其在隧道中可能出露的位置仅是示意,另外受场地条件及钻探工作量限制,勘察也不可能完全揭示隧址区的所有断裂构造,为隧道施工留下了隐患。突发性地质灾害将严重危及施工安全。因此,能否开展好施工期间的超前地质预报工作,做到超前预判,及时决策处理突发性地质灾害,是海底隧道建设成败的关键。

4.1 海底隧道超前地质预报方案编制的指导思想

(1)施工超前地质预报设计按照"安全第一、预防为主"的原则制定。

(2)坚持从实际出发、实事求是、遵循工作程序、合理选择,综合使用有效的方法和手段制定工作方案,发挥各种方法和手段的特长。

(3)要尽力采用与推广先进技术,超前地质预报必须充分发挥地质观察研究的主导和枢纽作用,努力提高勘察预报效果。

(4)要明确各项工作的质量要求和保证质量的技术措施,使各项工作和资料达到规范所规定的质量标准。

(5)必须依据工作地区的地质条件及可能允许的工作条件进行编制[115]。

4.2 海底隧道超前地质预报方案编制要求

(1)必须坚持为隧道施工服务。

(2)必须加强地质条件、地质规律的研究。

(3)针对隧道不同段落的地质复杂程度、围岩级别、涌水量及不良地质危害程度,提出不同的地质勘探要求,进行施工地质分级,同时建立刚性的地质预报管理制度。

4.3 海底隧道超前地质预报方案

针对海底隧道存在的断层构造发育、岩体种类繁多、岩性界面形态复杂的特点,结合海底隧道水下施工的特点,施工超前地质预报设计按照"安全第一、预防为主"的原则制定,即超前地质预报采用以地质分析为主,长距离宏观预报与短距离精确预报相结合、超前探孔与物探相结合、多种物探方法相互补充验证、定性与定量相结合的综合超前预报方案。

例如,对含有服务隧道的海底隧道超前地质预报可以采用如图4-1所示的操作流程。

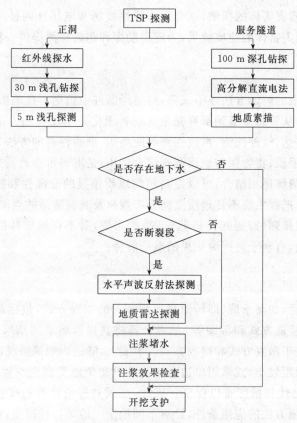

图 4-1 海底隧道超前地质预报程序

4.4 超前地质预报应用的影响因素

4.4.1 探测方法

通常地下水体、瓦斯、陷落柱等地质灾害体的物理性质（如导电性、密度）与其围岩之间存在较明显的差异，隧道探测的观测系统距离目标体也相对较近，客观上具备良好的工作前提。但实际应用和研究中，隧道物理场（如直流电场、电磁波场、弹性波时间场等）的分布规律较为复杂，采空区等不导电空间和超低速区的综合影响相互迭加，困扰着隧道地球物理探测的资料处理与解释；隧道观测结果是三维空间内任意方位地质体异常响应的迭加场，在大多数情况下，单一方法无法准确地确定异常体的空间位置。因此，要取得良好的地质效果，不能简单地照搬地面物探方法，必须加强适合隧道特点的方法研究，并进行方法技术的优化组合。观测电场、电磁场、温度场、辐射场有利于定性评价，研究时间场有利于定量计算探测目标的空间形态和位置，联合运用定性、定量的方法可以提高隧道超前探测的准确性和精度。例如，激电法在探测含水体和瓦斯突出体方面具有独特的效果，双频激电仪可以克服隧道因接地电阻过大、信号太弱带来的观测误差，使探测结果更可靠；如果将天线进行合理的改造，瞬变电磁法（TEM）和可控源音频电磁法（CSAMT）法在隧道探测也会有其优势（可避免直接接地、通过改变频率来增大探测距离）；矿井矢量电阻率法技术能更全面地反映地下各向异性介质中电流场的分布及其变化规律，有利于判定地质异常体的空间位置。值得一提的是，"震电效应"的研究为多孔介质波动理论奠定了基础，在地震预报、油气和水资源的勘探中逐渐受到重视，若将其理论和观测方法引入隧道地质灾害体的探测,联合运用弹性波场和电场这两种不同性质的物理场的特点,有利于提高探测灾害体的地质效果,为隧道勘探和超前探测提供一种新的理论和方法。

4.4.2 解译方法

隧道超前物探预报的解译方法还不成熟,对解译图件中识别不良地质的规律性认识不足。物探成果具有多解性,从资料采集到解释完全实现智能化是不现实的。采用两种以上可互补的物探方法(如地质雷达、红外探测、声波探测等距离短、准确性高的方法)相互验证,以克服单一参数多解性的重要手段;将物探与地质调查综合运用,是取得可靠地质效果的重要途径。隧道宏观地质预报与探测解译相结合,可以提高超前地质预报的准确性和精度。对探测区宏观地质情况的了解,可以把握主要不良地质空间分布规律及其与隧道的空间关系,正确选择搜索角和调谐角,指导观测排列(震源和传感器位置)的布置,对不良地质体的发育程度、位置、性质、规模有初步的认识,有利于对探测成果的准确解译。

4.4.3 观测系统

探测方法确定以后,观测系统(即场源和观测装置的布置方式,包括源的性质、能量,传感器的性能、安装方式、接地方式和源距等)是否合理将直接影响观测结果,可靠有用信息的获取、信噪比的高低取决于激发方式和接收方式。事实上,隧道内观测系统的布置受到场地条件的限制(通常极距或源距较小,或采用单边布极),不可避免地受到全空间的影响,"多解性"将更加突显,探测的准确性和精度难以保证。因此,必须对理论计算和试验结果进行细致的分析、研究,确定各种观测方法的应用条件,针对不同地质—地球物理模型,设计相应的最佳观测系统。

4.4.4 场地条件和干扰因素

相对于地面物探而言,隧道超前探测一般距离目标体较近,有利于探测精度和准确性的提高。但是由于隧道空间的限制和许多干扰因素的存在,使得很多物探方法不能得到有效应用,因此,探测方法的选择、现场观测方式的布置以及信号最佳激发方式和接收方式的确定等方面成了超前探测和超前预报的难点。实践表明,合理运用地震反射波法、电磁波透视法、探地雷达法、直流电法、瑞雷波法等探测方法,可以有针对性地解决一些具体的地质问题,但在探测精度、准确性和探测距离等方面仍然存在许多问题。

理论上隧道内所建立的人工物理场是"似全空间而非全空间"物理场,而实测中大多数方法都"假定地下场为全空间分布",或"当极距较小时,电流场是半空间分布的";当采用地震波法探测时,隧道的各个临空面又成了强干扰反射波的来源。

如何在隧道工作面小的不利前提下合理地选择物探方法和观测方案将直接影响到探测效果,而目前超前探测方法大多是地面物探方法的移植,针对隧道应用条件的研究还不够深入,方法试验多,理论研究少,对不同方法的使用没有形成相应的技术规程。

隧道内干扰因素多(生产、运输的爆破、振动、大功率用电等形成复杂的干扰源,即使同一场源也存在多种路径),不利于有效信号的激发和采集,采用常规的传感器(或电极)和接地条件难以确保可靠、有用信息的获取和分离。

第5章 山岭岩溶隧道承压水地质超前预报

承压地下水山岭隧道与海底隧道最大的不同就在于山岭隧道所含的承压水水量相对少。在地质超前预报方面,山岭可以进行地表的地质调查,隧道工程在设计阶段有关地质资料大多是在地面上利用地面勘探、地质调查、钻孔测量和地球物理勘查方法获得的,比海底隧道的难度相对要小。可以采用科学的、先进的隧道超前地质预报技术预测、预报隧道开挖工作面前方的地质构造,准确查出隧道掘进方向的围岩性状、结构面发育情况,特别是断层、破碎带和含水情况,减少隧道施工的盲目性。

岩溶涌水是岩溶地区隧道施工中最常见的地质灾害。据统计,我国的在建和已建铁路隧道中,80%以上的隧道在施工过程中遭遇过涌水灾害[116],至今仍有30%的隧道工程处于地下水的威胁中,岩溶隧道更以涌水量大且突然著称。岩溶涌水主要是隧道施工揭穿充水岩溶和岩溶水突破隧道洞壁与充水岩溶壁间隔水岩层所致。

5.1 引起突水灾害的地质条件

5.1.1 含水、储水构造

长大隧道的大量涌水多与向斜盆地的含水性、岩性、含水层和相对隔水层的分布、类型、厚度,地下水位及补给来源等有关。如成昆线穿越米市向斜的沙木拉达等5条隧道都发生了每天5万t以上的涌水,大瑶山DK1994+213处平导涌水和竖井淹没事故也发生在向斜构造中。

断层破碎带、不整合面和侵入岩接触带常为含水构造,特别是活动性断层、逆掩断层、张性和扭性断层,其未胶结构造岩与次生构造一般含水性较强。如大巴山隧道324 m处,施工中最大涌水达3 000 t/d,比预计水量大6倍。

5.1.2 岩溶水和地下暗河

石灰岩地区碳酸盐岩分布广泛,通常其单层厚度及连续厚度较大,且多为中至巨厚层状,受地下水长期作用,岩溶广泛发育,形态各异,甚至形成地下暗河。地下水交替作用使岩溶发育程度在水平和垂直方向上存在明显差异,受断层和褶皱的共同影响,裂隙更密集,岩溶更发育、更复杂。地下暗河的临近前兆是含泥砂的小溶洞大量出现、钻孔涌水剧增且夹泥砂和角砾石。隧道突水泥的可能性用"独孔喷射距离(d_p)"来判断:$d_p<5$ m,相当于涌水量小于100 m³/h,为较小型涌水;$d_p=5\sim9$ m,相当于涌水量$100\sim300$ m³/h,为小型突水;$d_p=9\sim12$ m,相当于涌水量为$300\sim400$ m³/h,为中型突水;$d_p>12$ m,相当于涌水量大于400 m³/h,为大型、特大型涌水。

隧道突水具有水量大、突发性强、突水点集中等特征,许多地区还具暴雨涌突水的特征。含水含泥的溶洞、裂隙及地下暗河是突水、突泥、泥石流主要成灾因素。因此,隧道施工中(特别在雨季)应加强超前探水和预报工作。

5.1.3 地下水情况调查

地下水在围岩中的活动规律很复杂,地下水的预测应结合地质条件的预测而进行。对地下水活动状况的预测,主要是依据前方地质条件的预测,并结合现场观察到的地下水出露现象进行综合分析,得出地下水活动状况的一些定性认识,以指导施工。如果主洞有平行导洞,则根据平导的出水情况也可推断主洞的地下水情况。

地下水的富集情况,可分为4种类型,分别为干燥无水、滴水、线状流水、股状涌水。现场调查的重点是确定涌突水的位置、地下水富集情况描述、地下水中含泥砂的情况。在涌水量较大情况下,需进行单位出水量测量以及水压测量,必要时还需现场取水样进行侵蚀性等测试。

5.2 山岭隧道超前地质预报方案

关于含有承压地下水隧道地质超前预报,在前面海底隧道的部分已经论述了一些方面。对于含有承压地下水的山岭隧道超前地质预报可以借鉴海底隧道的方法,并且针对山岭隧道自身的特点而采用相应的方案。为了节省篇幅,在此只讨论山岭隧道承压水地质超前预报与海底隧道不相同的地方。

首先关于地质调查法,山岭隧道地表还应补充地质调查、地层分界线及构造线地下和地表相关性分析。

隧道地表补充地质调查应包括下列主要内容:
(1)对已有地质勘察成果的熟悉、核查和确认。
(2)地层、岩性在隧道地表的出露及接触关系,特别是对标志层的熟悉和确认。
(3)断层、褶皱、节理密集带等地质构造在隧道地表的出露位置、规模、性质及其产状变化情况。
(4)地表岩溶发育位置、规模及分布规律。
(5)根据隧道地表补充地质调查结果,结合设计文件、资料和图纸,核实和修正超前地质预报重点区段。

地质调查法还应符合下列工作要求:(1)隧道地表补充地质调查和洞内地质素描资料应及时反映在隧道工程地质平面图和纵断面图上,并应分段完善、总结。(2)隧道地表补充地质调查应在实施洞内超前地质预报前进行,并在洞内超前地质预报实施过程中根据需要随时补充,现场应做好记录,并于当天及时整理。

其次关于水文地质,山岭隧道超前地质预报在必要时进行地表相关气象、水文观测,判断洞内涌水与地表径流、降雨的关系。

5.3 岩溶地区山岭隧道超前地质预报方案

岩溶地质问题是隧道工程施工遇到的最为复杂的地质问题,其不仅包括岩溶涌水、突泥、涌沙、泥石流等灾害,还可能引发地表生态环境灾害。准确预报隧道施工前方可能存在的岩溶发育分布的位置、规模和所含水率大小,是施工安全的重要前提。

发生岩溶涌突水的影响因素主要有两大类,即内因和外因。内因主要包括岩溶发育形态及规模、充填物性质、构造条件和地下水条件等,外因主要包括施工影响期内降雨量、隧道开挖方式、初期支护形式。从总体上讲，内因是起决定性作用的，但只有在外因作用下，才可能发生岩溶涌突水。

岩溶地区隧道施工超前地质预报是在充分研究该地区岩溶成因、特点及分带规律的基础上，利用现有物探、地质、化探的观测技术对隧道开挖掌子面前方（预报要求范围内）围岩变化及不良岩溶地质体的工程性质、位置、产状、大小、发生概率等进行探测、分析解释及预报。从探测的位置上可分为地面（洞外）预报与掌子面（洞内）预报。从预报的性质上可分为物探方法、地质方法、化探方法。从预报的距离上可分为长距离预报与短距离预报。不同的现场所采用的具体预报方法完全取决于具体的预报任务和现场条件。

对隧道掌子面前方的地质情况进行预报应结合掌子面前方的具体情况，如地形情况、地上有无建筑物、林地及高压线等地上附着物、隧道围岩地质环境、不良地质体与围岩的主要物性差异（一种或几种），并应详细了解各种物理探测方法、地质方法、化探方法等外业布置要求，尽可能满足外业布置的各种条件，保证获取第一手资料的可靠性。因此，隧道超前地质预报的方法选择应从广义的角度去理解，不论是物探方法还是地质或化探方法，只有能对隧道掌子面前方（预报要求范围内）的岩溶地质情况作出预测并能指导动态设计与施工，都可作为超前预报方法。

预报方法的选择，不可局限在某些固定的方法，而要结合工作现场的实际情况及具体任务，考虑各种方法的局限性，优选一种或几种组合方法或组合参数法对隧道掌子面前方进行超前地质预报。

5.3.1 地面（洞外）岩溶地质灾害探测方法

物探的各种方法各有其特点和应用前提，且各种方法都有多种野外布置方式，不同的布置是为探测不同的地质体而设计，没有"包打天下"的一种方法和一种布置模式。另外物探的各种方法其探测精度受到多种因素的限制，即使一套组合的综合方法仅可能对某一个工作任务是最优化的设计方法，地质情况发生变化后还需重新试验、设计。各种物探方法及地质方法的多解性要求多种方法不同参数的组合来减少解性，达到解释的唯一性。

岩溶地质灾害是隧道施工过程中的主要地质灾害之一。准确地预报岩溶的类型、位置及规模是可溶岩地区隧道安全施工的保证，根据不同岩溶地区地层的地质条件、物性条件及拟解决的地质问题，选择合理有效的物探方法探测溶岩仍是洞外岩溶探测的主导方向。目前国内外基于探测岩溶的主要预报方法可归为以下几种。

1. 地面地质调查法

刘志刚、刘秀峰等将地面地质调查的工作分为地质测绘法、地面地质界面和地质体投射技术。其中前者采用的主要技术手段有穿越、追索和全面踏勘三种；后者主要是利用调查的结果运用投射公式进行计算，利用这种方法可进行如下工作。

（1）弄清楚隧道路线经过地区可溶岩（灰岩、盐岩），特别是强溶岩（纯灰岩、白云岩、盐岩）的地层层位、展布范围及所处的岩溶水动力分带。

（2）查明隧道线路经过地区及其邻近地区，在可溶岩特别是强溶岩中分布规模较大断层的产状及其与地表隧道轴线的相互关系，特别注意那些两条或两条以上断层交汇的位置（它们是浸蚀性地下水的有利通道）。

（3）查明可溶岩与非可溶岩接触界面的位置及其与地表隧道轴线的相互关系。

（4）结合上述有利于岩溶发育的岩层层位和构造位置，在大小封闭的洼地内，寻找大型溶洞或暗河的入口。

(5)根据断层产状或可溶岩与非可溶岩界面的产状,用地面地质界面法和投射公式,求得可能出现的大小溶洞、暗河与隧道的相互关系。

(6)查明暗河入口和出口的位置及标高,并结合可能成为暗河通道的较大断层或较紧闭背斜皱褶核部的位置、产状,推断暗河的大致通道,确定能否与隧道相遇或与隧道的大概位置关系。

(7)依据岩溶发育的分带性、隧道相对标高和季节变化,判断那些可能与隧道相遇溶洞、暗河的含水率,或推断那些不与隧道相遇的有水溶洞或暗河对隧道施工的影响程度。

(8)搞清隧道所在位置所属的构造体系和地表具体的构造形迹。

通过以上方法确定岩溶的空间分布,但此方法预报岩溶的精度远远满足不了隧道施工的具体要求,仅对具体预报的解释有指导意义。

2. 地面(洞外)浅层地震法

包括数据采集、野外参数选取及数据处理。

(1)提高分辨率的技术措施

地震勘探纵向分辨率 h_{min} 与地震波长 λ 和地震波的延续时间 Δt 及相位有关,当地震子波为最小相位时有:

$$h_{min} = n\frac{\lambda}{4} \tag{5-1}$$

式中 $n = \frac{\Delta t}{T}, n = 1, 1.5, 2.0$ (T 为周期)。

波长与频率成反比($\lambda = vT = v/f$),提高地震波的频率可以提高纵向分辨率。一般把 $\frac{\lambda}{4}$ 作为纵向分辨率的限度是指地震波延续时间为一个周期的理想情况。当延续时间为一个半或 2 个周期时($n=1.5$ 或 2.0),将加剧相邻界面反射波间的干涉,使分辨率大大降低,因而必须缩短波的延续时间。

波的延续时间 Δt 与频带宽带 Δf 有如下关系:$\Delta t \cdot \Delta f = 2\pi$,延续时间与带宽成反比。增加带宽可以缩短波的振动延续时间,因而提高地震波的频率,拓宽波的带宽是提高地震勘探分辨率的途径之一。

另一方面,地震勘探横向分辨率等于第一菲涅尔带范围。

菲涅尔带半径:
$$R_f = \sqrt{\frac{\lambda h}{2}}$$

式中 h——反射界面深度。

由此可见,提高地震波的频率也可提高地震勘探的横向分辨率。

信噪比 S/N 是指一个特定记录上信号能量与噪声总能量之比,其高低对分辨率有明显的影响。保证记录有一定的信噪比,$S/N \geqslant 1.5$ 是提高分辨率的基本前提。

根据试验,浅层地震勘探中均采用炸药震源。而药量的多少对地震波的形状、振幅、频率以及频带宽度均有重要影响。

地震波的振幅 A 与炸药量 Q 之间的关系满足下式:

$$A \infty Q^{m_1} \text{(一般:} m_1 \text{ 为 } 1 \sim 1.5\text{)}$$

地震波的主频与炸药量的关系为:

$$\frac{1}{f} \infty Q^{m_2} \tag{5-2}$$

药量越大,地震波的主频越低。

地震波的频带宽度 Δf 与炸药量 Q 满足下列关系:

$$\frac{1}{\Delta f} \infty Q^{\frac{1}{3}} \tag{5-3}$$

即频率宽度 Δf 与炸药量 Q 的立方根成反比。

为了提高地震勘探的分辨率应采用小炸药量。但为提高地震记录的信噪比,又必须加大炸药量,在野外分别采用 50 g、75 g、100 g 和 150 g 炸药量进行试验。最优化地选择药量,获得丰富的高频成分,并采用高频检波器可压制低频干扰。仪器采用宽频带接收,用 75 Hz 低截和 50 Hz 限波压制干扰,用高通滤波、高采样率,以缩短波的振动延续时间,消除假频干扰,提高分辨率。

由于岩溶是低速度、低密度介质,其反射波在岩溶洞穴内发生反射、透射时将发生时间延迟,那么发生时间延迟前后的频谱可以分别表示为:

$$\int_0^\infty x(t)e^{-j2\pi ft}\mathrm{d}t = S(2\pi f) \tag{5-4}$$

$$\int_0^\infty x(t\pm\tau)e^{-j2\pi f(t\pm\tau)}\mathrm{d}t = e^{\pm j2\pi f\tau}S(2\pi f) \quad (令\ t\pm\tau=t_1) \tag{5-5}$$

由(5-4)和(5-5)式可知相位谱为:

$$\arg[S(2\pi f)e^{\pm j2\pi f\tau}] = \arg S(2\pi f) + 2\pi f\tau \tag{5-6}$$

就是说,信号延迟之后,相位谱是加上一项 $2\pi f\tau$,其为频率 f 的线性函数。即可以对一定时间延迟的地震记录来分析相位角随频率的变化关系,说明利用地震法探测岩溶是可行的。

(2)野外施工参数选择

小道间距接收可提高横向分辨率,避免宽角接收和防止空间假频干扰。道间距 Δx 取决于探测深度和空间采样率,选择 Δx 要有利于有效波相位对比。通过试验确定最佳接收窗口,最小炮检距以避免面波干扰为准,最大炮检距以避免宽角接收为准。在野外进行长排列试验确定最佳接收窗口。

为取得最佳采集效果并最大限度地压制干扰,需进行低截频、偏移距及仪器参数的反复试验。根据试验结果确定最佳采集参数。

(3)地震数据处理

数据重排解编→编辑剔除→静校正→初至切除→频率滤波→振幅均衡→抽道集→空间域去噪→动校正→叠加→频率滤波→反褶积→偏移。

3. 地面(洞外)电阻率

探测岩溶的常用电阻率方法包括:电测深法、高密度电阻率法、偶极法、充电电位法、自然电位法、激电中梯、地质雷达法、瞬变电磁法、CSAEM、高频大地电磁法等。

(1)电测深法

岩溶的电测深异常特征:在岩溶地区,电测深 ρ_s 曲线类型与地下溶洞的关系取决于地电断面的性质。同时根据地质和电性资料作出不同类型 ρ_s 曲线和地电断面的对比,可以说明不同类型 ρ_s 曲线变化的地质原因。因此,通过 ρ_s 曲线类型的分布和变化可以了解地下介质的电性结构。通常,ρ_s 曲线类型发生变化的原因是某岩层缺失或出现新地层。由于探测区段地层电性结构简单,在无溶洞的正常地段,仅有电阻率较低的浮土覆盖层和 $\rho_s \to \infty$ 的基岩-灰岩两层电性结构。电测深 ρ_s 曲线为 G 型,其尾支呈 45°渐近线上升。当地下有溶洞存在时,如果溶洞规模大,且埋深较浅,填充物多为水、泥沙或砾石时,则 ρ_s 曲线大多为 KH 型;如果溶洞埋深较大,则 ρ_s 曲线为 A 型或 KA 型。

① K 剖面原理

$$\nabla^2 \varphi = \frac{1}{C^2} \frac{\partial^2 \varphi}{\partial t^2} \tag{5-7}$$

对于直流电法而言,有 $\frac{\partial^2 \varphi}{\partial t^2}=0$。即 φ 不随时间 t 变化,上式变为拉普拉斯方程:

$$\nabla^2 u = 0 \tag{5-8}$$

解上式,可得对称四极装置半空间二层结构条件下的解为:

$$\zeta = \frac{\rho_s}{\rho_1} = 1 + 2\sum_{n=1}^{\infty} \frac{K_{12}^n}{(\lambda^2 + 4n^2)^{\frac{3}{2}}} \tag{5-9}$$

式中 ρ_s——视电阻率;
ρ_1——第一层电阻率;
K_{12}——反射系数,$K_{12} = \frac{\rho_2 - \rho_1}{\rho_2 + \rho_1}$;
ρ_2——第二层电阻率;
λ——极距深度比,$\lambda = AO/h$;
AO——供电极距;
h——第一层深度。

通过式(5-9)对 λ 的微分,得到:

$$\frac{\mathrm{dlg}\zeta}{\mathrm{dlg}\lambda} = -\frac{\sum_{n=1}^{\infty} \frac{24k_{12}^n \lambda^3}{(\lambda^2 + 4n^2)^{\frac{5}{2}}}}{1 + 2\sum_{n=1}^{\infty} \frac{k_{12}^n \lambda^3}{(\lambda^2 + 4n^2)^{\frac{3}{2}}}} \tag{5-10}$$

当 $\rho_2 > \rho_1$ 时,曲线(双对数坐标中)一次微分在 $\lambda=2.0 \sim \lambda=3+0.16[(1+K_{12})/(1+K_{12})]$ 段获得极值,且有:

$$\left(\frac{\mathrm{dlg}\zeta}{\mathrm{dlg}\lambda}\right)_{\max} = K_{\max} \approx K_{12} \tag{5-11}$$

当 $\rho_2 < \rho_1$ 时,采用负值校正后,亦可以获得与上升 ζ 曲线一致的结果。故定义斜率 K:

$$K = \frac{\mathrm{dlg}\zeta}{\mathrm{dlg}\lambda} \tag{5-12}$$

由此,将 ζ 曲线的斜率与反射系数 K_{12} 联系起来,且可由已知斜率求得反射系数 K_{12},从而让原斜率的意义发生了质的变化。在实际应用中,可用下式差分形式代替微分形式,从野外视电阻率曲线中求得 K:

$$K = \frac{\lg \frac{\rho_{s(n)}}{\rho_{s(n-1)}}}{\lg \frac{AO(n)}{AO(n-1)}} \tag{5-13}$$

$$K_{校} = \frac{K(1-K)}{1.05(1-K)+K^2} (K<0) \tag{5-14}$$

②K 与地下溶洞的关系

一般说来,如溶洞埋深和规模都不大,则由于覆盖层的影响,溶洞顶板及溶洞充填物引起的 ρ_s 异常都叫弱,只在 ρ_s 曲线上表现出局的微弱变化,在解释时可能将其忽略或圆滑掉,造成解释失误。对于那些埋深较大、覆盖层较厚的溶洞,即使其规模较大,ρ_s 异常也不会十分明显。所以,如果采用 ρ_s 等值线断面图来发现溶洞引起的异常,往往会使得这种弱小异常被周围其他影响所淹没而失去其异常显示。可见,单纯依靠 ρ_s 曲线进行一次微分,相当于把 ρ_s 曲线进行一次高通滤波。从而放大、突出了局部异常,压制了低频背景异常。这样,对存在溶洞的电测深 ρ_s 曲线,经过上述处理就能明显地反映出地下溶洞的存在。

(2) 高密度电阻率法

高密度电阻率法结合了电剖法及电测深法的优点,可反映沿侧线下方垂直断面上纵、横两个方向的电性变化特征。该方法采样密度高、样本数据量大、所含信息丰富、施工效率高。再将先进的数据处理技术与现场地质工作相结合,正确布设测线,则可达到对隐伏岩溶性质的定量解释。其共电位低频交流电,测量结果为地层视电阻率,工作框图如图 5-1 所示。

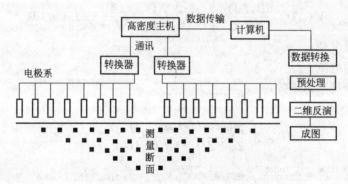

图 5-1 高密度电阻率法工作原理图

(3) 瞬变电磁法

瞬变脉冲电磁法适用于岩溶地区隧道工程对溶洞、陷落柱及采空区的探测,该方法在水面、沙滩、基岩裸露地区比其物探方法能取得更好的效果。

① 瞬变电磁的探测深度计算

对于该方法的探测能力首先要考虑瞬变电磁的探测深度。瞬变电磁的探测深度与发送磁矩、覆盖层电阻率及最小可分辨电压有关。

瞬变电磁场在大地中主要以扩散形式传播,在这一过程中,电磁能量直接在导电介质中由于传播而消耗。由于屈服效应,高频部分主要集中在地表附近,较低频部分传播到深处。

传播深度:
$$d = \frac{4}{\sqrt{\pi}} \sqrt{t/\sigma\mu_0} \tag{5-15}$$

传播速度:
$$v_s = \frac{\partial d}{\partial t} = \frac{2}{\sqrt{\pi\rho\mu_0 t}} \tag{5-16}$$

式中 t——传播时间;

σ——介质电导率;

μ_0——真空中的磁导率。

由式(5-15)得:
$$t = 2\pi \times 10^{-7} h^2/\rho \tag{5-17}$$

在中心回线下,时间与表层电阻率之间的关系可写为:

$$t = \mu_0 \left[\frac{(M/\eta)^2}{400 (\pi\rho_1)^3} \right]^{\frac{1}{5}} \tag{5-18}$$

式中 M——发送磁矩;

ρ_1——电阻率;

η——最小可分辨电压,它的大小与目标层几何参数和物理参数,还与观测时间段有关。

联立式(5-17)、(5-18)可得:

$$H = 0.55 \left(\frac{M\rho_1}{\eta} \right)^{\frac{1}{5}} \tag{5-19}$$

式(5-19)为野外工程中常用来计算探测深度公式。

② 定量解释方法

a. 正演方法

对于水平层状大地,在大回线发射谐变电流激发下,回线中心处频率域电磁向应为:

$$V(\omega) = \frac{dB_z(\omega)}{dt} = -i\omega\mu_0 I_0 \int_0^\infty \frac{\lambda Z^{(1)}}{Z^{(1)} + Z_0} J_1(\lambda a) d\lambda \tag{5-20}$$

式中 a——回线半径;

I——发射电流;

$J_1(\lambda a)$——一阶贝塞尔函数。

$Z^{(1)}$ 由下列公式求得:

$$Z^{(1)} = Z_j \frac{Z^{(j+1)} + Z_j th(\mu_j H_j)}{Z_j + Z^{(j+1)} th(\mu_j H_j)}, Z^{(n)} = Z_n$$

$$Z_j = \frac{-i\omega\mu_0}{\mu_j}, \mu_j = \sqrt{\lambda^2 + k_j^2}, k_j^2 = -i\omega\sigma_j\mu_0, j = 1, 2, 3 \cdots n$$

式中 σ_j——导电率。

根据频谱分析理论,由上式可得瞬变(时间域)电磁响应:

$$\frac{dB_z(t)}{dt} = \frac{4}{\pi\sigma\mu_0 a^2} \int_0^\infty R_e [H_g(b)] \cos(bT) d\lambda \tag{5-21}$$

其中 $H_z(b) = Ia \int_0^\infty \frac{\lambda Z^{(1)}}{Z^{(1)} + Z_0} J_1(\lambda a) d\lambda$。

且 $b = \sigma\mu_0 \omega a^2/2, T = 2t/\sigma_1\mu_0 a^2$ 分别为归一化频率和归一化时间。

然后利用晚期视电阻率定义式 $\rho_r = \left(\frac{\partial B(t)}{\partial t} \right) = \frac{\mu_0}{4\pi t} \left[\frac{2\pi Ia^2\mu_0}{5t \frac{\partial B_z(t)}{\partial t}} \right]^{\frac{2}{3}}$,得到晚期视电阻率曲线。

上式中的积分核随 λ 增加而单调增加,因此在对上式汉克尔变换中,要求有很多滤波系数和褶积计算次数,影响了计算速度。在计算中,为了保证上式积分的收敛速度和减少褶积计算次数,将积分核变为 $\lambda \left[\frac{Z_{(1)}}{Z_{(1)} + Z_0} - \frac{1}{2} \right]$,于是汉克尔变换式变为:

$$H_z(b) = Ia \int_0^\infty \lambda \left[\frac{Z_{(1)}}{Z_{(1)} + Z_0} - \frac{1}{2} \right] J_1(\lambda a) d\lambda + \frac{I}{2a} \tag{5-22}$$

由于 $\lambda \left[\frac{Z_{(1)}}{Z_{(1)} + Z_0} - \frac{1}{2} \right]$ 随 λ 增加表现为有限宽度的单峰曲线,故计算时只需在积分核不

为 0 的有限宽度内进行褶积计算,可大大减少滤波系数和褶积次数。提高计算速度,同时为了进一步提高计算速度,将三次样条插值函数引入到计算中。即先用线性数字滤波计算出足够数量的 $H_z(b)$,然后利用三次样条插值函数法求出所需的核函数值,以此来代替线性数学滤波法直接计算核函数 $H_z(b)$,这就大大加快了计算速度。

b. 反演计算

反演中为了尽量减少多解的影响,采用改进的阻尼最小二乘可行方向法。并将这一方法成功地应用于瞬变电磁测深资料的反演中,其最优化问题归结为求解下列方程:

$$(A^Y A + aI)\Delta X = A^T B \tag{5-23}$$

(4) 音频大地电磁法

EH-4 系统是 19 世纪 20 年代由美国 EMI 公式和 Geometrics 公司联合推出的新一代电磁勘探仪器,它能观测地下 1000m 以内地质断面的电性变化信息。仪器频率范围位模数转换,32 位浮点数字信号处理。它利用宇宙中的太阳风、雷电等天然电磁场信号作为激发场源,该场源不存在近场区和过度场区。有电磁场理论可知,当电磁信号垂直入射时,大地介质中将会产生感应电磁场,此感应电磁场与一次场是同频率的。在均匀或水平层状的地层情况下,波阻抗是电场 E 和磁场 H 水平分量的比值。

曹哲明认为音频大地电磁(EH-4)探测方法在长大、深埋、复杂的岩溶隧道勘探中,对地层、构造、岩溶等地质现象的反应较为齐全和准确,勘探深度能够满足要求,在野外受地形等条件限制较小,可以在长大、深埋、岩溶隧道的综合勘探中应用。但同时应注意到,地层、构造的分辨率也大大提高,根据资料推断的地质规律比较符合实际。同一岩性或电性差异较小的岩性、构造等勘探对象就存在不确定性,因此音频大地电场资料必须结合地质和验证资料综合分析,才能取得好的效果。

(5) 地面重力勘探

国外应用重力法探测岩溶始于 20 世纪 60 年代初期,到 70 年代末 80 年代初,Dresent 等人应用重力垂直梯度技术探测浅埋溶洞获得成功。在我国以探测岩溶为目的的重力工作起步于 70 年代末,由原地质部物探研究所应用地面重力方法寻找山东泰安火车站铁路塌陷的浅部岩溶,取得了一定的地质效果,但当时受重力仪观测精度等因素的限制,影响了重力异常的解释精度,之后的十多年中,国内此项工作基本处于停滞状态。"七五"期间,地矿部岩溶地质研究所在"隐伏岩溶探测方法的研究"项目中,在国内首次系统成功地应用重力垂直梯度测量技术探测浅埋土洞等隐伏岩溶探测的新途径。

① 方法原理

当地下浅部存在局部密度不均匀体时,地球重力位将发生畸变,重力及其梯度也随之畸变。重力等位面的畸变为利用重力垂直梯度测量技术探测隐伏岩溶或其他局部密度不均匀体提供了有利的物理条件。

若 A、B 两点重力值 g_A 和 g_B 在 Z 轴上的投影分别为 $g_A(z)$ 及 $g_B(z)$,则重力铅垂一阶偏导数为:

$$V_{zz} = \lim_{\Delta z \to \infty} \frac{g_A(z) - g_B(z)}{\Delta Z} = \lim_{\Delta z \to \infty} \frac{\Delta V_z}{\Delta Z} \tag{5-24}$$

② 土洞探测

在可溶岩分布地区,土层中空洞的分布十分普遍。探测和查明土洞的分布规律,对于隧道围岩稳定性、防治地质灾害是一项必不可少、非常重要的工作。

③岩溶塌陷或岩溶漏斗探测

岩溶塌陷或岩溶漏斗是岩溶区常见的地质现象之一。高精度重力垂直梯度测量技术是当前工程地质、环境地质工作中重要的技术手段,是探测隐伏土洞空间位置的有效物探方法之一。除探测隐伏岩溶外,它还可用与人防工程探测、矿山老窑探测、考古等。

重力垂直梯度测量技术对于埋藏浅、规模小的岩溶形态反映灵敏、分辨率高,具有较强的压制低频异常场、突发纵向或横向复杂叠加异常场的能力,并且不受场地导电管线等因素的干扰。

由于溶(土)洞的重力异常较微弱,提高仪器观测精度及降低野外观测误差是重力垂直梯度测量技术探测溶(土)洞成败的关键。实测重力垂直梯度值观测质量的好坏,除受重力仪观测精度影响外,还与仪器高差选择合理与否有关。

(6) 遥感信息技术

地质现象在彩虹外图像上往往呈现出环形或线性构造等影像特征。由于岩溶作为一种地质现象与地质活动有关,因此,线性或环形构造等与岩溶虽然不是一一对应关系,但对岩溶的存在有一定的控制作用。对于分析岩溶分布规律来说,解译线性和环形构造是十分必要的。

在彩红外像片上,根据地物表现的色调、大小、阴影、纹理结构、组合图案等特征,将线性和环形构造判别出来并勾绘其形态,然后转绘到 1:10 000 地形图上。

热红外图像记录的是地物辐射能量,确切地说是辐射温度。在图像温度高的地物表现为白、亮色调,温度低的地物表现为黑、暗色调,因此,在夜航热红外图像上岩溶、陷落柱体表现的色调往往与周边地物不同。在解译时根据这一特征逐个用目视法判控制,将这些异常区转绘至比例尺为 1:25 000 的上、下对照图上。1991 年遥感技术首次在南昆铁路施工阶段得到应用,并取得较好效果。随着遥感图像分辨率的不断提高(从最初的 80 m 到目前 1 m),使遥感技术用于隧道施工洞外预测预报和监测更趋成熟。特别是铁道专业设计院提出的"隧道遥感富水程度估算经验公式",使遥感技术从定性判释转化为定量数据,为遥感技术应用开辟了一条新的途径,是一种很有应用前途的方法。

(7) 放射性测量(测 Rn、Hg、CO_2、SO_2)

这里仅列测氡法以示说明,用测氡法探测岩溶的机理如图 5-2 所示。从岩溶塌陷形成机理中可知,尽管有多种因素可在岩溶塌陷的孕育过程中期作用,但在它的发生、发展整个过程中,甚至使它萌发和生长的地质时期是水和可溶岩相互作用的产物,而水又是氡及其子体的载体,使岩溶形成过程中将氡及其子体集聚在各种形态的岩溶空间及其周围的裂隙和其他结构面中。氡及其子体具有沿空间垂直向上运动的特点,他们可以沿着岩石的裂隙或微裂隙,沿着松散介质的空隙不断地垂直向上运动,直至地表缓慢地向空中逸散。它们在地层中运动轨迹透过岩石中互相连通的微隙空间,以最短的距离,总体上与水平面是垂直的。犹如无风的天气,烟囱所冒的烟与水平面垂直,故被称为"烟筒效应"。所以,地表附近氡气水平面方向的浓度,可以反映地层深部氡气源水平面方向的浓度。氡气主要集聚在岩溶体岩石表面及其附近的裂隙中。地面水平面方向浓度恰好反映出岩溶地质体在水平面上的投影形态。

岩溶陷落柱在煤矿称为"无炭柱",其形成的主要原因是由于地下碳酸盐岩在水的溶蚀下产生格斯特溶洞,溶洞的塌陷造成其上部地层垮落,从而形成在剖面上看呈柱状的陷落体。因柱体内岩石的破碎程度较大,且裂隙发育,碎粒间的连通较柱外正常地层好,有利于氡气的释

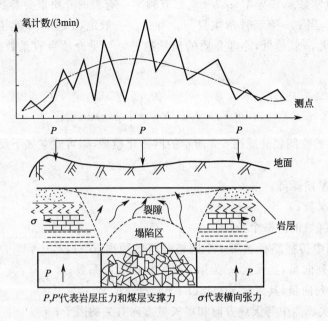

图 5-2 测氡法探测岩溶塌陷原理图

放和向上运移,因此形成柱体内外的氡气浓度差异。此外岩溶陷落柱大都为上小下大的形状,如同一个大"集气杯",加上柱体内外存在着压差及氡气自身所具有的向上运移能力,因此在柱体内外顶部的地表附近形成较高的氡气浓度差异。因此无论是对于干燥的柱体还是无水的柱体,其体内外均可产生氡气浓度差异,这便为在地表面采用氡气测量提供了物理前提。

(8) 测井法

钻孔电磁波法可分为双孔法和单孔法。双孔法是将电磁波辐射源和接收装置分别放置在两个钻孔中,用于寻找钻孔间与围岩有明显差异的异常体;而单孔法则是将辐射源和接收装置放置在同一钻孔中,用于寻找钻孔周围的异常体。

CT(Computeriyed Tomography)技术又叫层析成像技术,是通过任务设置的某种射线(弹性波、电磁波等)穿过工程探测对象(工程地质体),从而达到探测其内部异常(物理异常)的一种地球物理反演技术。根据不同的射线可分为弹性波 CT、电磁波 CT 及电阻率 CT 等。

电磁波 CT 是通过对电磁波场强幅值进行射线追踪和层析成像来反演探测区域介质吸收系数的一种技术,通常采用对称偶极天线接收发射电磁波,在其辐射场中采用鞭状天线电磁波的幅值场强。在光学射线近似的条件下,电磁波在有耗介质中衰减幅值的传输方程式可表示为:

$$E_0 \cdot \exp\left(-\int_R \beta(r)\mathrm{d}r\right)f/R = E \tag{5-25}$$

式中 E_0——波源初始辐射值;
  R——发射点到接收点间的路径长;
  f——方向因子;
  β——探测区域介质的吸收系数;
  E——测得的场强幅值。

式(5-25)表明了通过 $\exp\left(-\int_R \beta(r)\mathrm{d}r\right)f/R$ 因子, E_0 衰减到 E,其中吸收系数 β 是一个与

介质电阻率 ρ、介电常数 ε、磁导率 μ 以及电磁波频率 ω 有关的介质重要参数,它表征着介质对电磁波的吸收特性,当 ε、μ 一定时,β 主要与 ρ 有关。一般地,β 越小,ρ 就越高,亦即介质的质量愈好;反之,β 越大,ρ 就越低,亦即介质的质量越差。可见介质吸收系数的大小表征着岩体质量的好坏。

将式(5-25)变换,得到:

$$\ln(E_0 \cdot f/E/R) = \int_R \beta(r)\mathrm{d}r \qquad (5\text{-}26)$$

若将射线通过的空间划分成图 5-3 所示的网格化模型,则可建立如下反演控制方程:

$$[D][B]=[Y] \qquad (5\text{-}27)$$

式中　D——$M \times N$ 阶矩阵;

　　　M——观测次数;

　　　N——重建区域的网格个数;

　　　d_{ij} 为 i 次观测中传播路径被第 j 个网格截得的距离,$i=1,2,\cdots,M;j=1,2,\cdots,N$;

　　　B——N 维列向量,其元素 β_j 为第 j 个网格的吸收系数;

　　　Y——M 维列向量,其元素 $y_i = \ln(E_0 \cdot f_i/E_i/R_i)$;

　　　f_i——第 i 次观测中与天线方向和场矢量方向有关的因子;

　　　E_i——第 i 次测得的场强幅值。

求解式(5-27),即可重建探测区域介质的视吸收系数 β。

观测系统及仪器设备:通常野外观测采用一孔发射、另一孔接收的方式。首先固定一个反射点,接收孔中以固定距离作全孔观测,然后移动到下一个发射点,直至发射孔全部观测完毕。为了满足电磁波场强幅值归一化处理方法的要求,野外观测时进行了互换观测,即将基本观测时收、发孔互换,且保证互换观测与基本观测的点位重合,同样做固定连续全钻孔移动的观测(图 5-3)。

5.3.2 地面(洞外)岩溶方法总结

1. 地面(洞外)超前地质预报的深度确定

只有在隧道埋深不是很深的情况下(通常<100 m),可考虑进行地面超前预报,这主要因为洞外预报的各方法在垂直方向的分辨率随着深度的增加而降低,超过一定的深度后隧道要求的预报范围会落在测试误差之内,预报将没有意义。研究地面物探方法的探测能力,对于隧道工程超前预报来说很有意义,因为隧道在地下通过的截面很

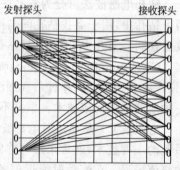

图 5-3　CT 层析成像工作原理图

小,如果地面探测的深度过大,相应的解释精度就低,很有可能由于解释的误差遗漏某些灾害体导致隧道施工灾害的发生。当然不同的方法、不同的现场条件、物性差异的大小、地面条件、地质噪声及干扰水平等因素都决定着解释精度及探测深度。以下举例说明确定探测深度的原理。

(1)中间梯度法寻找球形良导电的探测深度

根据球体上中间梯度法的视电阻率表达式为:

$$\rho_s = \rho_1 \left[1 + 2\frac{\rho_2-\rho_1}{2\rho_2+\rho_1} \gamma_0^3 \frac{h_0^2+y^2-2x^2}{(h_0^2+y^2+x^2)^{\frac{5}{2}}} \right] \qquad (5\text{-}28)$$

可写出相对异常的表达式为：

$$\frac{\Delta\rho_s}{\rho_1}=\frac{\rho_s-\rho_1}{\rho_1}=2\frac{\mu_{12}-1}{2\mu_{12}+1}\gamma_0^3\frac{h_0^2-2x^2}{(h_0^2+x^2)^{\frac{5}{2}}} \tag{5-29}$$

根据误差要求（ρ_s的均方相对误差为±5%），$\frac{\Delta\rho_s}{\rho_1}$应大于3倍均方相对误差方能认为是可靠异常，故取$\frac{\Delta\rho_s}{\rho_1}\geqslant 0.2$。再利用$\mu_{12}\to 0$的最有利（异常最大）条件代入上式得关系式：$h_0=2.15\gamma_0$，若以球顶埋藏深度$h$计算，则有：$h=1.15\gamma_0$。

可见，用中间梯度法寻找球形良导体（充水溶洞）时的探测深度，在简单条件下除与球体大小有关外，还与球体相对围岩的导电性好坏有关。在最有利条件下（$\rho_2\to 0$），其探测深度以球顶计算埋深，约为球体半径的1.15倍。因此，利用中间梯度法只能发现深部大的异常体及浅部小的异常体，这是方法所局限的。

(2) 瞬变电磁测深度与发生磁矩覆盖层电阻率及最小可分辨电压有关。瞬变电磁场在大地中主要以扩散形式传播，在这一过程中，电磁能量直接在导电介质中由于传播而消耗，由于趋肤效应，高频部分主要集中在地表附近，且其分布范围是源下面的局部，较低频部分传播到深处，且分布范围逐渐扩大。

传播深度：
$$d=\frac{4}{\sqrt{\pi}}\sqrt{t/\sigma\mu_0} \tag{5-30}$$

传播速度：
$$V_z=\frac{\partial d}{\partial t}=\frac{2}{\sqrt{\pi\rho\mu_0 t}} \tag{5-31}$$

式中　t——传播时间，$t=2\pi\times 10^{-7}h^2/\rho$；
　　　σ——介质电导率；
　　　μ_0——真空中的磁导率。

在中心回线下，时间与表层电阻率之间的关系可写为：

$$t=\mu_0\left[\frac{(M/\eta)^2}{400(\pi\rho_1)^3}\right]^{\frac{1}{5}} \tag{5-32}$$

式中　M——发送磁矩；
　　　ρ_1——电阻率；
　　　η——最小可分辨电压，它的大小与目标层几和物理参数及观测时间段有关。

联立解得：

$$H=0.55\left(\frac{M\rho_1}{\eta}\right)^{\frac{1}{5}} \tag{5-33}$$

以上两种方法都说明不同方法地面探测深度与众多的影响因素有关，很难定量地说明不同方法在不同地质环境下的探测深度。

2. 地面预报的精度评价

提高精度是隧道工程施工的要求，很难用定量的公式来说明地面超前预报的精度，只能根据岩溶地区地质条件，通过采用一些组合的方法或参数组合来提高预报的可靠性。由于各种方法各有优缺点，利用方法的优缺点互补提高解释的精度。只有确定到某个具体的地区，在某些具体的条件下，已知一些地点参数，才能确定具体的预报精度，包括对预报目标体的产状、位置与大小的界定。

对地面异常地下推断精度的影响因素评价，各种方法的物性差异不同，不同方法均有其探测和解释方面的影响因素，因此要正确看待地质预报的精度和隧道工程施工要求的关系。

例如，影响瞬变电磁法探测深度的因素很多，这些因素之间彼此联系又相互制约，只有在假定了某些条件之后，才能得出该条件下确切的探测深度和预报精度。通常，影响瞬变电磁法探测精度的几种主要因素如下。

(1) 瞬变电磁系统中的电磁噪声

它的主要噪声来自外部的电磁噪声，如天电干扰，这种噪声限制了观察观测信号的能力，从而限制了探测深度，一般情况下，外部噪声来源于天电及工业电的干扰，平均值为 0.2 Nv/m² 左右。在干扰强的地区，噪声电平增大到 0.2Nv/m² 以上。

(2) 功率灵敏度

电磁系统中，功率-灵敏度是衡量仪器系统探测能力的一个重要指标。尽可能大的发送磁矩，这样就可能在较大的时窗范围内以足够大的信噪比观测到可靠的数据，以区分各种地质的响应。

(3) 回线边长

对于某一固定的仪器系统、测道及目标体的综合参数而言，推荐选择回线边长约等于寻找目标体的极限深度，当回线边长与目标体埋深的比值 $\frac{L}{h}=0.9\sim1.5$ 时，所得到的响应值大于 $0.8v_{max}$，即使是取 $\frac{L}{h}=0.5$，对于线性尺寸与回线边长相近的目标体已能够被探测出来。随着回线边长的增大，对于局部小地质的横向分辨能力变差。

(4) 目标体电性及几何参数

异常幅值与目标体电性及几何参数大小有关，它将影响方法对目标体的探测能力，使得在某种情况下，一些小的地质体探测不到。而很可能这些小的局部地质体的位置大小及性质恰恰对隧道的施工具有重大影响。

因此，单个方法具有如此多的影响因素，由于它的外业布置及解释精度等缺陷，非常有必要采取弥补措施，方能达到隧道施工的精度要求。这里将地面超前预报的深度确定为＜100 m，主要基于以下考虑：①由于地面物探的各种方法探测精度随深度而降低，常规情况下，探测精度约 90%；②若隧道埋深 100 m，影响隧道施工的围岩范围按 1～1.5 倍洞径考虑，这就要求隧道灾害体的预报误差不能超过 10 m；③考虑预报精度和隧道开挖的影响范围及施工要求，根据经验确定地面隧道超前地质预报的深度为＜100 m。另外，超前地质预报的横向分辨率较高，应充分利用其优点。

3. 地面（洞外）岩溶探测各种方法评价（表 5-1）

表 5-1 地面（洞外）岩溶预报各种方法评价

预报方法		适用条件	特点
浅层地震预报		场地条件许可（侧线布置、避开震动干扰）	精度高、深度大
电法	电测深法	场地条件许可（侧线布置、避开电性干扰）	普适性、精度中等
	高密度电阻率法	场地条件许可（侧线布置、避开电性干扰）	浅层普适、精度中等
	地震雷达法	探测深度浅（侧线布置、避开电性干扰）	浅层普适（＜30 m）
	瞬变电磁法	现场条件限制，有树林线框不能移动；受地形影响	普适性、探测深度大
	音频大地电磁法	测线布置，避开电性干扰	精度中等、探测深度大

续上表

预报方法		适用条件	特 点
重力勘探		区域性岩溶勘探;要求测试精度高	方法简便,精度低,有时差异大
放射性测量-测氡法		方法具有普适性;氡异常与构造通道有关,与气象条件有关	精度低
测井	单孔	测试孔周围的岩溶裂隙情况	精度高
	双孔(跨孔)	测试双孔之间的岩溶裂隙情况,并根据交会法半定量确定岩溶的位置	精度高
组合方法(同一参数)		几种电性方法的组合	有一定的效果,会遗漏异常
综合参数		电阻率+波速;瞬变脉冲电磁法(电测深)+浅层地震,放射性+电阻率,介电常数+电阻率。如:浅层也可"高密度电阻率+浅层地震"等多种有效参数有机结合	根据工程要求和地形条件选择,精度高,减少多解性

4. 岩溶预报的方法与步骤

(1)首先根据工程所在地的区域地质资料,说明岩土溶洞是空洞高阻型还是充水低阻型。选用电性方法(主要为电测深、高密度电阻率法、瞬变电磁法等)进行扫面工作。

(2)然后选用浅层地震作针对性的剖面工作,进行岩溶详查。

(3)对所在区发现的岩溶进行钻探验证,并进行必要的测井工作(包括:单孔和跨孔CT),确定某局部岩溶的具体分布。

以上应具体分析现场情况,考虑隧道掌子面与地面的位置关系。特殊地区可适当考虑或采取其他方法。

5.3.3 短距离超前地质预报

短距离超前地质预报是指预报范围小于100 m但在30 m以内精度较高的预报方法,由于短距离预报是在长距离预报的基础上进行,所以,预报的精度一般要高于长距离预报,特别是对不良地质性质的预报更是如此。短距离超前地质预报技术主要适用于复杂地质地段,一般不需要在全隧道隧洞进行。以下根据应用情况分侧重介绍各种方法。

1. 地质雷达法(微波法)

(1)地质雷达的影响因素

地质雷达的影响因素决定地质雷达的探测深度、分辨率及精度。主要包括内在、外在两方面。内在因素主要是指探测对象所处环境的电导率、介电常数等,常见介质的介电常数见表5-2。表中是相对介电常数和速度的近似值,相对介电常数随介质中的含水率而急剧变化,含水少的介质其值较大。外在因素主要与探测所采用的频率、采样速度等探测方法有关。在实际应用中,综合考虑这些因素,采用适当的方法计算是探测成功与否的关键。

表5-2 岩层的相对介电常数和电磁波波速的关系参考

介质名称	相当介质常数	电磁波波速(m/ns)
空气	1.0	0.3
淡水	81.0	0.03
黏土(由干到湿)	7.0~43.0	0.05~0.11
砂(由干到湿)	2.9~10.5	0.09~0.18

续上表

介质名称	相当介质常数	电磁波波速(m/ns)
混凝土	6.4	0.12
石灰岩	7.0～12.0	0.09～0.12
大理岩	7.3	0.11
大理岩	6.0～8.3	0.1～0.12
砂岩	4.0～12.0	0.09～0.15
淡水冰	3.0～4.3	0.17～0.15
海水	81	
花岗岩	5～7	

(2) 探测频率的影响

表 5-3 是地质雷达采用频率设置的经验值，探测时所采用的天线中心频率称为探测频率，而其实际的工作频率范围是以探测频率为中心的频带，探测频率主要影响探测深度和分辨率，当地质雷达工作在介电极限条件时，高频电磁波的衰减几乎不受探测频率的影响。比如，电磁波在空气中传播，由于不存在传导电流，电磁波不发生衰减。但实际上，由于大地电阻率一般都比较低，其工作条件达不到介电极限条件，由于传导电流的存在，高频电磁波在传播过程中发生衰减，其衰减的程度随电磁波频率的增加而增加，也决定了探测的分辨率。一般是探测频率越高，探测深度越浅，探测的分辨率越高。探测频率和介质的介电常数是决定分辨率的两个主要因素，电磁波的传播是以一个圆锥体区域向前发生能量，当目标体的水平尺度小于反射区尺度时，雷达是难以分辨的，电磁波频率越高，波长越短，反射区的半径越小，水平分辨率高。其天线频率与分辨率、最大测探深的关系见表 5-3。

表 5-3　天线频率与分辨率、最大测深及盲区

参数	天线频率(MHz)						
	2000	900	500	300	150	50	25
分辨率(m)	0.04～0.08	0.2	0.5	1.0	1.5	2.0	4.5
最大测深(m)	1.5～2.0	3～5	7～10	7～10	10～15	10～15	15～30
盲区(m)	—	0.08	0.25～0.5	0.5～1.0	1.0	2.0	4.0

注：采样频率的设置不得小于天线频率的 6 倍。

适用条件：岩体隧道(土体探测深度较小)，精度较高。

(3) 预报方法与成果解释

测试剖面布置根据掌子面情况，一般水平方向布置 1～3 条测线，垂直方向沿中心布置 1 条测线，如图 5-4 所示。

由于施工过程中掌子面不平整，测试剖面在现场测试时进行一定的调节。为提高测试准确性，测试过程中每条剖面至少重复测试 2 遍。天线在每个剖面上至少应进行 1 次点测和 1 次连续测试，点测的叠加次数≥64 次。雷达测试资料的解释是根据现场测试的雷达图像，对测试的图像进行异常分析，根据异常的形态特征及电磁波的衰减情况对测试范围内的地质情况进行

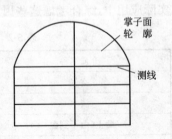

图 5-4　掌子面测线布置示意图

推断解释。一般来说反射波越强则前方地质情况与掌子面的差异就越大，根据掌子面的地质情况就可对掌子面前方的地质情况做出推断。解释过程中电磁波的传播速度主要根据岩石类型进行确定，测试过程中由地质人员对测试剖面上的地质情况进行现场描述，根据结构已开挖的围岩地质情况和设计资料，对掌子面前方的地质情况作出预测。最后把符合地质的预测结构同雷达测试的结果进行对比分析，作出合理的预报。

2. 水平声波剖面法（HSP）

该方法是弹性波反射法的一种。探测时不占用掌子面，将发射源和接收换能器布设在隧道两侧的浅孔内，发、收位置均在平行于隧道地面的同一水平面上，构成水平声波剖面。这种方法的特点是各检测点所接受的反射波路径相等，因此反射波组合形态与反射界面形态相同，通常是直达波呈双曲线形态，反射波呈直线形，其图像直观。该方法的另一优点是对反射界面倾角没有限制，适用的范围比例比负视速度法广泛。

3. 红外探水法

地下水的活动会引起岩体红外辐射场强的变化。红外探水仪通过接收岩体红外辐射场强，根据围岩红外辐射场强的变化值来确定掌子面前方或洞壁四周是否有隐伏的含水体。

4. 超前平行导坑（隧道）法

利用已有平行隧道地质资料进行隧道地质预报是隧道施工前期地质预报的一种常用方法。利用超前施工的平行隧道或导坑所遇地质情况推测隧道将遇到怎样的地质情况则是隧道施工期地质预报的一种重要方法，特别是当两平行隧道间距较小时预报效果更佳。

5. 水平钻速法

水平钻速法是根据台车水平钻速（一般指钻进 20 cm 所需的时间）的快慢及钻孔中回水的颜色来判断前方掌子面围岩的岩性、构造及岩石的破碎程度。通过同一断面至少 3 个不在同一直线的钻速情况，运用实体比例法投影可确定结构面的形状并实施预报。该方法简单可行，快速实用，不占施工时间。同时，该方法的预报效果也受到一些因素的影响，诸如钻机钻压的不稳定、钻孔的平行性、钻孔过程中卡钻现象等。现已对近百个掌子面的钻速于开挖后的岩性、结构面比较得出了此间的关系。

6. 充电法、自然电位法

充电法、自然电位法可预报隧道涌水或小股流水源体，它由渗流作用引起过滤电场，其方向与地下水流向有关。在地下水埋藏不深、流速大、地形较为平缓的条件下，应用自然电场法可以确定地下水的流向。

充电法是在水文地质调查中应用较多的一种人工直流电法。水相对围岩为良导体或导电性较好的地质体，在实际工作中，在隧道掌子面接上供电电极（A），另一供电电极（B）置于远离充电体的地方。供电后，充电体为一等位体或似等位体，通过测量电场的分布特征推断充电体的形态、大小和产状等。在水文地质调查中，充电法可测定地下水的流速和流向。

7. 隧道及井巷电磁导弹超前预报技术

电磁导弹是均匀、线性、非色散媒质中有限尺寸源分布在瞬态窄脉冲的激励下，在一定方向上辐射的一种慢衰减电磁波。这种定向慢衰减电磁波称为电磁导弹，与其他慢衰减电磁波比较，电磁导弹有独特的优点：①电磁导弹是线性问题，它是线性麦克斯韦方程的渐进解，不涉及媒质的非线性问题。②电磁导弹携带有限的总能量，从而克服了诸如聚焦波模、贝塞尔束等严格携带无限大能量在工程上难以实现的缺点。③电磁导弹是由一定源分布所辐射的电磁波，不存在逆源问题。该技术目前还没有进入实质性的预报阶段。

8. 掌子面地质编录预测法

参考勘察设计资料,通过掌子面已揭露地质体(岩层、不良地质体)进行观测与编录,以开挖的地质情况变化规律为依据,对掌子面前方岩土延伸情况进行有依据的推断。分为岩层性及层位预测法,条状不良地质体影响隧道长度预测法和不规则地质体影响隧道长度预测法等。

(1) 可视化处理技术

掌子面编录法可利用数码相机现场拍摄代替掌子面的地质素描,然后再室内计算机进行分析预报,每隔3 m拍摄一次。可为隧道工程积累详细的地质资料,便于隧道在运营期间的维护与养护。

(2) 随机不连续面三维网络模拟技术

块体失稳判定的基本理论:目前对节理裂隙与开挖面组合形成的块体失稳与否的判断主要采用石根华和goodman的块体理论,理论通过寻找控制岩体的开挖临空面上的关键块体来研究岩体结构模型的破坏机制,这在岩体失稳研究上是一个突破。该理论主要包括有限性定理、可动性定理和块体失稳的计算判定。

①块体的有限定理

用块体理论中的有限性定理来判断块体是有限块体还是无限块体。有限块体是指被结构面和开挖面完全切割与母岩完全分离的块体;无限块体是指未被结构和开挖面完全切割成孤立体。根据有限性定理,块体被确定为无限块体,则不可能产生滑动,如果为有限块体,还要用可动性定理进一步分析有限块体的可动性。

②可动性定理

可动块体指可沿空间某一个或若干个方向移动而不被相邻块体所阻的块体,不可动块体指沿空间任何方向移动均受相邻块体所阻的块体。可动性定理仅从几何学方面对块体可能产生滑动作出判断。而可动块体是否是不稳定块体还需进一步的判定。判定时,首先判断块体可能的运动形式,即冒落、单面滑动、双面滑动,然后计算块体自重和所受的摩擦阻力,二者进行比较,当自重大于摩擦阻力时,此块体将可能产生塌落。

通过上面的介绍可以知道,块体理论在判定块体是否失稳时必需是在开挖面、岩土中的结构面已知的情况下进行。因此,该理论用于已暴露洞段块体稳定性分析和评价是可以的,如果使用这一理论对施工掌子面前方的块体失稳与否进行超前预报,其关键是必须预先获取施工掌子面前方岩体结构面赋存状况的资料。目前,可采用超前平行导洞、超前导洞和超前钻孔等方法获取施工掌子面前方岩体结构面赋存状况的资料。这些方法获得资料虽准确,但在实施过程中都存在影响工期、增加工程投资、实际运用难度大等不足。因此,必须选择其他的方法来获取施工掌子面前方结构面的资料。为了减少对施工的干扰,少占或不占施工时间,可采用不连续面三维网络计算机模拟技术对施工掌子面前方岩体结构进行模拟。

(3) 断层参数预测技术

掌握区域地质构造变化规律,熟悉地质构造成因,应用经验公式超前预报隧道掌子面前方隐伏断层的位置和破碎带厚度(宽度),并且通过断层产状与隧道走向和隧道断面的高度和宽度资料,预测其影响隧道的长度。

适用条件:随时掌握隧道掌子面的地层产状、岩性、构造等的变化情况,要求高水平、经验丰富的地质工作者。

第6章　实际地质条件与预报结果的对比分析

下面是北天山隧道(DK112+225～DK112+375)超前探测成果分析：

根据设计地质资料，本次自检波器位置至预报区(DK112+173.10～DK112+375.00)区段地层岩性为奥陶系下统灰岩。灰岩：灰白色、灰褐色、中厚层状、块状，岩石坚硬，存在两组节理，微张，岩层次级褶皱、节理较发育。该岩石自身具一定的富水性、区段性存在岩溶。地下水类型属于岩溶裂隙。目前，实际情况是：在DK112+173.10～DK112+225.00区段地层岩性主要为灰岩及白云岩，岩石强度低，易破碎，涌水现象严重，局部地段水呈柱状喷出，出水点主要位于裂隙、层面间中，涌水量达3.5万 m^3/d。在DK112+225(掌子面)地层岩性为灰岩夹白云质灰岩，灰白色、中厚层状、块状，岩石坚硬，裂隙发育，有大面积涌水现象。

通过对二维结果图(图6-1～图6-13)分析，主要存在问题的区段见表6-1(以目前掌子面(DK112+225.00)岩石情况为参照物)。

表6-1　存在问题的区段及推断结果

序号	里程	长度(m)	推断结果
1	DK112+236～DK112+240.4	4.4	纵波、横波速度均较低，泊松比变化不大，表明裂隙发育，岩石强度降低，存在涌水的可能
2	DK112+247～DK112+252	5	纵波降低，横波变化不大，泊松比较低，表明岩石强度降低，裂隙发育，岩体较破碎
3	DK112+260～DK112+284	24	纵波、横波速度均较低，泊松比降低，表明裂隙发育，岩体破碎，存在大量涌水的可能
4	DK112+308～DK112+325	17	纵波、横波速度均较低，泊松比降低，表明裂隙发育，岩体破碎，本段存在大量涌水的可能

预报结论及建议：

(1)DK112+225～DK112+236(11 m)范围内岩性为灰岩夹白云岩，围岩强度与掌子面基本一致，局部裂隙较发育，岩溶裂隙水丰富，整体区段存在涌水的可能。建议加强近距离短期预报措施，加强初期支护和防排水工作。

(2)DK112+236～DK112+240.4(4.4 m)范围内岩性分析为灰岩，局部裂隙发育，存在涌水的可能。建议加强钻孔超前探水，加强初期支护和防排水工作。

(3)DK112+240.4～DK112+247(6.6 m)范围内岩性分析为灰岩夹白云岩，围岩强度与掌子面基本一致。

(4)DK112+247～DK112+252(5 m)范围内岩性分析为灰岩，岩石强度降低，裂隙发育、岩体较破碎。建议加强钻孔超前探水，加强初期支护。

(5)DK112+252～DK112+260(8 m)范围内岩性为灰岩夹白云岩，围岩强度与掌子面基本一致。

(6)DK112+260～DK112+284(24 m)范围内岩性分析为灰岩夹白云岩，裂隙发育，岩体破碎,存在大量涌水的可能。建议加强钻孔超前探水,加强初期支护及防排水措施。

(7)DK112+284~DK112+308(24 m)范围内岩性分析为灰岩夹白云岩,围岩强度与掌子面基本一致。

(8)DK112+308~DK112+325(17 m)范围内岩性分析为灰岩夹白云岩,裂隙发育,岩体破碎,本段存在大量涌水的可能。建议加强钻孔超前探水,加强初期支护及防排水措施。

(9)DK112+325~DK112+375(50 m)范围内岩性分析为灰岩夹白云岩,裂隙发育,岩体破碎,本段发生大量涌水的情况可能更严重,可能出现溶洞。建议加强长距离钻孔超前探水,加强初期支护及防排水措施。

统计结果见表6-2。

表6-2 统计结果

里程	长度(m)	设计的围岩类型	预报的围岩类型	开挖后围岩类型	准确程度
DK112+225~DK112+236	11	石灰岩、Ⅳ级	灰岩夹白云岩,局部裂隙发育	灰岩、Ⅳ级、局部裂隙发育	准确
DK112+236~DK112+240.4	4.4	石灰岩、Ⅳ级	灰岩,局部裂隙发育	灰岩夹白云岩、Ⅴ级	不准确
DK112+240.4~DK112+247	6.6	石灰岩、Ⅳ级	灰岩夹白云岩,局部裂隙发育	灰岩、Ⅳ级	准确
DK112+247~DK112+252	5	石灰岩、Ⅳ级	灰岩,裂隙发育,岩体较破碎	灰岩夹白云岩、Ⅳ级	准确
DK112+252~DK112+260	8	石灰岩、Ⅳ级	灰岩夹白云岩,裂隙不发育	灰岩软弱夹层、岩体破碎、Ⅴ级	不准确
DK112+260~DK112+284	24	石灰岩、Ⅳ级	灰岩夹白云岩,裂隙发育,岩体破碎	灰岩、Ⅳ级	准确
DK112+284~DK112+308	24	石灰岩、Ⅳ级	灰岩夹白云岩,局部裂隙发育	灰岩、Ⅳ级	准确
DK112+308~DK112+325	17	石灰岩、Ⅳ级	灰岩夹白云岩,裂隙发育,岩体破碎	灰岩、Ⅳ级	准确
预报准确率					87.6%

各种方法性能比较见表6-3。

表6-3 各种方法的预报精度、成本、工期、难易程度的综合比较

	预报距离	预报精度	预报成本	工期影响	难易程度
TSP	掌子面前方100~150 m,探查距离长	精度不高,只能对掌子面前方岩性变化的软弱面或含水层做定性的探测	预报成本适中	需要在掌子面附近钻孔、埋设炸药,需要耽误一定时间,对工期会产生影响	需要在掌子面附近钻孔、埋设炸药、布置导火线,并由专业人员操作仪器,预报过程复杂繁琐
GPR地质雷达	掌子面前方20~30 m,探查距离短	精度较高,可以准确判断溶洞、暗河、断层破碎带、节理裂隙发育带的位置	预报成本较低	在施工的间隙进行操作,占用时间短,对工期影响小	一人操作雷达主机,两人操作天线,操作过程简单
地质超前钻孔	掌子面前方30~50 m,探查距离中等	对与隧道垂直分布的结构面探测精度较高,平行分布的精度很低	钻探成本较高	需要在掌子面前方利用钻机钻孔,耽误工期	需要使用机械设备,钻取掌子面前后土体,钻探难度大

第6章 实际地质条件与预报结果的对比分析

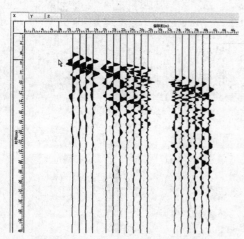

图 6-1　R1 X 分量原始记录

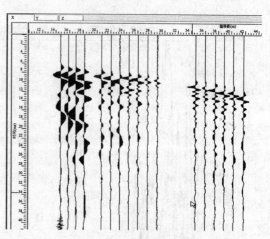

图 6-2　R2 X 分量原始记录

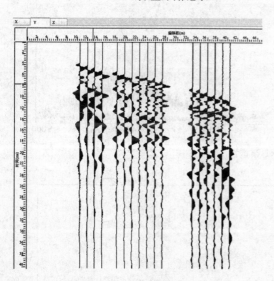

图 6-3　R1 Y 分量原始记录

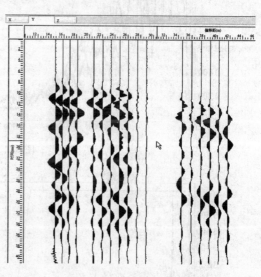

图 6-4　R2 Y 分量原始记录

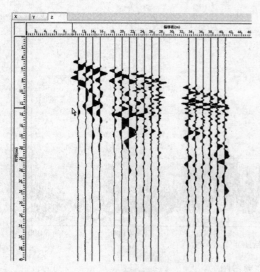

图 6-5　R1 Z 分量原始记录

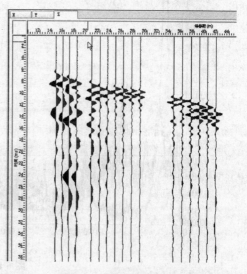

图 6-6　R2 Z 分量原始记录

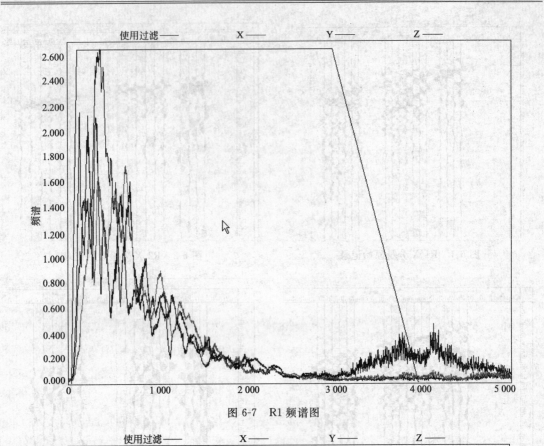

图 6-7 R1 频谱图

图 6-8 R2 频谱图

第6章 实际地质条件与预报结果的对比分析

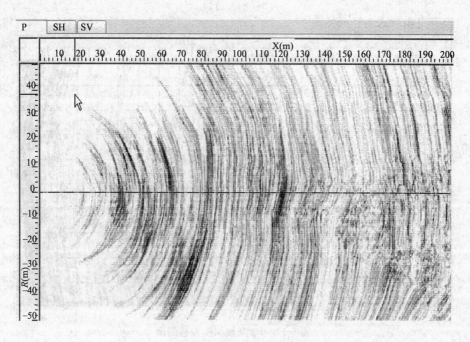

图 6-9　R1 P波深度偏移剖面

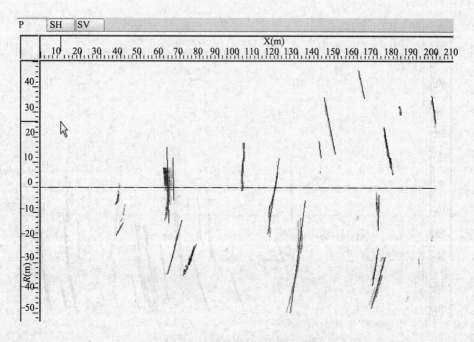

图 6-10　R1 P波及提取的反射层

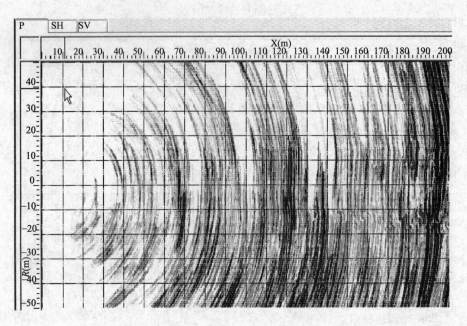

图 6-11 R2 P 波深度偏移剖面

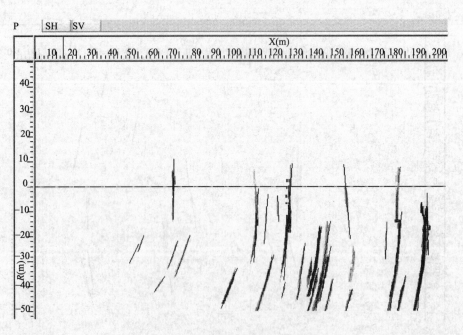

图 6-12 R2 P 波及提取的反射层

第6章 实际地质条件与预报结果的对比分析

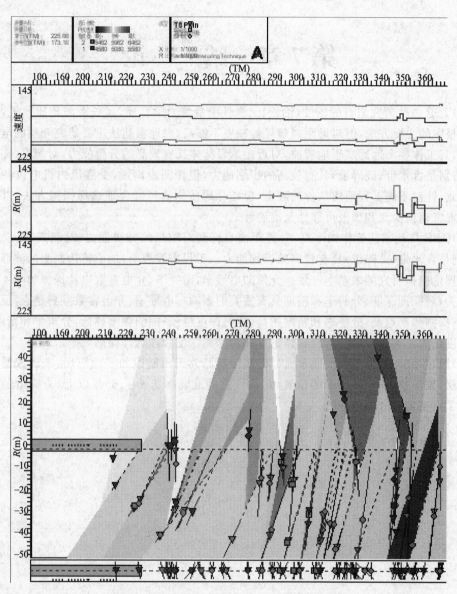

图 6-13 2D 成果显示及岩石力学参数曲线

第7章 结 论

(1) TSP方法研究岩石的密度、泊松比、弹性模量等力学性质，属长距离地质预报，是超前地质预报中的主要方法，但对远距离解译的精度不够高；探地雷达法主要研究介质的电性和介电性质，其工作频率远远高于地震波，对近距离目标体具有较高的分辨能力，对洞穴、夹层和断裂带(特别是含水带、破碎带)具有较高的识别能力，但探测距离短，受隧道内机电设备影响较大。因此，针对不同工程地质条件的隧道，要结合地质构造特征合理选择探测方法，以提高隧道地质灾害超前探测和预报可靠性及准确性。

(2) GPR探地雷达工作频率高，对近距离目标具有较高的分辨能力，对洞穴、夹层和断裂带(特别是含水带、破碎带)具有较高的识别能力。工程实践表明，地质雷达探测的波形和图像规律与理论模拟研究结果基本一致。介质的电导率、磁导率、介电常数以及探测频率4个因素密切相关，对探测深度、分辨率和精度具有重要的影响。电导率、介电常数差异越大，反射信号越明显；探测频率越高，分辨率和精度越高，探测深度越浅；探测频率越低，分辨率和精度越低，探测深度越大。实测时应根据目标体的性质和探测深度合理选择探测频率。

(3) 通过TSP超前地质预报系统对精霍伊铁路北天山隧道的实地应用，准确探明了隧道前方断层、裂隙带、涌水破碎带的位置，超前预报的准确率达到了85%以上，为隧道的安全施工提供了重要的参考价值。

第四篇

注浆浆液结石体使用寿命评估方法研究

第1章 绪 论

注浆作为一种特殊的施工方法,在土木、水利、矿山、交通等许多领域中得到了广泛的应用。在修建隧道工程时,常用注浆法加固隧道周围松散的软弱围岩,充填岩体中的空隙,限制地下水的流动和加固松散的软弱围岩,以达到控制施工现场岩土体的位移和塌方等目的。

由于在海水、湖水、盐沼水、地下水、某些工业污水及流经高炉矿渣或煤渣的水中常含有各种酸类和盐类,注浆浆液长期接触上述几种类型的地下水后,浆液结石体就会被侵蚀破坏,失去封堵地下水和加固岩土体的作用[119]。要使隧道与地下工程能够长期发挥作用,不光要依靠结构自身的稳定性和耐久性,围岩的稳定性和抗渗性也是一个关键因素。因此,充填和渗透在岩层裂隙中浆液结石体的寿命,对于隧道与地下工程结构能否长期安全使用起着重要的作用。

在复杂的矿山地质条件下,为防止地下水的危害而建立的防渗帷幕的堵水效果,在很大程度上取决于注浆材料的耐侵蚀性。前苏联工程地质注浆专业公司技术科学博士基普科等做过防渗帷幕耐久性评价方面的研究[120]。前苏联工程地质注浆专业公司根据注浆浆液侵蚀动力学研究了防渗帷幕的耐久性。注浆材料的耐蚀性试验方法规定,浆液试块置于侵蚀性介质中一定时间,然后确定试块的物理力学特性、物相组成及化学成分。由于侵蚀性介质的作用,浆液的物相组成和化学成分的变化往往会影响其强度特性。比较注浆材料的强度特性及相应的物相组成及其化学成分,就能发现引起注浆材料破坏的原因,并且根据结构的变化又可判定其渗透性的变化。物相和化学成分的变化证实了在注浆材料中有新生成物的生成或新生成物的破坏,从而影响注浆材料的强度特性。与侵蚀性介质的浓度和试块在介质中放置时间长短有关的浆液化学成分变化,反映了侵蚀作用的动力学过程,并能借此预报采用的浆液的稳定性,同时计算防渗帷幕的强度和耐久性。设计的方法已在角砾云母橄榄岩矿床、天然硫矿床、钾盐矿和其他矿床中用来预报帷幕的稳定性。

对于注浆固结物的寿命和耐久性,我国所进行的研究很少。然而,近年来都市土木工程建设中,有些工程需要注浆后搁置几年再开挖,对注浆的长期耐久性有一定的要求[121]。再有,构造物基础的加固和大深度的地下开挖等工程均对注浆的耐久性有较高的要求。当注入目的是为了加固构筑物的基础、水库堤坝和隧道的抗渗等用途时,对注浆材料的耐久性和寿命就提出了更加严格的要求。从1981年起,我国的注浆工程技术人员先后开展了注浆耐久性的解析、试验方法及耐久性高的浆液开发等几项研究工作,取得了一定的成果。程骁、张凤翔对硅溶胶浆液、GS类水玻璃浆液、水玻璃-碳酸氢钠浆液、超微细粒子硅石浆液等化学注浆材料展开了耐久性研究,得出的结论是:注浆材料的寿命和长期耐久性与注入浆液的凝胶时间长短,渗透能力,注入地层的土质条件,即粒径大小、渗水压力、固结土的大小及注入工法等因素有关。提高浆液材料寿命和耐久性的措施是综合考虑采用凝胶时间长的、渗透性好的、无硅石淋溶的、凝胶收缩率小的、匀凝强度高的浆液,就注入工法而言选用复合注入工法较为理想。

许多油田在开发过程中,都遇到了地层中含有的诸如 CO_2 和 H_2S 等腐蚀性介质影响油井水泥环密封效果的问题,加强抗腐蚀水泥外加剂和水泥浆体系的研究变得至关重要[68]。大港油田集团钻采研究院郭志勤等人从水泥石腐蚀机理的研究出发,通过试验优选出了抗腐蚀性水泥填充料 WG。WG 的主要成分为非晶态 SiO_2,具有粒细(平均粒径约为 $0.1~\mu m$)、比表面积大、活性高等特点。另外,选用不渗透剂 G60S 和硅粉,可以提高水泥石密实度,降低水泥石渗透率,从而提高水泥石的抗腐蚀性。通过对 9 种配方水泥浆固化体进行不同龄期的 CO_2、H_2S 腐蚀,测定水泥石腐蚀后的抗压强度、渗透率和腐蚀深度,进行反光显微镜、X-射线衍射分析,比较了填充料 WG 水泥浆、现场水泥浆、纯水泥浆固化体的抗腐蚀性,优选出了抗腐蚀高密度和低密度水泥浆配方。该抗腐蚀水泥浆体系不但具有抗腐蚀性,还具有良好的防气窜、降低自由水、稳定浆体等综合性能,可以满足不同井深条件下的固井作业需要。

总的来说,对于注浆浆液结石体的使用寿命评估方面的研究,无论是国内还是国外,所做的研究工作都非常少。随着注浆工程的飞速发展,迫切需要工程技术人员开展这方面的研究。

第 2 章 浆液结石体固结原理

2.1 水泥浆液水化固结原理

水泥用适量的水拌和后,便形成能黏结砂石集料的可塑性浆体,随后通过水泥的水化反应凝结硬化逐渐变成具有强度的石状体。同时,还伴随着有水化放热和体积变化等现象。这说明在水化反应过程中产生了复杂的物理、化学与物理-化学-力学的变化,并且可以持续一段较长的时间,从而使硬化的水泥浆体在一般条件下,强度有所增长,其他性能也有一定的变化。由于水泥熟料是多矿物的聚集体,与水的相互作用比较复杂,他包括了各水泥单矿物的水化反应,以及硅酸盐水泥总的水化硬化过程。

2.1.1 熟料矿物水化

1. 硅酸三钙

硅酸三钙在水泥熟料中的含量占 50% 左右,有时高达 60% 以上,硬化水泥浆体的性能在很大程度上取决于 C_3S 的水化作用、产物以及所形成的结构。

C_3S 在常温下的水化反应,可大致用下列方程式表示:

$$3CaO \cdot SiO_2 + nH_2O \longrightarrow xCaO \cdot SiO_2 \cdot yH_2O + (3-x)Ca(OH)_2$$

即:
$$C_3S + nH \longrightarrow CSH + (3-x)CH$$

上式表明其水化产物是水化硅酸钙和氢氧化钙。

硅酸三钙的水化速率很快,其水化过程根据水化放热速率-时间曲线(图 2-1),可以划分为五个阶段,即:

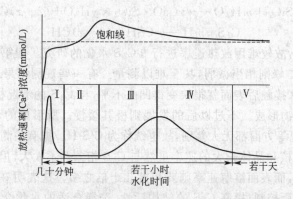

图 2-1 C_3S 水化放热速率和 Ca^{2+} 浓度变化曲线

(1)诱导前期:加水后立即发生急剧反应,但该阶段时间很短,在 15 min 以内结束。

(2)诱导期:这一阶段反应速率极其缓慢,又称静止期,一般持续 1~4 h,是硅酸盐水泥浆体能在几小时内保持塑性的原因。初凝时间基本上相当于诱导期的结束。

(3)加速期:反应重新加快,反应速率随时间而增长,出现第二个放热峰,在到达峰顶时本阶段即告结束（4～8 h）。此时终凝已过。

（4）减速期：反应速率随时间下降的阶段，约持续 12～24 h，水化作用逐渐受扩散速率的控制。

（5）稳定期：反应速率很低、基本稳定的阶段，水化作用完全受扩散速率控制。

由此可见，在加水初期，反应非常迅速，但很快就进入诱导期，反应速度变得相当缓慢。在该阶段末，水化才重新加速，生成较多的水化产物。然后，水化速率即随着时间的增长而逐渐下降。C_3S 水化各阶段如图 2-2 所示。

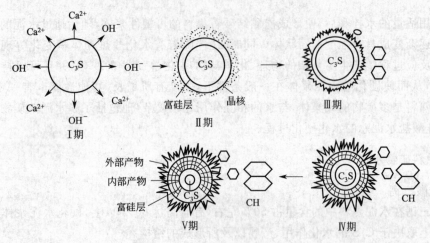

图 2-2　C_3S 水化各阶段的示意图

2. 硅酸二钙

β 型硅酸二钙的水化过程和 C_3S 极为相似，也有诱导期、加速期等。但水化速率很慢，为 C_3S 的 1/20 左右。曾测得 β-C_2S 约需几十小时方达加速期，即使在几个星期以后也只有在表面上覆盖一薄层无定形的水化硅酸钙，而且水化产物层厚度的增长也很缓慢。β-C_2S 的水化反应可采用下式表示：

$$2CaO \cdot SiO_2 + mH_2O \longrightarrow xCaO \cdot SiO_2 \cdot yH_2O + (2-x)Ca(OH)_2$$

即：
$$C_2S + mH \longrightarrow CSH + (2-x)CH$$

由于水化热较低，故较难用放热速率进行 β-C_2S 水化的研究。但第一个放热峰的高低却能与 C_3S 的相当；第二峰则相当微弱，甚至难以测量。有一些观测结果表明，β-C_2S 的某些部分水化开始较早，与水接触后表面就很快变得凹凸不平，与 C_3S 的情况极相类似，甚至在 15 s 以内就会发现有水化物形成。不过以后的发展则极其缓慢。所形成的水化硅酸钙与 C_3S 生成的在 C/S 比和形貌等方面都无大差别，故也统称为 C-S-H。据有关测试结果，β-C_2S 在水化过程中水化产物的成核和晶体长大的速率虽然与 C_3S 相差并不太大，但通过水化产物层的扩散速率要低 8 倍左右，而表面溶解速率则要相差几十倍之多。这表明 β-C_2S 的水化反应速度主要由表面溶解速率所控制，提高 C_2S 的结构活性，选择合适的水化介质，改善水化条件，有可能加快其水化速度。特别是由于节能的潜在可能性，活性 C_2S 的研究，正在取得更快的进展。

3. 铝酸三钙

铝酸三钙的水化反应迅速，其水化产物的组成与结构受溶液中氧化钙、氧化铝浓度和温度的影响很大。在常温下，铝酸三钙依下式水化：

$$2(3CaO \cdot Al_2O_3) + 27H_2O \longrightarrow 4CaO \cdot Al_2O_3 \cdot 19H_2O + 2CaO \cdot Al_2O_3 \cdot 8H_2O$$

C_4AH_{19} 在低于 85% 的相对湿度时,即失去 6mol 的结晶水而成为 C_4AH_{13}。C_4AH_{19}、C_4AH_{13} 和 C_2AH_8 均为六方片状晶体,在常温下处于介稳状态,有向 C_3AH_6 等轴晶体转化的趋势:

$$4CaO \cdot Al_2O_3 \cdot 13H_2O + 2CaO \cdot Al_2O_3 \cdot 8H_2O \longrightarrow 2(3CaO \cdot Al_2O_3 \cdot 6H_2O) + 9H_2O$$

上述过程随温度的升高而加速,而 C_3A 本身的水化热很高,所以极易按上式转化,同时在温度较高(35 ℃以上)的情况下,甚至还会直接生成 C_3AH_6 晶体:

$$3CaO \cdot Al_2O_3 + 6H_2O \longrightarrow 3CaO \cdot Al_2O_3 \cdot 6H_2O$$

在液相的氧化钙浓度达到饱和时,C_3A 还可能依下式水化:

$$3CaO \cdot Al_2O_3 + Ca(OH)_2 + 12H_2O \longrightarrow 4CaO \cdot Al_2O_3 \cdot 13H_2O$$

这个反应在硅酸盐水泥浆体的碱性液相中最易发生,而处于碱性介质中的 C_4AH_{13} 在室温下又能够稳定存在,其数量迅速增多,就足以阻碍粒子的相对移动,据认为是使浆体产生瞬时凝结的一个主要原因。为此,在水泥粉磨时通常都掺有石膏。因为在石膏、氧化钙同时存在的条件下,C_3A 虽然开始也快速水化成 C_4AH_{13},但接着就会与石膏反应,如下式:

$$4CaO \cdot Al_2O_3 \cdot 13H_2O + 3(CaSO_4 \cdot 2H_2O) + 14H_2O \longrightarrow$$
$$3CaO \cdot Al_2O_3 \cdot CaSO_4 \cdot 32H_2O + Ca(OH)_2$$

所形成的三硫型水化硫铝酸钙,又称钙矾石。由于其中的铝可被铁置换而成为含铝、铁的三硫酸盐相,故常以 AFt 表示。

当 C_3A 尚未完全水化而石膏已经耗尽时,则 C_3A 水化所成的 C_4AH_{13} 又能与先前形成的钙矾石依下式反应,生成单硫型水化硫铝酸钙(AFm):

$$3CaO \cdot Al_2O_3 \cdot CaSO_4 \cdot 32H_2O + 4CaO \cdot Al_2O_3 \cdot 13H_2O \longrightarrow$$
$$3(3CaO \cdot Al_2O_3 \cdot CaSO_4 \cdot 12H_2O) + 2Ca(OH)_2 + 20H_2O$$

当石膏掺量极少,在所有的钙矾石都转化成单硫型水化硫铝酸钙后,就可能还有未水化的 C_3A 剩留。在这种情况下,则会依下式形成 C_4ASH_{12} 和 C_4AH_{13} 的固溶体:

$$3CaO \cdot Al_2O_3 \cdot CaSO_4 \cdot 12H_2O + 3CaO \cdot Al_2O_3 + Ca(OH)_2 + 12H_2O \longrightarrow$$
$$2[3CaO \cdot Al_2O_3(CaSO_4、Ca(OH)_2) \cdot 12H_2O]$$

因此由上述可知,C_3A 可能有各种不同的水化产物,依实际参加反应的石膏量而定。

当 C_3A 单独与水拌和后,几分钟内就开始快速反应,数小时能完成水化。当掺有石膏时,反应则会延续几小时后再加速水化。而石膏和氢氧化钙一起所产生的延缓效果更为明显。可见在形成钙矾石的第一放热峰以后较长时间,才会出现形成单硫型水化硫铝酸钙、水化重新加速的第二放热峰。所以,石膏的存在与否及其掺量、溶解情况是决定 C_3A 水化速率、水化产物的主要因素。

按照一般硅酸盐水泥的石膏掺量,其最终的铝酸盐水化物常为钙矾石与单硫型水化硫铝酸钙。同时在常用水灰比的水泥浆体中,离子的迁移受到一定程度的限制,较难充分地进行上述各种反应,因此钙矾石与其他几种水化铝酸盐产物在局部区域内同时并存,也都是很有可能的。

4. 铁相固溶体

水泥熟料中一系列铁相固溶体除用 C_4AF 作为其代表式外,还可以用 Fss 来表示。C_4AF 的水化速率比 C_3A 略慢,水化热较低,即使单独水化也不会引起瞬凝。

铁铝酸钙的水化反应及其产物与 C_3A 极为相似。氧化铁基本上起着与氧化铝相同的作用,也就是在水化产物中铁置换部分铝,形成水化硫铝酸钙和水化硫铁酸钙的固溶体,或者水化铝酸钙和水化铁酸钙的固溶体。

在没有石膏的条件下,C_4AF 与氢氧化钙及水反应生成部分铝被铁置换的 C_4AH_{13}:
$$4CaO \cdot Al_2O_3 \cdot Fe_2O_3 + 4Ca(OH)_2 + 22H_2O \longrightarrow 2[4CaO \cdot (Al_2O_3 \cdot Fe_2O_3) \cdot 13H_2O]$$

所形成的 C_4AH_{13} 在低温状态下也较稳定,到 20℃ 左右,即要转化成 $C_3(AF)H_6$。但这个转化过程比 C_3A 水化时的晶型转变要慢,可能是由于 C_4AF 水化热低,不易使浆体温度升高的缘故。与 C_3A 相似,氢氧化钙的存在也会延缓其立方晶型 $C_3(AF)H_6$ 的转化。当温度较高(>50℃)时,C_4AF 会直接形成 $C_3(AF)H_6$。

C_4AF 的水化放热曲线与 C_3A 的也很相似,但早期水化受石膏的延缓更为明显,在氢氧化钙饱和溶液中,石膏能使其放热速率变得极为缓慢。尼格等人在对 $C_2F \sim C_6A_2F$ 范围内一系列固溶体研究中,发现固溶体的水化活性随 A/F 比的增加而提高;反之,若 Fe_2O_3 含量增加,则水化速率就降低。因此 C_4AF 的活性比 C_6A_2F 要高,水化速率也快。另外,水化所得产物的 A/F 比一般要比水化前的固溶体高,从而在上述各种水化产物之外,还会有无定形 $Fe(OH)_2$ 的形成。

2.1.2 硅酸盐水泥的水化

当水泥与水拌和后,就立即发生化学反应,水泥的各个组分开始溶解。所以经过一极短瞬间,填充在颗粒之间的液相已不再是纯水,而是含有各种离子的溶液,主要为:

$$硅酸钙 \longrightarrow Ca^{2+}、OH^-$$
$$铝酸钙 \longrightarrow Ca^{2+}、Al(OH)_4^-$$
$$硫酸钙 \longrightarrow Ca^{2+}、SO_4^{2-}$$
$$碱的硫酸盐 \longrightarrow K^+、Na^+、SO_4^{2-}$$

由于 C_3S 迅速溶出 $Ca(OH)_2$,所掺的石膏也很快溶解于水,特别是水泥粉磨时部分二水石膏可能脱水成半水石膏或可溶性硬石膏,其溶解速率更大。熟料中所含的碱溶解也快,甚至 70%~80% 的 K_2SO_4 可在几分钟内溶出。因此,水泥的水化作用在开始后,基本上是在含碱的氢氧化钙、硫酸钙的饱和溶液中进行的。

高浓度的钙离子和硫酸盐离子在溶液中保持的时间长短,取决于水泥的组成。藤井钦二郎等人曾确定,高度过饱和的氢氧化钙溶液的过饱和度在起始的 10 min 内达到极大值后,又急剧地降低。此后,溶液变为饱和的或者只是弱过饱和的。但也有数据表明,氢氧化钙的高度过饱和能保持到 4 h 或者 1~3 d 之久。硫酸盐离子的浓度在达到极大值后,以后就降低,也类似于钙离子浓度的变化。这主要是由于铝酸钙消耗硫酸盐形成了钙矾石或单硫型水化硫铝酸盐的缘故,从而使溶液的硫酸盐浓度不断下降,逐渐变成基本上是氢氧化钙、氢氧化钾和氢氧化钠的溶液。但在钾、钠存在的条件下,钙的溶解度变小,加快了氢氧化钙的结晶,更会使液相最后成为 K^+、Na^+ 和 OH^- 离子为主的溶液。由此可见,液相的组成依赖于水泥中各种组成的溶解度,但液相组成必然反过来会深刻影响到各熟料矿物的水化速率,固、液两相处于随时间而变的动态平衡之中。

根据目前的认识,硅酸盐水泥的水化过程可概括如图 2-3 所示。水泥加水后,C_3A 立即发生反应,C_3S 和 C_4AF 也很快水化,而 C_2S 则较慢。在电子显微镜下观测,几分钟后可见在水泥颗粒表面生成钙矾石针状晶体、无定形的水化硅酸钙以及 $Ca(OH)_2$ 或水化铝酸钙等六方板状晶体。由于钙矾石的不断生长,使液相中 SO_4^{2-} 离子逐渐减少并在耗尽之后,就会有单硫型水化硫

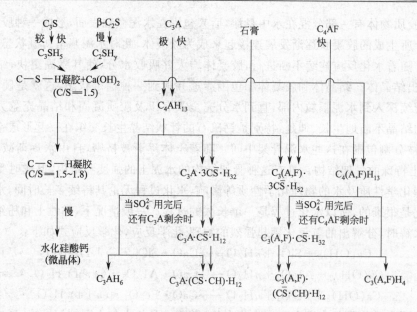

图 2-3 硅酸盐水泥的水化过程

铝(铁)酸钙出现。如石膏不足,还有 C_3S 和 C_4AF 剩留,则会生成单硫型水化物和 $C_4(C,F)H_{13}$ 的固溶体,甚至单独的 $C_4(C,F)H_{13}$,而后者再逐渐转变成等轴晶体 $C_3(C,F)H_{16}$。

可将水泥的水化过程简单地划分为如下三个阶段,即:

(1)钙矾石形成期:C_3A 率先水化,在石膏存在条件下,迅速形成钙矾石,是导致第一放热峰的主要因素。

(2)C_3S 水化期:C_3S 开始迅速水化,大量放热,形成第二放热峰。有时会有第三放热峰或在第二放热峰上出现一个"峰肩",一般认为是由于钙矾石转化成单硫型水化硫铝(铁)酸钙而引起的。当然,C_2S 与铁相亦不同程度地参与了这两个阶段的反应,生成相应的水化产物。

(3)结构形成和发展期:放热速率很低,趋于稳定。随着各种水化产物的增多,填入原先由水所占据的空间,再逐渐连接,相互交织,发展成硬化的浆体结构。

2.1.3 水泥浆液的凝结硬化

水泥加水拌成的浆体,起初具有可塑性和流动性。随着水化反应的不断进行,浆体逐渐失去流动能力,转变为具有一定强度的固体,即为水泥的凝结和硬化。水化是水泥产生凝结硬化的前提,而凝结硬化则是水泥水化的结果。硬化水泥浆体是一非均质的多相体系,由各种水化产物和残存熟料所构成的固相以及存在于孔隙中的水和空气所组成,所以是固-液-气三相多孔体。它具有一定的机械强度和孔隙率,而外观和其他性能又与天然石材相似,因此通常又称之为水泥石[121]。

水泥浆被注入地基土中以后,同土混合,由于土的物理力学性质不同,其固化原理也有所不同,混合后强度形成的特性也有一定差别。当地基土为砂质土时,水泥浆与砂混合后形成的固结体强度较高。但对于土质主要为软弱黏性土组成的地基来说,水泥浆与土混合后强度形成的特性有很大差别。首先,被振动或高压水冲压破坏的土体粉碎成各种粒径的颗粒,颗粒间的空隙被水泥浆充填或颗粒被包裹。水泥水化后,化学反应连续不断地进行就在土颗粒周围形成各种水化物(即铝酸三钙水化物和氢氧化钙)结晶,这种水化物的结晶初始时是一种胶质物体,这种胶质物体有一部分混在水中悬浮,后来包围在水泥微粒表面,形成一种胶凝膜,由水泥各种成分所生成的胶凝膜逐渐发展连接起来成为胶凝体,此时水泥浆呈初凝状态,开始有胶黏的性质。随着水化反应连续不断进行,胶凝体增大并吸收水分,使其凝固更快,结合更加紧密,进而生出结晶体。结晶体和胶凝体相包围渗透并达到一种稳定状态,这就是硬化的开始,水化作用继续深入到水泥颗粒内部,直到水分完全没有以及胶质凝固和结晶充盈为止。随着水泥水化物结晶不断地生长、伸延,特别是钙矾石的针状结晶生长交织在一起形成空间的网络结构,土体被分割包围在这些水泥骨架中间。随着土体逐渐被挤密,自由水逐渐减少消失,形成了水泥-土特殊的骨架结构。具有这种骨架结构的水泥土的强度和结构,形成时受土的矿物成分和物理化学性质及水的物理化学性质等影响,水化过程无论其持续多长时间,水泥微粒内核全部水化是很难的,所以水化过程是一个长久的过程。一般情况下,黏性土和粉细砂与水泥熟料矿物水解时,分解出的氢氧化钙起强烈的物理-化学反应,化学反应式如下:

$$Ca(OH)_2 + SiO_2 + nH_2O \longrightarrow CaO \cdot SiO_2 \cdot (n+1)H_2O$$

$$Ca(OH)_2 + Al_2O_3 + nH_2O \longrightarrow CaO \cdot Al_2O_3 \cdot (n+1)H_2O$$

$$Ca(OH)_2 + Fe_2O_3 + nH_2O \longrightarrow CaO \cdot Fe_2O_3 \cdot (n+1)H_2O$$

在水泥石和矿物颗粒表面上形成水化合物,随着结晶长大与土颗粒相搭接,形成空间网络结构,这就增加了固结体的强度。当土中有大量粗砂颗粒时,在很长的过程中,石英砂粒表面才能与水泥水化物发生作用。

地下隐蔽工程水泥浆固结体的固结强度增长受很多因素影响,如水泥成分、外加剂、土的性质和地下水的成分及温度等。这些因素综合作用减缓或加快了水化反应。某些工程,若干年后,固结体还在进行水化反应,强度仍不断增加。而大部分工程常常存在不同地质条件(土质条件、水文条件等)下不同深度固结体的强度是不同的。更有甚者,某些隐蔽工程水泥浆液数月后仍不凝固[122]。

2.2 水泥+黏土浆液固结原理

由黏土、水泥和水按一定顺序混合组成的浆液,即为水泥黏土浆液。

由于纯水泥浆液在水胶比<1.5时容易发生沉积固结,及水合硬化后产生较多的离析水,硬化时间长,所以浆液的用途不广。若在浆液的成分中增加黏土成分,则情况即发生变化。在水泥浆液中加入黏土原浆后,由于水泥颗粒相对于黏土颗粒要粗些,且水泥颗粒的表面带有正电荷,与带有负电荷的假六方片状黏土颗粒的面相遇后,相互发生静电吸引,使片状黏土颗粒的面吸收水泥颗粒,形成以水泥颗粒为中心的黏土水泥球,破坏了原来形成的棚架结构,放出所包围的水分,而放出的水分又为水泥颗粒所吸收,与水泥起水化作用,生成$Ca(OH)_2$。所生成的$Ca(OH)_2$在水中电离出大量的Ca^{2+},使浆液体系中Ca^{2+}增加,从而使黏土颗粒的电动电位降低,扩散层以及水化膜变薄,体系由分散转化为聚结,而放入的水又为水泥充分水化提供了必要条件,加快了水泥的水化,使体系中的Ca^{2+}增加,Ca^{2+}的增加进一步减薄了黏土颗粒的水化膜,放出更多的水,这样反复循环,使黏土-水泥浆变稠直到固化[123]。由于水泥颗粒起到破坏泥浆棚架结构的作用,而棚架结构破坏所放出的水分又为水泥的水化提供条件,所以水泥含量的增加,必将增加棚架结构的破坏作用,使得黏土-水泥浆的τ值增加,但由于水泥加量较少(不到20%),黏土-水泥浆整个体系中仍有相当数量的棚架结构存在,这些棚架结构随着外力的增加而不断破坏后,放出所包围的水分,这表现出黏土-水泥浆的表观黏度随剪切速

率的增加而不断下降,直到最后稳定到一定值。这是因为黏土-水泥浆中的棚架结构全部被破坏,放出了所包围的全部的水分,此时,体系黏度将不会再降低了,当剪切速率由最大开始下降,体系中黏土颗粒又开始相互吸引而形成棚架结构,这些结构要包围一部分水。剪切速率越低,体系形成棚架结构的速度就越快,从而表现出体系的表观黏度随剪切速率的降低而上升。但由于水泥的水化作用,使得体系中水分越来越少,体系在同一剪切速度条件下,形成棚架时的自由水要少于破坏棚架结构时的自由水,从而整个体系表现出明显的振凝性,其流变曲线存在滞后回环,且上升时的流变曲线总在下降时的流变曲线的右方[124]。

在水泥黏土浆液的水化固结过程中,黏土遇水后颗粒分散开始产生可塑性胶体,吸附水泥颗粒制止水泥颗粒的沉积,使浆液成为稳定性浆液。与此同时,还吸收水泥硬化的离析水继续水化膨胀。另外,水化膨胀后的黏土胶体可与水泥颗粒结合形成凝固物。也就是说,加入黏土可制止浆液中的水泥的沉淀,能吸收过剩的水和水泥的离析水而生成具有触变性的膨胀体,还可提高浆液凝固体的内聚力,进而致使凝固体的强度和抗渗性得以提高。黏土难溶物质可以在水泥颗粒周围形成一个保护层,阻止侵蚀性地下水对水泥颗粒的溶解,故这种浆液的耐久性比较好。水泥黏土的混合浆材是岩体裂隙和粗粒土层注浆加固的主要浆材,它可以取代不稳定水泥浆液的所有用途,既可单独用于补强和防水注浆,也可与其他浆液联合用于细粒和不均匀土层中的大孔洞的填充,保证其他浆材渗入细粒土的间隙,也可作为钻孔泥浆使用。

2.3 黏土固化浆液的固结原理

黏土固化浆液由黏土、水泥、水玻璃(固化剂 A)、固化剂 B 与水组成,在浆液中发生的化学反应必将与水泥的水化反应、水泥与水玻璃的反应、水泥与黏土的反应以及水玻璃与黏土的反应有关,这些反应组成了黏土固化浆液的一些基本反应,但由于又加有固化剂 B,故黏土固化浆液中发生的化学反应又与以上反应有所不同[125]。

1. 黏土固化浆液的水化反应过程

(1)水泥的水化反应过程

水泥中的硅酸三钙、硅酸二钙、铝酸三钙和铁铝酸四钙等与水发生如下水化反应:

$$2(3CaO \cdot SiO_2)+6H_2O \longrightarrow 3CaO \cdot 2SiO_2 \cdot 3H_2O + 3Ca(OH)_2 \quad (2-1)$$

$$2(2CaO \cdot SiO_2)+4H_2O \longrightarrow 3CaO \cdot 2SiO_2 \cdot 3H_2O + Ca(OH)_2 \quad (2-2)$$

上式是在常温条件下的反应式。在黏土固化浆液配比条件下(高碱)以及常温时 C_3A 的水化产物为水化铝酸四钙,但其很不稳定,易转化为 C_3AH_6,所以 C_3A 的水化反应式一般写成下式:

$$3CaO \cdot Al_2O_3 + 6H_2O \longrightarrow 3CaO \cdot Al_2O_3 \cdot 6H_2O \quad (2-3)$$

$$3CaO \cdot Al_2O_3 + Ca(OH)_2 + nH_2O \longrightarrow 4CaO \cdot Al_2O_3 \cdot nH_2O \quad (2-4)$$

由于固化剂 B 中含有硫酸盐,故在常温条件下铁铝酸四钙的水化反应式为:

$$4CaO \cdot Al_2O_3 \cdot Fe_2O_3 + 2Ca(OH)_2 + 6(CaSO_4 \cdot 2H_2O) + 50H_2O \longrightarrow$$
$$2[3CaO \cdot (Al_2O_3 \cdot Fe_2O_3) \cdot 3CaSO_4 \cdot 32H_2O] \quad (2-5)$$

(2)固化剂 B 的催化反应

当固化剂 B 加入到黏土水泥浆体系后,固化剂 B 中的无机盐首先溶解于水中生成大量的铝酸根离子、硫酸根离子及硅酸根离子;氧化钙也发生水化作用,生成 $Ca(OH)_2$,生成的 $Ca(OH)_2$ 又为式(2-5)的进行提供了充分条件,加快了铁铝酸四钙的水化反应;$Ca(OH)_2$ 溶解后生成的 Ca^{2+} 和 OH^- 很快就使溶液处于饱和状态,同时其与铝酸根、硫酸根、硅酸根等起反应,生成水化铝酸三钙,硫酸钙与水化硅酸钙结晶产物,并溶解部分氧化硅,生成硅酸钠(因固化剂 B 中含有硅酸盐)。

$$OH^- + nSiO_2 \longrightarrow Na_2O \cdot nSiO_2 + H_2O$$

生成的硅酸钠与体系中的 $Ca(OH)_2$ 反应生成有一定强度的凝胶体-水化硅酸钙。

$$Ca(OH)_2 + NaO \cdot nSiO_2 + mH_2O \longrightarrow CaO \cdot nSiO_2 \cdot mH_2O + NaOH$$

所生成的硫酸钙在水溶液中的存在降低了 $Ca(OH)_2$ 的溶解度,促使 $Ca(OH)_2$ 结晶体加快生成,并促使反应式向右边加快进行,并且硫酸钙与铝酸三钙一起与水发生下述水化反应:

$$3CaSO_4 + 3CaO \cdot Al_2O_3 + 32H_2O \rightarrow 3CaO \cdot Al_2O_3 \cdot 3CaSO_4 \cdot 32H_2O$$

这种反应很迅速,反应结果把大量的自由水以结晶形式固定下来,使体系中自由水大大减少。但由于固化剂中氧化钙含量较少(1%~10%)以及在加入固化剂之前就加入了水泥,水泥中的熟料矿物已经开始进行水化反应,生成 $Ca(OH)_2$,而 $Ca(OH)_2$ 溶解后的产物 Ca^{2+} 被固化剂中的铝酸根、硫酸根、硅酸根结合,生成水化铝酸三钙、硫酸钙与水化硅酸钙,从而降低了溶液中 Ca^{2+} 的浓度,加快了水泥熟料矿物的水化。

$$Al_2O_2^{2-} + Ca^{2+} + H_2O \longrightarrow 3CaO \cdot Al_2O_3 \cdot 6H_2O$$

$$SO_4^{2-} + Ca^{2+} + H_2O \longrightarrow CaSO_4 \cdot 2H_2O$$

$$SiO_4^{4-} + Ca^{2+} + H_2O \longrightarrow 2CaO \cdot SiO_2 \cdot nH_2O$$

(3)固化剂 A(水玻璃)的催化反应过程

$$NaO \cdot nSiO_2 + H_2O \longrightarrow 2NaOH + nSiO_2$$

当水玻璃最后加入时,水玻璃马上水解,但这是一个可逆反应,而固化剂 B 中的无定形氧化硅促成反应向左进行,生成更多的硅酸钠,硅酸钠则与溶液的氢氧化钙反应,生成有一定强度的凝胶体-水化硅酸钙。此时的无定形氧化硅限制了水玻璃的水解,促使其向生成水化硅酸钙方向反应,从而加快了反应速度,同时,细小的无定形氧化硅在水泥颗粒的表面起到晶核的作用,加快了水化反应物晶体的生成。而由固化剂 B 中的铝酸根、硫酸根与硅酸根离子生成的水化铝酸三钙、硫酸钙与水化硅酸钙的结晶体成为后续反应物晶体生长的晶核,从而加快了各种水化产物晶体的生长,使得结石体强度增长较快,浆液凝固加快,初凝时间变短。

2. 黏土颗粒与水泥及水化产物的作用机理

在黏土固化浆液中,由于水泥的水解和水化反应完全在具有一定活性的介质——土的围绕下进行,所以当水泥的各种水化产物产生的同时,这些水化产物一部分自身继续硬化,形成水泥水化物的骨架,另一部分则与周围具有一定活性的黏土颗粒发生反应。反应方式主要为离子交换及团粒化作用和凝硬反应,因而构成一个复杂的物理化学反应过程[126]。

在黏土固化浆液中黏土颗粒得到分散后,在水中分散成片状颗粒,而这些颗粒的板面与边缘带有不同的电荷,在一个较大的 pH 值范围内,边缘往往带有正电荷,而板面总是带负电,且板面所带的负电荷在数值上远大于边缘所带的正电荷,这样,边和面将相互吸引,形成棚架结构。而所加入的水泥颗粒相对于黏土颗粒要粗些,并且水泥颗粒表面带有正电荷,与带有负电荷的片状黏土颗粒的面相遇后,相互发生静电吸引,破坏部分棚架结构,使片状黏土颗粒的面吸向水泥颗粒,形成以水泥颗粒为中心的黏土水泥球。由于水泥加量较少,在浆液体系中棚架结构不可能全部被破坏掉,因此,使棚架结构与黏土水泥球共存。在这些黏土水泥球中,水泥颗粒发生水化反应时所生成的水化产物是从水泥的颗粒表面开始生成的,并向外扩散,继而充填黏土颗粒之间的空隙,形成强度。

黏土颗粒的表面除了能与带正电荷的水泥颗粒相吸附外,同样也能和水泥水化所生成的水化产物——氢氧化钙中的 Ca^{2+} 进行当量吸附，使分散的黏土颗粒形成较大的团粒，从而使浆液体系的强度提高。水泥水化生成的凝胶粒子，由于其比表面积比水泥颗粒大很多，因此产生很大的表面能，具有强烈的吸附活性，能与较大的土团粒进一步结合起来，形成团粒结构，并封闭各土团之间的空隙，形成整体的联结。

2.4 水泥+水玻璃浆液固结原理

当水泥浆液和水玻璃溶液按某一体积比例混合后，则产生化学反应很快形成具有一定强度的胶质体，反应连续进行，胶质体强度不断增强，转为稳定的结晶状态——凝固，从而起到填塞裂隙、截断水流、加固围岩的作用[127][128]。

水泥主要矿物为 C_3A、C_3S、C_2S，其水化反应见下式。

$$3CaO \cdot Al_2O_3 + CaSO_4 + nH_2O \longrightarrow 3CaO \cdot Al_2O_3 \cdot CaSO_4 \cdot 32H_2O(AFt) + Ca(OH)_2$$

$$3CaO \cdot SiO_2 + nH_2O \longrightarrow xCaO \cdot SiO_2 \cdot yH_2O + (3-x)Ca(OH)_2$$

$$2CaO \cdot SiO_2 + nH_2O \longrightarrow xCaO \cdot SiO_2 \cdot yH_2O + (2-x)Ca(OH)_2$$

水泥与水混合时，在 C_3A、C_3S、C_2S 有缺陷的部位会发生水解反应，使 Ca^{2+}、OH^- 进入溶液。对 C_3S 而言，在其颗粒表面形成一个缺钙的富硅层。接下来该表面会吸附溶液中的 Ca^{2+} 而形成一个双电层，它所形成的电位将会使颗粒在液相中保持分散状态。随着 C_3S 的继续水化，溶液中的 $Ca(OH)_2$ 浓度会不断提高。当浓度达到过饱和时，$Ca(OH)_2$ 会出现析晶现象，双电层作用会变小或消失，所以促进了 C_3S 的溶解，并出现 C-S-H 凝胶的析晶沉淀。因为 Ca^{2+} 的迁移速度比硅酸根离子快，所以 C-S-H 的析晶现象主要发生在靠近水泥颗粒表面区域，在浆体的原充水空间中，或在远离水泥颗粒表面可以形成 $Ca(OH)_2$ 晶体。当 $Ca(OH)_2$、C-S-H、Aft 的生成量非常多，足够充满整个充水空间时，凝胶结构开始形成在浆液中。对于双液灌浆材料水玻璃-水泥而言，要求水泥与水混合形成的 A 液的使用时间足够长，流动性要好，所以要求 A 液的水胶比较大(>1.0)，这就可以保证其流动性较好，短时间内不会发生凝结固化。

浆液的凝胶状态是这样形成的：当 A 液——水泥浆液与 B 液——水玻璃混合时，A 液中存在的大量 Ca^{2+} 会迅速与水玻璃溶液中的硅酸根结合。C-S-H 凝胶生成后，大量的硅酸钙胶体在体系的充水空间内迅速生成，它们彼此交错、连接，连续的网状结构在整个水泥浆体空间形成，浆液就会失去流动性而达到凝胶状态。

浆液的凝胶固化机理为水泥水化 $Ca(OH)_2$ 与水玻璃的反应，即：

$$xCa(OH)_2 + Na_2O \cdot nSiO_2 + mH_2O \longrightarrow xCaO \cdot SiO_2 \cdot yH_2O + 2NaOH$$

其反应过程如下：

硅酸三钙水解生成氢氧化钙和含水硅酸二钙：

$$3CaO \cdot SiO_2 + nH_2O \longrightarrow 2CaO \cdot SiO_2(n-1)H_2O + Ca(OH)_2$$

硅酸二钙水解变成含水硅酸二钙：

$$2CaO \cdot SiO_2 + mH_2O \longrightarrow 2CaO \cdot SiO_2 \cdot mH_2O$$

上面的两个反应生成呈胶质状、不溶于水的硅酸二钙，成为水硬性材料。而氢氧化钙与碱金属硅酸盐(硅酸钠)发生反应，生成具有凝胶性的硅酸钙：

$$Ca(OH)_2 + Na_2O \cdot mSiO_2 + nH_2O \longrightarrow CaO \cdot mSiO_2 \cdot nH_2O \downarrow + 2NaOH$$

对于凝胶体的早期强度，起主要作用是水玻璃和水泥中的氢氧化钙，对于凝胶体的后期强度，则起主要作用是水泥水解水化反应[129]。

第3章 浆液结石体寿命评价方法的研究

3.1 引 言

加固防渗工程,尤其是大坝基础防渗工程中,水泥灌浆帷幕的应用非常普遍。随着外界自然环境的恶化,逐渐发现有数量众多的灌浆帷幕防渗能力随时间而衰减,不少防渗帷幕与外界环境中的酸性污染物相互作用。灌浆帷幕还没有达到规定的设计服役期限时,帷幕的强度和抗渗能力已经下降甚至衰减而失去作用。关于灌浆帷幕的耐久性问题,国内外进行的研究不多。前苏联专业堵水地质联合公司的基普科博士等人研究了复杂水文地质条件下防渗帷幕灌浆材料的耐久性问题[39];国内中南大学王星华等人采用模糊综合评定的方法,对海底隧道注浆材料进行了耐久性评估[44];西安建筑科技大学霍润科等人[100]对酸性环境下岩石及混凝土的耐久性进行了分析研究。在目前的地下工程结构防腐蚀设计中,一般通过建立氯离子扩散极限状态、碳化侵蚀极限状态方程,依照可靠度计算模型,推算100年使用期末的可靠度指标,以作为设计使用寿命的预估,使得隧道管片结构、隧道密封防水材料等的耐久性年限均满足100年的设计使用年限要求[89]。对于地下工程中大量使用的注浆帷幕的使用寿命问题,目前还没有相关的研究成果出现。因此,本文以水泥基注浆材料为研究对象,在充分研究注浆材料腐蚀因素的基础上,采用化学反应动力学基本理论,建立了以酸性腐蚀为背景的注浆材料寿命预测模型,对水泥基注浆材料的使用寿命进行科学预测。

3.2 水泥基注浆材料使用寿命评估及预测理论

3.2.1 化学动力学方法

1. 化学反应的动力学基本原理[102~104]

化学反应动力学研究化学反应的发生、发展与消亡的过程,从量上说就是研究反应的速率,从质上说就是研究反应的机理。在一定温度下,反应速率往往可以表示为反应体系中各组元浓度的某种函数关系,这种关系式称之为反应速率方程。化学反应中,在一定的温度和压力环境下反应方程:$A+B+C+\cdots \rightarrow P$(产品)的反应速率 R 可以用如下方程表示:

$$R = -\frac{d[P]}{dt} = f([A],[B],[C],\cdots) \tag{3-1}$$

式(3-1)常常也用式(3-2)表示:

$$R = k[A]^x[B]^y[C]^z \tag{3-2}$$

式中 $[A]、[B]、[C]$——反应物的浓度;
k——反应速率常数,独立于反应物的浓度,但和化学反应的温度和压力有关。

化学反应速率的级数 i 定义为:

$$i = x+y+z \tag{3-3}$$

大多数化学反应的速率级数为0,1,2。各种化学反应级数的化学反应速率见表3-1。

表 3-1 化学反应速率

反应级数 i	动力学定律 $x=f(t)$	反应速率 dx/dt
0	$x=1-kt$	$dx/dt=-k$
1	$x=e^{-kt}$	$dx/dt=-k[A]$
2	$x=1/(1+[A]_0 kt)$	$dx/dt=-k[A]^2$
$i>2$	$x=\{kt(n-1)[A]_0^{n-1}+1\}^{-1/(n-1)}$	$dx/dt=-k[A]^n$

2. Arrhenius定理模型和方程

化学反应的速度与化学反应物质的反应环境温度有关。一般环境温度越高,反应的速度越快。Vant Hoff首先定量地讨论反应速率对温度的一般性依赖关系。他指出温度每升高10 ℃,反应通常加速2~4倍。后来Arrhenius通过大量试验与理论的论证揭示了反应速率常数对温度的依赖关系,进而逐步建立了著名的Arrhenius定理。

Arrhenius定理通常可以用3种不同的数学式来表达:

$$k = A e^{-E/RT} \tag{3-4}$$

$$\ln k = \ln A + (-E/R)(1/T) \tag{3-5}$$

$$d\ln k/dT = E/RT^2 \tag{3-6}$$

式中 k——在温度为$T(℃)$下的反应速度常数;
       A——反应的指数前因子,与温度无关;
       E——反应的活化能,与温度无关;
       R——理想气体通用常数;
       T——化学反应的绝对温度。

从式(3-5)可以看出,$\ln k$ 与 $1/T$ 呈线性关系,即建立起了材料化学反应速度与反应环境中温度两者的关系模型。$\ln A$ 与 $1/T$ 的关系图形称之为Arrhenius图线(图3-1)。

从图3-1可以看出:可以利用Arrhenius图线,以高温下材料的加速腐蚀试验规律为基础,应用材料反应的化学动力学规律,可以推求常温下材料的腐蚀规律。

3. 强度保持率预测模型

注浆材料的腐蚀反应一般为反应级数为0、1或2的化学反应,具体的反应级数需要试验确定。由于无法预先知道注浆材料腐蚀反应时的反应级数,所以只有分别把表3-1中第2栏中的各个函数($x=1-kt$:0级;$x=e-kt$:1级;$x=1/(1+[A]_0 kt)$:2级)去拟合试验数据,其中偏差最小(相关系数 R_2 最大)的即判定为反应级数的方程,从而确定在不同温度下材料的反应速率常数。作$\ln k$ 与相应温度$1/T$的Arrhenius数据图形,并线性拟合,确定出方程 $\ln k=a(1/T)+b$,所以在所求温度 T_0 下的反应速度常量:$k(T_0)=\exp[a(1/T_0)+b]$。求得反应速度常量 $k(T_0)$ 后,就可以计算在给定时间t的强度保持率:$x(t)=F(t)/F_0$。

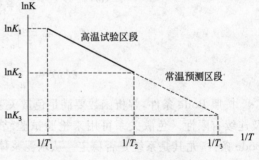

图 3-1 Arrhenius图线

3.2.2 电化学动力学方法

自从 Sluyters[105]开创了电化学阻抗谱以来,该方法已在各种不同领域获得广泛应用,近年来在混凝土方面亦有不少涉及[106]。其中,交流阻抗谱方法已被广泛地应用于水泥基材料的耐久性和细观结构的研究中。它的方法原理是:根据水泥基材料水化过程的特点,设计一个由电阻电容串联和并联组成的等效电路,等效电路中各串、并联组件反映了水泥基材料水化过程的特性[107]。交流阻抗谱方法的一个重要优点就在于它可以判定体系的稳定性。对于混凝土来说,交流阻抗谱也可用来判定其耐久性。水泥混凝土阻抗谱具备的低频特性能显示混凝土水胶比、龄期等的变动,累积一定数据后可用以判断水泥混凝土内部结构的变化尤其是其中各界面的变化,从而可判断混凝土强度及耐久性等性质,是一种值得进一步研究的新颖可靠方法[108]。

通过研究表明,可以把水泥浆体和混凝土材料的某些功能和性能信息以阻抗函数为载体,在解析函数的理论指导下来研究有关材料的功能和性能的某些问题。在不同的正弦波交流频率下可以测得水泥浆体和混凝土材料的交流阻抗谱(即阻抗随频率变化的关系),交流阻抗谱可以表示为阻抗函数 $Z(i\omega)$,经过向整个复平面的解析延拓,可以得到解析函数 $Z(s), s = \sigma + i\omega$。阻抗函数 $Z(i\omega)$ 或其解析延拓 $Z(s)$ 可视为水泥浆体和混凝土材料的解析表示。

1. 色散关系(Kramers-Kronig 关系)的应用

色散关系的基础是自然界的因果律。根据 Cauchy 定理,对于一个解析函数,其实部与虚部之间存在一定的内在联系,如果在整个频率范围内了解函数的实部,则可从色散关系推断其虚部,同样,如果在整个频率范围内了解函数的虚部,便可以应用色散关系了解其实部[109]。色散关系可表示为

$$Z'(\omega) - Z'(\infty) = \frac{2}{\pi} \int_0^\infty \frac{xZ''(x) - \omega Z''(\omega)}{x^2 - \omega^2} dx \tag{3-7}$$

$$Z'(\omega) - Z'(0) = \frac{2\omega}{\pi} \int_0^\infty \frac{\frac{\omega}{x} Z''(x) - Z'(\omega)}{x^2 - \omega^2} dx \tag{3-8}$$

$$Z''(\omega) = \frac{2\omega}{\pi} \int_0^\infty \frac{Z'(x) - Z'(\omega)}{x^2 - \omega^2} dx \tag{3-9}$$

$$\theta(\omega) = \frac{2\omega}{\pi} \int_0^\infty \frac{\ln|Z(x)|}{x^2 - \omega^2} dx \tag{3-10}$$

按照 Bode 条件,解析函数要满足色散关系应具备四个前提,即因果性、线性、系统稳定性及连续有限性。色散关系可用来检验试验结果的可靠性,也可用来判断被测系统是否满足 Bode 条件,尤其是系统是否稳定。从水泥浆体典型的交流阻抗谱来看,属于 Randles 型,在低频极限下是发散的,不能满足色散关系。但是,如果对水泥浆体或混凝土试件在测量交流阻抗谱的同时施加直流极化(电压小于 3 V),则其 Nyquist 图为一个半圆或两个半圆(相切的或者互相交盖的),此时 Bode 条件得到满足。阻抗函数原则上应满足色散关系,可用在此试验条件下测得的阻抗函数 $Z(i\omega)$ 是否满足色散关系来检验系统的稳定性。在用色散关系来检验系统的稳定性时常用的是式(3-9)和式(3-10)。

2. 共形映照与 Nyquist 稳定性判据

可以用 Nyquist 稳定性判据来判断电化学体系的稳定性问题。Nyquist 判据的数学基础是复变函数论中的共形映照(又称保角变换)原理。考虑复自变量 $s = \sigma + i\omega$ 的右半平面一个

无限大回路 Γs(称为 Nyquist 回路),通过阻抗函数 $Z(s)$ 映射到 Z 平面。复变函数论中的 Cauchy 定理为:如果 s 沿顺时针方向经过 s 平面上的回路 $\Gamma(s)$ 时包围了 $Z(s)$ 的 Z 个零点和 P 个极点且不通过 $Z(s)$ 的任何零点和极点,则在 Z 平面上 $Z(s)$ 的轨迹 $\Gamma(Z)$ 顺时针包围原点的总次数 $N=Z-P$。从实测阻抗谱的零点、极点和包围原点的次数之间的关系来判断系统的稳定性。因此,Nyquist 判据为:一个电化学系统是稳定的必要充分条件为对于回路 $\Gamma(Z)$(即实测的 $Z(i\omega)$ 曲线及其镜象图 3-2),反时针方向包围原点的次数 N 等于右半 s 平面上的极点数,否则,右半 s 平面上的零点数 $Z=P-N$[110]。对于大多数水泥浆体和混凝土材料的性质,其阻抗函数 $Zc(i\omega)$(水泥浆体或混凝土)或 $Zr(i\omega)$(钢筋)都具有 Randles 形式,即:

$$Z(i\omega)=R_s+\frac{Z_F}{1+i\omega Z_F C_d} \tag{3-11}$$

$$Z_F=R_{CT}+Q\omega^{-\frac{1}{2}}(1-i) \tag{3-12}$$

式中　R——孔溶液电阻;
　　　Z——法拉第阻抗;
　　　C——电极电容;
　　　R——电荷传递阻抗;
　　　Q——扩散阻抗。

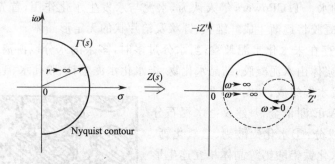

图 3-2　s 平面上的 Nyquist 回路 $\Gamma(s)$ 及其在 $Z(s)$ 平面上的映象 $\Gamma(Z)$
(虚线部分为负频率时的镜象)

对于不考虑扩散阻抗的简单情况只有一个极点。对于在恒电位下是稳定的系统,在 R_s 趋于 0 时零点数为 0。因此,对于在恒电位下稳定的系统可根据 Nyquist 图中的 N 数来确定极点数 P。

3. 水泥混凝土稳定性和耐久性判定

交流阻抗谱方法可以判定体系的稳定性,也可用来判定其耐久性[111]。水泥混凝土材料在长期使用的条件下,可能受到各种不同的侵蚀,如冻融、硫酸盐侵蚀、氯离子渗透等,而不论何种侵蚀,所导致的破坏都可以在交流阻抗谱中得到反映。具体地说,对于稳定的体系,实测的交流阻抗谱能满足 4 个 Kramers-Kronig 积分关系(以下简称 K-K 变换)。这 4 个关系式联系着阻抗的实部和虚部、模和相角,也就是说,对于体系的复数阻抗,其实部和虚部不是互相独立的,而是互相依存的。对于不稳定体系,上述 4 个 K-K 变换关系式不成立,因此,可以用体系的实测阻抗谱是否满足上述 4 个 K-K 变换关系式来判断其是否稳定,阻抗谱对上述 4 式偏离的大小亦可被用来衡量体系受破坏的程度。史美伦等[112]提出了用有限的实测数据通过数值积分的近似方法来计算 K-K 变换,得到了很好的结果。对于稳定体系而言,K-K 变换的适用性是严格的;对于不稳定体系,经 K-K 变换的计算值与试验值就有较大的相对偏差(一般大于 1‰)。用 K-K 变换作为体系稳定性的定量判据,可以采用 2 个指标:(1) 各频率下计算值与实测值的最大相对偏差 d_{max};(2) 各频率下计算值与实测值相对偏差的平均值 $\bar{d}$。d_{max} 和 $\bar{d}$ 越大,体系越不稳定。由此,可以采用该法来计算上述 4 个 K-K 变换,并判断混凝土在长期腐蚀介质侵蚀下的耐久性。

同济大学贺鸿珠[113]等人应用交流阻抗谱分析方法研究了海水侵蚀下钢筋混凝土的耐久性问题。她们应用交流阻抗谱中的 K-K 变换对受海水长期侵蚀的混凝土和钢筋分别进行了研究,使用 K-K 变换值与实测值之间相对偏差的大小来衡量混凝土和钢筋的稳定性。通过试验得出的结论是,随着海水侵蚀时间的增加,混凝土和钢筋的稳定性越来越差。在同样条件下,掺粉煤灰混凝土的稳定性优于普通混凝土[114]。

3.2.3 酸碱度评估方法

1. 水泥结石体的结构与酸碱度的关系

硬化后的水泥结石体是由气相、液相、固相组成的三相多孔体系,主要是由没有水化的水泥熟料颗粒、集料、水泥的水化产物、少量空气和水,以及孔隙网格组成。硬化的水泥石结构会受到水泥水化的影响,并且与水泥浆体的初始结构有关。水泥石是由不同的固相组成的多孔体,固相主要是具有胶体分散度的亚微观晶体,这些晶体可以吸附水、渗透水,并在结构上保持(结合)一定数量的水。T.C Powers 等人认为,水泥与水发生水化作用,首先在水泥颗粒的周围产生凝胶,部分凝胶将逐渐生成纤维状、针状及箔片状的无定形晶体[57]。当水分不足时,水泥不能全部水化,存在未水化水泥颗粒;当水分过多时,多余的水分以游离的形式存在其中。因此,硬化后水泥浆体由水泥凝胶、结晶水化物、未水化水泥颗粒、胶孔水、毛细孔水、胶体表面吸附水及空隙蒸发水等组成,如图 3-3 所示。

前苏联学者 A.E 谢依金[54]建议把水泥石分成三种主要结构成分:①水化铝酸钙、氢氧化钙、水化硫铝酸钙和水化铁铝酸钙等晶体相互连生形成的结晶连生体;②托勃莫来石凝胶,其中的分散相就是水化硅酸钙亚微观晶体;③未水化完的水泥颗粒。

在硅酸盐水泥水化产物中 $Ca(OH)_2$ 的溶解度最大,在腐蚀性地下水的作用下,水泥石中的 $Ca(OH)_2$ 会逐渐溶出,和地下水的各种盐类和酸类有害离子发生反应。水泥石液相中石灰浓度降低,开始由固体 $Ca(OH)_2$ 的溶解加以补偿,随后在一定浓度的氢氧化钙溶液中才能稳定的其他水化物亦分解,引起水化硅酸盐及铝酸盐分解,最后导致水泥石破坏。

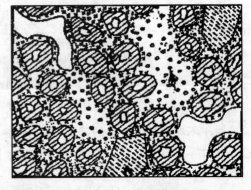

未水化的水泥　　吸收水
水泥胶体　　　　水蒸汽
结晶水化物　　　毛孔水
胶孔水

图 3-3 水泥结石体结构图

溶解于水中的盐类和酸类可以和水泥石互相作用,产生交换反应,生成易于被水溶解的盐或无胶结能力的物质。使水泥石发生结构破坏最常见的是碳酸、有机酸和无机酸的侵蚀。碱金属和碱土金属如镁盐也属于这种类型。

以一般酸类为例,一般酸包括有机酸和无机酸,它们在溶液中均能完全或部分离解成 H^+ 及酸根。离解出的 H^+ 与水泥结石中的 $Ca(OH)_2$ 溶解出的 OH^- 结合成解离度极小的水,因此使水泥结石液相中的 $Ca(OH)_2$ 浓度降低,以致引起其他水化产物的分解。因此,无论是哪种酸类,其本质都是由于 H^+ 离子对水泥结石体的破坏作用。其间的反应可以用下列反应式来说明:

$$HR \Leftrightarrow H^+ + R^-$$

$$Ca(OH)_2 \Leftrightarrow Ca^{2+} + 2OH^-$$

$$nCaO \cdot SiO_2 \cdot aq + mH_2O \Leftrightarrow SiO_2 \cdot aq + mCa(OH)_2 \Leftrightarrow nCa^{2+} + 2nOH^-$$

$$pCaO \cdot Al_2O_3 \cdot aq + 2H_2O \Leftrightarrow 2Al(OH)_3 + pCa(OH)_2 \Leftrightarrow pCa^{2+} + 2pOH^-$$

$$H^+ + OH^- \Leftrightarrow H_2O$$

$$Ca^{2+} + 2R^- \Leftrightarrow CaR_2$$

从上述反应式可以看出,酸与水泥石的作用包含两个部分:

(1) H^+ 与 $Ca(OH)_2$ 中的 OH^- 作用生成水;

(2) 酸根 R^- 与 Ca^{2+} 作用生成盐。

从第一部分看,腐蚀环境中的酸碱度 pH 值越小,即 H^+ 越多,需要与之中和的 OH^- 就越多,所以侵蚀也就越强烈。当 H^+ 达到足够浓度时,就直接与固体硅酸盐、铝酸盐及石灰发生反应,使得水泥石结构产生破坏,同时使侵蚀环境的酸碱度 pH 升高。

从酸根 R^- 方面看,不同的酸根可以产生不同的钙盐。有些钙盐易溶于水,有些钙盐难溶于水,这对水泥石的腐蚀将会产生不同的影响。生成易溶的盐被水流带走后,将加速侵蚀作用;当生成难溶的盐时,就会堵塞在水泥石的毛细孔中,将延缓侵蚀作用。

以盐酸与水泥石的反应为例,m 摩尔的 $Ca(OH)_2$ 会消耗 $2m$ 摩尔的盐酸。当腐蚀溶液的体积为 n 升,初始酸碱度为 pH_0 时,$Ca(OH)_2$ 的消耗量和溶液的酸碱度 pH 满足下列关系式:

$$Ca(OH)_2 + 2HCl \longrightarrow CaCl_2 + H_2O$$

$$m 2m$$

即

$$2m = (10^{-pH_0} - 10^{-pH}) \cdot n$$

化简为

$$pH = \lg\left(\frac{n}{n \cdot 10^{-pH_0} - 2m}\right) \tag{3-13}$$

式中 n——腐蚀溶液的体积;

m——CaO 的累计消耗量;

pH_0——腐蚀溶液的初始酸碱度。

2. 水泥结石体的强度与酸碱度的关系

水泥类注浆材料与水作用后,如果忽略一些次要的和少量的成分,生成的主要水化物有:水化硅酸钙和水化铁酸钙凝胶、氢氧化钙、水化铝酸钙和水化硫铝酸钙晶体。在完成水化的水泥石中,水化硅酸钙约占 50%,氢氧化钙约占 25%。一般认为,水化硅酸钙凝胶对水泥石的强度以及其他主要性质起支配作用。从氢氧化钙的分子结构可知,两个结构层之间为氢键联结,联结力较弱。氢氧钙石的层状结构就决定了它的片状形态。氢氧化钙的结构和形状,决定了它对水泥石的强度贡献是极少的,其层间较弱的联结,可能是水泥石裂缝的发源地。

在水泥类注浆材料的地下水侵蚀过程中,随着 CaO 的溶出,首先是 $Ca(OH)_2$ 的固相溶解,其次是高碱性水化硅酸盐及水化铝酸盐分解而成为低碱性水化物,最后变为无胶结能力的 $SiO_2 \cdot nH_2O$ 及 $Al(OH)_3$ 等,因此,氧化钙的消耗会导致结石体强度降低,CaO 的消耗率(即消耗量和原有内部总量之比率)与水泥灌浆的结石强度衰减程度密切相关,如图 3-4 所示。当 CaO 的累计消耗率大于 25% 时,结石强度将急剧下降。当地下水的酸碱度指标不同时,CaO

的消耗速度不同,注浆结石体的强度衰减程度也不同,如图 3-5 所示。随着结石体中 CaO 的消耗,$Ca(OH)_2$ 的数量也在不断减少,这使得腐蚀环境中的酸碱度指标也在不断上升,结石体最终会因为强度下降和孔隙率增大而失去加固岩土体和防止地下水渗漏的作用。

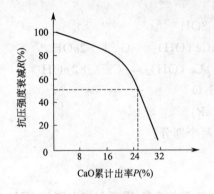

图 3-4 CaO 溶出率与强度的关系

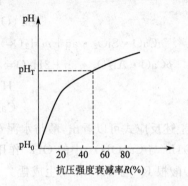

图 3-5 强度衰减率与酸碱度的关系

因此,水泥结石体的强度和腐蚀溶液的酸碱度满足下列关系:

$$pH = pH_0 + \zeta(R) \tag{3-14}$$

式中 pH_0——腐蚀溶液的初始酸碱度;

R——抗压强度衰减率。

3. 水泥结石体的使用寿命与强度的关系

注浆的目的就是在隧道周围一定范围内,堵住地下水流的通道,加固地层,提高围岩的强度,避免地下水流入作业面,保障施工的安全。注浆的基本原理是用一定的压力把一定量的胶凝性材料注入到岩层,使其在岩层裂隙内流动扩散、充填、固结,成为具有一定强度和低透水性的结石体,充塞岩层裂隙,截断水流通道,固结破碎岩石,提高其整体结构强度。

流动的地下水能使水泥水化产物的氢氧化钙溶解,并促使水泥石中其他水化产物发生分解,强度下降。各种水化产物与水作用时,氢氧化钙溶解度最大首先被溶出。在大量水或流动水中,氢氧化钙会不断溶出,特别是当水泥石渗透性较大而又受水压力作用时,水不仅能渗入内部而且还能产生渗透作用,将氢氧化钙溶解并渗透出来,因此不仅减小了水泥石的密实度,降低了结石体的强度,而且由于液相中氢氧化钙的浓度降低,还会破坏原来水化物间的平衡碱度,而引起其他水化物如水化硅酸钙、水化铝酸钙的溶解或分解。最后变成一些无胶凝能力的硅酸凝胶、氢氧化铝、氢氧化铁等,使水泥石结构彻底遭受破坏。

地下水腐蚀的轻重程度与水泥石所承受的水压力及水中有无其他离子存在等因素有关。当水泥石结构承受水压时,受流水的作用,水压越大,水泥石的透水性越大,腐蚀就越严重,溶出性侵蚀的速度还与环境水中重碳酸盐的含量有很大关系。重碳酸盐能与水泥石中的氢氧化钙起作用,生成几乎不溶于水的碳酸钙,积聚在已硬化水泥石的孔隙内,可阻止外界水的侵入和内部氢氧化钙向外扩散。将要与软水接触的水泥制品在空气中放置一段时间,使其表面碳化,再与地下水接触,对溶出性侵蚀有一定的抵抗作用。

在实际工程中,浆液结石体的腐蚀往往是多种腐蚀介质同时存在的一个极其复杂的物理化学过程,但从总体分析,引起结石体腐蚀的主要外部因素是存在侵蚀介质。而内部因素是结石体中含有易引起腐蚀的组分,即氢氧化钙和水化铝酸钙,并且结石体不密实,也容易引起侵蚀介质的渗入。侵蚀介质不仅在水泥石面起作用,而且易于通过毛细管和孔隙进入水泥石内部引起严重破坏。前苏联学者通过试验得出，CaO 的溶出速率（即溶出量和原有内部总含量的比率）与水泥灌浆的结石强度衰减程度密切相关，当 CaO 的累计消耗率在 25% 以下时，水泥结石体的强度能够保持在初始强度的 50% 以上。而当 CaO 的累计消耗率超过 25% 时，结石体的强度将急剧下降。因此可以认为，当注浆结石体的强度衰减到初始强度的 50% 时，注浆帷幕基本上失去了堵水和加固的作用。也就是说，注浆结石体的强度衰减到初始强度的 50% 左右的时间就是它的使用寿命终结的临界时间，如图 3-6 所示。

注浆结石体的强度和使用寿命存在以下关系：

$$R = \eta(t) \tag{3-15}$$

式中 R——抗压强度衰减率；

t——腐蚀时间。

4. 注浆结石体寿命预测模型的建立

加固防渗工程，尤其是大坝基础防渗工程中，随着外界自然环境的恶化，有数量众多的灌浆帷幕防渗能力在随时间而衰减，不少防渗帷幕与外界环境中的化

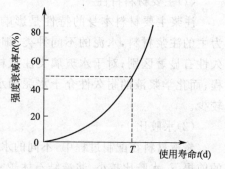

图 3-6 使用寿命和强度的关系

学物质相互作用，使帷幕的强度和抗渗能力下降甚至衰减而失去作用。笔者认为，化学腐蚀作用对注浆帷幕物理力学特性的劣化是由于化学作用使得浆液结石体的基本特性被破坏或者削弱。然而化学腐蚀作用是具有时间效应的，同时侵蚀环境的酸碱度在客观上也反映了注浆帷幕的侵蚀程度。因此，将浆液结石体的物理力学参数的弱化与化学作用时间联系起来，即可以建立定量描述化学作用下浆液结石体使用寿命的预测模型。

从水泥结石体的结构成分与侵蚀环境酸碱度的关系可以得出，结石体中 CaO 的消耗量与酸碱度存在以下关系：

$$pH = \lg\left(\frac{n}{n\,10^{-pH_0} - 2m}\right) \tag{3-16}$$

水泥结石体的强度和腐蚀溶液的酸碱度满足下列关系：

$$pH = pH_0 + \zeta(R) \tag{3-17}$$

注浆结石体的强度和使用寿命存在以下关系：

$$R = \eta(t) \tag{3-18}$$

因此，联立公式（3-16）、（3-17）、（3-18）可以得到浆液结石体使用寿命随酸碱度变化的数学模型为

$$\begin{cases} pH - pH_0 = \zeta(R) \\ R = \eta(t) \\ T = t\,|_{CaO = 25\%} \end{cases} \tag{3-19}$$

从图 3-4 可知，当注浆结石体中 CaO 的累计消耗率达到 25% 时，结石体的强度将从初始强度的一半开始急剧下降，笔者认为此时对应的时间 T 就是注浆浆液结石体的使用寿命。

在试验过程中，采用低 pH 值的盐酸溶液，长期浸泡浆液结石体，每隔一定的时间记录 pH 值的变化，并定期测出结石体的无侧限抗压强度，从而得到结石体的强度与溶液 pH 值的变化规律，并最终预测结石体的使用寿命。

3.3 酸性环境下注浆材料使用寿命的评估预测

3.3.1 浆液结石体使用寿命影响因素

1. 内在因素

(1)主要材料特性

注浆主要材料本身的特性是影响浆液结石体使用寿命的一个关键因素。对于以水泥为主的注浆材料,水泥的不同种类、细度、标号以及添加材料的种类,会导致浆液的强度、耐久性有显著区别;对于水玻璃类注浆材料,由于本身的耐久性较差,只是用于临时堵水的工程;而化学浆液的耐久性介于水泥和水玻璃类之间,鉴于它的毒性和对环境的破坏,应用比较少。

(2)水胶比

浆液材料在配制过程中,不同的水胶比会影响材料的使用寿命。在满足流动性和可注性的前提下,水胶比越小,浆液结石体越密实,强度越高,抗渗透能力越好,抗外界侵蚀的能力越强,使用寿命也就越长。

(3)辅助材料的种类和掺量

除了注浆主材的因素,辅助材料的选取和比例也是浆液结石体使用寿命长短的一个重要因素。对于抵抗以海水、酸雨、城市地下污水、盐碱水为主要目的的浆液,在其中添加硅粉、矿粉或粉煤灰能够增加结石体的使用寿命,而添加水玻璃则达不到相应效果。对于必须使用水玻璃的注浆工程,如果加入比例太大,会显著降低浆液结石体的使用寿命。

2. 外在因素

(1)腐蚀介质浓度

当环境水中腐蚀介质的浓度越大时,浆液结石体被腐蚀的程度就越大,力学性能衰减越严重,使用寿命也越短;而环境水中的腐蚀介质浓度较小时,浆液结石体腐蚀的程度和速度都比较小,使用寿命不会产生显著的下降。

(2)外界环境温度

Arrhenius 定理认为,化学反应的速度与化学反应物质的反应环境温度有关。浆液结石体和腐蚀介质的反应属于化学反应。外界环境温度越高,腐蚀反应发生得越快,浆液结石体就越容易破坏,使用寿命也越短。

(3)腐蚀介质种类

不同的腐蚀性介质中的有害离子,与水泥结石体中的离子进行交换作用,促使结石体发生分解和膨胀破坏。发生分解型腐蚀的腐蚀介质有酸性溶液,如盐酸、硝酸、碳酸、镁盐等;发生膨胀型腐蚀的腐蚀介质有硫酸盐、NaOH 和 Na_2CO_3。在不同种类介质的腐蚀作用下,结石体的使用寿命也是不同的。

(4)环境水渗透压力

当环境水为没有腐蚀性的地下水时,水的流动、冲刷和渗透会使水泥结石体中的 $Ca(OH)_2$ 溶解和析出,当水泥结石体中的 CaO 损失达 33% 时,结石体就会被严重破坏。

当环境水为海水、酸雨、城市地下污水、盐碱水等含有腐蚀介质的地下水时,地下水渗透压力越大,腐蚀性离子就越容易进入到结石体内部,从而加快结石体的腐蚀,缩短结石体的使用寿命。

3.3.2 浆液结石体使用寿命评估程序

1. 选择注浆材料,确定材料中 CaO 的百分含量

对于颗粒状注浆材料,选择干燥、没有和外界空气和水发生反应的材料作为测试的原材料,保持原材料颗粒均匀,没有板结。对于流体状注浆材料,选择性状良好、没有发生变质的原材料。确定注浆材料的基本成分和 CaO 的百分含量。

2. 制备浆液结石体试块

将浆液材料与水混合后搅拌均匀,并测试浆液的黏度和凝胶时间。满足要求后,将浆液注入 40 mm×40 mm×160 mm 的钢制试模,整平表面。

3. 室内养护

将试样脱模后,放入温度为(20±2)℃、相对湿度为95%的标准养护室内养护。将试块标养 28 d 后,测试得到初始强度。然后将同批次剩余的试块放置到水槽中浸泡,液面必须淹没试块。水槽中的腐蚀液体采用 pH 值为 2 的盐酸溶液,保持浸泡溶液处于流动状态。

4. 标准曲线的测试及使用寿命预测

(1)结石体强度-酸碱度曲线测试

从结石体开始浸泡的时间开始,每到 1 个月就取出结石体试块,在万能试验机上测试出试块的无侧限抗压强度,直到试块的抗压强度低于 28 d 初始强度的 50% 时停止。同时在每个月末记录溶液的酸碱度,根据试验数据绘制出的结石体强度和酸碱度的关系曲线图,用绘图软件拟合出结石体强度-酸碱度标准曲线,并得到标准曲线的公式:

$$R = R_0 + \frac{A}{w\sqrt{\pi/2}} e^{-2\frac{(pH-pH_c)^2}{w^2}} \tag{3-20}$$

式中 R_0——试块的初始强度(MPa);

pH_c——溶液的初始酸碱度;

A, w——曲线拟合的常数。

(2)结石体强度-使用寿命曲线测试

根据测试得到的结石体无侧限抗压强度,绘制出结石体强度和使用寿命的关系曲线图,用绘图软件拟合出结石体强度-使用寿命标准曲线,并得到标准曲线的公式:

$$R = R_0 + Be^{-\frac{(T-T_c)^2}{2w^2}} \tag{3-21}$$

式中 R_0——试块的初始强度(MPa);

T_c——溶液的初始时间常数;

B, w——曲线拟合的常数。

(3)计算结石体达到使用寿命时溶液的临界酸碱度

根据材料中 CaO 的百分含量,由公式(3-22)计算出消耗 25% 的 CaO 所需用使用的盐酸数量,得到腐蚀溶液对应的酸碱度 pH_T。

$$pH_T = \lg\left(\frac{n}{n\,10^{-pH_0} - 2m}\right) \tag{3-22}$$

式中 n——腐蚀溶液的体积,L;

m——CaO 的累计消耗量,mol;

pH_0——腐蚀溶液的初始酸碱度,取为 2。

(4) 结石体使用寿命预测计算

联立公式(3-20)、(3-21),将从公式(3-22)中计算得到的临界酸碱度 pH_T 代入联立的公式,就可以计算得到注浆结石体的使用寿命 T。

5. 耐久性评估

(1) 无侧限抗压强度标准

以试块在标准养护条件下,28 d 龄期的无侧限抗压强度为基准强度,每隔一段时间分别测定试块的强度,得到各龄期的试块强度保持率,并以此预测试块的服役寿命。

(2) 塑性强度标准

以试块在标准养护条件下,28 d 龄期的塑性强度为基准强度,每隔一段时间分别测定试块的强度,得到各龄期的试块强度保持率,并以此预测试块的服役寿命。

按照不同的耐久性评估标准,分别计算出浆液结石体的使用寿命,选取计算出的最小值作为实际使用寿命,并按照表 3-2 来评价材料的耐久性等级。

表 3-2 浆液结石体耐久性评估等级表

浆液结石体服役年限	<20 年	20~50 年	50~100 年	>100 年
耐久性评估等级	差	一般	良好	优秀

3.3.3 浆液结石体使用寿命预测实例

实例 1:425 型普通水泥浆液

在试验室制作水胶比为 1∶1,尺寸为 40 mm×40 mm×160 mm 的 425 型普通水泥浆液水泥试块,室内标准养护至 28 d,然后将试块分别放置到温度为 20 ℃ 的恒温水槽中浸泡。水槽中的腐蚀液体采用 pH 值为 2 的盐酸溶液,每个月末定时记录溶液的酸碱度,并测试试块对应的无侧限抗压强度。

(1) 强度衰减率和浸泡时间关系曲线的确定

结石体试块的强度衰减率随浸泡时间的变化规律如图 3-7 所示。

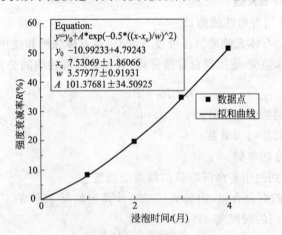

图 3-7 普通水泥结石体强度衰减率变化图

通过曲线拟和,得到普通水泥结石体强度衰减率和浸泡时间关系的标准曲线为:

$$R = R_0 + Be^{-\frac{(t-t_c)^2}{2w^2}} \quad (3-23)$$

其中:$R_0 = -10.99233, t_c = 7.53069, w = 3.57977, B = 101.37681$。

(2)强度衰减率和溶液酸碱度关系曲线的确定

结石体试块的强度衰减率随溶液酸碱度的变化规律如图 3-8 所示。

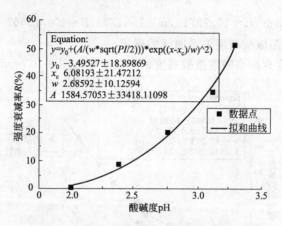

图 3-8　普通水泥结石体强度酸碱度变化图

通过曲线拟和,得到普通水泥结石体强度衰减率和酸碱度关系的标准曲线为：

$$R=R_0+\frac{A}{\omega\sqrt{\pi/2}}e^{-2\frac{(\mathrm{pH}-\mathrm{pH}_c)^2}{w^2}} \tag{3-24}$$

其中：$R_0=-3.49527$，$\mathrm{pH}_c=6.08193$，$w=2.68592$，$A=1584.57053$。

(3)使用寿命预测

通过计算得知,结石体试块中 CaO 的总含量为 1.88 mol。当 CaO 消耗量达到 25% 时,溶液的临界酸碱度将达到 3.22,此时结石体的强度也处在临界值。将临界酸碱度值代入式(3-23)、式(3-24),得到结石体在 pH=2 的腐蚀溶液中使用寿命为 3.6 个月。转换为 pH=4 的腐蚀溶液,则使用寿命为 30 年。

由此可知,在 20 ℃常温 pH 值为 4 的酸性环境中,425 型水泥基注浆材料的寿命一般为 30 年,耐久性评估等级为一般。

实例 2：超细水泥浆液

超细水泥试块的制作及试验条件同实例 1。

(1)强度衰减率和浸泡时间关系曲线的确定

结石体试块的强度衰减率随浸泡时间的变化规律如图 3-9 所示。

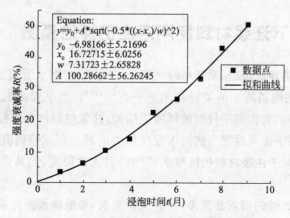

图 3-9　超细水泥结石体强度衰减率变化图

通过曲线拟和,得到超细水泥结石体强度衰减率和浸泡时间关系的标准曲线为:

$$R = R_0 + Be^{-\frac{(t-t_c)^2}{2w^2}} \tag{3-25}$$

其中:$R_0 = -6.98166, t_c = 16.72715, w = 7.31723, B = 100.28662$。

(2) 强度衰减率和溶液酸碱度关系曲线的确定

结石体试块的强度衰减率随溶液酸碱度的变化规律如图3-10所示。

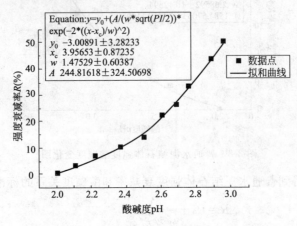

图3-10 超细水泥结石体强度酸碱度变化图

通过曲线拟和,得到超细水泥结石体强度衰减率和酸碱度关系的标准曲线为:

$$R = R_0 + \frac{A}{\omega\sqrt{\pi/2}}e^{-2\frac{(pH-pH_c)^2}{w^2}} \tag{3-26}$$

其中:$R_0 = -3.00891, pH_c = 3.95653, w = 1.47529, A = 244.81618$。

(3) 使用寿命预测

通过计算得知,结石体试块中CaO的总含量为1.78mol。当CaO消耗量达到25%时,溶液的临界酸碱度将达到2.96,此时结石体的强度也处在临界值。将临界酸碱度值代入式(3-25)、式(3-26),得到结石体在pH=2的腐蚀溶液中使用寿命为9个月。转换为pH=4的腐蚀溶液,则使用寿命为75年。

由此可知,在20℃常温pH值为4的酸性环境中,超细水泥注浆材料的寿命为75年,耐久性评估等级为良好。

3.4 海水环境下注浆材料使用寿命的评估预测

海底隧道需要穿越海底地层,尤其是海底断层破碎带,与海水直接连通,防排水问题非常突出[115]。注浆是海底隧道施工的关键技术之一[116][117]。为了保障海底隧道的安全施工和长期运营,防止海水中的有害离子侵蚀破坏隧道结构,注浆材料抗海水侵蚀的耐久性问题非常关键。到目前为止,关于提高混凝土抗海水侵蚀能力的理论和试验研究工作已经取得了许多成果[118][119]。但是,对于注浆材料抵抗海水侵蚀的耐久性研究,尤其是注浆材料使用寿命的研究工作并不多见。

影响注浆材料耐久性的因素非常多,而且关系复杂,要准确预测注浆材料的使用寿命具有相当的难度。采用灰色系统理论可以克服这个"小样本"、"贫信息"的不确定系统问题[120][121]。本文采用加速试验的方法,研究海水浓度、水胶比、辅助材料等因素对浆液结石体抗压强度的影响。同时在此基础上,建立多变量灰色预测 GM(1,N)模型研究浆液结石体在海水侵蚀环境下强度的劣化规律,实现对注浆材料使用寿命的合理预测。

3.4.1 灰色系统理论

1. 灰关联分析

灰关联分析的目的主要是为了寻求系统中各因素间的主要关系,找出影响目标值的重要因素。若记经数据变换的母序列为$\{x_0(t)\}$,子序列为$\{x_i(t)\}$,则母序列和子序列之间的关联度可用两比较序列各个时刻关联系数的平均值来计算,即

$$r_{0i} = \frac{1}{N}\sum_{k=1}^{N}\xi_{0i}(k) \tag{3-27}$$

式中 r_{0i}——子序列$\{x_i(t)\}$与母序列$\{x_0(t)\}$的关联度;

N——序列的长度即数据个数。

关联度表明了子序列与母序列之间的相似性。如果有$r_{0i} > r_{0j}$,则表明子序列$\{x_i(t)\}$比子序列$\{x_j(t)\}$更加相似于母序列$\{x_0(t)\}$[9]。

2. GM(1,N)模型

GM(1,N)模型是1阶N个变量的灰色模型,其灰差分方程形式为:

$$x_1^{(0)}(k) + aZ_1^{(1)}(k) = \sum_{i=2}^{N}b_i x_i^{(1)}(k) \tag{3-28}$$

当 GM(1,N)灰差分方程满足下述条件时:

$$x_i^{(1)}(k) = \sum_{m=1}^{k}x_i^{(0)}(m) \tag{3-29}$$

$$z_1^{(1)}(k) = 0.5x_1^{(1)}(k) + 0.5x_1^{(1)}(k-1) \tag{3-30}$$

则有

$$y_N = B\hat{a} \tag{3-31}$$

式中

$$y_N = \begin{bmatrix} x_1^{(0)}(2) \\ x_1^{(0)}(3) \\ \vdots \\ x_1^{(0)}(n) \end{bmatrix}; B = \begin{bmatrix} -z_1^{(1)}(2), & x_2^{(1)}(2), & \cdots, & x_N^{(1)}(2) \\ -z_1^{(1)}(3), & x_2^{(1)}(3), & \cdots, & x_N^{(1)}(3) \\ \vdots & \vdots & & \vdots \\ -z_1^{(1)}(n), & x_2^{(1)}(n), & \cdots, & x_N^{(1)}(N) \end{bmatrix}$$

$$\hat{a} = [a, b_2, b_3, \cdots, b_N]^T$$

且参数列$\hat{a}$满足(当残差满足平方和最小准则时):

$$\hat{a} = (B^T B)^{-1} B^T y_N \tag{3-32}$$

称a为 GM(1,N)的发展系数,$b_i(i=2,3,\cdots,N)$为 GM(1,N)的协调系数[10]。

为了评估预测的精度问题,本文采用绝对误差的算术平均值来表示预测精度的大小。定义如下:

$$e(\text{avg}) = \left\{\frac{1}{n}\sum_{k=1}^{n}|x_1^{(0)}(k) - x_1^{(0)}(k)|/x_1^{(0)}(k)\right\} \times 100\% \tag{3-33}$$

当 $e(\text{avg}) < 20\%$时,认为预测精度是合理的;当 $e(\text{avg}) < 10\%$时,认为预测精度非常优秀。

3.4.2 海水浸泡试验

1. 浆液材料和组分

以山东东岳水泥厂生产的 425 型普通硅酸盐水泥和浙江科威牌超细水泥为注浆浆液的主材,辅助材料为比表面积为 620 m²/kg 的一级粉煤灰,比表面积为 450 m²/kg 的矿粉和比表面积为 22000 m²/kg 的硅粉。

为了研究火山灰材料对浆液结石体抵抗海水侵蚀的能力,采用了几种不同成分和添加比例的浆液:100%普通水泥,90%普通水泥-10%粉煤灰,80%普通水泥-20%粉煤灰,90%普通水泥-15%矿粉,80%普通水泥-30%矿粉,80%普通水泥-5%硅粉,80%普通水泥-10%硅粉。对于纯水泥浆液,分别采用 0.8、1.0 和 1.2 的水胶比;对于普通水泥和其他辅助材料的混合浆液,都采用 1.0 的水胶比。除了第 10 组水泥试块浸泡在普通海水中外,其他试块均浸泡在添加了 $MgSO_4$ 的海水溶液中。浆液材料的配合比例见表 3-3。

表 3-3 浆液材料配比

材料号	浆液成分(kg/m³)				
	水泥	水	粉煤灰	矿粉	硅粉
G-1	883	707	0	0	0
G-2	740	740	0	0	0
G-3	778	622	0	0	0
G-4	666	740	74	0	0
G-5	592	740	148	0	0
G-6	629	740	0	111	0
G-7	518	740	0	222	0
G-8	703	740	0	0	37
G-9	666	740	0	0	74

2. 试验过程

试验室制作尺寸为 4cm×4cm×16cm 水泥结石体试块,脱模后放入温度为 (20±2)℃、相对湿度为 95% 的标准养护室中养护 28 d。在水槽中装满海水,并在海水中加入 $MgSO_4$ 使其浓度达到原有浓度的 10 倍。然后将试块放入水槽中浸泡,保持海水面的高度浸没试块。海水取自隧道所在的海域位置,每隔 90 d 更换一次海水,同时加入 $MgSO_4$ 使溶液浓度保持为原有浓度的 10 倍。

3.4.3 试验结果分析

1. 无侧限抗压强度和影响变量的相关分析

在海水浸泡侵蚀条件下,浆液结石体无侧限抗压强度的变化如图 3-11 所示。根据图 3-11 中的原始数据就可以建立相应的数列。令母数列为 x_0(无侧限抗压强度),子数列为 x_1(龄期),x_2(水胶比),x_3(粉煤灰含量),x_4(矿粉),x_5(硅粉),x_6(海水浓度)。

将原始数列进行数据处理后,得到规范化的数列为:
$x_0^\oplus=(0.560,0.497,\cdots,0.646)$,$x_1^\oplus=(1,1,\cdots,1)$,$x_2^\oplus=(0.667,0.833,\cdots,0.833)$,$x_3^\oplus=(0,0,0,0.5,1,\cdots,0)$,$x_4^\oplus=(0,\cdots,0.5,1,0,0)$,$x_5^\oplus=(0,\cdots,0.5,1)$,$x_6^\oplus=(1,1,\cdots,0.5)$。

根据公式对序列进行灰关联度计算,得到结果见表 3-4。由计算的灰关联度对各个影响因素进行排序,结果为 x_2(水胶比)>x_6(海水浓度)>x_1(龄期)>x_5(硅粉含量)>x_3(粉煤灰

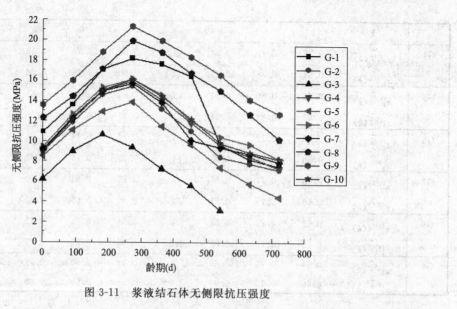

图 3-11 浆液结石体无侧限抗压强度

含量)>x_4(矿粉含量)。在各个关联度中,抗压强度和水胶比之间的灰关联度最大,表明水胶比对于浆液结石体抵抗海水环境侵蚀的关系紧密。结石体的龄期和海水浓度跟抗压强度的关联度也比较大,这表明浸泡时间和海水中有害离子的浓度对结石体力学性质的劣化速度影响不容忽视。对于粉煤灰、矿粉和硅粉这三种辅助材料,他们对于强度影响的灰关联度相对较小,尤其是矿粉。这表明,在浆液材料中加入硅粉比加入粉煤灰和矿粉更能增加结石体抵抗海水侵蚀的能力,因为硅粉的细度和比表面积比其他两种火山灰材料要高得多。

表 3-4 灰关联度

序号	$\gamma(x_0^\oplus,x_1^\oplus)$	$\gamma(x_0^\oplus,x_2^\oplus)$	$\gamma(x_0^\oplus,x_3^\oplus)$	$\gamma(x_0^\oplus,x_4^\oplus)$	$\gamma(x_0^\oplus,x_5^\oplus)$	$\gamma(x_0^\oplus,x_6^\oplus)$
关联度	0.649	0.735	0.530	0.457	0.604	0.688

2. 浆液结石体强度劣化预测

通过灰关联度的计算结果可知,海水侵蚀环境下影响注浆结石体强度的主要因素包括水胶比、龄期、海水浓度、硅粉含量、粉煤灰含量、矿粉含量等。因此,可以采用上述因素,建立多变量灰色预测 GM(1,N) 模型来预测浆液结石体在海水侵蚀环境下强度的劣化规律。

在对初始数据进行规范化后,建立矩阵 B 和 y_n。P_n 可以通过方程 $P_n=(B^TB)^{-1}B^Ty_n$ 求得。通过方程(3-28)获得的抗压强度预测数列以及规范化后的参考数列见表 3-5。

表 3-5 $x_1^{(0)\oplus}(k)$ 和 $x_1^{(0)\hat{\oplus}}(k)$

序号	k	1	2	3	4	5	6	7	8	9
G1	$x_1^{(0)\oplus}(k)$	0.60	0.75	0.94	1	0.86	0.68	0.53	0.45	0.41
	$x_1^{(0)\hat{\oplus}}(k)$	0.65	0.78	1	1.05	0.90	0.70	0.55	0.45	0.40
G2	$x_1^{(0)\oplus}(k)$	0.58	0.77	0.95	1	0.88	0.71	0.54	0.50	0.46
	$x_1^{(0)\hat{\oplus}}(k)$	0.60	0.75	0.92	1	0.90	0.77	0.55	0.50	0.45
G3	$x_1^{(0)\oplus}(k)$	0.59	0.85	1	0.88	0.68	0.52	0.29		
	$x_1^{(0)\hat{\oplus}}(k)$	0.60	0.85	1.02	0.90	0.70	0.55	0.30		

续上表

	k	1	2	3	4	5	6	7	8	9
G4	$x_1^{(0)\hat{\oplus}}(k)$	0.58	0.77	0.94	1	0.88	0.74	0.58	0.53	0.45
	$x_1^{(0)\hat{\oplus}}(k)$	0.58	0.78	0.95	1.01	0.90	0.75	0.60	0.55	0.45
G5	$x_1^{(0)\hat{\oplus}}(k)$	0.61	0.80	0.93	1	0.83	0.7	0.53	0.41	0.25
	$x_1^{(0)\hat{\oplus}}(k)$	0.65	0.81	0.94	0.98	0.85	0.75	0.55	0.45	0.25
G6	$x_1^{(0)\hat{\oplus}}(k)$	0.58	0.75	0.95	1	0.90	0.74	0.64	0.60	0.50
	$x_1^{(0)\hat{\oplus}}(k)$	0.58	0.75	0.95	1	0.90	0.75	0.65	0.60	0.53
G7	$x_1^{(0)\hat{\oplus}}(k)$		0.77	0.95	1		0.64	0.59	0.55	0.50
	$x_1^{(0)\hat{\oplus}}(k)$	0.60	0.75	0.95	1	0.90	0.65	0.60	0.56	0.52
G8	$x_1^{(0)\hat{\oplus}}(k)$	0.62	0.72	0.86	1	0.94	0.84	0.75	0.63	0.51
	$x_1^{(0)\hat{\oplus}}(k)$	0.65	0.70	0.88	1.01	0.95	0.85	0.77	0.65	0.50
G9	$x_1^{(0)\hat{\oplus}}(k)$	0.64	0.75	0.88	1	0.94	0.86	0.78	0.66	0.59
	$x_1^{(0)\hat{\oplus}}(k)$	0.60	0.75	0.90	1.05	0.95	0.90	0.80	0.65	0.55

接下来,就可以将 $x_1^{(0)\hat{\oplus}}(k)$ 和 $x_1^{(0)\hat{\oplus}}(k)$ 代入公式(3-33)计算预测模型估算精度的绝对误差了。经计算,求得 e(avg)=7.4%<10%,说明模型的预测精度是非常好的。

3. 浆液结石体使用寿命预测

由于地下工程可以通过注浆达到充填孔隙、黏结并加固岩土体的目的,从注浆的作用机理来看,浆液材料本身的强度对于注浆加固作用的发挥至关重要。在侵蚀性地下水的长期作用下,注浆材料内部由于被有害离子侵蚀破坏,导致强度不断下降。当注浆结石体的抗压强度下降到初始强度的一半时,基本失去了加固岩土体和防止地下水渗漏的作用。因此,注浆材料的使用寿命可以定义为抗压强度下降到初始强度的一半时所经历的时间。

在影响注浆浆液结石体使用寿命的外部因素中,海水环境中的 $MgSO_4$ 对于浆液结石体的腐蚀性最强、破坏性最大,是影响结石体使用寿命的主要因素。根据化学反应动力学的基本原理,反应物的浓度越大,化学反应的速度就越快[90]。当海水中 $MgSO_4$ 浓度越大时,浆液结石体强度的衰减速度就越快。基于此原理,可以认为浆液结石体的使用寿命与海水中 $MgSO_4$ 浓度是成线性关系的。

根据本文中加速腐蚀试验的结果,可以建立多变量灰色预测 GM(1, N) 模型来预测浆液结石体的抗压强度衰减到初始强度的一半时所经历的时间。再根据结石体的使用寿命与海水中 $MgSO_4$ 浓度的线形关系,就可以得到不同成分的注浆材料在海水环境下的使用寿命,计算结果如图 3-12 所示。

从预测的结果可以看出,注浆材料的水胶比越大,使用寿命越短,这主要是因为较大的水胶比导致结石体结构疏松、强度较低,从而更容易被海水中的盐类侵蚀。在注浆材料中适当添加粉煤灰和矿粉能够起到延长注浆材料使用寿命的作用。如果从使用效果来看,添加适量硅粉的效果最好,而从工程的经济性而言,在普通水泥注浆材料中添加粉煤灰和矿粉也是一个不

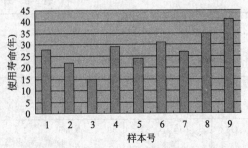

图 3-12 海水环境下注浆材料的使用寿命

错的选择。

3.5 本章小结

本章利用化学反应动力学的基本原理,采用高温环境加速水泥基注浆材料的腐蚀,得到了常温状态酸性环境下注浆材料的力学性质劣化规律,预测了注浆材料的使用寿命,为重大水利和地下工程中的注浆帷幕耐久性评价提供了有效的方法。同时,本章使用灰色系统理论分析了注浆材料在海水侵蚀环境下无侧限抗压强度和材料的水胶比、龄期、海水浓度、硅粉含量、粉煤灰含量、矿粉含量等因素的关系,并预测了各种不同注浆材料的使用寿命,得到了以下结论:

(1) 按照计算的灰关联度对各个影响因素进行排序,其重要性由高到低的结果依次为水胶比、海水浓度、龄期、硅粉含量、粉煤灰含量、矿粉含量。

(2) 多变量灰色预测模型在分析研究浆液结石体在海水侵蚀环境下强度的劣化规律方面具备了一定的精度,能够用来预测注浆材料的使用寿命。

(3) 在海水侵蚀环境下,注浆材料的使用寿命是随着材料的水胶比和海水中硫酸盐浓度的增大而减小的。为了提高注浆材料的使用寿命,更好地发挥注浆加固的作用,可以在材料中适量添加粉煤灰或矿粉,而添加硅粉则可以使注浆材料的使用寿命得到明显的提高。

(4) 从本文的试验结果可以看出,超细水泥在酸性环境中的使用寿命达到了 75 年,相比普通水泥能够更长久地发挥堵水加固的作用。

(5) 影响注浆材料使用寿命的因素很多,包括材料本身的特性以及外部环境因素。由于试验手段有限,目前注浆材料的耐久性研究仅仅局限于个别因素的研究,如何综合考虑物理、化学和力学效应对注浆材料的耦合作用,建立更加完善的使用寿命预测模型,还有许多工作要做。

第4章　浆液结石体使用寿命评估标准

4.1　浆液结石体使用寿命评估程序

4.1.1　选择注浆材料

对于颗粒状注浆材料，选择干燥、没有和外界空气和水发生反应的材料作为测试的原材料，保持原材料颗粒均匀，没有板结；对于流体状注浆材料，选择性状良好、没有发生变质的原材料。

4.1.2　制备浆液结石体试块

将浆液材料与水混合后搅拌均匀，并测试浆液的黏度和凝胶时间。满足要求后，将浆液注入 $4cm \times 4cm \times 16cm$ 的钢制试模，整平表面。

4.1.3　室内养护

将试样脱模后，放入温度为 (20 ± 2)℃、相对湿度为 95% 的标准养护室养护。28 d 后，将试块分别放置到温度为 45℃、60℃、75℃、90℃ 的恒温水槽中浸泡，液面必须淹没试块。水槽中的腐蚀液体采用 pH 值为 4 的盐酸溶液，每隔 10 d 补充酸液保持浸泡液 pH 值不变。

4.1.4　主要性能指标测试

1. 抗压强度

在万能试验机上，分别测定试块 40 d、80 d、120 d、160 d、200 d、240 d、280 d、320 d、360 d 的无侧限抗压强度。考虑到试件制作的差异性及试验误差的影响，每个强度值的取得需通过测定 3 块试块，并取其平均值。

2. 塑性强度

浆液的塑性强度值是利用改进的维卡仪测定的，将维卡仪锥体顶角加工成 5 种规格：30°、45°、60°、90°、120°，测定不同的塑性强度。将锥体放在待测浆液的表面，锥体在重力作用下下降到一定深度，锥体侧面所受的剪切应力即为材料的极限剪切应力，又称塑性强度。它反映浆液凝固过程中浆液结石体抗剪切能力的大小。试块测试的龄期同上。

4.1.5　耐久性评估

1. 无侧限抗压强度标准

以试块在标准养护条件下，28 d 龄期的无侧限抗压强度为基准强度，每隔一段时间分别测定试块的强度，得到各龄期的试块强度保持率，并以此预测试块的服役寿命。

2. 塑性强度标准

以试块在标准养护条件下，28 d 龄期的塑性强度为基准强度，每隔一段时间分别测定试块的强度，得到各龄期的试块强度保持率，并以此预测试块的服役寿命。

表 4-1 浆液结石体耐久性评估等级表

浆液结石体服役年限	<20年	20～50年	50～100年	>100年
耐久性评估等级	差	一般	良好	优秀

按照不同的耐久性评估标准,分别计算出浆液结石体的使用寿命,选取计算出的最小值作为实际使用寿命,并按照表 4-1 来评价材料的耐久性等级。

4.2 浆液结石体使用寿命影响因素

4.2.1 内在因素

1. 主要材料特性

注浆主要材料本身的特性是影响浆液结石体使用寿命的一个关键因素。对于以水泥为主的注浆材料,水泥的不同种类、细度、标号以及添加材料的种类,会导致浆液的强度、耐久性有显著区别;对于水玻璃类注浆材料,由于本身的耐久性较差,只是用于临时堵水的工程;而化学浆液的耐久性介于水泥和水玻璃类之间,它的毒性和对环境的破坏导致它的应用比较少。

2. 水灰比

浆液材料在配制过程中,不同的水灰比会影响材料的使用寿命。在满足流动性和可注性的前提下,水灰比越小,浆液结石体越密实,强度越高,抗渗透能力越好,抗外界侵蚀的能力越强,使用寿命也就越长。

3. 辅助材料的种类和掺量

除了注浆主材的因素,辅助材料的选取和比例也是浆液结石体使用寿命长短的一个重要因素。对于抵抗以海水、酸雨、城市地下污水、盐碱水为主要目的的浆液,在其中添加硅粉、矿粉或粉煤灰能够增加结石体的使用寿命,而添加水玻璃则达不到相应效果。对于必须使用水玻璃的注浆工程,如果加入比例太大,会显著降低浆液结石体的使用寿命。

4.2.2 外在因素

1. 腐蚀介质浓度

当环境水中腐蚀介质的浓度越大时,浆液结石体被腐蚀的程度就越大,力学性能衰减越严重,使用寿命也越短,而环境水中的腐蚀介质浓度较小时,浆液结石体腐蚀的程度和速度都比较小,使用寿命不会产生显著的下降。

2. 外界环境温度

Arrhenius 定理认为,化学反应的速度与化学反应物质的反应环境温度有关。浆液结石体和腐蚀介质的反应属于化学反应。外界环境温度越高,腐蚀反应发生得越快,浆液结石体就越容易破坏,使用寿命也越短。

3. 腐蚀介质种类

不同的腐蚀性介质中的有害离子,与水泥结石体中的离子进行交换作用,促使结石体发生分解和膨胀破坏。发生分解型腐蚀的腐蚀介质有酸性溶液,如盐酸、硝酸、碳酸、镁盐等;发生膨胀型腐蚀的腐蚀介质有硫酸盐、NaOH 和 Na_2CO_3。在不同种类介质的腐蚀作用下,结石体的使用寿命也是不同的。

4. 环境水渗透压力

当环境水为没有腐蚀性的地下水时,水的流动、冲刷和渗透会使水泥结石体中的$Ca(OH)_2$溶解和析出,当水泥结石体中的CaO损失达33%时,结石体就会被破坏。

当环境水为海水、酸雨、城市地下污水、盐碱水等含有腐蚀介质的地下水时,地下水渗透压力越大,腐蚀性离子就越容易进入到结石体内部,从而加快结石体的腐蚀,缩短结石体的使用寿命。

4.3 浆液结石体使用寿命评估实例

实例1:425型普通水泥浆液

在试验室制作水灰比为0.8、尺寸为40 mm×40 mm×80 mm的水泥试块,室内标准养护至28 d,然后将试块分别放置到温度为45 ℃、60 ℃、75 ℃、90 ℃的恒温水槽中浸泡。水槽中的腐蚀液体采用pH值为4的盐酸溶液,每隔10 d补充酸液保持pH值不变。得到结石体试块强度衰减率随时间的变化规律如图4-1所示。

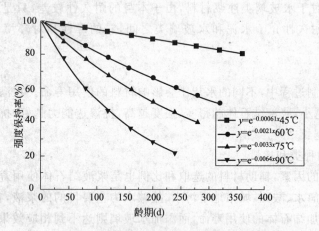

图4-1 不同温度下普通水泥结石体强度保持率变化图

从前文的分析可知,水泥结石体被酸腐蚀的化学反应为一级反应。根据拟和的曲线,可以得到不同温度条件下腐蚀反应对应的反应速度常数K,见表4-2。

表4-2 各温度下的反应速度常数K

温度(℃)	45	60	75	90
ln$K$	−7.4021	−6.1658	−5.7138	−5.0515

根据Arrhenius定理,ln$K$与$1/T$满足线性关系,通过拟合得到ln$K$对$1/T$的函数方程:
$$y=-7503.8x+16.0529$$

从此方程可以得知,在常温(20℃)下,水泥基注浆材料腐蚀反应的常数为:
$$\ln K=-7503.8\times1/(273+20)+16.0529=-9.557$$

浆液结石体强度保持率随时间变化的关系为:
$$R=e^{-7.0624e-5\times t}$$

当注浆材料的强度衰减到初始强度50%的时候,一般会失去堵水加固的作用,这个腐蚀过程所需要的时间为:

$$t_s = -\frac{\ln 0.5}{7.0624e-5}/365 = 27 \text{ 年}$$

由此可知,在 20 ℃常温 pH 值为 4 的酸性环境中,425 型水泥基注浆材料的寿命一般为 27 年,耐久性评估等级为一般。

实例 2:425 型普通水泥+粉煤灰浆液

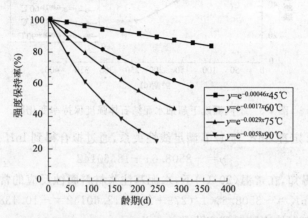

图 4-2　不同温度下普通水泥+粉煤灰结石体强度保持率变化图

根据拟和的曲线(图 4-2),可以得到不同温度条件下腐蚀反应对应的反应速度常数 K,见表 4-3。

表 4-3　各温度下的反应速度常数 K

温度(℃)	45	60	75	90
$\ln K$	−7.6843	−6.3771	−5.8430	−5.1499

根据 Arrhenius 定理,$\ln K$ 与 $1/T$ 满足线性关系,通过拟合得到 $\ln K$ 对 $1/T$ 的函数方程:
$$y = -8137.3x + 17.74146$$

从此方程可以得知,在常温(20 ℃)下,水泥基注浆材料腐蚀反应的常数为:
$$\ln K = -8137.3 \times 1/(273+20) + 17.74146 = -10.0309$$

浆液结石体强度保持率随时间变化的关系为:
$$R = e^{-4.4018e-5 \times t}$$

当注浆材料的强度衰减到初始强度 50%的时候,一般会失去堵水加固的作用,这个腐蚀过程所需要的时间为:
$$t_s = -\frac{\ln 0.5}{4.4018e-5}/365 = 43 \text{ 年}$$

由此可知,在 20 ℃常温 pH 值为 4 的酸性环境中,425 型水泥+粉煤灰注浆材料的寿命为 43 年,耐久性评估等级为一般。

实例 3:超细水泥浆液

根据拟和的曲线(图 4-3),可以得到不同温度条件下腐蚀反应对应的反应速度常数 K,见表 4-4。

表 4-4　各温度下的反应速度常数 K

温度(℃)	45	60	75	90
$\ln K$	−7.8494	−6.8125	−6.0748	−5.2591

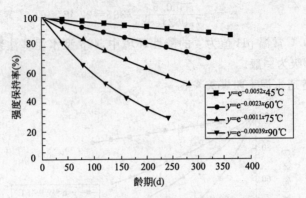

图 4-3 不同温度下超细水泥结石体强度保持率变化图

根据 Arrhenius 定理，$\ln K$ 与 $1/T$ 满足线性关系，通过拟合得到 $\ln K$ 对 $1/T$ 的函数方程：
$$y = -8508.6x + 18.60142$$

从此方程可以得知，在常温（20 ℃）下，水泥基注浆材料腐蚀反应的常数为：
$$\ln K = -8508.6 \times 1/(273+20) + 18.60142 = -10.4382$$

浆液结石体强度保持率随时间变化的关系为：
$$R = e^{-2.9292e-5 \times t}$$

当注浆材料的强度衰减到初始强度 50% 的时候，一般会失去堵水加固的作用，这个腐蚀过程所需要的时间为：
$$t_s = -\frac{\ln 0.5}{2.9292e-5}/365 = 65 \text{ 年}$$

由此可知，在 20 ℃ 常温 pH 值为 4 的酸性环境中，超细水泥注浆材料的寿命为 65 年，耐久性评估等级为良好。

第5章 注浆结石体寿命测试仪的研究

5.1 引　言

在地下工程的施工过程中，以及地下工程的后期运营过程中，注浆技术在对地下工程中出现的病害处理方面发挥着巨大作用，注浆的成功与否不光在一定程度上反映了地下工程施工技术水平的高低，同时还反映了注浆材料长期抵御环境中有害介质侵蚀的能力高低[139]。正是地下工程的发展，极大地促进了注浆技术和注浆材料的发展，但由于注浆工程的特殊性，导致注浆理论研究远远落后于实际工程中的应用要求，而注浆材料的使用寿命及其效果评价在注浆理论中又属于一个特殊的薄弱环节，需用大力开展研究工作[140]。

随着地下工程的迅速发展，注浆材料的应用越来越广泛；但现阶段对于注浆材料的使用寿命及效果的评价还处于初级阶段，许多工程进行注浆之后往往不进行效果检测和评估，或者进行检测评估时没有科学有效的方法和指标体系，这就造成了注浆的盲目性。对于现阶段高速发展的地下工程来说，使用未经验证的材料潜在的危险较多，竣工后期的工程存在巨大的安全隐患，因此对于注浆材料的使用效果及寿命测试评价的研究工作亟待加强。为了解决注浆材料使用寿命测试的问题，本文研制了注浆结石体寿命测试仪器，模拟注浆材料在侵蚀环境下，对注浆材料的使用寿命进行预测和评估。

5.2 注浆结石体寿命测试仪的研究思路

在地下工程注浆过程中，水泥基注浆材料的使用最为广泛。在水泥的各种水化产物当中，$Ca(OH)_2$ 所占的比重比较大，是水泥石具备较高强度的主要因素。同时，在各种水化产物中，$Ca(OH)_2$ 的溶解度最大，在流水的作用下，浆液结石体中的 $Ca(OH)_2$ 会逐渐溶出，液相中石灰浓度降低，开始由固体 $Ca(OH)_2$ 的溶解加以补偿，随后在一定浓度的氢氧化钙溶液中才能稳定的其他水化物亦分解，引起水化硅酸盐及铝酸盐分解，最后导致结石体破坏。因此，水泥类注浆材料相对于周围水环境的酸碱度是呈碱性的。

随着工业污染的加剧导致大气和水体酸化严重，酸类在溶液中离解出来的 H^+ 与结石中 $Ca(OH)_2$ 溶解的 OH^- 结合成 H_2O，使结石体中的 $Ca(OH)_2$ 浓度降低，并引起其他水化产物的分解，结石体的孔隙率增大，最终导致浆液结石体丧失强度和抗渗性能。水泥浆液结石体在酸液腐蚀下，其 CaO 成分与酸根离子会不断发生化学反应，使得水泥结石体中的 $Ca(OH)_2$ 成分不断减少，水泥石的强度则会不断下降，最终因失去强度而破坏，失去了堵水和加固的作用。前人的研究表明，当结石体中的 CaO 含量下降 25% 时，抗压强度将急剧下降。因此可以认为，结石体中的 CaO 含量下降到 25% 时的时间就是注浆结石体失效的临界时间。

根据中国范围内酸雨的出现情况，随着环境的恶化，酸雨的 pH 值在不断下降，pH 值为 4 的酸雨将会越来越多。据 2010 年的海峡导报报导，福建全省 23 个城市中，有 20 个城市出现了酸雨;酸雨频率大于50%的城市有8个,其中泉州、厦门、建阳和南平的酸雨频率大于75%。季度pH均值低于5.6的城市有9个,其中酸度最强的酸雨出现在厦门,其pH值为3.81。

为了方便地测试出注浆结石体的使用寿命,本试验假定自然腐蚀环境中的pH值为4,而将腐蚀性溶液的pH值保持为2,主要是使注浆结石体处于加速腐蚀的状态。由于pH值为4的自然腐蚀环境和pH值为2的加速腐蚀环境,酸液浓度相差100倍,可以认为,对于同一种注浆结石体,在pH值为4的自然环境中的使用寿命,和在pH值为2的腐蚀环境中的使用寿命也就相差了100倍。

为了真实地模拟出注浆浆液结石体受环境中侵蚀介质的腐蚀过程,本文设计了一种注浆浆液结石体寿命测试仪。仪器不但可以对腐蚀性溶液进行循环流动,而且还可以加热升温,定期显示溶液酸碱度随时间的变化情况。

在将浆液结石体试块放入测试仪后,注浆浆液结石体寿命测试仪通过酸碱度计等传感器来监测溶液酸碱度的变化,并建立起结石体强度、溶液酸碱度、反应时间三者的关系,通过腐蚀性溶液对注浆结石体的加速腐蚀过程,将结石体最终因强度衰竭破坏的时间,即注浆结石体的使用寿命计算出来。

5.3 注浆结石体寿命测试仪的基本结构及各部分的功能

5.3.1 仪器的组成

如图5-1和图5-2所示,在机架1上设有浸泡槽3,在浸泡槽3内设有试块支架5和加热元件4,在机架1上设有与浸泡槽3连通的循环水泵2,在机架1上设有酸度计6及其控制显示屏7,在机架1的顶部设有上盖8。

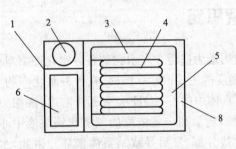

图5-1 测试仪平面图

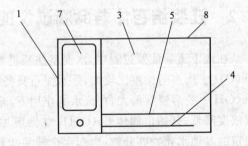

图5-2 测试仪立面图

5.3.2 仪器各部分的功能

(1)机架:将其他各个元件结合成一个整体,共同发挥作用。

(2)循环水泵:使浸泡的腐蚀溶液循环流动,加快腐蚀过程。

(3)浸泡槽:盛放腐蚀性溶液。

(4)加热元件:对腐蚀性溶液进行加热,加快腐蚀过程。

(5)试块支架:放置浆液结石体试块。

(6)酸度计:对腐蚀性溶液的酸碱度进行监测。

(7)控制显示屏:显示时间、溶液的酸碱度等信息。

(8)上盖:封闭浸泡水槽,防止空气中的二氧化碳进入溶液。

5.4 注浆结石体寿命测试仪的使用说明

5.4.1 注浆材料选择

水泥类浆液是一种使用面最广的基本注浆材料。水泥类浆液具有价格较低且结石体强度高等优点,但是由于其存在初凝与终凝时间长且不能准确控制、强度增长速度慢及容易沉淀析水等缺点,并且在大孔隙地层中注浆易出现漏浆现象,注浆质量难以保证,所以目前水泥类浆液的应用也有一定的局限性。为了改善水泥类浆液的性能,可以用各种化学添加剂来缩短水泥类浆液的胶凝时间及提高其可注性,也可以在水泥浆液中添加水玻璃、粉煤灰、矿粉等材料提高结石体的强度和致密性,提高抗腐蚀能力。同时,水泥类浆液逐渐向着超细水泥、高水速凝材料、硅粉水泥浆材、纳米水泥材料等方向发展和应用。

本仪器可以测试的注浆材料包括普通硅酸盐水泥(J)、水玻璃(C)、粉煤灰(F)、矿粉(KF)、硅粉(GF)、超细水泥(MC)等材料。也可以测试将这些基本材料进行合理的配比和组合得到的不同类型和特性的浆液材料。注浆材料中CaO的成分含量、材料的编号及掺量见表5-1。为了方便测试,注浆材料统一配制成水胶比为1∶1的浆液。

表 5-1 注浆材料中 CaO 的百分含量(质量比)

试样	J	F	KF	GF	MC
品种	普通硅酸盐水泥	粉煤灰	矿粉	硅粉	超细水泥
含量	55.2%	5.17%	34.51%	0.94%	53.7%

5.4.2 结石体试块的制作

分别选取注浆材料,包括普通硅酸盐水泥、超细水泥(MC)等作为注浆主材,水玻璃(C)、粉煤灰(F)、矿粉(KF)、硅粉(GF)等材料作为掺和料。保证材料品质完好,没有受潮变质。将基本材料和掺和料混合后,加入规定数量的淡水,统一制作成水胶比为1∶1的浆液。将注浆材料在水泥净浆搅拌机上搅拌均匀后,倒入钢制水泥胶砂试模,制作成体积为 40 mm×40 mm×160 mm 的试块。

5.4.3 试块的养护

将试样脱模后,放入温度为(20±2)℃、相对湿度为95%的标准养护室养护。养护至 28 d 龄期后,将试块取出,在压力试验机上测试得到 28 d 的无侧限抗压强度。然后,将同批次的剩余试块放入寿命测试仪的浸泡水箱中,加入 pH 值为 2 的腐蚀性溶液。打开测试仪的电源,使测试仪的酸度计和循环水泵开始工作,保持腐蚀溶液的正常流动。

5.4.4 试块的测试

将试块放置在寿命测试仪中,每到 1 个月时间,取出同一批次的试块,在压力试验机上测试得到对应的无侧限抗压强度,然后将得到的试块强度和 28 d 的初始强度进行比较。如果试块强度小于或等于 28 d 初始强度的 50%,则停止测试,并且将本批次的剩余试块全部取出,记录试块的浸泡时间。

5.4.5 注浆结石体使用寿命-强度-酸碱度标准曲线的建立

为了方便地测试出注浆结石体的使用寿命,本试验假定自然腐蚀环境中的pH值为4,而将浸泡注浆结石体的腐蚀性溶液pH值保持为2,主要是使注浆结石体处于加速腐蚀的状态。由于pH值为4的自然腐蚀环境和pH值为2的加速腐蚀环境,酸液浓度相差100倍,可以认为,对于同一种注浆结石体,在pH值为4的自然环境中的使用寿命和在pH值为2的腐蚀环境中的使用寿命也就相差了100倍。例如,普通水泥结石体放置在pH值为2的腐蚀溶液中,浸泡3个月以后,其强度下降到28 d初始强度的一半,这就相当于它在pH值为4的自然环境中的使用寿命为24年。

为此,将结石体寿命测试仪中的腐蚀性溶液pH值保持为2,根据各种不同的注浆材料其无侧限抗压强度的衰减速度和时间的关系,可以建立注浆材料试块的强度和使用年限的对应关系,注浆结石体强度和酸碱度的关系。

5.5 注浆结石体寿命测试仪的操作规程

(1)在电子称上称取适量的注浆材料,加入适量的水后,在水泥净浆搅拌机上搅拌均匀,制作成水胶比为1:1的注浆浆液。

(2)将浆液倒入钢制水泥胶砂试模,制作成体积为40 mm×40 mm×160 mm的试块。1 d后脱模,将试块放入标准养护室养护。

(3)试块标准养护到28 d龄期时,取出试块,在压力试验机上测试出试块的28 d强度。

(4)将注浆结石体寿命测试仪的上盖打开,加入适量的盐酸溶液,使溶液的pH值保持为2。将同批次的试块放入测试仪的支架上,打开测试仪开关,使酸度计和循环水泵开始工作,然后关上上盖。

(5)从将试块放入仪器的时候开始计时,每到1个月时间,将试块取出,测试出试块的无侧限抗压强度,并计算抗压强度衰减率。如果抗压强度衰减率低于50%,则取出剩余试块,停止测试。

(6)根据仪器的显示,记录每个月末溶液酸碱度的变化。根据浸泡不同时间的试块强度衰减率和溶液的酸碱度,分别建立结石体强度-酸碱度标准曲线和结石体强度-浸泡时间标准曲线。

(7)根据结石体试块中CaO的百分含量,计算CaO消耗量达到25%时,腐蚀溶液对应的临界酸碱度pH_T。

(8)将临界酸碱度pH_T代入步骤(6)中建立的两个标准曲线方程,就可以计算出结石体试块在pH=2的腐蚀溶液中的使用寿命。

(9)将步骤(8)中计算得到的使用寿命扩大100倍,即得到结石体试块在pH=4的自然腐蚀环境中的使用寿命。

5.6 小　　结

本章通过对注浆结石体寿命测试仪的研究,阐述了注浆结石体寿命测试仪的研究思路。通过使用寿命测试仪来模拟注浆材料在侵蚀环境下的破坏过程,从而对注浆材料的使用寿命进行预测和评估。

(1)水泥基注浆材料的腐蚀是由于水泥水化产物中的 $Ca(OH)_2$ 成分被环境中的酸溶液消耗,水泥石的强度不断下降,最终因失去强度而破坏,失去了堵水和加固的作用。

(2)注浆结石体寿命测试仪可以模拟注浆材料在侵蚀环境下的破坏过程。通过对一系列注浆材料的长期腐蚀,得到了试块的强度、强度衰减率与使用寿命的对应关系。

(3)只要将待测试的注浆材料按照规范要求制作成标准尺寸的试块,在测试仪中浸泡一段时间,就可以通过计算得到其使用寿命。

(4)注浆结石体寿命测试仪完全系自主研发,实用性强,容易操作,便于推广,填补了国内外在注浆材料寿命预测方面的空白。

第6章 海底隧道注浆材料耐久性模糊综合评定

6.1 引 言

随着世界各国国民经济的飞速发展,对于跨越海峡交通的需求与日俱增。由于海底隧道不受台风、浓雾天气条件的影响可全天候使用,而且有利于国家备战和安全防护,已经成为跨越海峡交通的首选方式[141~144]。海底隧道作为国家的重要交通基础设施,一次性投入资金巨大,而且工程改建、维修、拆除困难,对于工程的耐久性要求非常高。海底隧道以100年或更长的时间作为设计基准期已成为现实[145]。

海底隧道下穿海底岩层,地质条件复杂。在断层破碎带、节理、裂隙发育带、软岩大变形地带及海水侵蚀地层,海水极容易通过这些薄弱地带产生渗漏,直接接触隧道衬砌的外侧,在海水的长期浸泡作用下,海水中大量存在的有害离子会不断侵蚀破坏衬砌结构,影响到海底隧道100年使用寿命的实现。为了保障隧道能够长期健康地运营,在施工的过程中,就要对隧道围岩进行预注浆处理,在隧道周边形成一道防水的帷幕,封堵住地下水流的通道,避免海水流入隧道。止水帷幕能否长久地发挥作用,关键要看注浆材料能否有效抵御海水的长期侵蚀。因此,注浆材料的长期耐久性成为了保障海底隧道长期健康运营的重要影响因素。

作为一种重要的施工技术,注浆在许多工程领域都得到了广泛的应用,但其绝大部分是处理没有腐蚀性的地下水和临时堵水加固工程,有关注浆材料抵御海水侵蚀的长期耐久性研究则很少有过报导[146]。影响海底隧道注浆浆液侵蚀的因素包括海洋环境介质的物理作用、化学侵蚀作用和由于自身体积不稳定导致收缩变形的加速劣化作用[147]。这些因素是相互关联、相互促进或相互加强的,使注浆材料的破坏不是由单一因素造成的,而是由于多个因素的协同作用的结果。如果仅仅采用单一因素或单一评定方法来评价注浆材料的耐久性能,评价结果无疑带有片面性和局限性。因此,本文就水泥基注浆材料抵御海水侵蚀的耐久性试验开展研究工作,并采用模糊数学的手段来综合评定浆液材料的耐久性能。

6.2 模糊综合评价方法简介

同一事物或现象往往具有多种属性,因此在对事物进行评价时,就要兼顾各个方面,对多个相关因素进行综合考虑,这就是所谓的综合评判问题。模糊综合评判作为模糊数学的一种具体应用方法,最早是由我国学者汪培庄提出的,已得到了广泛的应用。模糊综合评判,即Fuzzy Comprehensive Evaluation(简称FCE),就是以模糊数学为基础,应用模糊关系合成的原理,将一些边界不清、不易定量的因素定量化,进行综合评价的一种方法,它是模糊数学在自然科学领域和社会科学领域中应用的一个重要方面。模糊综合评判法的基本原理:它首先确定被评判对象的因素(指标)集 $U=\{u_1,u_2,\cdots,u_n\}$ 和评价集 $V=\{v_1,v_2,\cdots,v_m\}$,其中 x_i 为各单项指标,v_i 为对 x_i 的评价等级层次,再分别确定各个因素的权重及它们的隶属度向量,获得模糊评判矩阵。最后把模糊评判矩阵与因素的权重集进行模糊运算并进行归一化,得到模糊评价综合结果[148]。评价的着眼点是所要考虑的各个相关因素,有利于提高评价的科学性、准确性。该方法的优点是:(1)隶属函数和模糊统计方法为定性指标定量化提供了有效的方法,实现了定性和定量方法的有效集合;(2)在客观事物中,一些问题往往不是绝对的肯定或绝对的否定,涉及到模糊因素,而模糊综合评判方法则很好地解决了判断的模糊性和不确定性问题;(3)所得结果为一向量,即评语集在其论域上的子集,克服了传统数学方法结果单一性的缺陷,结果包含的信息量丰富。数学模型简单,对多因素、多层次的复杂问题评判效果比较好,是别的数学分支和模型难以代替的方法。

6.2.1 模糊要素

模糊综合评价过程涉及以下模糊要素。

(1)因素集

因素集是以影响评价对象的各因素所组成的普通集合,表示为

$$U = \{u_1, u_2, \cdots, u_n\} \tag{6-1}$$

其中 $u_i(i=1,2,\cdots,n)$ 代表各影响因素。

(2)权重集

因为各个因素的重要程度不同,因而必须对各个因素 u_i 按其重要程度给出不同的权数 a_i。

由各权数组成的因素权重集 A 是因素集 U 上的模糊子集,可用模糊向量表示为

$$A = (a_1, a_2, \cdots, a_n) \tag{6-2}$$

其中元素 $a_i(i=1,2,\cdots,n)$ 是元素 u_i 对 A 的隶属度,即反映了各个因素在综合评判中所具有的重要程度,通常应满足归一性和非负性条件:

$$\sum_{i=1}^{n} a_i = 1 \quad a_i \geqslant 0 \tag{6-3}$$

权重的分配是影响评价结果的重要因素之一。

(3)评语集

把评价者对被评价对象所得的各种可能的评价结果集合在一起,即评语集

$$V = \{v_1, v_2, \cdots, v_m\} \tag{6-4}$$

其中 $v_i(i=1,2,\cdots,m)$ 代表各个可能的总评价结果。

模糊综合评价的目的是在综合考虑所有影响因素的基础上,从评语集中得出一个最佳的评价结果。

6.2.2 模糊综合评价的数学模型

因素集 U 与评价集 V 之间的模糊关系可用评判矩阵表示。

$$R = \begin{bmatrix} R_1 \\ R_2 \\ \cdots \\ R_3 \end{bmatrix} = \begin{bmatrix} r_{11} & r_{12} & \cdots & r_{1m} \\ r_{21} & r_{22} & \cdots & r_{2m} \\ \cdots & \cdots & \cdots & \cdots \\ r_{n1} & r_{n2} & \cdots r_{nm} \end{bmatrix} \tag{6-5}$$

其中元素

$$r_{ij} = \mu_R(u_i, v_j) \qquad 0 \leqslant r_{ij} \leqslant 1 \tag{6-6}$$

表示对评判对象在考虑因素 u_i 时作出评判结果 v_j 的程度。于是评判矩阵 R 中的第 i 行。

$$R_i = (r_{i1}, r_{i2}, \cdots\cdots, r_{im}) \tag{6-7}$$

便表示考虑第 i 个因素 u_i 的单因素评判集,它是评价集 V 上的模糊子集。由此可见,单因素评判集(R 的各行)构成了多因素综合评判(评判矩阵 R)的基础。

对该评判对象的模糊综合评价 B 是 V 上的模糊子集。

$$B = A \cdot R = (a_1, a_2, \cdots, a_n) \cdot \begin{bmatrix} r_{11} & r_{12} & \cdots & r_{1m} \\ r_{21} & r_{22} & \cdots & r_{2m} \\ \vdots & \vdots & \cdots & \vdots \\ r_{n1} & r_{n2} & \cdots & r_{nm} \end{bmatrix} = (b_1, b_2, \cdots, b_n) \tag{6-8}$$

根据权重集 A 与单因素模糊评价矩阵 R 合成,进行模糊综合评价求取评价模糊子集 B,一般有以下五种模型:

(1)模型Ⅰ:M(∧,∨);
(2)模型Ⅱ:M(·,∨);
(3)模型Ⅲ:M(∧,∨);
(4)模型Ⅳ:M(·,○+);
(5)模型Ⅴ:M(·,+)。

该模型计算 b_j 为

$$b_j = \sum_{i=1}^{m} a_i \cdot r_{ij} \qquad j = 1, 2, \cdots, m \tag{6-9}$$

其中, $\sum_{i=1}^{n} a_i = 1$。

本文采用模型Ⅴ进行综合评判,该模型考虑了所有因素的影响,而且保留了单因素评价的全部信息,运算中 a_i 和 $r_{ij}(i=1,2,\cdots,n;j=1,2\cdots,m)$ 无上限限制,在工程评价中应用效果良好。

6.3 注浆浆液材料及配比

试验采用的基本材料有山东日照水泥厂生产的 425R 级普通硅酸盐水泥(P)、河北唐山北极熊牌硫铝酸盐水泥(SA)、浙江科威超细水泥(MC),掺和料为水玻璃(S)、粉煤灰(F)和矿粉(K)。将基本材料和掺和料混合后,掺入最大粒径小于 1 mm 的标准砂,制作成体积为 40 mm×40 mm×160 mm 的胶砂试块(胶砂比 1∶2.5)。注浆材料配合比见表 6-1。

表 6-1 注浆材料配合比(占胶凝材料的质量比,%)

注浆材料	水泥	掺和料	水	砂
P	100	0	80	250
F	100	40	112	350
K	100	40	112	350
CS	100	50	120	0
SA	100	0	80	250
MC	100	0	80	250

6.4 注浆浆液材料耐久性指标及试验方法

6.4.1 抗氯离子渗透性

由于海底隧道的注浆材料长期与海水接触，材料的致密性对材料能否抵抗外部介质侵蚀并长期发挥作用起着关键作用。浆液材料抵抗氯离子渗透性能够反映材料的密实程度以及抵抗外部介质侵蚀的能力，可以作为评价浆液材料耐久性的一个重要指标。

目前，测试混凝土抵抗氯离子渗透性的方法很多，有美国的 ASTMC1202—94、稳态电迁移方法和电导方法，而对于水泥基注浆材料抵抗氯离子渗透性的测试方法则很少有报道。注浆材料抵抗氯离子渗透能力的强弱，从氯离子侵入注浆材料的深度就可以直观地反映出来。因此，本文参照《水工混凝土试验规程》(DL/T5150—2001)，采用"显色法"测定氯离子的渗透深度。根据氯离子在试块中的渗透深度，对浆液材料抵抗氯离子的渗透性能进行评价[149]。

6.4.2 抗硫酸盐侵蚀系数

水泥浆液结石体在侵蚀溶液中的抗蚀性能是以抗蚀系数的大小来比较。抗蚀系数是指同龄期的试块分别在硫酸盐溶液中浸泡后的抗折强度和在 20℃ 水中养护的抗折强度之比。硫酸盐腐蚀试验参照《水泥抗硫酸盐腐蚀快速试验方法》(GB2420—81)进行。采用 40 mm×40 mm×160 mm 棱柱形试体，1 d 养护箱养护，7 d 50℃水养护，28 d 常温侵蚀。本试验主要根据水泥试块浸泡在侵蚀溶液中的抗折强度与淡水中的同龄期抗折强度之比（浸泡龄期为 28 d），计算抗蚀系数，以比较水泥的抗蚀性能。抗蚀系数定义如下：

$$K_{抗蚀}=\frac{R_{硫酸盐抗折}}{R_{淡水抗折}} \tag{6-10}$$

式中　$K_{抗蚀}$——抗蚀系数；

$R_{硫酸盐抗折}$——在硫酸盐溶液中浸泡 28 d 后的抗折强度；

$R_{淡水抗压}$——在淡水中浸泡 28 d 后的抗折强度。

6.4.3 抗海水渗透系数

抗渗性是指浆液凝结后抵抗压力水渗透的能力。抗渗性能差的注浆材料，在注入地层后，由于外界的水和侵蚀性介质容易渗入浆液结石体内部，所以耐久性差，反之，则浆液的耐久性能好。本文按照 GBJ 82—85 规定的方法制备了顶面直径为 175mm、底面直径为 185 mm、高度为 150 mm 的圆台体，每组 6 个试块，进行抗渗试验。试验从水压为 0.1 MPa 开始，以后每隔 8 h 增加水压 0.1 MPa，直到 1 MPa，恒压 8 h。在确定没有试件透水后，停止试验劈开试件，测定平均透水高度。根据试块渗水的高度来判断试块抗渗性能的优劣。

6.4.4 体积稳定性

体积稳定性是评价注浆材料耐久性的一个重要指标。注浆浆液的体积稳定性是指其在凝结硬化与使用过程中无外力、无侵蚀性介质等作用下，不因体积变形而对其性能产生不良影响的性能。通过分别测定淡水和海水养护条件下，不同龄期的浆液结石体的体积膨胀（收缩）变化，来评价注浆材料的耐久性。如果浆液结石体在海水长期浸泡下，体积产生收缩，很可能会在岩体裂隙中产生新的渗水通道，堵水效果下降，加快腐蚀隧道衬砌结构。对于注浆材料的体积稳定性采用体积稳定系数来表示。

6.5 浆液材料耐久性综合评定

6.5.1 决策集的确定

本文将注浆浆液的耐久性划分为以下五个等级，即

$$V = \{V_1, V_2, V_3, V_4, V_5\} = \{优, 良, 中, 差, 很差\} \tag{6-11}$$

6.5.2 因素集的确定

对于长期浸泡在具有极大腐蚀性的海水环境中的注浆浆液来说，浆液材料的性能衰减、失效乃至破坏是多种因素综合作用的结果。通常，对于注浆材料的破坏型式为海水渗透破坏、各种有害盐类的侵蚀破坏等。而浆液材料最终的破坏形式则表现为强度的丧失和结构的破坏，从而失去封堵地下水和加固岩土体的作用。想要客观地反映注浆材料的耐久性，可以采用以下几个因素：第一个因素为反映浆液材料抵抗硫酸盐侵蚀的性能 S；第二个因素为表征浆液材料抵抗海水渗透能力高低的抗渗性 H；第三个因素为表征浆液材料抵抗氯离子渗透快慢的抗氯离子渗透性 Q；第四个因素为浆液材料的体积稳定系数 V。由这些指标构成的模糊评价的因素集如下：

$$U = \{S, H, Q, V\} = \{抗硫酸盐侵蚀性, 抗渗性, 抗氯离子渗透性, 体积稳定性\} \tag{6-12}$$

6.5.3 单因素综合评定

除了氯盐外，海水中的硫酸盐含量非常高。因此，水泥基注浆材料抵抗硫酸盐离子侵蚀的能力对注浆材料的耐久性影响很大，这个因素可以在注浆材料耐久性试验结果的基础上确定注浆材料抵抗硫酸盐离子腐蚀的优劣状况，因此，将注浆材料抵抗硫酸盐离子腐蚀性划分为以下等级：

$$\{S: 抗硫酸盐侵蚀性\} = \{s_1, s_2, s_3, s_4, s_5\} = \{优, 良, 中, 差, 很差\} \tag{6-13}$$

式(6-13)中的五个等级可以由试验结果确定水泥基注浆材料抵抗硫酸盐离子侵蚀的能力隶属于各个等级的程度，表示为以下隶属度向量的形式（满足归一化条件）：

$$\mu_{S_1} = \{\mu_{s1}, \mu_{s2}, \mu_{s3}, \mu_{s4}, \mu_{s5}\} \tag{6-14}$$

抗硫酸盐侵蚀性能的每个等级对应式(6-12)的注浆材料耐久性决策集的一个模糊子集。比如说，注浆材料抗硫酸盐侵蚀性能"很好"，可以确定以下注浆材料耐久性的模糊等级：

$$r_1 = \{r_{11}, r_{12}, r_{13}, r_{14}, r_{15}\} = \{1, 0, 0, 0, 0\} \tag{6-15}$$

它表示注浆材料抗硫酸盐侵蚀性能"很好"的隶属度是 1，而耐久性"较好"、"中等"、"较差"和"很差"的隶属度均为 0。按此方法可以确定一个单因素综合评定矩阵

$$R_S = [r_{ij}]_{5 \times 5} \tag{6-16}$$

按以上方法确定的抗硫酸盐侵蚀性能等级及注浆材料耐久性评定矩阵列入表 6-2 中。于是，由注浆材料抗硫酸盐侵蚀性指标得到注浆材料耐久性的模糊等级为

$$\mu_{V_S} = \{\mu_{V_1}, \mu_{V_2}, \mu_{V_3}, \mu_{V_4}, \mu_{V_5}\} \cdot S = \mu_S \times R_S \tag{6-17}$$

算例:

设某配合比的掺粉煤灰普通硅酸盐水泥注浆材料的抗硫酸盐侵蚀性能由试验结果确定为以下模糊等级:

$$\mu_{S_1} = \{0.5, 0.3, 0.2, 0, 0\}$$

即注浆材料抵抗硫酸盐侵蚀能力属于"优"、"良"、"中"、"差"、"很差"等级的隶属度分别为 0.5,0.3,0.2,0 和 0。于是,由表 6-2 给出的注浆材料耐久性评定矩阵 R_s,按式(6-17)可求得在仅仅考虑注浆材料抵抗硫酸盐侵蚀性指标的情况下,其耐久性的评价等级为:

$$\mu_{V_S} = \{0.56, 0.22, 0.18, 0.04, 0\}$$

这表示掺粉煤灰普通硅酸盐水泥注浆材料耐久性很好的隶属度是 0.56,较好、中等的隶属度分别是 0.22、0.18,较差和很差的隶属度只有 0.04,0。按隶属度最大的原则,注浆材料的耐久性不算很好,充其量是中等水平。

表 6-2 注浆材料抗硫酸盐侵蚀及耐久性评定矩阵

注浆材料耐久性	抗硫酸盐侵蚀性能				
	优	良	中	差	很差
优	1	0.2	0	0	0
良	0	0.6	0.2	0.1	0
中	0	0.2	0.6	0.2	0.2
差	0	0	0.2	0.5	0.3
很差	0	0	0	0.2	0.5

6.5.4 由试验值确定模糊等级

各个影响注浆材料耐久性因素的试验结果见表 6-3。

表 6-3 注浆材料耐久性各影响因素试验结果

材料类型	抗硫酸盐侵蚀系数	渗水深度(cm)	氯离子渗透深度(mm)	体积变化系数
P	0.78	10.4	18.5	0.88
F	0.81	11.6	16.4	0.89
K	0.86	11.4	15.7	0.91
CS	0.67	11.7	20	0.87
SA	0.98	5.4	12.6	0.86
MC	0.97	2.9	10.5	0.97

由试验值确定各因素输入的模糊等级由以下步骤来确定。

1. **各因素模糊等级的确定**(见表 6-4)

参考水泥混凝土材料抗硫酸盐侵蚀、抗氯离子渗透性、抗水压力渗透及在腐蚀性溶液侵蚀下试块体积的变化等评定标准及相关规定,确定各因素模糊等级的评定范围,列于表 6-4 中。

表 6-4　各因素模糊等级表

评价等级	抗硫酸盐侵蚀系数	渗水深度(cm)	氯离子渗透深度(mm)	体积变化系数
优	0.9~1	<3	<2	>0.95
良	0.8~0.9	3~6	2~6	0.90~0.95
中	0.7~0.8	6~9	6~12	0.85~0.90
差	0.6~0.7	9~12	12~20	0.80~0.85
很差	<0.6	>12	>20	<0.80

2. 由耐久性试验结果确定模糊等级[150]

根据试验结果确定各因素隶属度的范围。

(1) $i=2,3,4$ 时,某因素的隶属度 μ_{μ_i} 的范围在区间[0.8,1.0],可以通过以下线性插值原则确定:

$$\frac{1-\mu_{\mu_i}}{1-0.8}=\frac{\mu-\min}{\max-\min} \tag{6-18}$$

式中　μ_{μ_i}——某因素的隶属度($i=2,3,4$);

μ——某因素的试验值;

max,min——该试验值隶属范围的边界值。

μ_{μ_i} 相邻隶属度的确定:

$$当 \mu<\frac{\max+\min}{2}, \mu_{\mu_{i-1}}=1-\mu_{\mu_i} \tag{6-19}$$

$$当 \mu>\frac{\max+\min}{2}, \mu_{\mu_{i+1}}=1-\mu_{\mu_i} \tag{6-20}$$

$$当 \mu=\frac{\max+\min}{2}, \mu_{\mu_{i-1}}=\mu_{\mu_{i+1}}=\frac{1-\mu_{\mu_i}}{2} \tag{6-21}$$

其余隶属度为 0。

(2) 当 $i=1,5$ 时,μ_{μ_i} 的隶属度取为 1,其余的为 0。

例如,超细水泥注浆材料抗水压力渗透试验的结果为渗水深度值 2.9cm,隶属于优等(<3cm),则取 $\mu_{q1}=1$,其余的值为 0,模糊等级为{1,0,0,0,0}。

又例如,矿粉水泥注浆材料的抗硫酸盐侵蚀试验的结果为,抗硫酸盐侵蚀系数为 0.86,隶属于良好(0.8~0.9)等级范围,则 μ_{s3} 的取值为

$$\frac{1-\mu_{s3}}{1-0.8}=\frac{0.86-0.8}{0.9-0.8}$$

$\mu_{s3}=0.88$　　$\mu_{S4}=1-0.88=0.12$

因此,由试验值确定的矿粉水泥注浆材料的抗硫酸盐侵蚀性能的模糊等级为[0,0,0.88,0.12,0]。

3. 综合决策矩阵的形成

以超细水泥为例,评定注浆材料抵抗硫酸盐侵蚀的性能。将注浆材料抗硫酸盐侵蚀性划分为以下等级:

$$\{S:\text{抗硫酸盐侵蚀性}\}=\{s_1,s_2,s_3,s_4,s_5\}=\{\text{优},\text{良},\text{中},\text{差},\text{很差}\}$$

式中的五个等级可由试验结果确定注浆材料抗硫酸盐侵蚀性能隶属于各个等级的程度，表示为以下向量形式：

$$\mu_{S_1}=\{\mu_{s1},\mu_{s2},\mu_{s3},\mu_{s4},\mu_{s5}\} \tag{6-22}$$

抗硫酸盐侵蚀性能的每个等级对应式(2)的注浆材料耐久性决策集的一个模糊子集。根据试验结果，该浆液材料的抗硫酸盐侵蚀系数为 0.97，隶属等级为优等(0.9~1)范围，则可以确定浆液的耐久性模糊等级为：

$$r_1=\{r_{11},r_{12},r_{13},r_{14},r_{15}\}=[1,0,0,0,0]$$

由此方法可以确定单因素综合评定矩阵

$$R_S=[r_{ij}]_{5\times5}=\begin{bmatrix}1 & 0.2 & 0 & 0 & 0 \\ 0 & 0.6 & 0.2 & 0.1 & 0 \\ 0 & 0.2 & 0.6 & 0.2 & 0.2 \\ 0 & 0 & 0.2 & 0.5 & 0.3 \\ 0 & 0 & 0 & 0.2 & 0.5\end{bmatrix}$$

由超细水泥注浆材料抗硫酸盐侵蚀性推得注浆材料耐久性的模糊等级为

$$\mu_{V_S}=\{\mu_{V_1},\mu_{V_2},\mu_{V_3},\mu_{V_4},\mu_{V_5}\}\cdot S=\mu_S\times R_S \tag{6-23}$$

4. 各因素权重集的确定

在海水对注浆材料侵蚀破坏的过程中，每个因素所起的作用不一样，影响程度也不尽相同。因此，对于各个因素给予一个相应的权重系数，组成权重集：

$$A=(a_S,a_H,a_Q,a_V) \tag{6-24}$$

具体过程是，采用 (0,1,2) 三标度法来对每一因素进行两两比较后，建立一个比较矩阵并计算出各元素的排序指数，第二阶段通过变换将比较矩阵转化为判断矩阵，并证明它完全满足一致性的要求[151]。根据前人的经验和大量的试验结果，在注浆材料海洋环境侵蚀下耐久性的影响因素中，相对于抗硫酸盐侵蚀性，抗海水渗透性能、抗氯离子渗透性和抗海水侵蚀体积稳定性更为重要；相对于注浆材料抗海水渗透性能，抗氯离子渗透性和抗海水侵蚀体积稳定性更为重要；相对于注浆材料抗海水侵蚀体积稳定性，抗氯离子渗透性能更为重要。根据以上因素重要性的相互比较，可以建立比较矩阵和判断矩阵如下：

(1) 建立比较矩阵

$$A=(a_{ij})=\begin{matrix} & \begin{matrix}A & c_1 & c_2 & c_3 & c_4 & r_{ij}\end{matrix} \\ \begin{matrix}c_1\\c_2\\c_3\\c_4\end{matrix} & \begin{bmatrix}1 & 2 & 2 & 2 & 7\\ 0 & 1 & 2 & 2 & 5\\ 0 & 0 & 1 & 0 & 1\\ 0 & 0 & 2 & 1 & 3\end{bmatrix}\end{matrix}$$

其中，

$$a_{ij}=\begin{cases}2 & c_i \text{ 比 } c_j \text{ 重要}\\ 1 & c_i \text{ 与 } c_j \text{ 同等重要} \quad (i,j=1,2,3,4), \quad r_i=\sum_{j=1}^{4}a_{ij}\\ 0 & c_j \text{ 比 } c_i \text{ 重要}\end{cases}$$

(2) 构造判断矩阵

$$C=(c_{ij})=\begin{bmatrix} c & c_1 & c_2 & c_3 & c_4 & M_i & W_i & \overline{W}_i \\ c_1 & 1 & 2.08 & 9 & 4.33 & 81.06 & 3 & 0.55 \\ c_2 & 0.48 & 1 & 4.33 & 2.08 & 4.32 & 1.44 & 0.26 \\ c_3 & 0.11 & 0.23 & 1 & 0.48 & 0.01 & 0.32 & 0.06 \\ c_4 & 0.23 & 0.48 & 2.08 & 1 & 0.23 & 0.69 & 0.13 \end{bmatrix}$$

其中, $M_i = \prod_{j=1}^{4} c_{ij}$, $W_i = \sqrt[4]{M_i}$, $\overline{W}_i = \dfrac{W_i}{\sum\limits_{i=1}^{4} W_i}$, $\sum\limits_{i=1}^{4} W_i = 5.45$, $\sum\limits_{i=1}^{4} \overline{W}_i = 1$

经过一致性检验,各项评价指标的权重为

$$\overline{W}_i = (a_S, a_H, a_Q, a_V) = (\overline{W}_1, \overline{W}_2, \overline{W}_3, \overline{W}_4) = (0.55, 0.26, 0.06, 0.13)$$

5. 多因素综合评定

综合考虑注浆材料抗硫酸盐侵蚀、抗渗透、抗氯离子侵蚀及体积稳定性 4 个因素,利用单因素评定结果,将各因素耐久性模糊等级分别归一化,形成综合决策矩阵

$$R = [\mu_{VS}, \mu_{VH}, \mu_{VQ}, \mu_{VV}]^T = [r_{ij}]_{4 \times 5} \tag{6-25}$$

则注浆材料的耐久性模糊等级为

$$\mu_V = \overline{W} \times R \tag{6-26}$$

算例 1:超细水泥注浆材料

在青岛胶州湾海底隧道断层破碎带注浆堵水施工中,使用了水胶比为 0.8 的超细水泥浆液材料。注浆材料耐久性试验的结果见表 6-2。判断超细水泥注浆浆液耐久性的过程如下:

(1) 按隶属度确定方法,确定各因素的隶属度为 $\mu_{S_M} = \{1, 0, 0, 0, 0\}$; $\mu_{H_M} = \{1, 0, 0, 0, 0\}$; $\mu_{Q_M} = \{0, 0, 0.85, 0.15, 0\}$; $\mu_{V_M} = \{1, 0, 0, 0, 0\}$。

(2) 进行单因素评定,将 $\mu_{VS}, \mu_{VH}, \mu_{VQ}, \mu_{VV}$ 分别归一化,形成综合决策矩阵

$$R = \begin{bmatrix} 1 & 0 & 0 & 0 & 0 \\ 1 & 0 & 0 & 0 & 0 \\ 0 & 0.185 & 0.54 & 0.245 & 0.03 \\ 1 & 0 & 0 & 0 & 0 \end{bmatrix}$$

(3) 确定耐久性模糊等级

$$\mu_V = W \times R = [0.55, 0.26, 0.06, 0.13] \times \begin{bmatrix} 1 & 0 & 0 & 0 & 0 \\ 1 & 0 & 0 & 0 & 0 \\ 0 & 0.185 & 0.54 & 0.245 & 0.03 \\ 1 & 0 & 0 & 0 & 0 \end{bmatrix}$$

$$= [0.94, 0.0111, 0.0324, 0.0018, 0.0039]$$

由此可见,超细水泥注浆材料的耐久性属于优、良、中、差、很差等级的隶属度分别为 0.94, 0.0111, 0.0324, 0.0018, 0.0039。可见超细水泥的耐久性属于优等。在海底隧道帷幕注浆工程中,使用超细水泥注浆材料可以提高注浆堵水的效果,延长隧道的使用寿命。

算例 2:水泥水玻璃注浆材料

在青岛胶州湾海底隧道地表注浆施工中,使用了水胶比为 1∶1 的水泥水玻璃注浆材料。注浆材料耐久性试验的结果见表 6-2。判断水泥水玻璃浆液耐久性的过程如下:

(1) 按隶属度确定方法,确定各因素的隶属度为 $\mu_{S_M} = \{0, 0, 0, 0.86, 0.14\}$; $\mu_{H_M} =$

$\{0,0,0,0.82,0.18\}$；$\mu_{Q_M} = \{0,0,0,0,1\}$；$\mu_{V_M} = \{0,0,0.92,0.08,0\}$。

(2) 进行单因素评定，将 $\mu_{VS}, \mu_{VH}, \mu_{VQ}, \mu_{VV}$ 分别归一化，形成综合决策矩阵

$$R = \begin{bmatrix} 0 & 0 & 0 & 0.86 & 0.14 \\ 0 & 0 & 0 & 0.82 & 0.18 \\ 0 & 0 & 0 & 0 & 1 \\ 0 & 0 & 0.92 & 0.08 & 0 \end{bmatrix}$$

(3) 确定耐久性模糊等级

$$\mu_V = W \times R = [0.55, 0.26, 0.06, 0.13] \times \begin{bmatrix} 0 & 0 & 0 & 0.86 & 0.14 \\ 0 & 0 & 0 & 0.82 & 0.18 \\ 0 & 0 & 0 & 0 & 1 \\ 0 & 0 & 0.92 & 0.08 & 0 \end{bmatrix}$$

$$= [0, 0, 0.1196, 0.6956, 0.1836]$$

由此可见，超细水泥注浆材料的耐久性属于优、良、中、差、很差各个等级的隶属度分别为 0,0,0.1196,0.6956,0.1836。根据计算的结果，水泥水玻璃注浆材料的耐久性等级属于差等。在海底隧道帷幕注浆工程中，使用水泥水玻璃注浆材料只能起到临时注浆堵水加固的作用，不适宜用在需要依靠注浆堵水加固长期发挥作用的地段。

6.6 本章小结

本章以普通水泥（粉煤灰、矿粉、水玻璃）、超细水泥、硫铝酸盐等注浆材料为研究对象，开展抗海水侵蚀的耐久性试验研究。选择注浆材料抗硫酸盐侵蚀、抗海水渗透、抗氯离子侵蚀及体积稳定性作为影响因素，采用层次分析法确定各因素的权重，应用多重因素影响的模糊综合评定理论评价注浆材料的耐久性能，得到以下结论：

(1) 在普通硅酸盐水泥中掺入粉煤灰和矿粉，能增强注浆浆液的抗硫酸盐侵蚀性、抗海水渗透性和体积稳定性。

(2) 超细水泥和硫铝酸盐水泥作为海底隧道注浆材料，能够长期有效抵抗海水的侵蚀，耐久性能非常好。

(3) 水泥水玻璃双液注浆材料抵抗海水侵蚀能力很弱，不适宜作为处理海水渗漏的材料，仅适用于临时堵水的工程。

(4) 本章利用多因素模糊综合评定理论，评价了各种水泥基注浆材料在海水侵蚀环境中的耐久性，对海底隧道注浆材料耐久性的评估作了探索，为相关工程注浆材料的选择和应用提供了参考。

(5) 本章的研究仅仅针对影响海底隧道注浆材料耐久性的主要因素，还有其他因素则没有考虑，如冻融破坏和溶出性侵蚀等，需要作进一步的研究工作。

第7章 结 论

（1）在实际工程中，注浆材料的腐蚀往往是多种腐蚀介质同时存在的一个极其复杂的物理化学过程。从总体分析，引起注浆材料腐蚀的主要外部因素是岩土体和地下水环境中存在侵蚀介质，如各种酸类、碱类及某些有害盐类，而内部因素是注浆材料中含有易引起腐蚀的组分和注浆浆液结石体不密实。这一系列内部因素和外部因素导致了注浆材料的腐蚀，使得浆液结石体的寿命受到极大影响，只能在有效期内能够起到堵水和加固的作用。

（2）注浆材料的寿命和长期耐久性与注入浆液的凝胶时间长短、渗透能力，注入地层的土质条件即粒径大小、渗水压力、固结土的大小及注入工法等因素有关。提高浆液材料寿命和耐久性的措施是综合考虑采用凝胶时间长的、渗透性好的、无硅石淋溶的、凝胶收缩率小的、匀凝强度高的浆液。必须改进浆液的材料、组分和注浆工法，提高浆液结石体的抗侵蚀性能，最大限度地发挥注浆的功效。

（3）注浆浆液结石体的腐蚀虽然是一个复杂的物理化学过程，但只要针对具体情况，仔细分析腐蚀的机理，浆液结石体的使用寿命是完全有可能预测到的。本文综合采用化学动力学原理和酸碱度平衡机理，试制了注浆浆液结石体寿命测试仪。该仪器能够预测注浆材料的使用寿命，能够为注浆工程的材料选择和注浆效果提供重要的参考价值。

第五篇

青岛胶州湾海底隧道注浆施工工艺

第1章 工程概况

青岛市地处山东半岛西南部,环抱胶州湾,南临黄海,是我国对外开放的主要港口城市。拟建青岛胶州湾湾口海底隧道是环胶州湾青岛市区范围交通系统中骨干网络的重要组成部分。

该隧道位于团岛和薛家岛之间,主隧道长度约6 170 m,跨越海域总长度约3 950 m,线路等级为城市快速路,设计车速为80 km/h,设两条三车道主隧道和一条服务隧道,主隧道中轴线间距55 m。隧道断面为椭圆形,主隧道开挖断面高11.2~12.0 m、宽约15.23~16.03 m,隧道纵断面呈V形,最大纵坡3.5%,右线路面最低点高程−74.14 m、左线为−73.69 m,海域段主隧道埋深一般为20~30 m,采用矿山法施工。

1.1 地质概况

隧址区地貌上可分为湾口海床及两岸滨海低山丘陵区。隧道轴线处海面宽约3.5 km,最大水深约42 m。最深处靠近水域中央,在中部形成宽阔的海底面,为主要通航区,向两侧分别成两个较陡的斜坡,斜坡间发育宽窄不一的缓坡平台,潮间带多为礁石。团岛岸为滨海缓丘地貌,经人工改造,地形较平坦,地面高程多在5~10 m间,地面建筑物众多。薛家岛岸为低山丘陵地貌,隧道通过处地面高程多在5~40 m之间,地面起伏不平,并有较多采石陡坎,局部发育冲沟,K5+350~K5+800段为村庄,地表民房密集。

隧址区第四系覆盖层不甚发育,最厚处不足10 m,许多部位基岩裸露,基岩主要为下白垩纪青山群火山岩及燕山晚期崂山超单元侵入岩,隧道洞身主要位于微风化花岗岩、凝灰岩、流纹岩、安山岩中。

隧道海域段穿越四组14条断裂,断裂破碎带宽度几米到几十米不等。断层破碎带含水、破碎、夹泥和软弱夹层,极易发生坍塌、涌水事故。

1.2 胶州湾海底隧道注浆情况概述

注浆作为隧道施工的重要辅助工法,在胶州湾海底隧道中也得到了比较广泛的应用。其中,针对断层破碎带和节理发育密集带的止水注浆,及穿越软弱、不良地质段的加固注浆是注浆施工的重点。为了掌握注浆机械设备的效能,确定注浆设计参数,为指导日后的注浆施工总结经验,共在F_{4-4}断层破碎带等4处富水地段作为注浆试验段。现场试验过程中,对各项数据进行总结分析,对注浆各参数进行了合理优化。在注浆材料的选择上,着重考虑了材料的可注性、稳定性、耐久性等,同时考虑环保性、施工安全性等因素,通过室内及现场试验结果确定合理浆液配比。

第2章 注浆设计

2.1 设计原则

由于本隧道处于胶州湾海底，隧道所遇到的一些断层、破碎带又与海水直接相通，因此，注浆工序是关系到整个隧道安全施工的关键。

(1)海水渗水量大，容易出现突泥突水问题。对于隧道穿过破碎带、节理裂隙地段渗水量大的地段，需要采用超前地质预报，在确定破碎体的范围、性质和渗水情况后采用合适的注浆措施，有效地控制施工风险。

(2)根据具体地质条件和涌水情况，选用合适的注浆范围、注浆参数和注浆材料。

(3)注浆设计满足施工中的止水要求和运营中的结构防排水要求，采用超前预注浆和后注浆两种方式进行止水加固。

① 注浆止水对断层破碎带，采用预注浆方式，将隧道开挖断面周围的涌水或渗水封堵于结构外，隧道注浆堵水后排水量主隧道不得大于 $0.4 \ m^3/(d \cdot m)$。

② 隧道围岩注浆后的改良目标值为渗透系数小于 $1.5 \times 10^{-5} \ cm/s$，检查孔的涌水量在 $0.15 \ L/(min \cdot m)$ 以下。

(4)裂隙岩体注浆以劈裂、挤压注浆为主，渗透注浆为辅，涌水量较大围岩段及与海水连通处应实现可控域注浆。

(5)注浆工程按设计使用年限为 100 年进行耐久性考虑。

(6)注浆施工过程中应加强压注试验，为后续注浆施工提供经验。

(7)注浆采用动态设计与施工，辅以结构数字化理论分析验证。为此须建立严格的质量检测制度。

2.2 注浆方案选择原则

注浆采用超前预注浆和开挖后径向注浆。当超前探水孔单孔出水量大于 $5 \ L/min$，或每循环所有超前探孔总出水量大于 $10 \ L/min$ 时需要对围岩进行超前预注浆。开挖后检测孔单孔出水量大于 $0.15 \ L/(min \cdot m)$ 需要对周边围岩进行后注浆，开挖后局部出水点渗水量 $\geqslant 2 \ L/(m^2 \cdot d)$ 时，需要对出水部位进行径向补充注浆。

1. 全断面注浆

适用条件：①根据超前地质预报结果判定，前方围岩破碎、断层岩体风化严重或存在断层泥；②Ⅴ级围岩地段；③超前探水孔单孔出水量大于 $60 \ L/min$；④探水孔水压 $\geqslant 0.6 \ MPa$。当隧道通过以上特点断层长度大于 25 m，一次不能完成时采用全断面注浆。

2. 隧道周边帷幕注浆

适用条件：①根据超前地质预报结果综合分析判定，前方围岩比较破碎，围岩风化较严重；②超前探水孔单孔出水量 $25 \sim 60 \ L/min$；③探水孔水压 $0.3 \sim 0.6 \ MPa$。其他有全断面需要注浆的特点,但隧道穿过长度小于25 m时,采用隧道周边帷幕注浆。

3. 局部断面超前注浆

适用条件:①隧道局部断面围岩节理裂隙较发育或比较破碎,其余部位围岩比较完整;②超前探水孔单孔出水量5～25 L/min;③探水孔水压≤0.3 MPa。

2.3 超前预注浆

1. 注浆范围及注浆段划分

注浆圈止水加固厚度主要应满足注浆堵水和施工安全要求。根据环境条件、力学模拟计算和分部开挖的施工方法,结合工程经验,过断层破碎带施工中主隧道注浆加固区范围为隧道轮廓线外5m。

注浆段长度一般应综合考虑工程水文地质情况、选择钻机的最佳工作能力、预留止浆墙厚度等内容。过断层破碎带帷幕注浆时,主隧道每循环注浆段长为30 m,开挖22 m,预留8 m为下一循环止浆岩盘。

2. 注浆材料及浆液配比

结合本工程特点,在设计中,初步选择普通水泥单液浆、超细水泥单液浆、特制硫铝酸盐水泥浆单液浆、普通水泥-水玻璃双液浆等作为注浆材料。普通水泥单液浆用于探孔涌水量较小的地段;超细水泥单液浆主要用于强风化和渗透性较差围岩段,同时可用于先期注浆,以冲开致密岩体中的裂隙,而后注入普通水泥浆;特制硫铝酸盐水泥单液浆主要用于探水孔涌水压力较大围岩地段及海水连通段,辅以超细水泥浆,以实现可控域注浆;普通水泥-水玻璃双液浆主要用于封闭掌子面、锚固孔口管和探孔顶水注浆,同时部分掌子面正前方钻孔中可采用可注性好、结石早期强度高的水泥-水玻璃双液浆。

根据注浆试验段试验成果,考虑到施工效率、注浆效果等因素,在实际施工中,超前预注浆采用水灰比1:1～2:1的超细水泥单液浆。

3. 注浆扩散半径

浆液扩散半径可根据堵水要求、隧道地质特点及注浆材料的颗径尺寸,采取工程类比法来选取。施工中,可根据注浆试验或施工前期注浆效果验证、评估后进一步修正确定。

从试验段注浆过程来看,出现串浆现象的注浆孔多出现在探孔出水较大部位,串浆距离在1～3 m不等,探孔出水较小部位很少出现串浆现象。说明裂隙发育时浆液扩散较远,裂隙不发育时则扩散距离有限。浆液的扩散距离和钻孔揭穿的裂隙宽度、迂曲度、稠密度、注浆压力、浆液黏度等有关,裂隙发育时基本能达到2 m,个别地方3～4 m。因此,注浆扩散半径可按2 m考虑。

4. 注浆终孔间距

注浆后应形成严密的注浆帷幕,在注浆终孔断面上不应存在注浆盲区,因此,注浆孔终孔间距应取$a=(1.5～1.75)R$计算得出$a=3.0～3.5$ m,为确保加固效果,一般注浆终孔间距不超过3.5 m。其中:a为注浆终孔间距(m);R为浆液扩散半径(m)。

5. 注浆压力

裂隙岩体地层注浆设计压力一般需要比静水压力大0.5～1.5 MPa,当静水压力较大时,宜为静水压力的2～3倍。海底隧道过断层破碎带、节理发育密集带超前预注浆终压初步确定为:$P=1.5～3$ MPa。试验段终压统计如图2-1所示。根据现场注浆试验及施工需要对注浆压力逐步进行调整,通过各注浆试验段注浆效果分析发现,针对一般出水地段,注浆压力采用 3~4 MPa 是比较合适的。

6. 注浆量

单孔注浆量根据注浆扩散半径和岩层岩层填充率按照如下公式计算:

$$Q = \frac{\pi D^2}{4} L n \alpha \eta$$

式中　Q——注浆量;
　　　D——注浆范围;
　　　L——注浆段长;
　　　n——岩层裂隙率;
　　　α——浆液在岩石裂隙中的充填系数;
　　　η——浆液消耗率。

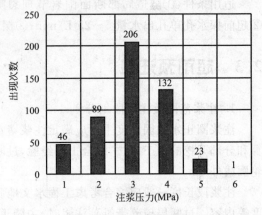

图 2-1　试验段终压统计

7. 注浆速率

注浆速度的控制根据不同情况采取不同的控制措施,注浆速率主要取决于地层的吸浆能力(即地层的孔隙率)和注浆设备的动力参数,建议注浆速率范围取 5~110L/min,施工中可根据实际情况进行调整。

8. 注浆分段长度

在超前预注浆中,一般情况下可采用全孔一次性和分段前进式注浆。当采用分段前进式注浆时,分段长度可根据现场实际地质状况确定,在断层(裂)破碎带中,分段长度一般为 5~10m。

2.4　注浆效果分析方法

1. 分析法

分析法是通过对注浆施工中所收集的参数信息进行合理整合,采取分析、对比等方式,对注浆效果进行定性、定量化评价。分析法主要有 P-Q-t 曲线法、注浆量分布特征法、浆液填充率反算法、涌水量对比分析法等。

2. 检查孔法

检查孔法是在注浆结束后,根据注浆量分布特征以及注浆过程所揭示的工程地质和水文地质特点,并结合对注浆 P-Q-t 曲线分析,对可能存在的注浆薄弱环节设置检查孔,通过检查孔观察、取芯、注浆试验、渗透系数测定等,对注浆效果进行评价。

(1)检查孔观察法

通过对检查孔进行观察,察看检查孔成孔是否完整,是否涌水、涌砂、涌泥,检查孔放置一段时间后是否塌孔,是否产生涌水、涌砂、涌泥,通过观察,定性评定注浆效果。如果每孔每延米检查孔涌水量大于 0.15 L/min 或局部孔涌水量大于 3 L/min 时,补充钻孔注浆,再次注浆直到达到设计要求为止。

(2)检查孔取芯法

预注浆必要时对检查孔取芯,通过对检查孔取芯率、岩芯的完整性、岩芯强度试验机浆脉充填情况,判断注浆效果。但对于开挖后,每个注浆段应有 3 个径向检查孔,长度 4 m(服务隧道 2.5 m)。

(3)检查孔 P-Q-t 曲线法

对检查孔进行注浆试验,根据检查孔 P-Q-t 曲线特征判断注浆效果。

(4)渗透系数测试法

通过压水试验结果计算注浆后地层的单位吸水量和渗透系数判断注浆加固效果。

3. 开挖取样分析

开挖取样法是在隧道开挖过程中,通过观察注浆加固效果、分析注浆机理、测试浆液凝固体力学指标,从而对注浆效果进行评价。

(1)加固效果观察法

在开挖过程中,观察浆脉在地层中的充填胶结情况、分布规律、渗漏水情况和浆脉的宽度、长度等情况,与注浆前对比分析判断注浆效果。

(2)注浆机理分析法

通过对掌子面注浆效果观察,分析注浆机理,定性判断注浆效果。

(3)力学指标测试法

对掌子面进行取样,对试件进行力学指标测试,通过分析力学指标,确定注浆效果。

4. 物探法

通过注浆前后超前地质预报(TSP、地质雷达、瞬变电磁等)资料和数据的对比分析,判断注浆效果。

2.5 径向补充注浆

对隧道开挖后未达到预期围岩改良目标(表面渗水量≥2 L/(m^2·d))时,应采用补充注浆方案对渗水部位进行封堵。补充注浆方法:

(1)对点状滴水主要采取堵漏剂逐点表面处理。

(2)对点状线流采取表面封堵为主、注浆处理为辅的原则处理。

(3)对大面积淋水或股状涌水的部位,在集中出水部位周围不小于 2 m 范围内布设注浆孔,注浆孔间距 1.5 m,孔径 ϕ56,孔深 4.0 m,梅花形布置,孔内安装止浆塞或 ϕ32 花管进行注浆处理,分Ⅰ、Ⅱ孔实施,按照由四周向中间、由下向上的原则进行注浆。

第3章 注浆施工

3.1 注浆施工决策

超前预注浆施工决策流程图如图3-1所示。

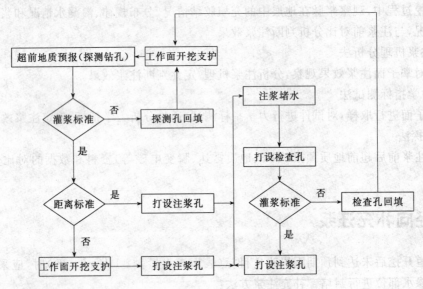

图3-1 超前预注浆施工决策图

采用TSP、地质雷达、红外探水,超前探孔、地质钻孔取芯等多种手段相结合方法,对掌子面前方地质情况进行综合超前地质预报,以掌握前方围岩情况及富水情况。根据超前探孔的涌水量判断是否灌浆以及采用何种注浆方案,注浆判定标准如下:

(1)灌浆标准:当超前探水孔单孔出水量大于5L/min,或每循环所有超前探孔总出水量大于10L/min时需要对围岩进行超前预注浆。

(2)距离标准:如果所有或者大部分渗漏点距掌子面的距离小于10m,则开始灌浆。

不满足灌浆标准时,需对超前探孔进行回填,地质取芯钻孔若超过隧道开挖轮廓外也应进行回填处理。回填注浆前应首先对探孔采用高压水洗孔,当孔内返水清澈、无杂物时,接上法兰盘压盖,进行注浆。注浆浆液采用普通水泥单液浆。满足灌浆标准时,探测孔采用风钻或地质钻机进行扩孔,下孔口管进行顶水注浆。

3.2 注浆施工工序组织

超前预注浆工序组织如图3-2所示。

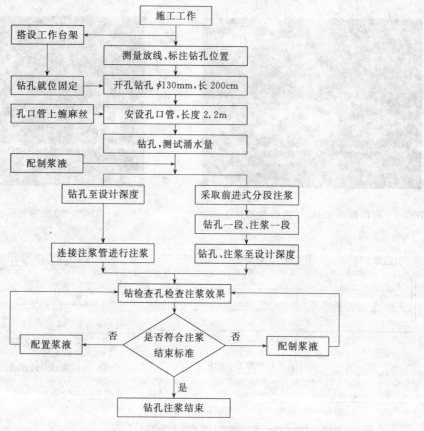

图 3-2 超前预注浆工艺流程

3.3 止浆墙施工

根据掌子面地质情况,如掌子面岩石较完整且强度较高,能形成稳定的止浆岩盘时,可采用20cm厚喷射混凝土作为止浆墙,若存在比较明显的串浆、冒浆,则加厚处理。

3.4 钻孔注浆

(1)施工准备:钻孔前要按照设计及钻机所在位置,计算出各孔位在止浆墙体上的坐标,标识注浆孔的准确位置,孔位误差应≤±1cm。开孔前保持钻机前端中点与掌子面钻孔位于同一轴线上,固定钻机,保证钻杆中心线与设计注浆孔中心线相吻合,钻机安装应平整稳固,钻机定位误差≤±5cm,角度误差≤±0.5°,在钻孔过程中也应检查校正钻杆方向。超前注浆孔的孔底偏差应不大于孔深的1/40,注浆检查孔的孔底偏差应不大于孔深的1/80,其他各类钻孔的孔底偏差应小于1/60孔深或符合施工设计交底图纸规定。

(2)开孔:为确保快速高效地完成钻孔注浆任务,最优发挥凿岩台车快速掘进能力,在施工过程中,采用凿岩台车施作短孔,多功能钻机施作长孔,台车和钻机相互配合、长短孔相衔接的方法,开孔由凿岩台车开孔,注浆孔由凿岩台车或多功能钻机完成,如图3-3、图3-4所示。

图 3-3 阿特拉斯 RB3531 凿岩台车钻孔作业

图 3-4 RPD150C 多功能钻机打孔钻孔作业

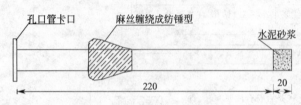

(a) 孔口管加工示意图

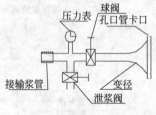

(c) 附加构件图

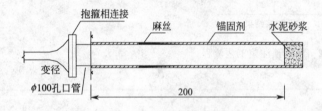

(b) 孔口管锚固示意图

说明：
1. 本图尺寸均以cm计；
2. 孔口管采用$\phi 100 \times 4$ mm钢管加工制作，抱箍相连接，并购置与之相匹配的球阀。
3. 在可能出现大涌水的地段使用$\phi 100$球阀。使用方法是：先安装好孔口管，然后安装球阀，然后再实施钻孔注浆，防止大的突涌水出现。
4. 孔口管做好后，用水泥砂浆，封底20cm，一天后即可使用(水泥砂浆的配比为：水泥：砂=1:3)。
5. 钻孔开孔钻深2.2m后，退出钻杆，塞入锚固剂，然后按图连接上各元件，用钻机将孔口管顶入钻孔内，连接件自制。

图 3-5 孔口管安装示意图

(3) 孔口管安装：钻孔 2.0 m 后安装孔口管，孔口管是一端焊有抱箍卡口的钢管，长度2.2 m。孔口管安装如图 3-5 所示。为防止孔口管由于注浆压力过大而爆突伤人，对所有已安装完毕的孔口管使用 $\phi 12$ 钢筋进行联体连接，确保施工安全。孔口管加工及安装情况如图 3-6 所示。

(4) 制浆

一般情况下，制浆参数如下：

超细水泥单液浆：采用超细水泥，水灰比 $0.8:1 \sim 1:1$。

超细水泥浆配置：先在搅拌机内放入定量清水进行搅拌，同时视现场需要可加入缓凝剂，待全部溶解后放入水泥。拌制超细水泥浆液时，需采用高速搅拌机，高速搅拌机转速应大于 1200 r/min，搅拌 4 min 即可。图 3-7 为施工中采用的高速搅拌机。

超细水泥浆液搅拌完成后，可导入普通搅拌桶内存储，但从制备至用完的时间宜小于2 h，

图 3-6　孔口管加工及安装情况

以确保浆液的良好性能。图 3-8 为作为储浆桶的普通搅拌机。

(5)钻孔注浆

注浆主要采用全孔一次注浆和前进式分段注浆相结合的方式。注浆孔长度小于 15 m 时采用全孔一次性注浆；注浆孔长度大于 15 m 时采用前进式分段注浆。采用前进式分段注浆时，先安设孔口管的孔位采用台车 $\phi 130$ mm 钻头开孔，随后改钻进钻头成孔，通过孔口管钻进 5～10 m 后，停止钻孔，进行注浆施工，之后每钻进 5～10 m 再注浆，如此循环下去，直至完成该孔的钻孔及注浆施工。前进式分段

图 3-7　黑旋风 ZJ400 高速搅拌机

注浆示意图如图 3-9 所示。对于某薄弱或裂隙突水区域，可以采用孔内止浆的注浆方式。图 3-10(左)为全孔一次注浆施工，图 3-10(右)为前进式分段注浆采用止浆塞进行孔内止浆。注浆施工所采用的注浆泵及参数如图 3-11 所示。

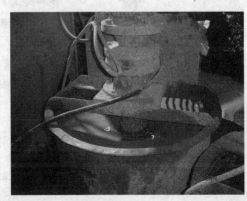

图 3-8　普通搅拌桶储浆

(6)注浆顺序

按序孔从外圈向里圈、自上而下进行钻孔注浆。每环注浆孔先施工奇数编号注浆孔，然后施工偶数编号注浆孔，偶数编号注浆孔同时可作为注浆检查孔。为防止临近孔位在注浆过程中发生浆液串流，孔位间隔一般控制在 2.0 m 左右，尽量避免在整个工作面"一上一下、一左

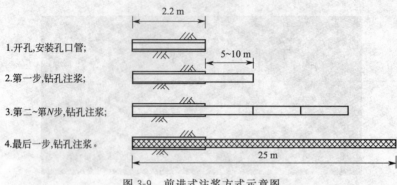

图 3-9 前进式注浆方式示意图

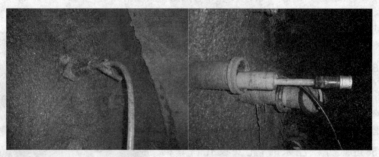

图 3-10 注浆施工现场

一右"跳孔施工,否则会导致机械设备来回转移,影响施工进度。

性能特点:
- ◆ 注浆压力可调 ◆ 完备的防淋水装置
- ◆ 分体式控制阀 ◆ 单液、双液注浆任选
- ◆ 特种吸、排阀和密封
- ◆ 双抗震压力表监测系统
- ◆ 注浆泵、制浆机可成套供应
- ◆ 体积小、重量轻、灵活可靠、应用广泛

KBY系列双液注浆泵技术参数

型 号	公称流量	公称压力	驱动功能	外形尺码	重量
KBY-50/70	50	0.5～7	11	1600×720×700	-300
KBY-80/70	30	0.5～12	11	1600×720×700	-300
KBY-30/120	30	0.1～12	11	1600×720×700	-300
KBY-160/30	160	0.1～3	11	1600×720×700	-300
KBY-60/100	60	0.1～10	11	1600×720×700	-300
KBY-100/35	100	0.1～35	11	1600×720×700	-300

图 3-11 KBY系列注浆泵

3.5 注浆结束标准

注浆结束标准:注浆结束标准以定压和定量为主,各孔段达到设计终压后,若进浆速度为

开始进浆速度的 1/4 或注浆量达到设计注浆量的 80%，可结束注浆；达到终压后，注浆泵吐出速度小于 20 L/min 并持续 5~10 min，即可结束注浆；若 $Q/P<5$ L/(min·MPa) 时，也可结束注浆。当注浆过程中长时间压力不上升，并且达到设计注浆量时，应缩短浆液的凝胶时间，并采取间歇注浆措施，控制注浆量。当设计孔全部达到结束标准并注浆效果检查合格时，即可结束本循环注浆。

3.6 注浆过程异常情况处理

1. 注浆中断

(1) 找出注浆中断的原因，尽快解决，及早恢复注浆。

(2) 如果不能立即恢复注浆或灌注浓浆有埋管危险时，应立即冲洗钻孔，而后再恢复注浆。

(3) 若因故不能立即冲洗钻孔，则应松开止浆塞，上提注浆管，以免造成埋管事故。待具备冲洗条件时，再进行强力冲洗，以恢复注浆条件。

(4) 冲洗无效时，应立即扫孔至孔底，并用压力水冲洗后，重新开始注浆。

(5) 当恢复注浆后，注入率明显减少，并在短时间内停止吸浆时，应采取补救措施。

2. 串浆

在注浆过程中，浆液从其他钻孔中流出。

(1) 防止串浆的主要措施

① 加大第一次序孔间的孔距。

② 适当地延长相邻两个次序先后施工的间隔时间，待前一次序孔注浆的浆液基本凝固后，再开始后一序孔的钻注工作。

③ 采用前进式分段注浆的方法，有利于防止串浆。

(2) 发生串浆后的处理措施

如串浆孔具备注浆条件，可以同时进行注浆，但应一泵注一孔，否则应将串浆孔用塞塞住，待注浆孔注浆结束后，串浆孔再行扫孔、冲洗，而后继续钻进和注浆。

3. 绕塞返浆

由于围岩水平裂隙发育或孔壁不平整造成止浆塞堵塞不严，在注浆过程中，注浆段内的浆液在压力作用下，绕过止浆塞流出，可采取如下处理措施：

(1) 上提注浆塞重新阻塞，并对裂隙发育段采用前进式分段注浆方法并有足够的待凝时间。

(2) 适当加长止浆塞长度，并加大膨胀度，但应避免因过度加压而造成胶片塞翻塞。

4. 大量漏失

发生大量漏浆时，一般采用以下原则进行处理：

(1) 采用低压、浓浆、限流、限量、间歇注浆的方法进行灌注。

(2) 必要时，可采用砂浆或其他充填材料先堵大空隙，再采用方法(1)处理。

(3) 缩短浆液凝固时间，采用水泥-水玻璃或其他速凝材料，进行灌注。

5. 涌水处理

在注浆孔有涌水流出的注浆孔段，注浆前应测量记录涌水压力、涌水量，然后根据涌水情况选用下列综合措施处理：

(1) 缩短注浆段长度，提高注浆压力，采用分段前进式注浆方式。

(2)当单孔达到设计要求的注浆结束标准后,采用浓浆液进行屏浆1~24h后再闭浆,并待凝。

(3)采用速凝型浆液对涌水孔进行注浆。

(4)采用压力注浆封孔。

3.7 注浆施工中的技术管理

(1)严格按钻孔技术要求进行钻孔,孔口管的埋设要牢固、密实;做好钻速、涌出物、涌水量、涌水压力、钻进难易程度等记录,及时判断前方地质情况。

(2)注浆时严格遵循注浆方案及规程要求,做好注浆压力、注浆量、注浆中的异常情况、地质情况等记录。

(3)注浆工作面开挖应一次到位,并在底部设置积水坑,保证底部帷幕注浆孔钻孔到位、注浆量足。

(4)配制浆液严格按照制浆要求按顺序投料,不得随意增减数量;水泥在倒入搅拌桶前捡去其中的水泥纸及包装线等杂物,要在倒入口安装过滤筛。

(5)水泥浆搅拌好放入储浆桶后,在吸浆过程中要不停地搅动,注意观察,防止浆液离析,影响配比参数。

(6)注浆泵水泥浆吸浆头安设吸浆笼头,水玻璃吸浆头用纱网包裹,防止大颗粒吸入卡在注浆泵的圆球与胶圈间造成吸浆能力减弱,并间隔一定时间提起吸浆头晃动,防止浆液堵塞吸浆头。

(7)注浆管路连接完毕后,关闭进浆阀,打开泄压阀先压水检查注浆管路的密闭性,各种连接应连接牢固,防止高压下脱开伤人。

(8)注浆开始时,先打开进浆阀,再关闭泄浆阀;注浆结束时,先关闭进浆阀,再打开泄浆阀,待泄压后清洗管路。

(9)注浆过程中,要保持注浆管路畅通,防止因管路堵塞而影响注浆结束标准的判断,注浆连接件、注浆变头应经常清洗干净,注浆结束后,一定要清洗管路,清洗完以后。

3.8 注浆效果评价

在青岛胶州湾隧道工程过断层破碎带超前预注浆施工中,对注浆堵水的最终效果分析进行了多方法的评价,以保证注浆堵水的可靠性。通过对设计提出的多种评价方法进行实际操作,最终发现有几种评价方法,是比较简便而且可靠性较高的。

(1)检查孔法

钻孔检查法是最为简单且直观的一种方法。根据注浆状况,确定检查孔位置。对检查孔进行钻孔检查,检查孔钻深为开挖段长度以内并预留3m段。根据检查孔涌水量来决定是否须补设注浆孔。如果每孔每延米涌水量大于0.15 L/min或局部孔涌水量大于3 L/min,追加钻孔注浆,再次压注直到达到设计要求为止,所有的检查孔最后都作为注浆孔进行封堵。检查孔的数量一般按总注浆孔的5%~10%布设。

在本段注浆效果检查时,采用了探孔电视对检查孔内浆脉填充情况进行观察。图3-12为探孔电视孔内观察情况。

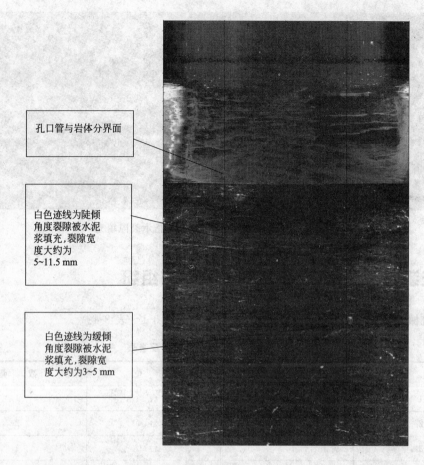

图 3-12 探孔电视检查孔内状况

(2)分析法(P-Q-t 曲线法)

通过对注浆施工中所记录的注浆压力 P、注浆量 Q 进行 P-t、Q-t 曲线绘制,根据地质特征、注浆机制、设备性能、注浆参数等对 P-Q-t 曲线进行分析,从而对注浆效果进行评判,注浆施工中 P-t 曲线呈缓慢上升趋势,Q-t 曲线呈缓慢下降趋势。在注浆结束时注浆压力达到设计终压,此类曲线属于正常注浆过程;在发生堵管或者浆液做渗透和劈裂扩散时,P-t 曲线和 Q-t 曲线则呈其他变化趋势,需针对具体问题做具体分析。

(3)浆液填充率反算

通过统计注浆总量,可采用下式反算出浆液填充率 α,根据浆液填充率评定该注浆段注浆效果,即:$Q=\dfrac{\pi D^2}{4}Ln\alpha\eta$。当地层含水率不大时,浆液填充率须达到 70% 以上,地层富含水时,浆液填充率须达到 80% 以上。

(4)物探效果检查

注浆完成后,利用物探手段对前方地段的注浆后的止水、加固效果进行检查。

(5)隧道开挖后效果检查

根据开挖作业面的实际断面揭露,依据浆脉走向、注浆的扩散情况、浆液填充情况及渗水情况,判别注浆效果,为下循环及以后的注浆提供指导。如图 3-13 所示。

图 3-13 开挖后裂隙填充情况（箭头指示裂隙填充）

3.9 注浆机械设备、主要材料及劳动力组织

注浆机械设备配备及参数、主要材料、人员配置见表 3-1～表 3-4。

表 3-1 超前预注浆机械设备配套表

序 号	设备名称	单 位	数 量
1	钻机	台	1
2	注浆泵	台	2
3	三臂凿岩台车	台	1
4	搅拌机	台	2
5	高速搅拌机	台	1
6	注浆管	m	80
7	储浆桶	个	2
8	注浆台车	台	1
9	材料放置台架	套	1
10	混合器	个	10
11	高压球阀	个	10
12	地质罗盘	个	2
13	抱箍及垫片	套	20
14	管钳	把	2
15	变径接头	套	50
16	注浆小导管接头	套	100
17	三参数注浆记录仪	套	1
18	其他		足量

表 3-2　注浆主要设备参数表

序号	设备名称	型号规格	功率	主要参数	数量	备注
1	注浆泵	KBY-100/70	15 kW	工作压力 0.1~7MPa，公称流量：100 L/min	2 台	
2	注浆泵	KBY-50/70	11kW	工作压力 0.1~7MPa，公称流量：50 L/min	2 台	
3	高速制浆机	ZJ-400	7.5kW	容量 400 L，转速：1 440 r/min	1 台	
4	搅拌桶		3 kW	容量 300 L	2 台	
5	三参数自动记录仪	LHGY-3000		1. 流量量程 0~150 L/min，流量分辨率 0.1 L/min，精度 0.5%； 2. 压力量程 0~20MPa；压力分辨率 0.01 MPa，精度 0.5%； 3. 密度量程 1~2.5 g/cm²，精度 0.5%	1 套	

表 3-3　主要原材料计划表

序号	原材料	性能型号	单位	数量
1	普通水泥	P.O42.5	t	100（暂定）
2	水玻璃	30~45Be'	t	100（暂定）
3	铝酸盐特种水泥（或超细水泥）	比表面积 8000m²/kg	t	800
4	孔口管	ϕ100 mm，长 2.2 m	根	150
5	优质棉纱或麻丝		kg	100
6	锚固剂		t	1

表 3-4　钻孔注浆作业队人员配置及职责分工表

分工人员	人数（个）	职责	备注
多功能钻机	9	负责钻孔施工	每班司钻 1 人，拆卸钻杆 2 人
三臂凿岩台车	9	负责钻孔施工	
注浆班长	3	负责注浆现场施工及注浆人员管理	孔口管和注浆管安装、浆液拌制及空压机管理
注浆工	15	注浆施工作业	
技术负责人	1	负责注浆施工方案制定、技术指导	注浆效果评判
技术人员	2	注浆施工技术指导、记录	注浆效果评判
电工	3	用电保障	
机修工	3	设备使用保障	
合计	46		

第4章 对青岛海底隧道注浆设计与施工的一些看法

4.1 超前地质预报

海底隧道施工的主要风险是突涌水和不良地质体引起的坍塌。采用综合超前地质预报手段摸清前方地质情况是规避施工风险的主要途径。因此在设计中，要求在海域段施工过程中采用全程超前长探孔和全程 TSP 超前地质预报，并结合地质雷达、瞬变电磁、红外探水、地质钻孔取芯等探测手段，力求对前方地质情况有个较好的把握。

在注浆设计中，主要根据超前探孔资料记录的出水情况和前方围岩情况，并配合 TSP2002 超前地质预报资料，来判定是否进行注浆及采用哪种方式进行注浆。在实际的施工中也是这样做的，通过海底隧道海域段的施工情况看，这种方式还是比较可靠的。

在青岛胶州湾海底隧道施工过程中，多数地段注浆的主要目的是封堵出水，改善围岩渗透性为目的的注浆。为了满足隧道运营期间的防排水要求，设计中提出了较高的要求（30 m 超前探孔单孔出水量大于 5 L/min 或每循环所有超前探孔总出水量大于 10 L/min 即采取超前预注浆措施）是必要的。设计中，对围岩注浆后的渗透性改良期望值为≤1 Lu（吕荣值）。通过施工后检查孔压水试验测试结果，围岩透水率可达 1～1.5 Lu，因此采用目前的施工工艺和超细水泥这种浆液是基本可以满足要求的。

4.2 注浆材料问题

青岛胶州湾海底隧道工程穿越地层多为硬质岩层，注浆多为裂隙岩体注浆，采用粒径较大的浆液如纯水泥浆液、特制硫铝酸盐水泥，其注浆效果不是很好，浆液的扩散范围相当有限，起不到很好的堵水效果。本工程全部超前注浆及径向补充注浆均采用了超细水泥浆液，在实际注浆施工过程中，0.8∶1～1∶1 的超细水泥浆液在裂隙岩体的可注能力得到了验证，并且通过开挖后的观察发现，裂隙填充密实，很好地改善了隧道围岩的渗透性。在采用超前预注浆堵水的地段，隧道开挖过后，初支基本上未见线状滴水，大部分地段喷混凝土表面干燥。

4.3 预注浆关键部位

在隧道施工中，隧道拱顶部位的注浆应当作为重点对待。在注浆设计与施工过程中，应对拱部注浆进行严格的要求。在设计超前预注浆孔位布置时，可适当减小拱部注浆孔的孔底间距，以保证拱部注浆圈有充分的搭接及裂隙能被浆液有效填充。这样做主要是因为拱顶滴水会降低初支混凝土的黏结，锈蚀钢筋，对结构施工期间安全不利；同时，会腐蚀施工设备，并对仰拱开挖、铺地、仰拱二衬浇筑等后续施工造成困难；但最主要的原因是，采用径向注浆的方法对出水部位进行处理时,拱部的难度较下部要大许多,且效果并不理想。

4.4 止浆系统采用

目前,海底隧道的超前预注浆施工,主要采用的是孔口管止浆。个别施工单位在采用全孔一次性注浆施工时,也采用孔口止浆塞进行止浆。采用孔口管止浆系统,注浆孔开孔直径130 mm,孔口管采用2.2 m长ϕ108无缝钢管,缠绕麻丝加锚固剂埋于止浆墙体中。这种止浆系统,可靠性较高,止浆墙仅采用20~30 cm厚喷混凝土简单处理,即能达到较好的止浆效果,并且可根据围岩情况采取前进式或全孔一次性注浆,工序转换起来比较方便,注浆效果可得到保证。采用孔口止浆塞时,对止浆岩盘的完整性要求较高,有时甚至要做50~100 cm厚的止浆墙才能保证掌子面不反浆。施工中,机械式止浆塞下入注浆孔时往往比较困难,下入深度在1 m左右就非常困难了。止浆塞的可重复利用率也非常低,一般1~2次就损坏了,造价上也不是很经济。

4.5 注浆试验的必要性

青岛胶州湾隧道工程自开工以来,各施工合同段共进行了28次超前预注浆。其中,将中铁隧道集团施工的第四合同段的前4次超前注浆段作为注浆试验段进行了研究。通过注浆试验段的施工,对注浆材料性能、注浆参数选择、机械设备磨合、人员配置都有了一个较好的把握,并积累了一些宝贵经验,在后续各注浆段的施工过程中,为机械设备性能的充分发挥、施工效率的提高起到了很好的指导作用。

第六篇

北天山隧道注浆施工工艺

第六篇

第1章 工程概况

北天山特长隧道是精伊霍铁路的主要控制工程,隧道起迄里程为 DK109+240~DK122+850,全长 13 610 m。洞身线路纵坡为人字坡,进口段 3 810 m 为 3‰的上坡,中部 400 m 为 8.0‰的下坡,出口段 8 550 m 为 17‰的下坡,出口设 13.0‰和 1.0‰的下坡。全隧道除进口段 502.15 m 位于半径 $R=1 200$ m 的曲线上外,洞身其余地段均位于直线上。出口 DK122++418~DK122+850 段位于蒙马拉尔车站内,为双线隧道。

结合北天山隧道洞身地质条件及洞口地形条件,认为工程地质条件总体评价良好,隧道按钻爆法方案设计,工期 43.8 个月左右,辅助坑道采用平行导坑全长贯通,辅助正线施工。

1.1 地质概况

北天山隧道位于北天山西段的中山区内,山系为博罗科努山,是伊犁盆地和准噶尔盆地的分水岭,其岭脊线近东西走向展布。精伊霍线通过博罗科努地槽褶皱带、伊犁地块 2 个二级构造单元。北天山隧道位于博罗科努地槽褶皱带,地质构造复杂,断层、褶皱非常发育,主要以北西西—南东东及近东西向为主,具切割深、延伸长、规模大的特点。隧道通过地层区域的水文地质条件复杂,奥陶系灰岩中,节理裂隙及溶隙发育,赋水条件好,为碳酸岩岩溶裂隙,为中等富水区;其余地段涌水量较小,为基岩裂隙弱富水区。

洞身通过区地质条件复杂,埋深较深,施工中极有可能发生围岩失稳、突水、岩爆、岩溶等地质灾害。

1.2 北天山隧道注浆情况概述

注浆作为隧道施工的重要辅助工法,在北天山隧道中也得到了比较广泛的应用。其中,针对断层破碎带和节理发育密集带的止水注浆,及穿越软弱、不良地质段的加固注浆是注浆施工的重点。为了掌握注浆机械设备的效能,确定注浆设计参数,为指导日后的注浆施工总结经验,共在 F_{4-4} 断层破碎带等 4 处富水地段作为注浆试验段。现场试验过程中,对各项数据进行总结分析,对注浆各参数进行了合理优化。在注浆材料的选择上,着重考虑了材料的可注性、稳定性、耐久性等,同时考虑环保性、施工安全性等因素,通过室内及现场试验结果确定合理浆液配比。

第2章 注浆设计

2.1 注浆堵水工作原理

注浆就是在隧道开挖之前,沿其四周用钻机钻孔,利用注浆泵通过钻孔机将浆液注入到岩层裂隙中,浆液凝固固化后,堵塞岩石裂隙,达到加固围岩、截断地下水流、减少渗漏水流入作业面,从而为施工创造良好的作业条件。

注浆要根据超前地质预报和开挖后的实际情况所揭示的地质情况,制定出最合适于施工地质条件的注浆方案,并在施工中随着地质条件的变化不断修正方案。在实践中逐步调整,既要达到消除注浆盲区,又要达到加快施工进度的目的。在施工过程中加强超前地质预报工作,利用 TSP203 超前地质预报、红外探水系统、超前水平探孔等手段进一步判明地质情况,超前注浆堵水,就能做到防止涌水发生,并减少涌水对施工带来的危害,确保富水地段的地下工程施工的安全。

注浆堵水,其主要是:封闭掌子面或已开挖洞身,在封闭面重新钻孔注浆,主要依靠所打入的注浆管及所注入的水泥浆液或其他特殊的堵水材料,回填围岩的裂隙,加固未施工地段以及已施工地段的围岩和封堵裂隙水,在压力作用下既能将原裂缝中的存水挤走,又能因渗透作用使浆液浓缩。随着时间的延长,浆液中的固相物质在沉积和水化结晶双重作用下,将裂隙黏结愈合,保证施工以及以后运营的安全。

2.2 注浆方案的选择原则

注浆方案选择的合理与否对施工速度和施工进度会造成很大影响。注浆方案主要取决于地质条件、用水量大小、水压和施工要求等。

(1)地质条件的确定。通过超前探孔或超前地质预报确定前方的地质条件。
(2)掌子面涌水量的确定。通过断面、漂流等方法测算掌子面的总涌水量。
(3)水压的测试。在止浆墙或封闭掌子面上埋设排水管,在排水管上安装压力表直接进行测试。

根据不同的地质情况、水量、水压采取不同的注浆堵水方法。

2.3 径向注浆

2.3.1 径向注浆实施的条件

实施全断面超前预注浆要占用掌子面,这样掌子面就没有开挖进度,而实施开挖后径向注浆基本不会对掌子面开挖形成影响,因而当地质条件适合径向注浆时应选择径向注浆措施。根据北天山隧道(顺坡施、反坡工)施工经验,确定实施径向注浆方案条件的方法是超前探孔。通过超前探孔,判定水流方向,测算总涌水量,确定裂隙发育段和裂隙发育度,从而判析出前方地层在开挖后是否能够自稳,是否存在着大量涌水、突泥砂的可能,是否能保证涌出水量不会对施工造成太大的影响,并确定在开挖施工完成后是否能对涌水量进行控制。

能否实施径向注浆方案,一般主要取决于对前方突水、突泥的判定,对前方裂隙发育分布特征的分析,以及对开挖后径向注浆的可控性评估这三个条件。

根据北天山隧道的施工,决定能否实施开挖后径向注浆方案的条件如下:

(1)超前探孔单孔涌水量 $Q_单 < 40\ m^3/h$。总涌水量稳定,当顺坡施工时 $Q_总 < 300\ m^3/h$;当反坡施工时,$Q_总 < 200\ m^3/h$。

当探孔区段总涌水量不稳定,或采取预设计方案增加钻孔数量3~5个后仍不能使任一钻孔不再有满孔流水现象,此时,不能实施开挖后径向注浆方案,必须采取超前预注浆方案。

当探孔区段总涌水量稳定,但总涌水量超过 $300\ m^3/h$ 时(顺坡施工),涌水会对开挖施工造成较大的影响,同时,开挖完成后径向注浆难度会很大,因此,必须采取超前预注浆堵水。对于反坡施工的隧道,总涌水量超过 $200\ m^3/h$ 时,抽水费用很高,且影响施工的正常进行,同时,也存在着开挖完成后径向注浆难度很大,因此,也应采取超前帷幕注浆进行堵水。

(2)涌水段裂隙分布范围不得大于3 m以上。

当探孔区段总涌水量稳定,并小于 $300\ m^3/h$ 时,若钻孔范围内裂隙分布均散,那么实施开挖后径向注浆很难保证初支质量,很难解决施工后的渗漏水问题,因而一般情况下不宜实施开挖后径向注浆方案,必须采取超前预注浆堵水加固方案。

2.3.2 径向注浆施工工艺流程(图2-1)。

2.3.3 径向注浆采取的注浆参数(表2-1)。

2.3.4 径向注浆施工要求

(1)小导管的前端做成10 cm左右的圆锥状,在尾端焊接 $\phi 6 \sim 8\ mm$ 钢筋箍。距尾端50 cm内不开孔,剩余部分按 20~30 cm 梅花形布设 $\phi 6\ mm$ 的溢浆孔。

(2)钻孔方向最大限度垂直于开挖轮廓线,尽量减小角度误差,避免出现注浆盲区。

(3)为减少漏浆,在注浆导管打设完成后喷射一层混凝土对工作面封闭。

(4)发生串浆时,采用分浆器多孔注浆或堵塞串浆孔隔孔注浆;当注浆压力突然升高时应停机查明原因;当水泥浆进浆量很大,压力不变时,则应调整浆液浓度及配合比,缩短凝胶时间,进行小量低压力注浆或间歇式注浆。

2.3.5 径向注浆效果检查评定

(1)径向注浆所有注浆孔的注浆 P-Q-t 曲线必须符合设计意图。

(2)径向注浆结束后应达到设计规定的允许渗漏水量标准要求。

通过对北天山隧道 DK112+040~DK112+080、DK113+440~DK113+455 富水段,采用小导管径向注浆,注浆结束后,注浆段基本无水,完全达到了设计所允许的 $5m^3/(m \cdot d)$ 渗漏量标准,满足了"注浆堵水、限量排放"的施工原则。

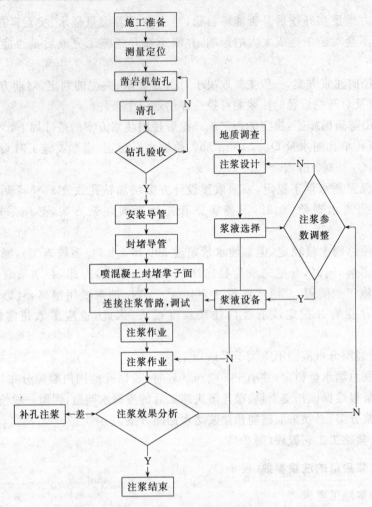

图 2-1 径向注浆工艺流程图

表 2-1 径向注浆参数表

序 号	参数名称	径向注浆
1	加固范围	开挖轮廓线外 4.5 m
2	扩散半径	1.5m
3	钻孔深度	3.2~4.5m
4	注浆管直径	42mm
5	钻孔直径	50mm
6	孔底间距	2.2m
7	水泥标号	P.O32.5~P.O42.5
8	水玻璃浓度	35Be'
9	水泥浆与水玻璃体积比	1:1~1:0.6
10	缓凝剂掺量	水泥用量的2%
11	注浆终压	1.5~2 MPa

注：现场注浆施工中，注浆参数可根据情况进行动态调整优化。

2.4 超前帷幕注浆

2.4.1 超前帷幕注浆方案实施的条件

当前方为淤泥或粉细砂层等充填性溶洞,只要是有流水,哪怕是只有 $3\sim5$ m³/h 的流水,也会造成开挖后掌子面不能自稳,施工中易出现坍方、涌泥、涌砂等灾害,因而在这种情况下,必须采取超前预注浆加固方案。

地质预报判断可能发生严重突水、突泥地段,探水孔流水量 $Q \geqslant 40$ m³/h,探水孔水压 $p \geqslant 1.0$ MPa。

2.4.2 分段式前进注浆施工工艺

为防止钻孔过程中出现坍孔,采取分段式前进注浆施工工艺流程如图 2-2 所示。

2.4.3 止浆墙施工

注浆时,为满足抵抗注浆施工过程中注浆压力的要求而采取的止浆模式,同时,采用止浆墙可以将孔口管固定,减少钻孔注浆过程中因安设孔口管而影响钻孔注浆施工进度,因此,在进行超前预注浆前必须设置一定厚度的混凝土止浆墙。在多环帷幕注浆时,可预留一定长度的止浆岩盘作为止浆墙。

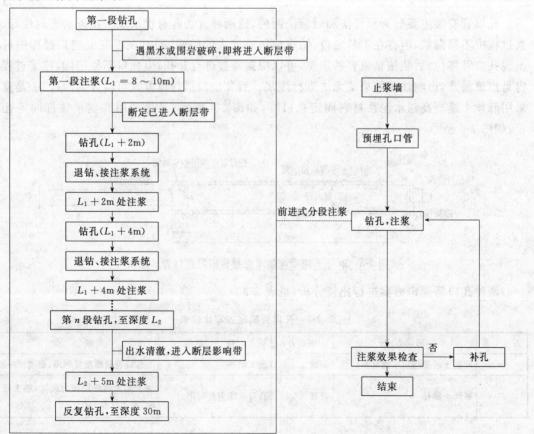

图 2-2 分段式前进注浆工艺流程图

止浆墙厚度确定：止浆墙施作中厚度选择非常重要，厚度过小，无法抵抗注浆压力，厚度过大造成成本增加，增加无效钻孔长度。由于止浆墙面积较大，可采用平板理论进行抗压、抗剪计算。采用抗压、抗剪计算出止浆墙厚度一般较大，与现场实际不符，因此，可采用经验数值进行止浆墙厚度取值。

国内煤矿部门进行注浆施工时，一般采用如下经验数值：

① 当注浆压力 $P<2$ MPa 时，取 $D=1$ m。

② 当注浆压力 $P=2\sim5$ MPa 时，取 $D=1.5\sim2.0$ m。

③ 当注浆压力 $P=5\sim7.5$ MPa 时，取 $D=2.5\sim3.0$ m。

根据北天山隧道开挖断面、注浆压力和工作条件等因素，平导 DzK112+246～DzK112+274，正洞 DK112+256～DK112+281 段，帷幕注浆止浆墙厚度均采取 3 m。

止浆墙施工工艺：止浆墙施作位置根据现场情况进行确定，结构最好采用全断面嵌入式。为确保止浆墙的稳定，在止浆墙位置的断面加宽 50 cm，并安装间距 1 m×1 m、长度 2 m 的径向锚杆嵌入断面内部；拱墙布设橡胶遇水膨胀止水条，间距为 50～80 cm，以增强混凝土与岩面的密实度。当开挖面水量较大，采用砂袋将开挖工作面设置一道挡水墙，并设置排水管将水引出，并在排水管上安装高压闸阀，对于沉积在基地的积水可用水泵抽出。模板安装一定要牢固，不变形。在止浆墙灌注时，仓内做好疏、排水工作，加强混凝土振捣，确保混凝土密实，并在工作面按照方案预埋孔口管。混凝土强度达到设计强度的 75% 以上后方可进行钻注施工。

2.4.4 孔口管安装

孔口管安装主要分为预埋法和后装法两种，这两种方法各有优缺点。预埋法密封性好，注浆过程中不易漏浆，但存在不易定位、钻机施钻难度大的弊端，同时在混凝土浇筑过程中可能出现孔口管移位；后装法钻机容易定位，可以根据需要进行开孔，但孔口不易锚固，注浆过程中容易出现漏浆，影响注浆效果或无法进行注浆。后装法根据封口方式可以分为两种：一是直接采用麻丝＋速凝高强水泥系材料固定孔口管，如图 2-3 所示；二是采用麻丝＋锚杆固定孔口管，如图 2-4 所示。

图 2-3 麻丝＋速凝高强水泥材料固定孔口管示意图

两种孔口管固定方案进行比较分析，见表 2-2。

表 2-2 孔口管固定方案比较表

方　案	固定方式	固定力	优　点	缺　点
一	麻丝＋速凝高强水泥材料	一般	施工简单	孔口管较难重复利用，密闭性一般
二	麻丝＋锚杆	较高	孔口管能重复利用	主要靠锚杆拉拔力固定，施工较复杂，密闭性差

北天山隧道施工中主要采用的是预埋法，孔口管（长度 3.5 m）随止浆墙安装模板时一起

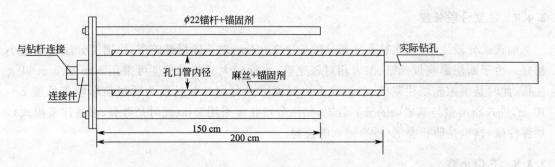

图 2-4 麻丝＋锚杆固定孔口管示意图

安装预埋。在施工过程中对偏差较大的孔位进行纠偏,重新进行钻孔安装孔口管,主要采用麻丝＋速凝高强水泥材料的方法。

2.4.5 注浆参数

北天山隧道帷幕注浆参数见表 2-3(加固范围,开挖轮廓线外:平导 4m、正洞 6m)。

表 2-3 帷幕注浆参数表

序号	参数名称	帷幕注浆
1	加固范围	开挖轮廓线外 4～6 m
2	扩散半径	2.5 m
3	注浆管直径	110 mm
4	孔底间距	3 m
5	水泥标号	P.O42.5R
6	水玻璃浓度	35 Be'
7	单液浆、水泥浆浓度	1:1～0.6:1
8	双液浆、水泥浆浓度	1.25:1～0.8:1
9	水泥浆与水玻璃体积比	1:1～0.6:1
10	缓凝剂掺量	水泥用量的 2%～2.5%
11	浆液初凝时间	1～2 min
12	注浆终压	8～10 MPa

注:现场注浆施工中,注浆参数可根据情况进行动态调整优化。

2.4.6 注浆方式和方法

注浆方式根据注浆材料在原状地层中的作用方式可以分为渗透注浆(比如砂质地层)、裂隙填充(断层破碎带)、劈裂注浆等。北天山隧道断层帷幕注浆采用劈裂现象为主的渗透注浆模式。

注浆方法一般分为前进式分段注浆、后退式分段注浆、全孔一次性注浆三种方法。由于北天山隧道地质情况复杂,难以一次性成孔,在施工中采取分段前进式的方法进行注浆,即采取钻、注交替作业的一种注浆方式,在施工中,实施钻一段、注一段,再钻一段、再注一段的钻、注交替方式进行钻孔注浆施工。前进式分段注浆工艺流程图如图 2-2 所示。

2.4.7 注浆分段长度

前进式分段注浆,每次钻孔注浆分段长度 3~5 m,对于断层破碎带,原则上分段长度越小越好。由于断层影响带孔壁、围岩相对较完整,水量较大时分段长度可采用 5 m 或 5 m 以上注浆(此时是裂隙充填注浆模式)。北天山隧道第一分段注浆长度为断层前影响带长度 8~10 m,进入断层带与基岩面的分界处时,钻注分段长度采用 2 m(此时是劈裂、渗透注浆模式),加强注浆,这也是防止突泥(砂)、涌水的关键。

2.4.8 孔口止浆

一般采用孔口管法兰盘进行孔口止浆。

2.4.9 钻注顺序

帷幕注浆宜采用约束型的多次钻注顺序施工,先注入凝结时间较短的浆液,充填大裂隙、空洞,后注入充填剩余的小孔隙,如图 2-5 所示。选择合适的注浆顺序就是从外部达到"围、堵、截"目的,内部达到"填、压、挤"目的,从而使注浆取得更好的效果。注浆施工中应遵循"分区注浆原则、跳孔注浆原则、由下游到上游原则、由下到上原则、由外到内原则、约束发散原则、定量定压相结合原则、多孔少注"的原则。在注浆施工中,并不是每一个原则在单项工程施工中都能用到,施工中应根据工程特点确定 3~5 种原则进行综合应用,这对提高注浆效果十分有利。

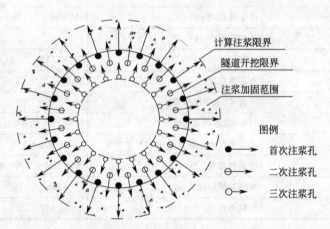

图 2-5 约束型的多次钻注顺序施工图

为确保加固效果和提高工效,根据施工现场情况,确定循环内注浆顺为:
(1)先下部后上部;
(2)同一部位为先外圈后内圈;
(3)同一圈按隔孔间隔钻注。

2.4.10 注浆速度、压力及注浆量的控制

注浆速度是指地层的有效吸浆能力。注浆速度的合理选择影响着注浆压力和注浆量的匹配关系,从而严重地影响着注浆效果。若注浆速度过快,虽可加快注浆进程,缩短注浆工期,但会因地层吸浆能力的影响而使注浆压力过高,这样,当注浆量达到设计标准时,终压会远远高

于设计值,形成危害和决策误导,同时注浆机理也会发生变化,严重影响注浆效果。若速度过慢,那么很难保证工艺实施的连续性。经过多次现场试验,本隧道断层带帷幕注浆速度采取 20~40 L/min 适宜。

在注浆施工中,由于注浆扩散半径是一个选取值,它不代表浆液在地层中最大的扩散距离,因此,注浆时一定要采取定量-定压相结合注浆。否则,若在注浆施工中仅想通过注浆压力达到设计终压进行注浆控制,那么,注浆时既造成了浆液大量流失形成浪费,又浪费了注浆时间,且起不到注浆作用。在注浆施工中,当采取跳孔分序注浆时,对先序孔往往采取定量注浆,对后序孔采取定压注浆。注浆过程中边注浆边检查,达不到注浆效果的部位对检查孔进行补充注浆。注浆完成后,根据各个孔在同一钻深位置的注浆量,绘制注浆量空间效应图,判断隧道断面那些位置是注浆薄弱区,以决定是否需要继续补充注浆。

2.4.11 注浆结束标准及效果检查

单孔结束标准:当达到设计终压并继续注浆 10 min 以上,单孔进浆量小于 20~30 L/min,检查孔涌水量小于 0.2 L/min。

全段结束注浆标准:所有注浆孔均已符合单孔结束条件,无漏浆现象;注浆后段内涌水量不大于 $1 m^3/(m \cdot d)$;进行压水试验,在 1.0 MPa 压力下,进水量小于 $2 L/(m \cdot min)$。

注浆结束后,检查比较注浆前后的涌水量,观察裂隙浆液充填情况,利用打孔、注浆记录,分析注浆是否达到要求,综合评价注浆效果。若达到设计要求,可进行开挖;反之,应进行补孔注浆。

2.4.12 压水试验在帷幕注浆中的应用

帷幕注浆过程中,为了取得更好的注浆效果,在进行注浆前可以进行压水试验。

压水试验的主要目的是了解注浆段围岩裂隙的吃浆量,确定浆液浓度。孔钻完毕后,开始压水试验,启动注浆泵向孔中压注清水,简易压水试验一般持续 20 min,每 5 min 测读一次压入水量,逐步加大水量和压力,当注水压力达到设计注浆压力时,维持 2~3 min,检查注浆系统有无串水、漏水现象,测得注水量后卸压,所得的注水量即为围岩的吸水量。一般来说,吸水量越大,采用的浆液浓度越大;吸水量越小,采用的浆液浓度越小。

第3章 注 浆 施 工

3.1 注浆施工总体方案

(1)首先施作DK118+485~+360变更段拱墙未完成注浆段进行注浆,其次再施作DK118+360~+330段采用φ42小导管进行拱墙注浆,最后施作DK118+400~+330段仰拱部位进行注浆。因仰拱有水,现场先选取一段做试验段。目前试验段已完成。

(2)注浆先施作拱墙,再施工仰拱。注浆原则:采用无水地段向有水地段压注,由水小地段向水多地段压注,由下部孔眼向上部孔眼压注,以确保岩溶裂隙水被封堵,注浆时以10~15m分段进行注浆,注浆逐孔完成,若个别孔浆液不畅被迫提前终止时,可在邻近适当加压补偿。

(3)注浆材料采用水泥浆加速凝剂,对于DK118+485~+330段现场注浆困难时采用水泥-水玻璃双液浆进行注浆。注浆采用跳孔间隔注浆,实施挤密型注浆措施,注浆管同孔壁连接部分采用锚固剂或快凝混凝土等锚固材料黏接,利用喷射混凝土作为止浆墙,对于开裂处加喷C20混凝土厚3cm,保证注浆效果。注浆过程如发生串浆,则关闭孔口阀门或堵塞孔口,待其他孔注浆完毕后再打开阀门,若发生流水,则继续注浆,直至每个孔达到注浆结束标准。注浆结束后,若仍存在个别出水点,则应进行局部补注浆,直到达到结束注浆标准。为确保注浆效果,注浆过程中现场进行注浆试验,根据实际情况确定合理的注浆参数。

(4)DK118+400~+330段仰拱部位因底部涌水较大,且有压力,在注浆前铺设一层20cm厚的混凝土止浆板,采用小导管注浆后,最后开挖浇筑钢筋混凝土衬砌。

(5)拱墙部位涌水通过小导管注浆后,对有压力的股状集中涌水采用PVC管集中引排到边墙侧沟内。

3.2 注浆施工参数

(1)DK118+360~+485洞身拱墙径向注浆孔间距为1m,梅花形布置,纵向间距2.2m,孔深4.5m;DK118+330~+360段洞身拱墙径向注浆孔间距为1.2m×1.2m,梅花形布置,注浆导管长4.0m;DK118+400~+330段洞身仰拱注浆,注浆孔间距1.2m×1.2m,导管长4.0m,梅花形布置。

其他注浆参数详见表3-1。

表3-1 注浆参数表

序 号	参数名称	径向注浆参数
1	加固范围	开挖轮廓线外4.5m
2	扩散半径	1.5m
3	注浆管直径	42mm

续上表

序 号	参数名称	径向注浆参数
4	钻孔直径	50 mm
5	孔底间距	2.2 m/1.2 m
6	水泥标号	42.5 号普通硅酸盐水泥
7	注浆终压	1.5~2.0 MPa
8	单液浆水灰比(速凝剂 2%)	1:1~0.6:1
9	双液浆:水泥浆与水玻璃体积比	1:1~1:0.6
10	水玻璃浓度(缓凝剂:水泥量 2%)	35Be'

注：现场注浆施工中，注浆参数根据情况进行动态调整优化。

(2)注浆结束标准：段内正常涌水量的 80% 以上被堵住，不对正常使用造成影响，则可以结束注浆，若仍然有较大涌水，影响正常施工，则按照以下标准执行：

单孔注浆结束标准：当达到设计终压 1.5~2.0 MPa 并继续注浆 10 min 以上，单孔进浆量小于 20~30 L/min。

全段结束注浆标准：①所有注浆孔均以符合单孔结束条件，无漏浆现象；②注浆后段内涌水量不大于 15~20 $m^3/(m \cdot d)$。

(3)注浆机械设备及人员配置

注浆机械设备及人员配置见表 3-2。

表 3-2 注浆机械设备及人员配置

序号		名 称	规格型号	单 位	数 量	备 注
1	机械设备	双液注浆机	FBY	台	5	
2		风动凿岩机	YT28	台	12	
3		混合器		台	5	
4		自卸运输车	东风	辆	1	
5		钻孔台车	自制	个	2	钻孔及注浆使用
6		注浆台车	自制	个	3	可升降式
7		电动空压机	P900E	台	4	
8		湿喷机	TK500	台	2	
9		浆液桶	自制	个	10	
10		孔口闸阀		个	10	
11		高压阀		个	18	
12		泄压阀		个	10	
13		高压软管	φ32	m	400	
14	人员配属	工人		人	60	
15		班长		人	10	
16		管理人员		人	2	
17		技术人员		人	2	

3.3 注浆施工方案

1. 施工准备

(1)领取注浆机、注浆管、止浆阀、搅拌桶、称量秤,配置注浆操作人员、搅拌人员及技术人员。

(2)检查注浆机的管路是否堵塞,工具是否齐全。

(3)调试注浆机械,进行压水试验,检测压力表等是否能正常运转,管路是否畅通。压力表使用前应进行检测。

(4)保证注浆孔无堵塞。

(5)准备现场注浆材料包括水泥、水、水玻璃,搅拌桶必须无杂物及油污,混合器运转正常,称量桶称量准确。

(6)注浆孔按照要求做好孔位编号,记录下施工里程、时间、配比、压力、机械及人员的到位及检验情况等。

2. 注浆施工

(1)钻孔

采用风枪钻孔,孔径大小 50 mm,眼距严格根据设计要求及规范要求进行钻孔,呈梅花形布置。钻孔过程中如遇因围岩裂隙发育或层理发育,钻孔过程中出现卡钻、孔深不够时,可采用就近钻孔或者临时注浆固结后再施作钻孔,以保证钻孔的深度及注浆效果,钻孔达到设计孔深后,采用细压风管将孔内碎渣清除干净,保证注浆导管顺利到达孔底。

注浆导管为 $\phi42$ 的小导管,导管头制作成尖头型,距离尖头 50 cm 处将导管制作成两排 10mm 的梅花形布置的注浆小孔,纵向间距 20~30 cm,注浆小孔距离导管口 1 m 处截止,防止距离导管口太近造成浆液外漏。导管口可外露 10~20 cm 进行外接注浆设备管口。导管口同围岩连接部分,可采用锚固剂、速凝混凝土等锚固材料进行封堵,确保管口不漏浆。

(2)浆液配制

严格按照配合比采用称量秤称取定量的水泥、水、水玻璃,水泥采用 42.5 普通硅酸盐水泥。为实现能连续地注浆,每台注浆机准备两个储浆桶,根据施工进度提前准备所需浆液的配置和稀释。

单液浆的配置:先将称量好的水放至搅拌桶内,再次投放称量好的水泥,注浆的过程中要保证立式搅拌机不停地搅拌,避免沉淀分层。配置浆液前可采用 1 mm×1 mm 的网筛过滤,搅拌投料时严防水泥袋或其他杂物混入。水灰比配置范围为 1:1~0.6:1,配比在试验室进行试配,根据施工现场涌水情况、围岩裂隙发育情况、凝固时间等进行调整,以保证施工的注浆效果及质量。

双液浆的配置:水泥浆的配置同上,水玻璃的浓度首先进行稀释至设计要求 35Be′,水泥浆与水玻璃的体积比控制在 1:1~1:0.6,缓凝剂的掺量为水泥用量的 2%,配比先在试验室进行试配,施工过程中可根据施工现场注浆的效果进行适当的调整。水泥浆同水玻璃放置在两个不同的浆液桶内,在注浆的过程中,水泥浆及水玻璃要采用立式搅拌机不停地搅拌。

(3)注浆压力

启动注浆机，正常运转后压力逐渐增大，注浆过程中如果出现突然变大或变小，应马上停止，进行检查，管路是否堵塞，是否漏浆、串浆，并做好记录，经检查完毕无故障后方可继续注浆施工。

(4)注浆施工

①注浆顺序

注浆施工自下而上，纵向分段(10~15 m)进行施工，先注边墙部位，再注拱部，然后再施作仰拱部分注浆，无水地段向有水地段压注，由水小地段向水多地段压注，由下部孔眼向上部孔眼压注，以确保岩溶裂隙水被封堵。

②注浆机组

注浆机主要由操作台、吸浆管、搅拌桶、注浆管、注浆嘴组成。

注浆机组：5台注浆机，每组机组由6人组成(2名操作员、2名拌料工、2名注浆工)。操作员监视机组的压力表、机械运转情况、注浆时间、浆液的稠度；拌料工负责称量、拌制浆液和搅拌工作；注浆工监视是否漏浆、串浆，及时堵塞，换孔工作；另外配属的现场技术干部负责注浆相关记录、技术指导工作。现场管理人员全天24 h负责注浆的工作协调、人员及机械配属工作。

③注浆

连接好注浆管路、注浆嘴，将注浆嘴塞进注浆孔内，连接牢固。先进行压水试验，保证管道畅通并探明裂隙发育情况。开动注浆机进行注浆，注浆时不停搅拌浆液，注浆压力应逐渐增大。注浆过程中，应留意浆液的稠度，不停地搅拌防止分层；观测注浆压力表，看是否有突然的变化，如一味地增大，可能是堵管所至，即可停止进行检修。检修时要将注浆管内所有的浆液人工排除，防止硬化凝固。

注浆过程中，如果注浆压力突然增加，表明裂隙变小，浆液通路变窄，这时可改清水或纯水，待泵压恢复正常后，重新注浆。

注浆过程中，如果进浆量很大，而泵压长时间不升高时，表明遇到较大裂隙，这时可调整浆液浓度和配比，缩小凝胶时间，进行小泵量、低压力注浆，以使浆液在岩层裂隙中尽快凝胶，也可采用间歇式注浆方式处理。

若注浆孔周围注浆孔串浆严重，且孔数较多时，应结束该孔注浆，采取间隔跳孔进行，实施挤密注浆措施，必要时采用喷射C20混凝土进行封堵。

注浆过程中若发生串浆，则关闭孔口阀门或采用木塞临时堵塞孔口，待其他孔注浆完毕后再打开阀门，若发生流水，则继续注浆，直至每个孔达到注浆结束标准。

拱墙如遇到涌水量较大，并有一定的压力的股状出水点，在无法注浆封堵的情况下，可将出水点集中至水沟部位采用PVC管将水引排至水沟内。

(5)注浆结束标准及效果检查

根据设计文件要求，注浆结束后必须保证满足以下要求：

段内正常涌水量的80%以上被堵住，不对正常使用造成影响，则可以结束注浆，若仍然有较大涌水，影响正常施工，则按照以下标准执行：

单孔注浆结束标准：当达到设计终压1.5~2.0 MPa并继续注浆10 min以上，单孔进浆量小于20~30 L/min。

全段结束注浆标准：①所有注浆孔均以符合单孔结束条件，无漏浆现象；②注浆后段内涌水量不大于15~20 m³/(m·d)。

如未达到上述要求,继续进行注浆处理。

注浆施工工艺如图 3-1 所示。

(6) 注浆结束

注浆检查结束后,及时清洗注浆机械、管道及浆液桶,现场施工材料、机械设备按类堆放,清理施工现场保持干净卫生、道路通畅。

3. 注浆质量控制

(1) 浆液随拌随用,一次配制的浆液应在 2 h 内施工完毕,注浆孔的孔深和间距必须满足设计及规范要求。

(2) 根据施工实际现场情况,注浆时如遇到近孔冒浆,可将注浆孔用木塞堵住,或采用间歇、跳孔等方式进行注浆。

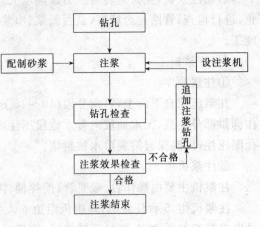

图 3-1 注浆施工工艺框图

(3) 注浆中如出现流浆、回浆、漏浆等情况,应暂停注浆查明原因,排除障碍改进工艺再进行施工。

(4) 若钻孔注浆量较多,或钻孔揭示为较大空洞,或注浆压力突然升高或降低时,采用间歇式反复注浆处理。

(5) 注浆压力是注浆过程中非常重要的压力参数,对降提扩散、裂隙充填效果等影响很大,是注浆效果的重要控制参数,注浆结束时,每孔必须满足设计注浆结束标准。

(6) 现场材料进场必须检验合格方可使用,严格控制原材料的质量,把好进料关,原材料均应有出厂合格证、产品质量证明书和试验报告,进场后分类别堆码,并挂牌标识检验和试验状态。

(7) 工程质量必须严格遵循"三检"制度,保证注浆效果及工程的施工质量,使工程质量始终处于受控状态。

(8) 现场技术干部必须严格按照设计及规范要求指导和监督施工,并做好工程量的统计工作和注浆效果的控制。

3.4 注浆施工要点

注浆施工先在领先的隧道中进行注浆试验,对帷幕注浆的工艺、设备、结束标准、注浆止水效果等进行试验和检验,取得经验后,指导正洞的帷幕预注浆工作。

止浆墙施工:第一循环注浆时,掌子面设混凝土止浆墙,采用 C20 模喷混凝土,厚度 100 cm,周边打设锚杆与岩体连接。为防止涌水影响模喷混凝土的质量,在涌水点预留引水管,将水排出。

后续循环注浆施工,利用预留的止浆岩盘作为止浆墙,止浆岩盘厚度根据围岩结构和岩性而定。对于结构完整性较好的Ⅲ级地段按 3 m 预留,对于水压力较大的Ⅴ级围岩地段按 5 m 预留。止浆岩盘本身要注浆密实,不留注浆盲区和死角。对于围岩极破碎、预测涌水压力很大、利用注浆加固还难以承受高压地下水的止浆岩盘,采用 2~3 m 的模喷混凝土予以加强。

钻孔:钻孔先外圈后内圈,先近后远,同一圈间隔施工,开钻段采用 YQ-100 型冲击钻钻孔,孔口管安装后,改用 ZYG-150 型液压钻机从孔口管内不断接杆钻孔至设计深度。钻孔时,采用木制角度控制尺按设计钻孔外插角度严格控制好角度。

施钻开始时要轻加压、慢速度、多给水。施钻过程中,认真做好孔位、进尺、起讫时间、岩体裂隙情况、孔内出涌水量、涌水压力等原始记录。当单孔出水量小于 30 L/min 时,可继续施钻;单孔出水量大于 30 L/min 时,立即停止钻进并进行注浆。

孔口管安装及防漏浆措施:孔口管与孔壁连接处采用一端焊有法兰盘的钢管,长度根据需要确定,一般为 2~3 m。安装前,先在钢管上缠绕麻丝,用钻机强力推入孔中并用膨胀螺栓加固,必要时,在孔口管段注水泥-水玻璃双液浆充填管壁与围岩间的间隙。

注浆栓塞安装:安装前检查止浆塞的磨损程度,若发现止浆塞不能有效密封止浆,立即更换,以防止返浆或凝固后使注浆芯管无法拔出,影响正常施工。

在一般水压的钻孔中,栓塞采用人力送入孔中,采用机械膨胀栓塞;当静水头很高时,普通的止水栓塞难以人力送入孔中,必须选用小直径高膨胀压式栓塞。栓塞的耐压强度应大于15 MPa,安装时用钻机送入孔中,在钻孔夹紧状态下加压膨胀。通过中心管向地层注浆。

水泥浆制备:根据选定的浆液配合比搅拌好水泥浆液后,采用 1 mm×1 mm 网筛过滤,再利用叶片立式搅拌机进行二次拌和,以确保浆液均匀。

压水试验:先对注浆管路系统压水,检查管路的通畅性和密封性,防止管路堵塞和滴漏。之后通过管路压注清水冲洗岩体裂隙,扩大浆液通路,增加浆液充填裂隙的密实性。

注浆顺序及方式:注浆先外圈后内圈,先近后远,同一圈间隔施工,岩层破碎容易造成坍孔时采用前进式注浆,否则均采用后退式注浆。

注浆速度:当单孔涌水量≥50 L/min 时,注入速度 80~150 L/min;当单孔涌水量<50 L/min 时,注入速度 35~80 L/min。

注浆结束标准:按终压、进浆量和封堵后的出水量进行控制,达到以下标准时即可结束:注浆压力逐步升高达到设计终压并继续注浆 10 min 以上;单孔注浆量与设计注浆量大致相同,注浆结束时的进浆量小于 20 L/min。

注浆结束开挖前进行注浆效果检查,检查孔采用地质钻机在开挖轮廓线上对称钻水平孔和斜孔各两个。采取钻孔取芯及检查孔的出水量两个指标评定帷幕注浆效果。

3.5　注浆异常情况处理

钻孔过程遇有突泥和单孔涌水量大于 30 L/min 时,停止钻进退杆立即进行注浆。

掌子面如遇小裂隙漏浆,先用水泥浆浸泡过的麻丝填塞裂隙,并调整浆液配比,缩短凝胶时间。若仍跑浆,可在漏浆处采用普通风枪钻浅眼注浆固结。

若在掌子面前方 5m 以外大裂隙串浆或漏浆,可采用止浆塞穿过裂隙进行后退式注浆。

注浆过程中,如果注浆压力突然增加,表明裂隙变小,浆液通路变窄,这时可改清水或纯水泥浆,待泵压恢复正常后,重新注。

注浆过程中,如果进浆量很大,而泵压长时间不升高时,表明遇到较大裂隙,这时可调整浆液浓度和配比,缩小凝胶时间,进行小泵量、低压力注浆,以使浆液在岩层裂隙中尽快凝胶,也可采用间歇式注浆方式处理。

3.6 径向补充注浆

对一些裂隙水较丰富但又不会影响开挖安全的Ⅲ级围岩地段,可采取先开挖初支通过,后注浆固结堵水、加固的施工方法,即径向注浆。

径向注浆的参数需依据现场试验而定,其施工与帷幕注浆相似,只是在注浆时须注意以下几个方面的情况:

注浆要采用定压与定量相结合标准进行注浆控制,以定压注浆为主,注浆终压为2~3 MPa,注浆量以单孔注浆量不超过设计注浆量为原则,但在施工过程中,若注浆孔周围注浆孔串浆严重,且孔数较多时,应结束该孔注浆。

注浆应采取间隔跳孔进行,实施挤密注浆措施。

在注浆过程中,若跑浆严重则采取间歇注浆措施,必要时补喷混凝土。

注浆过程中要加强对隧道的监控量测和渗水量测试,任一桩号处沿洞轴线方向延伸30 m的出水段,开挖后14天内,经注浆封堵处理后的出水量不大于10 L/s,以确保施工安全。

第4章 对北天山隧道注浆设计与施工的一些看法

4.1 关键技术及创新点

(1)对于隧道高压富水地段的突、涌水处理提出了平导"以排为主、先行通过"和正洞"以堵为主、适量排放"相结合的施工技术。

(2)对于隧道高压富水地段的突、涌水的处理,根据不同的地质条件、水压、涌水量采用相应的注浆技术、参数,采用小导洞强行通过、钻爆法扩大、小导管超前支护、多种方法联合强支护等开挖支护方法,安全可靠,经济合理。

(3)对于高压泥(水)断层段采取泄水减压、拱墙双层密排长管棚超前注浆支护、开挖面长钢管注浆锚固、环形钢架等联合强支护的处理新技术,有效地防止了突泥(水),成功地通过了高压富水断层破碎带。

(4)对于断层过渡带采用先开挖软岩部分、支护并临时回填,再开挖硬岩部分的施工方法,成功地解决了隧道断面内岩土软硬不均的施工难题。关键点主要如下。

①注浆材料的选择

注浆材料的选择是注浆施工的一项重要内容,关系到注浆工艺、工期、成本及效果。注浆材料选择原则是:具有良好的渗入性、流动性;具有一定强度和黏结力;胶凝时间易于掌握和调节,并且注浆材料要来源广、价格便宜,配合操作要简单;浆液在注入时或凝固后不会对环境产生污染和对人员产生危害。

通过注浆材料本身性能的分析与比选,结合北天山隧道断层的特点,超前管棚注浆选用水泥单液浆。

②注浆参数

由于断层带内部压力较大,注浆终压确定 $8\sim10MPa$ 并通过现场试验确定;水泥浆浓度 $1:1\sim1:0.6$;水泥使用 42.5 早强水泥。为确保管棚注浆效果,管棚注浆采用 ZJB/BP200 全频变压注浆机。

通过管棚施工,达到了超前支护的目的,使得开挖轮廓线与周边围岩构成了一个整体。由于北天山隧道断层下窄上宽,通过双层管棚形成了有效的梁结构,防止开挖过程中可能出现的拱部突涌、塌方现象。同时,管棚与钢拱架的结合,有效地形成了一个整体,保证了施工安全及结构的稳定。

4.2 社会和经济效益

北天山特长隧道建成后将是新疆地区第一长隧。中铁一局在工期紧、任务重、施工环境差的情况下,以科学的管理、严谨的态度,采取科学的施工方案。通过对涌水处理的研究战胜多次涌水,通过穿越突泥(砂)、涌水特大断层的研究安全穿越突泥(砂)、涌水和特大断层等不良地质施工段,保证了安全、质量,得到了建设单位的多次好评,为公司在新疆赢得了市场。同时为以后同类项目施工决策提供了科学依据,提高施工企业的生产力水平,增强企业竞争力,培养一批具有类似施工经验的施工人员和管理人员。

在隧道施工通风、有轨运输、注浆堵水、穿越突泥(砂)、涌水和特大断层处理施工过程中,通过对以上地段工程检算费用的比较,经济效益明显,节约资金约851万元。施工提前3~5个月,工期得到了保证。

第七篇

承压地下水隧道防排水设计方法与防水材料研究

第1章 现有国内外防排水规范以及规定的设计情况

含有承压地下水的隧道不同于一般的隧道,有其自身的特殊性,许多设计问题还需进一步的完善和解决[152][153]。国内外对于承压地下水隧道防排水设计也不尽相同,针对各自特点具有不同的设计规范和规定。

目前,国内一般采用复合式衬砌防水。设计中采取的措施主要包括超前预注浆,开挖后的径向补充注浆堵水,提高喷射混凝土的抗渗等级,初支与二衬之间铺设防水板,施工缝、变形缝的防水措施,二衬自防水混凝土等,多道防线,层层防护[154][155]。排水一般包括环向排水管、纵向排水管、中心排水管、泄水孔等措施。国外对于影响环境的因素要求较高,山岭隧道尽量采用全封堵式设计方法,在水压较大地段也会采用限量排放原则,在隧道的排水设置上,十分注重其可维护性。

在我国已有的防排水设计规范中铁路隧道和公路隧道采用"全排"防水时,衬砌结构计算不考虑水荷载作用;采用"全堵"防水时,混凝土衬砌的水压总等于全水压。设计规范中对"以堵为主、限量排放"原则中的限量标准没有明确的规定[156][157]。设计时应根据隧道区域内相关地质资料和当地对地下水环境的具体要求,综合技术、经济、环境等因素进行确定。对于较高水头的暗挖海底隧道结构的防排水设计而言,目前国内铁路隧道设计规范和公路隧道设计规范都没有明确说明。

系统研究承压水隧道结构防排水问题非常重要,而隧道防排水的设计不能千篇一律,应根据隧道的地质情况、埋深、水压等情况,确定防排水设计的原则,即确定是采用全封堵式、全排式还是限排式,尚需要确定排放标准,然后才能进行防排水系统的设计。隧道排水设施的可维护性也是我们目前亟待解决的一个问题。

第 2 章　防排水设计原则和技术标准

2.1　防排水设计原则

隧道对于地下水的处理方式,可分为防水型隧道和排水型隧道两类[158]:防水型隧道主要通过采取各种措施,将水封堵在隧道衬砌之外;排水型隧道是在高水位以及不允许过量排放地下水处修建隧道时,采取限量排放为原则。防水型隧道必须考虑水压的作用,排水型隧道必须保证排水系统畅通。因此含有承压地下水的海底隧道和山岭隧道的防排水总的设计原则可总结为以下几点:

(1)隧道结构的防水设计应遵循"以堵为主,限量排放,刚柔结合,多道防线,因地制宜,综合治理"。

(2)防水设计形成超前地质预报系统分析前方地质破碎带+超前注浆和初支背后注浆+初期支护+防水层+二次衬砌防水混凝土的防水系统,多道防线多种方法处理渗漏水,重点处理断层破碎带施工缝和变形缝防水的薄弱部位。

(3)需要排水的地段,采取渗排水层、排水管等排放措施,排除注浆后的地下渗水,同时加强检修维护措施保持其排水通畅。

(4)确立钢筋混凝土结构自防水体系,以结构自防水为根本,加强钢筋混凝土结构的抗裂防渗能力,采取切实有效的防裂、抗裂措施,并保证混凝土良好的密实性、整体性,减少结构裂缝的产生,改善钢筋混凝土结构的工作环境,进一步提高其耐久性。

(5)隧道衬砌结构防排水方案为限量排放方式时,施工中应根据围岩地质条件、衬砌结构型式、渗漏水量大小等,合理选择防排水方案。不同分区段之间采用分仓防水设计,防止局部防水板破坏造成地下水在隧道的贯通,减少相互影响。

(6)选用的柔性防水材料应具有优异的耐久性和较高的物性指标、适应混凝土结构的伸缩变形、方便施工并具有一定的抗微生物和耐腐蚀性能。避免采用施工性差、防水质量受施工操作影响大的材料。

(7)针对可能产生的隧道排水系统的堵塞,必须考虑排水系统的可维护性,避免由于排水系统堵塞而导致衬砌背后的水压力上升,对结构安全造成隐患。为保证排水系统的可维护性,纵向排水管需符合高压冲洗的力学性能指标,且要有较好的透水性,不易堵塞。

(8)当地下水位大于 60 m 时,须采用排水型隧道,排水量的大小根据周边环境要求以及材料性能确定。

2.2　防排水的技术标准

防排水技术标准的确定是设计合理防排水系统的基础,国家标准《地下工程防水技术规范》(GB 50108—2008)规定的地下工程防水等级标准见表 2-1。

表 2-1 地下工程防水等级标准

防水等级	标　　准
一级	不允许渗水，结构表面无湿渍
二级	不允许漏水，结构表面可有少量湿渍。 工业与民用建筑：总湿渍面积不应大于总防水面积的 1/1 000；任意 100 m² 防水面积上的湿渍不超过 1 处，单个湿渍的最大面积不大于 0.1 m²。 其他地下工程：总湿渍面积不应大于总防水面积的 1/6 000；任意 100 m² 防水面积上的湿渍不超过 4 处，单个湿渍的最大面积不大于 0.2 m²
三级	有少量漏水点，不得有线流和漏泥砂； 任意 100 m² 防水面积上的湿渍点数不超过 7 处，单个漏水点的最大漏水量不大于 2.5 L/d，单个湿渍的最大面积不大于 0.3 m²
四级	有漏水点，不得有线流和漏泥砂； 整个工程平均漏水量不大于 2 L/(m²·d)；任意 100 m² 防水面积上的平均漏水量不大于 4 L/(m²·d)

根据承压地下水隧道的特点，结构所处的工程环境和使用要求，设计结构防水标准参照下列要求进行选择：

(1) 对断层破碎带，采用预注浆方式，将隧道开挖断面周围的涌水或渗水封堵于结构外，隧道注浆堵水后排水量不得大于一定的限值。

(2) 如果隧道采用复合式衬砌，隧道二次衬砌应采用混凝土结构自防水体系，以结构自防水为根本，加强混凝土结构的抗裂防渗能力，其抗渗等级≥P12。初期支护设计采用抗侵蚀高性能防渗喷射混凝土，并采用湿喷混凝土工艺，其抗渗等级≥P8。

(3) 防水混凝土结构厚度不小于 300 mm。严格控制混凝土入模塌落度和入模温度，混凝土产生的裂缝宽度不大于 0.2 mm，不允许出现贯穿性裂缝。

(4) 除结构自防水外，在喷射混凝土初衬和模筑混凝土二衬之间铺设隧道防水层，应选用抗老化能力较强、拉伸强度和断裂拉伸率较高的防水卷材。防水板要求有良好的抗腐蚀性及耐菌性，防水板的厚度不得小于 2 mm，幅宽不小于 2 m，尽量减少焊缝。

第3章 水压力作用与渗流场

对地下水而言,封闭的隧道结构相当于悬浮其中的一根管道,隧道的修建只在局部影响地下水的渗流方向,从整体看似乎不会改变地下水的原始状态,但是隧道的开挖对周围局部究竟会产生多大的影响以及水压力对隧道的作用目前尚在研究中。

如何确定地下水作用在隧道结构上力的大小,也一直是在探讨中。有关水压力的计算,国内外传统的观点有两种:一种是以地质勘测得到的地下水位到隧道衬砌拱顶内壁的垂直距离乘以水的容重计算地下水对隧道结构的压力。另一种是以隧道顶部地面为设计地下水位,计算地下水对隧道结构的作用。这在一定范围内是可行的,但在有些情况下,这样做并不可取,如:(1)以排水为主的隧道,一般会改变原有的地下水分布状况,这样取地下水作用,与原地下水的分布状况明显不相符;(2)对于无内压的隧道,将增大设计荷载,使衬砌过厚,造成浪费。

含有承压地下水的隧道在开挖后,围岩中的应力和位移,视围岩强度可能会出现两种情况,一种是围岩处于弹性状态,另一种是开挖后应力达到或超过围岩的屈服条件,使部分围岩处于塑性状态。围岩进入塑性区后,其物理力学参数如凝聚力、内摩擦角、渗透系数将发生改变。在有水的情况下,渗流与应力的联合作用将使围岩内应力和位移的确定比无水情况更为复杂[159]。因此采用何种防水措施,将直接影响隧道衬砌结构的受力性能。

根据《水工隧洞设计规范》(SL 279—2002)规定,作用在混凝土、钢筋混凝土和预应力混凝土衬砌结构上的外水压力,可按式(3-1)进行估算:

$$P_e = \beta_e \gamma_w H_e \tag{3-1}$$

式中 P_e——作用在衬砌结构外表面的地下水压力;
β_e——外水压力折减系数;
γ_w——水的重度;
H_e——地下水位线至隧洞中心的作用水头。

对设有排水设施的隧道,可根据排水效果和排水设施的可靠性,对作用在衬砌结构上的外水压力作适当折减,其折减值可通过工程类比或渗流计算分析确定。对工程地质、水文地质条件复杂及外水压力较大的隧道,应进行专门研究。

有学者[142]针对深埋隧道孔隙水压力进行过专门的研究,其研究中忽略洞壁孔隙水压力的变化,设隧道洞壁、塑性半径处以及弹性区外的孔隙水压力分别为 u_0、u_d、u_r,则孔隙水压力在塑性区和弹性区的分布规律为:

塑性区 $r_0 < r < r_d$,有:

$$u = u_0 + (u_d - u_0) \frac{\ln(r/r_0)}{\ln(r_d/r_0)} \tag{3-2}$$

弹性区 $r_d < r < R$,有:

$$u = u_d + (u_r - u_d) \frac{\ln(r/r_d)}{\ln(R/r_d)} \tag{3-3}$$

于是，得

$$u_d = \frac{u_r \ln(r_d/r_0) + u_0 (K_p/K_e) \ln(R/r_d)}{\ln(r_d/r_0) + (K_p/K_e) \ln(R/r_d)} \tag{3-4}$$

令 $\rho = \dfrac{K_e}{K_p}$，其中 K_e 为弹性区渗透系数，K_p 为塑性区渗透系数，则

$$u_d = \frac{\rho u_r \ln(r_d/r_0) + u_0 \ln(R/r_d)}{\rho \ln(r_d/r_0) + \ln(R/r_d)} \tag{3-5}$$

式中　r_0——开挖半径；

　　　r_d——塑性区半径；

　　　R——远场半径。

通过对水压力和渗流场的研究分析，从而确定隧道的防排水措施。若是排水型隧道，还可进一步计算出排水量，为含有承压地下水隧道的防排水设计提供准确依据。

第4章　承压地下水海底隧道防排水设计

海底隧道的防排水问题远比含有承压地下水的山岭隧道要复杂得多,处理起来也困难得多。通常海底隧道结构防排水系统是控制运营费用的主要部分[135],因此该系统的合理性和可靠性是海底隧道成功的关键,海底隧道结构防排水原则和标准的确定又是设计合理防排水系统的基础。

4.1 复合式衬砌防排水设计

4.1.1 防水设计

防水措施包括超前地质预报系统分析前方地质破碎带;超前注浆改善围岩的渗透系数,控制渗透量;初支和二衬之间设排水系统和防水板,将结构渗水直接排入隧底排水沟内;设置防水层,防止水渗透到二衬内;二次衬砌采用防水混凝土等。通过这些防水措施保证防水系统的可靠性,具体措施如下。

(1) 通过超前地质预报系统分析前方地质破碎带情况

主要以 TSP 超前地质预报系统结合超前地质钻孔等,综合了解前方开挖掌子面的地质及涌水量情况。要将超前地质预报作为一道施工工序纳入到整个施工过程中。

(2) 采用预注浆方式,将隧道开挖断面周围的涌水或渗水封堵于结构外

对断层破碎带进行帷幕注浆止水,节理、裂隙带局部注浆止水。压注材料主要采用普通水泥单液浆、超细水泥单液浆、特制硫铝酸盐水泥单液浆等。

在局部破碎地段,通过超前注浆(或全断面帷幕注浆),在隧道洞室四周形成注浆堵水圈,封闭基岩中输水裂隙和涌水空间。

根据超前注浆后地下水渗透量的大小,通过调整衬砌初期支护中的环向系统注浆锚杆对地层进行注浆堵水,进一步封闭地下水流径通道,减少地下水的渗入量。

在施作防水板前对初期支护渗漏处进行补充注浆处理,施工期间尤其要重视该项工程措施。

(3) 初期支护防渗喷射混凝土

初期支护设计采用抗海水侵蚀高性能防渗喷射混凝土、湿喷混凝土工艺,喷射混凝土应密实、饱满、表面平顺,其强度应达到设计要求。湿喷混凝土强度应达到一定的强度等级,抗渗等级要达到不小于 P8。

(4) 防水层设计

根据隧道所处围岩的破碎情况、以及渗水量,选择采用半包限量排放或全包限量排放。

半包限量排放设计:隧道初期支护与二衬之间拱墙设无纺布和防水卷材,仰拱和拱墙设置凹凸排水板。

无仰拱隧道防水设计:拱墙设无纺布、防水卷材和凹凸排水板带。

全包限量排放设计:拱墙设无纺布和防水卷材,仰拱可以选择设置无纺布、防水卷材和细

石混凝土保护层,拱墙应设置凹凸排水板带。全包限量排放可采用分区防水措施。

防水板的搭接采用双缝焊接工艺,如图4-1所示,防水板铺挂采用同材质垫片焊接固定,以保证防水板的施工质量。采用单层防水板,防水板和二衬间的分区可注浆修补;采用双层防水板,防水板间的分仓可进行注浆修补。

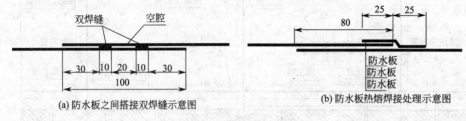

图4-1 防水板接示意图

(5)防水板分区设计

隧道在长期的运营中,因自然条件的变迁、外界条件的影响,地下水的赋存条件也发生变化。根据一些隧道的实测资料,二次衬砌的渗漏水情况会随时间的推移而发生变化。堵渗漏水时,如果水流在二次衬砌外侧发生"窜水"现象,整治工作都很困难。分区防水的技术原理是:在复合式衬砌防水设计中,假定防水板在施工中破坏,为了限制渗漏水的范围,用分舱的方法将整个隧道的防水分成小区,采用外贴式止水带(其构造见图4-2)与防水板热风密实焊接进行分区,同时将外贴式止水带安装在施工缝(或伸缩缝)的位置上,既可分区防水,又可保护施工缝处的防水板,并使得

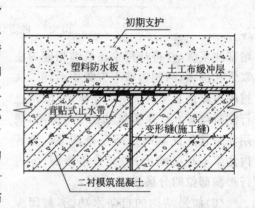

图4-2 分区部位背贴式止水带示意图

施工缝处增加了一道有效的防线。但要注意,背贴式止水带的材质要与防水板相容。这样,一旦某个区域发生防水板破坏而漏水,不会"窜流"而影响其他分区。同时在每个分区内预先设置注浆管,可针对漏水的分区进行注浆修补。通过施工缝、变形缝等处的背贴止水带与防水板热风密实焊接进行分区,并在中间非施工缝、变形缝部位设置防渗肋条,隔离地下水的纵向流动,从而使某一分区的破坏只对该分区产生影响。

①防水分区方法

由于模板衬砌台车的长度通常为10 m左右,每模衬砌作为一个防水分区,分区长度等于模筑衬砌的长度,即10 m左右,如图4-3所示,在每模衬砌内部水平施工缝位置设置背贴式止水带,使环向也进行了防水分区,同时在每个区域内预先设置注浆管,针对漏水区域进行注浆修补。

②背贴式止水带、注浆软管及注浆嘴的安设及注浆

用热风焊机将背贴式止水带焊接在环向施工缝外的防水板上,浇筑二次衬砌混凝土后背贴式止水带的肋带嵌入二次衬砌混凝土内,这样由环向背贴式止水带在防水板内侧分隔成一个个防水分区。

注浆嘴点焊固定在防水板上,用胶带将注浆嘴周边封住,以防浇筑二次衬砌混凝土时砂浆

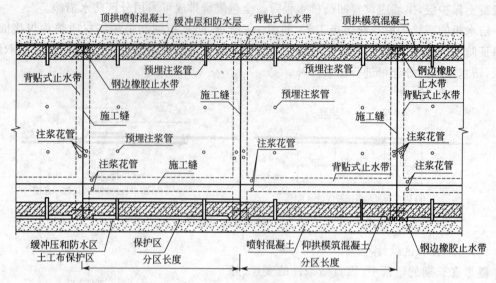

图 4-3 隧道分区防水纵剖面示意图

堵塞注浆嘴,并将与每个注浆嘴相连的注浆管在拱顶、两侧边墙下方集中引到二次衬砌内侧面板盒中,并作好标记,以便进行注浆堵漏。注浆系统如图 4-4 所示,采用注浆管和注浆嘴进行系统注浆。分区内注浆不是必须的,一旦发生渗漏,才进行渗漏部位的分区注浆。

(6)加强结构的自防水功能,封闭少量渗水在初期支护和二次衬砌的流动

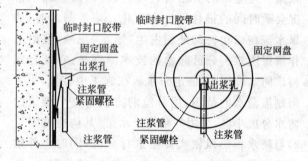

图 4-4 注浆管及注浆嘴的安装示意图

海底隧道所处的海洋性腐蚀环境,对混凝土的耐久性提出了更高的要求。二次衬砌混凝土必须采用耐久性防水混凝土,防水混凝土抗渗等级≥P12 级,结构厚度不小于 300 mm。

4.1.2 排水设计

(1)排水系统设计

运营期间隧道内的主要水来源为围岩裂隙水、清洗用水和消防用水,排水系统由环向排水板、纵向排水管、横向泄水管和玻璃钢管水沟组成。为了维护方便和施工方便,排水沟有设在路面中间或者两侧下方两种方案。

方案一,如图 4-5(a)所示,衬砌背后围岩渗水(海水)排入到纵向排水管,纵向排水管通过横向排水管排入中央排水沟,并排出洞外。中央排水管有 2 个,分别为施工排水管和仰拱下方排水管,两个中央排水管通过垂向盲管相连接。方案二,如图 4-5(b)所示,衬砌背后围岩渗水(海水)通过横向排水管排入两侧纵向排水管,并排出洞外。两侧侧沟收集路面水及冲洗水,并进入集水泵站排出洞外。另外保留施工过程中的中央排水管,以疏干底板积水。

(2)排水系统的维护

对于海底隧道,其排水系统的堵塞主要是由游离石灰和细菌引起的,另外还有一部分海藻

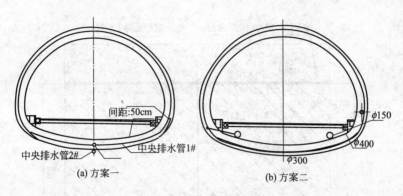

图 4-5 排水沟设置方案

类。针对可能产生的隧道排水系统的堵塞,必须考虑排水系统的可维护性,避免由于排水系统堵塞而导致衬砌背后的水压力上升,对结构安全造成隐患。为保证排水系统的可维护性,纵向排水盲管需符合高压冲洗的力学性能指标,且要有较好的透水性,不易堵塞。沿隧道纵向每 100 m 设置一个检查井,对纵向排水盲管进行维护。沿隧道纵向每 100 m 设置一个玻璃钢管检查井维护检修玻璃钢管排水沟,同时对此处的横向泄水管进行维护。维护检修在检修井处采用大型高压水射流清洗设备及专用喷头,靠高速水流切割击碎结垢物,并随高压水流排出管道,流入检修井,将管内彻底清洗干净,必要时采用特殊机械接头清除障碍物。

(3)排水系统能力的适应性

根据采用的限排标准,隧道建成后应有稳定涌水量,隧道内废水泵房应有与之适应的稳定排水量容积将水从隧道集中排出。

4.2 锚喷支护衬砌防排水设计

对于围岩条件非常好的地段常常直接采用锚喷支护型式。锚喷支护结构型式以喷射混凝土为结构防水的主体,锚喷支护一方面限制洞室塑性区的进一步发展,防止围岩抗渗透能力的恶化,另一方面喷射混凝土形成阻止地下水向隧道内径流的一道屏障。同时在喷射混凝土施工时,先喷射 3~5cm 厚,在渗漏点挂设环向排水半管,将渗漏水引排到隧道中心水沟,然后喷射混凝土至设计厚度。环向排水盲管纵向间距:Ⅱ、Ⅲ级围岩和Ⅳ级围岩隔不同的距离设置,部分渗水量大处可加密。环向排水盲管和凹凸型排水板均连接到墙角处设置的纵向渗水盲管,然后通过横向泄水管汇到底部中间的两个混凝土水沟,一起排入隧道内设置的废水池,通过泵送排出洞外。同时在局部带状裂隙水发育区和对较大的集中涌水处必须先采取注浆堵水、混凝土背后注浆,在带状地下水发育带通过注浆形成固结体阻塞其与围岩深处的地下水连接通道,剩余少量渗漏水通过盲管引排。

4.3 特殊部位防排水设计

4.3.1 施工缝三种构造形式

针对不同承压地下水情况,施工缝可以分别采用不同的防排水方式,目前主要有以下三种构造方式。

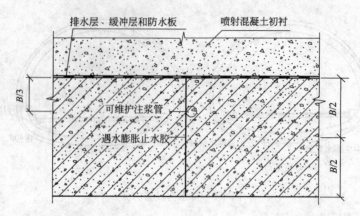

图 4-6 可维护注浆管＋高性能膨胀止水胶施工缝防水构造示意图

(1)施工期间无水的地段,采用高性能遇水膨胀止水胶＋可维护注浆管的施工缝防水构造,如图 4-6 所示。可维护的注浆管通过预埋到二衬施工缝中,在施工缝发生渗漏时可方便进行注浆堵漏。若选择合理的注浆浆液和施工工艺,注浆管可实现多次重复注浆堵水的目的。

(2)有水且水压不大的地段采用背贴止水带＋预埋可维护注浆槽系统(图 4-7)。预埋可维护注浆槽具有施工简便、材料先进、止水效果优、耐久性好等优点。通过预埋的注浆槽注浆,浆液充满二衬施工缝的不密实空隙中,通过遇水膨胀达到止水的目的。

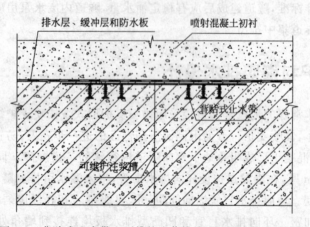

图 4-7 背贴式止水带＋可维护注浆槽施工缝防水构造示意图

(3)地下水涌水量大,且水压较大的地段采用双层背贴止水带的施工缝防水构造,如图 4-8 所示。

4.3.2 施工缝防水措施

暗挖隧道环向施工缝根据模板台车的长度每隔一定距离设置一道,纵向施工缝每个断面有两道,设置在拱墙下部。隧道环向施工缝可以采用背贴式止水带＋遇水膨胀止水条＋多次性注浆管＋遇水膨胀止水胶条的防水方式。纵向施工缝采用遇水膨胀止水条和遇水膨胀止水胶条防水,中间设置多次性注浆管。遇水膨胀止水胶条具有橡胶的弹性止水和遇水后自身的体积膨胀止水的双重止水性能,止水效果好,耐久性强,质量变化率低。止水胶条直接在混凝

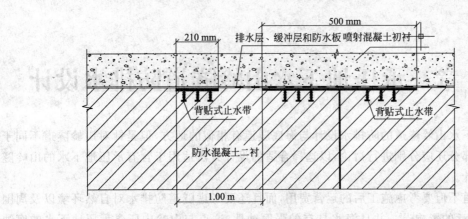

图 4-8 双层背贴止水带施工缝防水构造

土基面上连续均匀设置,与混凝土边缘的距离不小于一定长度。多次性注浆管预埋在施工缝表面,一旦出现渗漏可立刻注浆,使注浆液填满和密封空隙或裂缝,随渗漏随注浆,采用高压水冲洗或真空泵吸净,可反复多次注浆。

4.3.3 变形缝防水措施

对于在隧道洞口、地层突变处、结构变化处设置变形缝,控制隧道纵向不均匀沉降。隧道变形缝设三道防水线进行防水。第一道为结构外防水层,第二道为结构混凝土中部埋设中埋可维护式注浆止水带,第三道为后装止水带和接水槽(结构模板施工时按设计预留凹槽)。

第5章 承压地下水山岭隧道防排水设计

承压地下水山岭隧道的防排水设计与海底隧道有相似的地方,但是针对山岭隧道不同于海底隧道的部分还应分别进行讨论,以选择合适的设计方法适用于含有承压地下水的山岭隧道防排水设计。

山岭隧道不但要考虑施工后的运营费用,而且还要考虑隧道防排水对自然环境以及周围居民生产、生活的影响[136],并且海水具有的强腐蚀性,这点与山岭中所含承压地下水的腐蚀程度有所不同。由于处于岩溶地区隧道的特殊性,关于岩溶地区含有承压水的山岭隧道见本章5.3节。

5.1 防水设计

对于复合式衬砌、锚喷支护和特殊部位的防水可以参考海底隧道防水措施的相关内容。

隧道地表沟谷、坑洼积水、渗水对隧道有影响时,宜采用疏导、勾补、铺砌和填平等处治措施。废弃的坑穴、钻孔等应填实封闭。隧道附近的水库、池沼、溪流、井泉水、地下水,当有可能渗入隧道时,应采取防止或减少其下渗的处理措施。

1. 预注浆

有学者提出[137]:在进行高压富水地层隧道设计时,根据隧道施工影响范围内地下水的补给量和渗漏量大小,在保证隧道施工引起的实际渗漏水量小于外界对地下水补充量的前提下,施工引起的渗漏量将是有限的,不会破坏地下水环境的平衡。当隧道施工引起的地下水渗漏量超出地下水补给量时,设计可根据地下水补给量与渗漏量的大小差值,采用预注浆的"定量堵水"措施,从而保证地下水环境的平衡。分区排水,有限排放,不必将隧道周围一定半径范围内的地下水进行全面封堵。根据围岩的渗水率以及实际的渗水量进行注浆量设计。

2. 喷射混凝土防渗

喷射混凝土作为防水层尚未被广泛接受,对于暴露于有侵蚀性物质的地下水环境中,必须采取特殊措施。为提高喷射混凝土支护层的防水质量,应对喷射混凝土的围岩基面进行处理,对喷射混凝土背后空隙进行注浆,加强养护,减少裂纹,调整混凝土配合比或掺加外加剂等,提高混凝土的抗渗能力。喷射混凝土支护层作为复合式衬砌的最外层支护及第一道防水屏障,不作任何处理的喷射混凝土的防水能力是非常有限的。

3. 防水层

山岭隧道复合衬砌中的防水层是隧道防排水技术的核心,是保证隧道防水功能的重要措施。根据水头的大小采取不同的防水层设计,由于对环境影响的要求越来越高,防水已趋于全包式防水系统发展。

防水层多为各类塑料防水板,一般是用无纺布作为缓冲垫层。对于围岩地下水丰富的隧道,建议采用分区防水技术,区段的长度应根据隧道内渗漏水量的大小确定,富水地段可按二次衬砌的分段长度确定,分区防水应采用带注浆管的背贴式止水带,发生渗漏时可进行补注浆。

4. 施工缝、变形缝防水

施工缝是由于隧道衬砌混凝土施工所产生的冷接缝,是防水薄弱环节之一,也是隧道中最易发生渗漏的地方。隧道衬砌施工缝处理不好,不仅造成衬砌混凝土裂缝及洞内漏水,严重影响隧道的正常使用和行车安全,而且还会降低结构的强度和耐久性。

5. 防水混凝土

隧道二次衬砌混凝土即是外力的承载结构,也是防水的最后一道防线,因此要求衬砌既要有足够的强度,还要具有一定的抗渗性和耐久性。防水混凝土通过一定的级配比,并掺入少量外加剂,通过调整配合比,配制成具有一定抗渗能力的防水混凝土。

6. 衬砌背后回填注浆

衬砌背后回填注浆是二次衬砌完成后,为了填充二次衬砌与防水板之间的空隙而进行的注浆。回填注浆必须要在衬砌混凝土达到一定强度后进行。在衬砌混凝土达到设计强度70%后,注浆压力小于0.5 MPa进行注浆。

在下列条件下,需优先设计为防水型隧道:

(1)地面生态和社会环境敏感,要求严格限制排水以免对其造成影响,特别是在隧道地区居民分布密集或存在地下水供水水源,大量排水会对环境等造成重大影响的场合;

(2)地表下沉影响较大,从而危及结构物正常使用及周边环境的场合;

(3)地下水具有腐蚀性,需要将地下水与混凝土隔离的场合。

5.2 排水设计

在含有承压地下水的山岭隧道,在大量排水后将有可能引起地下水流失,造成当地农田灌溉和生活用水减少,造成围岩颗粒流失,形成地下空洞,甚至地表塌陷,降低围岩稳定性,改变该地区的自然环境。因此排水设计不但要考虑到建成后的运营费用,而且还要兼顾周边自然环境的影响,不对其产生不可恢复的破坏。

1. 锚喷支护结构

在喷射混凝土施工时,先喷射3~5 cm厚,在渗漏点挂设环向排水半管,将渗漏水引排到隧道排水沟,然后喷射混凝土至设计厚度。

在局部带状裂隙水发育区和对较大的集中涌水处必须先采取注浆堵水、混凝土背后注浆,在带状地下水发育带通过注浆形成固结体阻塞其与围岩深处的地下水连接通道,剩余少量渗漏水通过盲管引排。

2. 复合式衬砌

复合式衬砌排水系统主要包括环向排水盲管、纵向排水盲管、侧沟、横向排水盲管和中央排水管(沟)这一体系。

(1)排水盲管

排水盲管包括纵向排水盲管、环向排水盲管和横向排水盲管。环向排水盲管视施工期间地下水的渗漏情况设置,具有很大的灵活性,间距一般不应大于10 m。目前常用的纵向排水管是直径为80~150 mm的弹簧排水盲管或带孔透水管。横向排水盲管接头要牢靠,保证纵向盲管与侧沟或中央排水管(沟)间水路畅通,严防接头处断裂。

(2)侧沟和中央排水管(沟)

侧沟断面应根据水量大小确定,要保证有足够的过水能力,且便于清理和检查。中央排水管(沟)的管壁强度及抗渗性能,应满足设计与施工要求。

(3)缓冲排水层

在防水板背面还应设缓冲排水层,不仅起到保护防水板的功能,并且还具有一定的排水能力。

5.3 岩溶地区隧道的防排水设计

岩溶是地表水和地下水对可溶性岩层进行化学侵蚀、崩解作用或是机械破坏、搬运、沉积作用所形成的各种地表和地下溶蚀现象的总称。当隧道穿越可溶岩层地层的节理、裂隙、渗透、断层等结构不连续面时,易遇到蓉溪、溶管、溶洞、溶腔、暗河等类型岩溶地质。

首先根据岩溶水文地质报告,对隧道的涌水量做出计算,再根据涌水量的大小采取相应的防排水措施。对于暗河、溶洞、溶管,则制定专项治理方案。中型涌水地段,有外水补给,采用埋设盲沟及增设导水管引水;大型涌水地段,溶蚀管道有外水补给源,增设集水槽、排水通道及旁洞引水;特大型涌水,增设洞内涵洞引水进行集中治理。以下为几种特殊地段的处理方式:

1. 暗河处理

(1)暗河在仰拱上部

暗河若是在仰拱上部,则采用改河的方法,把河流从拱部沿拱腰、边墙修筑一条不小于原河流断面的钢筋混凝土导管,把水向下引入原暗河流道。

(2)暗河在仰拱下部

暗河若是在仰拱下部,体积较小,且宽度和深度都较小,在隧道底部设置暗涵跨越;若是暗河体积、规模都较大,采用桥梁跨越。

2. 帷幕注浆法

如果溶洞较大,且为流动的稀泥浆,可采用注浆封堵泥浆和硬结泥浆,使其有自稳能力,再进行初期支护加固措施。

3. 移位法

如果溶洞与地表相连通,为地表的泄水或泄洪洞,且在地表层比较明显,那么应在地表进行改沟,并在溶洞口加盖钢筋混凝土盖板,同时在隧道一侧增加导管,把上下溶洞连通,确保隧道支护不承受水压。

4. 溶管处理

溶管涌水量不大,但是长流水,而且含泥砂,容易堵塞排水通道。若采用外排治水方法,溶管的水可能会汇集在隧道支护之后,那么水压力就成倍增加,给隧道支护增加了附加力。因此,溶管水的处理应该选择连通方案,如图 5-1 所示。

对于初期支护、防水板、排水措施和二衬防水混凝土在前面已经论述,本小节只是针对需要特殊处理的措施。随着施工排降水,引发地表环境地质改变,地表上可能会产生大量塌陷,暴雨、大量地表水注入隧道洞内,因此还应对地表进行处理。在防排水方法会引起地表生态环

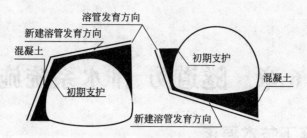

图 5-1 溶管处理布置

境恶化的地段,采用"以堵为主、限量排放"的原则设计,通过向围岩注浆,形成围岩注浆固结堵水圈,减少其渗透系数,以限制排水量,实现控制排放。

第6章 隧道防、排水系统施工

6.1 防水层施工技术要求

对于采用限量防排水施工的隧道衬砌结构,主要分为明挖结构和暗挖结构两部分。

6.1.1 暗挖隧道结构

1. 基层处理

(1)喷射混凝土表面应平整,两凸出体的高度 H 与间距 L 之比,拱部不大于 1/8,其他部位不大于 1/6。否则应进行基面处理。如图 6-1 所示。

(2)拱墙部分自拱顶向两侧将基面外露的钢筋头、铁丝、锚杆、排管等尖锐物切除锤平,并用砂浆抹成圆曲面。

(3)欠挖超过 5 cm 的部分需作处理。

(4)仰拱部分用风镐修凿清除回填渣土和喷射混凝土回弹料。

(5)隧道断面变化或突然转弯时,阴角应抹成半径大于 10 mm 的圆弧,阳角处应抹成半径大于 5 mm 的圆弧。

(6)检查各种预埋件是否完好。

(7)喷射混凝土强度要求达到设计强度。

(8)防水层施工时不得有明水,如有明水应采取封堵或引排措施。

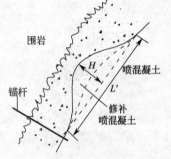

图 6-1 喷射混凝土基层处理示意图

基层渗漏水要求:防水层施工时基层表面不得有明水,如有明水应采取封堵或引排措施。

2. 铺设缓冲层

常用缓冲材料有土工无纺布和聚乙烯泡沫塑料,铺设过程如下:

(1)将垫衬横向中线同隧道中线对齐重合。

(2)由拱顶向两侧墙进行铺设。

(3)采用与防水板同材质的 $\phi 80$ mm 专用塑料垫圈压在 PE 垫衬上,使用射钉或胀管螺丝锚固。

(4)PE 垫衬缝搭接宽度 5 cm。

(5)锚固点应垂直基面并不得超出圆垫衬平面,锚固点呈梅花形布置。间距为拱部 0.5~0.7 m,边墙 1.0~1.2 m,在凹凸处适当增加锚固点。

3. 铺设防水板

(1)防水板固定

防水板铺设多采用无钉(暗钉)铺设法。无钉铺设法是指先在喷混凝土面上用明钉铺设法固定缓冲层,然后将防水层热焊或黏合在缓冲层垫圈上,使防水层无穿透钉孔。

如图6-2所示。

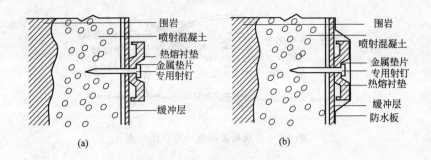

图6-2 无钉铺设防水板示意图

①基面处理完后,用射钉将土工布防水层固定在基面上,用热合机将防水板焊在垫板上。

②防水板需环向铺贴,相邻两幅接缝错开,结构转角处错开不小于规定值。

③防水板短长边的搭接均以搭接线为准,防水板搭接处采用双焊缝焊接,焊缝宽度不小于1 mm,且均匀连续不得有假焊、漏焊、焊焦、焊穿等现象。

④防水板铺设采用自制台车进行。

(2)防水板焊缝的密封性检测质量要求

①防水板搭接应为热合双焊缝,单条焊缝的宽度不应小于15 mm,且焊缝需密实,无虚焊、漏焊等现象,焊缝表面应平整无波纹。

②防水板焊缝应是密封的,可通过充气法进行检测,也可通过压缩空气枪进行检测。由于充气法检测操作简便,效果比较直观,如图6-3所示,因此多采用充气法进行检测。防水板焊接检查压缩空气压力标准见表6-1。

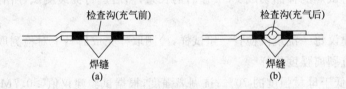

图6-3 防水板焊接检查示意图

表6-1 防水板焊接检查压缩空气压力标准表

防水板厚度(mm)	1.0	1.5	2.0	2.5	3.0
气压(MPa)	0.15	0.18	0.3	0.35	0.42

(3)防水板破损处及手工焊缝处、结构转角处焊缝的检测

由于隧道开挖基面局部不平整,无法用自动爬焊机进行焊接,或者防水板在绑扎钢筋时发生破损,需要对手工焊缝及破损处进行修补,修补后应进行密封性检测。

检测方法有如下几种。

负压检查:对于防水板手动焊接处、不规则焊缝(如T形缝)和防水板由于钢筋焊接等造成的破损处修补等,这些地方是防水板最容易发生渗漏的部位,且对其检测比较困难,采用钟形罩检测方法,如图6-4所示。防水板检查时的负压值标准见表6-2。

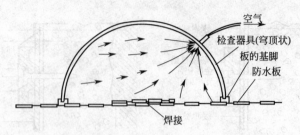

图6-4 防水板破损修补处负压检查

表6-2 防水板检查时的负压值标准表

防水板厚度(mm)	1.0	1.5	2.0	2.5	3.0
气压(MPa)	0.08	0.22	0.38	0.45	0.58

目测:沿焊缝外边缘观察是否有溶浆均匀溢出,否则须进行机械检测。

机械检测:用平口螺丝刀沿焊缝外边缘(没有溶浆均匀溢出的部位)稍用力,检查是否有虚焊、漏焊部位。如果有漏点,做好标记并及时修补。

检测频率:原则上对所有破损修补处都进行检测;对于T形焊缝或转角处,建议不少于总数量的1/2。

(4)焊缝的抗拉强度检测方法及质量验收标准

质量指标:防水板焊缝的抗拉强度大于防水板强度的80%。

检测方法有如下几种。

试验室检测:在施工现场,把焊缝的采集样品制成哑铃形试件,进行焊缝的剪切拉伸试验,根据破坏强度进行评定。一般要求接缝强度不低于母材强度的80%。

撕裂检测:将试焊的样品切成1 cm左右的长条,然后进行撕裂测试,所有断裂应发生在有效焊缝以外。

检测数量:建议每一浇筑段检查一组试样,检测取样完成后马上对检测取样处进行修补。

(5)焊缝的抗剥离强度指标

拉伸强度不低于母材强度的70%;抗剥离强度,根据试验建议值≥0.7MPa。

(6)铺设防水层安全保护和做好记录

①铺设防水层地段距开挖工作面不应小于爆破安全距离。二次衬砌时,不得损坏防水层。

② 防水层应按隐蔽工程办理,二次衬砌前应检查质量,并认真填写质量检查记录。

③ 在监理工程师检查和审批防水工程之前,不得浇筑混凝土衬砌。在防水工程完工后,承包商须进行试验以检查防水层的有效性,监理工程师须在场。

4. 保护层的施工

仰拱防水板铺设完毕后应及时施作保护层,保护层根据现场条件确定,在防水板上表面铺设5～7 cm厚细石混凝土层进行保护。

5. 防水板分区施工技术要求

防水分区方法见前述。

(1)背贴式止水带、注浆软管及注浆嘴的安设及注浆

用热风焊机将背贴式止水带焊接在环向施工缝外的防水板上,浇筑二次衬砌混凝土后背

贴式止水带的肋带嵌入二次衬砌混凝土内,这样由环向背贴式止水带在防水板内侧分隔成一个个防水分区。注浆嘴点焊固定在防水板上,用胶带将注浆嘴周边封住,以防浇筑二次衬砌混凝土时砂浆堵塞注浆嘴,并将与每个注浆嘴相连的注浆管在拱顶、两侧边墙下方集中引到二次衬砌内侧,以便进行注浆堵漏。采用注浆管和注浆嘴进行系统注浆。分区内注浆不是必须的,一旦发生渗漏,才进行渗漏部位的分区注浆。

(2)防水板分区的质量验收标准

①背贴止水带材质需要与防水板相容,并且与防水板热熔焊接。

②背贴止水带、注浆嘴的安装位置要符合设计要求。

③注浆嘴的安装要与防水板点焊,不应焊死在防水板上,防止注浆时需要过大的压力才能将之冲开,从而容易导致防水板损坏。在发生渗漏时才有必要注浆。

④每个分区的面积建议不要超过200 m^2。

6. 注意事项

(1)喷射混凝土基面有明水流时严禁铺设防水板。

(2)手工焊接应由熟练工人操作,也可采用塑料焊条焊接。

(3)钢筋的两端应设置塑料套,避免钢筋就位时刺破防水板。绑扎和焊接钢筋时应注意对防水层进行有效的保护。特别是焊接钢筋时,应在防水层和钢筋之间设置石棉橡胶遮挡板,避免火花烧穿防水层。结构钢筋安装过程中,现场应由专人看守,发现破损部位应及时作好记号,待钢筋安装完毕后,再进行全面的补焊及验收。

(4)仰拱防水层铺设完毕后,应注意作好保护工作,避免人为破坏防水层。

(5)振捣时的振捣棒严禁触及防水层。

(6)当破除预留防水层部位的洞室时,应采用人工凿除,尽量避免采用风镐等机械破洞。预留防水层一旦被破坏,会直接影响防水层的后续搭接,无法保证防水板的连续性。

6.1.2 明挖隧道结构

1. SBS防水层施工技术要求

(1)基面处理要求

①混凝土垫层和围护结构表面不得有明水,否则应进行堵漏处理,待基层表面无明水时,再施作找平层。

②找平层采用1:2.5的普通水泥砂浆,厚度不得小于2 cm。

③找平层表面应平整,其平整度用2 m靠尺进行检查,直尺与基层的间隙不超过5 mm,且只允许平缓变化。

④找平层表面应坚实、干燥,不得有明水流,允许出现局部潮湿部位,不得有酥松、掉灰、空鼓、裂缝、剥落和污物等部位存在。

⑤所有阴角部位均用1:2.5的水泥砂浆做成50 mm×50 mm的倒角。

(2)防水层铺设

①首先在达到设计要求的阴、阳角部位铺设附加层卷材。附加层卷材采用单层聚乙烯面的防水层材料,宽度为40 cm,转角两侧各20 cm。附加层卷材采用点黏或条黏法固定在基面上。

②当有管件等穿过防水层时,应先铺设此部位的附加层卷材,附加层卷材采用满黏法固定在基面上,大面防水层也需要满黏固定在附加层表面。

③铺设底板大面防水层,第一层均空铺在底板基面上,防水层幅面间的搭接宽度10cm,采用热熔满黏焊接。第一层防水层与阴、阳角部位的附加层热熔点黏、条黏或满黏。

④铺设第二层防水层,砂面向上。第二层防水层采用满黏法与第一层防水层热熔焊接。第二层卷材搭接宽度10cm,热熔满黏,第一层防水层搭接缝与第二层防水层搭接缝之间应错开1/3~1/2幅宽。底板防水层铺设完毕后,应立即浇筑50cm厚细石混凝土保护层。

⑤侧墙桩表面的第一层防水层采用点黏或条黏法固定,第二层防水层与第一层防水层满黏固定,搭接要求同底板防水层。要求所有施工缝部位预留防水层的长度均应超过搭接钢筋顶部至少20cm。如果现场无法满足此要求,则应将预留部分的防水卷材卷起后吊挂并采取措施进行有效的保护。

⑥防水层在底板施工缝部分的预留搭接部分(超出钢筋的部分)应采取临时措施进行保护(木板、聚苯板等硬质材料覆盖),避免后续施工过程中受到破坏。

⑦侧墙防水层应连续铺设至顶板上表面以上43cm的高度。

⑧施工缝和变形缝部位均应铺设防水加强层,加强层采用单层砂面的防水层材料,砂面靠近结构外表面。加强层宽度为40cm,四周各10cm范围内热熔满黏在已铺设完毕的防水层表面,中间其余部分空铺,以适应变形要求。

⑨侧墙防水层分段铺设完毕后,除需要进行后续搭接的防水层外,均需要及时施作保护层,保护层采用1:2.5水泥砂浆,厚度不小于15mm。

(3)注意事项

①雨、雪天气和5级风以上的天气不得施工。

②施工现场环境温度低于-10℃时不宜施工。

③应确保基层干燥程度满足设计要求。

④防水层施工前,应确保穿墙管、预埋件均应施工完毕。防水层铺贴后,严禁在防水层上开洞,以免引起渗漏水。

⑤防水层与基面点黏或局部满黏部位可先涂刷冷底子油,如能够确保黏结强度,也可不涂刷冷底子油。

2. 单组分聚氨酯(PU)涂膜防水层施工技术要求

(1)基层处理要求

①顶板结构混凝土浇筑完毕后,应采用木抹子反复收水压实(采用钢抹子压光时,会造成基层表面过于光滑,降低涂膜与基层之间的黏结强度),使基层表面平整(其平整度用2m靠尺进行检查,直尺与基层的间隙不超过5mm,且只允许平缓变化)、坚实,无明水、起皮、掉砂、油污等部位存在。

②基层表面的突出物从根部凿除,并在凿除部位用聚氨酯密封胶刮平压实。当基层表面出现凹坑时,先将凹坑内酥松表面凿除后用高压水冲洗,待槽内干燥后,用聚氨酯密封胶填充压实。当基层上出现大于3mm的裂缝时,应骑缝各10cm先涂刷1mm厚聚氨酯涂膜防水加强层,然后设置聚酯布增强层,最后涂刷防水层。

③所有阴角部位均应采用2.5cm×2.5cm的低模量聚氨酯密封胶进行倒角处理。

(2)防水层施工顺序及方法

①基层处理完毕并经过验收合格后,先在阴阳角和施工缝等特殊部位涂刷防水涂膜加强层,加强层厚1mm,然后开始进行大面的涂膜防水层施工,防水层采用多道(一般3~5道)涂刷,上下两道涂层涂刷方向应互相垂直。当涂膜表面完全干燥后,才可进行下道涂膜施工。

②在阴阳角和施工缝等部位需要增设聚酯布增强层,涂刷完防水涂膜加强层后,立即在加强层涂膜表面黏贴聚酯布增强层,最后涂刷大面防层。严禁涂膜防水加强层表面干燥后再铺设聚酯布增强层。

③聚氨酯涂膜防水层施工完毕并经过验收合格后,应及时施作防水层的保护层。平面保护层采用 7 cm 厚细石混凝土,在浇筑细石混凝土前,需在防水层上覆盖一层不小于 400# 纸胎油毡隔离层。立面防水层(如反梁的立面)采用厚度不小于 5 cm 的聚乙烯泡沫塑料或聚苯板进行保护。

(3)注意事项

①雨雪天气以及 5 级风以上的天气不得施工。

②涂膜防水层不得有露底、开裂、孔洞等缺陷以及脱皮、鼓泡、露胎体和皱皮现象。涂膜防水层与基层之间应黏结牢固,不得有空鼓、砂眼、脱层等现象。成膜厚度不得小于设计要求。

③涂膜收口部位应连续、牢固。不得出现翘边、空鼓部位。

④刚性保护层完工前任何人员不得进入施工现场,以免破坏防水层;涂层的预留搭接部位应由专人看护。

⑤顶板宜采用灰土、黏土或亚黏土进行回填,厚度不小于 60 cm,回填土中不得含石块、碎石、灰渣及有机物。人工夯实每层不大于 25 cm,机械夯实每层不大于 30 cm。夯实时应防止损伤防水层。只有在回填厚度超过 50 cm 时,才允许采用机械回填碾压。

6.2 施工缝、变形缝的施工

6.2.1 预埋可维护的注浆管接缝防水系统

注浆浆液一般为化学浆液,也可使用超细水泥浆液。接缝注浆堵漏完成后,要马上用清水将注浆管冲洗干净并妥善保护好注浆导管,以便将来接缝再次发生渗漏时可重复注浆。

1. 注浆软管的现场安装方法

(1)确认安装软管的基础干净,且无石屑等杂物。

(2)量好注浆软管长度并用刀片切断以使端口整齐。注浆软管分段的长度不应超过 10~15 m。

(3)量好进料软管的长度。通常 0.3~0.5 m 长即可,但如果需要可稍长,并将其留在混凝土内的适当位置,整齐地切断进料软管的端口,确认进料软管可承受足够高的压力。将进料软管和注浆软管的端口拉入热缩连接管,使其相互接触并在热缩连接管内中部。用电吹风加热热缩连接管使其收缩并黏接在软管周围。

(4)将注浆软管放在接缝中间,离墙边至少 75 mm。固定软管的连接部位,然后固定连接部位的另一端。

(5)用固定夹将注浆软管固定在基础上,其中心距至少 200 mm 并配合基础的形状。注浆软管在混凝土浇筑时不应该浮在混凝土中,可使用铁钉或锚栓固定。

(6)在连接部位,无其他防水措施时,注浆软管相互叠加大约 50~100 mm。与其他防水措施配合使用时,相邻分段注浆管不需搭接,但其末端间距不大于 250 mm。注浆软管不能一根压在另一根之上或互相接触,以防止注射过程中灌浆液交叉流动。

(7)进料软管和注浆软管的连接部位到墙边的距离至少 75 mm,以防止注浆过程中的压力损失。将进料软管安装在接线盒内,可方便操作。

(8)当软管安装时遇到两个基础面互相垂直所形成的拐角时,将软管紧贴拐角安装,再继续到下一个基础面,以保证软管与基础之间的接触是连续的。

(9)将进料软管安装在接线盒内,并将接线盒安装在混凝土模板上。确认接线盒安装牢固且与模板之间密封完好,以防止混凝土浮浆进入。

(10)将注浆软管编号并记录在图纸上。为方便今后注浆,用两种颜色的进料软管(绿色和透明的)来区分注浆端和出浆端,并给进料软管编上与注浆软管同样的号码。

6.2.2 高性能膨胀止水胶施工技术要求

(1)止水胶表面完全硬化后,一般经过6~8 h,最长不超过24 h,方可浇筑下一段混凝土。因此在二衬浇筑施工作业时,要合理组织安排时间。

(2)应事先将施工缝表面的浮渣和积水清理干净。

(3)避免止水胶长时间浸泡在水中而导致提前膨胀。

(4)在浇筑下一循环混凝土时,应采取弱振捣,避免振捣棒直接碰到止水胶。

(5)止水胶直接在混凝土基面上连续均匀设置,止水胶与混凝土边缘的距离不小于100 mm。

(6)需要搭接时,新旧止水胶搭接长度不小于20 mm。

6.3 复合式衬砌隧道排水系统施工

隧道初支完成后的渗水量不超过规定的数量,方可施工下一道工序。采用复合式衬砌隧道的排水系统主要包括:凹凸排水板,可清洗的纵向排水管,横向泄水管,排水玻璃钢管,混凝土排水沟,检查井等。

1. 凹凸排水板

衬砌背后排水设施位于防水层与初期支护喷射混凝土之间,为初期支护喷射混凝土与防水板之间提供过水通道,并使之下渗到纵向排水盲管中。凹凸排水板设置在采用限量排放区段隧道的仰拱和拱墙部位,其中拱墙部位为0.5 m宽的凹凸型排水板带,可采用射钉固定铺设,将集中下来的渗水要引排到纵向排水管中。

2. 纵向排水盲管与横向排水管

纵向排水盲管采用双壁波纹塑料管,纵向上每隔100 m设置一个排水盲管检查竖井,以备将来进行排水盲管的冲洗。

纵向排水盲管是在二次衬砌施作以前安设,施工中应将其与二次衬砌边墙基础结合统筹考虑,将其牢固固定在边墙下部初支基础上,并用无纺布包裹,不得侵占二衬。排水盲管采用双壁波纹塑料管,固定方法可以用专用卡条固定到喷射混凝土层,或用无纺布包裹预埋固定到喷射混凝土层。纵向排水盲管在整个隧道排水系统中是一个中间环节,起着承上启下的作用,施工中注意检查与横向泄水管的连接,两管一般采用三通管连接,三通管留设位置应准确,接头应牢固,防止松动脱落。其次要检查纵向排水盲管和横向泄水管的坡度,用坡度规进行检查,测定纵向盲管的坡度,使地下水在进入盲管后按一定的方向流动。

横向泄水管布设方向与隧道轴向垂直,横向泄水管为硬质塑料管,施工先在纵向盲管上预留借口,然后在仰拱及填充混凝土施工前接长至排水沟(管)。施工时注意检查接头牢固,以保证水路通畅。横向盲管上部应有一定的缓冲层,以免路面荷载对横向盲管施压,造成横向盲管的变形,影响正常使用。

3. 背贴式橡胶止水带的施工

(1)位置确定

外贴式止水带设置在衬砌结构施工缝、变形缝的外侧,施工时按设计要求先在需要安装止水带的位置放出安装线。

(2)止水带固定

施工缝处设计有防水板的,如止水带材质与防水板相同,则采用热焊机将止水带固定在防水板上;对于设计为橡胶止水带时,则采用粘接法将其与防水板粘接。

4. 中埋式橡胶(钢板腻子)止水带的施工

中埋式止水带施工时,将加工的φ10钢筋卡由待模筑混凝土一侧向另一侧穿入,卡紧止水带一半,另一半止水带平结在挡头板沙锅内,待模筑混凝土凝固后弯曲φ10钢筋卡套上止水带,模筑下一循环混凝土。

(1)止水带安装的横向位置,用钢卷尺量测内模到止水带的距离,与设计位置相比,偏差不应超过5 cm。

(2)止水带安装的纵向位置,通常止水带以施工缝或伸缩缝为中心两边对称,用钢卷尺检查,要求止水带偏离中心不能超过3cm。

(3)用角尺检查止水带与衬砌端头模板是否正交,否则会降低止水带的有效长度。

(4)检查接头处上下止水带的压茬方向,此方向应以排水畅通、将水外引为正确方向,即接茬部位下部止水带压住上部止水带。

(5)接头强度检查:用手轻撕接头。观察接头强度和表面打毛情况,接头外观应平整光洁,抗拉伸强度不低于母材,不合格时应重新焊接。

5. 遇水膨胀止水条的施工

(1)选用的遇水膨胀橡胶止水条应具有缓胀性能,其7d的膨胀率不大于最终膨胀率的60%。

(2)遇水膨胀止水条应牢固地安装在缝表面或预留槽内,先将预留槽清洗干净,然后涂一层胶黏剂,将止水条嵌入槽内,并用钢钉固定。止水条连接应采用搭接方法,搭接长度大于50 mm,搭接头要用水泥钉钉牢。止水条应沿施工缝回路方向形成闭合回路,不得有断点。

(3)止水条安装位置、接头连接应符合设计要求。

(4)止水条表面没有开裂、缺胶等缺陷,无受潮提前膨胀现象。

(5)止水条与槽底密贴,没有空隙。

6.4 锚喷支护隧道排水系统施工

锚喷支护初喷完成后的渗水量不超过$0.2\ m^3/(d \cdot m)$,方可施工下一道工序。在初喷混凝土完成后,环向每10 m设置一道环向排水半管引排围岩渗漏水。排水半管安设先用水泥钉固定,每隔一定距离在其上及两边15 cm范围内用喷混凝土定型、顺接,喷层厚2 cm,保证管孔畅通。排水半管安设完毕后,在其上面复喷混凝土至设计厚度。内部结构和喷射混凝土层之间采用1.2 mm厚凹凸型排水板隔开,可采用射钉固定铺设,将集中下来的渗水要引排到纵向排水管中。双壁波纹纵向渗水盲管施工同复合式衬砌纵向渗水盲管施工。对于局部带状裂隙水发育区和对较大的集中涌水处必须先采取混凝土背后注浆,形成固结体阻塞其与围岩深处的地下水连接通道,剩余少量渗漏水通过软式弹簧半管引排。

第7章 防排水材料

7.1 防水材料

隧道复合衬砌中的防水板是隧道防排水技术的核心。防水板为不透水表面光滑的高分子防水卷材,它不仅起到防水作用,而且对初期喷射混凝土及二次衬砌模注混凝土来说,还起到隔离与润滑作用,使初期支护喷射混凝土对二次衬砌混凝土的约束应力减少,从而避免模筑混凝土产生裂缝,提高了二衬混凝土的防水抗渗能力。

国内用于隧道内复合式衬砌中的防水板多为各类塑料防水板,包括ECB(乙烯、醋酸乙烯与沥青共聚物)、EVA(乙烯、醋酸乙烯共聚物)、PVC(聚氯乙烯)、LDPE(低密度聚乙烯)及HDPE(高密度聚乙烯)等。用于保护层的一般为PE泡沫板或无纺布。

聚氯乙烯(PVC)为极性高分子材料,拉伸强度高,伸长率好,热处理尺寸变化率低。可焊接性好,在卷材正常使用范围内焊缝牢固。在低温条件下(-20℃)保持柔软性,易焊接,其相互搭接处可用自动控温的焊枪或焊机热焊,这给施工带来了很大的方便。

乙烯-醋酸乙烯共聚物(EVA)抗拉强度及抗撕裂强度较大,密度小,具有突出的柔软性,延伸率较大,易于施工。用作隧道复合式衬砌中间防水层是理想的材料,日本公路、铁路隧道复合式衬砌多用此做防水层。

低密度聚乙烯(LDPE)和高密度聚乙烯(HDPE)抗拉强度大,延伸率大,比较柔软,易于施工。在目前常用的塑料防水板膜中价格最低,但燃烧速度比EVA大,在阳光照射下易老化。如用于隧道复合式衬砌中间做防水层,与空气隔绝,不受紫外线照射,老化速度明显减慢。

聚乙烯-醋酸乙烯与沥青共聚物(ECB),一般制成1~3 mm厚的板材,在日本和韩国的隧道及地下工程中应用较多。其抗拉强度及延伸率大,抗穿刺能力较LDPE和HDPE大,在有振动和扭曲的环境中也能实现其防水目的。

根据国内外资料调研及工程实践经验,在选择防水板时要综合考虑以下因素:

(1)在选择防水板前应对土体中水的化学成分进行分析,以确定防水板是否具有抗腐蚀性。

(2)防水板对其所接触的建筑材料都应具有抗腐蚀性,这包括围岩或断层带注浆所用浆液材料及锚杆注浆所用的材料。

(3)防水板须有足够的承受施工过程中及完成后温度变化的力学稳定性能,在洞口段尤其要注意这个问题,因为洞口段夏天与冬天的温差较大。

(4)防水必须能够保证长期发挥作用,并且能确保正确安装。

(5)防水板要与结构形状具有相适应性,例如在结构的转角、沟槽、边缘附近,并且在防水系统施工前表面并不平整,这另一方面也意味着结构要与防水系统相协调。

(6)为保证在施工阶段中发生的防水系统缺陷能够及时弥补,防水板还要具有可修补性。

(7)防水板应有浅色信号层,以便及时发现施工中防水板的破损情况,及时修复。

(8)防水板安装施工时不应损害施工人员的健康。

7.2 排水材料

7.2.1 无纺布

土工合成材料包括土工织物、土工膜、土工复合材料和土工特种材料。在隧道中,土工合成材料应用最多的是针刺无纺布。无纺布兼有缓冲、滤水和排水的功能。无纺布作为缓冲层设在喷射混凝土和防水板之间,可以较好地整平喷射混凝土基面,防止防水板在长期使用过程中被刺破,同时,还能较好地滤除渗水中的泥砂,防止泥砂堵塞排水系统。另外,无纺布与防水板在夹层中共同构成一个排水通道,使地下渗水能自由地向环向盲管、衬砌底部的纵向盲管汇聚外排。

7.2.2 立体网状排水材料

对于隧道内局部涌水较大的部位,可采用立体网状排水材料。该构造包括三维乱丝网状材料、无纺布保护层和防水膜。三维网状排水材料是由热塑材料、单丝或其他结构组成的聚合体结构,其目的是在临时或永久条件下,提供一种高孔隙率材料促进地下水自由流动。如图7-1所示。

图 7-1 立体网状排水管

图 7-2 凹凸排水管

7.2.3 塑料排水盲沟(塑笼式透水管)

塑料排水盲沟是由改性聚丙烯乱丝相互搭接而成的框架结构,外包裹一层针刺土工布。泥水通过外裹的土工布过滤成清水进入乱丝的框架内,再排放出去。透水管的断面主要有方形和圆形两种。它的主要优点是整体属全塑结构、埋入土中、在不受紫外线的照射下不腐烂、形状变化多等。

7.2.4 凹凸状排水板

由于传统的衬砌背后排水盲管容易发生堵塞,在地下水发育地段如断层破碎带,新型的面状排水材料是凹凸状排水板,如图7-2所示。凹凸状防水板是一种塑料材料,表面为蜂窝状,安装时将凸起处与防水板相贴,其性能指标见表 7-1。

表 7-1 凹凸状排水板性能指标

序 号	性 能	指 标
1	材质	PEH
2	凸起高度(mm)	20
3	板厚(mm)	1.0
4	密度(g/m²)	950
5	单位面积空气体积(L/m²)	14
6	排水能力[L/(s·m)]	13
7	幅宽(m)	2.18×1.36

7.2.5 毛细排水带

毛细式排水带是利用水的毛细力、虹吸力、重力、表面张力设计的一种能防堵塞、促进排水的新型材料。这种材料最初是为了解决路基排水淤积而研发的。该材料用作隧道排水,可以达到排水效果好少维护的目的。毛细排水带工作原理如图 7-3 所示。

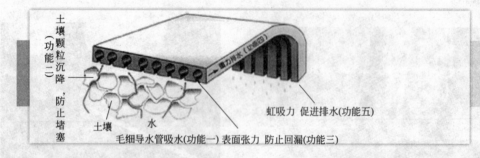

图 7-3 毛细排水带原理图

7.3 注浆材料

1. 主材

(1)普通硅酸盐水泥

由于海水对普通水泥存在溶出性侵蚀、阳离子交换型腐蚀、膨胀性的化学腐蚀三种侵蚀作用,一般情况下不单独使用普通水泥进行海底隧道注浆。在掺入一定的粉煤灰、矿粉等材料后,可以用于注浆充填较大的裂隙和溶洞。

(2)矿渣硅酸盐水泥

矿渣粉能降低混凝土的渗透性,明显降低氯离子渗透到混凝土内部的总深度。降低渗透性和氯离子浸入,随矿渣掺量增加而提高,当水泥中矿渣含量达到 65%～70%时,耐化学侵蚀是最好的,此时水泥浆体中的 $Ca(OH)_2$ 含量很少,不能生产钙矾石。因此,矿渣硅酸盐水泥也具有很好的耐海水腐蚀能力。

(3)硫(铁)铝酸盐水泥

硫(铁)铝酸盐水泥又被称为第三系列水泥,该系列水泥具有早强、高强、高抗渗、高抗冻、耐蚀、低碱和生产能耗低等特点。硫（铁）铝酸盐水泥有着极好的耐海水腐蚀性，这两种水泥对海水、氯盐（$MgCl_2$、$NaCl$）、硫酸盐（Na_2SO_4、$MgSO_4$、$(NH_4)_2SO_4$），尤其是它们的复合盐类，均具有极强的抗腐蚀性。从两年耐腐蚀性室内试验可以看出，抗腐蚀性系数均大于1，其中铁铝酸盐水泥要优于硫铝酸盐水泥，但都明显优于硅酸盐系列水泥。

(4) 超细水泥

超细水泥具有以下优点：

① 无毒性，不污染环境；

② 渗透能力优于一般水泥，可以渗入渗透系数为 $10^{-3} \sim 10^{-4}$ cm/s 的中、细砂层和宽度大于 0.05 mm 的裂缝；

③ 超细颗粒化学活性好，固化速度快，强度高。

2. 辅材

(1) 粉煤灰

粉煤灰有三种效应：形态效应能使混凝土的初始结构密实；活性效应能使容易溶解的 $Ca(OH)_2$ 得到固定，以保证混凝土材料结构的稳定性；微集料效应充填作用的发展，则使混凝土中的孔隙"细化"，从而有效地增强混凝土防扩散、抗渗透的能力。由于粉煤灰的这些特性，使用粉煤灰水泥能有效降低水泥水化物中的 $Ca(OH)_2$ 含量，减少钙矾石的生成。试验表明，加入粉煤灰的硅酸盐水泥抗硫酸盐性能比普通硅酸盐水泥要大大提高，并使钢筋在氯盐溶液中的寿命大幅延长。

(2) 矿粉

矿粉能降低混凝土的渗透性，明显降低氯离子渗透到混凝土内部的总深度。降低渗透性和氯离子浸入，随矿渣掺量增加而提高，当水泥中矿渣含量达到65%~70%时，耐化学侵蚀是最好的，此时水泥浆体中的 $Ca(OH)_2$ 含量很少，不产生钙矾石。因此，加入矿渣的硅酸盐水泥也具有很好的耐海水腐蚀能力。

(3) 硅粉

对地层加固注浆中使用的注浆材料而言，不仅要求其渗透性好，而且要求性能长期稳定。由于硅粉的平均粒径非常小（只有超细水泥的1/25），以硅粉为主要成分的浆液可以注入到细砂层等非常细小的裂缝中去，达到堵水防渗的目的。

(4) 水玻璃

水玻璃是一种重要的注浆材料，在注浆工程中使用率极高。一般不单独使用，通常和水泥配合起来，构成水泥-水玻璃双液浆。水泥浆液与水玻璃溶液的混合体也叫CS浆液。水玻璃能起到调整浆液凝胶时间的作用。

(5) 黏土

由黏土、水泥和水按一定顺序混合组成的浆液，即为黏土水泥浆液。黏土浆液的稳定性和耐久性比较好，可以单独用于补强和防水注浆，也可和其他浆液联合用于细粒和不均匀土层中大孔洞的填充。

(6) 固化剂

黏土水泥浆液在加入固化剂之前，凝结时间较长，达数小时至数十小时以上。加入固化剂后，使得浆液凝结时间大大缩短，凝结可以控制在数秒至数十分钟之内完成。

(7) 外加剂

在海底隧道的注浆施工中，有必要选择合适的外加剂来加强浆液的抗渗、抗腐蚀能力，其中引气减水剂就是一个很好的选择。

引气减水剂的主要功能是：

①引入大量微小且独立、封闭的小气泡，通过这些气泡的滚动浮托作用，使混凝土的和易性大大提高。

②增大水泥浆的塑性黏度，对水泥颗粒的润湿分散和未硬化水泥浆中气泡的移动与再分布等因素可显著降低混凝土拌和物的泌水沉降与离析，从而提高抗渗性能以及与抗渗性能有关的混凝土的抗化学侵蚀作用、抗中性化作用。

③减水作用。

④显著提高混凝土的抗冻融性。

常见的引气减水剂主要有：①阴离子系：木质素磺酸盐、松香热聚物、文沙树脂等。②阳离子系：烷基醇聚氧乙烯醚硫酸钠等。③烷基苯酚聚氧乙烯醚、烷基醇聚氧乙烯醚、聚乙二醇等。④两性型：蛋白质盐类。

3. 浆液成分及配比

组成浆液的成分主要有以下几类：

(1) 水泥＋水玻璃＋减水剂；

(2) 水泥＋水玻璃＋粉煤灰＋减水剂；

(3) 水泥＋水玻璃＋矿粉＋减水剂；

(4) 超细水泥＋硅粉＋减水剂；

(5) 水泥＋水玻璃＋黏土＋固化剂。

注浆能否达到设计要求，或者说能否达到加固围岩、防渗止漏的目的，浆液的配方是至关重要的，包括

图 7-4　浆液的试验室配置

浆液的水灰比、主材和辅材的含量、添加剂含量等。通过对注浆材料的室内试验（图 7-4），找到施工所需的最佳浆液配方。隧道开挖后，还要根据具体情况，调整浆液配方甚至注浆设计，以满足施工需要。

7.4　接缝防水材料

施工缝，也称冷接缝，是防水薄弱环节之一。隧道衬砌施工缝处理不好，不仅造成衬砌混凝土裂缝及洞内漏水，严重影响隧道的正常使用和行车安全，进一步还会降低结构的强度和耐久性。沉降缝和伸缩缝统称为变形缝，变形缝宜采用柔性材料做防水处理。

施工缝和变形缝都是隧道最易发生渗漏水病害的部位。隧道建成后随着季节的更替，当气温升高时衬砌段伸长，当气温降低时衬砌段收缩，循环缝也随之相应地闭合、张开，同时接缝防水材料也会经历了一个加载、卸载周期。一年之中，隧道围岩内的地下水也有丰水期和枯水期之分。在丰水期，防水材料会遇水膨胀；在枯水期，防水材料会失水收缩。变形缝渗水的主要原因是止水带固定不牢、偏离中心，混凝土振捣不实，出现较大的孔洞；另外一个原因是弹性密封膏嵌缝，普遍不易作好，因为支承面不平整，弹性密封膏在承受外水压的情况下超出其弹性范围。此外，变形缝过宽，使密封膏承受水压的面积增大，所以根据《地下工程防水技术规范》规定，变形缝的宽度不应大于 3cm。另外，若黏结面没有处理好，密封膏没有和结构的槽面很好黏结，以致于可以将其从槽中拉出。

1. 止水带

(1) 橡胶止水带

热塑材料止水带作为施工缝防水,焊接在防水板上,有背贴止水带,包括膨胀部分、基板(两侧对称)、竖肋(封闭区域)和焊接部分。背贴止水带构造如图7-5所示。止水带材料应能保证质量,剖面几何尺寸要精确,且要有足够的稳定性。一般止水带材料要与防水板材料相同,以便能够焊接在防水板上。

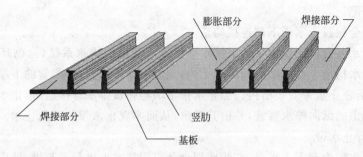

图 7-5　背贴式止水带示意图

(2) 钢边橡胶止水带

钢边橡胶止水带是将镀锌钢片插入硫化橡胶中间,是一种新型的具有高密性、适应特大变形特点的止水带。当结构变形时,只存在橡胶部分形变而被拉长、变薄,而钢片与混凝土、钢片与橡胶之间不会产生新的渗漏缝。因此,钢板橡胶止水带增强了结构形变的防渗性能。它能适用于许多大型工程领域,尤其是在水压高和结构变形大时,其防水效果更为明显。

(3) 可排水复合橡胶止水带

① 可排水复合橡胶止水带构造形式

传统衬砌环向施工缝的防水构造主要有两种形式:一是在衬砌厚度的中部设置内置式止水带,二是在中部设置遇水膨胀橡胶止水带。两种构造的防水效果不甚理想的重要原因有以下几个方面:

a. 渗水下排不畅,包括沿施工缝环向下排不畅和环向施工缝下部下排不畅;

b. 止水带接头不严;

c. 止水带、膨胀橡胶条周围混凝土不密实。

可排水复合橡胶止水带是能对环向和纵向施工缝中的渗水进行"先排后堵"的新型止水带,它由绕道、翼缘、橡胶条和止浆滤水带组成,其中绕道和翼缘构成止水带主体,止浆滤水带黏贴在翼缘上并与绕道形成排水通道。

可排水复合橡胶止水带为内置式止水带,设置在衬砌厚度的中间,横断衬砌环向施工缝。当环向施工缝内出现渗水时,渗水沿环向施工缝流至止浆滤水带,由于止浆滤水带可透水,渗水很容易进入排水通道,并由其排入隧道的排水系统。如果部分渗水在穿越止浆滤水带时沿着止水带与混凝土之间的间隙横向流动,则会遇到黏贴在止水带翼缘上的遇水膨胀橡胶条的阻挡,遇水膨胀橡胶条遇水后膨胀,使止水带翼缘与混凝土之间的间隙密实,渗水沿横向流动阻力增大,从而提高了止水带的止水能力。

② 可排水复合橡胶止水带安装工艺

止水带在端头模板上的固定是止水带安装的关键。止水带固定的好坏直接关系到止水带在衬砌中能否垂直于工作缝,是否能使排水通道与工作缝相通。

③ 安装注意事项

a. 止水带的中央排水通道应与工作缝对齐,这样才能保证工作缝中的渗漏水被止水带堵住并通过排水孔流入隧道排水系统;

  b. 止水带的下部必须与排水管的下部连接牢靠、畅通,只有这样才能保证渗漏水顺畅进入纵向排水管并排出洞外;

  c. 避免在施工时截断止水带,尽量做到一条工作缝一条止水带,避免搭接,这样可避免接头位置的安装缺陷。

④可排水复合橡胶止水带下部连接构造

为了使可排水复合橡胶止水带的下排水顺畅流入隧道的排水系统,衬砌环向施工缝下部必须有相应的排水构造。在边墙底部混凝土内,设置一条排水管,排水管的下端与纵向排水盲管相通,上端弯折在止水带安装槽内。当止水带下端与弹簧排水管接通后,止水带内的下排水就会顺利流入隧道的纵向排水盲管,并由其排出,从而实现止水带的无压止水。

(4)带注浆管止水带

带注浆管止水带为新型止水带,在防水理念及应用技术上进行了改进,国内市场上可见有带注浆管橡胶止水带和中埋式钢边橡胶止水带。由于在止水带两侧设置了注浆管(注浆管上设有出浆孔),构成了施工缝防水的第二道防线,提高了防水安全系数。如果施工缝或变形缝发生渗漏,通过止水带上的注浆管,可进行最有效的渗漏修补,从而解决了传统止水带的弱点,使施工缝、伸缩缝的防水质量更加安全、可靠、经济。

带注浆管止水带具有以下特点:

①止水带上设有注浆管和出浆孔,如施工缝、变形缝发生渗漏,通过注浆管和出浆孔可进行有效、快速的修补,如选择合理的施工工艺和浆液,可进行重复注浆,即接缝发生渗漏后可多次注浆。

②可对施工缝的防水质量进行注水检测,检查施工缝的密封质量。

③注浆管可采用化学浆液,注浆压力一般为 $0.2\sim0.4$ MPa。混凝土经过 14 d 养护后,强度达到设计要求的 80% 以上,可开始现场注浆通路试验。

④注浆式钢边橡胶止水带注浆通道。采用闭孔发泡海绵表面结皮的生产工艺,在混凝土浇筑时,水泥浆液不会进入海绵内,海绵也不易被压塌。而两个注浆小孔保证了注浆液的通路,当浆液进入后,海绵内孔压力增大,两边的黏结部位分离,浆液就进入混凝土的缝隙。

(5)可重复注浆管接缝防水系统

可重复注浆管接缝防水系统是近年来发展的新型注浆技术。隧道二次衬砌接缝处是防水最为薄弱的环节,也是渗漏水病害最容易发生的位置,通过在此处预埋可重复注浆软管,在结构由于变形或开裂发生渗漏时,可通过注浆导管进行注浆补救,是一种比较先进的防水理念。注浆浆液一般为化学浆液,也可使用超细水泥浆液。接缝注浆堵漏完成后,要马上用清水将注浆管清洗干净并妥善保管好注浆导管,以便将来接缝再次发生渗漏时可重复注浆。

可重复注浆管常见的断面形式有圆形和三角形两种,出浆形式有全断面出浆和注浆管上多孔出浆两种。注浆管结构包括内层核心层、出浆孔和外部保护结构。内层作为浆液输送通道,出浆孔在一定注浆压力下出浆,外部保护层防止混凝土浇筑过程中水泥浆进入注浆管。

预埋注浆管性能需要满足以下条件,才能达到注浆防水的目的:

①注浆管必须要有出浆孔,在混凝土浇筑过程中,它的出浆孔密封性必须要好,以防止浇筑过程中水和水泥浆进入。

②在注浆过程中,注浆管外部保护层必须能够张开以使注浆材料流出。注浆材料必须能

够在注浆管的全长度出浆。

③为避免潜在的沉淀物、矿物质和盐类沉淀的形成,不能使混凝土中的水进入到注浆管中。

④最外层缠绕的织物间距要合理,以保证注浆材料能注入到周围的混凝土中。

⑤内层核心层需要有足够的强度,以承受混凝土浇筑时的压力;外层保护层要有止回阀的作用,混凝土浇筑时要防止水泥等杂质进入到内层,注浆时在注浆压力的作用下能开启使浆液流出。

2. 止水条

止水条的种类很多,带注浆孔遇水膨胀止水条是针对施工缝、变形缝渗漏开发的一种新型接缝防水材料,通过预留注浆孔,在接缝发生渗漏时注入浆液进行封堵。

带注浆孔遇水膨胀止水条施工时应符合以下规定:

(1)拆除混凝土模板后,凿毛施工缝、用钢丝刷清除界面上的浮渣,并涂2~5mm的水泥浆,待其表面干燥后,用配套的胶接剂或水泥钉固定止水条,再浇筑下一循环混凝土。

(2)止水条接头处应重叠搭接后再黏结固定,沿施工缝形成闭合回路,其间不得留断点。

(3)将止水条上的预留注浆连接套管套入搭接的与另一条止水条上连接的三通上。

(4)根据所安装止水条的长度,约在30m处安装三通一处,三通的直线两端有一头插入止水条内,另一头插入注浆连接管内。丁字端头插入备用注浆管内,以备缝隙渗漏水时注浆。

(5)注浆连接管与三通连接件应黏结牢固,保证注浆管畅通。安装在三通上的备用注浆管,应引入二次衬砌内侧。

目前此类止水带产品有比利时Deneef公司生产的3V以及8V水膨胀密封条等。3V、8V水膨胀橡胶密封条用于密封混凝土、钢接缝、垂直结构缝、地下预制件等接缝(图7-6、图7-7);BTS水膨胀橡胶腻子条,专用于密封与盐水或海水接触的混凝土建筑(图7-8)。

图7-6 3V橡胶密封条

图7-7 8V橡胶密封条

图7-8 BTS水膨胀橡胶腻子条

3. 止水胶

止水胶是一种固化前为胶状物,固化后为橡胶的一种防水材料,具有橡胶的弹性止水和遇水后自身的体积膨胀止水的双重密封止水机理,牢固和密贴地黏贴在混凝土表面,抵抗比较大的水压。7d后的膨胀倍率约占最终膨胀倍率的39.3%,足以保证在运输、储存和使用过程中不致因雨水、潮湿或施工用水等而提前过度膨胀。止水胶的质量变化率≤0.9%,耐久性能可达80~100年。止水胶对混凝土基面是否潮湿、光滑或粗糙没有特殊要求,可使用标准嵌缝胶施工枪,既容易施工,又能保证与混凝土面密贴和牢固的黏结。具有良好的耐化学品性能:可以耐盐酸、盐水、碳酸钠、氢氧化钾等化学物品,可与饮水接触,安全、无毒。因此止水胶是一种具有耐久性好、施工便捷、施工密贴、全寿命周期成本低等优点的新型防水材料。

目前此类止水胶产品有日本株式会社 ADEKA 生产的 P201 遇水膨胀止水胶以及比利时 Deneef 公司生产的 SM 和 SMWA 水膨胀密封胶等。

P201 遇水膨胀止水胶(图 7-9)具有耐久性强、施工便捷等特点；SM 水膨胀密封胶(图 7-10)用于治理结构接缝和管子的渗漏；SMWA 水膨胀密封胶(图 7-11)是密封潮湿或水下不规则施工缝的单组份聚氨酯水膨胀密封胶。

4. 可重复注浆管

  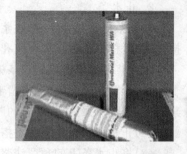

图 7-9 P201 遇水膨胀止水胶　　图 7-10 SM 水膨胀密封胶　　图 7-11 SMWA 水膨胀密封胶

可重复注浆管分布有出浆孔(图 7-11)，以便在注浆时能全断面出浆。在混凝土浇筑过程中，它的出浆孔密封性好，能够防止浇筑过程中水泥浆的进入。注浆过程中，注浆管外层的保护层能够张开以使注浆材料流出。注浆材料能够在注浆管的全长度、全断面出浆。注浆管外层缠绕的丝织物(保护层)间距要宽，以保证注浆材料能注入到周围的混凝土中。注浆管的内层核心层有足够的强度，以承受混凝土浇筑时的压力；外层保护层有止回阀的作用，注浆时在注浆压力的作用下能开启使浆液流出。

目前 SLC 多次性注浆管为最新的注浆管材料，用于内墙等倒浇工作缝部注入无收缩砂浆材，也可用于外强等顺浇工作缝部注入止水材，如图 7-12 所示。

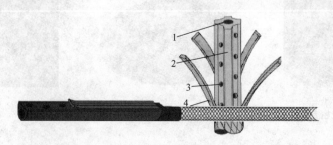

图 7-12 SLC 多次注浆管

第 8 章　可维护排水设施的维护方法

针对可能产生的隧道排水系统的堵塞,必须考虑排水系统的可维护性,避免由于排水系统堵塞而导致衬砌背后的水压力上升,对结构造成安全隐患。

8.1　隧道排水管常见结垢原因

常见的排水盲管和排水管的结垢原因主要有以下几种情况:

(1)长期积存结果:植物油脂、动物油脂等黏稠物流进管道,黏在管道内壁上,形成垢体;头发丝、破布条、装修残渣、铁细菌、微生物繁殖都会在管线内壁上形成垢体。以上物体的排放,无疑是成垢的重要原因,并随着结构存在时间延长,流通不畅或堵塞加重趋势。

(2)清洗手段落后:传统的解决堵塞问题的方法,竹片疏通和疏通机疏通,以上两种手段,只能解决污水在管中一时流动,而不能从根本上解决堵塞问题。

(3)喷射混凝土本身的不良化学反应,生成的游离钙化物。混凝土设计中严格要求水灰比、各种原材料(包括添加剂)的指标,原材料严格控制碱含量、水泥的 C_3A 含量等,尽量降低混凝土的不良反应。

(4)渗漏水与喷射混凝土发生的化学反应,主要是钙化反应。

(5)渗漏水本身的结晶作用,主要生成硫酸钙、氯化钙、氯化钠、碳酸钙等,但在动水情况和长期湿润环境中,结晶的可能性不大。

(6)微生物作用。

(7)少量携带细小颗粒的沉积等。

(8)施工原因:注浆窜浆、浇筑混凝土漏浆等。

8.2　可维护排水结构的清洗方法

8.2.1　高压水射流清洗技术简介

高压水射流清洗是近年来国际上兴起的一项高科技清洗技术。所谓高压水射流,是将普通自来水通过高压泵加压到数百乃至数千大气压力,然后通过特殊的喷嘴(孔径只有 $1\sim 2$ mm),以极高的速度($200\sim 500$ m/s)喷出的一股能量高度集中的水流。这一股一股的小水流如同小子弹一样具有巨大的打击能量,它能够进行钢板切割、铸件清砂、金属除锈,更能除去管子内壁的盐、碱、垢及各种堵塞物。利用这股具有巨大能量的水流进行清洗即为高压水射流清洗。管道疏通如图 8-1 所示。

高压水射流清洗的主要优势:

(1)清洗成本低:首先高压水射流使用的介质是自来水,它来源容易,普遍存在。在清洗过程中,由于能量强大,不需加任何填充物及洗涤剂,即可清洗干净,故成本很低。其次,节水节能,此种清洗方法与消防用水不同,属细射流喷射,所用的喷嘴直径只有 $0.5\sim 2.5$ mm,故耗

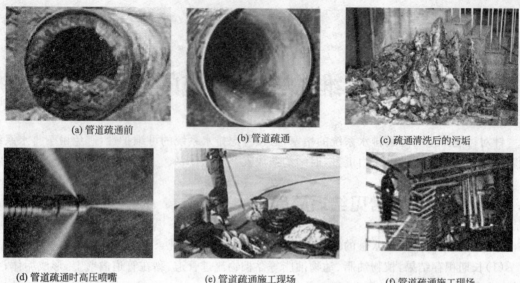

(a) 管道疏通前　　(b) 管道疏通　　(c) 疏通清洗后的污垢
(d) 管道疏通时高压喷嘴　　(e) 管道疏通施工现场　　(f) 管道疏通施工现场

图 8-1　管道疏通

水量只有 $3\sim5\ m^3/h$，所用动力的功率为 $37\sim90\ kW$，故属节水节能设备。

(2) 清洗质量好：清洗管道及热交换器内孔时，能将管内的结垢物和堵塞物全部剔除干净，可见到金属本体。具有巨大的能量且以超音速运动的高压水射流完全能够破坏坚硬结垢物和堵塞物，但对金属却没有任何破坏作用。同时又由于高压水的压力小于金属或钢筋混凝土的抗压强度，故对管路没有任何破坏作用，实现高质量清洗。

(3) 清洗速度快：由于水射流（国外称水弹）的冲刷、契劈、剪切、磨削等复合破碎作用，可立即将结垢物打碎脱落。它比传统的化学方法、喷砂抛丸方法、简单机械及手工方法清洗速度快几倍到几十倍。

(4) 无环境污染：水射流清洗不像喷砂抛丸及简单机械清洗那样产生大量粉尘，污染大气环境，损害人体健康。也不像化学清洗那样，产生大量酸、碱废液，污染管道、土质和水质。水射流是以自来水为介质，无臭、无味、无毒，喷出的射流雾化后，可降低作业区的空气粉尘浓度，可使大气粉尘由其他方法的 $80\ mg/m^3$ 降低到国家规定的安全标准 $2\ mg/m^3$ 以下，根除矽肺病源，消除酸碱废液流毒，是我国环保事业的一项重要举措。

(5) 金属腐蚀：由于用纯物理方法，故对金属无任何腐蚀作用。

(6) 应用面广：凡是水射流能直射到的部位，不管是管道和容器内腔，还是设备表面，也不管是坚硬结垢物，还是结实的堵塞物，皆可使其迅即脱离母体，彻底清洗干净，此种清洗方法对设备材质、特性、形状及垢物种类均无特殊要求，只要求能够直射，故其应用十分广泛。

8.2.2　气压脉冲技术清洗

一般使用多年的老旧管网由于水的流动和温度的变化，使流体内的钙镁离子解析和管体发生反应，生成无机盐垢即水垢，同时水质存在大量的微生物也附着在管内壁上形成污泥。由于锈垢和存积物的不断增加，致使管径变小，水流量不足严重影响供水能力和供暖效果。

气压脉冲清洗技术，是靠气和水为介质，气水混合的高速射流、可控脉冲所形成的物理波对管内壁的锈垢和存积物进行冲击和震荡，逐层剥落并快速排出管外，能明显高效地解决供水和供暖管网因结垢和存积物过多所造成的供水不足、供暖不热的问题，同时还可以有效净化饮用水的水质。

此项清洗技术的特点是：

(1)不使用任何化学药剂,对管网无腐蚀,对水质无污染,绿色安全环保。

(2)不堵塞,实用性强,可适用各种复杂管网。

(3)高效快速、省时省力。可以在不开挖、不进户、不断水、不停产的条件下进行,给用户带来极大的方便。

(4)节省资金效果好。因为清洗是以气和水为介质,所以较其他的清洗方法成本低,而且清洗效果能将管内的锈垢和存积物95%以上清洗下来并排除系统之外,明显恢复供水能力和供暖效果。

(5)清洗质量检验方便。可以用眼观察排污量的多少和清洗前后解点对比的方法对清洗效果进行检验。

实践证明,气压脉冲清洗技术由于它本身优势,在清洗行业中占有重要的地位,是清洗民用自来水、采暖管道的最佳实用技术。随着此项技术的不断推广,将会被越来越多的用户所选用。

8.2.3 高压水射流清洗的主要对象

(1)各类规格的上下水管道、工业用水管道、工矿企业及居民区排污管道、排渣管、雨水管、煤气管道、烟道、输油管道及两相流输送管道的堵塞物。

(2)各种热交换器、冷凝器、空气预热器、制冷机、复水器、除尘器、蒸发罐、反应釜、加热装置等结垢物。

(3)各类锅炉、罐体、容器的水垢、盐垢、碱垢及物料。

(4)暖气系统、空调设备的水垢(需特殊处理)。

(5)各种大型楼房、建筑物及设备内外表面的附着物。

8.2.4 高压水射流的应用条件及范围

(1)各类管道：一般上下管道及工业用水管道的直径大多在 150～500 mm,高压水射流可对 15～1000 mm、任意长度(一次可推进长度 50～120 m)、任何结垢物及堵塞物的管子进行高效清洗。应用条件,管孔堵死或半堵死及管孔周边或底部结构；清洗形式：以高压软管带喷头向周边结垢喷射,靠喷射反力自动前进,清洗除垢。

(2)各类列管式热交换器一般内径都在 $\phi10 \sim \phi50$,长度有 3 m、6 m、9 m 三种,用相应长度的钢性喷枪和多种类喷嘴对管中结垢物进行打击,击碎后排出管外。

(3)锅炉、暖气及大型容器等清洗：这些设备的清洗也主要靠高压水射流及相应的喷枪和喷头,当高压水射流不能直射时,辅以化学方法。

(4)高压水射流清洗机设备压力为 0～140 MPa,流量为 50～160 L/min,同时分电机驱动型及柴油机驱动型。

8.3 排水结构的维护设备

8.3.1 高压水清洗设备

高压水清洗设备有可移动式的高压水清洗机、高压水清洗车等。国内都有生产,也有进口设备。如图 8-3～图 8-5 所示。

图 8-2　高压管道清洗车　　图 8-3　高压管道清洗车　　图 8-4　高压管道疏通机

(a) KJ-1750　　　　　　　　　(b) KJ-3000 型

图 8-5　可移动式高压清洗机

以 KJ-3000 型可移动式高压清洗机为例简单介绍主要工作参数。

KJ-3000 型可移动式高压清洗机提供 21 MPa 的水压,适用于处理大的商业和工业用具。通过推动高挠性、轻重量的喷水管来清理污泥、肥皂污物、油脂、结垢和沉淀阻积物。抽回橡皮管能强力冲刷水管,恢复水管最大容量,保持水管畅通无阻,且不需要使用有害化学物资。

动力:21 MPa 工作压力和 15.2 L/min 流量,快速有效地清洁水管。

水管重量轻:水管由尼龙编制物制成,减轻重量,增加弹性,但不减小刚度,容易推入很长的管道进行清理。

完成:利用 KJ-3 000 可移动钢索水管卷盘,不需要选用更昂贵的手提式水管卷盘,可适用于室内和远程场合。

便利:水管卷盘已安装在小车上,搬运方便。

实用性:里奇 KJ-3 000 型是市场上一种非常实用的一款型号,它的主体放在两轮小车上,能轻便穿过陡弯。

脉冲运动:有效 KJ-2200 脉冲运动,使其能顺利通过弯处和存水弯。

质量和可靠性:防腐、铸造、铜主件的三重泵,齿轮转动允许泵低速运转,减少配件、软管和防止泄漏配件的数量,降低故障时间,保证正常工作。

多功能:所配的清洗部件能清除钢索、工具和其他重油设备。

9.69 kW 汽油引擎,启动简单。

特点：开关控制，利用风门及油量调节杆，机油标尺能检查液位。

8.3.2 旋转射流的几种基本形式

1. 管道清洗用旋转喷头（A）

这是一种可控旋转的 2-D 喷头，用于 4″～12″管道清洗，喷头采用黏性流体控制转速。5 束射流的轴向拉力达到 100 Lbs，2 束 135°、2 束 100°和 1 束 15°圆柱射流，喷头转速分为快速模式（75～220 rpm）和慢速模式（20～80 rpm），减速效果取决于液体黏度。如图 8-6 所示。

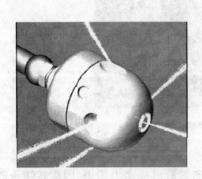
图 8-6 喷头与旋转体为一体的管道旋转喷头

图 8-7 喷头与旋转体分为两体的管道清洗喷头

2. 管道清洗用旋转喷头（B）

自旋转 2-D 旋转喷头，将喷头与旋转体分为两体，最大工作压力为 100～280 MPa，适用于 6″～12″管道清洗，同样采用黏性流体减速，射流量偶数平衡形成水力扭矩。这类喷头的最大参数为 280MPa，75 min/L，其快速模式为 90～250 rpm，慢速模式为 20～60 rpm，这类喷头的最大流量为 760 min/L（70MPa）。如图 8-7 所示。

3. 下水道清洗用旋转喷头（C）

下水道的特点是垢层易剥离，但尺寸很大，对于此类大直径（6″～36″）管道，多采用高压（20～55 MPa）、大流量（100～450 L/min），泵速控制在 150～300 rpm。该类喷头全部为自进式，即射流方向为偶束后喷，仅一束射流前喷（15°）为了清堵。喷头自重为 2～5 kg，而射流拉力 5～10 倍甚至更高。如图 8-8 所示。

4. 强制旋转喷枪

强制旋转喷枪是外表面处理常用工具，采用气动马达驱动旋转接头转动带动喷杆、喷头形成旋转射流，这种喷枪还可作成手提式专用于管束清洗。由于气动压力可调，这种强制型旋转射流其转速可控制在 400～600 rpm，工作压力 100～140 MPa，流量 75～190 L/min。如图 8-9 所示。

5. 大直径旋转喷头

图 8-8 下水道清洗用旋转喷头

为了清洗罐槽和表面预处理，往往以旋转接头为基础制造出大直径旋转喷头，这类旋转喷头可以液压（气动）控制，也可以自旋转，有了系列的旋转接头，将会产生各种旋转射流应用。近年热门的平面清洗器（最大直径 1m，并列两个用作机场跑道除胶车）就是采用这种旋转喷头。如图 8-10 所示。

图 8-9　清洗用强制旋转喷枪

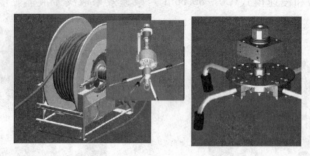

图 8-10　大直径旋转喷头

6. 自旋转喷枪

同小直径旋转喷头一样,自旋转喷头即由多束斜向射流形成水力扭矩,因旋转喷头的作用而形成枪用旋转射流。与强制旋转喷枪相比,它轻便,无需旋转动力,而且压力与流量范围广,转速多在 250 rpm。

7. 三维旋转喷头

三维旋转喷头具有射流轨迹依次覆盖全部内表面的特点,是清洗釜罐、槽舱的专用工具(图 8-11)。伞齿轮实现了同时绕两轴的三维旋转,主旋转体依然是两维旋转接头,这里要强调的是:当运行工况——压力/流量被改变,喷杆角度的调节可与之适应,射流产生的扭矩适应旋转接头的运行范围是很重要的。通过喷杆角度的调节,使喷头转速控制在 20~30 rpm。StoneAge 公司的三维旋转喷头凭此专利,其转速不超过 60 rpm,这就是技术水平的标志。

8.3.3　旋转喷(接)头的密封

旋转密封是旋转射流的关键,即要实现高压下

图 8-11　三维旋转喷头

低速旋转,又要无卡阻,是对旋转密封的基本要求。传统的旋转密封基本采用轴向套筒间隙密封,随着压力的升高,对要求"难以测量"的间隙已很难加工得合适,而且旋转密封也没有往复密封那样的复合压力弹性变形条件,因此,一味地加长轴向套筒尺寸很难保证超高压旋转密封。

不是阻力太大难以转动,就是转起飞快射流雾化,而且密封段尺寸还过长。图 8-12 为典型的旋转接头结构,由图可见,旋转接头的主体没有了密封段,而将密封件集中在端面,改为尺寸很小的两只套筒的"端面密封"。由轴向间隙密封改为尺寸很小的端面密封,这是一个极为大胆的设计,更重要的是这一成功,使超高压密封件成为系列旋转接头的通用件、标准件,适用

于各种直径的旋转体,同时又作为易损件容易拆换。

8.3.4 旋转喷(接)头的减速

旋转密封改为端面密封的另一个意外优点就在于有更大的空间用于喷(接)头的减速。减速一直是旋转喷头的一大难题,强制旋转喷头因动力的调节可以改变喷头转速。但大多旋转喷头为自转结构,因为自转最简便,又最能利用水射流反冲力。如图 8-12 所示 StoneAge 公司旋转接头的减速方式常用加注黏性流体,亦即利用喷头体内空间,将转动体做成异形,与注满的黏性流体相互摩擦产生减速阻尼。这种方式一是要选用不同黏性的流体用于不同结构的旋转体。二是结构设计上要造成流体的阻尼作用,由于端面密封阻尼很小,如果没有减速机构,水力扭矩一旦超过门限值,旋转喷头转动后将越来越快旋转,乃至产生啸声,这样,端面密封很容易损坏,因此,黏性流体减速就成为最为方便有效的方法。试验表明:StoneAge 公司旋转喷头最低转速可控制在 10 rpm 甚至更小。对于轴向尺寸较长的旋转体,利用弹簧的初始力(尤如钟表的发条)形成减速阻尼也是一种有效方法。

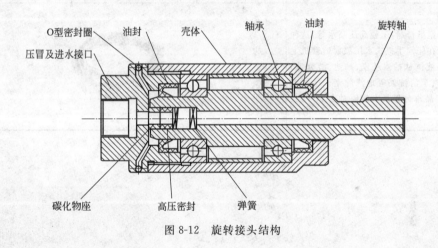

图 8-12 旋转接头结构

8.3.5 几种喷头(嘴)的特点(表 8-1)

表 8-1 几种喷头(嘴)的特点

说明	图示
H-81,H-91 推进式喷嘴 通用喷射喷嘴,适用于各类管道清理特殊逆转三点冲击式,对于管路较长尤佳	
H-82,H-92 穿透式喷嘴 穿透式喷嘴有一个额外单一前喷流,可轻易击穿坚固污垢或污泥阻塞物,同时以逆转三点冲击式喷射水流推进	
H-84 活动头喷嘴 使喷射软管,顺利通过高难度和弯口和存水弯,逆转三点冲击式可以将水管向前推进	和向

续上表

H-85 和 H-95 旋转喷嘴 通过旋转可以清洁整个内部管壁	
脚踏式控制阀 　脚踏式控制阀,可以主导水流并可用双手引导喷射水管进入排水管,将管路打开,通过弯处、存水弯	
真空喷嘴 　适用于多型里奇/科尔曼高压喷水管,这种真空喷嘴附在任何手提式水压喷射通管机上能快速地将液体从抽水基座、油池、游泳池、建筑工地、汽车清洗站等地清除走。这种节约省时的产品每分钟最大能够抽走 60 加仑液体	

致　　谢

　　本书是笔者的863项目和其他一些的科研项目的总结,在完成过程中得到了科技部高新技术司、中铁隧道设计院、中铁十七局、中铁二局、中铁七局、中铁十六局等单位的大力支持,感谢他们为本研究项目所提供的经费支持(国家高科技发展计划(863计划)项目基金,项目号:2007AA11Z134,中铁二局科技计划项目,中铁七局科技计划项目,中铁十六局科技计划项目),也感谢他们提供了大量的青岛胶州湾海底隧道和北天山隧道的工程实际资料,同时还要感谢段东明、黄忆龙、毛锁明、荆学亚、伍智清、张秋生、张先锋、陈广亮、卿三惠、王建军、潘敏、刘学力、朱朝佐、丁睿、李朝辉、方朝刚、罗忠贵、凌树云、江波等人为本书的撰写所提供的现场工程实际资料和数据、现场试验的场地和试验方便。感谢刘媛媛、方晓慧、孙建林、庄乐等研究生为书稿的文字校对所做的努力工作!

参 考 文 献

[1] 江级辉.琼洲海峡兴建海底隧道可行性初探.地下空间[J],1994,14(2):122~129.
[2] 上海隧道施工技术研究所科技情报室.世界三大海底隧道工程简介.岩土论坛第4卷:20~22.
[3] 胡政才.挪威对海底隧道工程的研究[J],世界隧道,1995.3.
[4] 王彬.挪威海底隧道的设计与施工[J],世界隧道,1996.3.
[5] Ming Lu. Special problems with subsea tunnels. Report Corpus on the International Conference on the Subsea Tunnels June 21~22,2005.
[6] 王梦恕.21世纪山岭隧道修建的趋势.四川省公路学会隧道工程专业委员会论文集,1998.
[7] 孙钧.山岭隧道工程的技术进步[J],西部探矿工程,2000,1.
[8] 王思敬,杨志法,刘竹华.地下工程岩体稳定分析.北京:科学出版社,1984.
[9] 朱维申,何满潮.复杂条件下围岩稳定性与岩体动态施工力学.北京:科学出版社,1995.
[10] 孙钧.岩土材料流变及其工程应用.北京:中国建筑工业出版,1999.
[11] 孙钧,朱合华.软弱围岩隧洞施工性态的力学模拟与分析.岩土力学,1994,15(4):20-32.
[12] 禹华谦.工程流体力学(水力学).成都:西南交通大学出版社,1999.
[13] Kwicklis E M, Healy R W. Numerical investination of steady liquid water flow in a variably saturated fracture network. Water Resources,1993,29(12):4091~4102.
[14] Gerke H H, van Genuchtem M T. A dual-porosity model for simulating the preferential movement of water and solute in structured porous media. Water Resources,1993,29(2):305-319.
[15] Zimmeiman R W, Hadnu T, Bodvarsson G S. A new lumped-parameter model for flow in unsaturated dual-porosity medial. Advances in Water Resources,1996,19(5):317-327.
[16] 刘高,杨重存.深埋长大隧道涌突水条件及影响因素分析.天津城市建设学院学报,2000,8(3):160-168.
[17] 毕焕军.裂隙岩体数值法预测计算特长隧道涌水量的应用研究.铁道程学报,2000(1):59-62.
[18] Berge, K. O. Water control reasonable sharing of risk. Norwegian Tunnelling Society,Publication No. 12,Oslo 2002.
[19] Carlsson A, Olsson T. The analysis of fracture stress and water flow for rock engineering projects. Comprehensive Rock Engineering,1993(2):126-133.
[20] 王媛,徐志英,等.裂隙岩体渗流与应力耦合分析的四自由度全耦合法.水力学报,1998(7):55-60.
[21] 陈平,张有天.裂隙岩体渗流与应力耦合分析.岩石力学与工程学报,1994,13(4):299-308.
[22] 赖远明,等.寒区隧道温度场、渗流场和应力场耦合问题的非线性分析.岩土工程学报,1999,21(5):529-533.
[23] 黎水泉,等.双重孔隙介质非线性流固耦合渗流.力学季刊,2000,21(1):96-101.
[24] 李定方,等.裂隙岩体渗流新模型.水利水运科学研究,1996(4):283-290.
[25] Karlsrud, K. Control of water leakage when tunneling under ruban areas in the Oslo region. Norwegian Tunnelling Society,Publication No. 12,Sslo 2002.
[26] 聂志宏.裂隙渗流场中隧道结构与流场间相互作用的研究.[硕士学位论文].北京:北京交通大学,2000.
[27] 任大春.有限解析法在渗流计算中的应用.长江科学院院报,1991,(3).

[28] 盛金昌,速宝玉.裂隙岩体渗流应力耦合研究综述.岩土力学,1998,19(2):92-98.
[29] 盛金昌.三维裂隙岩体渗流应力耦合数值分析及工程应用.[博士学位论文].南京:河海大学,2000.
[30] 沈洪俊,高海鹰,夏颂佑.应力作用下裂隙岩体渗流特性的试验研究.长江科学院院报,1998,15(3):35-39.
[31] 黄涛.渗流场与应力场耦合环境下裂隙围岩型隧道涌水量预测的研究.岩石力学与工程学报,1999,18(2):237~237.
[32] 王建宇.关于我国隧道工程的技术进步.中国铁道科学,2001(2):72-77.
[33] 仵彦卿.岩体裂隙系统渗流场与应力场耦合模型.地质灾害与环境保护,1996(1):31-34.
[34] 庄宁,裂隙岩体渗流应力耦合状态下裂纹扩展机制及其模型研究.同济大学博士学位论文..
[35] 徐则民,杨立中.深埋隧道围岩渗透性的预测研究——现状与进展.铁道工程学报,1999,63(3):52-55.
[36] 周志芳,王锦国.裂隙介质水动力学.中国水力水电出版社,2004.
[37] 张有天.岩石水力学与工程.中国水力水电出版社,2005.
[38] 朱珍德,郭海庆.裂隙岩体水力学基础.科学出版社,2007.
[39] 仵彦卿,张倬元.岩体水力学导论.成都:西南交通大学出版社,1995.
[40] 吉小明,王宇会.隧道开挖问题的水力耦合计算分析.地下空间与工程学报,2005,1(6):848-852.
[41] 陆文超.地面荷载作用下浅埋隧道围岩应力的复变函数解法,江南大学学报,2002(4),409-413.
[42] 俞茂宏. 双剪强度理论及其应用. 北京:科学出版社,1998.
[43] 华东水力学院.岩石力学.北京:水力出版社,1981.
[44] 关宝树.隧道力学概论.西南交通大学出版社,1993.
[45] 郑秋雨.岩石力学的弹塑黏性理论基础.煤炭工业出版社,1988.
[46] 王明年,翁汉民,李志业.隧道仰拱的力学行为研究.岩土工程学报,1996,18(1):46-43.
[47] 刘波,韩彦辉.FLAC原理、实例与应用指南.北京:人民交通出版社,2005.
[48] 王建宇.关于我国隧道工程的技术进步.中国铁道科学,2001(2):72-77.
[49] 仵彦卿.岩体裂隙系统渗流场与应力场耦合模型.地质灾害与环境保护,1996(1):31-34.
[50] 董国贤.水下公路隧道.北京:人民交通出版社,1984.
[51] 张有天.隧洞及压力管道设计中的外水压力修正系数.水利发电,1996(12):30-34.
[52] 关宝树,译.青函隧道土压研究报告——第八章:隧道衬砌上的压力.隧道译丛,1980(10):38-50.
[53] 吴顺华.水文地球化学方法确定隧洞外水压力研究:[硕士论文].河海大学,2005.
[54] 张有天,张武功,王语.再论隧洞水荷载的静力计算.水利学报,1985(3)
[55] 张有天.水工隧洞衬砌外水压力问题.土木工程学会1990年会论文集:铁道出版社.
[56] 张有天.隧洞及压力管道设计中的外水压力修正系数.水利发电,1996(12):30-34.
[57] Zhang Youtian. External water pressure on lining of tunnels in mountain area. Modern Tunnelling Science and Technology,2001:551-556.
[58] 仵彦卿.岩体裂隙系统渗流场与应力场耦合模型.地质灾害与环境保护,1996(1):31-34.
[59] 谢兴华,盛金昌,速宝玉等.隧道外水压力确定的渗流分析方法及排水方案比较.岩石力学与工程学报,2002,21(增2):2375-2378.
[60] 王建宇,胡元芳.对岩石隧道衬砌结构防水问题的讨论.现代隧道技术,2001(1):20-25.
[61] 王建宇.再谈隧道衬砌水压力.现代隧道技术,2003(6):5-10.
[62] 李术才,朱维申,陈卫忠.小浪底地下洞室群施工顺序优化分析.煤炭学报,1996,21(4):393-397.
[63] 李术才,朱维申,陈卫忠.弹塑性大位移有限元方法在软岩隧道变形预估系统研究中的应用.岩石力学与工程学报,2002,21(4):466-470.
[64] Anon. Recommendations for the treatment of water inflows and outflows in operated underground structures. Tunneling and Underground Space Technology,v4,n3,1989.343-407.
[65] 张宏仁,等,编译.地下水水力学的发展.地质出版社,1992.

[66] Renard, Philippe. Approximate discharge for constant head test with recharging boundary. Ground Water, v43, n3, May/June, 2005:439-442.

[67] Shamma, John. Tempelis, Daniel. Duke, Steven. Fordham, Eric. Freeman, Tom. Arrowhead tunnels: Assessing groundwater control measures in a fractured hard rock medium. Proceedings-Rapid Excavation and Tunneling Conference, 2003:296-305.

[68] Molinero, Jorge. Samper, Javer. Juanes, Ruben. Numerical modeling of the transient hydrogeological response produced by tunnel construction in fractured bedrocks. Engineering Geology, v64, n4, June, 2002:369-386.

[69] Meiri, David. Unconfined groundwater flow calculation into a tunnel. Journal of Hydrology, v82, n1-2, Nov30, 1985:69-75.

[70] Heuer, Ronald E. Estimating rock tunnel water inflow. Proceedings-Rapid Excavation and Tunnel conference, 1995:41-60.

[71] 姬永红,项彦勇.水底隧道涌水量预测方法的应用分析.水文地质工程,2005(4).

[72] 邓百洪,方建勤.隧道涌水预测方法的研究.公路交通技术,2005(3):161-163.

[73] 程晓,张凤祥.土建注浆施工与效果检测[M].同济大学出版社 1998:18-30.

[74] 刘红卫.地基加固的复合注浆技术及应用研究[工程硕士学位论文].重庆大学 2003 年 12 月.

[75] 李河玉.小导管注浆技术及在隧道和地下工程中的应用[硕士学位论文].西南交通大学.2002 年 12 月.

[76] 王星华.黏土固化浆液在地下工程中的应用[M].中国铁道出版社 1998 年 3 月.

[77] 王星华.山岭隧道渗漏水防治新方法[J].地下空间,1997,17(4).

[78] 孔祥言.高等渗流力学[M].北京:中国科学技术大学出版社,1999.

[79] 杨秀竹,王星华,雷金山.宾汉体浆液扩散半径的研究及应用[J].水利学报,2004(6).

[80] 杨秀竹,雷金山,夏力农,王星华.幂律型浆液扩散半径研究.岩土力学,2005(11).

[81] 郑玉辉,裂隙岩体注浆浆液与注浆控制方法的研究[博士学位论文].吉林大学.2005 年 10 月.

[82] 赵学端等,黏性流体力学[M],北京:机械工业出版社,1983.

[83] G. Lombardi, The role of cohesion in cement grouting of rock, Fifteenth Cong. Large Dams, 3(Q58, R13), 1985.

[84] [法]石油与天然气勘探开发工会等编,曾祥熹译,钻井泥浆与水泥浆流变学手册[M],北京:石油工业出版社,1984.

[85] Fox, R. W., McDonald, A. T., 1985. Introduction to fluid mechanics. John Wiley & Sons, New York.

[86] Chongwei Ran, Performance of fracture rock sealing with bentonite grouting[D]. The University of Arizona, 1993.

[87] 余良济.大瑶山隧道九号断层的地质预报[J].铁道工程学报,1990(01):72-77.

[88] 孙广忠.军都山隧道快速施工超前地质预报指南[M].北京:中国铁道出版社,1990.

[89] 谢勇谋.国道 317 线鹧鸪山隧道施工地质预报研究[D].成都理工大学硕士学位论文,2004.

[90] 赵永贵.中国工程物理研究的进展与未来[J].地球物理学进展,2002,17(2):301-304.

[91] 刘志刚,赵勇.隧道隧洞施工地质技术[M].成都:中国铁道出版社,2001.

[92] 何发亮,李苍松.隧道施工期地质超前预报技术的发展[J].现代隧道技术,2001,38(3):12-15.

[93] 龚固培.超前地质预报在北京八达岭高速公路隧道施工中的应用[J].世界隧道,2000,(5):38-41.

[94] 方建离,应松,贾进.地质雷达在公路隧道超前地质预报中的应用[J].中国岩溶,2005,24(2):160-16.

[95] Kevin Black, Peter Kopac. The application of ground penetrating radar in highway engineering[J]. Public Roads, 1992, 56(3).

[96] Peter C, Ulriksen F. Application of impulse radar to civil engineering[D]. USA: Geophysical Survey Sys-

tem,Inc,1987.

[97] Peter Huggenberger,Knoll M D,Knight Rosemary,et al. Ground probing radar as tool for heterogeneity estimation in gravel deposits:advances in data processing and facies analysis[J]. Journal of Applied Geophysics,1994,(31).

[98] Johnston M J S. Review of electric and magneticfile accompanying seismic and volcanic activity[J. Surveys in. Geophysics,1997,18.

[99] Wang C]hengxiang,He Zhenhua,Huang Deji. The frequency division process of seismic record and the recognition of small geological abnonmalities[A]. In:He Zhenhua,ed. Engineering and Environmental Geophysics for the 21st Century[M]. Chengdu:Sichuan PubliShing House of Science and Technology. 1997. 39~45.

[100] Cohen K K,Dalverny L E,Ackinan T E,etal. Near-surface applied to environmental and engineering problems of mine reclamation in the USA[A]. In:He Zhenhua,ed. Engineering and Environmental Geophysics for the 21st Century[M]. Chengdu:Sichuan Publishing House of Science and Technology, 1997. 39~45.

[101] Sylvie Jillard,Jean-Claude Dubois. Analysis of GPR Data:Wave Propagation Velocity Determination [J]. Journal of Applied Geophysics,1995,vol. 33,No. l-3.

[102] 赵勇,肖书安,刘志刚. TSP 超前地质预报系统在隧道工程中的应用[J]. 铁路建筑技术,2005(5):18-23.

[103] 戴前伟,何刚,冯德山. TSP-203 在隧道超前预报中的应用[J]. 地球物理学进展,2005,20(2):460-464.

[104] Andisheh Alimoradi,et al. Prediction of geological hazardous zones in front of a tunnel face using TSP-203 and artificial neural networks[J]. Tunnelling and Underground Space Technology, Volume 23, Issue 6, November 2008,Pages 711-717.

[105] Dickmann, T. Sander, B. K. Drivage-concurrent tunnel seismic prediction(TSP):results from Vereina north tunnel mega-project and Piorapilot gallery Geomechanics Abstracts Volume:1997, Issue:2, February, 1997, pp. 82.

[106] Zhuang Wang, et al. Integrated fuzzy concentration addition-independent action (IFCA-IA) model out performs two-stage prediction(TSP) for predicting mixture toxicity[J]. Chemosphere, In Press, Corrected Proof, Available online 17 November 2008.

[107] 朱劲,李天斌,李永林,等. BEAM 超前地质预报技术在铜锣山隧道的应用[J]. 工程地质学报,2007,15(2):258-263.

[108] 谭天元,张伟. 隧洞超前地质预报中的新技术—BEAM 法[J]. 贵州水力发电,2008,(1).

[109] 杨卫国,王立华,王力民. BEAM 法地质预报系统在中国 TBM 施工中应用[J]. 辽宁工程技术大学学报,2006,(S2).

[110] Geohydraulik Data. Beam real-time ground prediction[R]. Kirchvers, German:Geohydraulik Data,Corp,2004.

[111] Geohydraulik data. Beam presentation[R]. Kirchvers, German:Geohydraulik Data,Corp,2004.

[112] 铁路隧道超前地质预报技术指南. 铁建设[2008]105 号.

[113] 魏江川,杨茂林. 对青岛胶州湾隧道超前地质预报工作的思考及建议. 现代隧道技术 2009,46(1).

[114] 路好成. TSP203 超前地质预报技术及其在金子山隧道中的应用. 水利与建筑工程学报. 2008,6(2).

[115] 刘基,等. 地质雷达探测技术在隧道地质超前预报中的应用. 地质装备. 2009,10(3).

[116] 郑浩. 隧道超前地质预报方法及其过江底隧道施工中的应用. 河北交通科技. 2007,4(3).

[117] 何发亮,李苍松,陈成宗. 隧道地质超前预报. 西南交通大学出版社. 2006 年.

[118] 何发亮,李苍松,等. 隧道施工地质超前预报工作方法. 岩土力学. 2006,27(增刊).

[119] 黄祥志,佘成学,钟福平,等. 概论超前地质预报系统[J]. 建筑技术开发,2004,31(11):26-28.

[120] 程骁,张凤祥.土建注浆施工与效果检测[M].上海,同济大学出版社,1999.
[121] 基普科,等.防渗帷幕耐久性的评价方法[J],国外金属矿采矿,1986,6.
[122] 郭志勤,赵庆等.固井水泥石抗腐蚀性能的研究[J],钻井液与完井液,2004,11.
[123] 沈威.水泥工艺学[M].武汉理工大学出版社,1991,7.
[124] 张良辉.岩土灌浆渗流机理及渗流力学[D].北京:北方交通大学,2005.
[125] 胡安兵.新型注浆材料及灌注工艺的试验研究[D].吉林:吉林大学,2004.
[126] 王星华.黏土固化浆液流变性及其注浆工艺研究[D].长沙:中南工业大学,1994.
[127] 王星华.黏土固化浆液在地下工程中的应用.北京:铁道出版社,1998.
[128] Noveiller E. Grouting Theory and Practice. The Netherlands: Elsevier Science Publisher, 1989. 102-123.
[129] 孙永明,华萍.水玻璃化学灌浆材料的发展现状与展望.吉林水利,2005.(9):13-22.
[130] "On a New Magnesium Cement", S. Sorel. Compt Rend 65(1867).
[131] 韩德刚,高盘良.化学动力学基础[M].北京:北京大学出版社,1987:63-100.
[132] 王琪.化学动力学导论[M].吉林:吉林人民出版社,1982:1-26,130-188.
[133] 藏雅茹.化学反应动力学[M].天津:南开大学出版社,1995:1-10.
[134] 郑智能,凌天清,董强.土工成材料长期强度保持率的化学动力学预测[J],重庆交通学院学报,2005,8(24).
[135] 史美伦.publishing 交流阻抗谱原理应用[M].北京:国防工业出版社,2000.
[136] Sluyters-Rehbach M, Sluyters J H. AC Techniques. In: Yeager E, Bockris JOM, Conway BE, et al eds. Compr合ehensive Treatise of Electrochemistry, Vol 9. New York: Plenum Corporation, 1984: 177.
[137] Brautervik K, Niccklassen G A. Circuit models for cement based materials obtained from impedance spectroscopy. Cement and Concrete Research, 1991; 21 (4): 496.
[138] 史美伦.复变函数论在混凝土性能研究中的应用[J].建筑材料学报,1999,2(2):105.
[139] 史美伦,李通化,周国定.交流阻抗谱中的 Kramers-Kronig 关系及其应用[J].同济大学学报,1994,22(3):346.
[140] 王梦恕.蓬勃发展的中国水底隧道[R].北京:北京交通大学,2005.
[141] 孙钧.海底隧道工程设计施工若干关键技术的商榷[J].岩石力学与工程学报,2006,25(8):1513-1521.
[142] 王梦恕.蓬勃发展的中国水底隧道[R].北京:北京交通大学,2005.
[143] 孙钧.海底隧道工程设计施工若干关键技术的商榷[J].岩石力学与工程学报,2006,25(8):1513-1521.
[144] ODGARD A, DAVID G, ROSTAM B S. Design of the storebelt railway tunnel[J]. Tunneling and Underground Space Technology, 1994, 19(3): 293-307.
[145] KITAMURA A. Technical development for the Seikan tunnel[J]. Tunneling and Underground Space Technology, 1986, 11(3/4): 341-349.
[146] 赵铁军,金祖权,王命平,赵继增.胶州湾海底隧道衬砌混凝土的环境条件与耐久性[J].岩石力学与工程学报,2007,12(26):3826-3827.
[147] 王凯,马保国,李立玲.复合外加剂对活性煤矸石粉注浆材料耐久性能的影响[J].新型建筑材料,2006(10):6-8.
[148] 胡红梅,马保国,钱月.海底隧道衬砌混凝土抗蚀影响因素分析与模拟[J].武汉理工大学学报,2007(29):46-49.
[149] 刘思峰.灰色系统理论及其应用[M].北京:科学出版社,2010:45.
[150] 任七华.海洋环境下抗腐蚀材料开发与性能研究[D].浙江大学.2006:27.

[151] 赵铁军,李秋义,等.高强与高性能混凝土及其应用[M].中国建材工业出版社,2004:129-131.
[152] 朱茵,孟志勇,阚叔愚.用层次分析法计算权重[J].北方交通大学学报,1999,23(5):120-122.
[153] 王秀英,等.厦门海底隧道结构防排水原则研究.岩石力学与工程学报.2007,26.
[154] 王伟,苗德海.高水压富水山岭隧道设计浅谈及工程实例.现代隧道技术.2007,44(5).
[155] 傅钢,曹延平等.地下水环境平衡的理念在高水压隧道设计中的应用.岩土力学.2007,28(增刊).
[156] 王秀英,谭忠盛,王梦恕,等.厦门海底隧道结构防排水原则研究.岩石力学与工程学报.2007,26(3).
[157] 赵相俊.岩溶隧道防排水施工技术.铁道建筑技术.2006(增刊).
[158] 胡守云,祝保年.旗号岭隧道岩溶地段防排水综合施工.施工技术.2005,1(34).
[159] 周书明.浅谈隧洞工程地下水的计算.铁道工程学报.2000,2.
[160] 王秀英,谭忠盛,王梦恕.山岭隧道堵水限排围岩力学特性分析.岩土力学.2008,29(1).